Supported by Key Project for the Development of State Facilities and Information Infrastructure for Science and Technology: National Specimen Information Infrastructure (2005DKA21401)
国家科技基础条件平台：标本资源共享平台建设项目（2005DKA21401）资助
国家“十三五”重点图书出版规划项目

Type Specimens in China National Herbarium (PE)

Volume 5

ANGIOSPERMAE(2)

中国国家植物标本馆（PE）模式标本集

第5卷

被子植物门（2）

Institute of Botany, Chinese Academy of Sciences Edit
The editors of this volume LIN Qi and YANG Zhirong

中国科学院植物研究所 编
本卷主编 林 祁 杨志荣

河南科学技术出版社
Henan Science and Technology Press

图书在版编目（CIP）数据

中国国家植物标本馆模式标本集. 第5卷：中国科学院植物研究所编；林祁，杨志荣分册主编. —郑州：河南科学技术出版社, 2015.10（2016.11重印）

ISBN 978-7-5349-7503-5

Ⅰ.①中… Ⅱ.①中… ②林… ③杨… Ⅲ.①植物—标本—中国—图集 Ⅳ.①Q94-34

中国版本图书馆CIP数据核字（2014）第297973号

The editors of this volume LIN Qi and YANG Zhirong

Edited by BAN Qin, CHEN Shurong, DU Yufen, FU Lianzhong, LIN Qi, LIN Yun, MA Xintang, SHI Qingchun, SUN Qian, WANG Zhongtao, WU Tingting, YANG Zhirong

(Names are arranged in alphabetical order)

主　编　林　祁　杨志荣

编著者（以姓氏拼音为序）

班　勤　陈淑荣　杜玉芬　傅连中　林　祁　林　云

马欣堂　石青春　孙　茜　王忠涛　吴婷婷　杨志荣

生物中国总策划：周本庆

出版发行：河南科学技术出版社

地址：郑州市经五路66号　　邮编：450002

电话：（0371）65737028　　65788613

网址：www.hnstp.cn

策划编辑：周本庆　杨秀芳

责任编辑：申卫娟

责任校对：柯　姣

封面设计：张　伟

责任印制：张艳芳

印　　刷：北京盛通印刷股份有限公司

经　　销：全国新华书店

幅面尺寸：240mm×345mm　　印张：67　　字数：180千字

版　　次：2015年10月第1版　　2016年11月第2次印刷

定　　价：1200.00元

Introduction

Predecessors of China National Herbarium (abbreviated code PE), Institute of Botany, Chinese Academy of Sciences are the Herbarium, Department of Botany, the Fan Memorial Institute of Biology, Peiping (1928), as well as the Herbarium, Institute of Botany, the National Academy of Peiping (1929). Now PE has developed into the largest herbarium in Asia. The current collections contain more than 2,650,000 specimens in the herbarium, including mosses, ferns, seed plants, seed collections and plant fossil samples. Among them, there are about 20,000 type specimens (holotype, isotype, lectotype, isolectotype, neotype, isoneotype, epitype, isoepitype, paratype, isoparatype, syntype, isosyntype).

Type specimens in this book were produced by selecting the most important type specimen deposited at PE under the same scientific name (species, subspecies, variety and form), and then they were also reviewed and scanned. After compilation, ***Type Specimens in China National Herbarium*** (***PE***) which consists of 14 volumes is completed. The taxa are arranged by family according to the system of ***Flora Bryophytorum Sinicorum and Flora Reipublicae Popularis Sinicae***. Infra-family taxa are alphabetized by genera, species, subspecies, varieties and forms. The explanation of each taxon is listed in the figure caption with Chinese name, scientific name, original publication, nature of specimen (holotype/ isotype/ lectotype/ isolectotype/ neotype/ isoneotype/ epitype/ isoepitype/ paratype/ isoparatype/ syntype/ isosyntype), type locality (country/ province/ county/ mountain if present), altitude, collection date, collector and collection number. The collector and type locality in this book follow ***Index Herbariorum Sinicorum*** (L. K. Fu, 1993) and ***Gazetteer of China—An Index to the Atlas of the People's Republic of China*** (Chinese Academy of Surveying & Mapping, 1997) respectively.

This book is a very important work for researching and identifying Chinese plants. It could also be used as a reference by plant taxonomists and people from botanic research institutions, educational institutions and production departments at home and abroad.

Volume 5 of ***Type Specimens in China National Herbarium*** (***PE***) includes 498 type specimens from Liliaceae (2) (Angiospermae, Monocotyledoneae) to Salicaceae (Dicotyledoneae), comprising 319 holotypes, 106 isotypes, 40 lectotypes, 3 syntypes, 4 isosyntypes, 19 paratypes, 7 isoparatypes, and belonging to 11 families, 94 genera, 414 species, 1 subspecies, 70 varieties and 13 forms.

Greatest thanks to Prof. Li Liangqian and Prof. Zhang Xianchun, curators of China National Herbarium (PE), for their support and help throughout the publication of the book.

LIN Qi

2014.2

前　言

中国科学院植物研究所国家植物标本馆（缩写代号 PE）的前身是 1928 年成立的北平静生生物调查所植物标本室和 1929 年成立的北平研究院植物研究所标本室，PE 现已发展为亚洲最大的植物标本馆，目前馆藏植物标本 265 万余份，包括苔藓植物标本、蕨类植物标本、种子植物标本、种子标本和植物化石标本，其中模式标本近 2 万份（含主模式、等模式、后选模式、等后选模式、新模式、等新模式、附加模式、等附加模式、副模式、等副模式、合模式、等合模式）。

书中所收录的模式标本是在同一学名下（种、亚种、变种、变型）遴选出一份最重要的馆藏模式标本，经整理并扫描后编撰而成《中国国家植物标本馆（PE）模式标本集》（共 14 卷）。全书各科依据《中国苔藓志》及《中国植物志》系统排列，属、种、亚种、变种、变型的名称按字母顺序排列。每张扫描模式标本相片的图注解释均标注中名、学名、原始文献、模式类型（主模式、等模式、后选模式、等后选模式、新模式、等新模式、附加模式、等附加模式、副模式、等副模式、合模式、等合模式）、采集地点（国名、省名、县名、山名）、海拔、采集时间（年月日）、采集人和采集号。本书中的采集人根据《中国植物标本馆索引》(傅立国，1993) 书写，采集地根据《中国地名录——中华人民共和国地图集地名索引》（国家测绘局地名研究所，1997）书写。

本书是一部研究与鉴定中国植物的重要著作，可供国内外植物分类学者及有关植物学科研、教学和生产部门人员参考。

第 5 卷包括被子植物门单子叶植物纲百合科（2）至双子叶植物纲杨柳科的模式标本，共 498 份，含 319 份主模式、106 份等模式、40 份后选模式、3 份合模式、4 份等合模式、19 份副模式、7 份等副模式，隶属于 11 科、94 属、414 种、1 亚种、70 变种和 13 变型。

感谢中国国家植物标本馆（PE）馆长李良千研究员和张宪春研究员在本书编撰过程中给予的支持和帮助。

林　祁

2014 年 2 月

Contents
目　录

Liliaceae(2)

百合科 (2)

baiheke

黑鳞顶冰花 ***Gagea nigra*** L. Z. Shue, Fl. Reip. Pop. Sin. 14: 68, 282, pl. 16: 4-6. 1980. **Paratype:** China. Xinjiang: Urumqi, 1975-03-27, L. Z. Shue 9714.

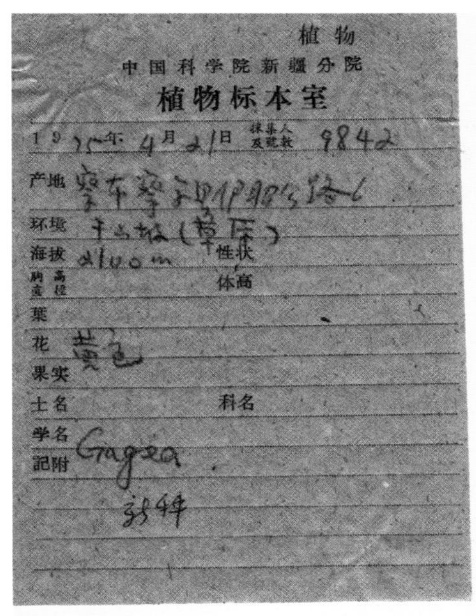
植物
中国科学院新疆分院
植物标本室
1975年 4月 21日 採集人及號數 9842
产地
环境
海拔 2100m 性状
体高
葉
花 黄色
果实
土名 科名
学名
記附 Gagea

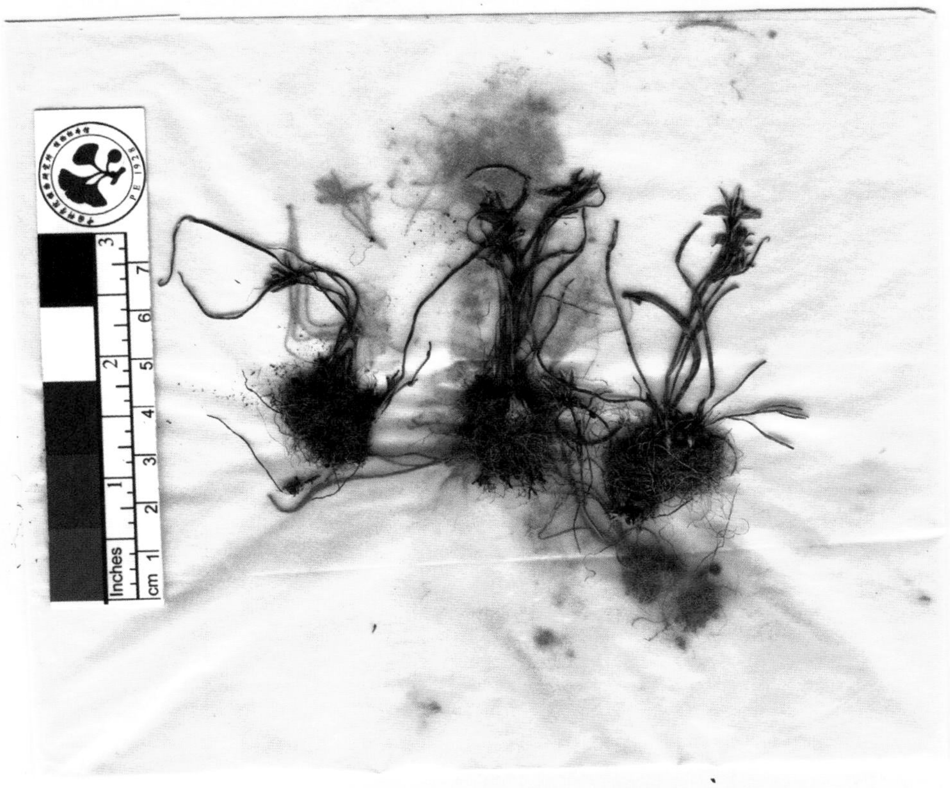

1155689

草原顶冰花 ***Gagea stepposa*** L. Z. Shue, Fl. Reip. Pop. Sin. 14: 75, 282, pl. 18: 1-2. 1980. **Isotype:** China. Xinjiang: Qapqal Xibe, alt. 2100 m, 1975-04-21, Z. M. Mao & L. Z. Shue 9842.

华肖菝葜 ***Heterosmilax chinensis*** F. T. Wang in Bull. Fan Mem. Inst. Biol., Bot. 5(3): 121. 1934. **Lectotype** (designated by Q. Lin & Z. R. Yang in Bull. Bot. Res., Harbin 30(2): 131. 2010.): China. Sichuan: Emei, Emeishan, alt. 1450 m, 1931-07-06, F. T. Wang 23223.

直立肖菝葜 ***Heterosmilax erecta*** F. T. Wang & Tang, Fl. Reip. Pop. Sin. 15: 242, 255, pl. 80: 4. 1978. **Holotype:** China. Yunnan: Malipo, alt. 1000 m, 1940-01-29, C. W. Wang 86400.

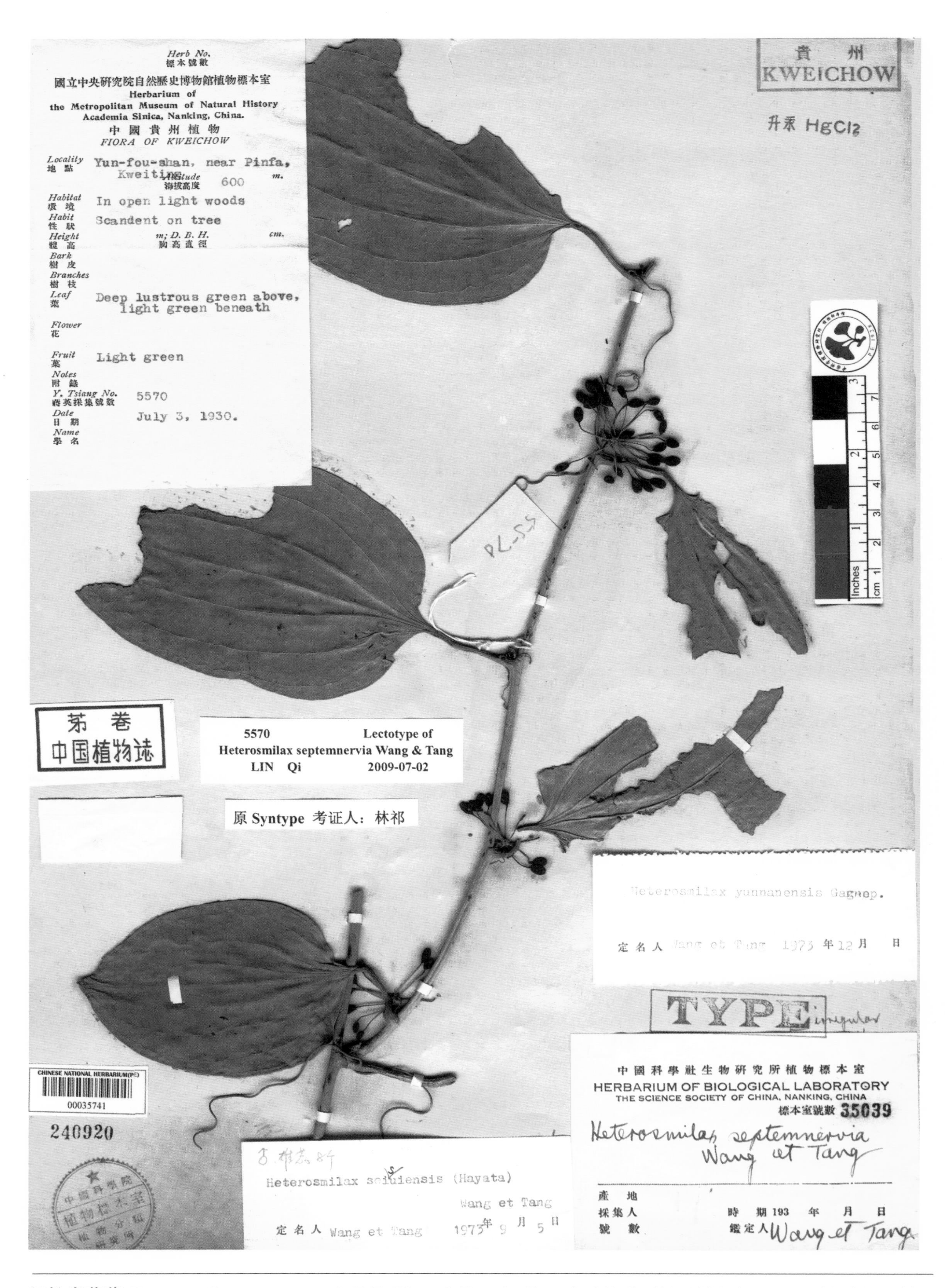

短柱肖菝葜 ***Heterosmilax septemnervia*** F. T. Wang & Tang in Sinensia 5(1-6): 428. 1934. **Lectotype** (designated by Q. Lin & Z. R. Yang in Bull. Bot. Res., Harbin 30(2): 132. 2010.): China. Guizhou: Guiding, alt. 600 m, 1930-07-03, Y. Tsiang 5570.

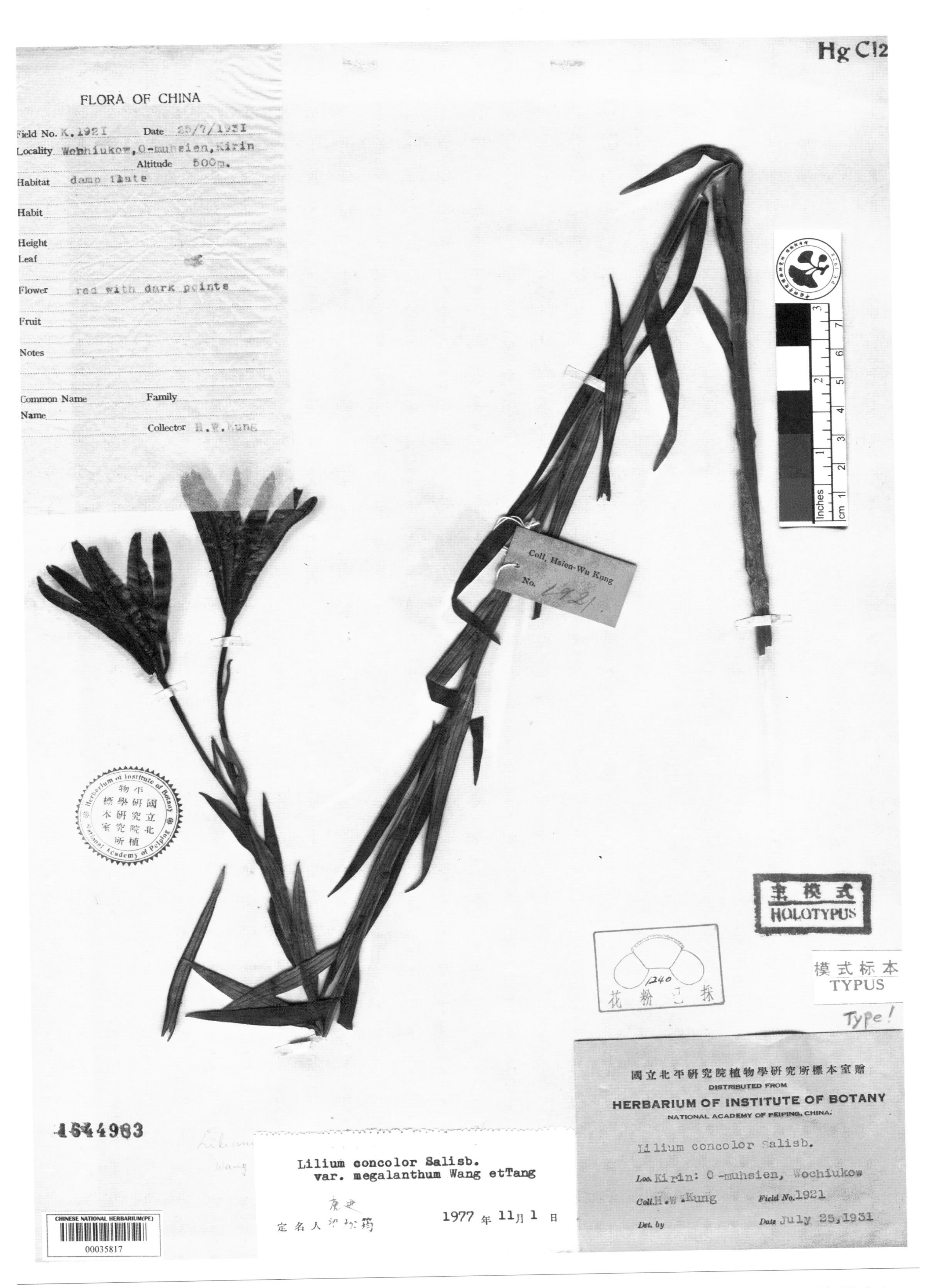

大花百合 ***Lilium concolor*** Salisb. var. ***megalanthum*** F. T. Wang & Tang, Fl. Reip. Pop. Sin. 14: 133, 283. 1980. **Holotype:** China. Jilin: Emu, alt. 500 m, 1931-07-25, H. W. Kung 1921.

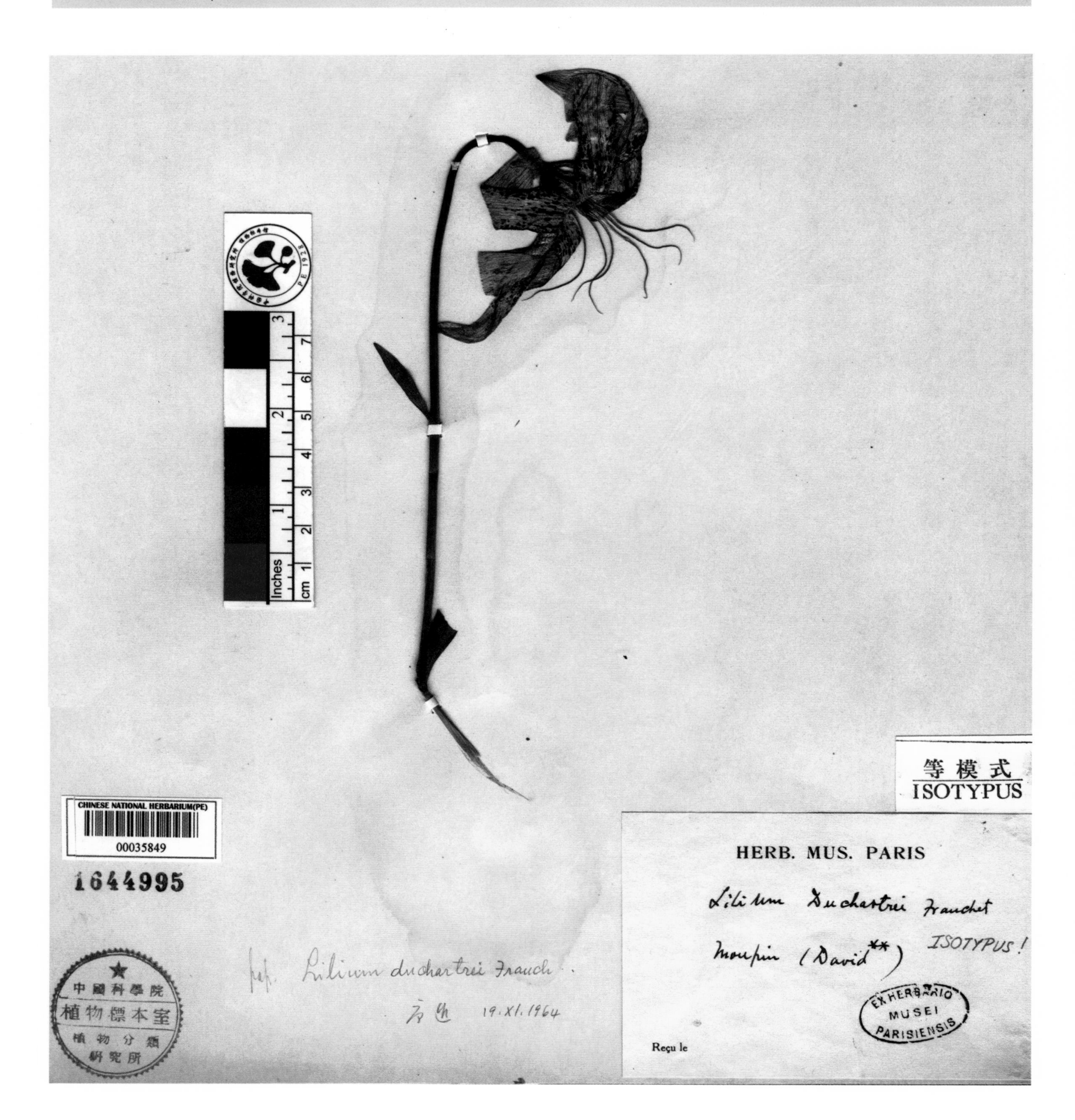

宝兴百合 ***Lilium duchartrei*** Franch. in Nouv. Arch. Mus. Paris Ser. 2, 10: 90. 1887. **Isotype:** China. Sichuan: Moupine (=Baoxing), 1869-06-??, David s. n.

绿花百合 ***Lilium fargesii*** Franch. in Journ. Bot. 6: 317. 1892. **Isotype:** China. Chongqing: Chengkou, R. P. Farges 66.

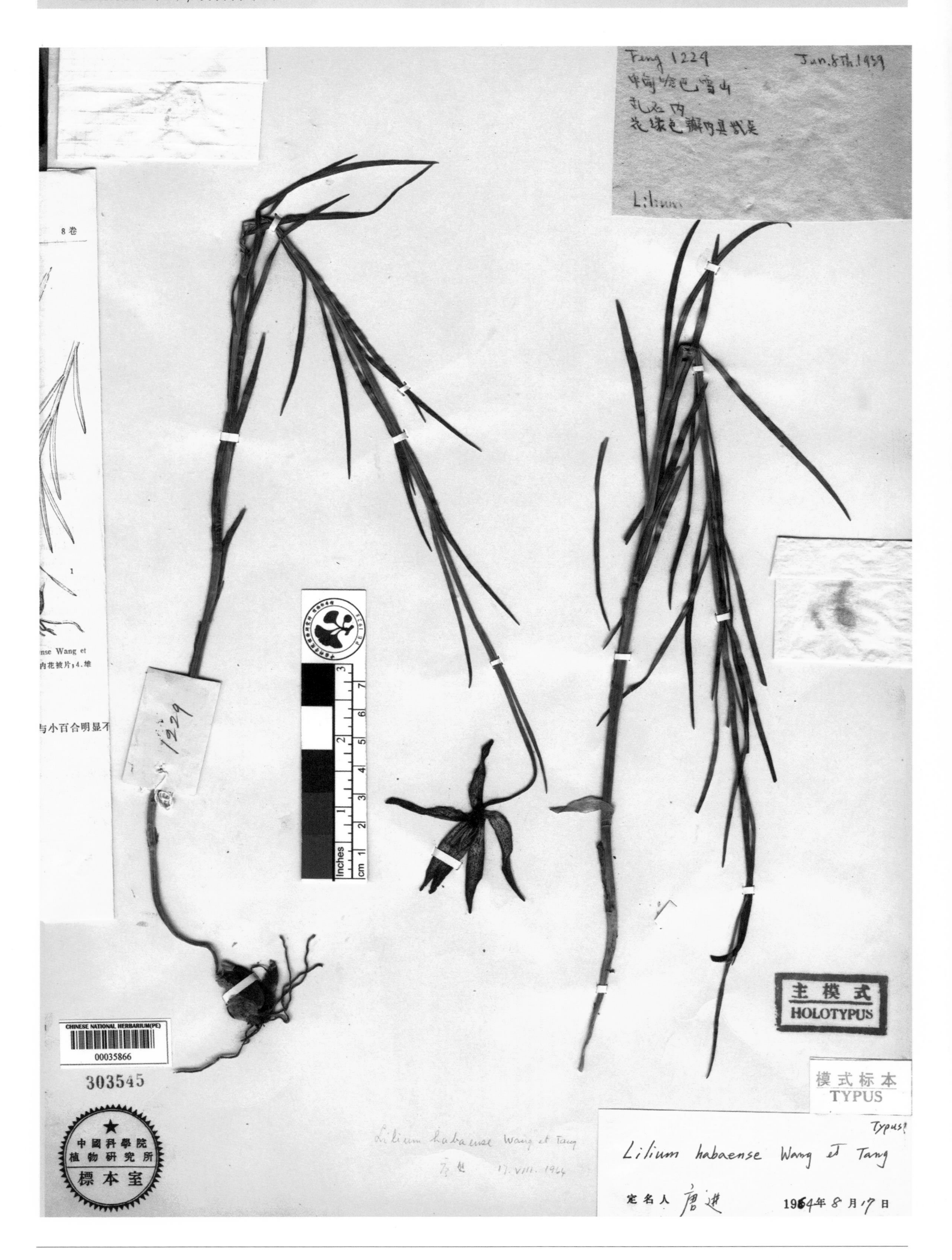

哈巴百合 ***Lilium habaense*** F. T. Wang & Tang in Acta Bot. Yunnan 8(1): 51, f. 1. 1986. **Holotype:** China. Yunnan: Zhongdian (=Shangri-La), 1939-06-08, K. M. Feng 1229.

丽江百合 ***Lilium lijiangense*** L. J. Peng in Acta Bot. Yunnan 6(2): 189, f. 1. 1984. **Isotype:** China. Yunnan: Lijiang, alt. 3300~3400 m, 1981-07-??, L. J. Peng 81-26.

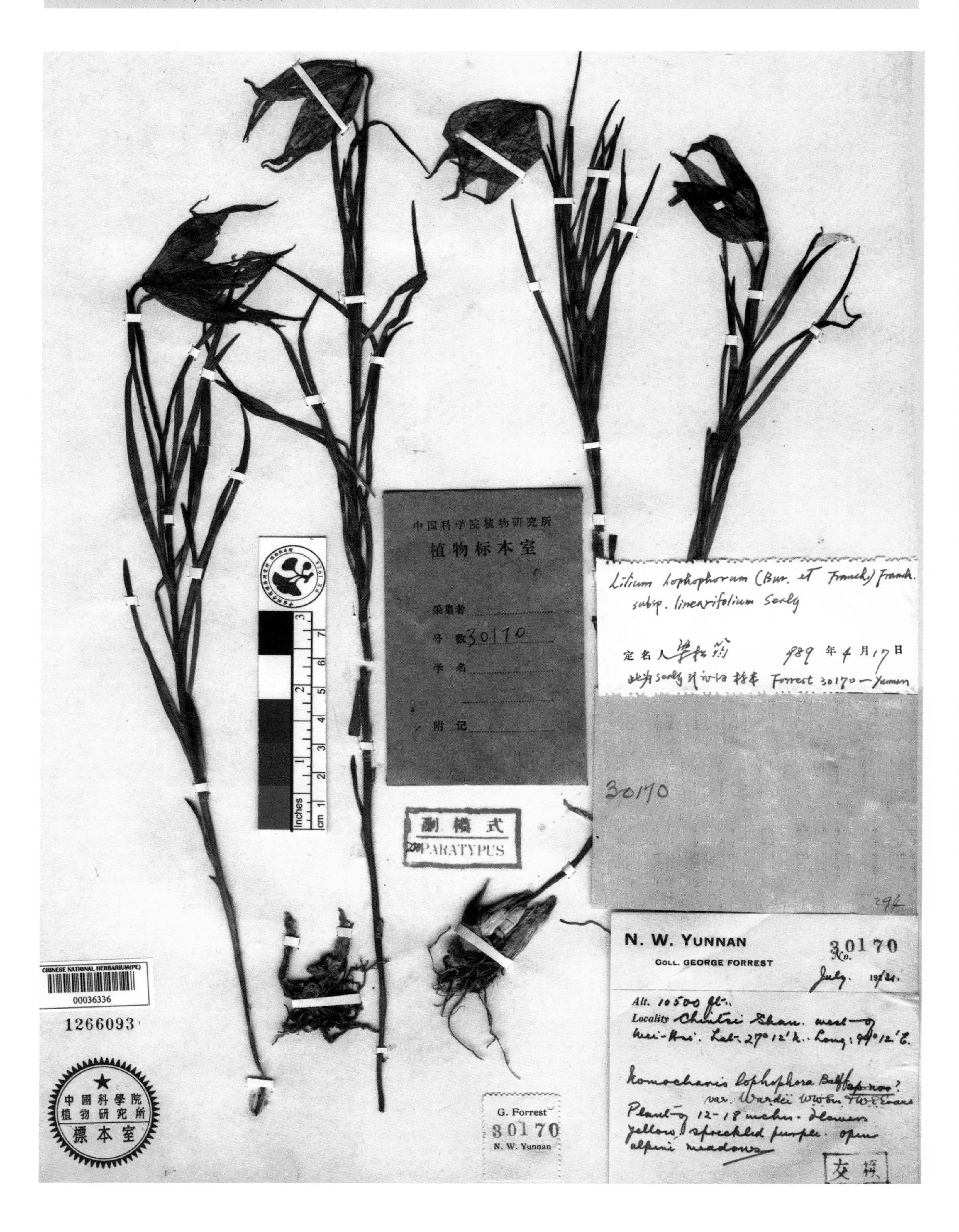

线叶百合 ***Lilium lophophorum*** (Bur. & Fr.) Franch. subsp. ***linearifolium*** Sealy in Kew Bull. 2: 294. 1950. **Isoparatype:** China. Yunnan: Weixi, alt. 3500 m, 1931-07-19, G. Forrest 30170.

马塘百合 ***Lilium matangense*** J. M. Xu in Acta Phytotax. Sin. 23(3): 233, f. 2. 1985. **Isotype:** China. Sichuan: Barkam, alt. 3250 m, 1957-06-21, X. Li 71638.

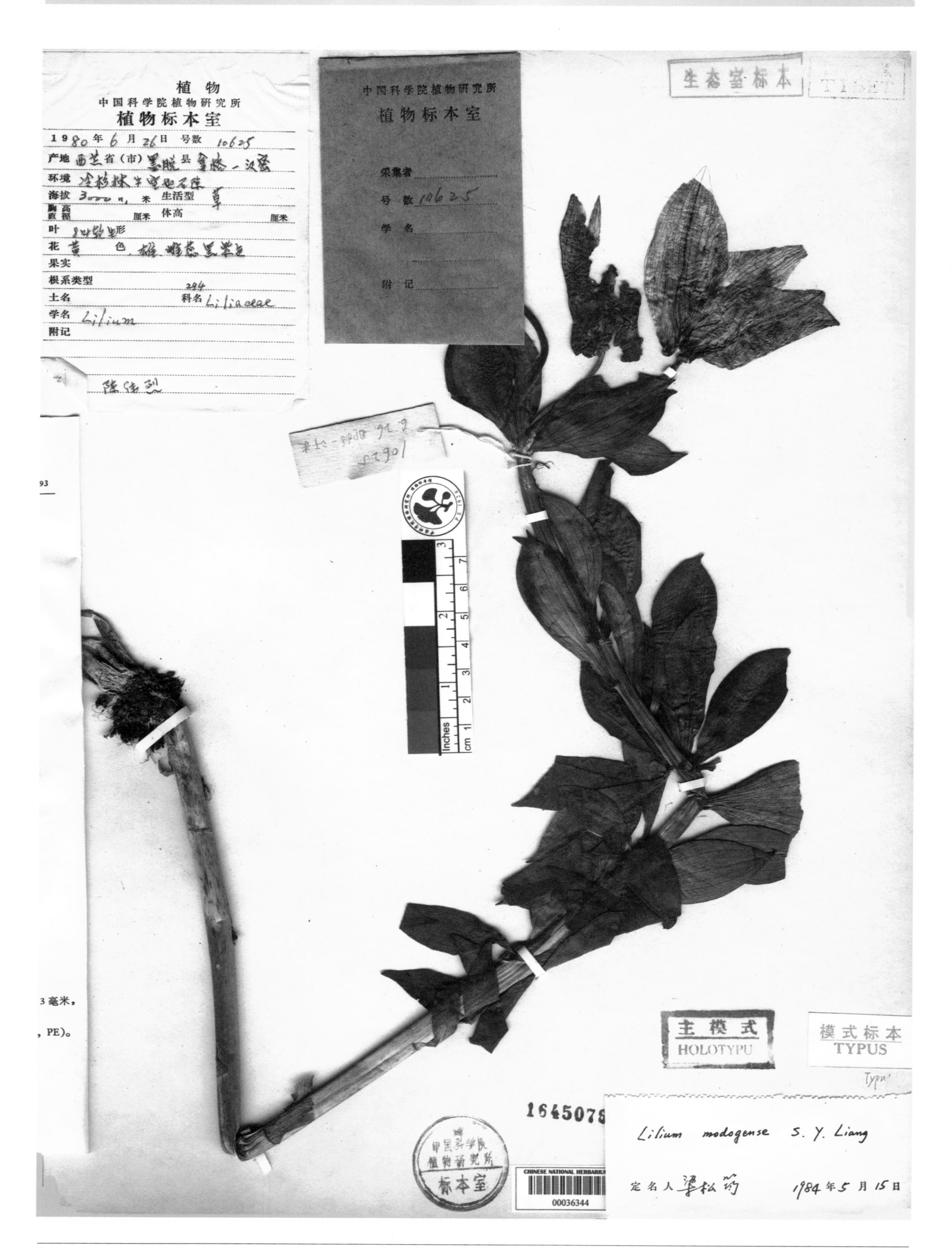

墨脱百合 ***Lilium medogense*** S. Y. Liang in Acta Phytotax. Sin. 23(5): 392, f. 1. 1985. **Holotype:** China. Xizang: Mêdog, alt. 3000 m, 1980-06-26, W. L. Chen 10625.

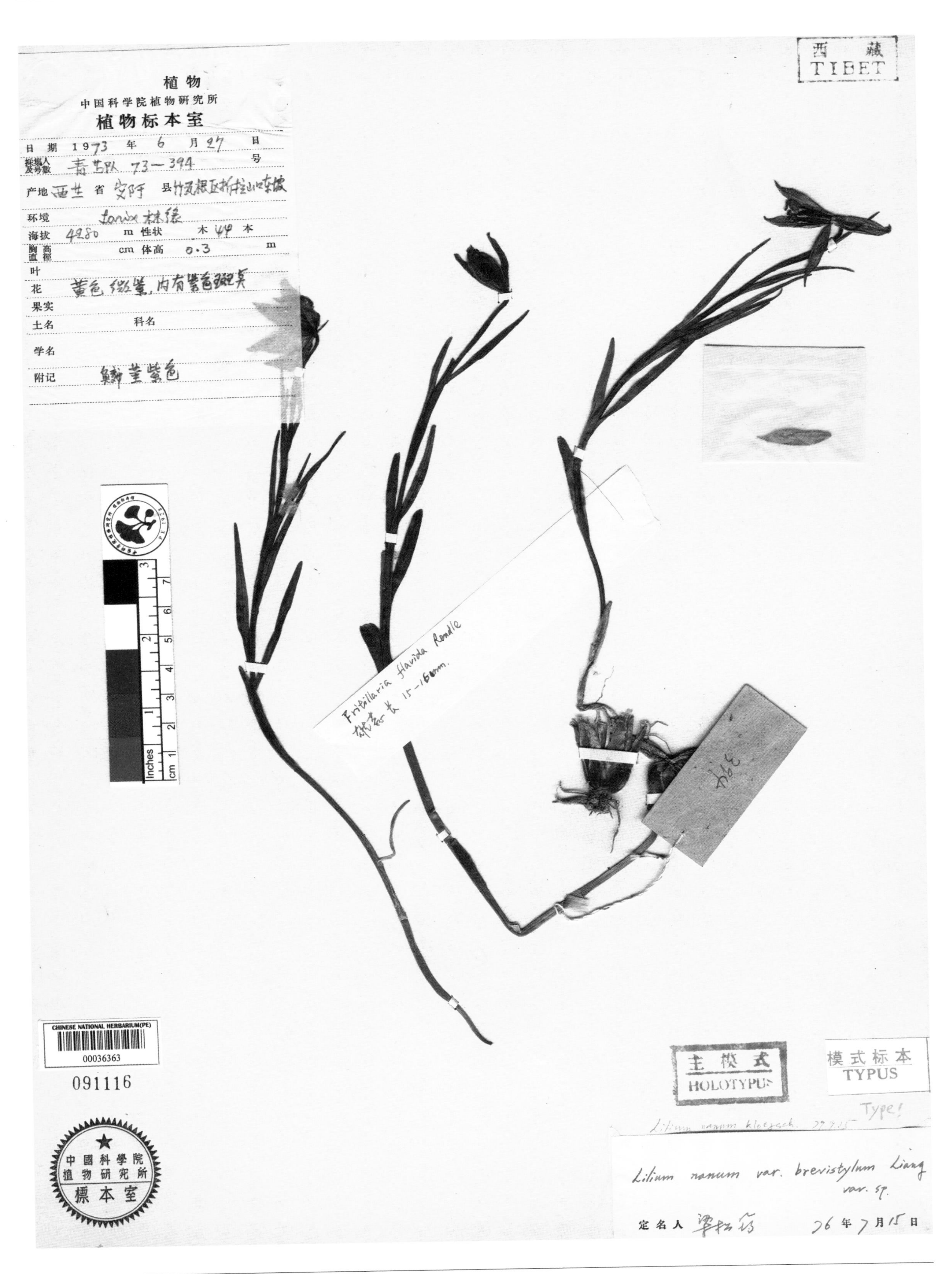

短花柱小百合 ***Lilium nanum*** Klotz. & Garcke var. ***brevistylum*** S. Y. Liang, Fl. Reip. Pop. Sin. 14: 131, 283. 1980. **Holotype:** China. Xizang: Zayü, alt. 4280 m, 1973-06-27, Qinghai-Xizang Exped. 73-394.

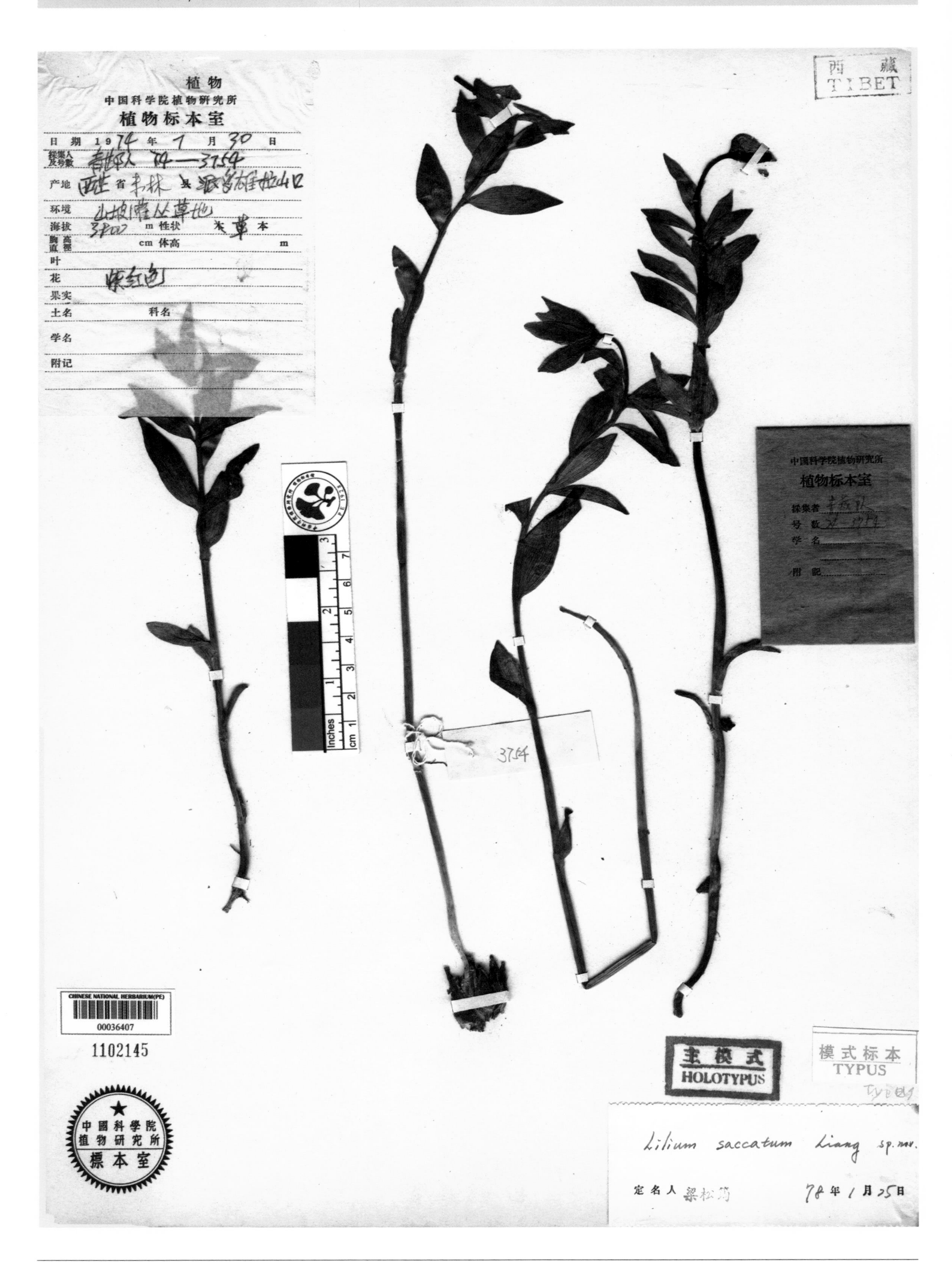

囊被百合 ***Lilium saccatum*** S. Y. Liang, Fl. Xizang 5: 540, f. 298. 1987. **Holotype:** China. Xizang: Mainling, alt. 3900 m, 1974-07-30, Qinghai-Xizang Exped. 74-3754.

四川百合 ***Lilium sutchuenense*** Franch. in Journ. Bot. (Morol) 6(17-18): 318. 1892. **Lectotype** (designated by Y. Lin & al. in Acta Bot. Bor.-Occ. Sin. 34: 413. 2014.): China. Chongqing: Chengkou, R. P. Farges 186.

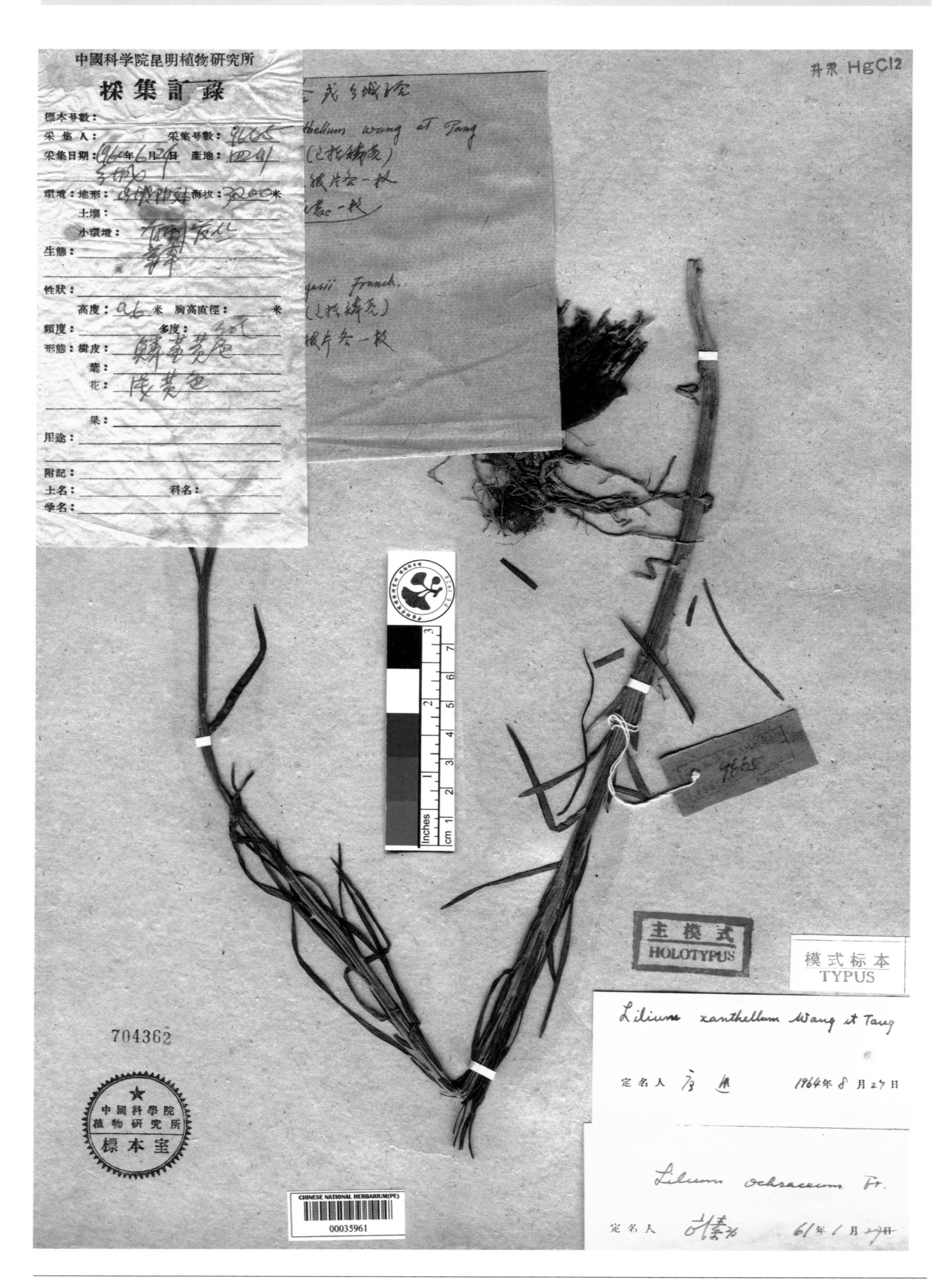

乡城百合 ***Lilium xanthellum*** F. T. Wang & Tang, Fl. Reip. Pop. Sin. 14: 150, 283, pl. 42: 5-9. 1980. **Holotype:** China. Sichuan: Xiangcheng, alt. 3200 m, 1960-06-24, S. K. Wu 9665.

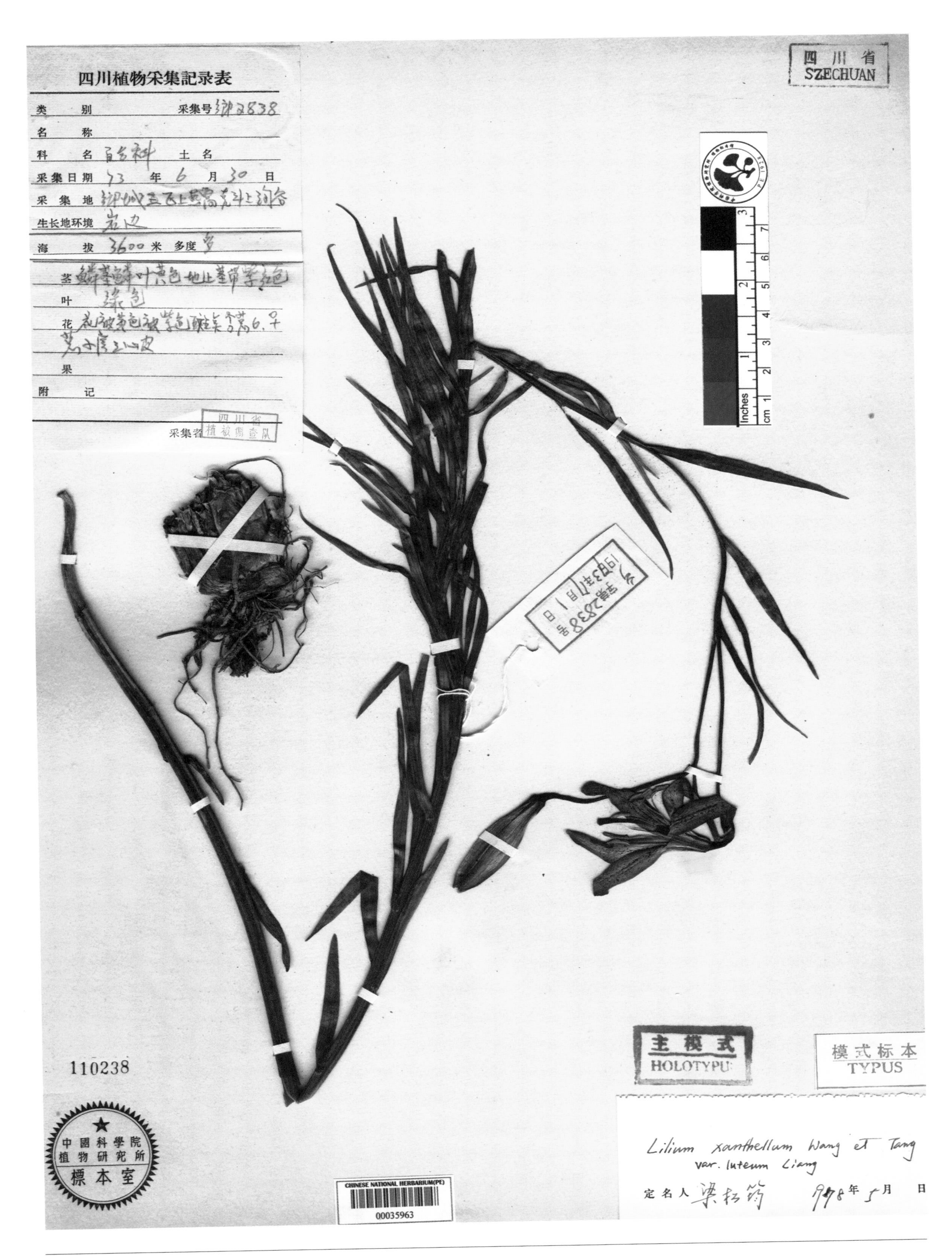

黄花百合 ***Lilium xanthellum*** F. T. Wang & Tang var. ***luteum*** S. Y. Liang, Fl. Reip. Pop. Sin. 14: 152, 283. 1980. **Holotype:** China. Sichuan: Xiangcheng, alt. 3600 m, 1973-06-30, Sichuan Exped. 2838.

长梗山麦冬 ***Liriope longipedicellata*** F. T. Wang & Tang, Fl. Reip. Pop. Sin. 15: 126, 251, pl. 40: 3-4. 1978. **Holotype:** China. Chongqing: Chengkou, alt. 1400 m, 1958-07-17, T. L. Dai 101267.

阔叶山麦冬 ***Liriope platyphylla*** F. T. Wang & Tang in Acta Phytotax. Sin. 1(3-4): 332. 1951. **Lectotype** (designated by Q. Lin & Z. R. Yang in Bull. Bot. Res., Harbin 30(2): 132. 2010.): China. Jiangsu: Nanjing, 1929-09-29, Y. L. Keng 2749.

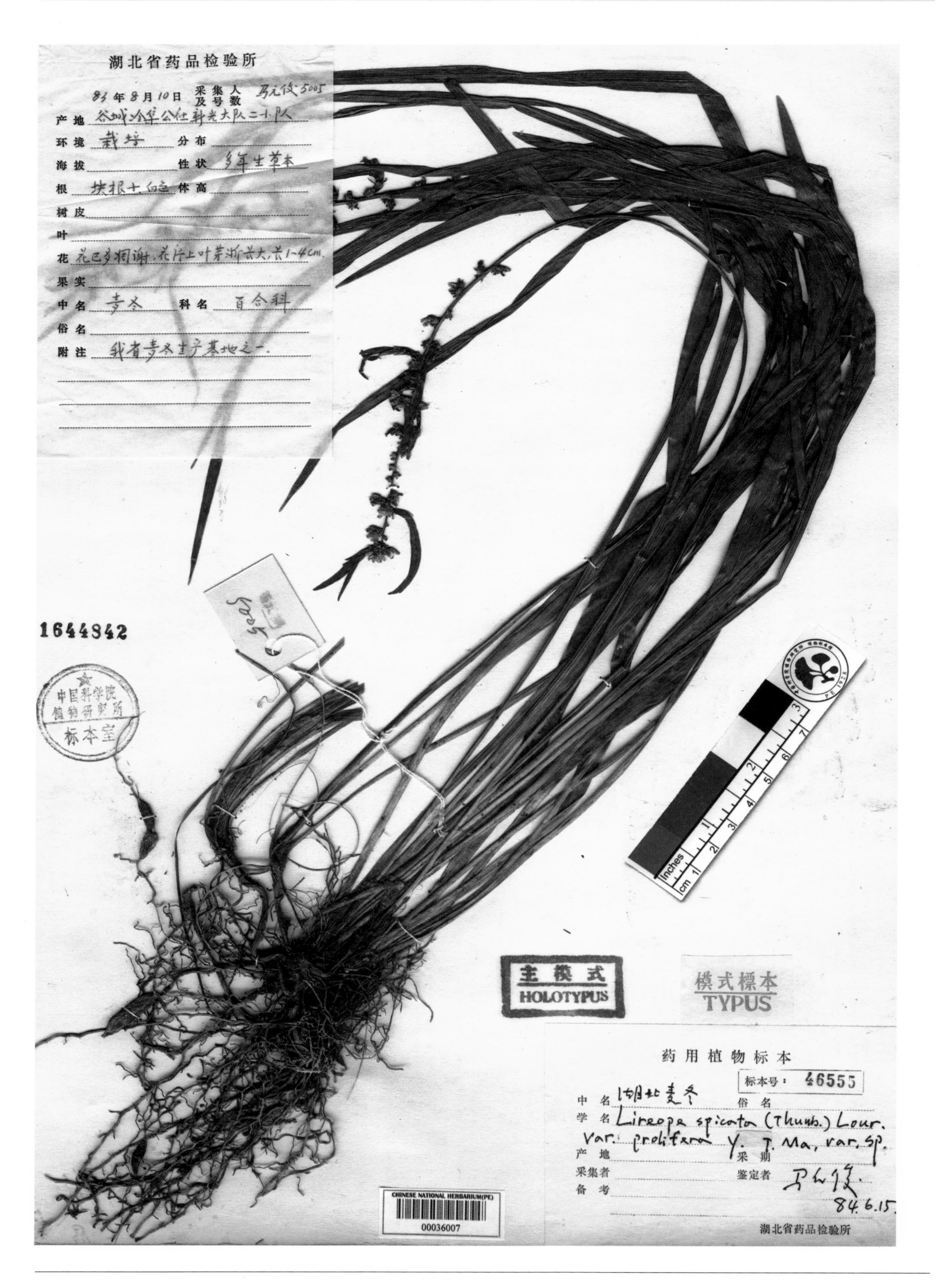

湖北麦冬 ***Liriope spicata*** (Thunb.) Lour. var. ***prolifera*** Y. T. Ma in Journ. Wuhan Bot. Res. 3(1): 27. 1985. **Holotype:** China. Hubei: Gucheng, 1983-08-10, Y. T. Ma 5005.

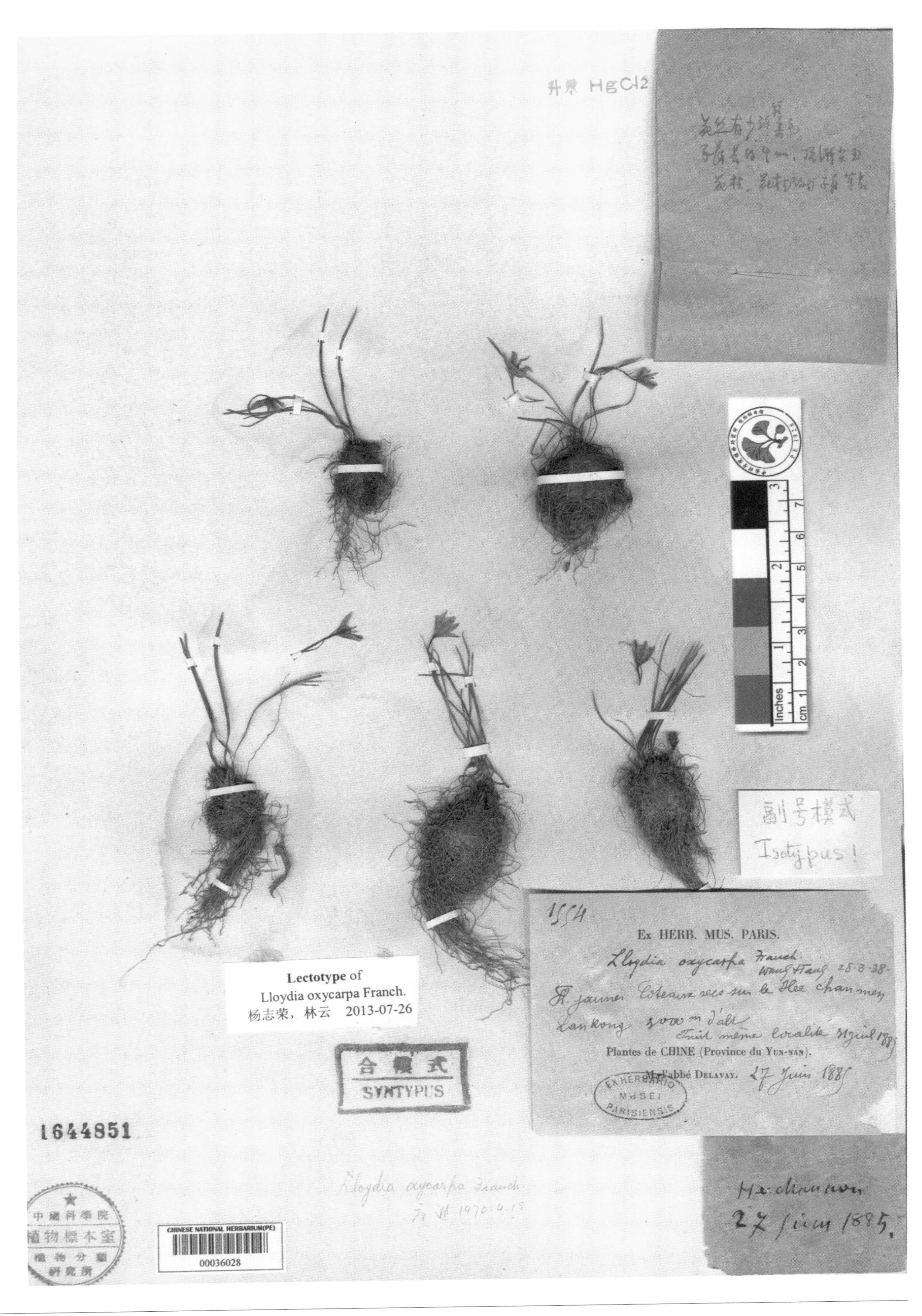

尖果洼瓣花 ***Lloydia oxycarpa*** Franch. in Journ. Bot. (Morot) 12: 192. 1898. **Lectotype** (designated by Y. Lin & al. in Acta Bot. Bor.-Occ. Sin. 34: 413. 2014.): China. Yunnan: Precise locality not known, alt. 3000 m, 1885-06-27, Delavay 1554.

黄色西藏洼瓣花 ***Lloydia tibetica*** Baker var. ***lutescens*** Franch. in Journ. Bot. (Morot) 12(12): 193. 1898. **Lectotype** (designated by Y. Lin & al. in Acta Bot. Bor.-Occ. Sin. 34: 413. 2014.): China. Chongqing: Chengkou, alt. 2500 m, R. P. Farges 429.

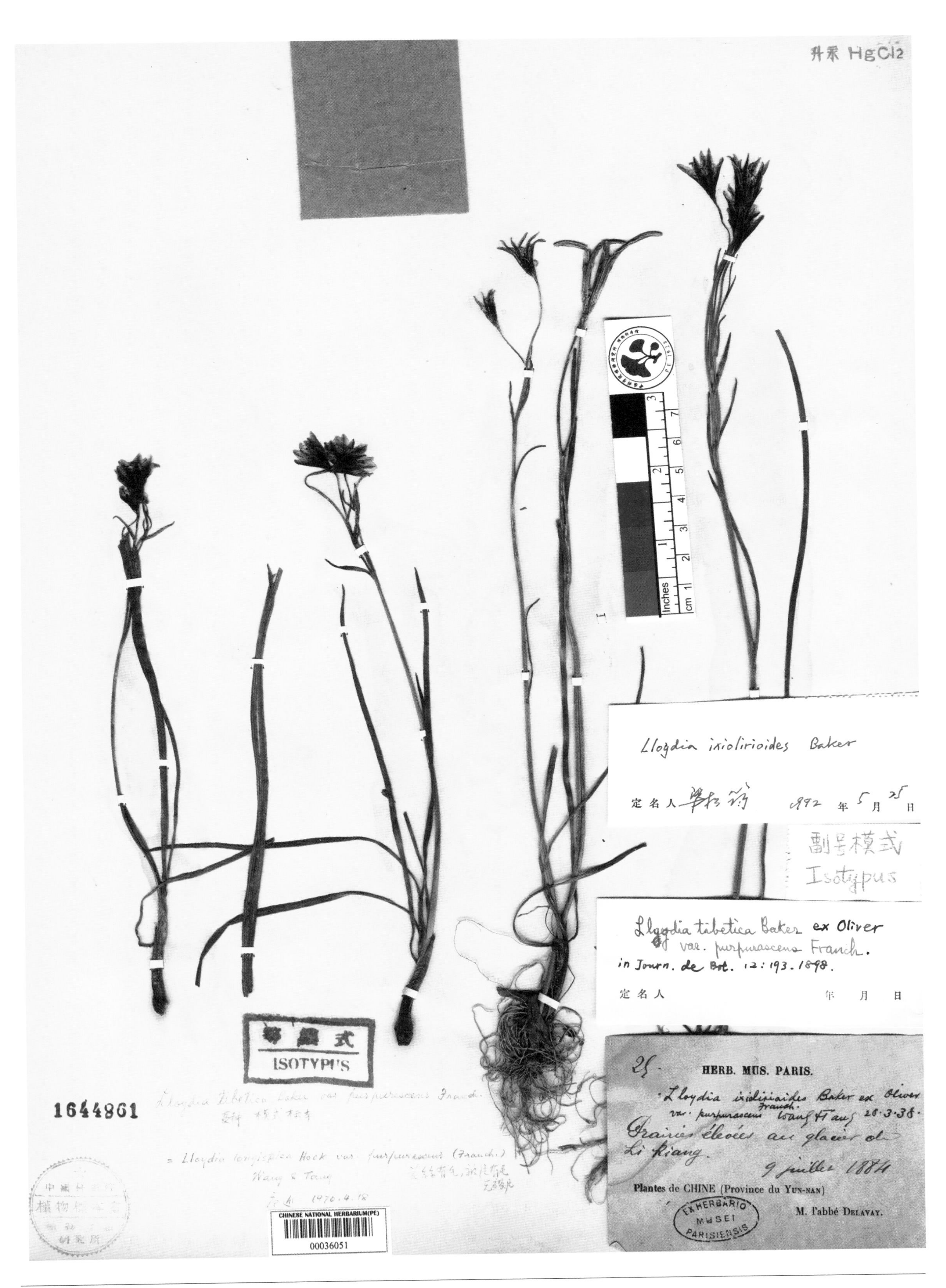

紫洼瓣花 ***Lloydia tibetica*** Baker var. ***purpurascens*** Franch. in Journ. Bot. (Morot) 12: 193. 1898. **Isotype:** China. Yunnan: Lijiang, alt. 3800 m, 1884-07-09, Delavay 25.

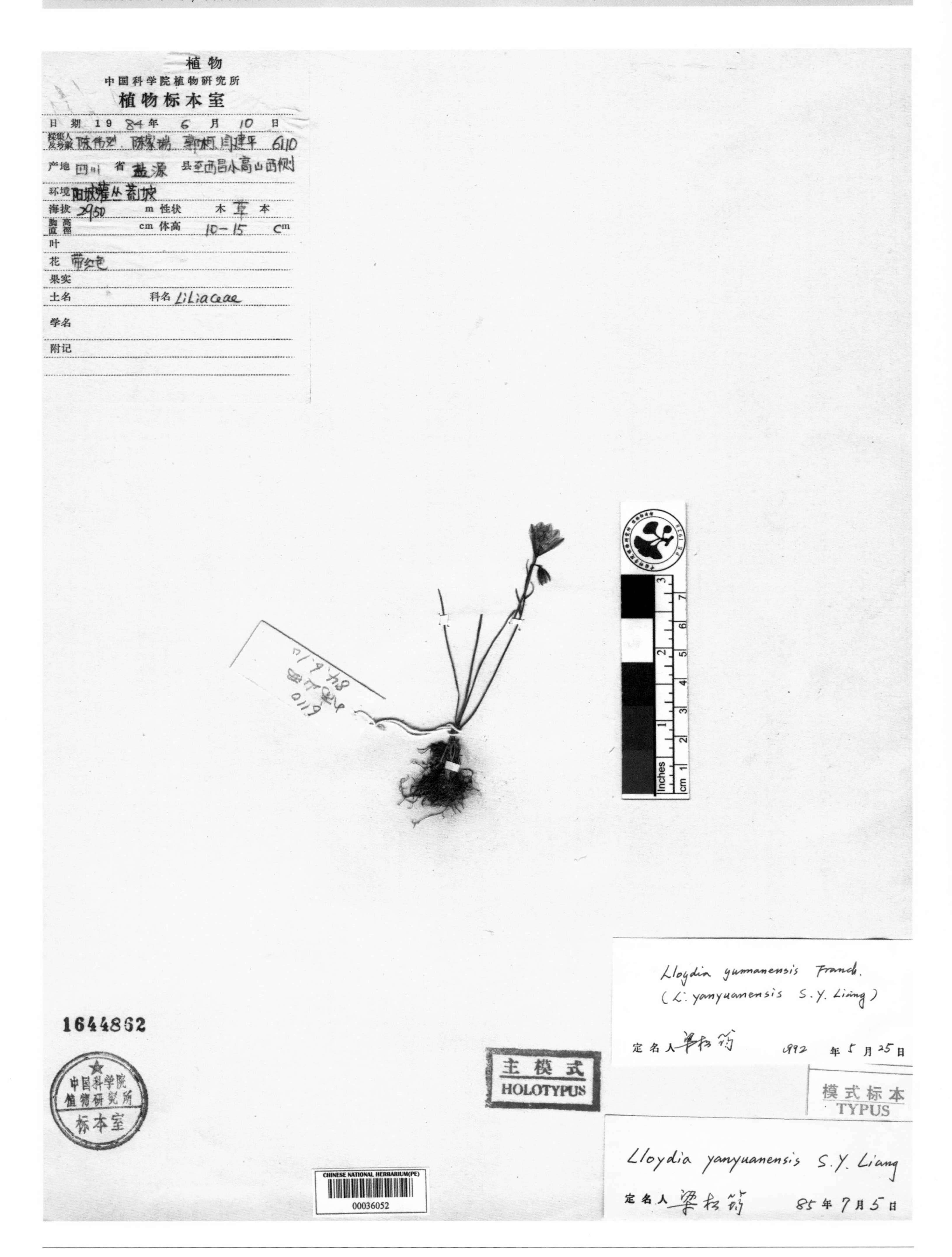

盐源洼瓣花 ***Lloydia yanyuanensis*** S. Y. Liang in Acta Bot. Yunnan. 8(2): 227, f. 1. 1986. **Holotype:** China. Sichuan: Yanyuan, alt. 2950, 1984-06-10, W. L. Chen & al. 6110.

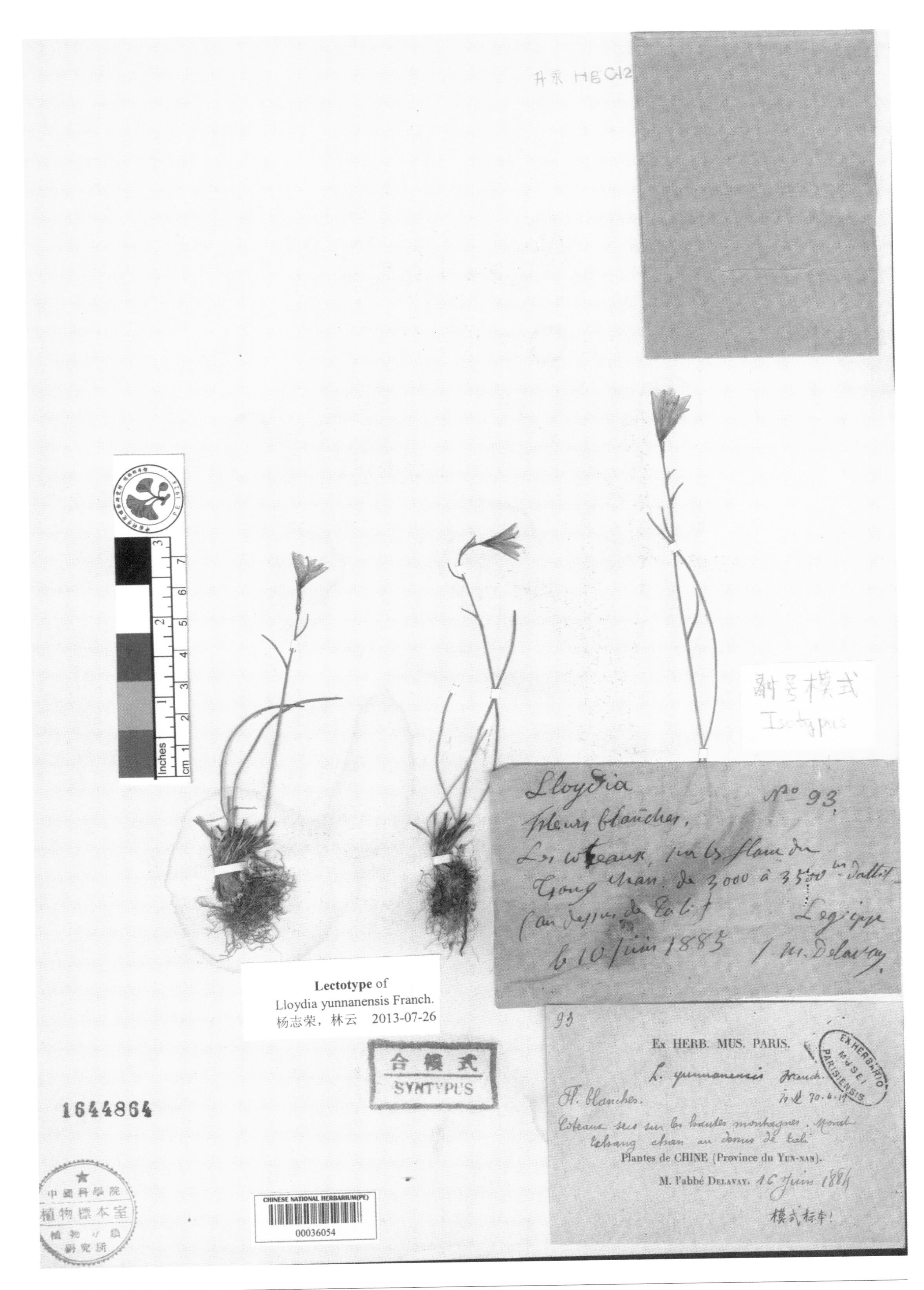

云南洼瓣花 ***Lloyidia yunnanensis*** Franch. in Journ. Bot. (Morot) 12(12): 192. 1898. **Lectotype** (designated by Y. Lin & al. in Acta Bot. Bor.-Occ. Sin. 34: 413. 2014.): China. Yunnan: Dali, alt. 3000~3500 m, 1884-06-16, Delavay 93.

碧罗豹子花 ***Nomocharis biluoensis*** S. Y. Liang in Bull. Bot. Res., Harbin 4(3): 169, pl. 1: 1-4. 1984. **Holotype:** China. Yunnan: Weixi, alt. 3400 m, 1981-07-13, Hengduanshan Exped. 1485.

斑块百合 ***Nomocharis henricii*** (Franch.) Wilson. f. ***maculata*** W. E. Evans in Notes Roy. Bot. Gard. Edinburgh 15(73): 194. 1926. **Lectotype** (designated by Y. Lin & al. in Acta Bot. Bor.-Occ. Sin. 34: 413. 2014.): China. Yunnan: Shweli-Salween Divide, 1918-??-??, G. Forrest 17590.

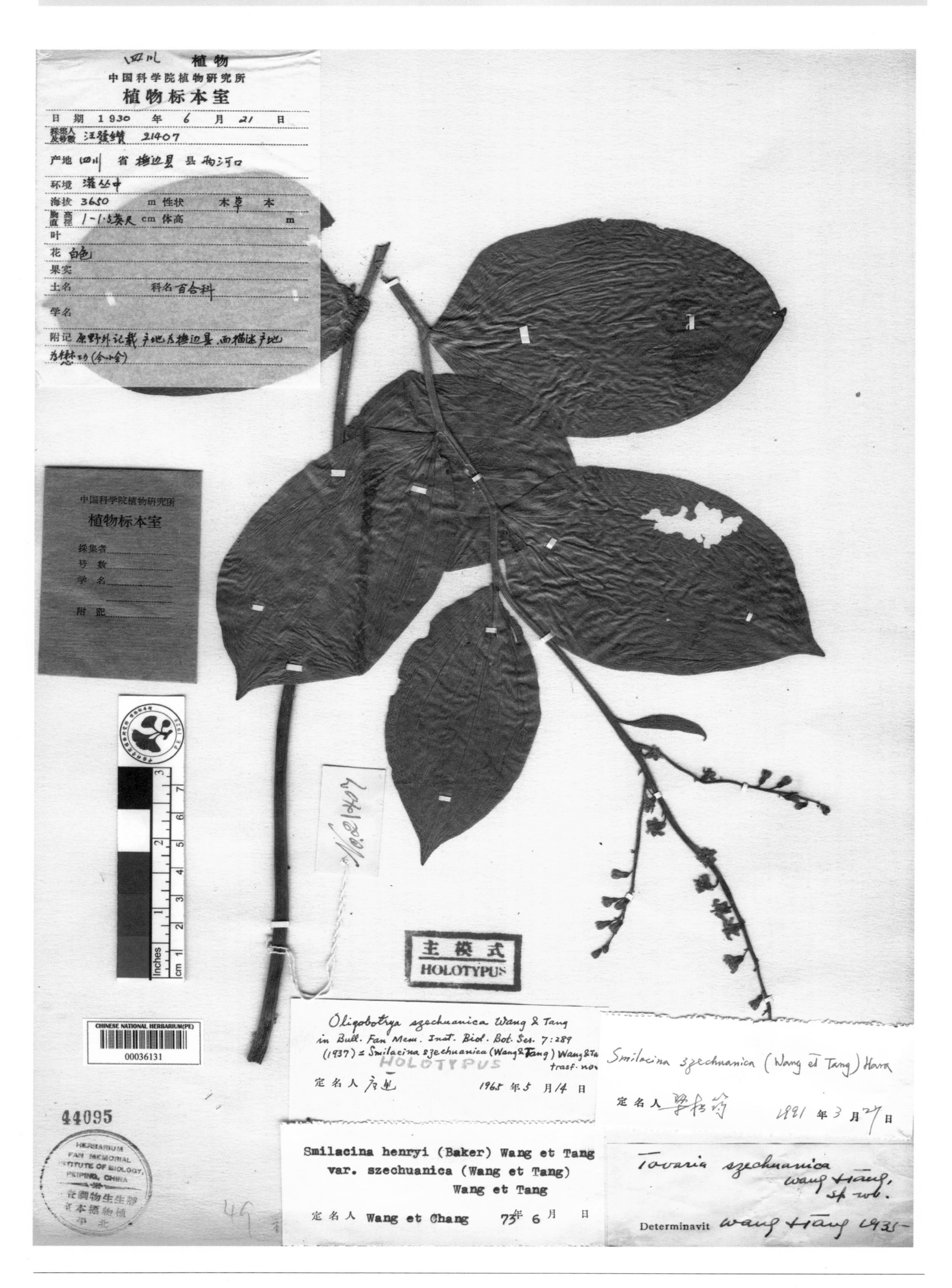

四川鹿药 ***Oligobotrya szechuanica*** F. T. Wang & Tang in Bull. Fan Mem. Inst. Biol., Bot. 7(6): 289. 1937. **Holotype:** China. Sichuan: Maogong, Lianghekou, alt. 3650 m, 1930-06-21, F. T. Wang 21407.

FAN MEMORIAL INSTITUTE
OF BIOLOGY
FLORA OF YUNNAN
Field No. 78041 Date Aug. 1936
Locality 車里縣 (Che-li Hsien)
Altitude 800 m.
Habitat mixed forest
Habit
Height D.B.H.
Bark
Leaf
Flower whiteish brown
Fruit
Notes
Common Name Family Orch.?
Name
Collector 王啓無 C. W. Wang

中国科学院植物研究所
植物标本室
採集者
号 数
学 名
附 記

Inches cm 1 2 3 4 5 6 7

1644962

等模式
ISOTYPUS

YUNNAN C. W. WANG 1935-36 78041

Ophiopogon aciformis Wang et Tang ex H. Li et Y. P. Yang
定名人 Zhang Daming 1990年 11月30日
(Isotypus)

Ophiopogon persistens Wang et Dai
定名人 [illegible] 1974年 5月14日

尖叶沿阶草 ***Ophiopogon aciformis*** F. T. Wang & Tang ex H. Li & Y. P. Yang in Acta Bot. Yunnan 3: 92, pl. 1: 3. 1990. **Isotype:** China. Yunnan: Cheli (=Jinghong), alt. 800 m, 1936-08, C. W. Wang 78041.

钝叶沿阶草 ***Ophiopogon amblyphyllus*** F. T. Wang & L. K. Dai, Fl. Reip. Pop. Sin. 15: 142, 251, pl. 45: 5-7. 1978. **Holotype:** China. Sichuan: Xingjing, 1938-07-08, C. W. Yao 2251.

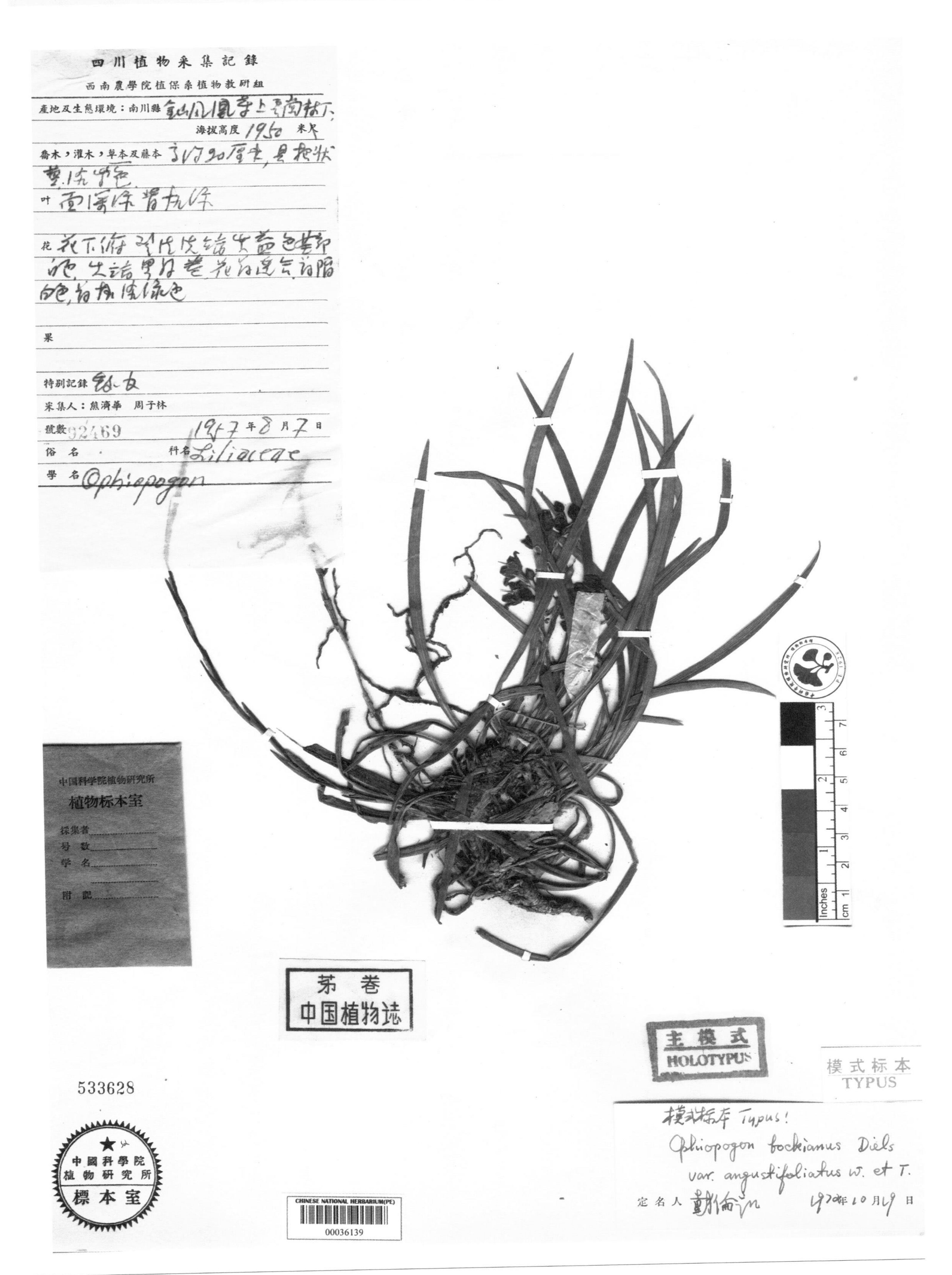

短药沿阶草 ***Ophiopogon bockianus*** Diels var. ***angustifoliatus*** F. T. Wang & Tang, Fl. Reip. Pop. Sin. 15: 152, 252. 1978. **Holotype:** China. Chongqing: Nanchuan, alt. 1950 m, 1957-08-07, J. H. Xiong & Z. L. Zhou 92469.

矮小沿阶草 ***Ophiopogon bodinieri*** Lévl. var. ***pygmaeus*** F. T. Wang & L. K. Dai, Fl. Reip. Pop. Sin. 15: 163, 253, pl. 54: 3-4. 1978. **Holotype:** China. Yunnan: Lijiang, alt. 2700 m, 1935-07-??, C. W. Wang 71650.

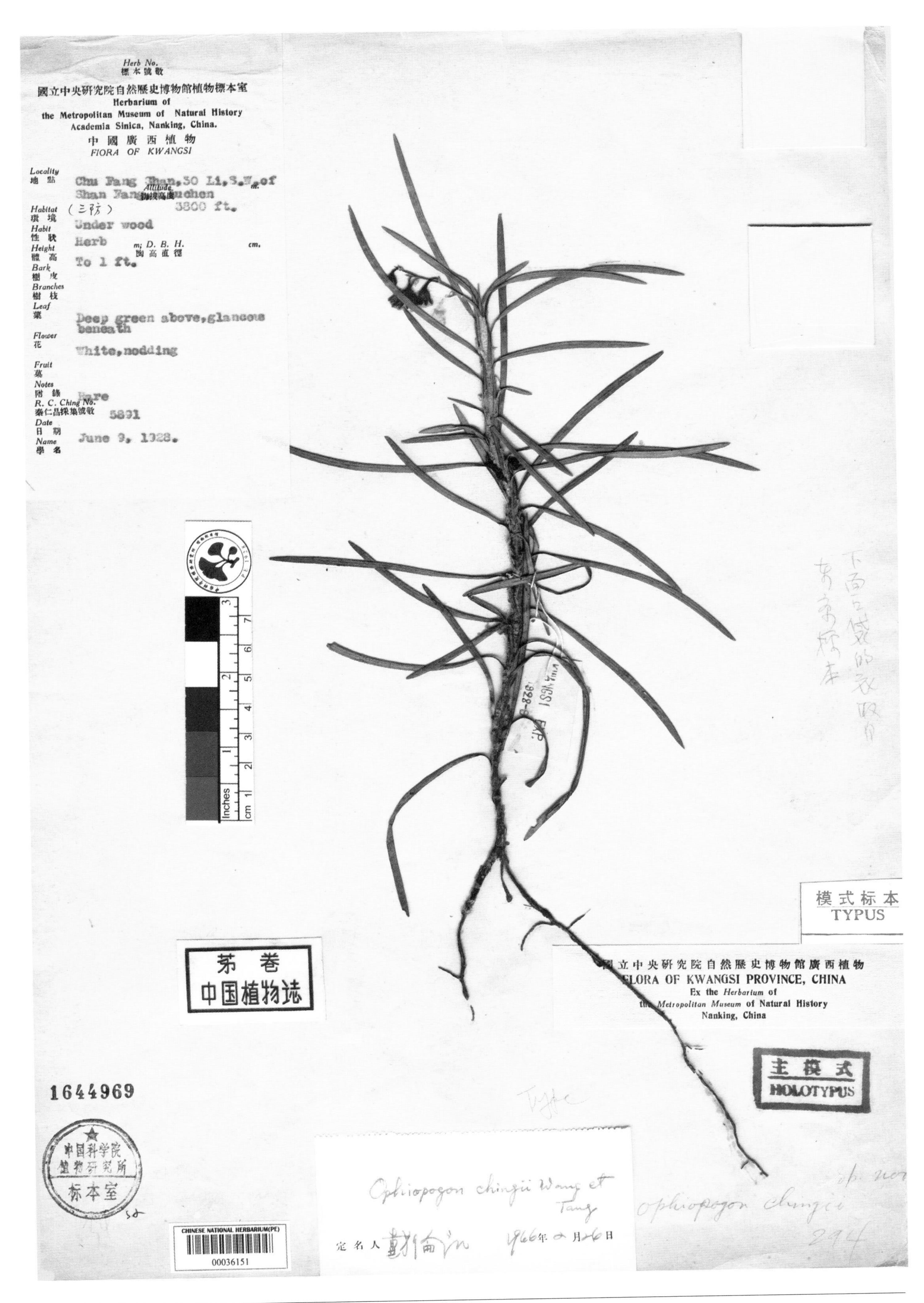

长茎沿阶草 ***Ophiopogon chingii*** F. T. Wang & Tang in Bull. Fan Mem. Inst. Biol., Bot. 7(6): 282. 1937. **Holotype:** China. Guangxi: Luocheng, alt. 1270 m, 1928-06-09, R. C. Ching 5891.

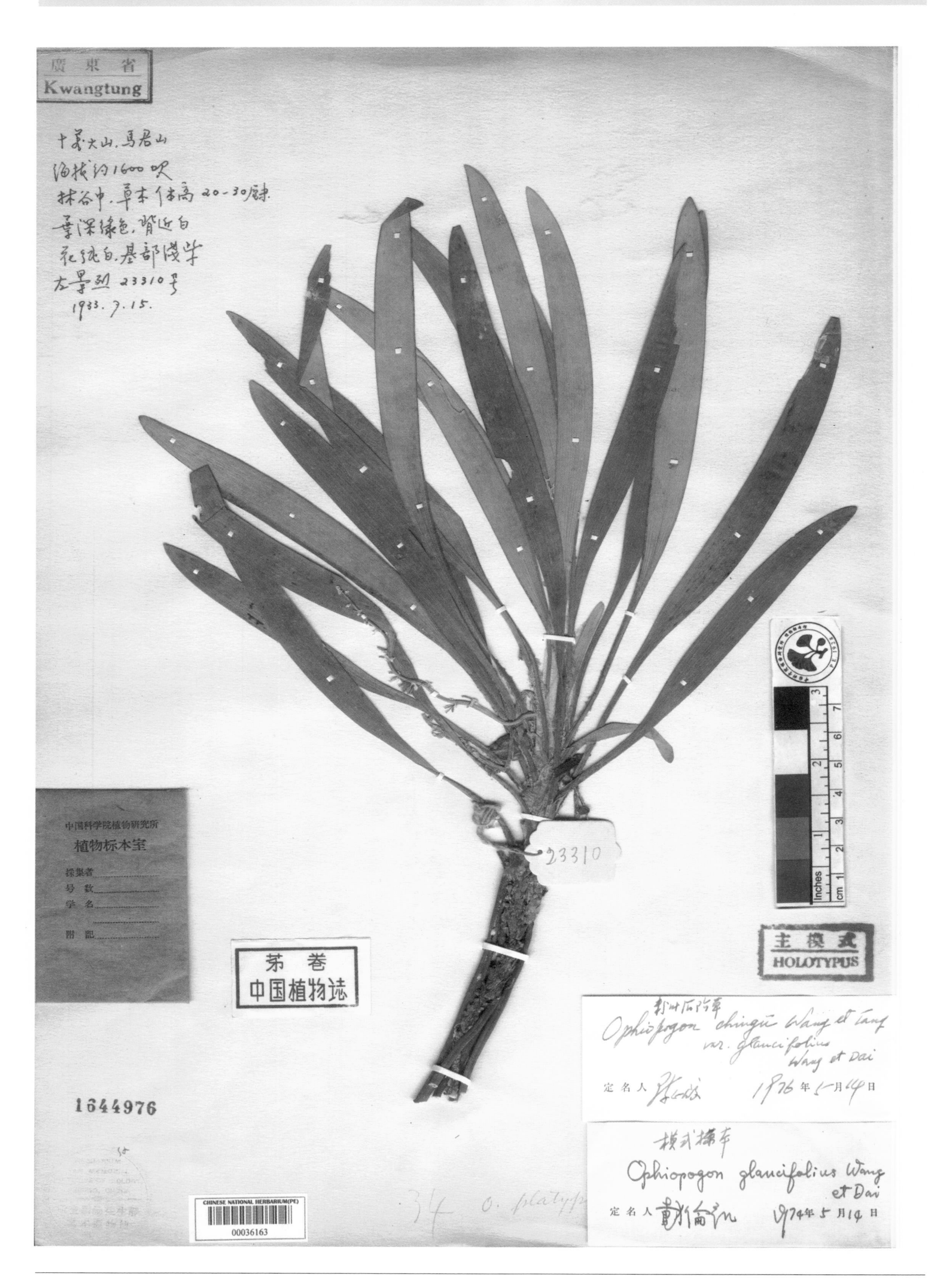

粉叶沿阶草 ***Ophiopogon chingii*** F. T. Wang & Tang var. ***glaucifolius*** F. T. Wang & L. K. Dai, Fl. Reip. Pop. Sin. 15: 146, 252, pl. 49: 1-2. 1978. **Holotype:** China. Guangxi: Shiwandashan, alt. 530 m, 1933-07-15, C. L. Tso 23310.

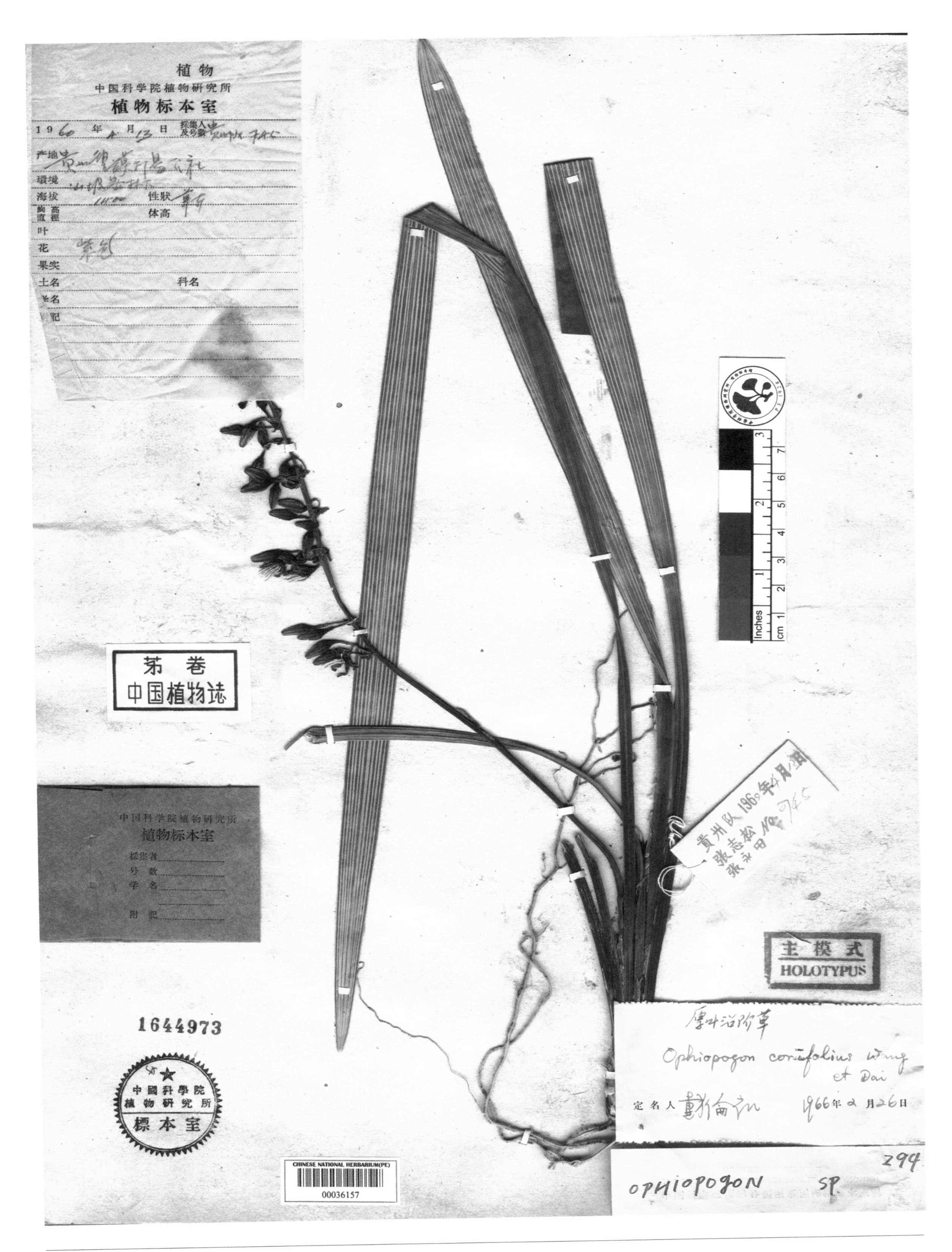

厚叶沿阶草 ***Ophiopogon corifolius*** F. T. Wang & L. K. Dai, Fl. Reip. Pop. Sin. 15: 156, 253, pl. 52: 6-7. 1978. **Holotype:** China. Guizhou: Wanmu, alt. 1400 m, 1960-04-13, J. S. Chang & Y. T. Chang 745.

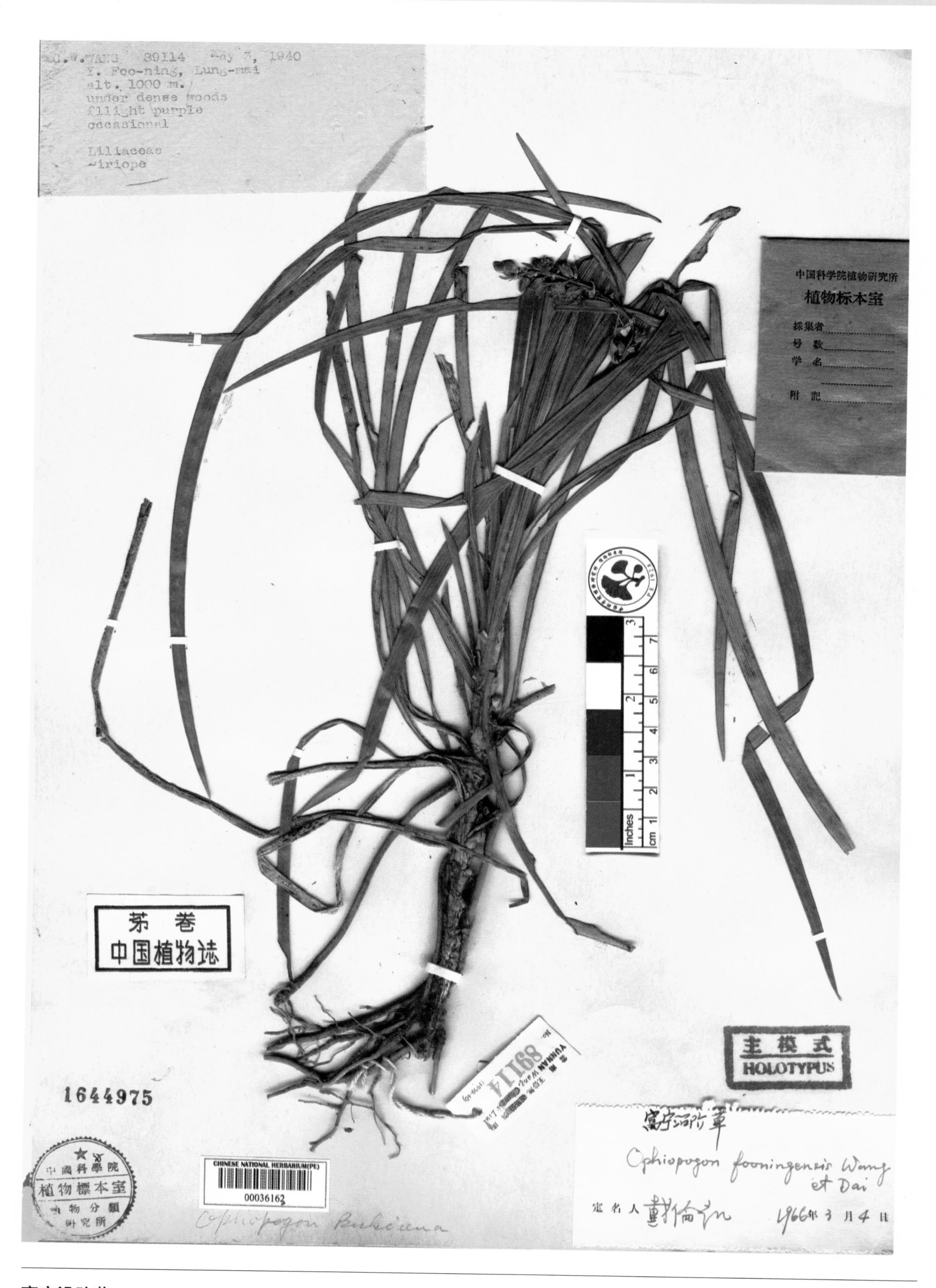

富宁沿阶草 ***Ophiopogon fooningensis*** F. T. Wang & L. K. Dai, Fl. Reip. Pop. Sin. 15: 148, 252, pl. 49: 3-4. 1978. **Holotype:** China. Yunnan: Funing, alt. 1000 m, 1940-05-03, C. W. Wang 89114.

海南沿阶草 ***Ophiopogon hainanensis*** Masamune in Trans. Nat. Hist. Soc. Taiwan 29: 28. 1939. **Isotype:** China. Hainan: Precise locality not known, 1935-05-26, F. C. How 72600.

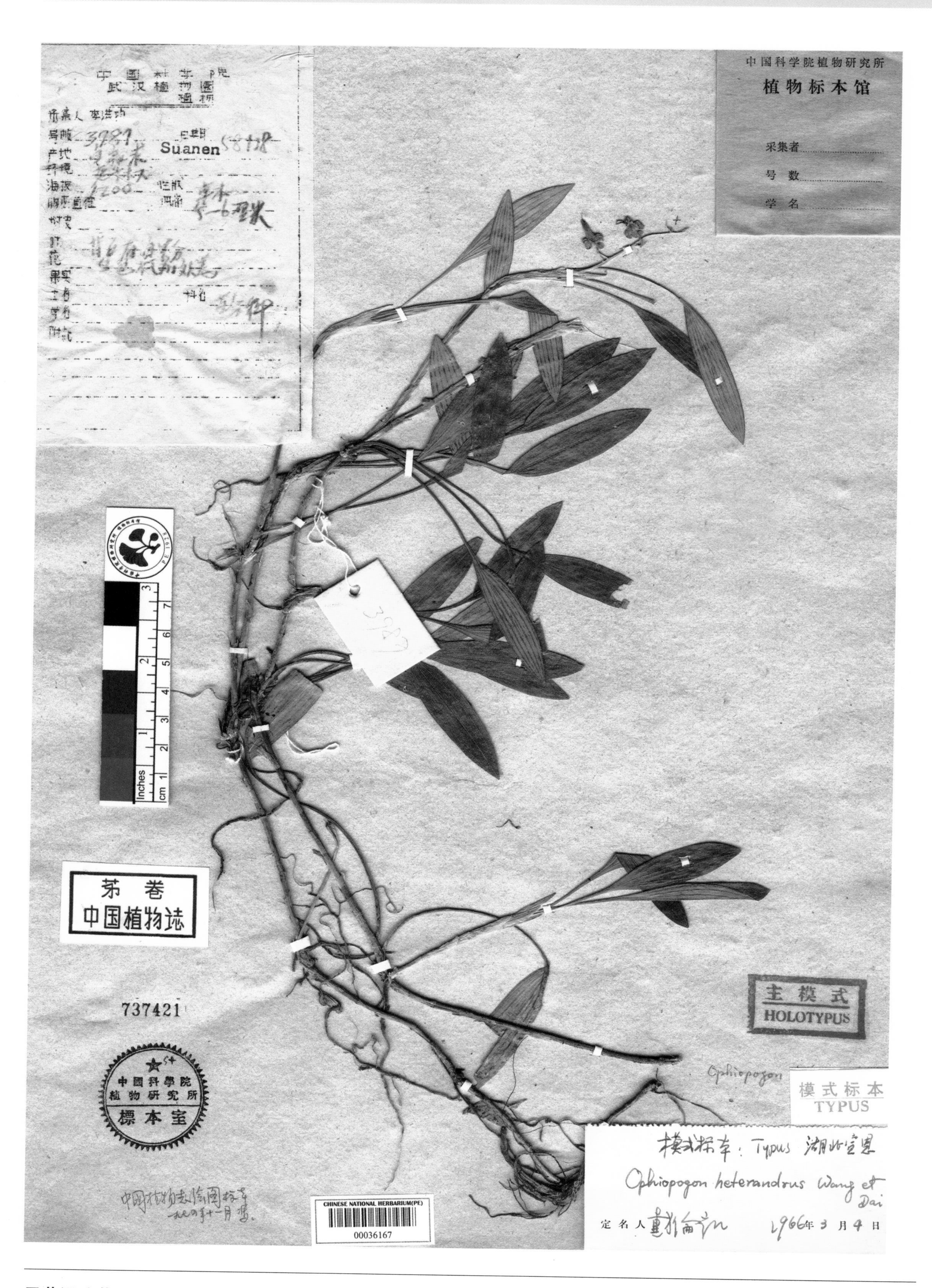

异药沿阶草 ***Ophiopogon heterandrus*** F. T. Wang & L. K. Dai, Fl. Reip. Pop. Sin. 15: 136, 251, pl. 43: 1-2. 1978. **Holotype:** China. Hubei: Xuanen, alt. 1200 m, 1958-01-18, H. J. Li 3987.

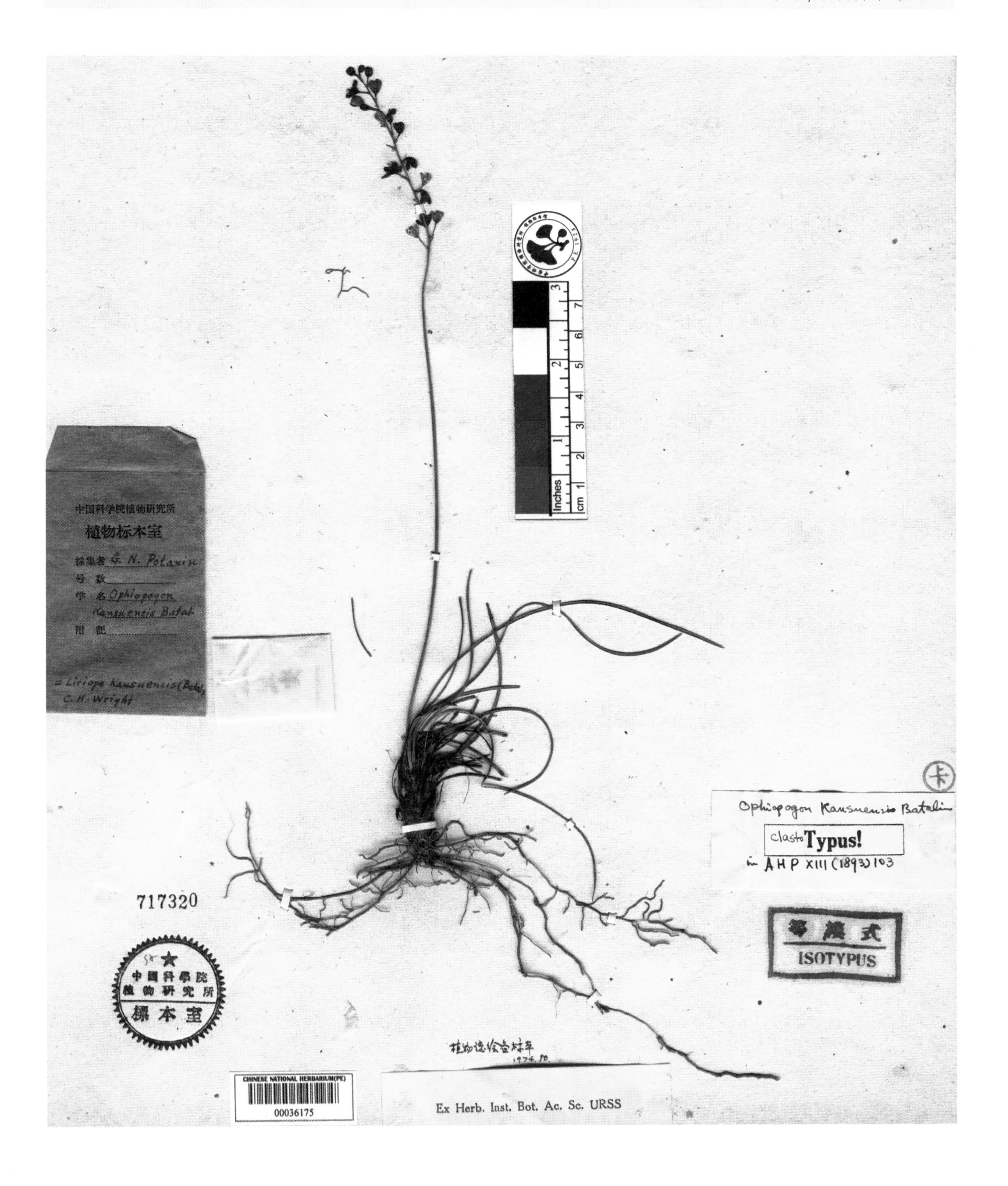

甘肃山麦冬 ***Ophiopogon kansuensis*** Batal. in Acta Hort. Petr. 13: 103. 1893. **Isotype:** China. Gansu: Precise locality not known, 1885-07-20, G. N. Potanin s. n.

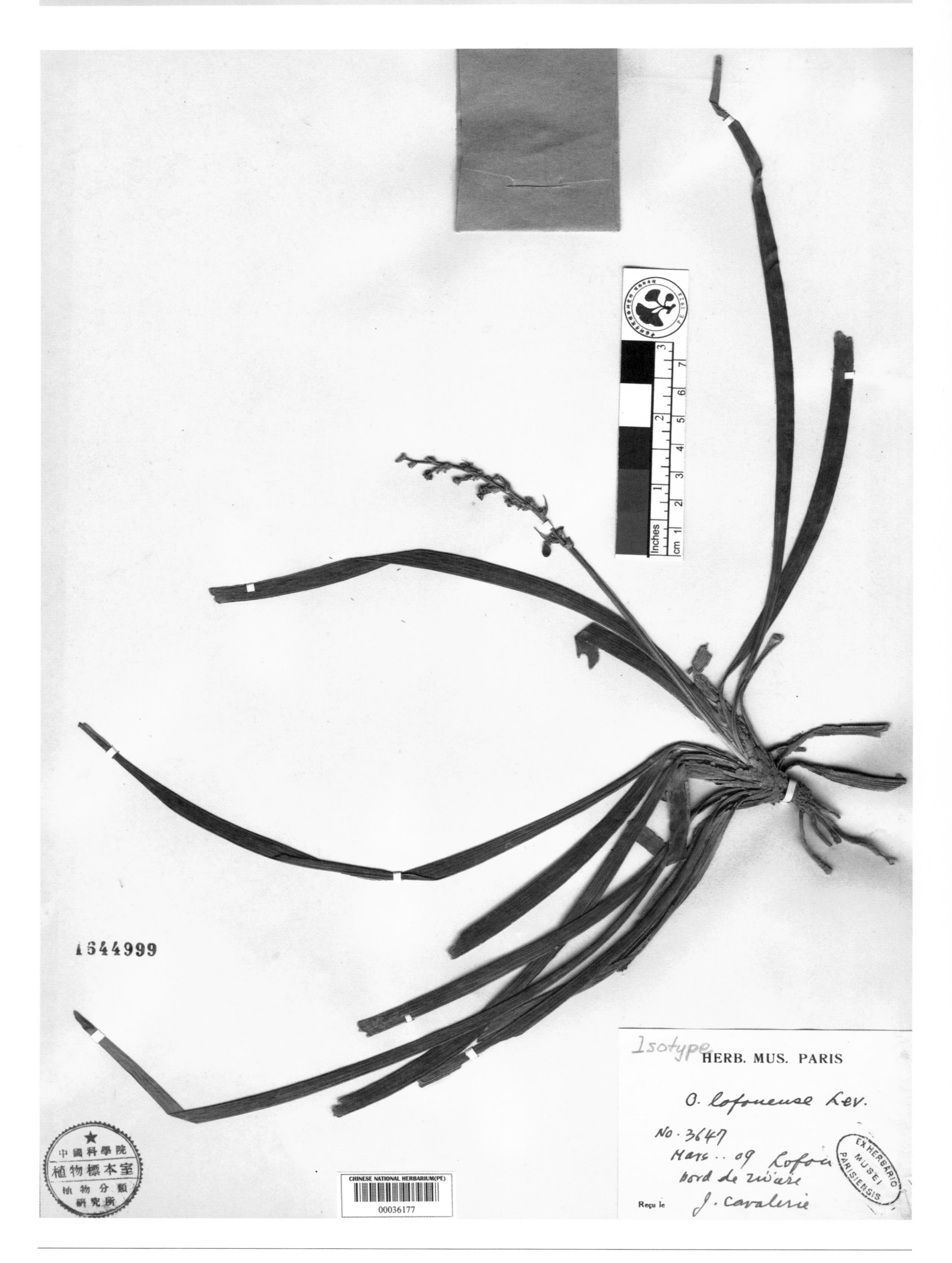

罗甸沿阶草 ***Ophiopogon lofouense*** Lévl. in Fedde, Rep. Sp. Nov. Reg. Veg. 9: 78. 1910. **Isotype:** China. Guizhou: Lofou (=Luodian), J. Cavalerie 3647.

泸水沿阶草 ***Ophiopogon lushuiensis*** S. C. Chen in Acta Phytotax. Sin. 26(2): 141, pl. 1:3. 1988. **Holotype:** China. Yunnan: Lushui, alt. 2400 m, 1981-05-29, Hengduanshan Exped. 208.

西南沿阶草 ***Ophiopogon mairei*** Lévl. in Fedde, Rep. Sp. Nov. Reg. Veg. 11: 493. 1913. **Isotype:** China. Yunnan: Precise locality not known, alt. 800 m, 1911-06-??, Maire s. n.

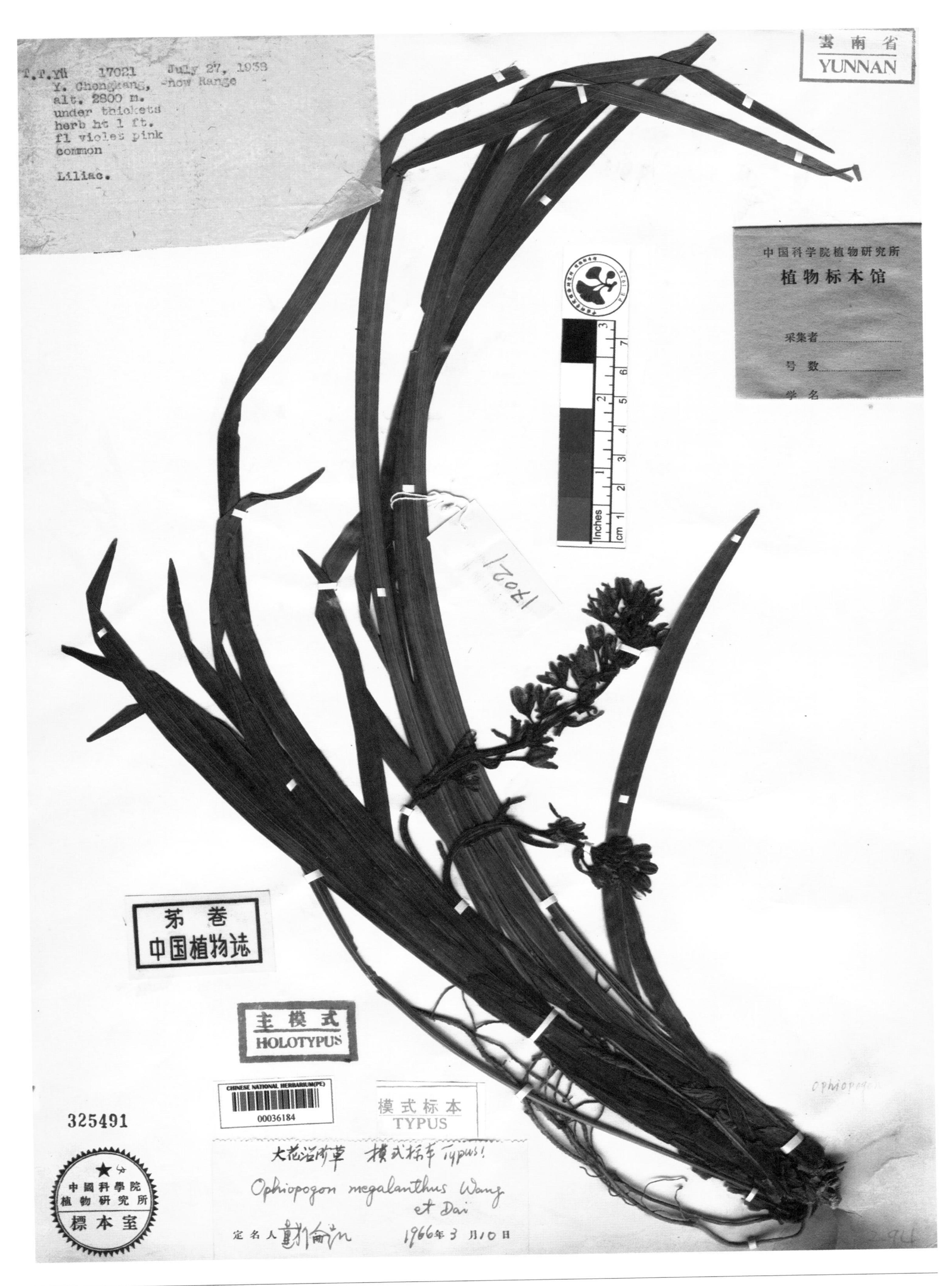

大花沿阶草 ***Ophiopogon megalanthus*** F. T. Wang & L. K. Dai, Fl. Reip. Pop. Sin. 15: 154, 253, pl. 51: 1-3. 1978. **Holotype:** China. Yunnan: Zhenkang, alt. 2800 m, 1938-07-27, T. T. Yu 17021.

龙州沿阶草 ***Ophiopogon ogisui*** M. N. Tamura & J. M. Xu in Acta Phytotax. Geobot. 58(1): 39, f. 1. 2007. **Holotype:** China. Guangxi: Longzhou, alt. 440 m, 2006-11-21, Mikinori Ogisu 250.

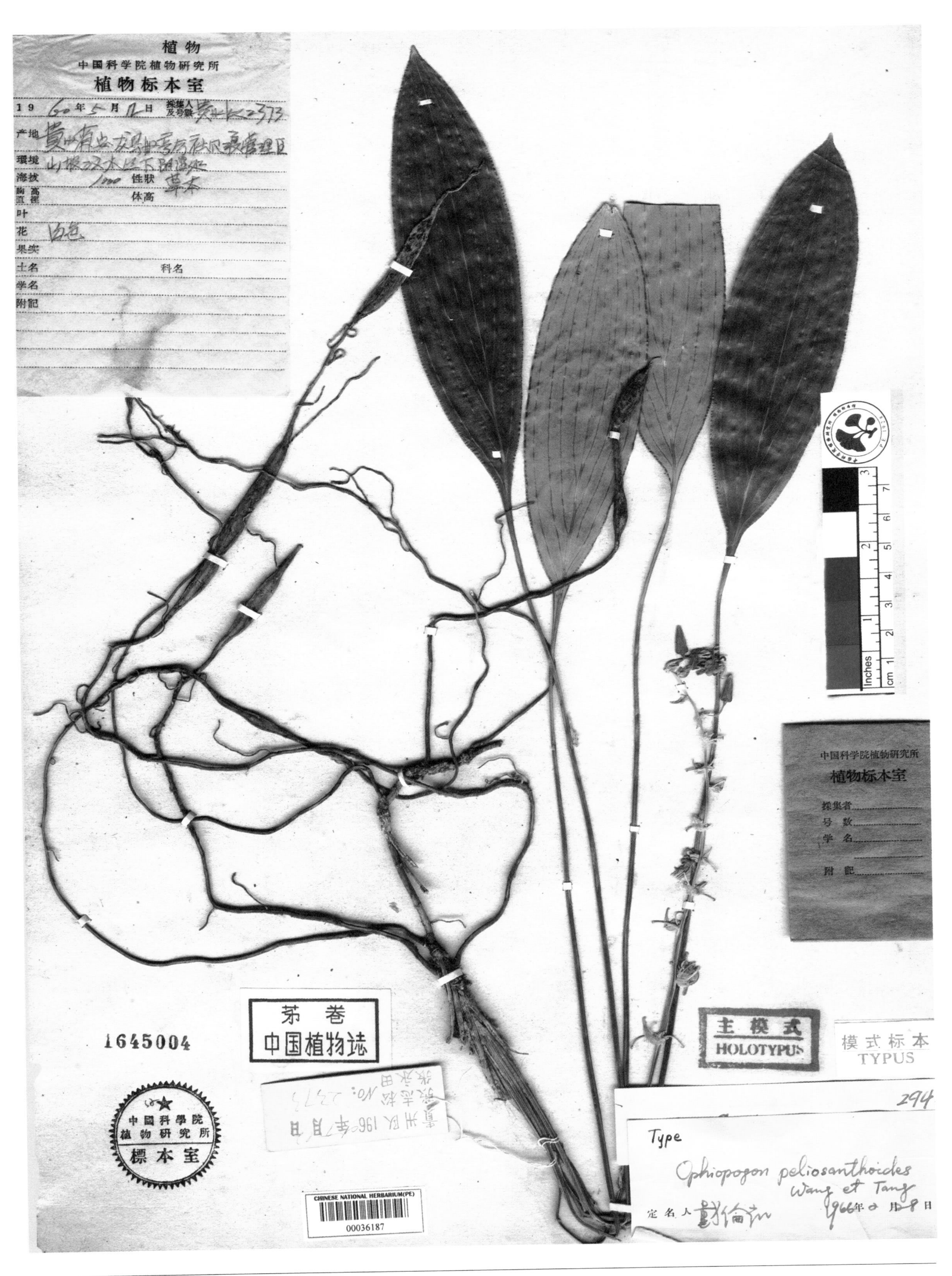

长药沿阶草 ***Ophiopogon peliosanthoides*** F. T. Wang & Tang, Fl. Reip. Pop. Sin. 15: 144, 252, pl. 47: 3-4. 1978. **Holotype:** China. Guizhou: Anlong, alt. 1000 m, 1960-05-12, Z. S. Zhang & Y. T. Chang 2373.

屏边沿阶草 ***Ophiopogon pingbienensis*** F. T. Wang & L. K. Dai, Fl. Reip. Pop. Sin. 15: 140, 251, pl. 45: 3-4. 1978. **Holotype:** China. Yunnan: Pingbian, alt. 1860 m, 1954-05-05, P. I. Mao 4134.

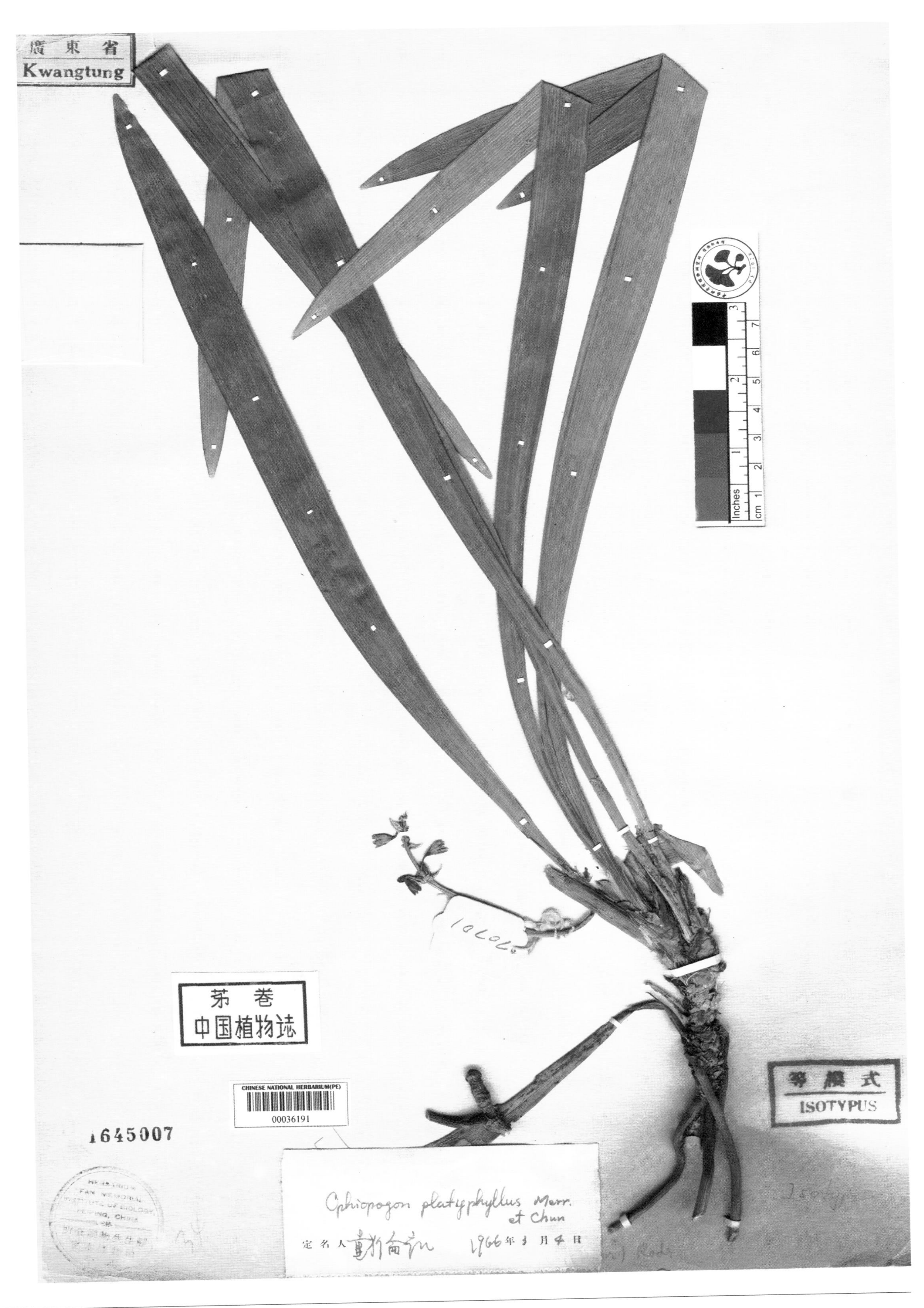

宽叶沿阶草 ***Ophiopogon platyphyllus*** Merr. & Chun in Sunyatsenia 2(3-4): 211. 1935. **Isotype:** China. Hainan: Sanya, alt. 1800 m, 1933-05-06, F. C. How 70701.

高节沿阶草 ***Ophiopogon reversus*** C. C. Huang, Fl. Hainan 4: 534. 1976. **Isotype:** China. Hainan: Lingshui, alt. 570 m, 1932-08-22, N. K. Chun 43625.

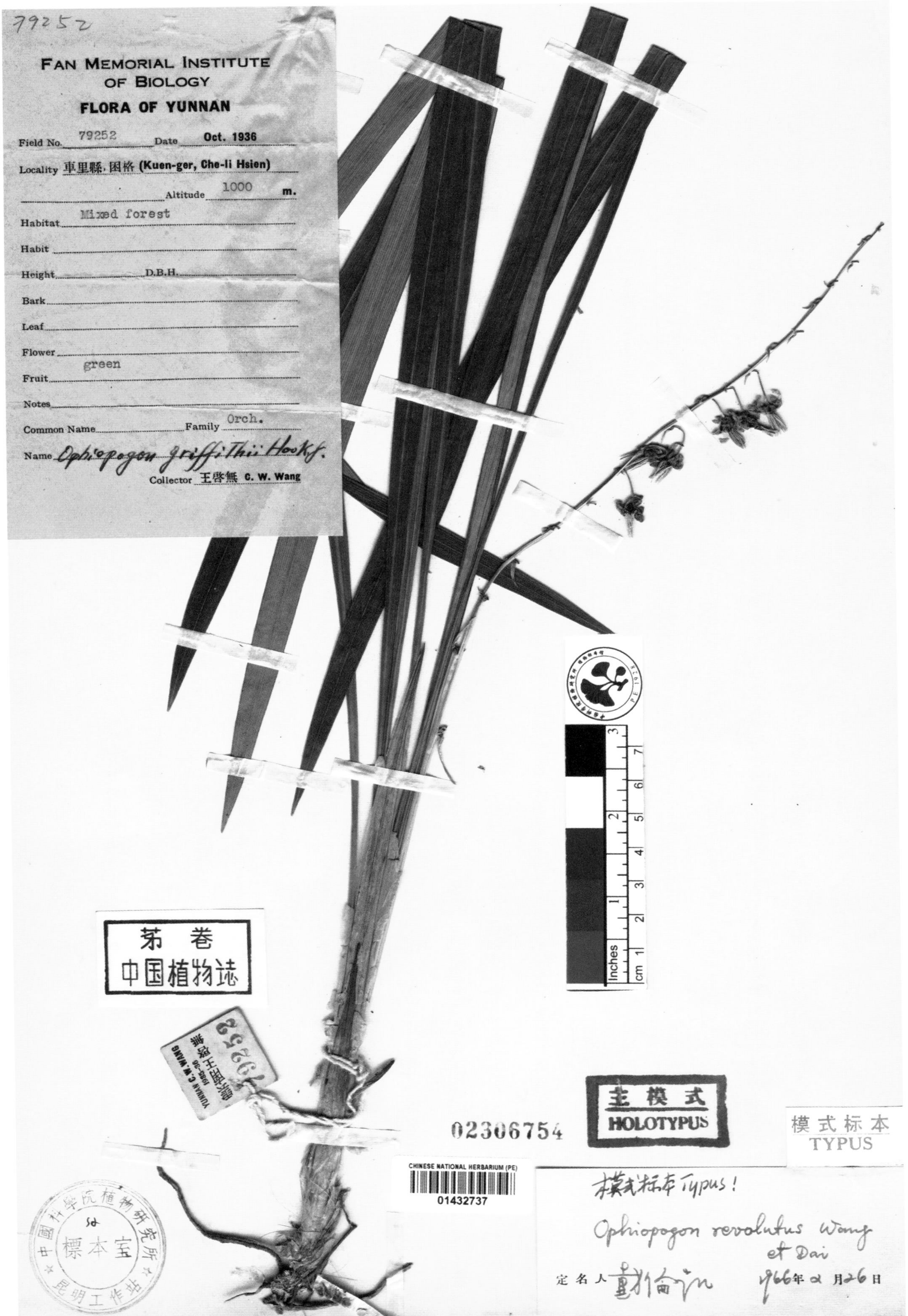

79252

FAN MEMORIAL INSTITUTE OF BIOLOGY

FLORA OF YUNNAN

Field No. 79252 Date Oct. 1936

Locality 車里縣, 困格 (Kuen-ger, Che-li Hsien)

Altitude 1000 m.

Habitat Mixed forest

Habit

Height D.B.H.

Bark

Leaf

Flower

Fruit green

Notes

Common Name Family Orch.

Name Ophiopogon griffithii Hook.f.

Collector 王啓無 C. W. Wang

茅卷

中国植物志

79252

王啓無 採

YUNNAN C. W. WANG

1935-1936

02306754

主模式

HOLOTYPUS

模式标本

TYPUS

CHINESE NATIONAL HERBARIUM (PE)

01432737

模式标本 Typus!

Ophiopogon revolutus Wang et Dai

定名人 [illegible] 1966年 2 月26日

中國科學院植物研究所 昆明工作站 標本室

卷瓣沿阶草 ***Ophiopogon revolutus*** F. T. Wang & L. K. Dai, Fl. Reip. Pop. Sin. 15: 156, 253, pl. 52: 1-3. 1978. **Holotype:** China. Yunnan: Jinghong, alt. 1000 m, 1936-10-??, C. W. Wang 79252.

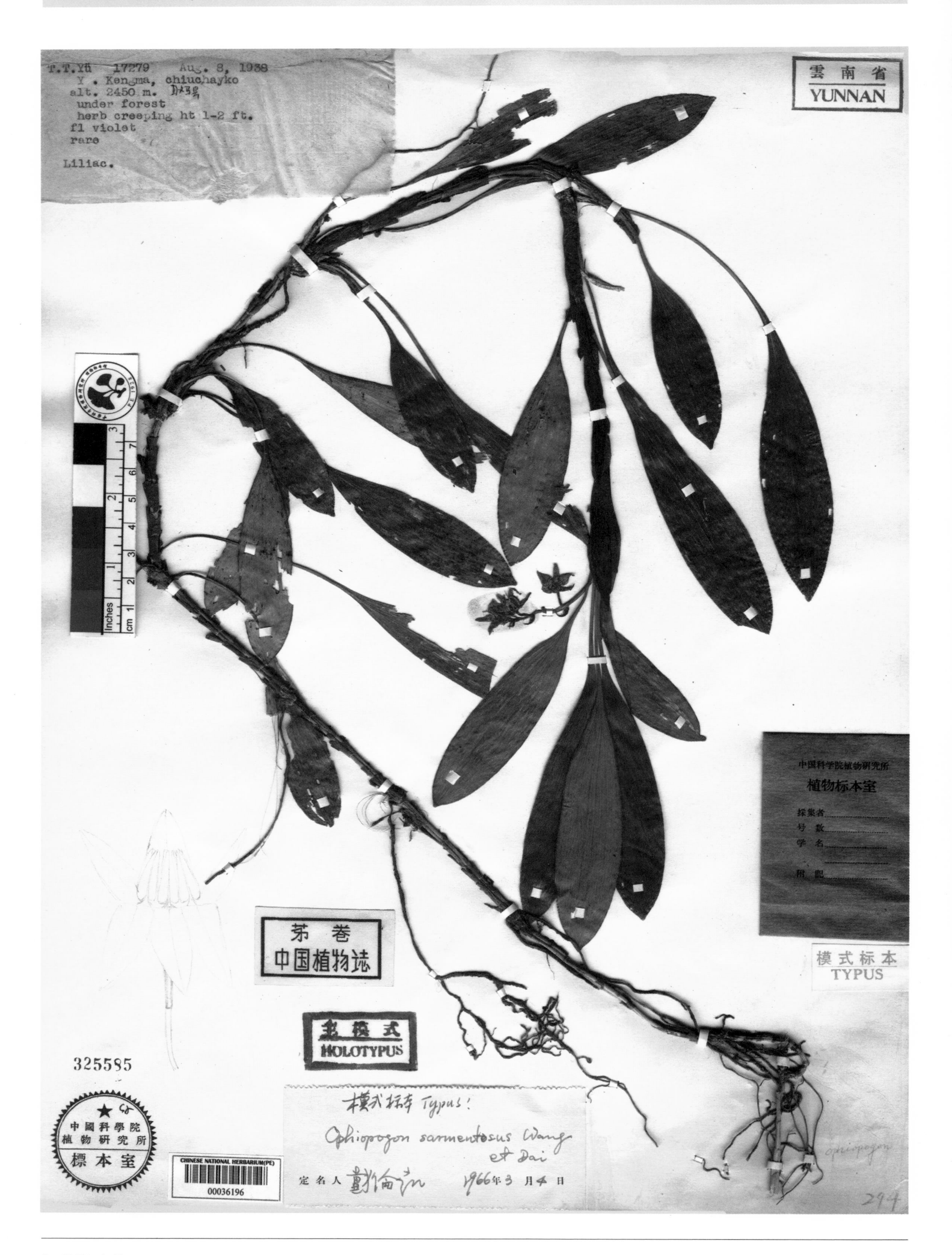

匍茎沿阶草 ***Ophiopogon sarmentosus*** F. T. Wang & L. K. Dai, Fl. Reip. Pop. Sin. 15: 138, 251, pl. 44: 3-4. 1978. **Holotype:** China. Yunnan: Gengma, alt. 2450 m, 1938-08-08, T. T. Yu 17279.

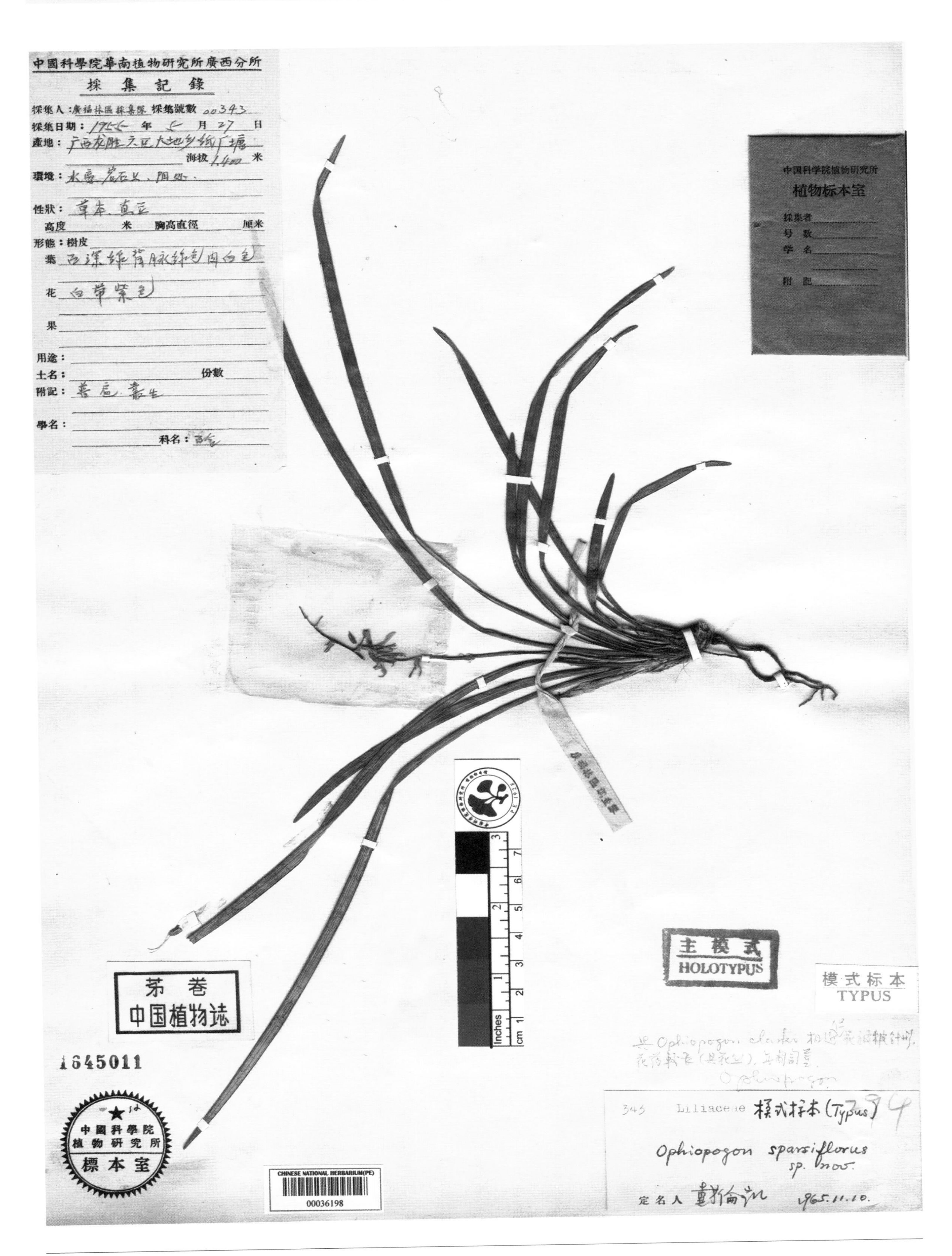

疏花沿阶草 ***Ophiopogon sparsiflorus*** F. T. Wang & L. K. Dai, Fl. Reip. Pop. Sin. 15: 158, 253, pl. 52: 4-5. 1978.
Holotype: China. Guangxi: Longsheng, alt. 1400 m, 1955-05-27, Guangfu For. Exped. 343.

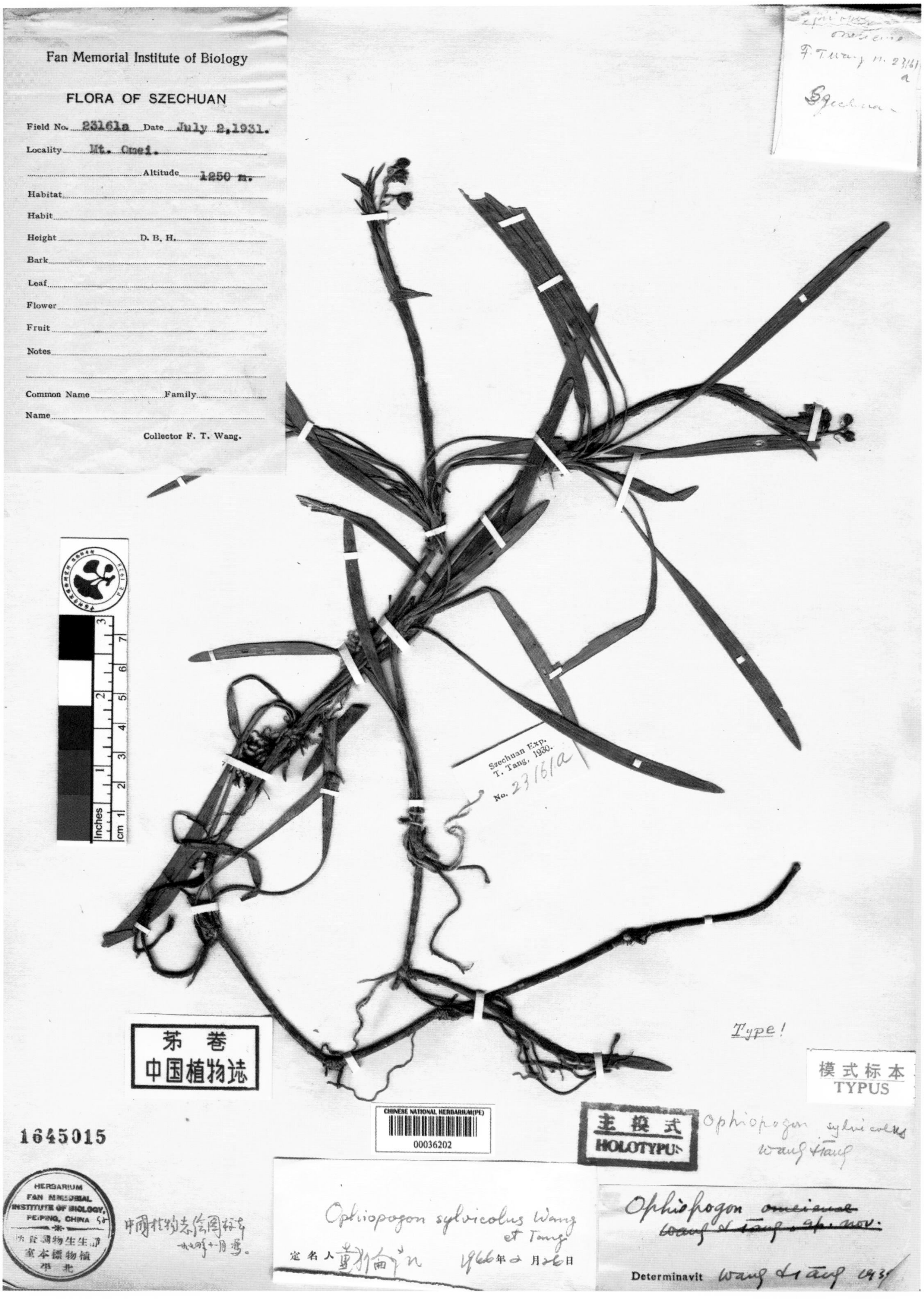

Fan Memorial Institute of Biology

FLORA OF SZECHUAN

Field No. 23161a Date July 2,1931.

Locality Mt. Omei.

Altitude 1250 m.

Habitat

Habit

Height D. B. H.

Bark

Leaf

Flower

Fruit

Notes

Common Name Family

Name

Collector F. T. Wang.

Szechuan Exp. T. Tang, 1930. No. 23161a

Type!

茅卷 中国植物志

模式标本 TYPUS

1645015

CHINESE NATIONAL HERBARIUM(PE) 00036202

主模式 HOLOTYPUS

Ophiopogon sylvicolus Wang et Tang

Ophiopogon sylvicolus Wang et Tang

定名人 1966年2月26日

Ophiopogon omeiensis Wang & Tang. sp. nov.

Determinavit Wang & Tang 1931

林生沿阶草 ***Ophiopogon sylvicola*** F. T. Wang & Tang in Bull. Fan Mem. Inst. Biol., Bot. 7(6): 281. 1937. **Holotype:** China. Sichuan: Emei, Emeishan, alt. 1250 m, 1931-07-02, F. T. Wang 23161a.

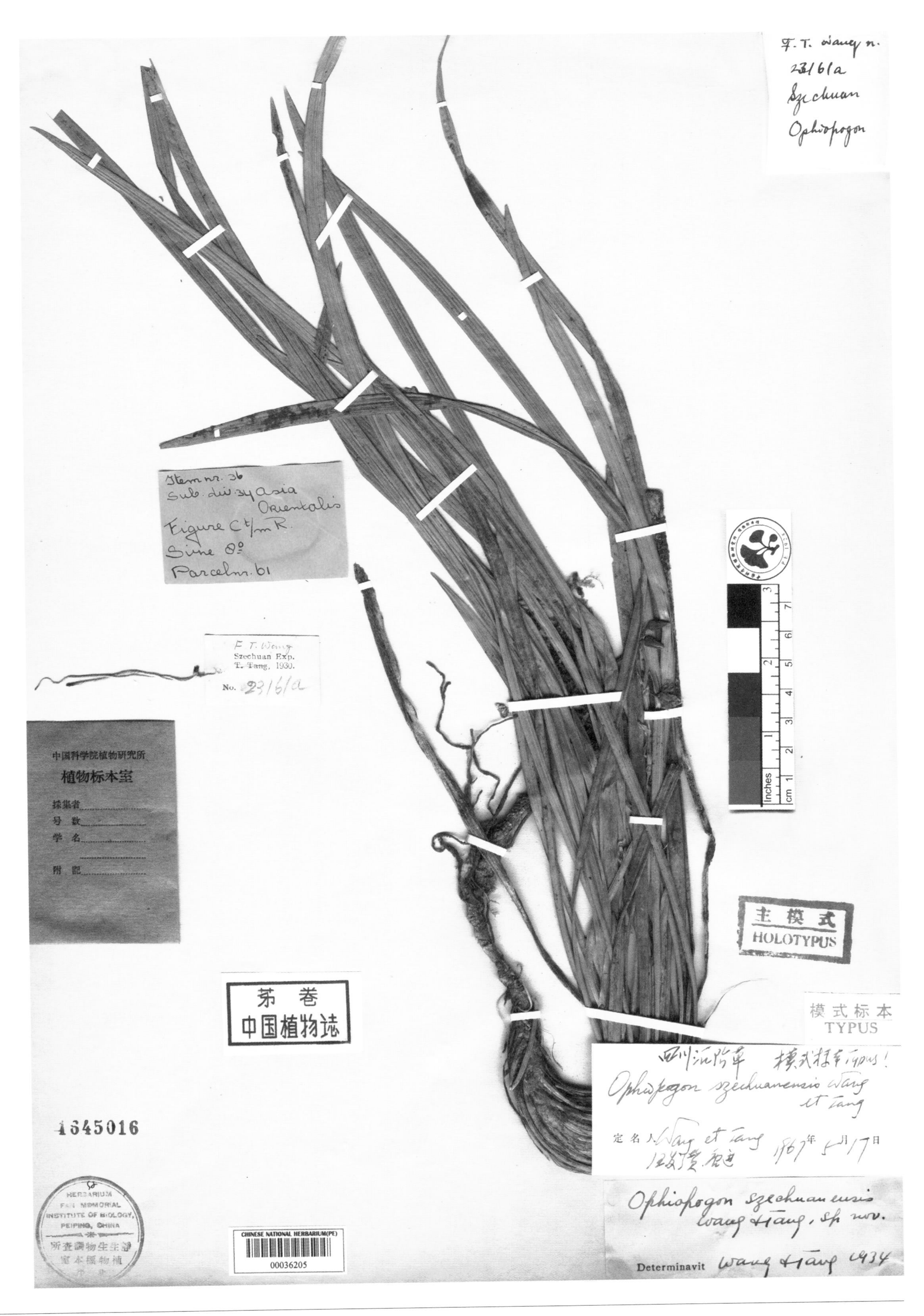

四川沿阶草 ***Ophiopogon szechuanensis*** F. T. Wang & Tang, Fl. Reip. Pop. Sin. 15: 154, 252, pl. 51: 9. 1978. **Holotype:** China. Sichuan: Emei, Emeishan, alt. 1250 m, 1931-07-02, F. T. Wang 23161a.

云南沿阶草 ***Ophiopogon tienensis*** F. T. Wang & Tang in Bull. Fan Mem. Inst. Biol., Bot. 7(6): 283. 1937. **Paratype:** China. Yunnan: Mengzi, alt. 3000 m, 1934-02-09, Y. Tsiang 13109.

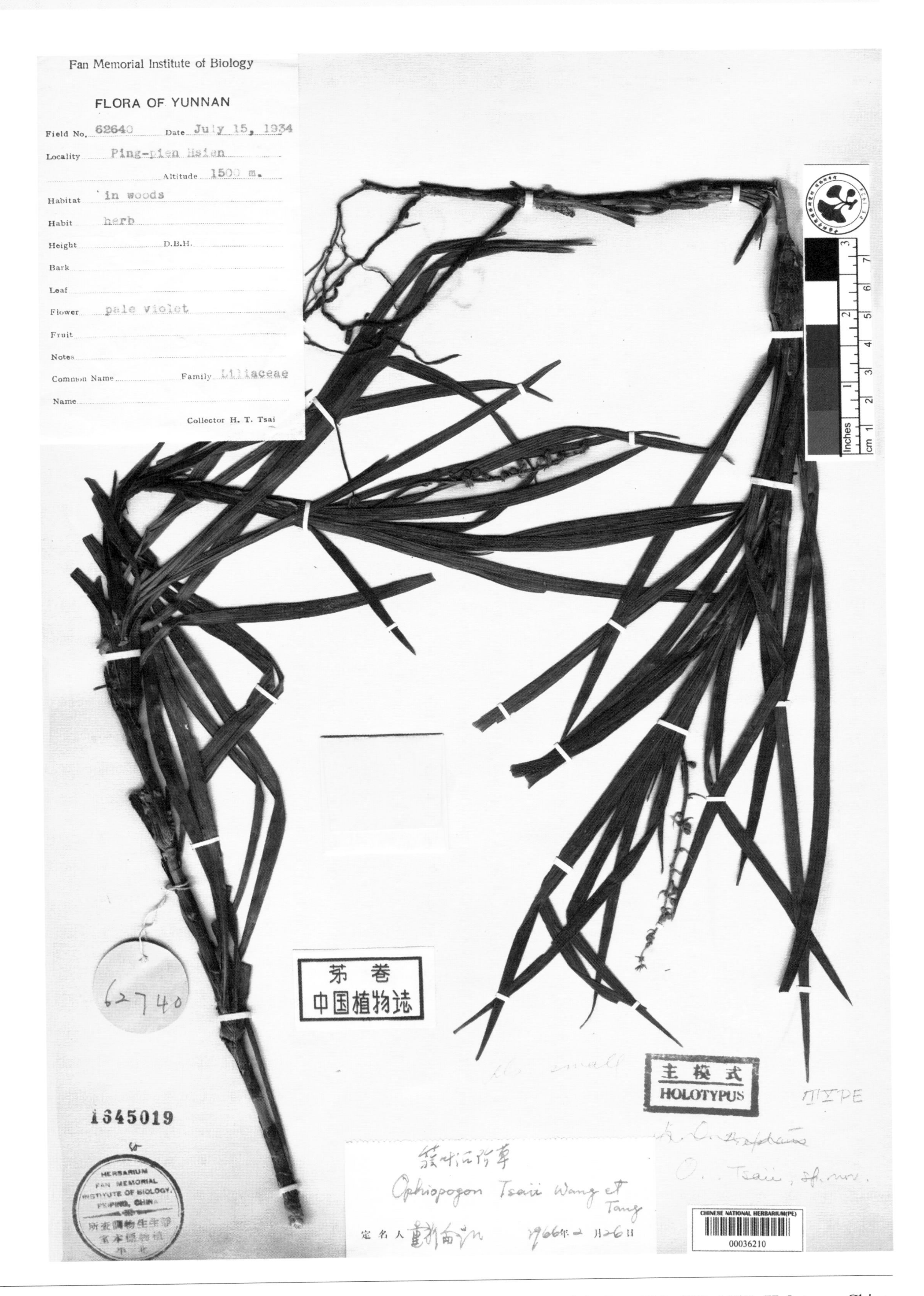

簇生沿阶草 ***Ophiopogon tsaii*** F. T. Wang & Tang in Bull. Fan Mem. Inst. Biol., Bot. 7(6): 282. 1937. **Holotype:** China. Yunnan: Pingbian, alt. 1500 m, 1934-07-15, H. T. Tsai 62740.

木根沿阶草 ***Ophiopogon xylorrhizus*** F. T. Wang & L. K. Dai, Fl. Reip. Pop. Sin. 15: 144, 252, pl. 47: 1-2. 1978. **Holotype:** China. Yunnan: Precise locality not known, alt. 1150 m, 1957-04-27, Sino-Russia Yunnan Exped. 8168.

滇西沿阶草 ***Ophiopogon yunnanensis*** S. C. Chen in Acta Phytotax. Sin. 26(2): 140, pl. 1:2. 1988. **Holotype:** China. Yunnan: Lushui, alt. 1700 m, 1981-06-06, Hengduanshan Exped. 449.

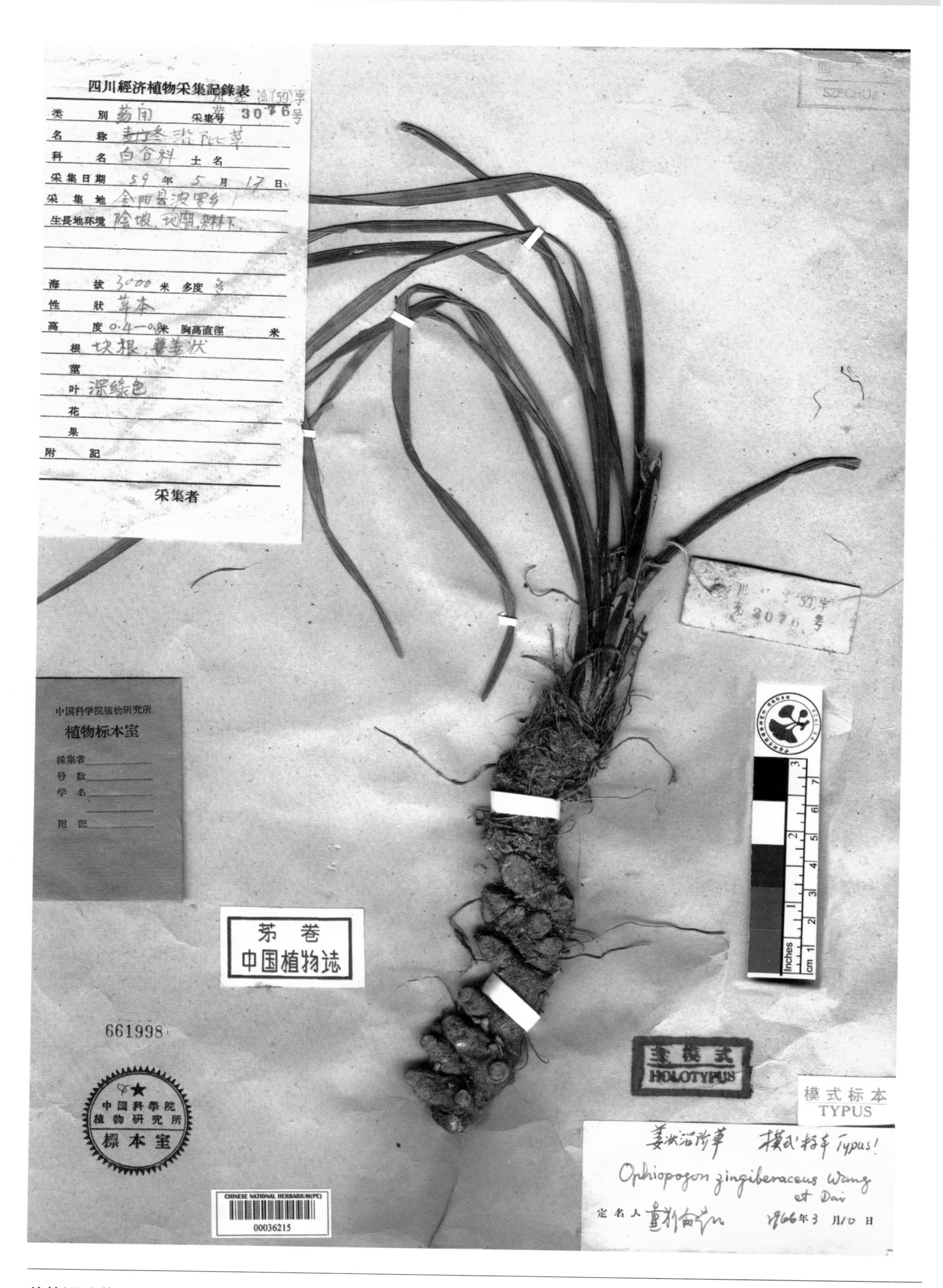

姜状沿阶草 ***Ophiopogon zingiberaceus*** F. T. Wang & L. K. Dai, Fl. Reip. Pop. Sin. 15: 154, 252, pl. 51: 4. 1978. **Holotype:** China. Sichuan: Jinyang, alt. 3000 m, 1959-05-17, Sichuan Econ. Pl. Exped. 3076.

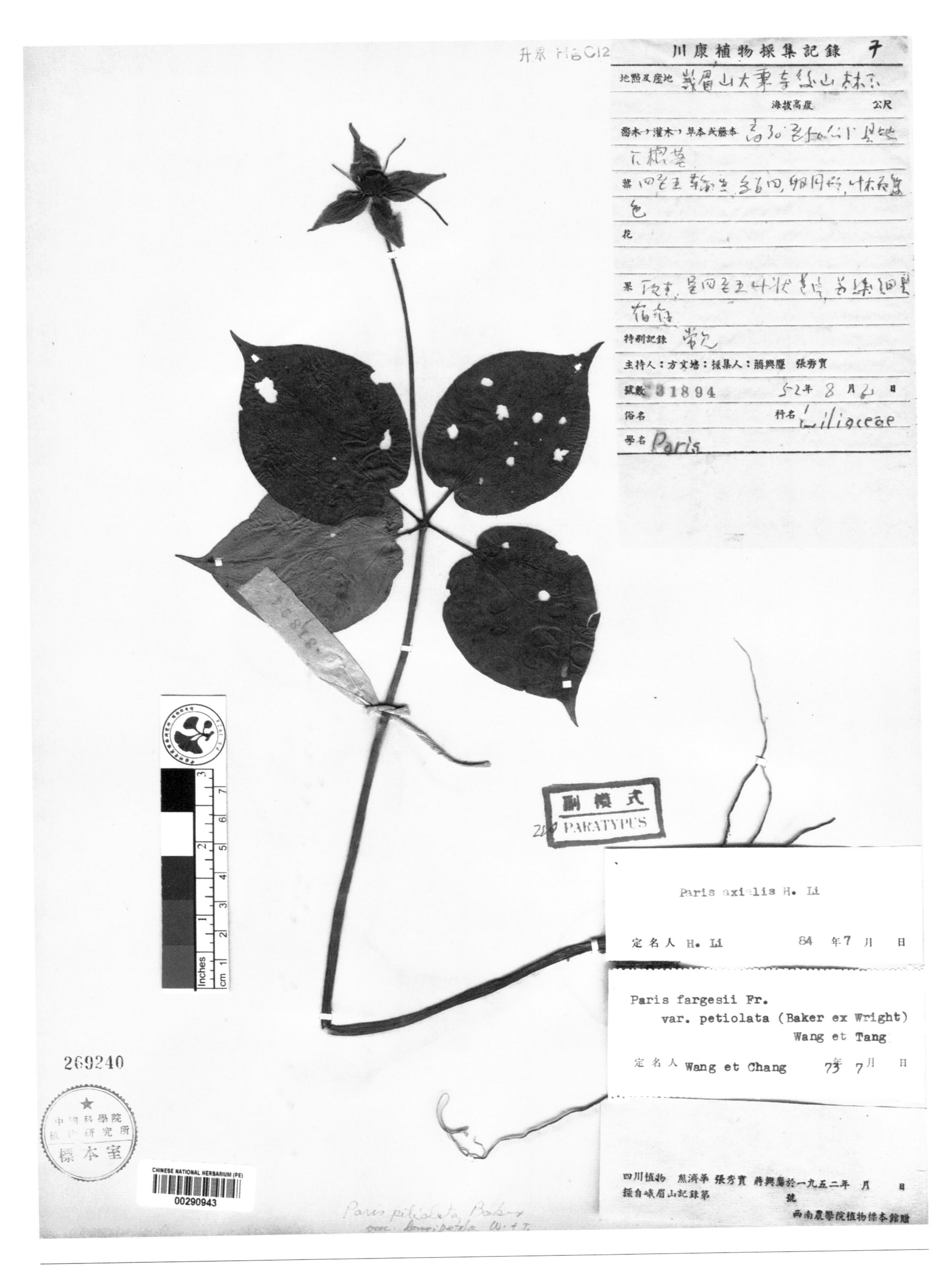

五指莲重楼 ***Paris axialis*** H. Li in Acta Bot. Yunnan. 6(3): 273, f. 1. 1978. **Isoparatype:** China. Sichuan: Emei, Emeishan, 1952-08-02, X. L. Tsiang & S. S. Chang 31894.

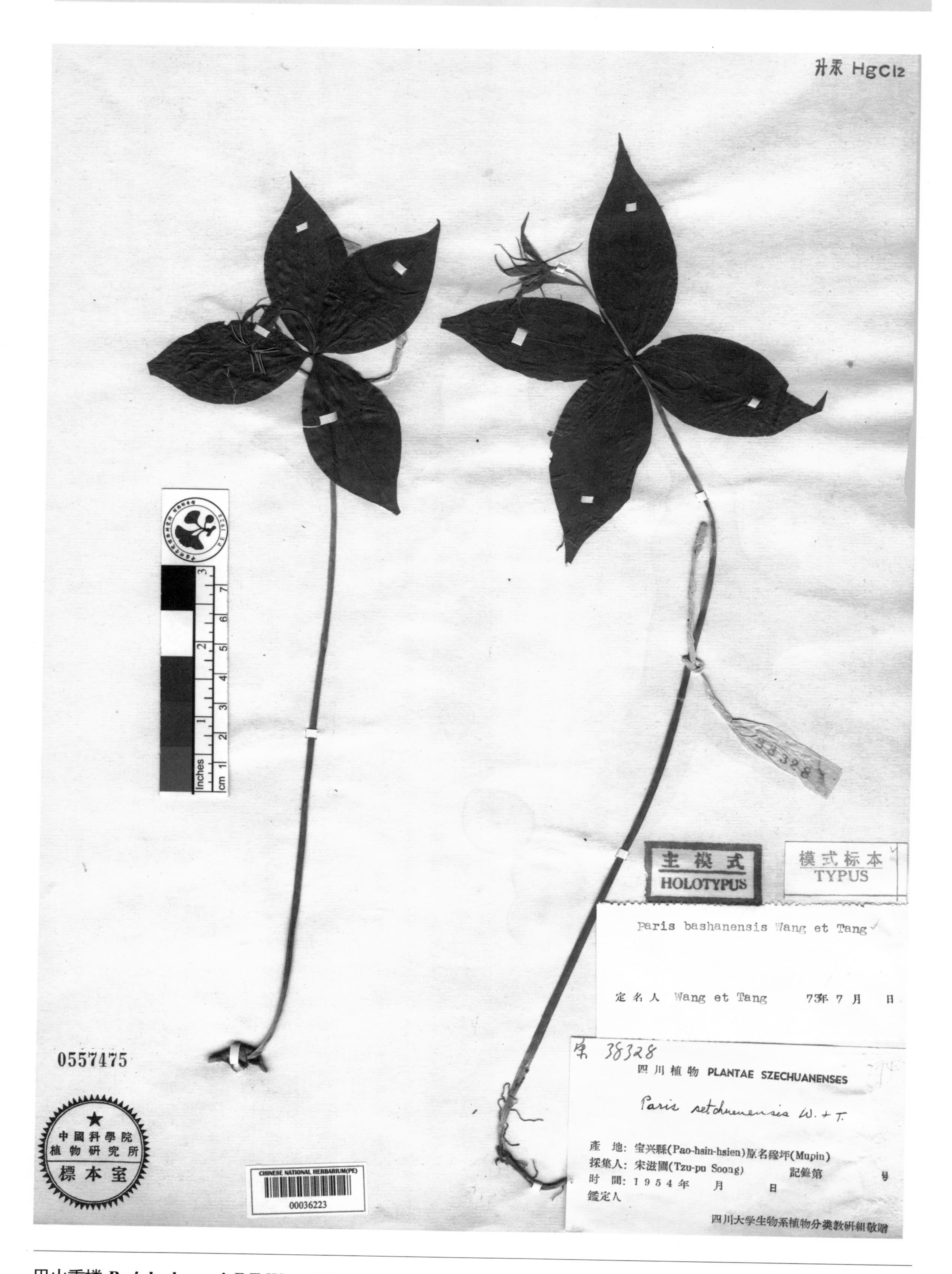

巴山重楼 ***Paris bashanensis*** F. T. Wang & Tang, Fl. Reip. Pop. Sin. 15: 88, 250, pl. 30: 4. 1978. **Holotype:** China. Sichuan: Baoxing, 1954-??-??, T. P. Soong 38328.

金线重楼 ***Paris delavayi*** Franch. in Journ. Bot. 12: 190. 1898. **Isotype:** China. Yunnan: Longki, 1938-04-18, Delavay s. n.

海南重楼 ***Paris dunniana*** Lévl. in Fedde, Rep. Sp. Nov. Reg. Veg. 9: 78. 1910. **Isotype:** China. Guizhou: Luodian, alt. 400~500 m, 1909-??-??, Cavalerie 3652.

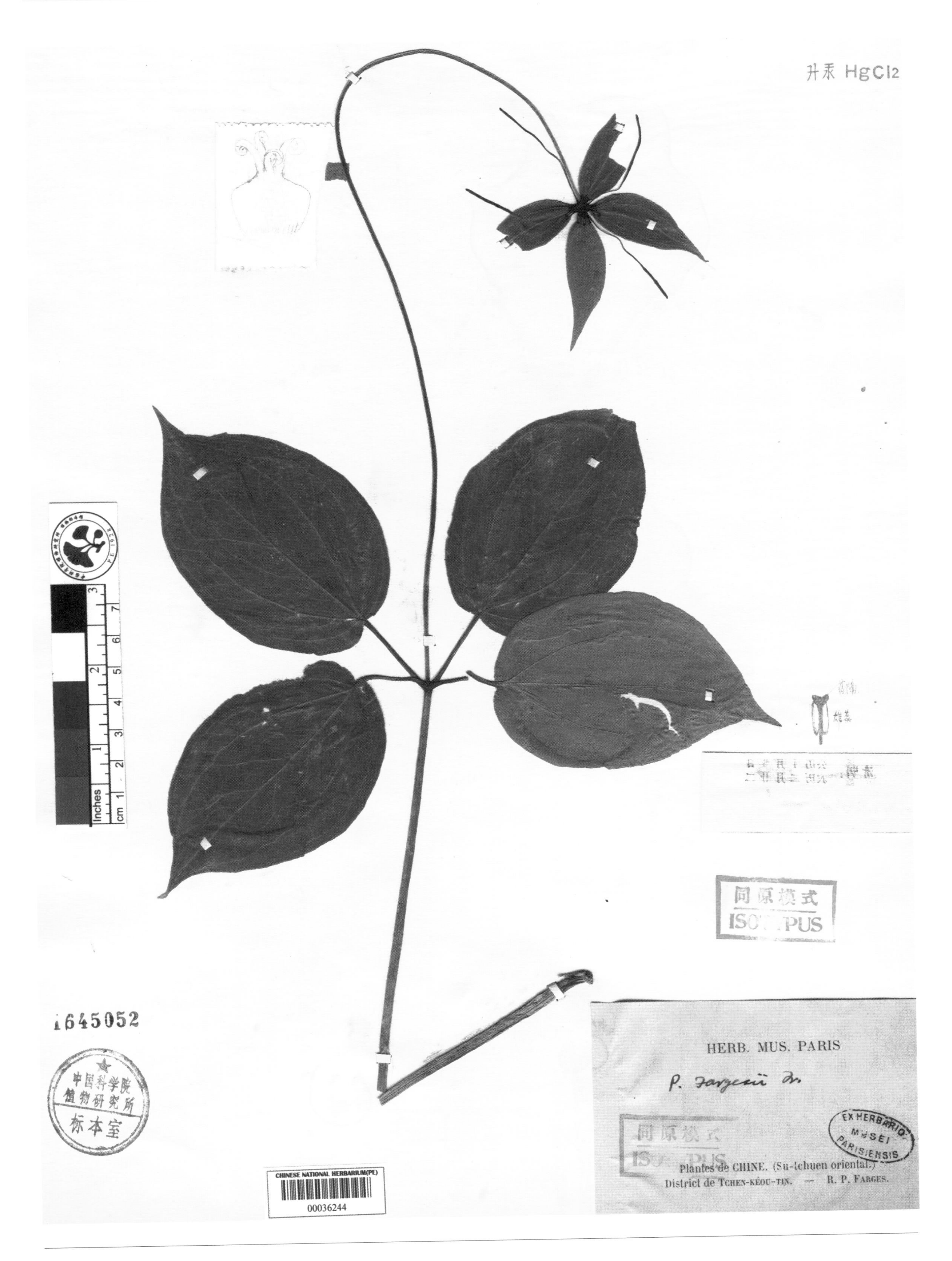

球药隔重楼 ***Paris fargesii*** Franch. in Journ. Bot. 12: 190. 1898. **Isotype:** China. Chongqing: Chengkou, R. P. Farges s. n.

宽叶重楼 ***Paris polyphylla*** Smith var. ***latifolia*** F. T. Wang & Chang, Fl. Reip. Pop. Sin. 15: 94, 250. 1978. **Holotype:** China. Shaanxi: Huayang, 1938-05-27, W. Y. Hsia 4426.

阔瓣七叶一枝花 ***Paris polyphylla*** Smith var. ***platypetala*** Franch. in Journ. Bot. 12: 191. 1898. **Isotype:** China. Chongqing: Chengkou, alt. 2000 m, R. P. Farges 573.

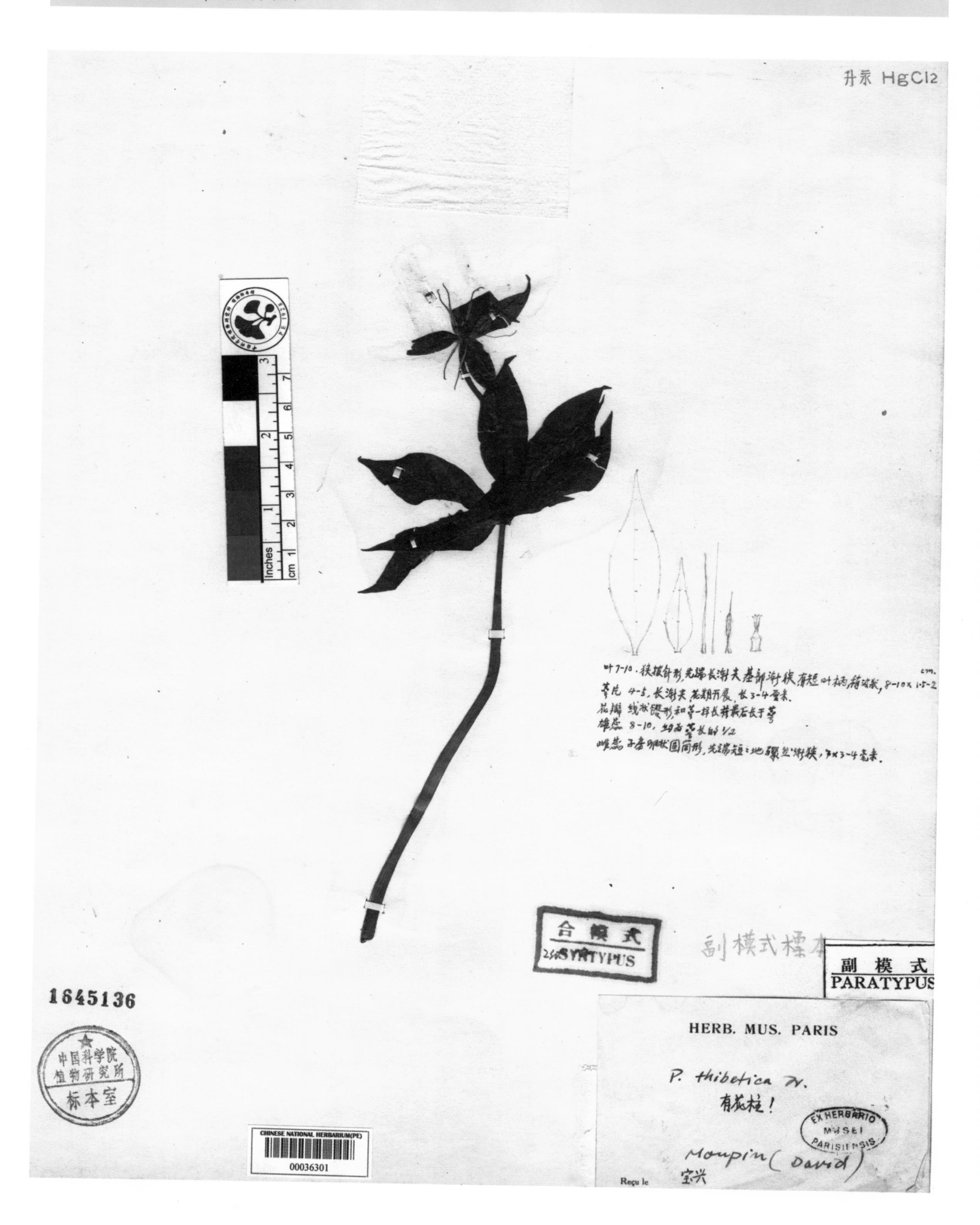

黑籽重楼 ***Paris thibetica*** Franch. in Nouv. Arch. Mus. Paris, Ser. 2: 184. 1888. **Isosyntype:** China. Sichuan: Baoxing, David s. n.

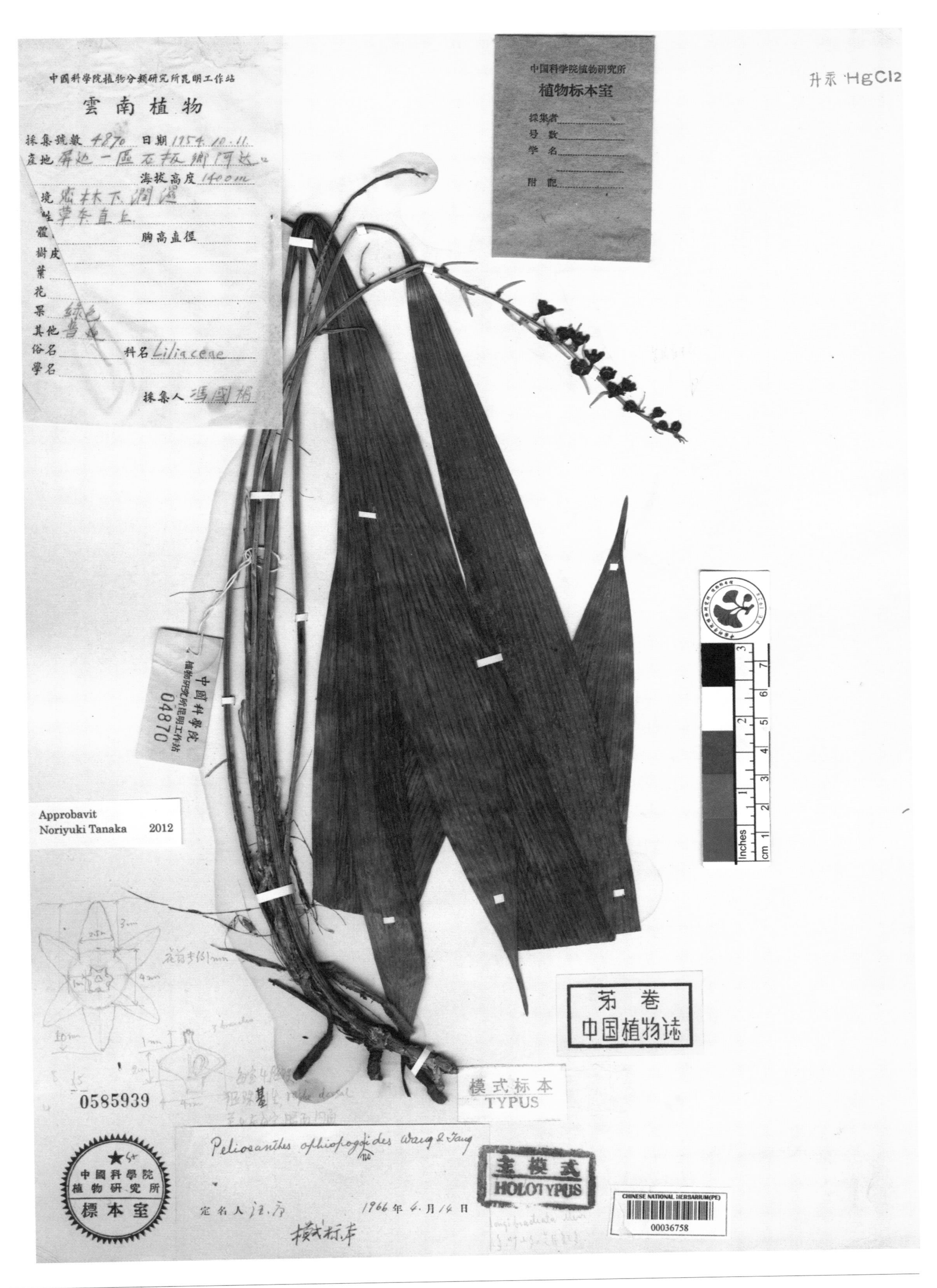

长苞球子草 ***Peliosanthes ophiopogonoides*** F. T. Wang & Tang, Fl. Rei. Pop. Sin. 15: 166, 253, pl. 56: 3. 1978. **Holotype:** China. Yunnan: Pingbian, 1954-10-11, K. M. Feng 4870.

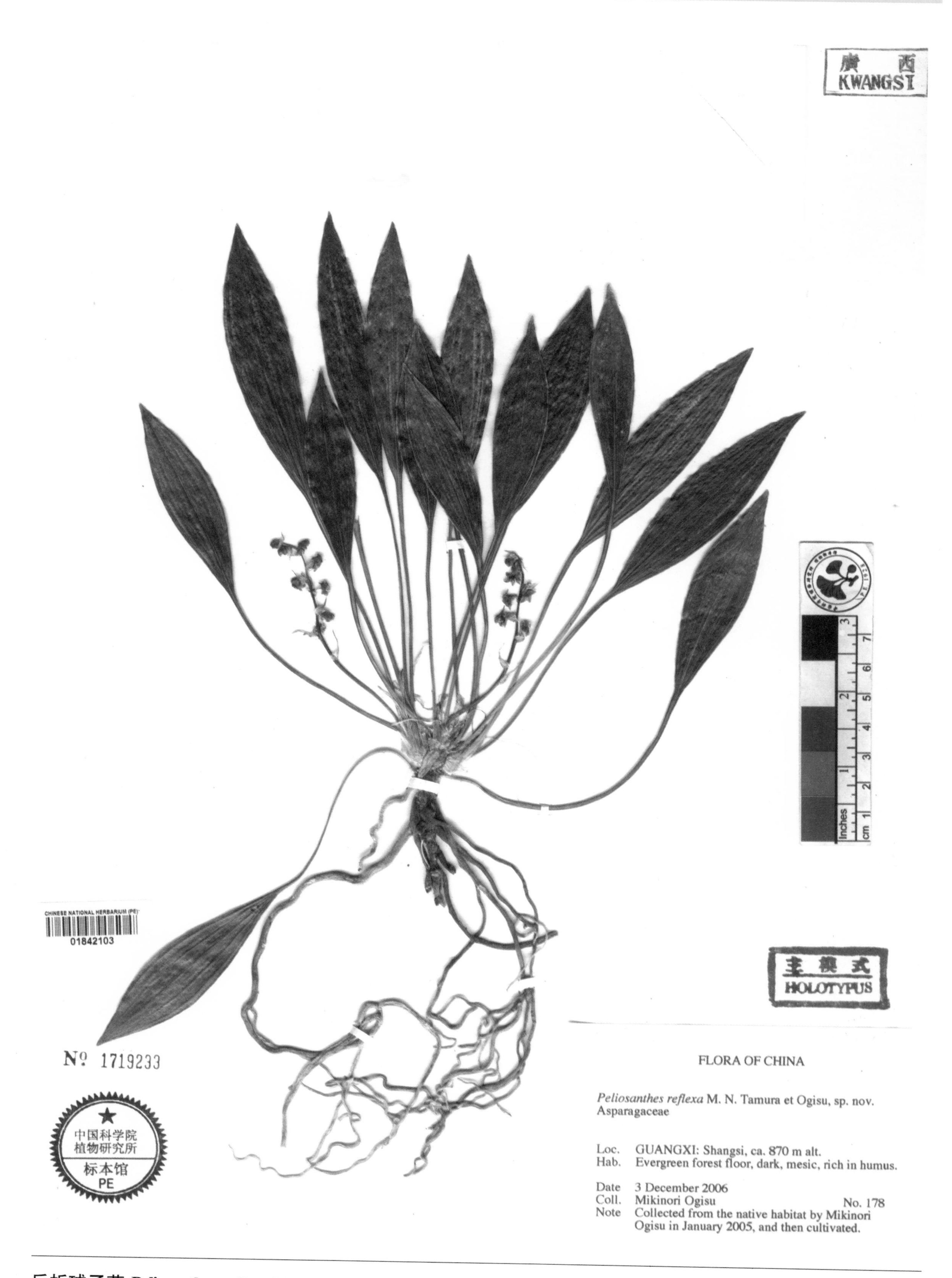

反折球子草 ***Peliosanthes reflexa*** M. N. Tamura & Ogisu in Journ. Japan. Bot. 83(6): 339, f. 1-2. 2008. **Holotype:** China. Guangxi: Shangsi, alt. 870 m, 2006-12-03, Mikinori Ogisu 178.

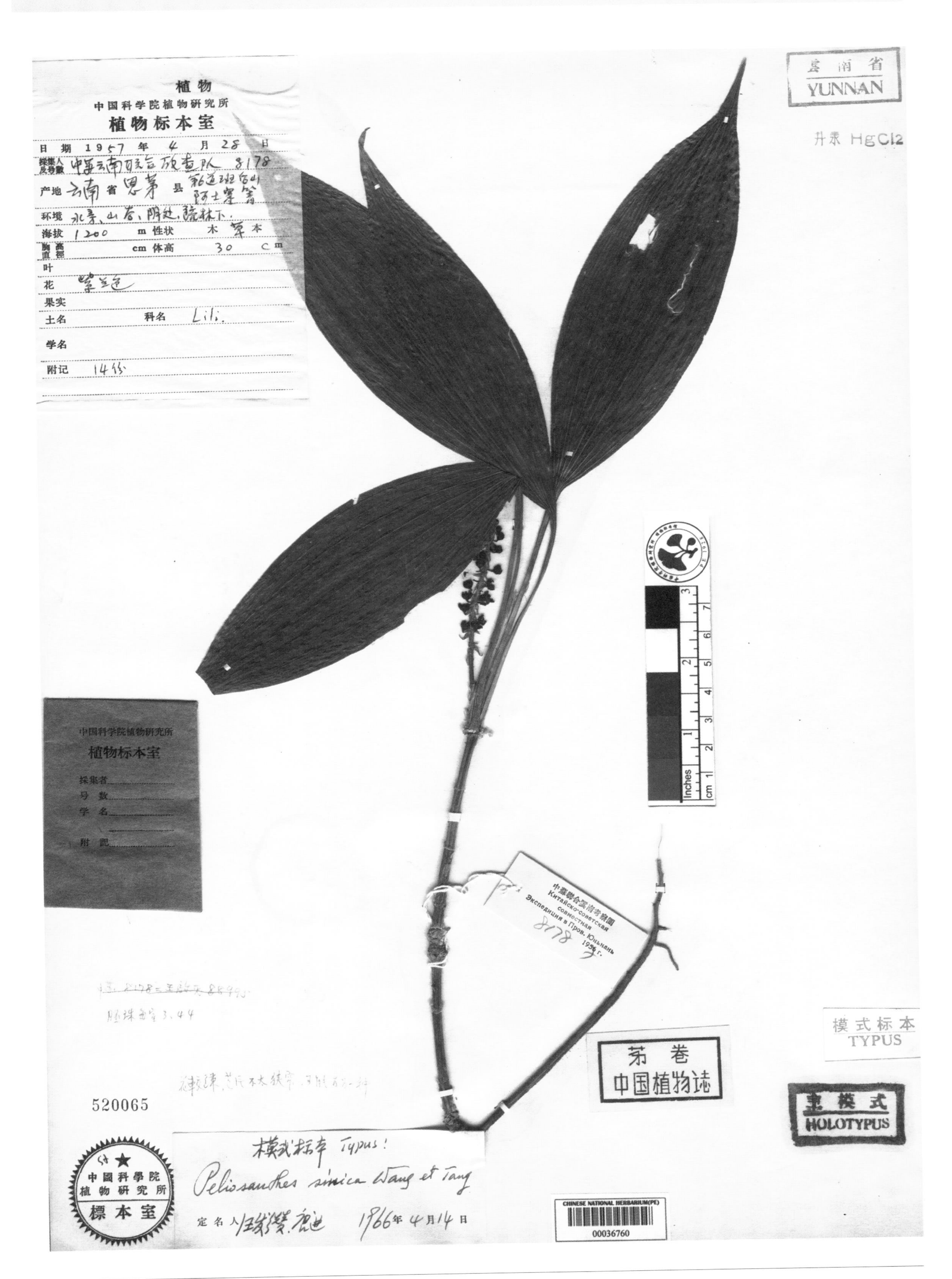

蒨蒟球子草 ***Peliosanthes sinica*** F. T. Wang & Tang, Fl. Reip. Pop. Sin. 15: 166, 253. 1978. **Holotype:** China. Yunnan: Simao, alt. 1200 m, 1957-04-28, Sino-Russia Yunnan Exped. 8178.

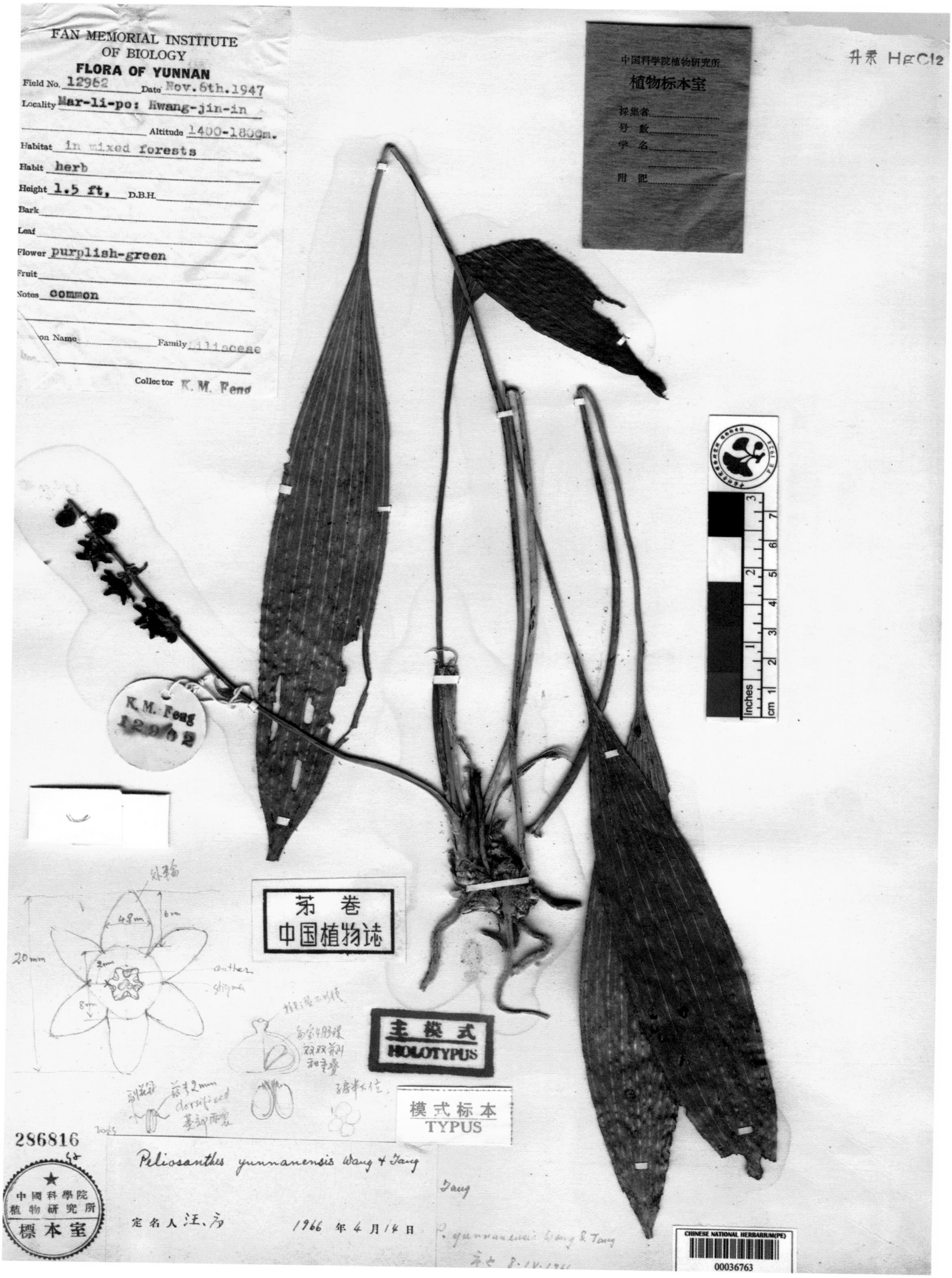
FAN MEMORIAL INSTITUTE
OF BIOLOGY
FLORA OF YUNNAN
Field No. 12962 Date Nov. 6th. 1947
Locality Mar-li-po: Hwang-jin-in
Altitude 1400-1800m.
Habitat in mixed forests
Habit herb
Height 1.5 ft, D.B.H.
Bark
Leaf
Flower purplish-green
Fruit
Notes common
Family Liliaceae
Collector K. M. Feng
中国科学院植物研究所
植物标本室
采集者
号数
学名
附記
K. M. Feng
12962
茅卷
中国植物志
主模式
HOLOTYPUS
模式标本
TYPUS
286816
中國科學院
植物研究所
標本室
Peliosanthes yunnanensis Wang & Tang
定名人 汪、唐
1966 年 4 月 14 日
CHINESE NATIONAL HERBARIUM(PE)
00036763

云南球子草 ***Peliosanthes yunnanensis*** F. T. Wang & Tang, Fl. Reip. Pop. Sin. 15: 167, 254. 1978. **Holotype:** China. Yunnan: Malipo, alt. 1400~1800 m, 1947-11-06, K. M. Feng 12962.

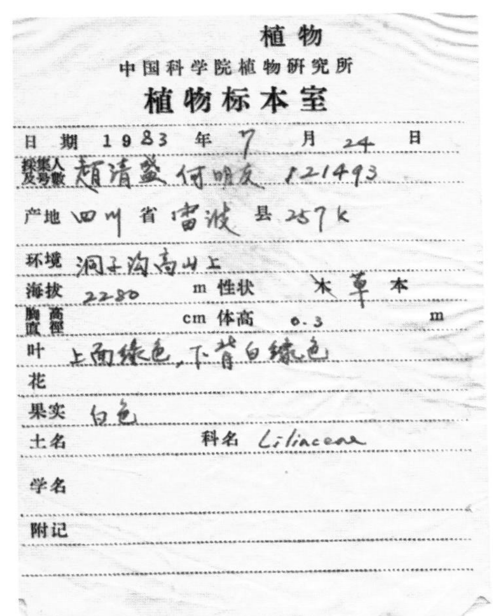
植物
中国科学院植物研究所
植物标本室
日期 1983 年 7 月 24 日
采集人及号数 赵清盛 何明友 121493
产地 四川 省 雷波 县 257k
环境 洞子沟高山上
海拔 2280 m 性状 草本
胸高直径 cm 体高 0.3 m
叶 上面绿色，下背白绿色
花
果实 白色
土名 科名 Liliaceae
学名
附记

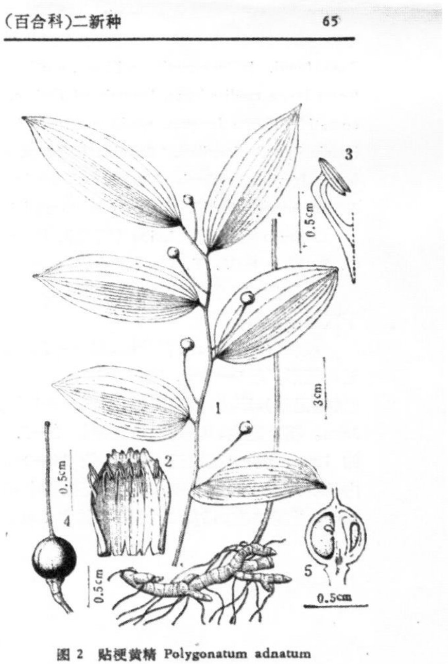
(百合科)二新种 65

图 2 贴梗黄精 Polygonatum adnatum
1.植株 (plant); 2.花的解剖示雄蕊 (dissected flower showing stamens); 3.雄蕊 (stamen); 4.未成熟浆果 (inmature berry); 5.未成熟浆果纵切 (inmature berry, vertical section). (冀朝祯绘)

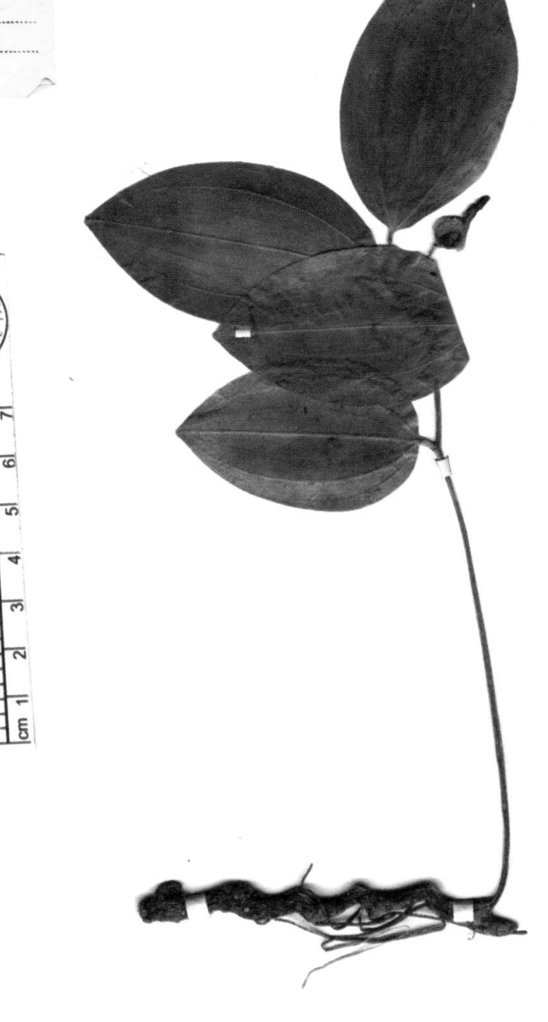

№ 1338998

模式标本
ISOTYPUS

Polygonatum adnatum S. Y. Liang sp. nov.
定名人 梁松筠 1985 年 9 月 日

贴梗黄精 ***Polygonatum adnatum*** S. Y. Liang in Acta Phytotax. Sin. 25(1): 65, f. 2. 1987. **Isotype:** China. Sichuan: Leibo, alt. 2280 m, 1983-07-24, Q. S. Zhao & M. Y. He 121493.

粗毛黄精 ***Polygonatum alternicirrhosum*** Hand.-Mazz. var. ***piliferum*** P. Y. Li in Acta Phytotax. Sin. 11(3): 252. 1966. **Isotype:** China. Gansu: Wenxian, alt. 1030 m, 1959-07-15, C. Y. Chang 8982.

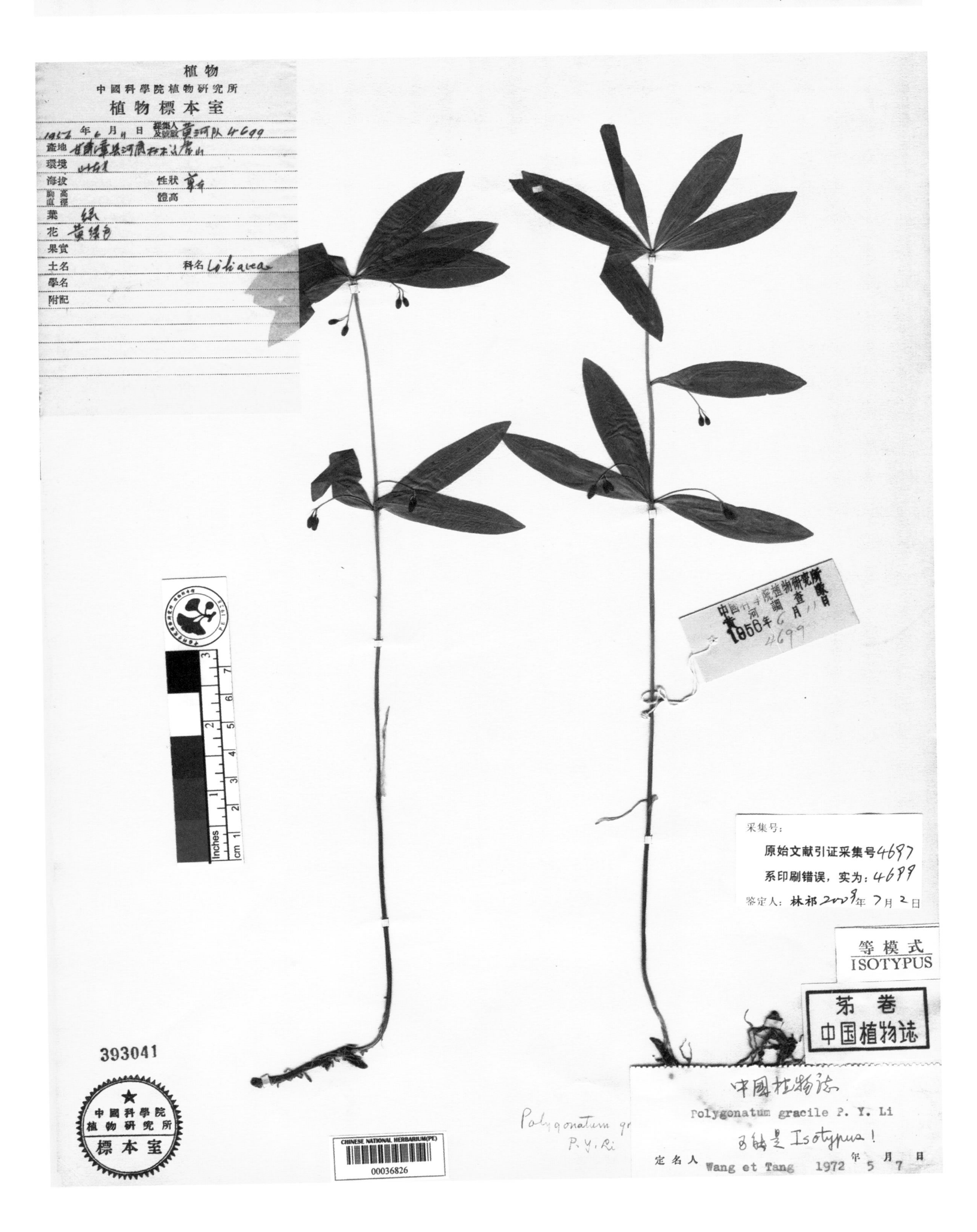

细根茎黄精 ***Polygonatum gracile*** P. Y. Li in Acta Phytotax. Sin. 11(3): 252. 1966. **Isotype:** China. Gansu: Zhang xian, 1956-06-11, Yellow River Exped. 4699.

宪武黄精 ***Polygonatum kungii*** F. T. Wang & Tang in Bull. Fan Mem. Inst. Biol., Bot. 7(6): 285. 1937. **Holotype:** China. Shaanxi: Zhongnanshan, alt. 1300 m, 1933-06-02, H. W. Kung 2565.

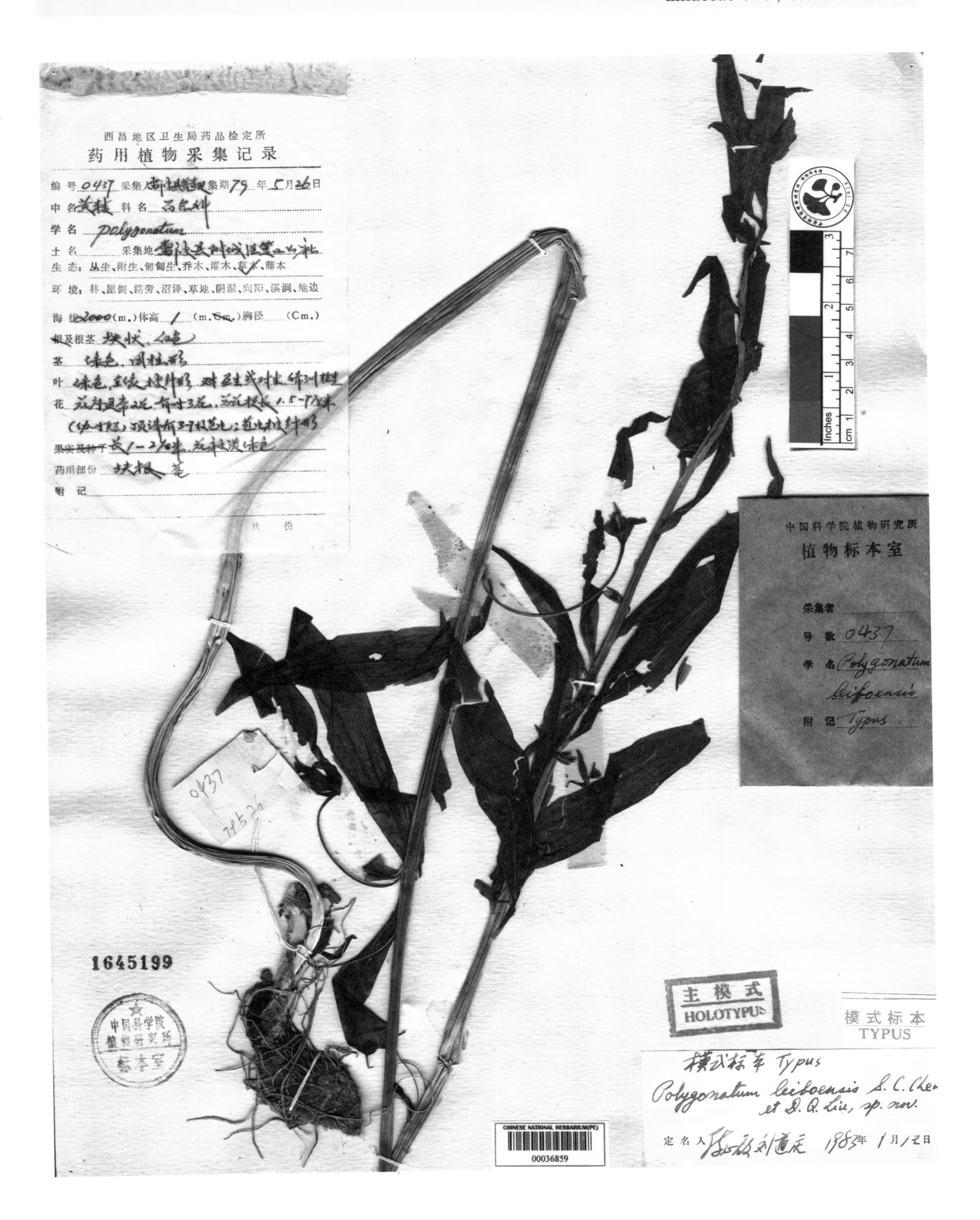

雷波黄精 ***Polygonatum leiboensis*** S. C. Chen & D. Q. Liu in Acta Phytotax. Sin. 22(5): 417, f. 1: 1. 1984. **Holotype:** China. Sichuan: Leibo, alt. 2000 m, 1979-05-26, Leibo Exped. 437.

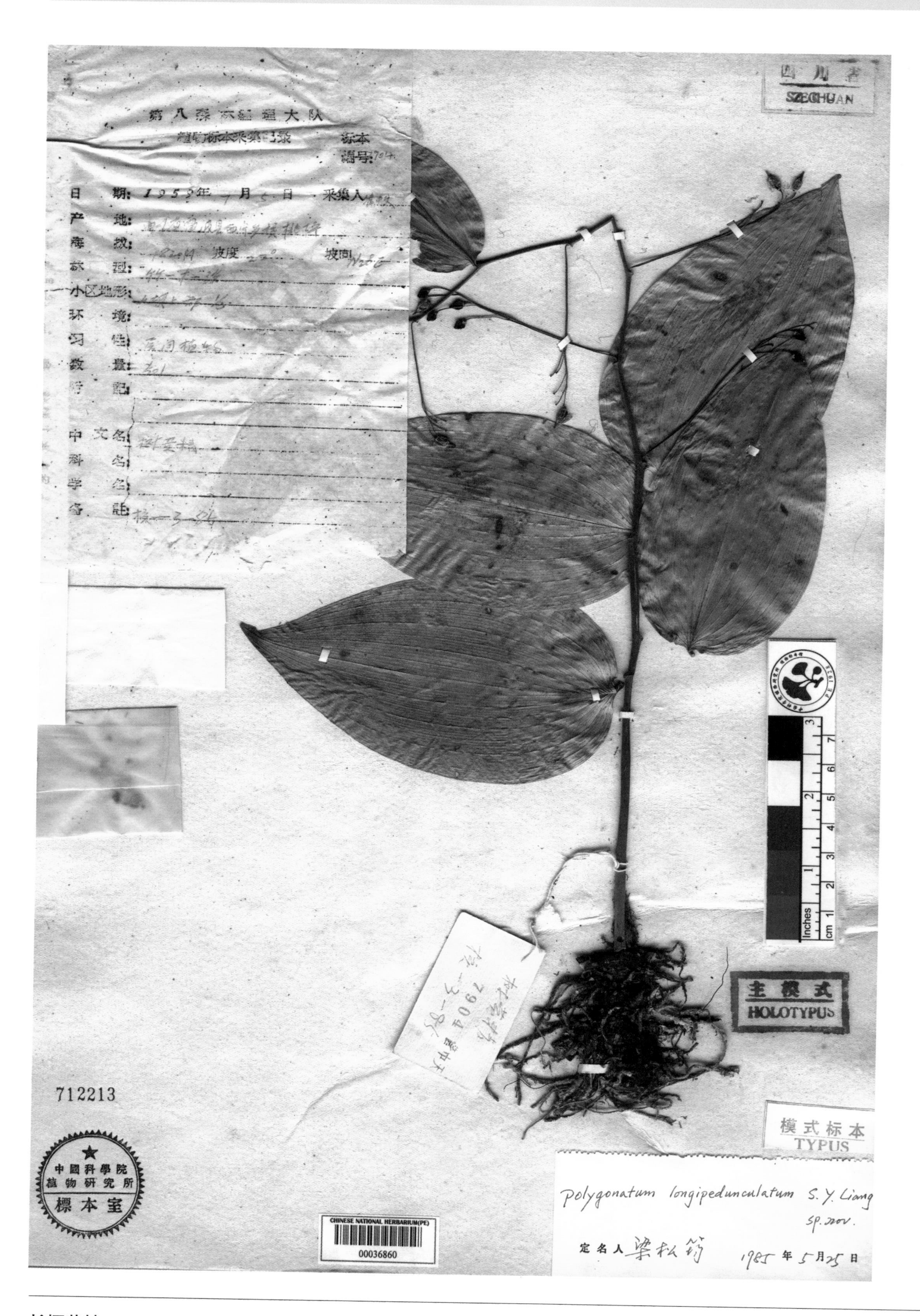

长梗黄精 ***Polygonatum longipedunculatum*** S. Y. Liang in Acta Phytotax. Sin. 25(1): 64, f. 1. 1987. **Holotype:** China. Sichuan: Leibo, alt. 1820 m, 1959-07-05, C. T. Kuan 7904.

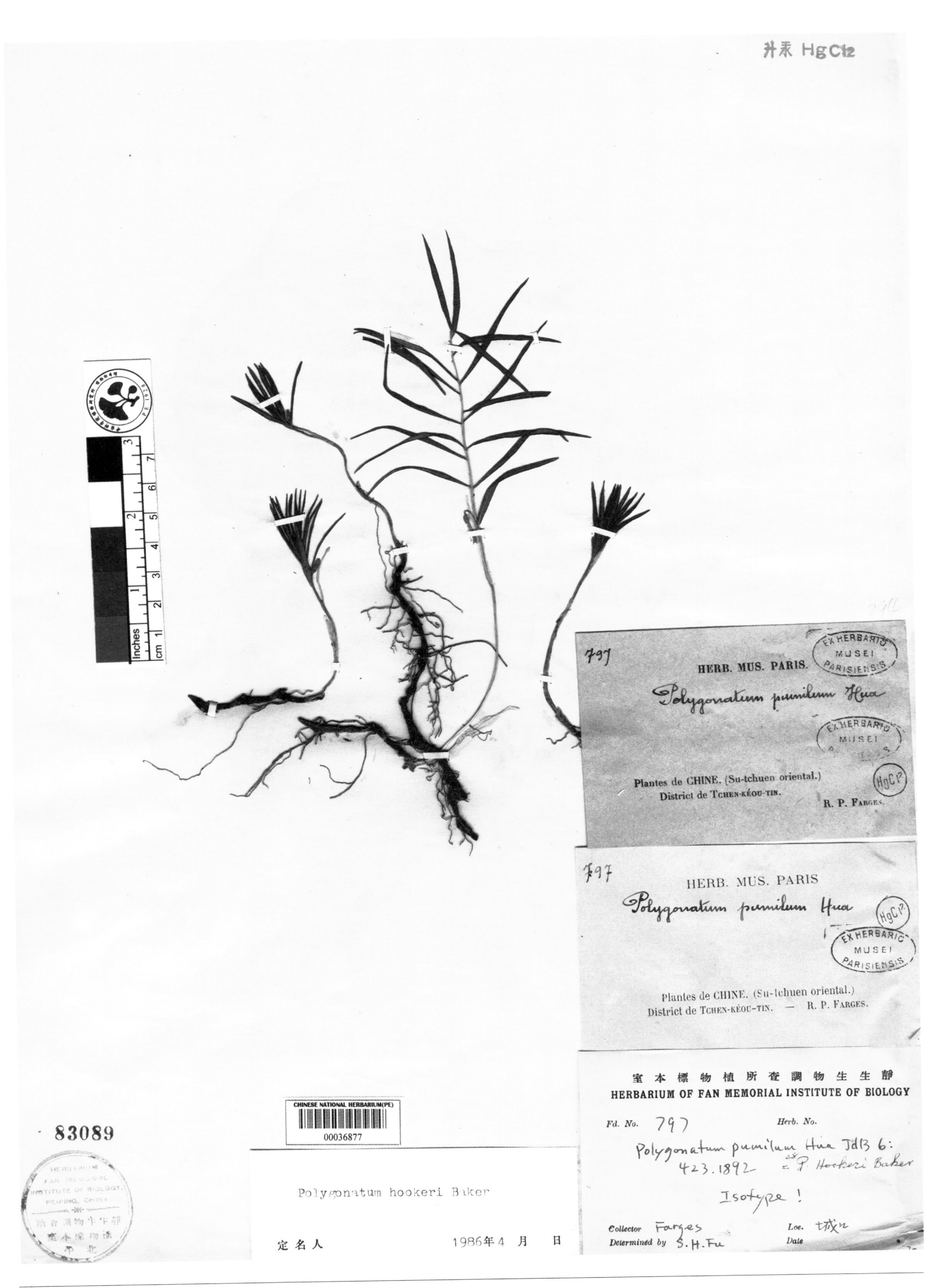

矮黄精 ***Polygonatum pumilum*** Hua in Journ. Bot. 6: 423. 1892. **Isotype:** China. Chongqing: Chengkou, alt. 2500 m, R. P. Farges 797.

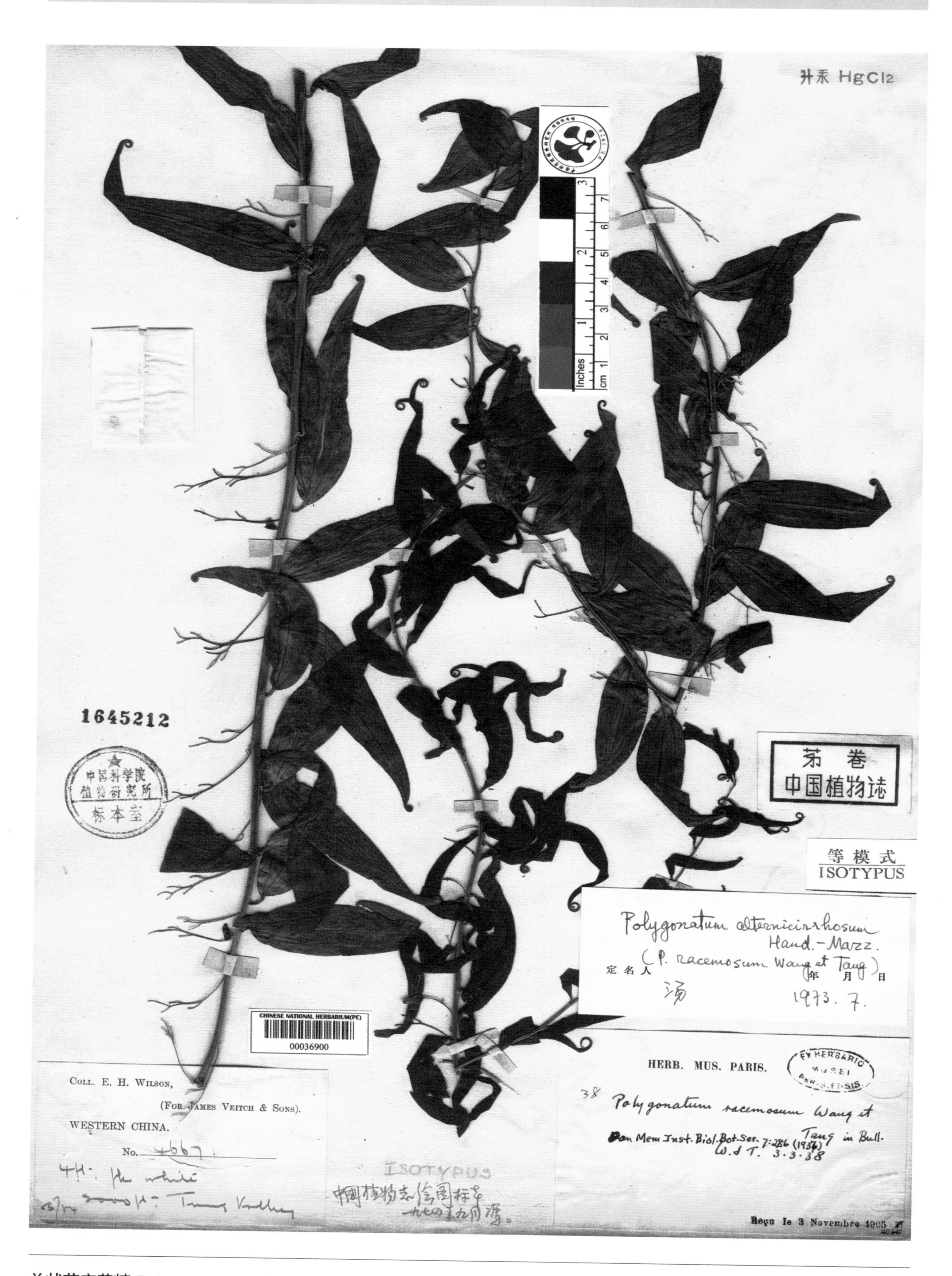

总状花序黄精 ***Polygonatum racemosum*** F. T. Wang & Tang in Bull. Fan Mem. Inst. Biol., Bot. 7(6): 286. 1937. **Isotype:** China. Precise locality not known, alt. 670 m, 1904-06-??, E. H. Wilson 4667.

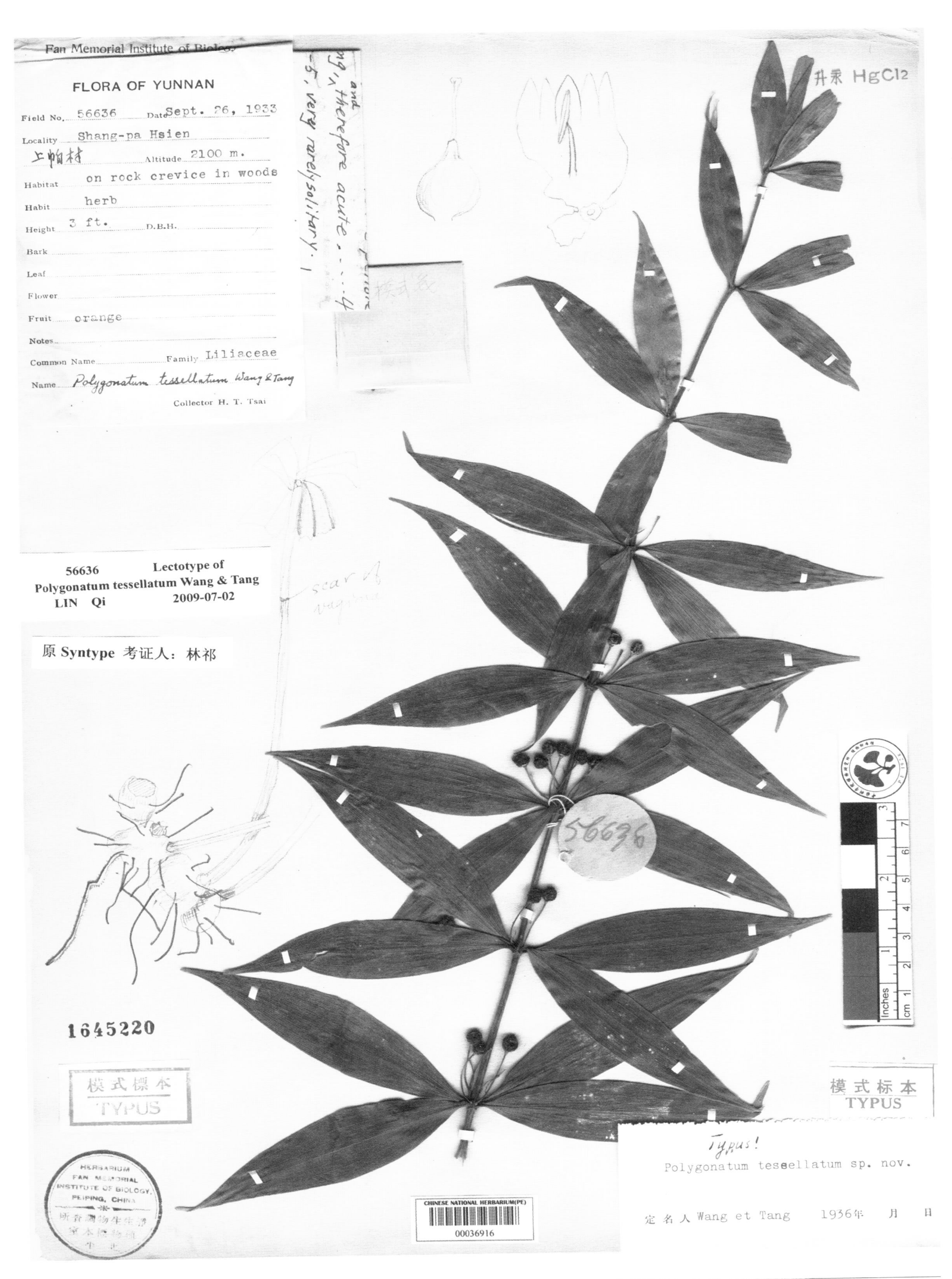

格脉黄精 ***Polygonatum tessellatum*** F. T. Wang & Tang in Bull. Fan Mem. Inst. Biol., Bot. 7(2): 85. 1936. **Lectotype** (designated by Q. Lin & Z. R. Yang in Bull. Bot. Res., Harbin 30(2): 132. 2010.): China. Yunnan: Shangpa (=Fugong), alt. 2100 m, 1933-09-26, H. T. Tsai 56636.

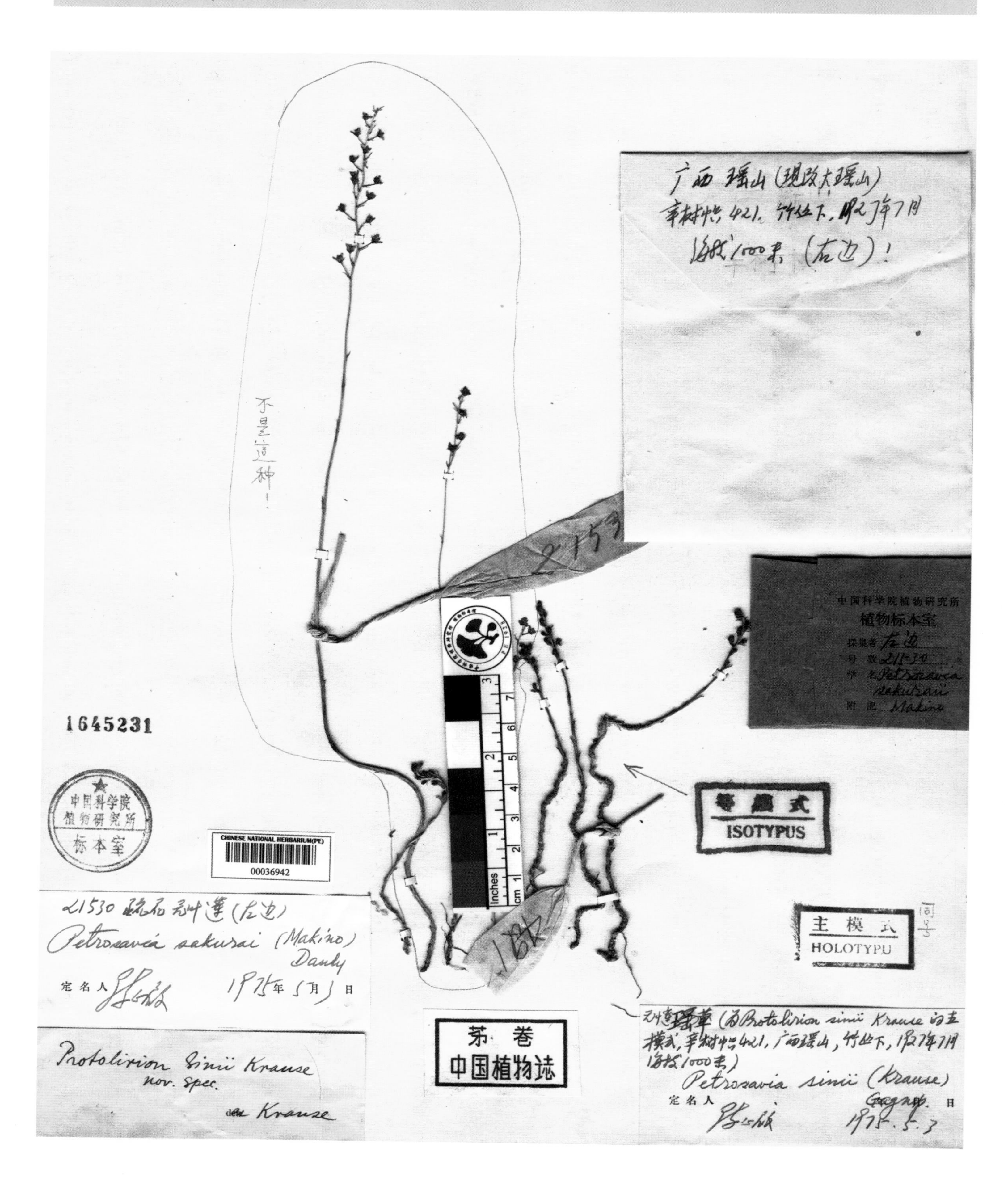

无叶莲 ***Protolirion sinii*** Krause in Notizbl. Bot. Gart. Mus. Berlin-Dahlem 10: 806. 1930. **Isotype:** China. Guangxi: Yaoshan, alt. 1000 m, 1927-07-??, S. S. Sin 421.

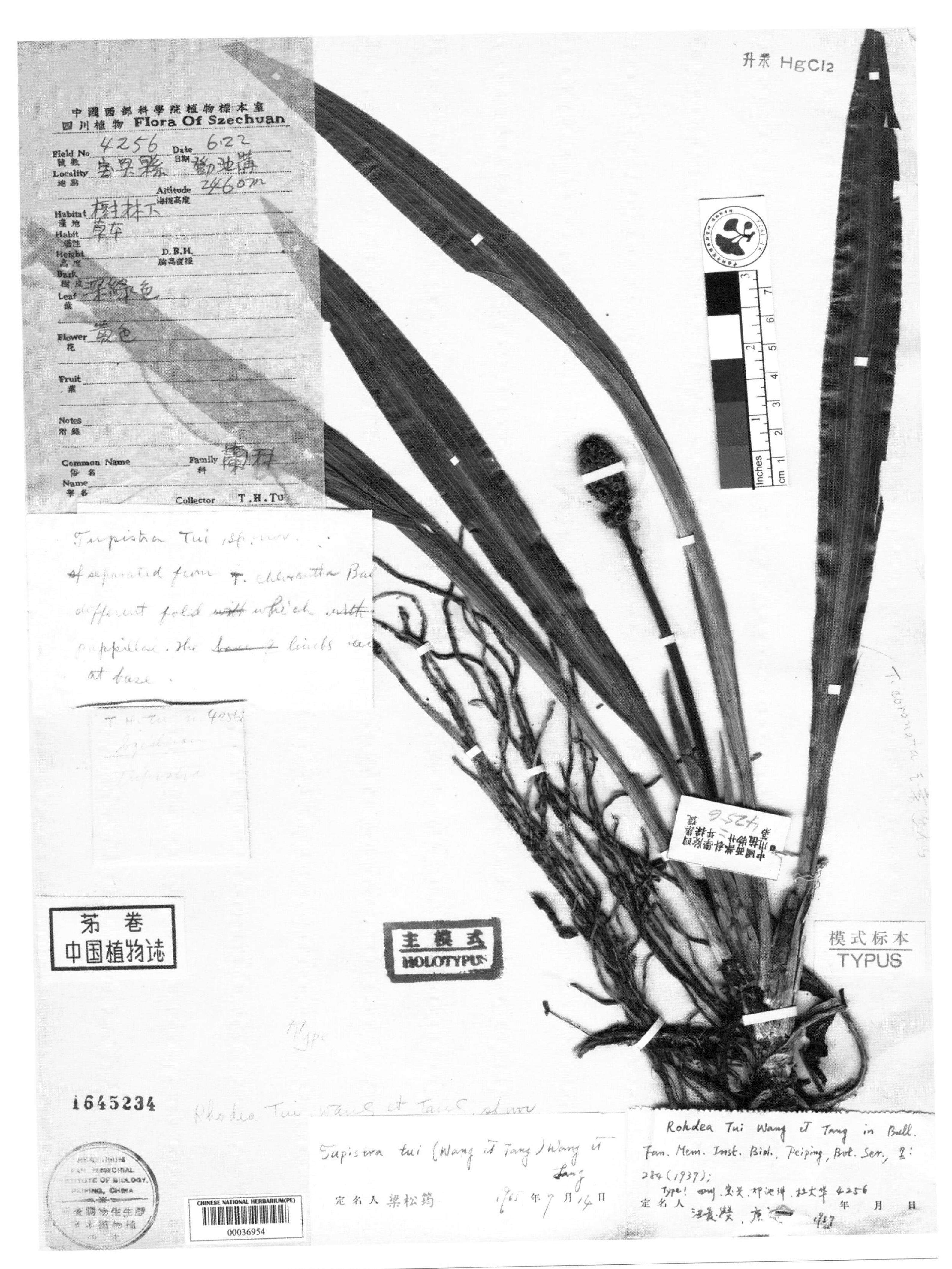

蝶花开口箭 ***Rohdea tui*** F. T. Wang & Tang in Bull. Fan Mem. Inst. Biol., Bot. 7(6): 284. 1937. **Holotype:** China. Sichuan: Baoxing, alt. 2460 m, 1933-06-22, T. H. Tu 4256.

台湾白丝草 ***Siraitos formosanus*** F. T. Wang & Tang in Cont. Inst. Bot. Nat. Acad. Peiping 6: 110. 1949. **Holotype:** China. Formosa (=Taiwan): s. l., 1928-06-06, H. G. Masamunel s. n.

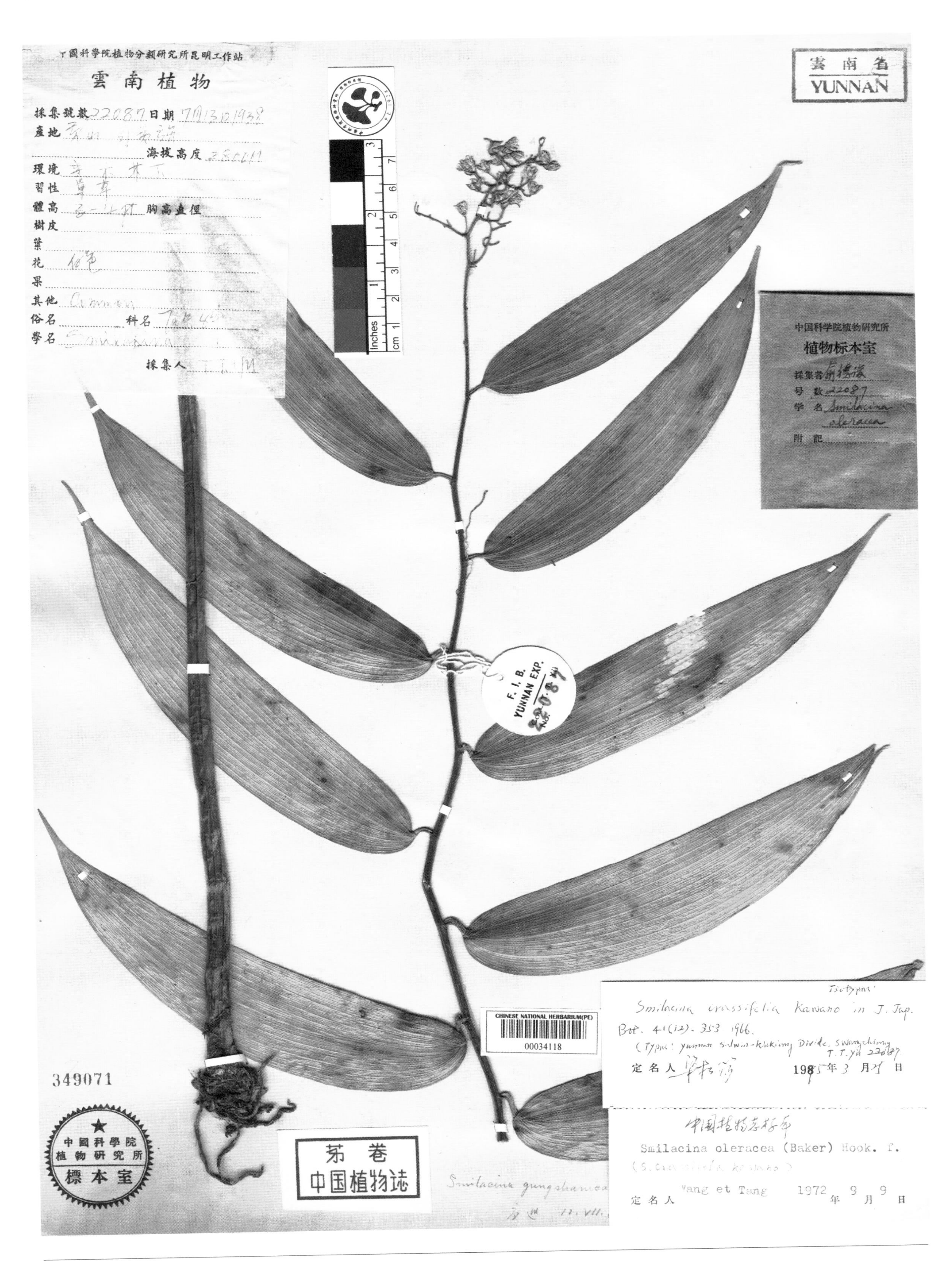

厚叶鹿药 ***Smilacina crassifolia*** Kawano in Journ. Japan. Bot. 41(12): 353. 1966. **Isotype:** China. Yunnan: Gongshan, alt. 2800 m, 1938-07-13, T. T. Yu 22087.

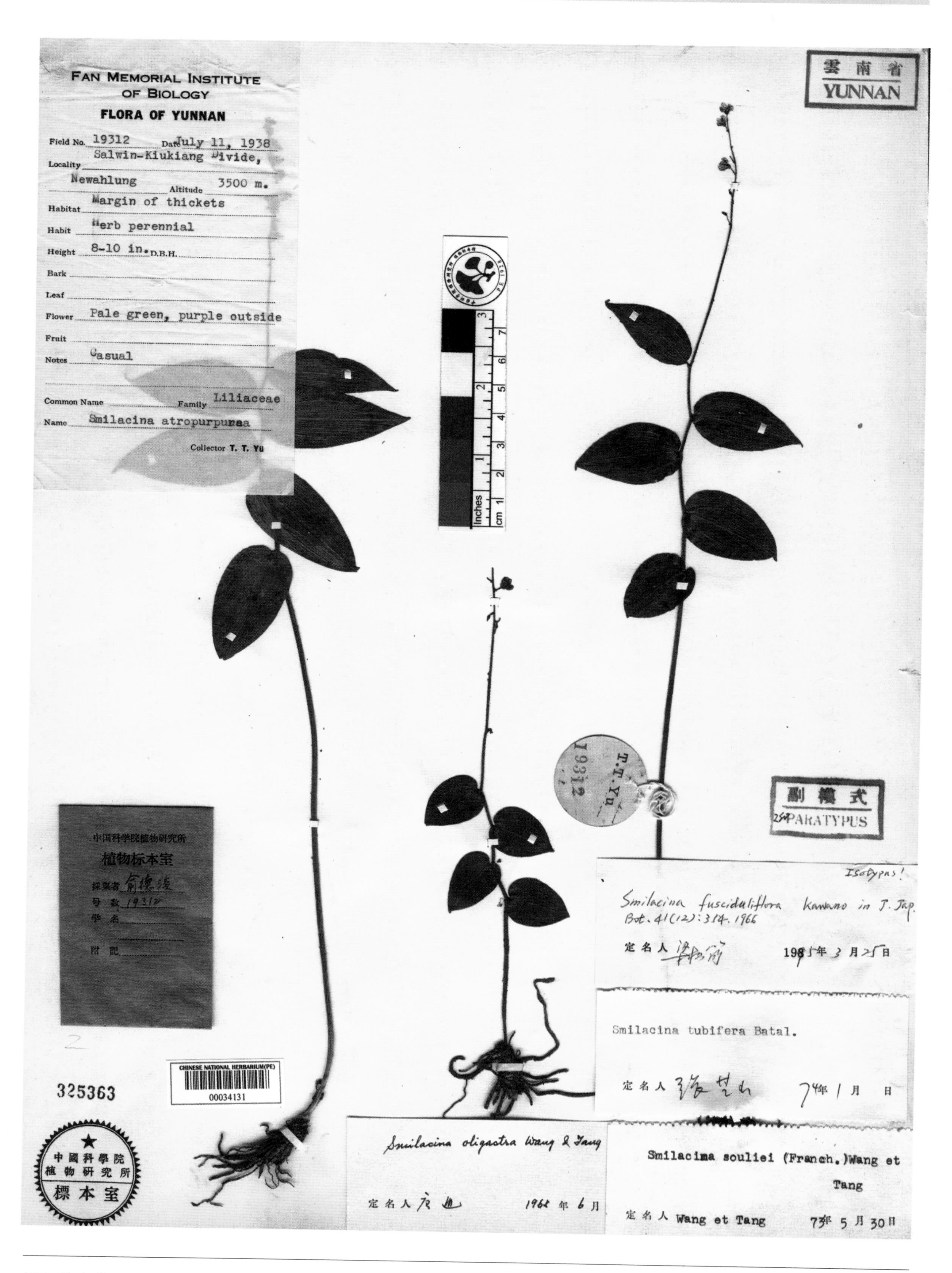

褐斑花鹿药 ***Smilacina fusciduliflora*** Kawano in Journ. Japan. Bot. 41(12): 354. 1966. **Isoparatype:** China. Yunnan: Salwin-Kiukian Divide, alt. 3500 m, 1938-07-11, T. T. Yu 19312.

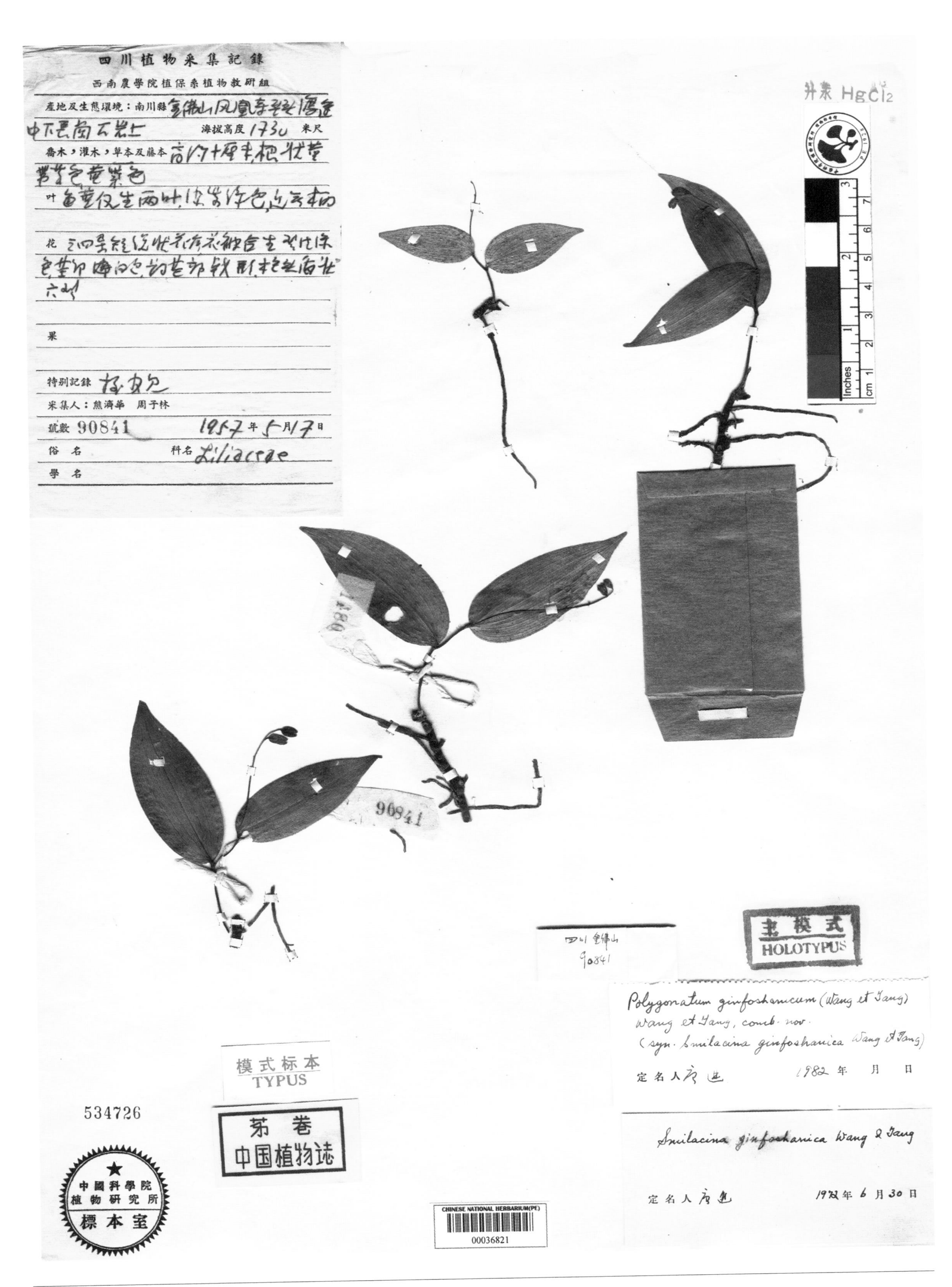

金佛山鹿药 ***Smilacina ginfushanica*** F. T. Wang & Tang, Fl. Reip. Pop. Sin. 15: 38, 249, pl. 14: 3-5. 1978. **Holotype:** China. Chongqing: Nanchuan, alt. 1730 m, 1957-05-17, J. H. Xiong & Z. L. Zhou 90841.

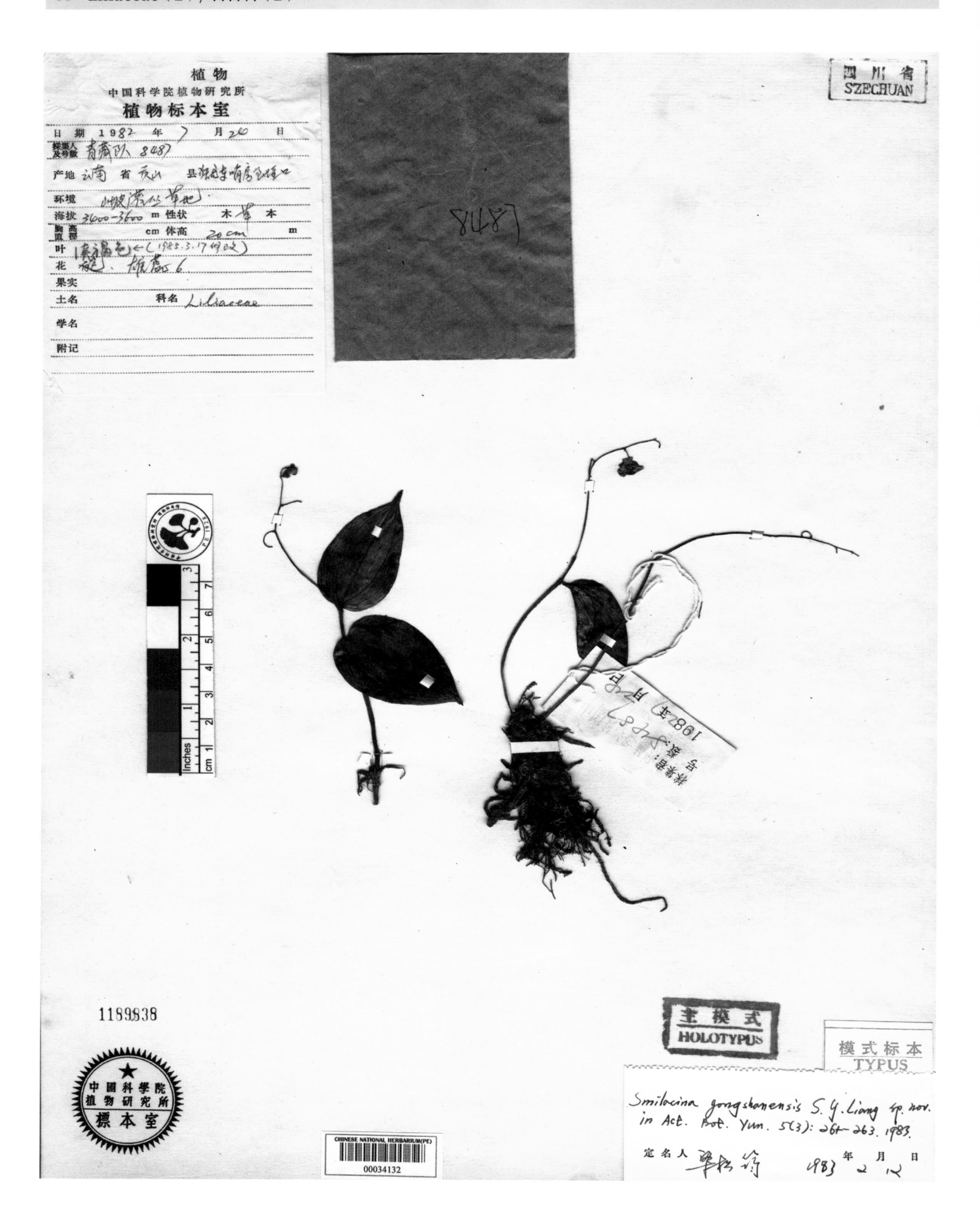

贡山鹿药 ***Smilacina gongshanensis*** S. Y. Liang in Acta Bot. Yunnan. 5(3): 261, f. 2. 1983. **Holotype:** China. Yunnan: Gongshan, alt. 3400~3600 m, 1982-07-24, Qinghai-Xizang Exped. 8487.

大相岭鹿药 ***Smilacina smithii*** K. Krause in Acta Hort. Goth. 2: 93. 1926. **Isotype:** China. Sichuan: Tahsiangling, alt. 2000 m, 1922-05-28, H. Smith 2099.

苍白菝葜 ***Smilax aberrans*** Gagnep. var. ***retroflexa*** F. T. Wang & Tang, Fl. Reip. Pop. Sin. 15: 210, 254, pl. 67: 2-3. 1978. **Holotype:** China. Yunnan: Pingbian, alt. 1700 m, 1939-11-09, C. W. Wang 82712.

灰叶菝葜 ***Smilax astrosperma*** F. T. Wang & Tang, Fl. Hainan. 4: 126, 534. 1977. **Isotype:** China. Hainan: Baisha, Wuzhishan, 1953-??-??, E Hainan Exped. 636.

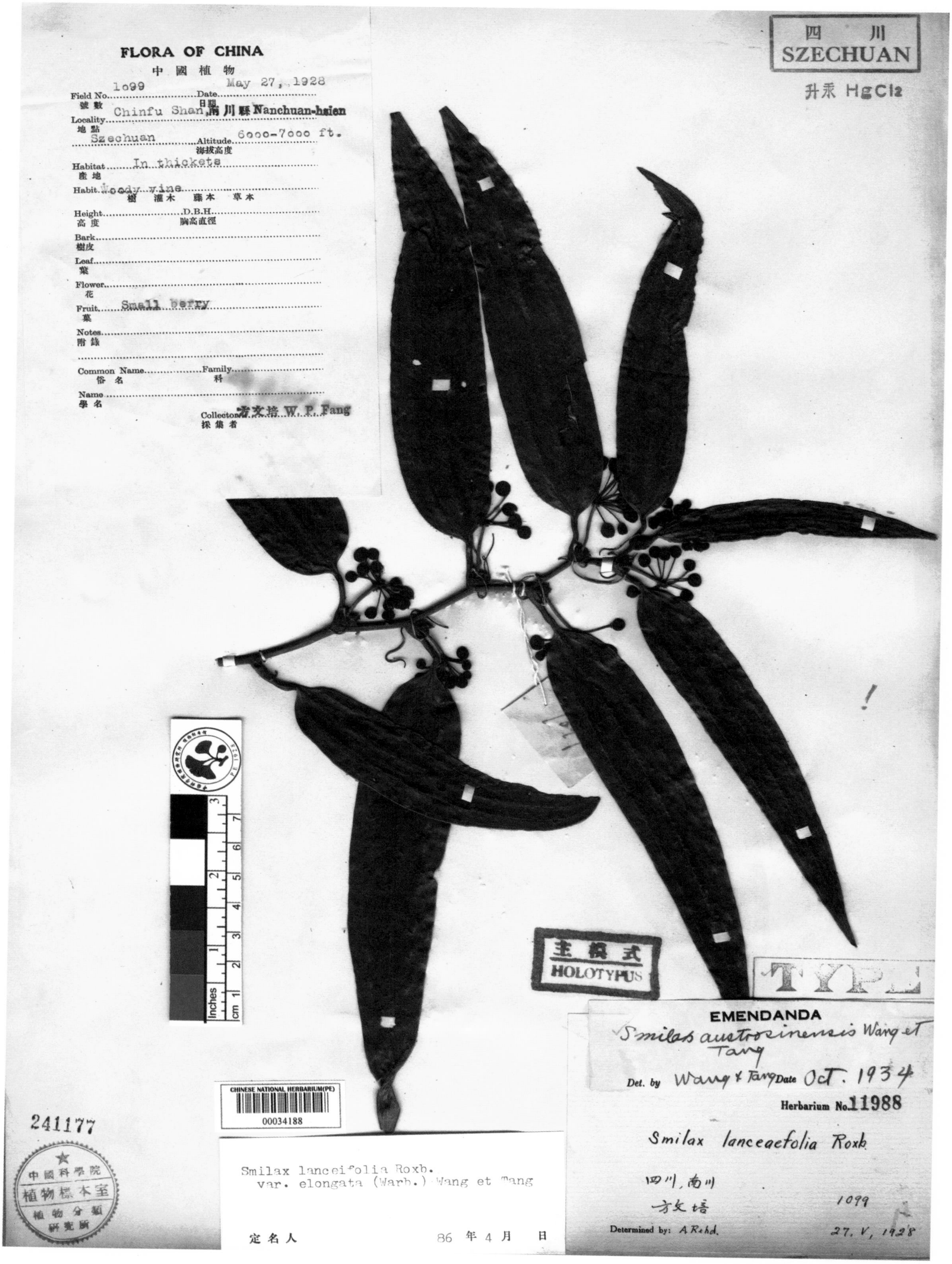

FLORA OF CHINA
中國植物

Field No. 號數 1o99　Date 日期 May 27, 1928
Locality 地點 Chinfu Shan, 南川縣 Nanchuan-hsien
Szechuan　Altitude 海拔高度 6ooo-7ooo ft.
Habitat 產地 In thickets
Habit 樹 灌木 藤本 草本 Woody vine
Height 高度　D.B.H. 胸高直徑
Bark 樹皮
Leaf 葉
Flower 花
Fruit 菓 Small berry
Notes 附錄
Common Name 俗名　Family 科
Name 學名
Collector 採集者 方文培 W. P. Fang

四川 SZECHUAN
升汞 $HgCl_2$

主模式 HOLOTYPUS

TYPE

EMENDANDA
Smilax austrosinensis Wang et Tang
Det. by Wang & Tang Date Oct. 1934
Herbarium No. 11988

Smilax lanceaefolia Roxb.
四川，南川
方文培　1099
Determined by: A. Rehd.　27. V. 1928

CHINESE NATIONAL HERBARIUM(PE)
00034188

241177

中國科學院 植物標本室 植物分類研究所

Smilax lanceifolia Roxb.
var. elongata (Warb.) Wang et Tang
定名人　86 年 4 月 日

华南菝葜 ***Smilax austrosinensis*** F. T. Wang & Tang in Sinensia 5(1-6): 423. 1934. **Holotype:** China. Chongqing: Nanchuan, alt. 2000~2330 m, 1928-05-27, W. P. Fang 1099.

Nº 1400789

Smilax austro-zhekiangensis C. Ling
临海，括苍山，黄家䒕，alt. 1000 M.
路边，1964. 4. 25. 郑朝宗、张朝芳
6826 (♀) Holotypus
定名人 年 月 日

浙南菝葜 ***Smilax austrozhejiangensis*** Q. Lin in Acta Phytotax. Sin. 28(1): 71, f. 1. 1990. **Isotype:** China. Zhejiang: Linhai, alt. 1000 m, 1964-04-25, C. Z. Zheng & C. F. Zhang 6826.

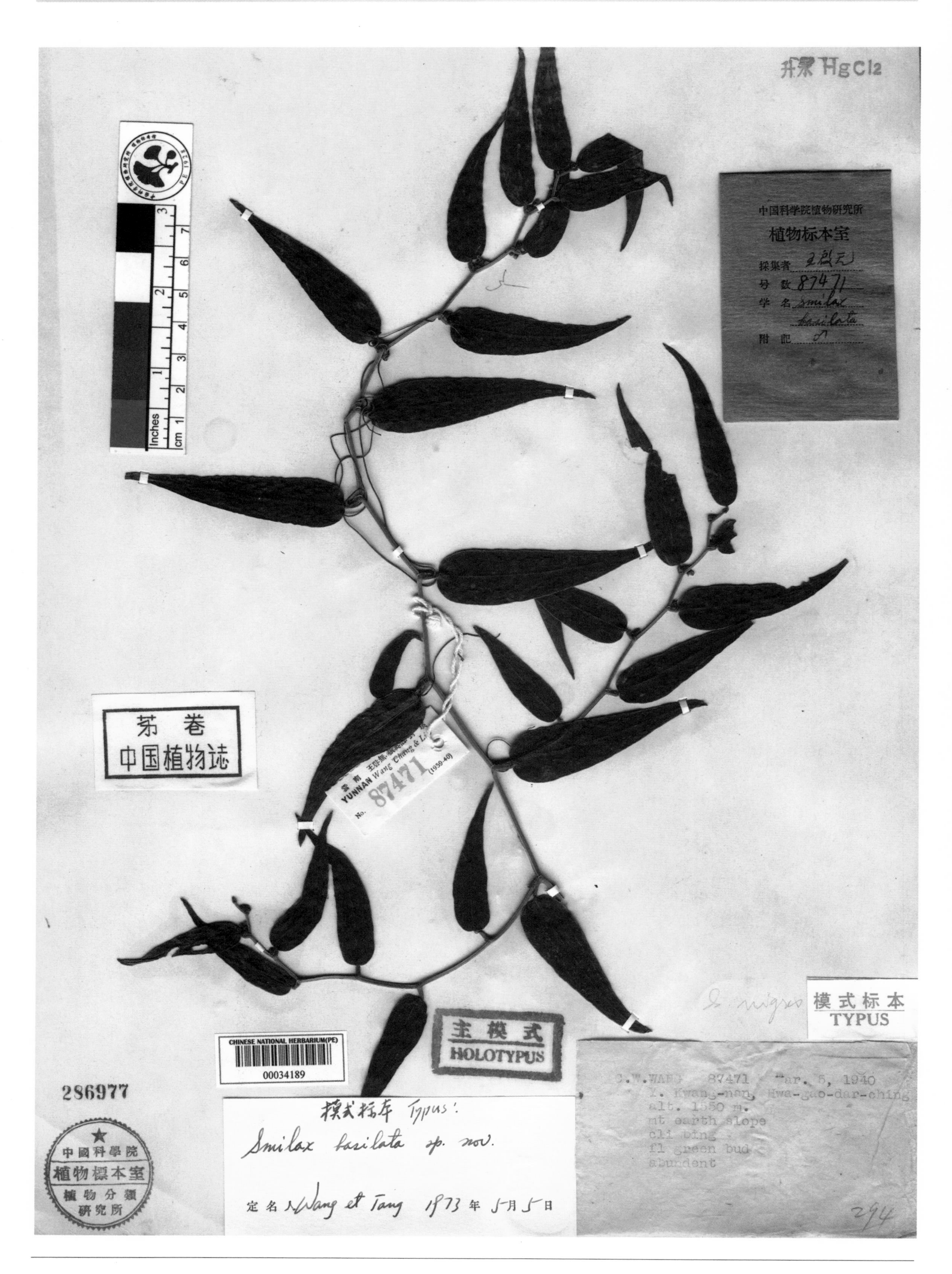

少花菝葜 ***Smilax basilata*** F. T. Wang & Tang, Fl. Reip. Pop. Sin. 15: 229, 254, pl. 74: 5. 1978. **Holotype:** China. Yunnan: Guangnan, alt. 1550 m, 1940-03-05, C. W. Wang 87471.

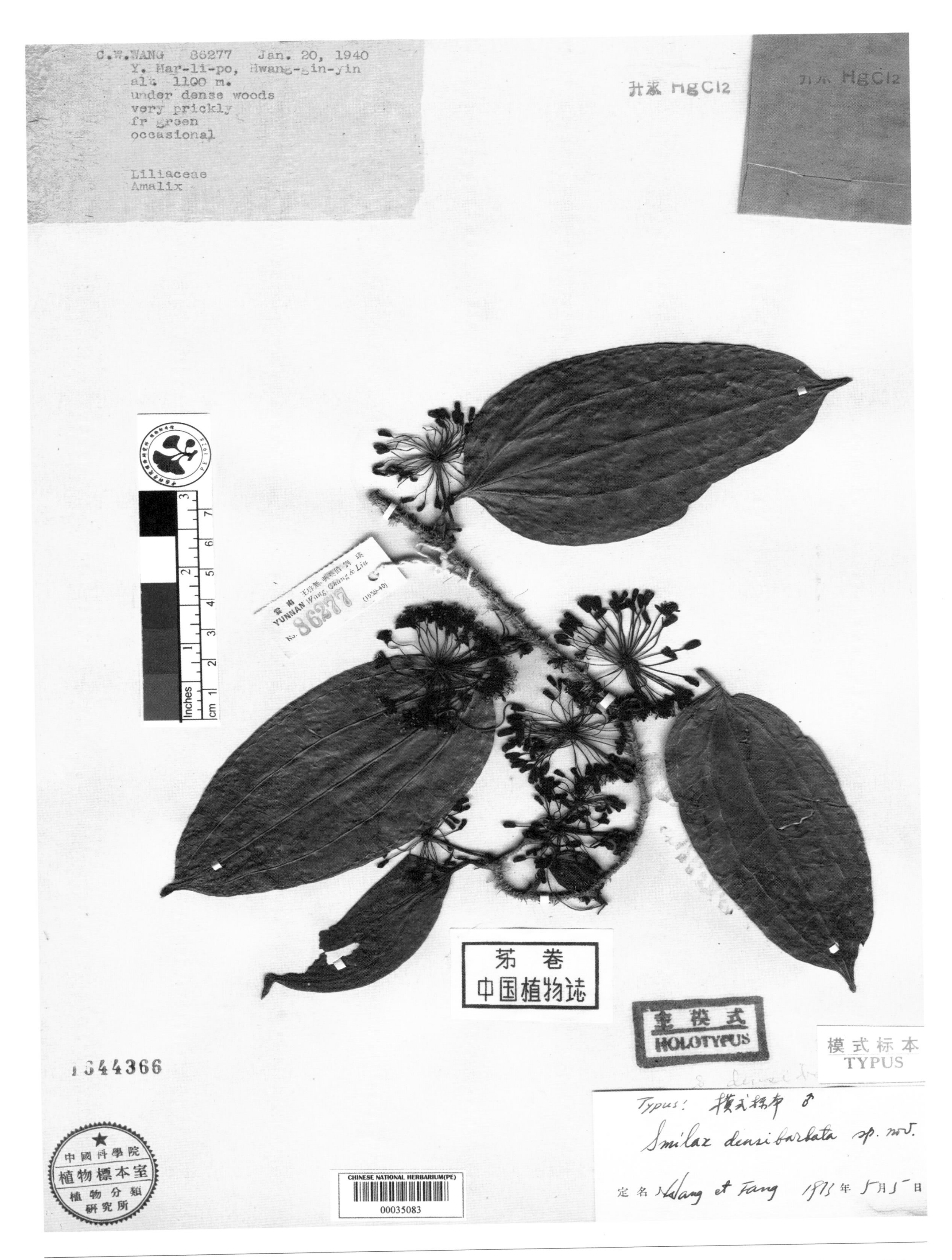

密刺菝葜 ***Smilax densibarbata*** F. T. Wang & Tang, Fl. Reip. Pop. Sin. 15: 232, 255, pl. 76: 3. 1978. **Holotype:** China. Yunnan: Malipo, alt. 1100 m, 1940-01-20, C. W. Wang 86277.

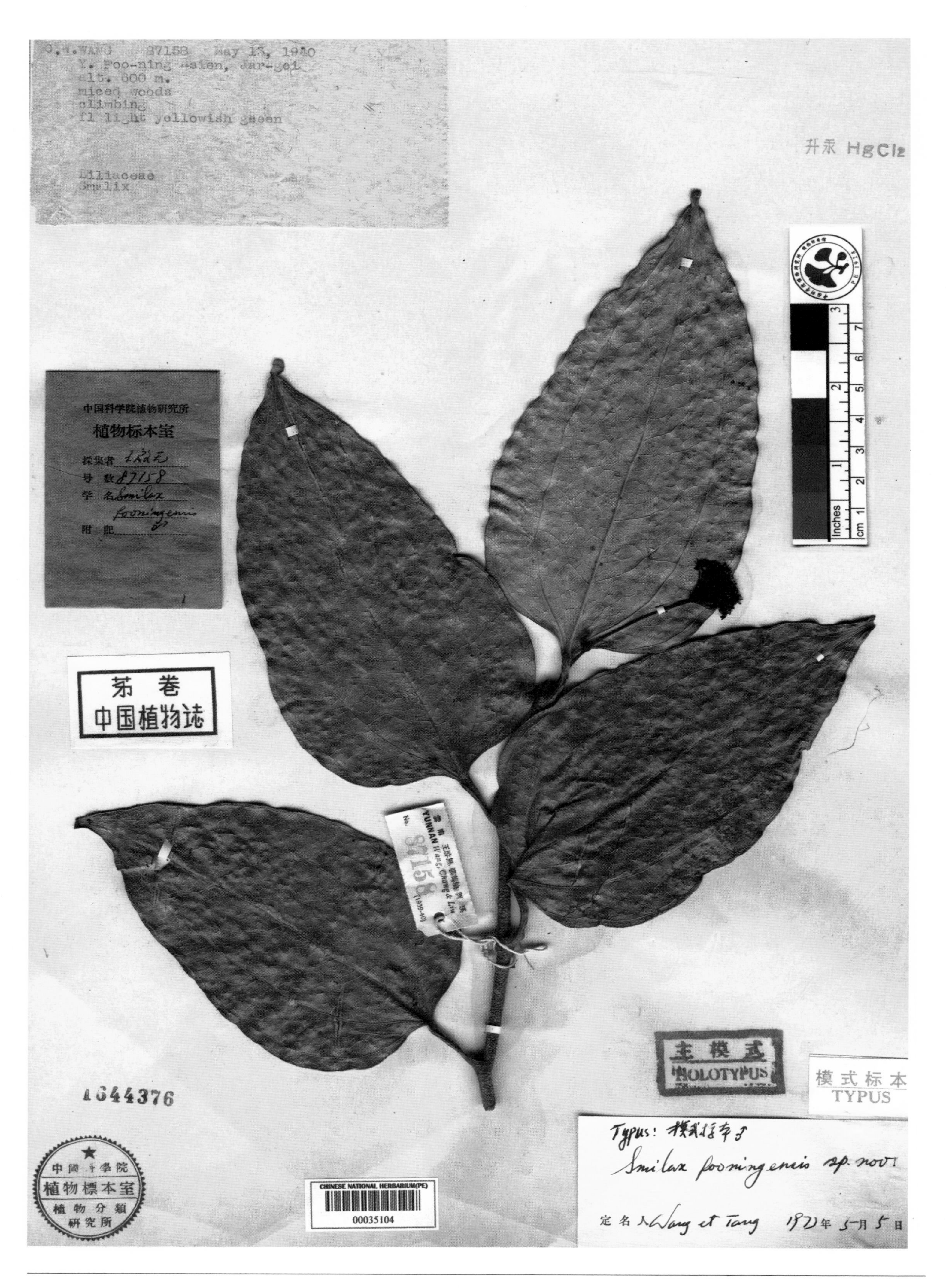

富宁菝葜 ***Smilax fooningensis*** F. T. Wang & Tang, Fl. Reip. Pop. Sin. 15: 229, 255, pl. 74: 6. 1978. **Holotype:** China. Yunnan: Funing, alt. 600 m, 1940-05-13, C. W. Wang 87158.

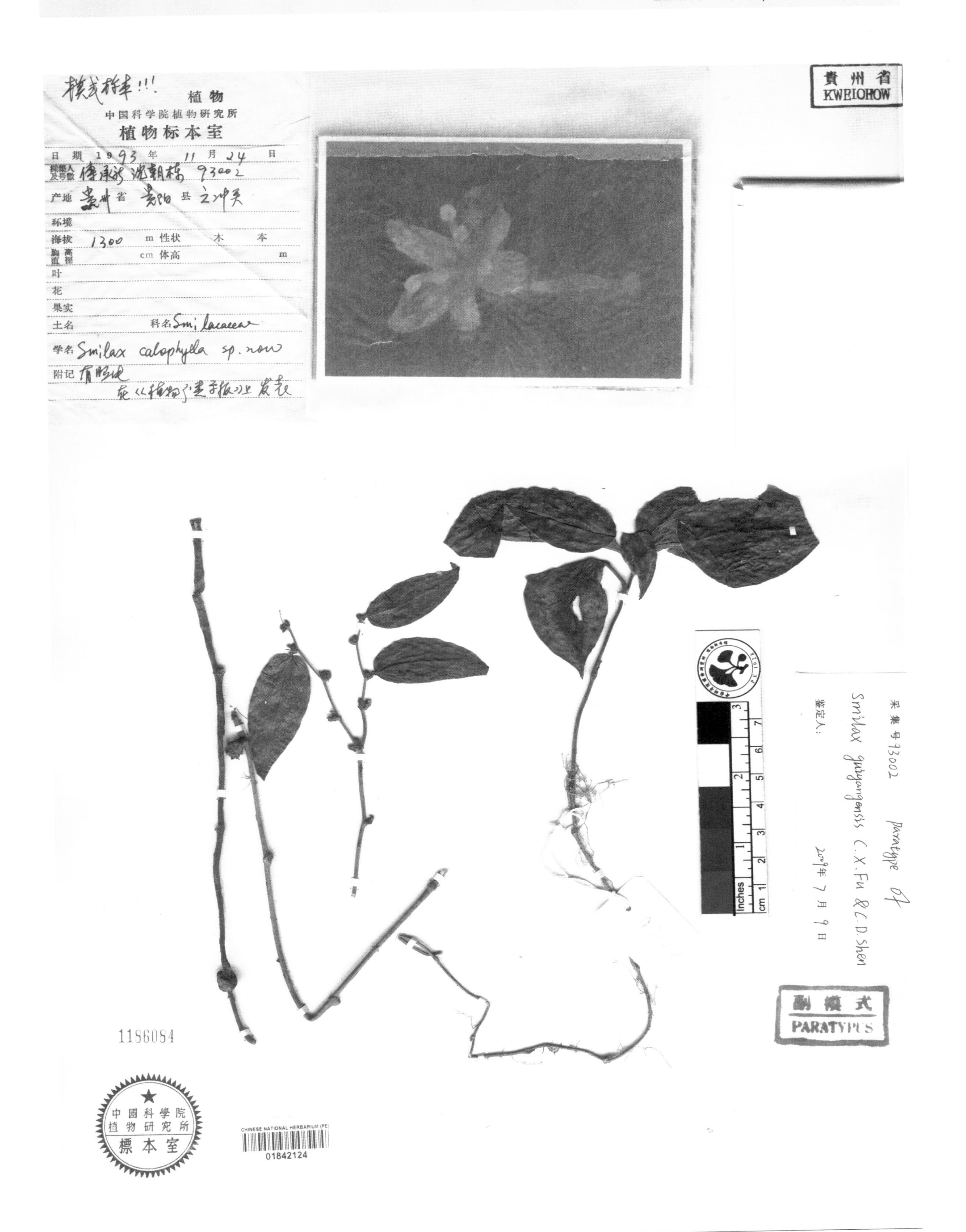

花叶菝葜 ***Smilax guiyangensis*** C. X. Fu & C. D. Shen in Acta Phytotax. Sin. 35(1): 70, f. 1. 1996. **Paratype:** China. Guizhou: Guiyang, alt. 1300 m, 1993-11-24, C. X. Fu & C. D. Shen 93002.

尖叶牛尾菜 ***Smilax herbacea*** Linn. var. ***acuminata*** C. H. Wright in Journ. Linn. Soc. Bot. 36: 97. 1903. **Isosyntype:** China. Hubei: Badong, Henry 4002.

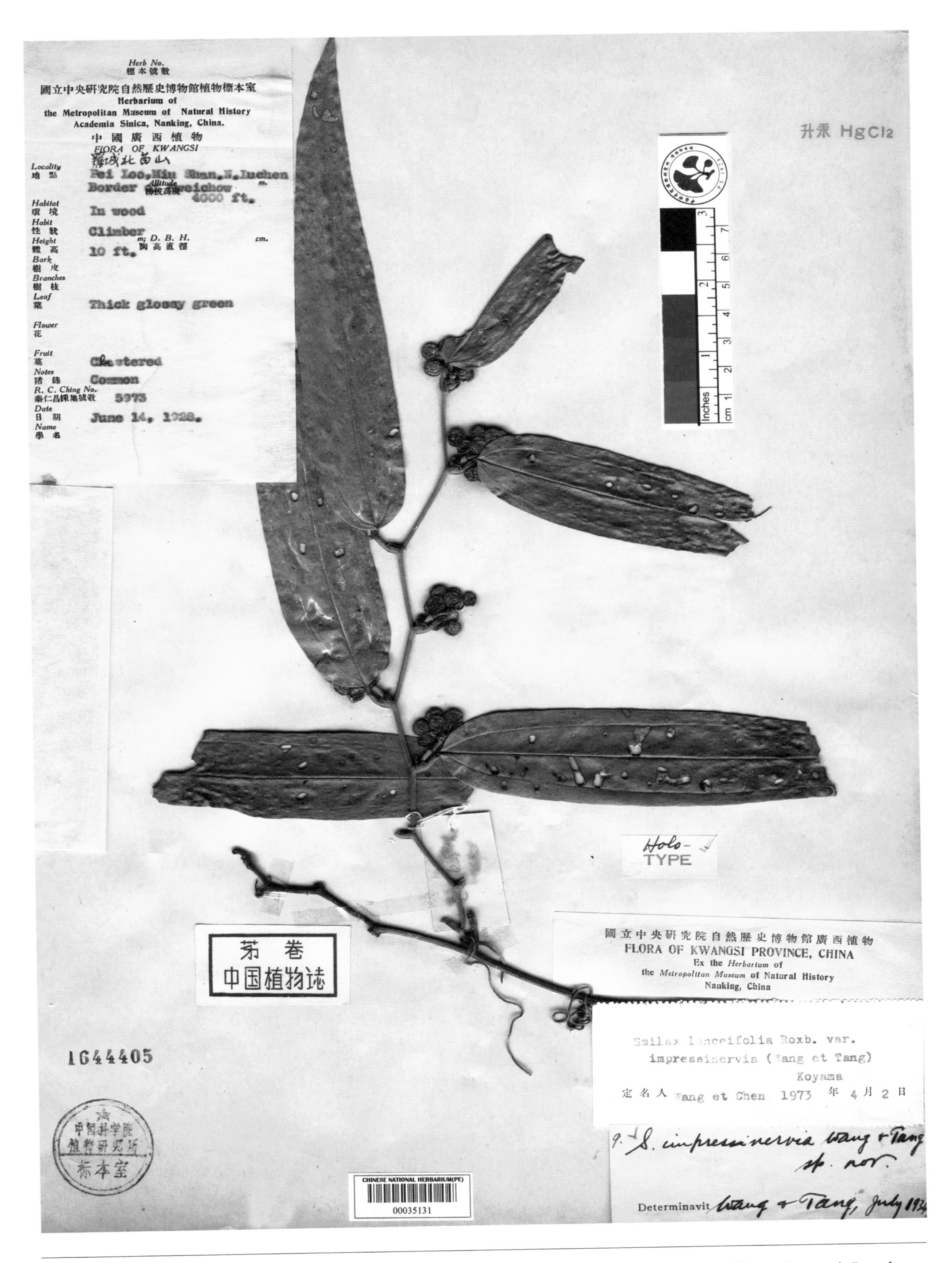

凹脉菝葜 ***Smilax impressinervia*** F. T. Wang & Tang in Sinensia 5(1-6): 425. 1934. **Holotype:** China. Guangxi: Luocheng, alt. 1330 m, 1928-06-14, R. C. Ching 5973.

缘毛菝葜 ***Smilax kwangsiensis*** F. T. Wang & Tang in Sinensia 5(1-6): 425. 1934. **Holotype:** China. Guangxi: Nanning, alt. 400 m, 1928-10-16, R. C. Ching 7988.

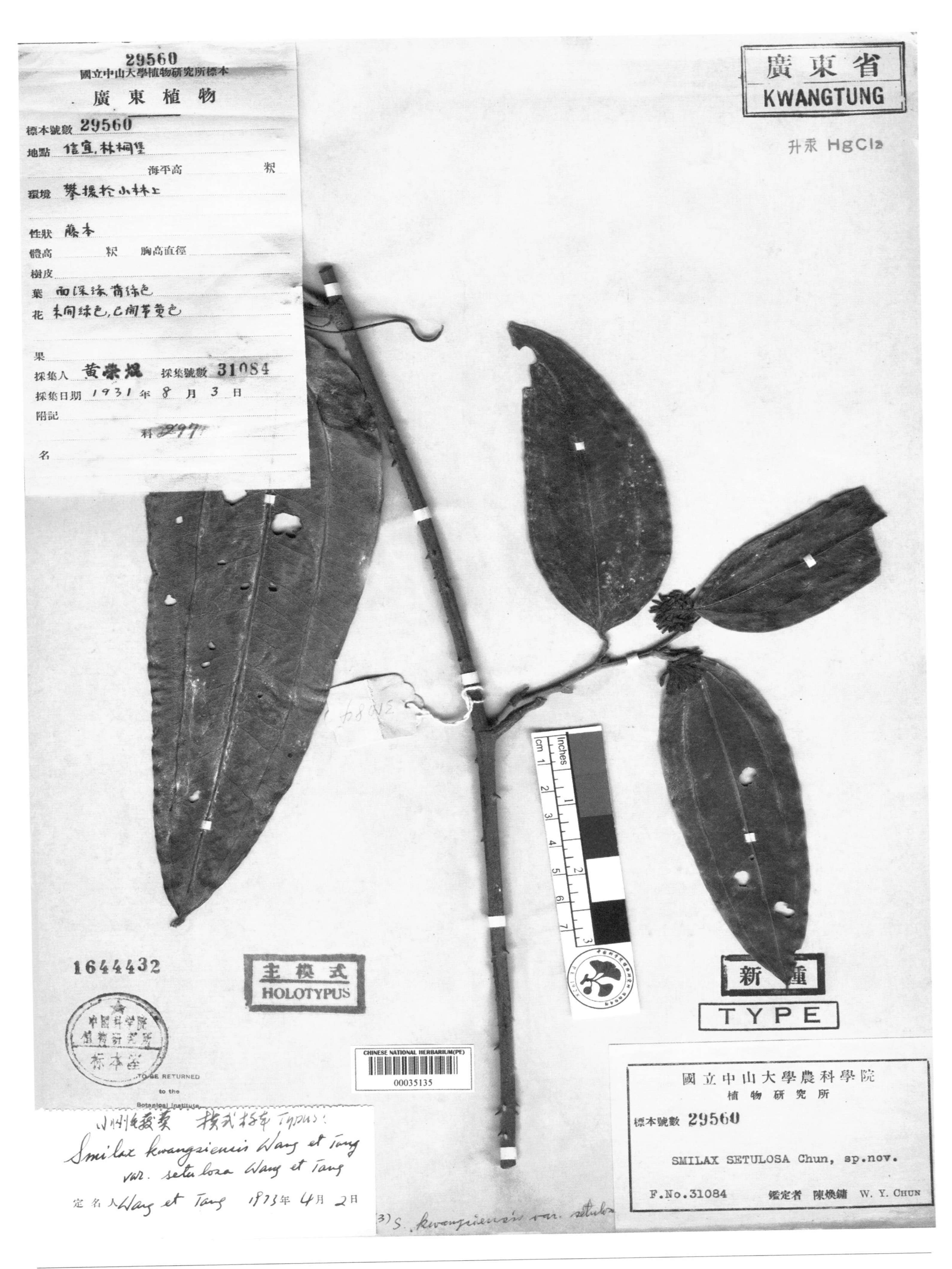

小刚毛菝葜 ***Smilax kwangsiensis*** F. T. Wang & Tang var. ***setulosa*** F. T. Wang & Tang, Fl. Reip. Pop. Sin. 15: 226, 254. 1978. **Holotype:** China. Guangdong: Xinyi, 1931-08-03, R. K. Huang 31084.

川菝葜 ***Smilax labordei*** Lèvl. & Vaniot, Liliac. etc. Chine 27. 1905. **Syntype:** China. Sichuan: Kouy-Tcheou, 1900-06-12, B. P. Bodiner 2318.

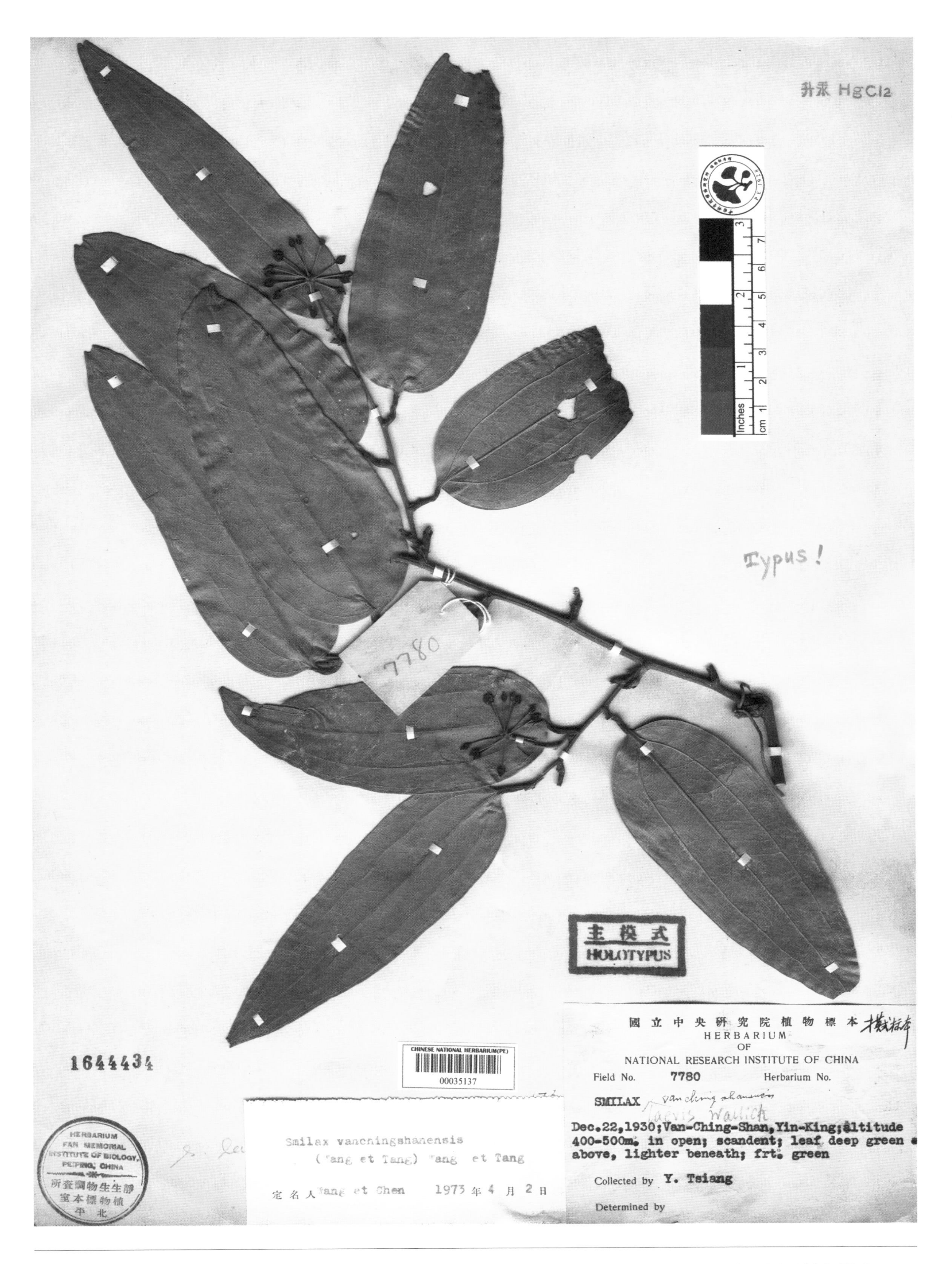

梵净山菝葜 ***Smilax laevis*** Wall. var. ***vanchingshanensis*** F. T. Wang & Tang in Sinensia 5(1-6): 424. 1934. **Holotype:** China. Guizhou: Yin-Kiang (=Yinjiang), alt. 400~500 m, 1930-12-22, Y. Tsiang 7780.

FAN MEMORIAL INSTITUTE
OF BIOLOGY
FLORA OF YUNNAN
Field No. 13252 Date Nov. 13th. 1947
Locality Mar-li-po: Hwang-jin-in
Altitude 1100-1400m.
Habitat in mixed forests on rock mt.
Habit shrub
Height 5 ft. D.B.H.
Bark
Leaf
Flower
Fruit greenish
Notes common
Common Name Family Smilacacea
Name Smilax
Collector K. M. Feng

中国科学院植物研究所
植物标本馆
采集者
号 数
学 名
附 记

K. M. Feng 13252

CHINESE NATIONAL HERBARIUM (PE)
01896107

286973

中國科學院植物研究所標本室

Paratype!
Smilax ligneoriparia C.X.Fu & P.Li
DET. 李攀 PanLi

木质菝葜 ***Smilax ligneoriparia*** C. X. Fu & P. Li in Taxon 60(4): 1108, f. 7. 2011. **Paratype:** China. Yunnan: Malipo, alt. 1100~1400 m, 1947-11-13, K. M. Feng 13252.

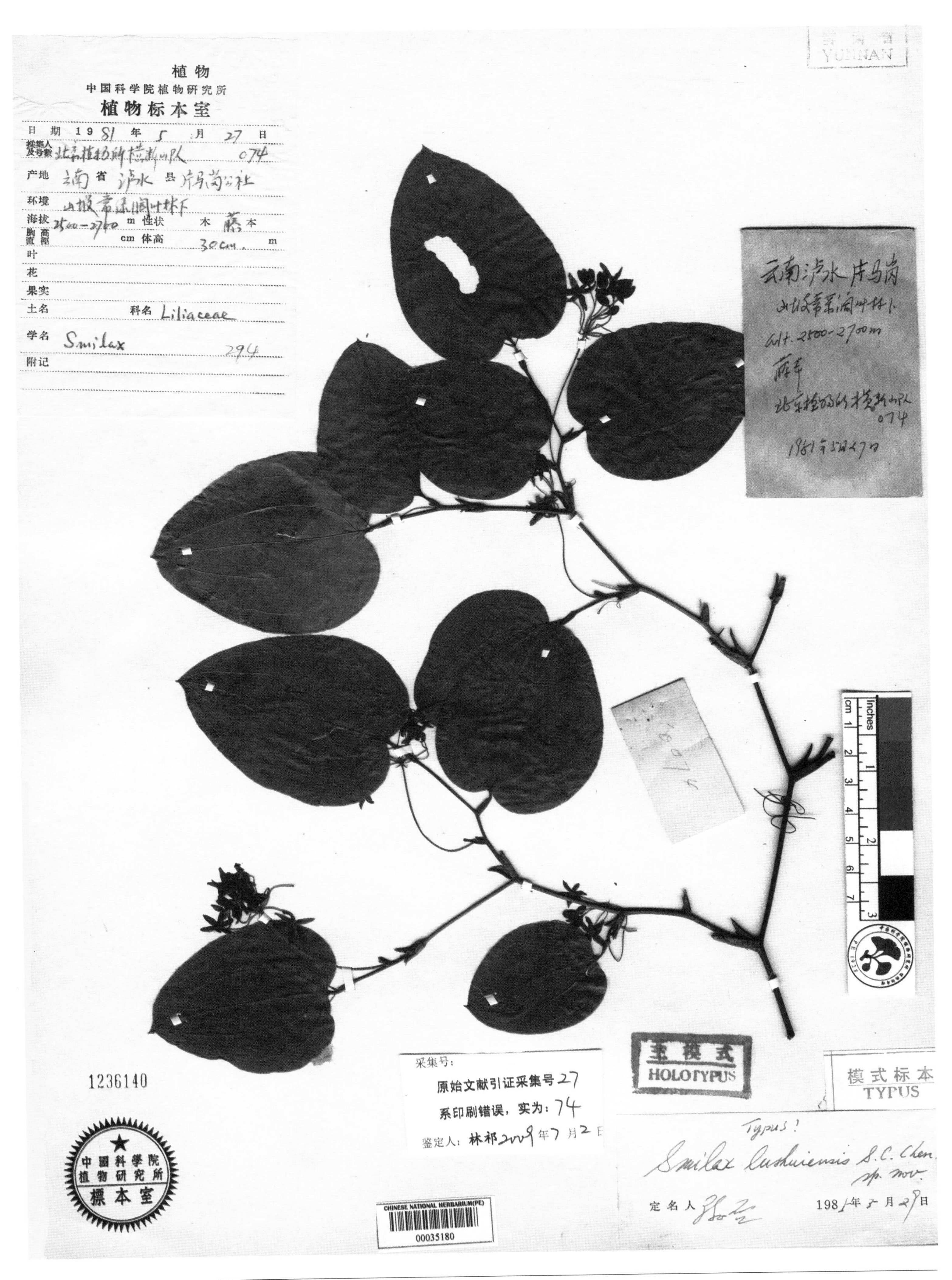

泸水菝葜 ***Smilax lushuiensis*** S. C. Chen in Acta Phytotax. Sin. 26(2): 142, pl. 1: 4. 1988. **Holotype:** China. Yunnan: Lushui, alt. 2500~2700 m, 1981-05-27, Hengduanshan Exped. 74.

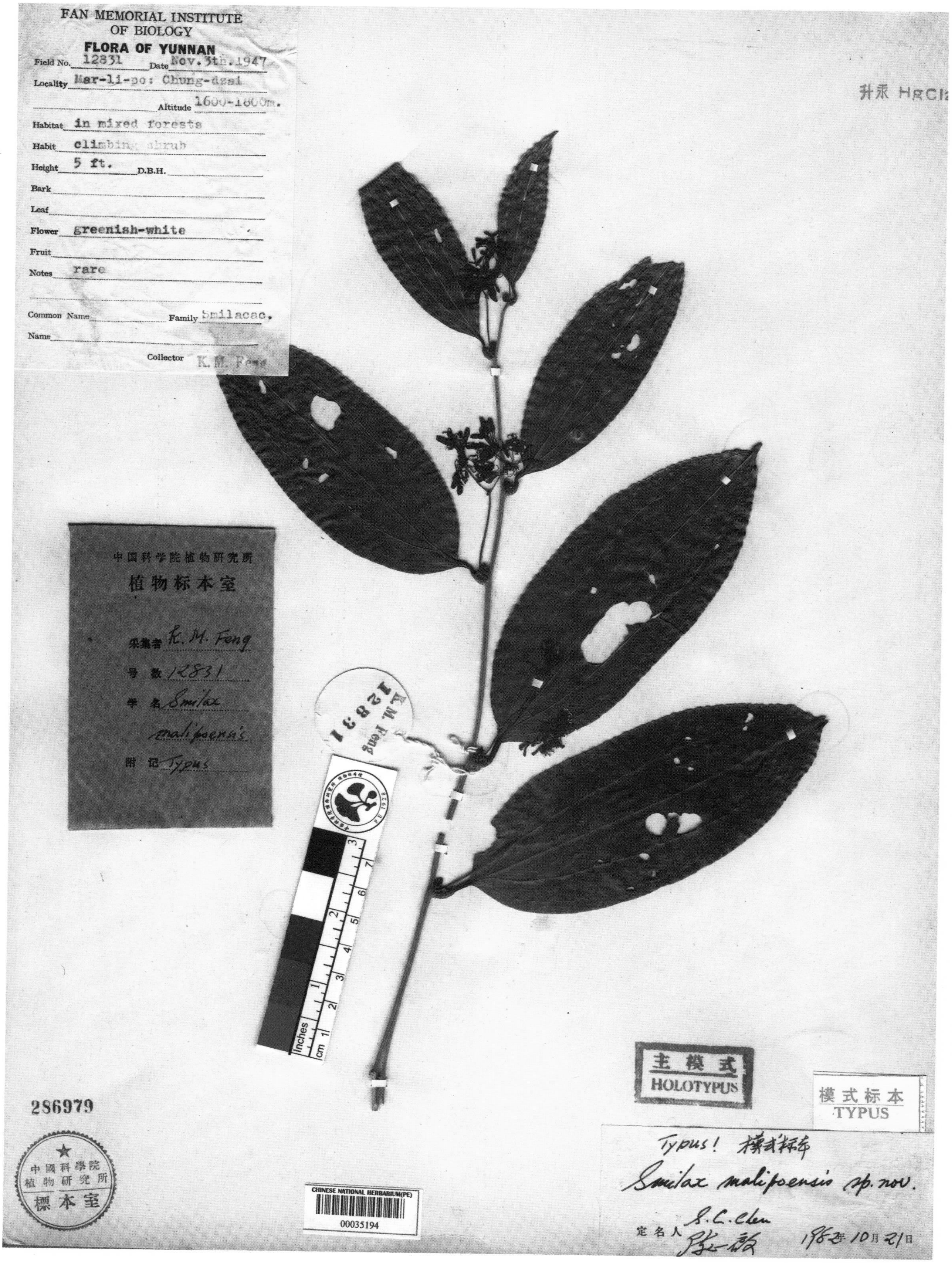

FAN MEMORIAL INSTITUTE
OF BIOLOGY
FLORA OF YUNNAN
Field No. 12831 Date Nov. 3th. 1947
Locality Mar-li-po: Chung-dzsi
Altitude 1600-1800m.
Habitat in mixed forests
Habit climbing shrub
Height 5 ft. D.B.H.
Bark
Leaf
Flower greenish-white
Fruit
Notes rare
Common Name Family Smilacac.
Name
Collector K. M. Feng

升汞 HgCl

中国科学院植物研究所
植物标本室
采集者 K. M. Feng
号数 12831
学名 Smilax malipoensis
附记 Typus

K. M. Feng 12831

主模式
HOLOTYPUS

模式标本
TYPUS

Typus! 模式标本
Smilax malipoensis sp. nov.
定名人 S. C. Chen 陈心启 1982年10月21日

286979

中國科學院植物研究所標本室

CHINESE NATIONAL HERBARIUM(PE)
00035194

麻栗坡菝葜 ***Smilax malipoensis*** S. C. Chen in Bull. Bot. Res., Harbin 3(3): 113, photo. 2. 1983. **Holotype:** China. Yunnan: Malipo, alt. 1600~1800 m, 1947-11-03, K. M. Feng 12831.

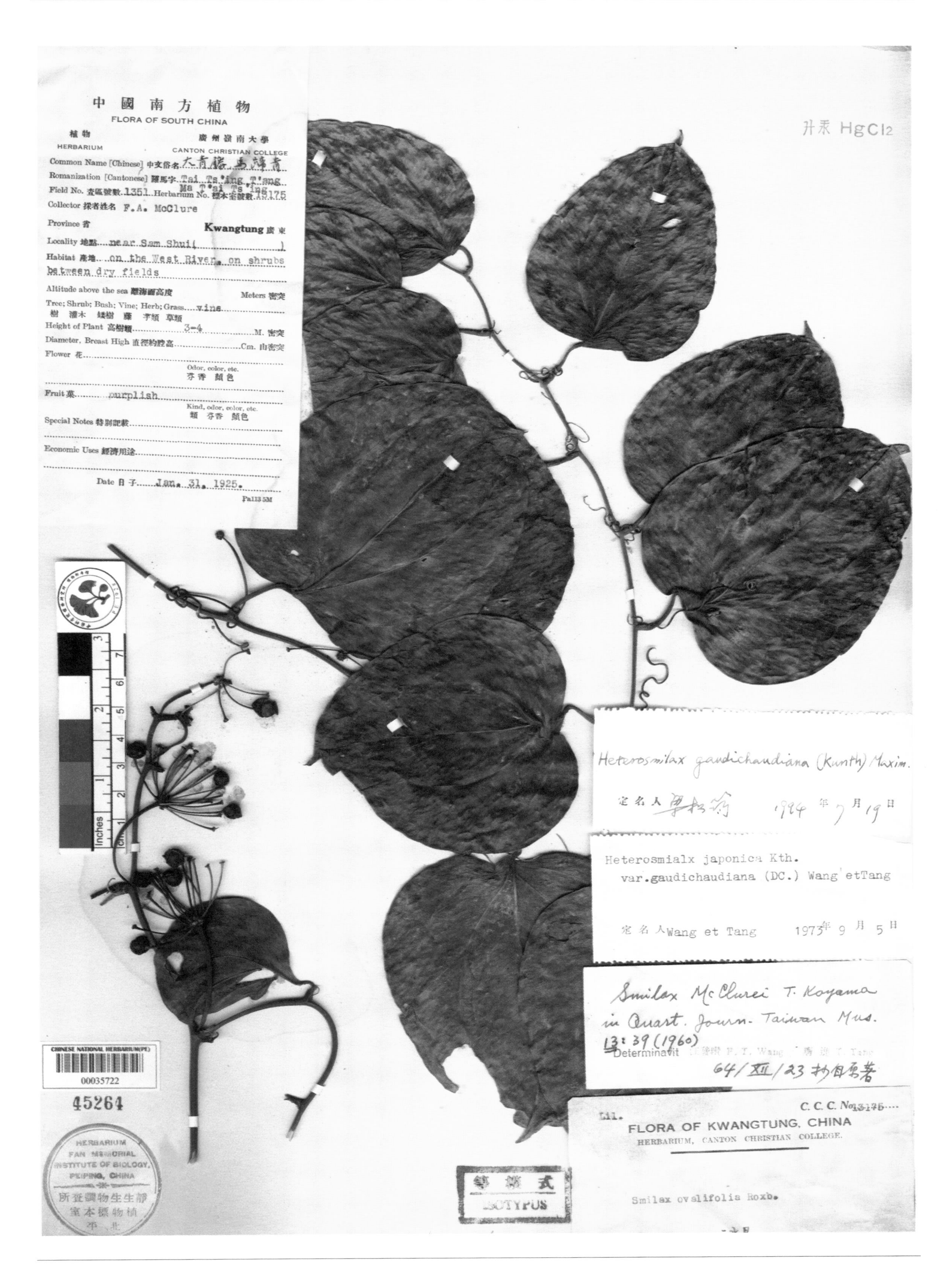

迈克菝葜 ***Smilax mcclurei*** T. Koyama in Qua. Journ. Taiwan Mus. 13(1): 39, pl. 1. 1960. **Isotype:** China. Kwantung (=Guangdong): Sanshui, 1925-01-31, F. A. McClure 13175.

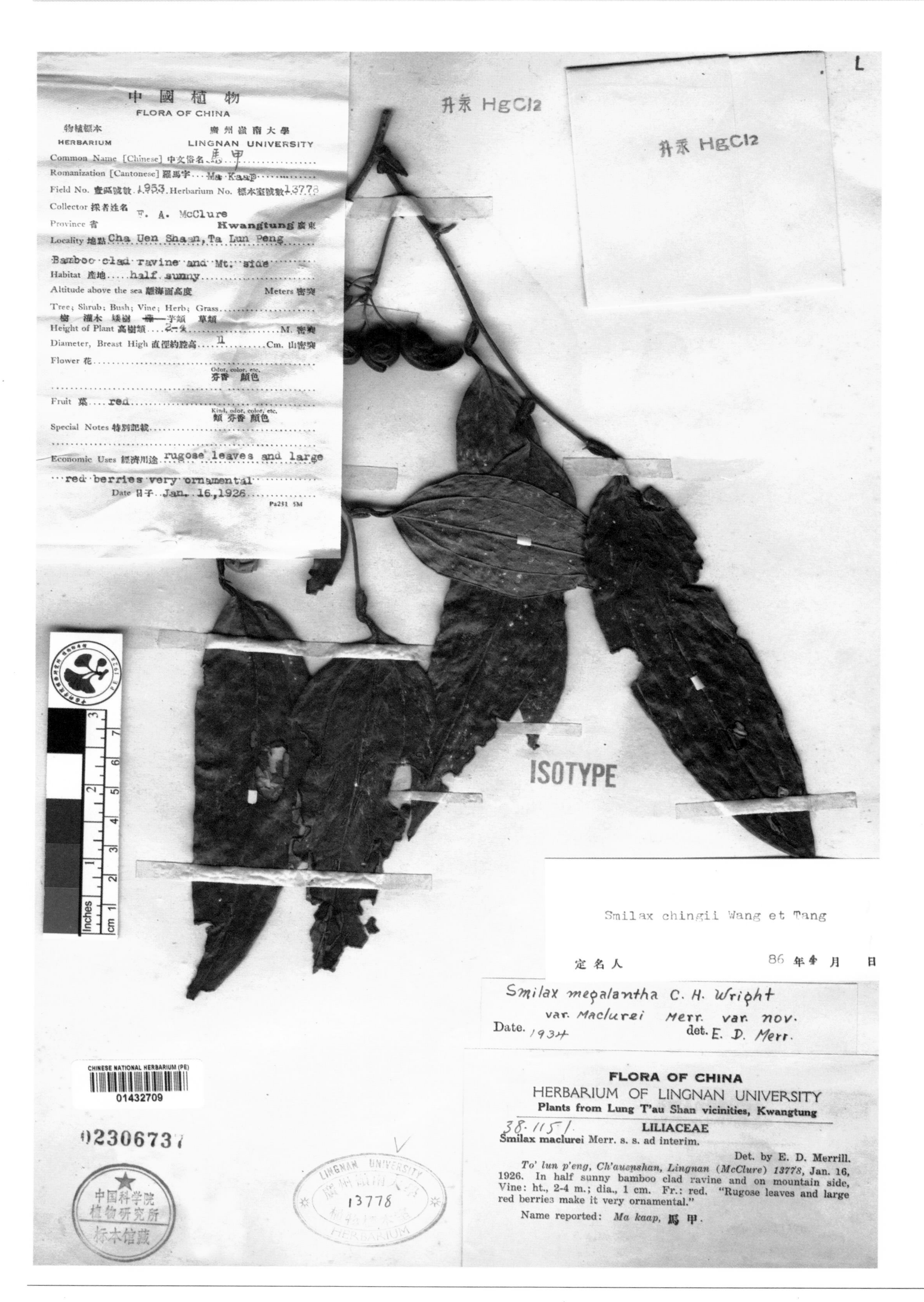

迈克大花菝葜 ***Smilax megalantha*** C. H. Wright var. ***maclurei*** Merr. in Lingnan Sci. Journ. 13(1): 20. 1934. **Isotype:** China. Guangdong: Chauenshan, 1926-01-16, F. A. McClure 13778.

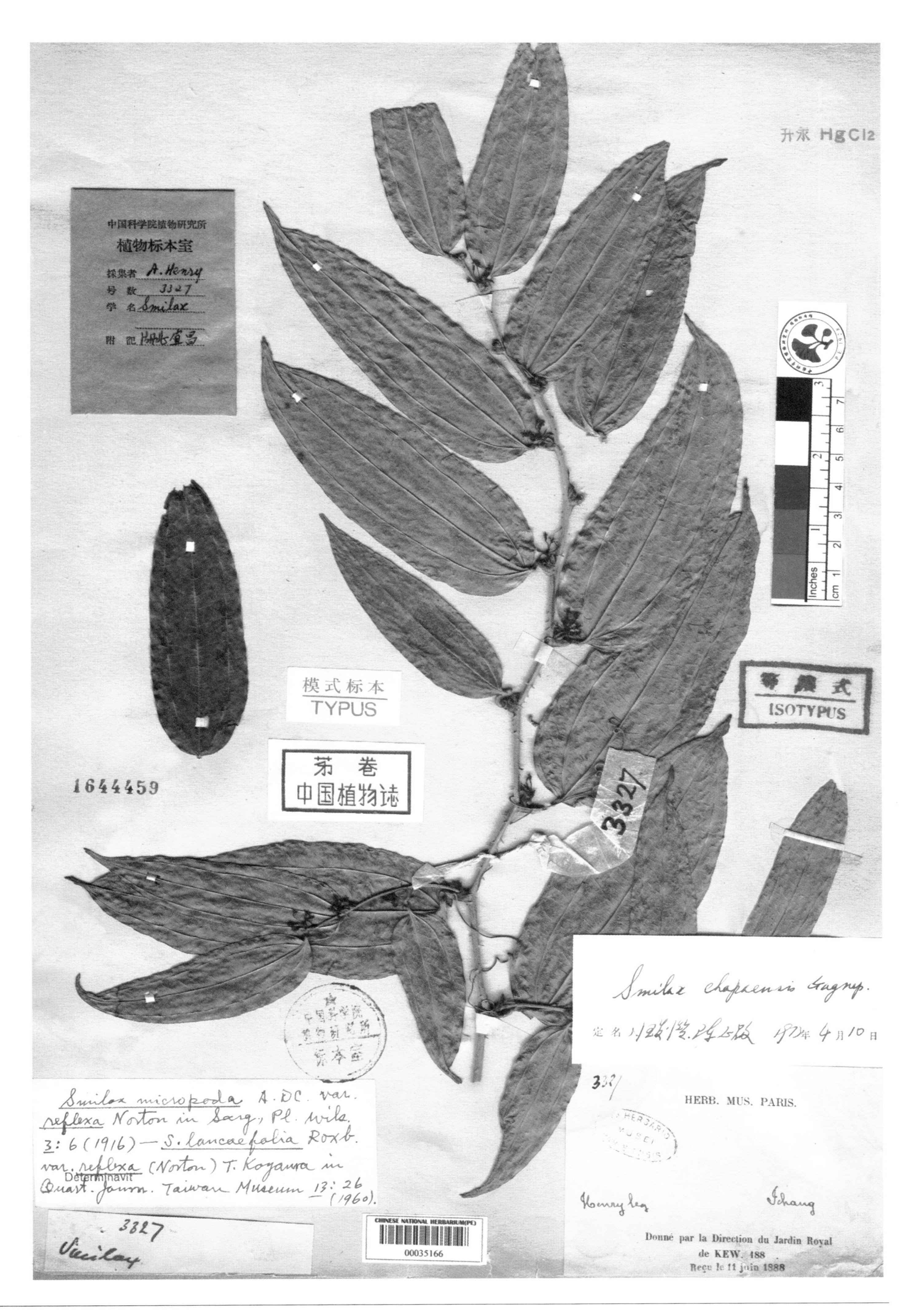

反折菝葜 ***Smilax micropoda*** A. DC. var. ***reflexa*** Norton in Pl. Wils. 3: 6. 1916. **Holotype:** China. Hubei: Yichang, A. Henry 3327.

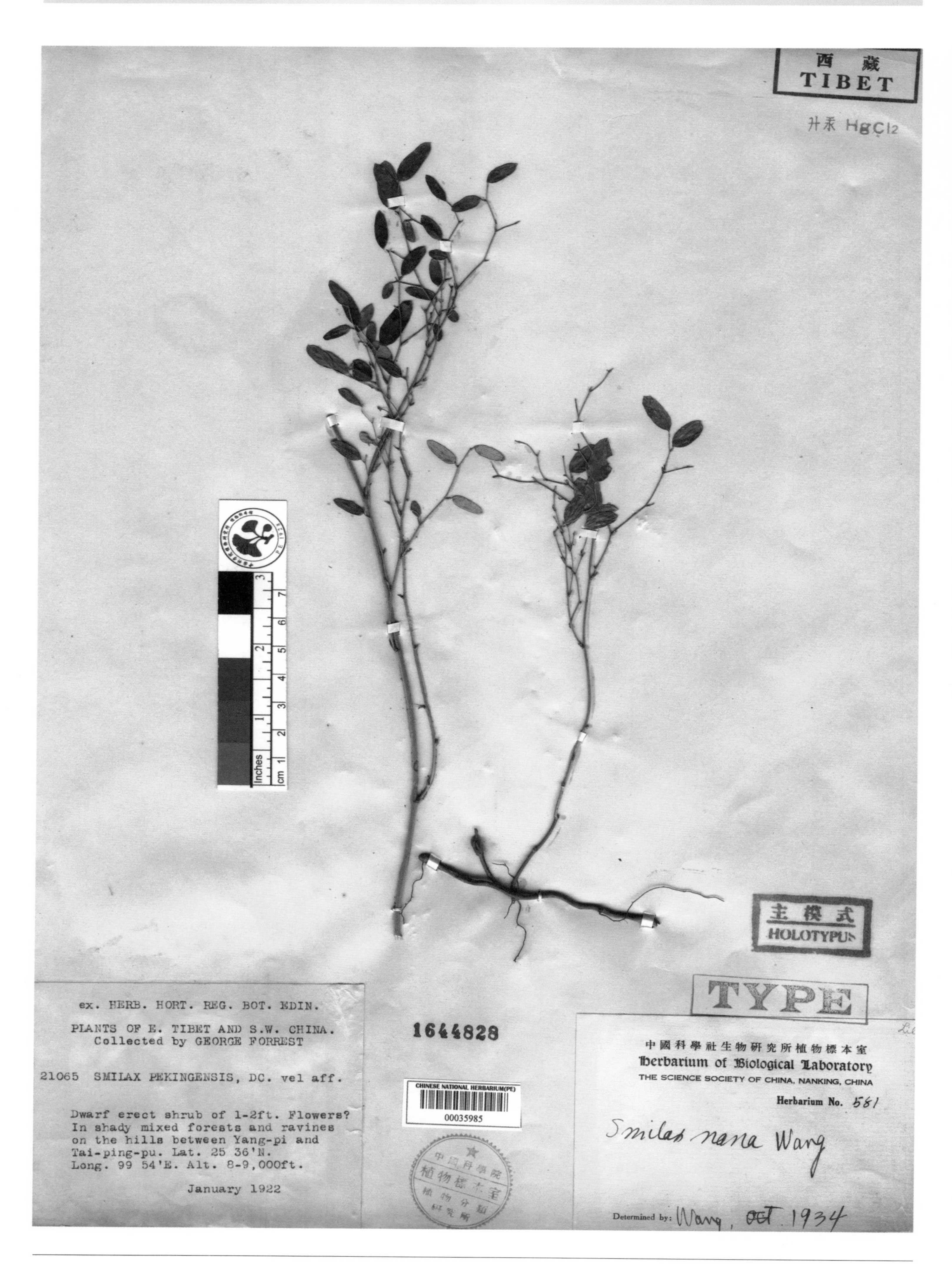

矮菝葜 ***Smilax nana*** F. T. Wang & Tang in Bull. Fan Mem. Inst. Biol., Bot. 5(3): 116. 1934. **Holotype:** China. Yunnan: Yangbi, alt. 2700~3000 m, 1922-01-??, G. Forrest 21065.

黑叶菝葜 ***Smilax nigrescens*** F. T. Wang & C. L. Tang ex P. Y. Li in Acta Phytotax. Sin. 11(3): 253. 1966. **Paratype:** China. Gansu: Kangxian, 1951-09-23, T. P. Wang 14961.

扁柄菝葜 ***Smilax planipes*** F. T. Wang & Tang, Fl. Reip. Pop. Sin. 15: 232, 255, pl. 76: 2. 1978. **Holotype:** China. Yunnan: Precise locality not known, X. Wang 100307.

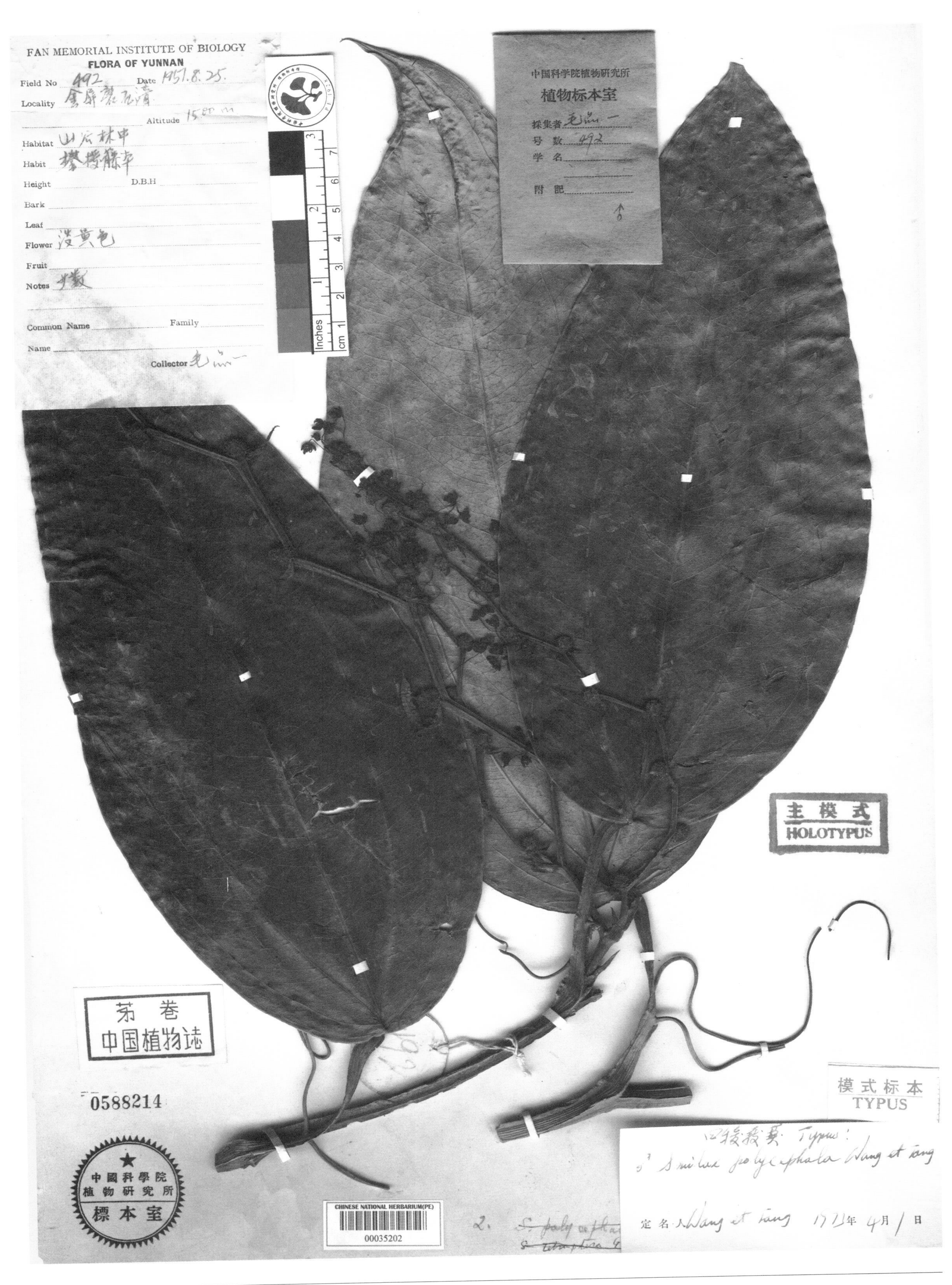

四棱菝葜 ***Smilax polycephala*** F. T. Wang & Tang, Fl. Reip. Pop. Sin. 15: 238, 255, pl. 78. 1978. **Holotype:** China. Yunnan: Jinping, alt. 1500 m, 1957-08-25， P. I. Mao 492.

常绿菝葜 ***Smilax sempervirens*** F. T. Wang in Bull. Fan Mem. Inst. Biol., Bot. 5(3): 116. 1934. **Holotype:** China. Anhui: Xiuning, 1932-12-??, F. T. Wang 22855.

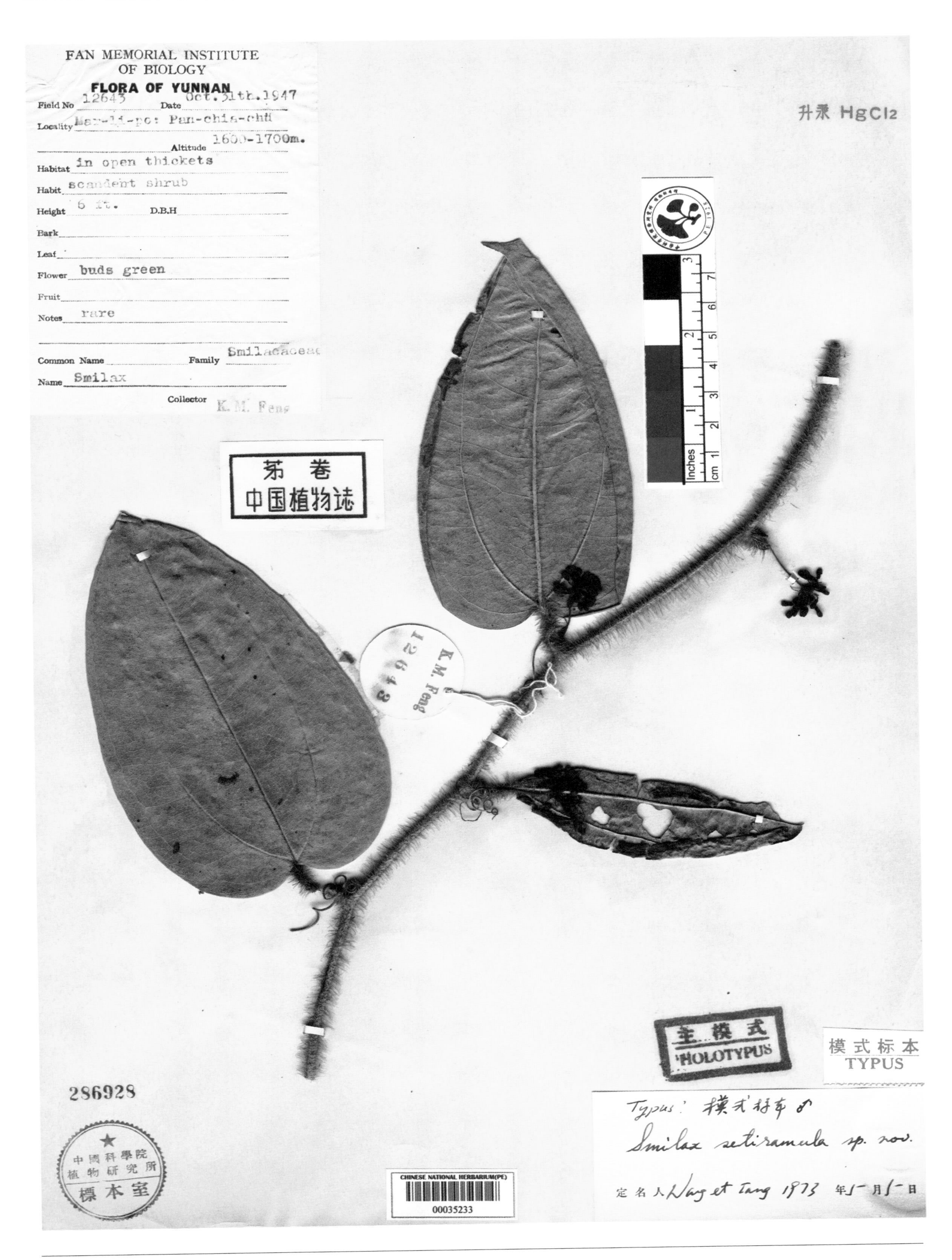

密刚毛菝葜 ***Smilax setiramula*** F. T. Wang & Tang, Fl. Reip. Pop. Sin. 15: 234, 255, pl. 72: 4. 1978. **Holotype:** China. Yunnan: Malipo, alt. 1600~1700 m, 1947-10-31, K. M. Feng 12643.

希陶菝葜 ***Smilax tsaii*** F. T. Wang in Bull. Fan Mem. Inst. Biol., Bot. 5(3): 117. 1934. **Holotype:** China. Yunnan: Jinping, alt. 1650 m, 1932-12-25, H. T. Tsai 52480.

FLORA OF SZECHWAN
中國植物 四川

Field No. 2065 號數 Date July 6, 1928 日期
Locality 地點 灌縣 Kuan-hsien 青城山
Altitude 海拔高度 3000-3600 ft.
Habitat 產地 In woods
Habit Woody vine 樹 灌木 藤本 草本
Height 高度 D.B.H. 胸高直徑
Bark 樹皮
Leaf 葉
Flower 花 Green
Fruit 果 globose.
Notes 附錄
Common Name 俗名 Family 科
Name 學名
Collector 採集者 方文培 W. P. Fang

四 川
SZECHUAN

升汞 $MgCl_2$

Inches
cm 1 2 3 4 5 6 7

主模式
HOLOTYPUS

TOTYPE

2065

CHINESE NATIONAL HERBARIUM(PE)
00035253

中國科學社生物研究所植物標本室
HERBARIUM OF BIOLOGICAL LABORATORY
THE SCIENCE SOCIETY OF CHINA, NANKING, CHINA
標本室號數 34999
Type
Smilax tsingchengshanensis Wang.
產地
採集人 方文培
號數 2065
模式標本
時期 193 年 月 日
鑑定人 F. T. Wang

中國科學院植物標本室

241269

青城菝葜***Smilax tsinchengshanensis*** F. T. Wang in Bull. Fan Mem. Inst. Biol., Bot. 5(3): 119. 1934. **Holotype:** China. Sichuan: Kuanhsien (=Dujiangyan), Qingchengshan, alt. 1000~1200 m, 1928-07-06, W. P. Fang 2065.

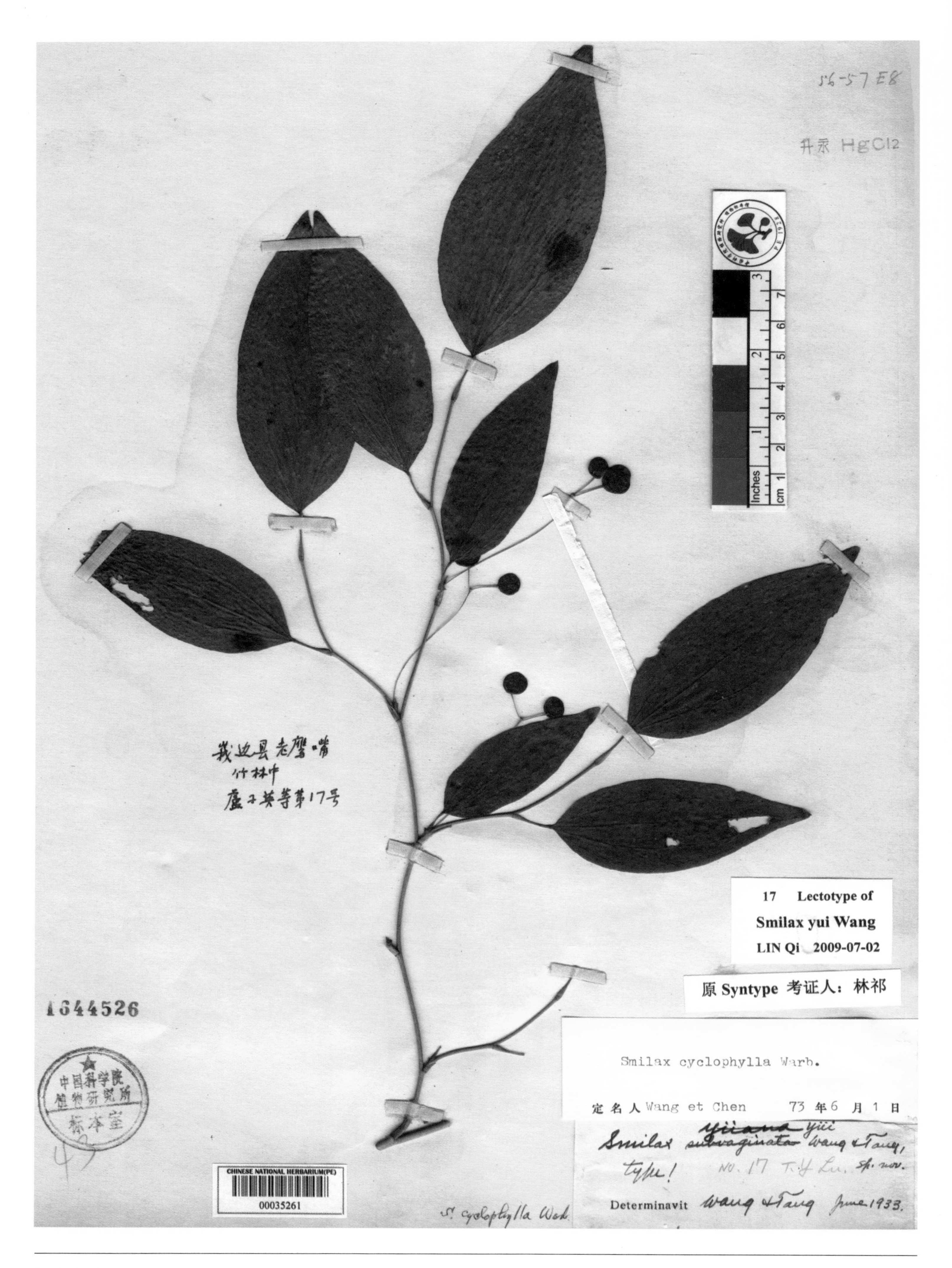

德浚菝葜 ***Smilax yui*** F. T. Wang in Bull. Fan Mem. Inst. Biol., Bot. 5(3): 118. 1934. **Lectotype** (designated by Q. Lin & Z. R. Yang in Bull. Bot. Res., Harbin 30(2): 132. 2010.): China. Sichuan: Ebian, 1929-09-06, T. Y. Lu 17.

FAN MEMORIAL INSTITUTE
OF BIOLOGY
FLORA OF YUNNAN

Field No. 79617 Date Sept. 1936
Locality 車里縣, 小猛養 (Sheau-meng-yeang, Che-li Hsien) Altitude 1000 m.
Habitat mt. slope woods
Habit vine
Height D.B.H.
Bark
Leaf
Flower yellowish green
Fruit
Notes The leaves thicker than usual!
Common Name Family
Name
Collector 王啓無 C. W. Wang

升汞 HgCl2

YUNNAN C. W. WANG 1935-36 雲南王啓無 79617

1644527

中国科学院 植物研究所 标本室

模式标本 TYPUS

主模式 HOLOTYPUS

Typus! 模式标本
Smilax yunnanensis sp. nov.
定名人 S. C. Chen 陈心启 1982年10月21日

CHINESE NATIONAL HERBARIUM(PE)
00035263

云南菝葜 ***Smilax yunnanensis*** S. C. Chen in Bull. Bot. Res., Harbin 3(3): 111, photo. 1. 1983. **Holotype:** China. Yunnan: Cheli (=Jinghong), alt. 1000 m, 1936-09-??, C. W. Wang 79617.

扭柄花 ***Streptopus geniculatus*** F. T. Wang & Tang in Contr. Inst. Bot. Nat. Acad. Peiping 6(1): 17. 1949. **Isotype:** China. Yunnan: Dali, 1889-06-15, Delavay 279.

鸢尾菖蒲 ***Tofieldia iridacea*** Franch. in Journ. Bot. 7: 224. 1898. **Isotype:** China. Yunnan: Precise locality not known, Delavay 4906.

川葛蒲 ***Tofieldia setchuenensis*** Franch. in Journ. Bot. 7: 224. 1898. **Isotype:** China. Chongqing: Chengkou, alt. 2400 m, Farges 238.

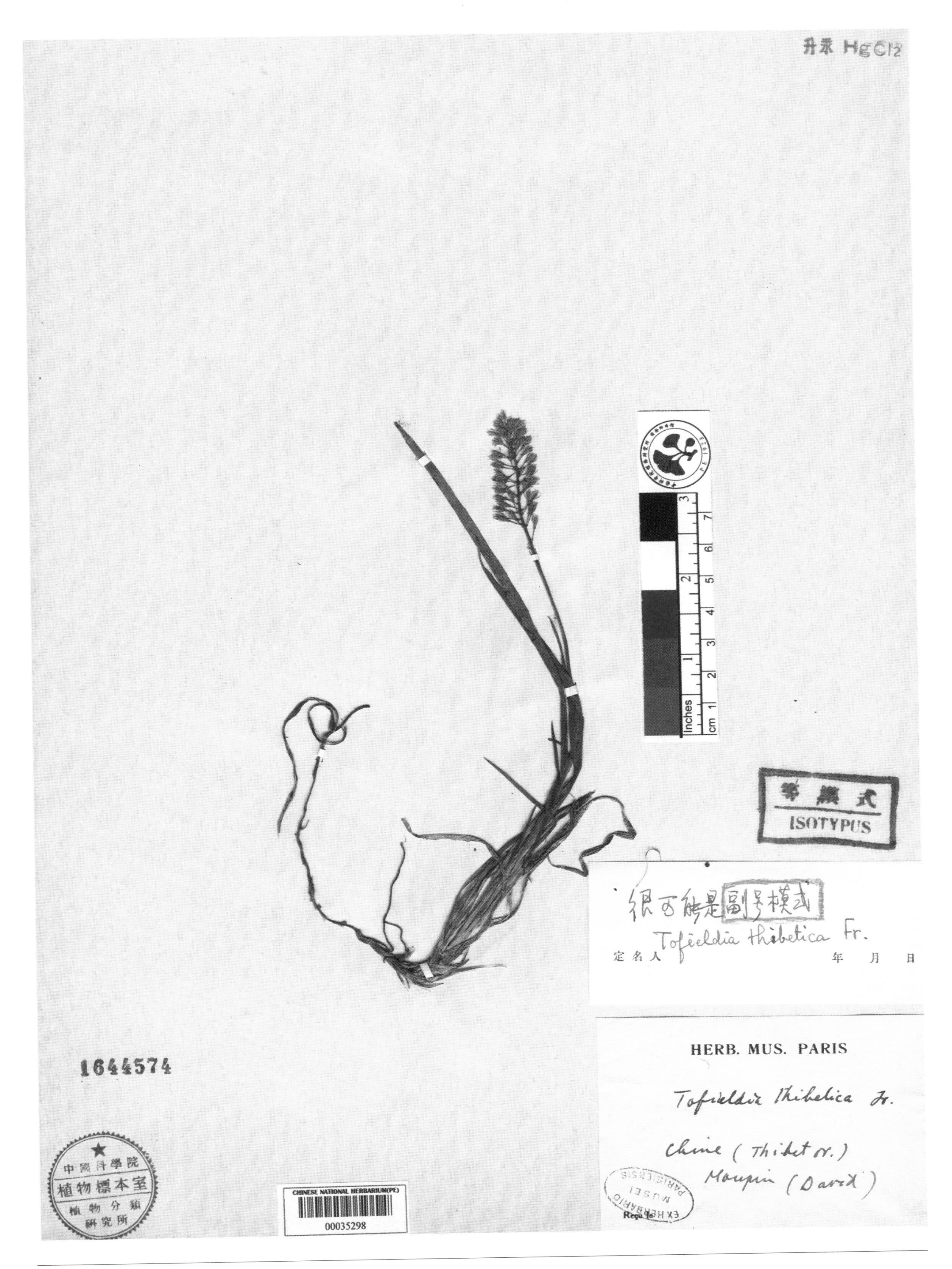

岩菖蒲 ***Tofieldia thibetica*** Franch. in Nouv. Arch. Mus. Paris, Ser. 2, 10: 95. 1888. **Isotype:** China. Sichuan: Moupine, David s. n.

丽江鹿药 ***Yovaria lichiangensis*** W. W. Smith in Notes Bot. Gard. Edinburgh 8(38): 209. 1914. **Isotype:** China. Yunnan: Lijiang, alt. 4000~4330 m, 1910-06-??, G. Forrest 5801.

升汞 $HgCl_2$

Smilacina paniculata (Baker)Wang et Tang var. stenoloba (Franch.)Wang et Tang

定名人 Wang et Chang 73年 6月 日

Smilacina stenoloba (Franch.) Diels

定名人 年 月 日

ISOTYPUS

HERB. MUS. PARIS

Tovaria stenoloba Franch

Szechuan: Tchen-Kéou-tin, Farges no. 593 bis

Reçu le

EX HERBARIO MUSEI PARISIENSIS

1644577

Smilacina stenoloba (Franch.) Diels

14. VII. 1965

中國科學院 植物標本室 植物分類研究所

CHINESE NATIONAL HERBARIUM(PE)

00035306

少叶鹿药 ***Tovaria stenoloba*** Franch. in Bull. Soc. Bot. France 43: 47. 1896. **Isotype:** China. Chongqing: Chengkou, Farges 593.

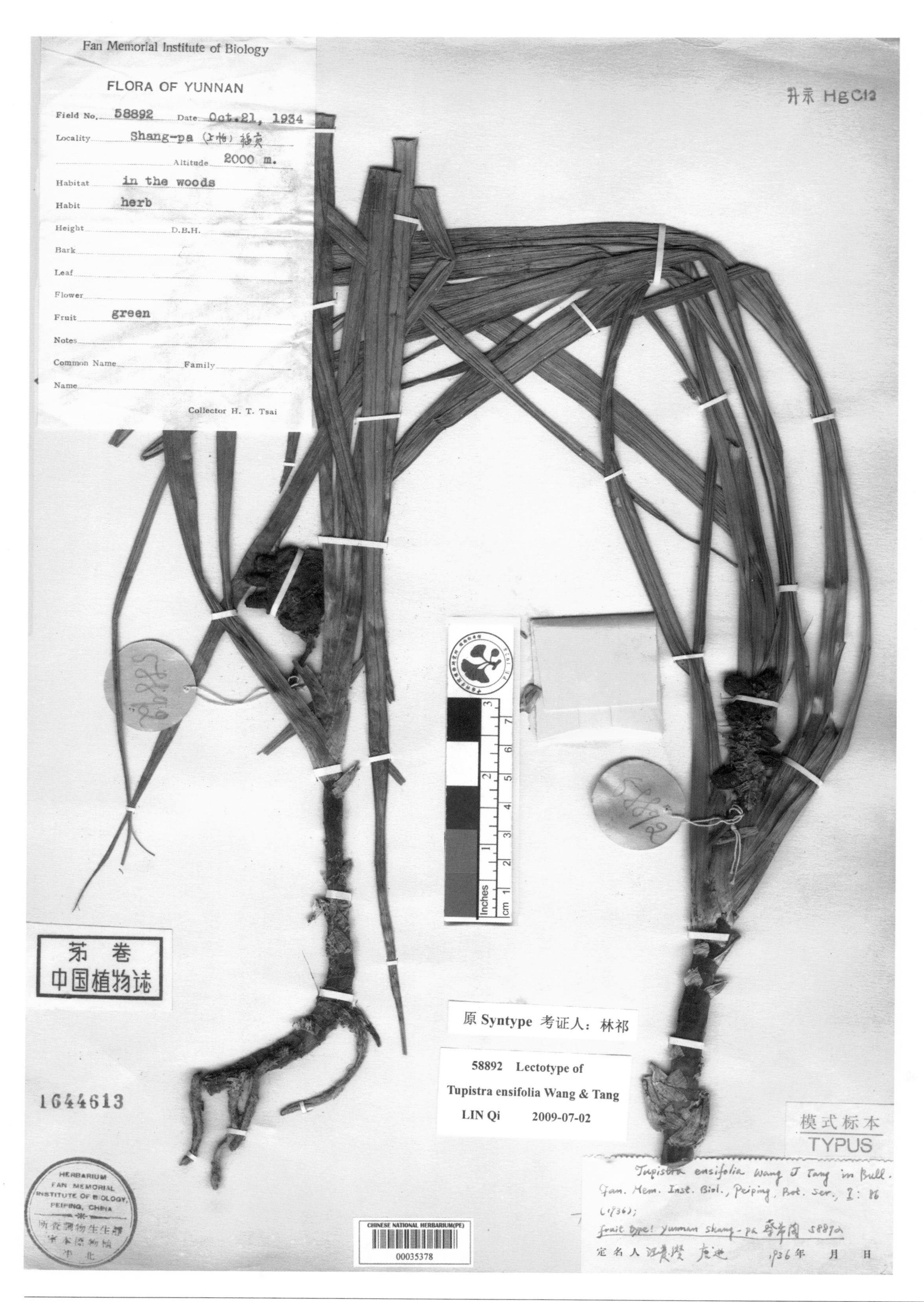

剑叶开口箭 ***Tupistra ensifolia*** F. T. Wang & Tang in Bull. Fan Mem. Inst. Biol., Bot. 7(2): 86. 1936. **Lectotype** (designated by Q. Lin & Z. R. Yang in Bull. Bot. Res., Harbin 30(2): 132. 2010.): China. Yunnan: Shangpa (=Fugong), alt. 2000 m, 1934-10-21, H. T. Tsai 58892.

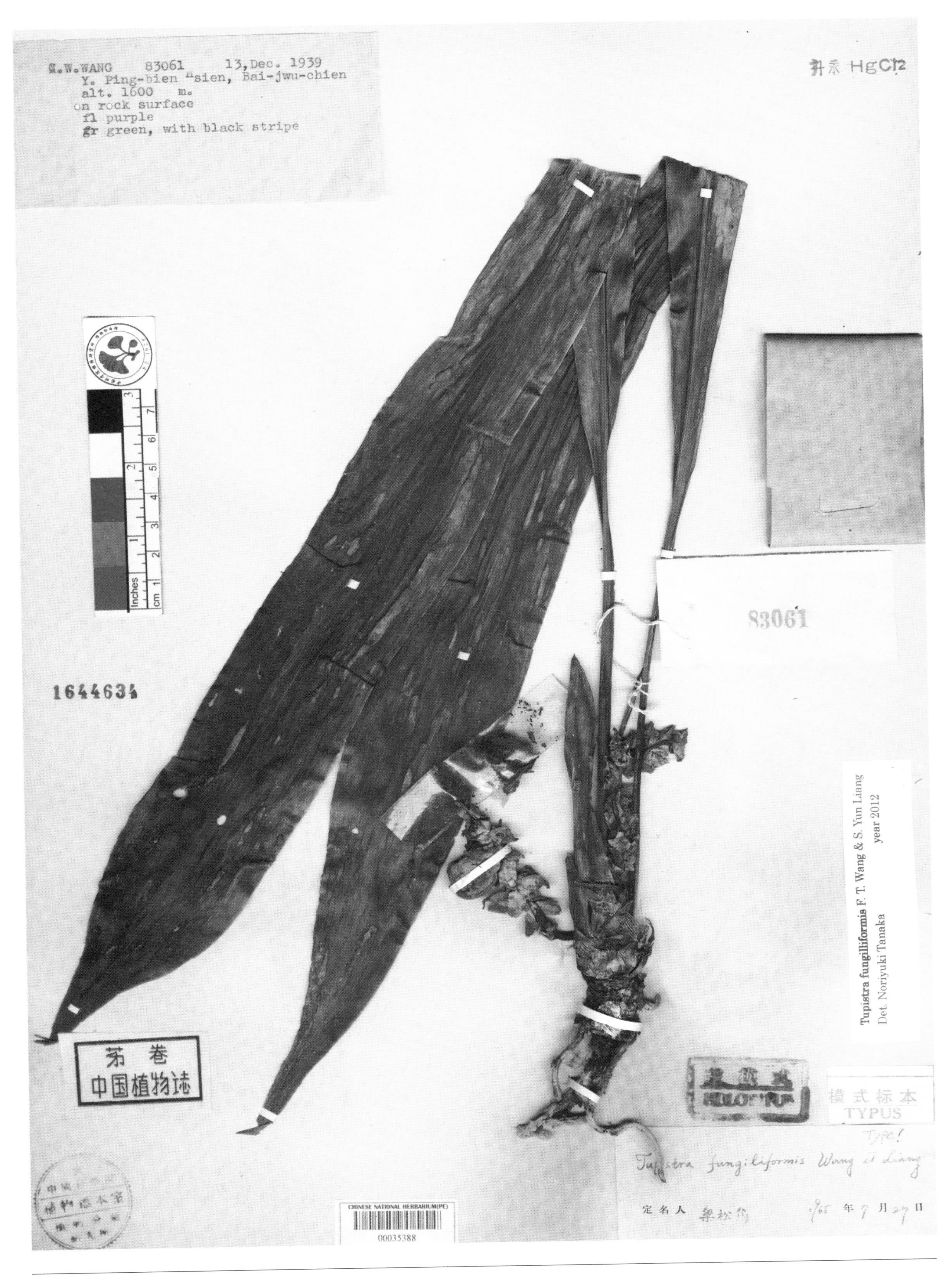

伞柱开口箭 ***Tupistra fungilliformis*** F. T. Wang & S. Y. Liang, Fl. Reip. Pop. Sin. 15: 10, 249, pl. 5: 1-4. 1978. **Holotype:** China. Yunnan: Pingbian, alt. 1600 m, 1939-12-13, C. W. Wang 83061.

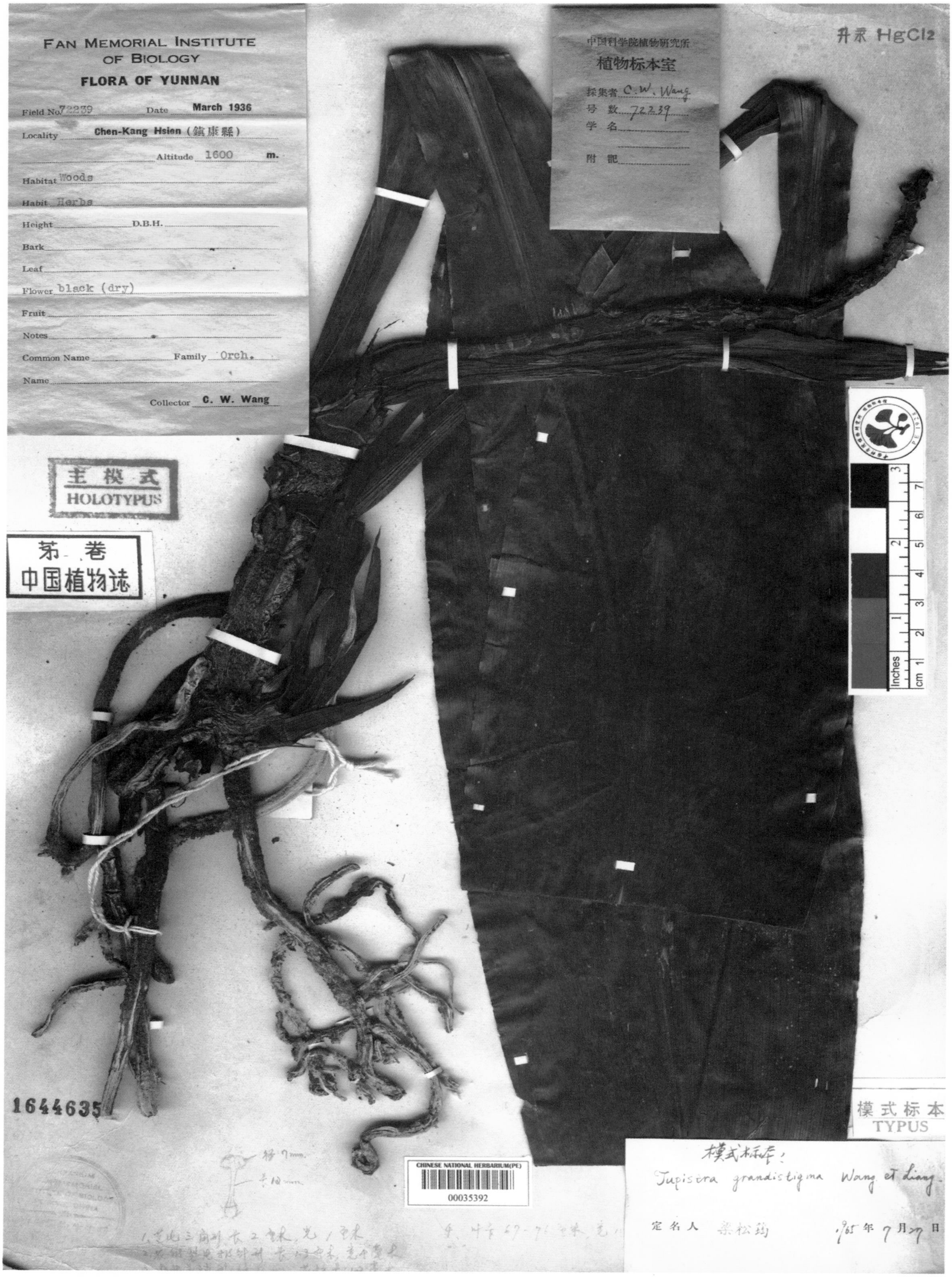

长柱开口箭 ***Tupistra grandistigma*** F. T. Wang & S. Y. Liang, Fl. Reip. Pop. Sin. 15: 8, 249, pl. 3: 1-3. 1978. **Holotype:** China. Yunnan: Zhenkang, alt. 1600 m, 1936-03-??, C. W. Wang 72239.

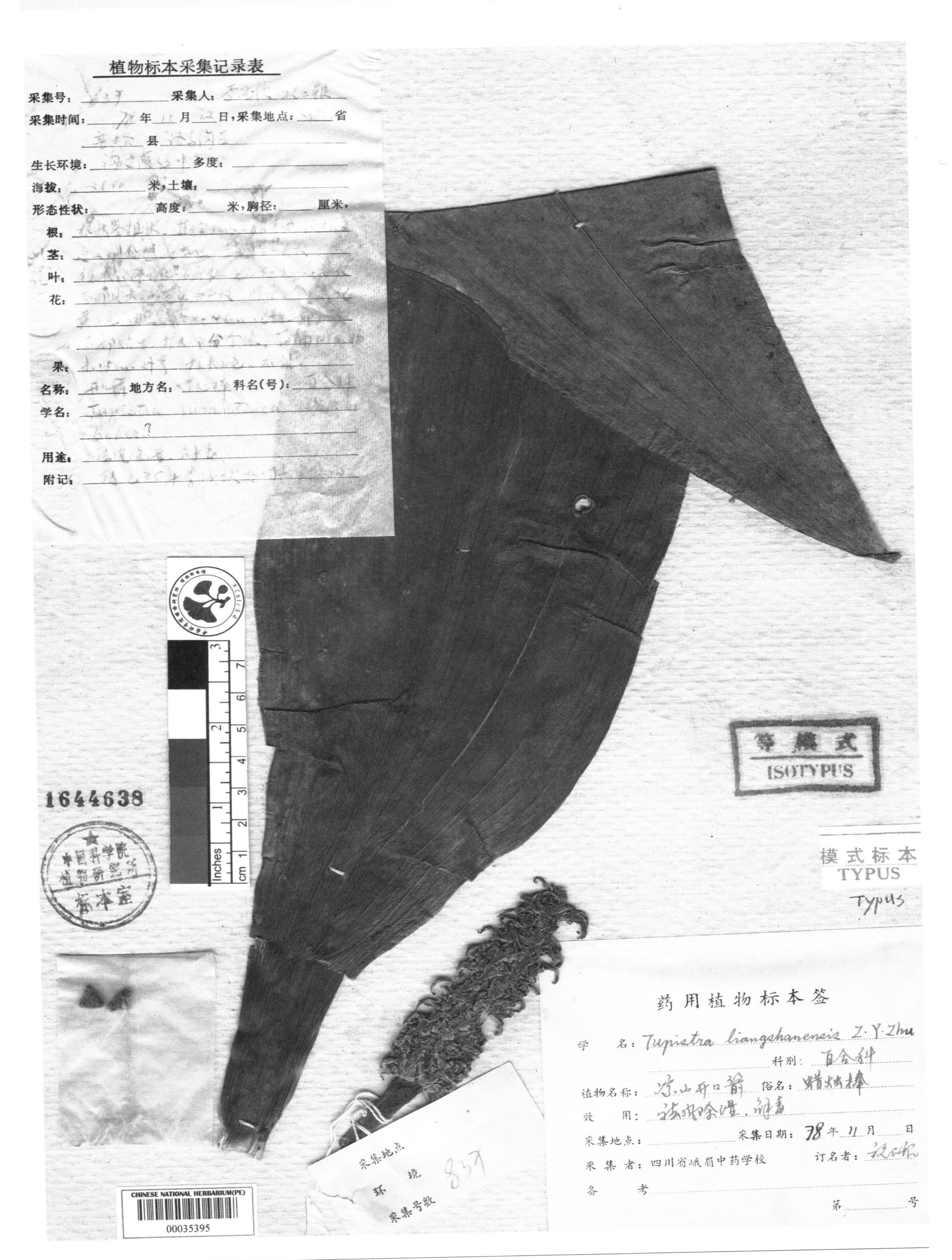

凉山开口箭 ***Tupistra liangshanensis*** Z. Y. Zhu in Acta Phytotax. Sin. 19(4): 521, f. 1. 1981. **Isotype:** China. Sichuan: Puge, alt. 2500 m, 1978-11-12, D. Q. Li & Z. Y. Zhu 837.

FAN MEMORIAL INSTITUTE OF BIOLOGY
FLORA OF YUNNAN

Field No. 75985 Date Sept. 1936
Locality 車里縣.小猛養 (Sheau-meng-yeang, Che-li Hsien) Altitude 960 m.
Habitat ravine woods
Habit herb
Height D.B.H.
Bark
Leaf
Flower
Fruit green
Notes
Common Name Family
Name
Collector 王啓無 C. W. Wang

升汞 HgCl2

云南 車里县
中国科学院植物研究所
植物标本室
採集者 王啓无
号 数 75985
学 名
附 記

YUNNAN C. W. WANG 1935-36
75985

茅 卷
中国植物志

Rohdea longipedunculata
(F. T. Wang & S. Yun Liang) N. Tanaka
Det. Noriyuki Tanaka year 2012
Holotype!

1644639

HERBARIUM FAN MEMORIAL INSTITUTE OF BIOLOGY, PEIPING, CHINA

CHINESE NATIONAL HERBARIUM(PE)
00035398

模式标本
TYPUS

模式標本
Tupistra longipedunculata Wang et Liang
定名人 梁松筠 1965 年 7 月 26 日

长梗开口箭 ***Tupistra longipedunculata*** F. T. Wang & S. Yun Liang, Fl. Reip. Pop. Sin. 15: 249. 1978. **Holotype:** China. Yunnan: Cheli (=Jinghong), alt. 960 m, 1936-09-??, C. W. Wang 75985.

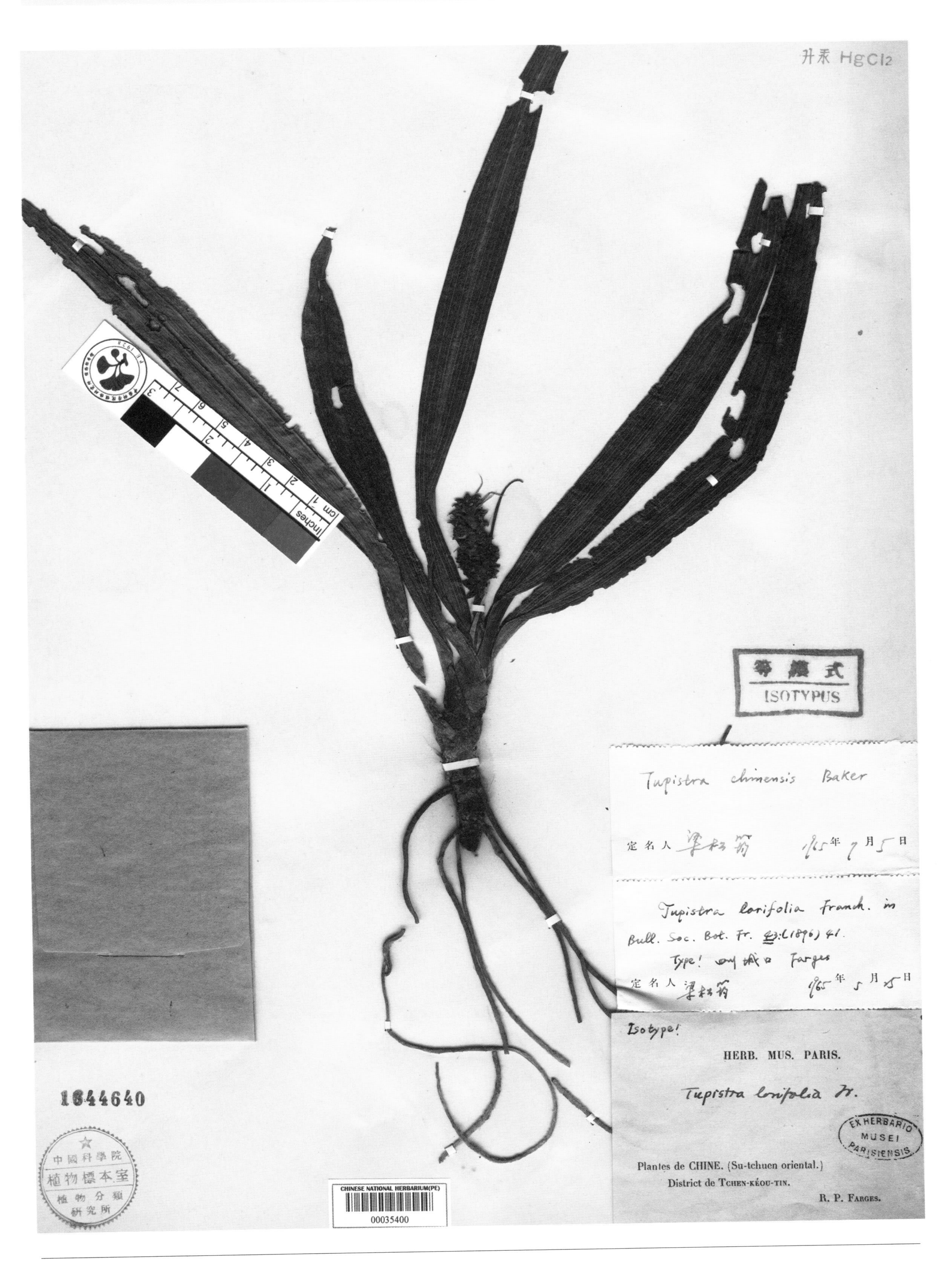

带叶开口箭 ***Tupistra lorifolia*** Franch. in Bull. Soc. Bot. Franc. 3: 41. 1896. **Isotype:** China. Chongqing: Chengkou, R. P. Farges s. n.

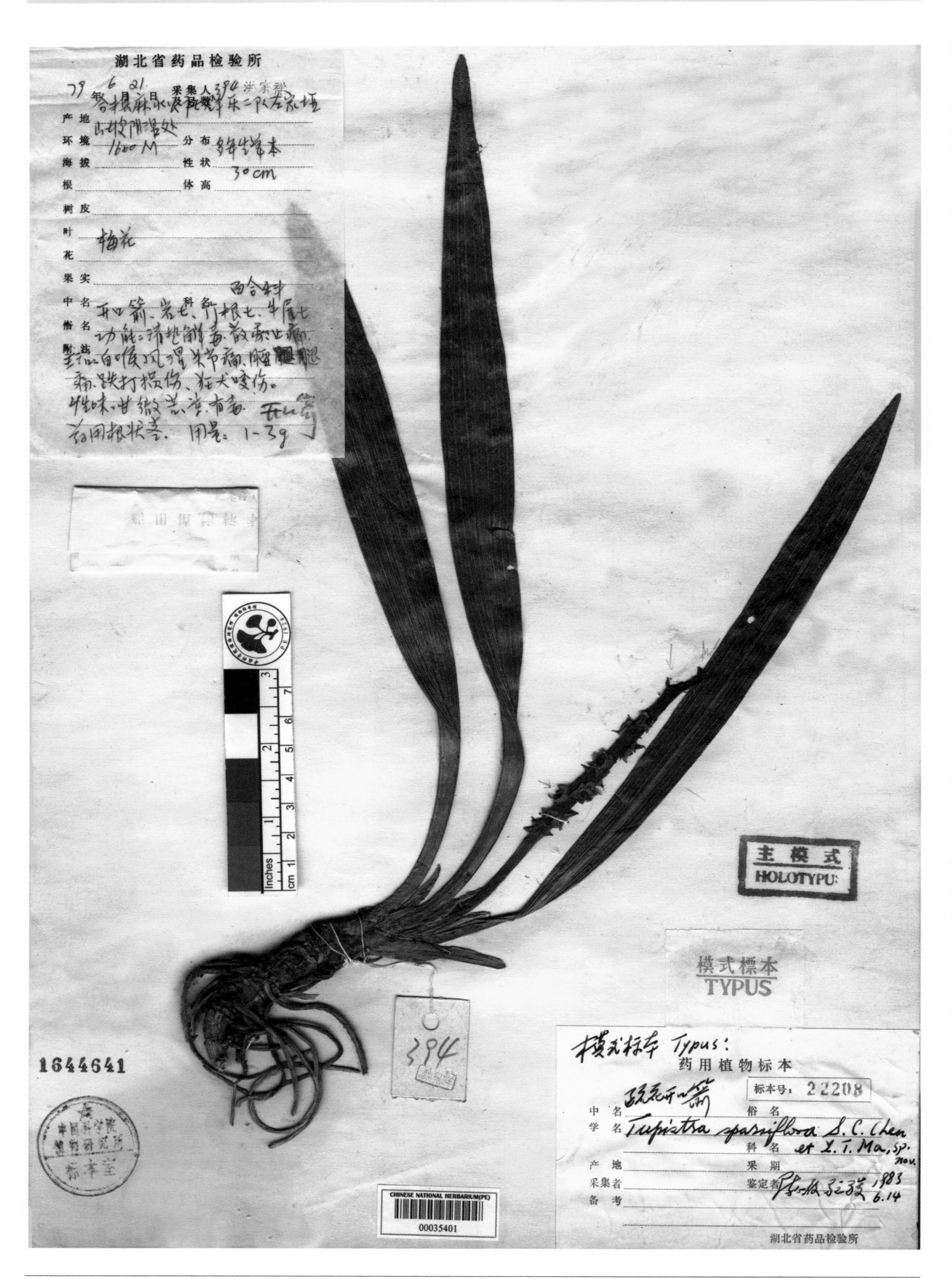

疏花开口箭 ***Tupistra sparsiflora*** S. C. Chen & Y. T. Ma in Journ. Wuhan Bot. Res. 3(1): 25. 1985. **Holotype:** China. Hubei: Hefeng, alt. 1600 m, 1979-06-21, J. X. Hong 394.

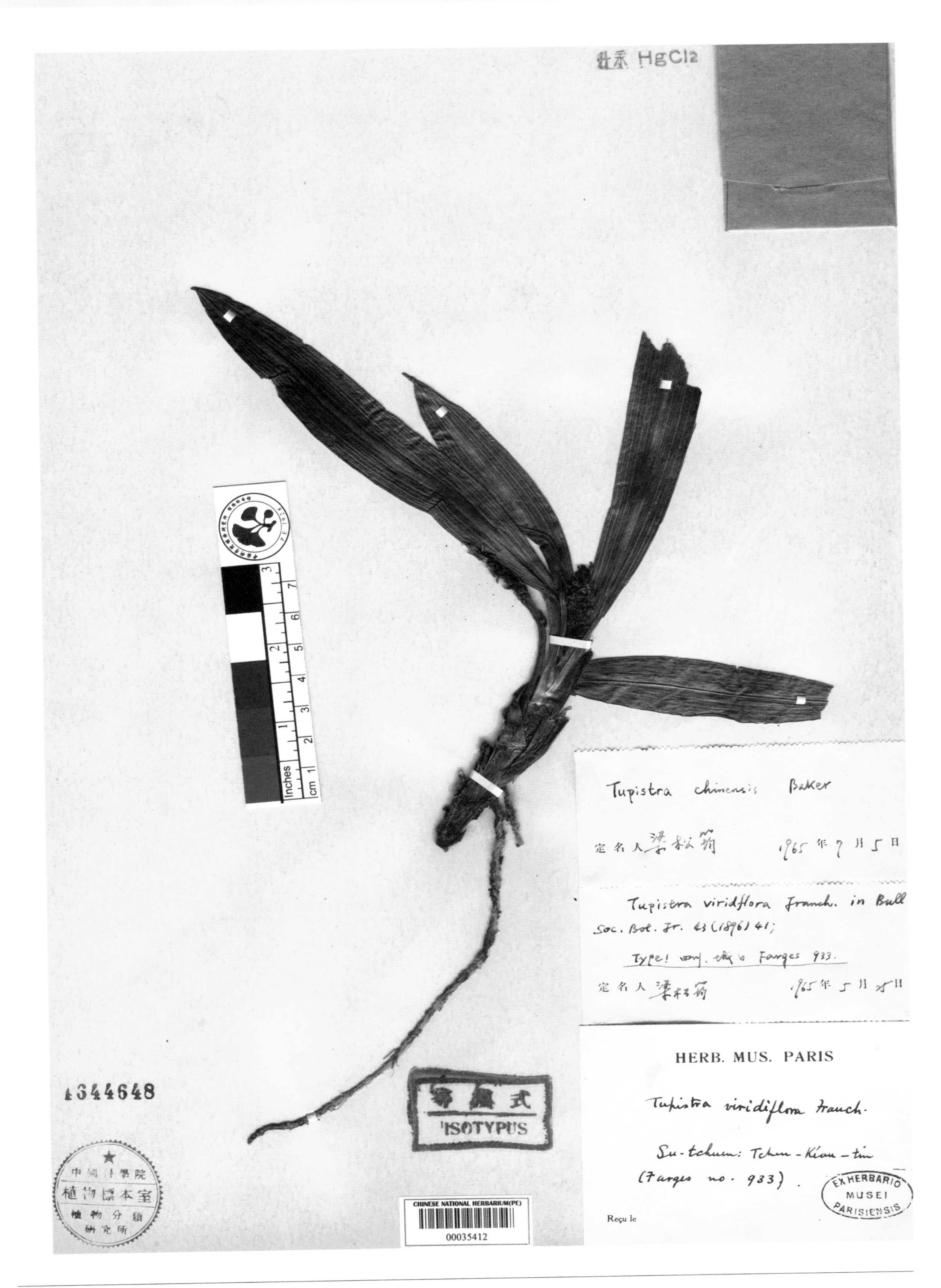

绿花开口箭 ***Tupistra viridiflora*** Franch. in Bull. Soc. Bot. Franc. 3: 41. 1896. **Isotype:** China. Chongqing: Chengkou, alt. 1400 m, R. P. Farges 933.

云南开口箭 ***Tupistra yunnanensis*** Wang & S. Yun Liang, Fl. Reip. Pop. Sin. 15: 10, 249, pl. 4: 4–6. 1978. **Holotype:** China. Yunnan: Zhaotong, alt. 1600 m, 1932-05-05, H. T. Tsai 50880.

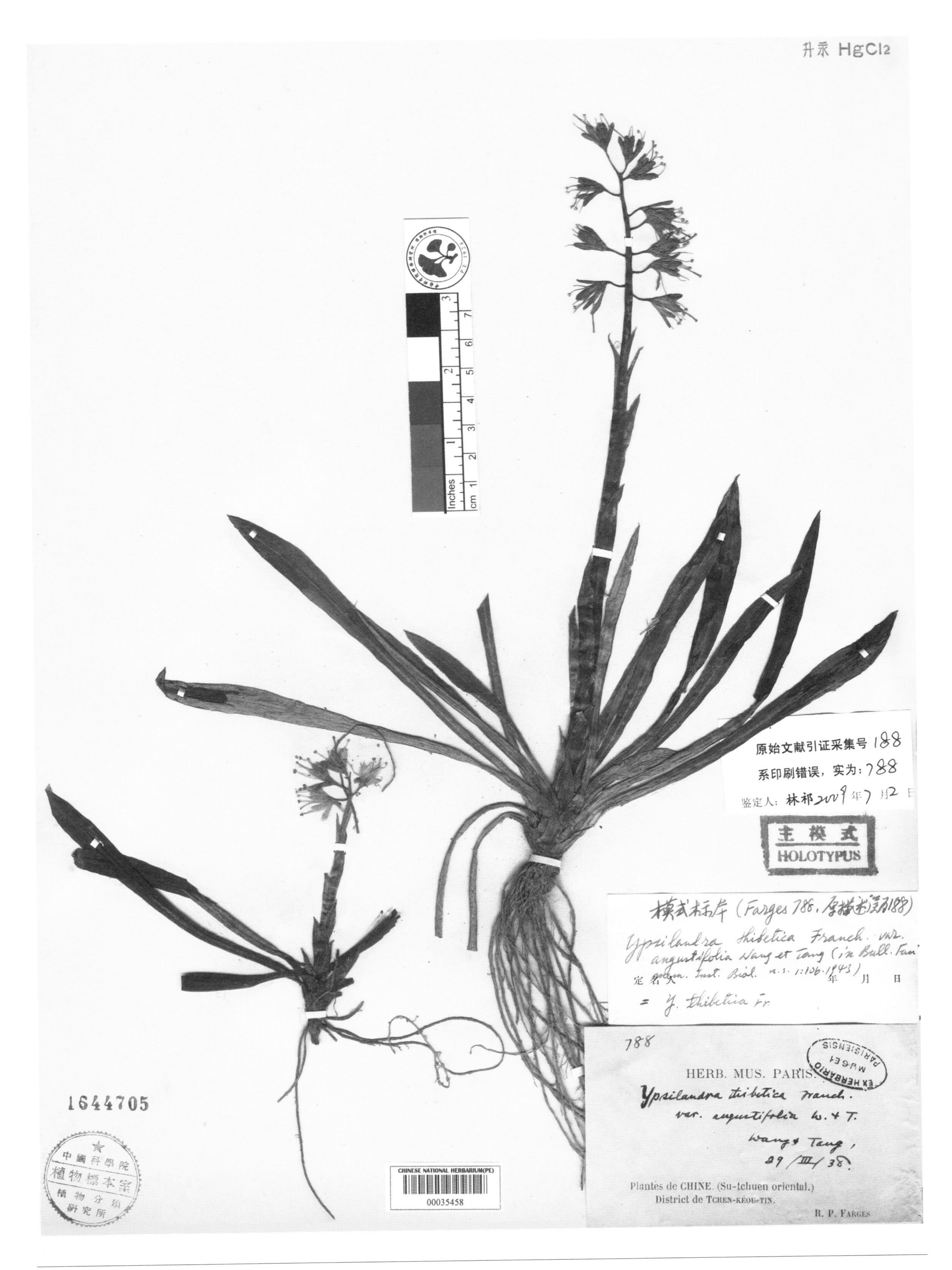

狭叶丫蕊花 ***Ypsilandra thibetica*** Franch. var. ***angustifolia*** F. T. Wang & Tang in Bull. Fan Mem. Inst. Biol., New Ser. 1(1): 106. 1943. **Holotype:** China. Chongqing: Chengkou, 1938-03-29, R. P. Farges 788.

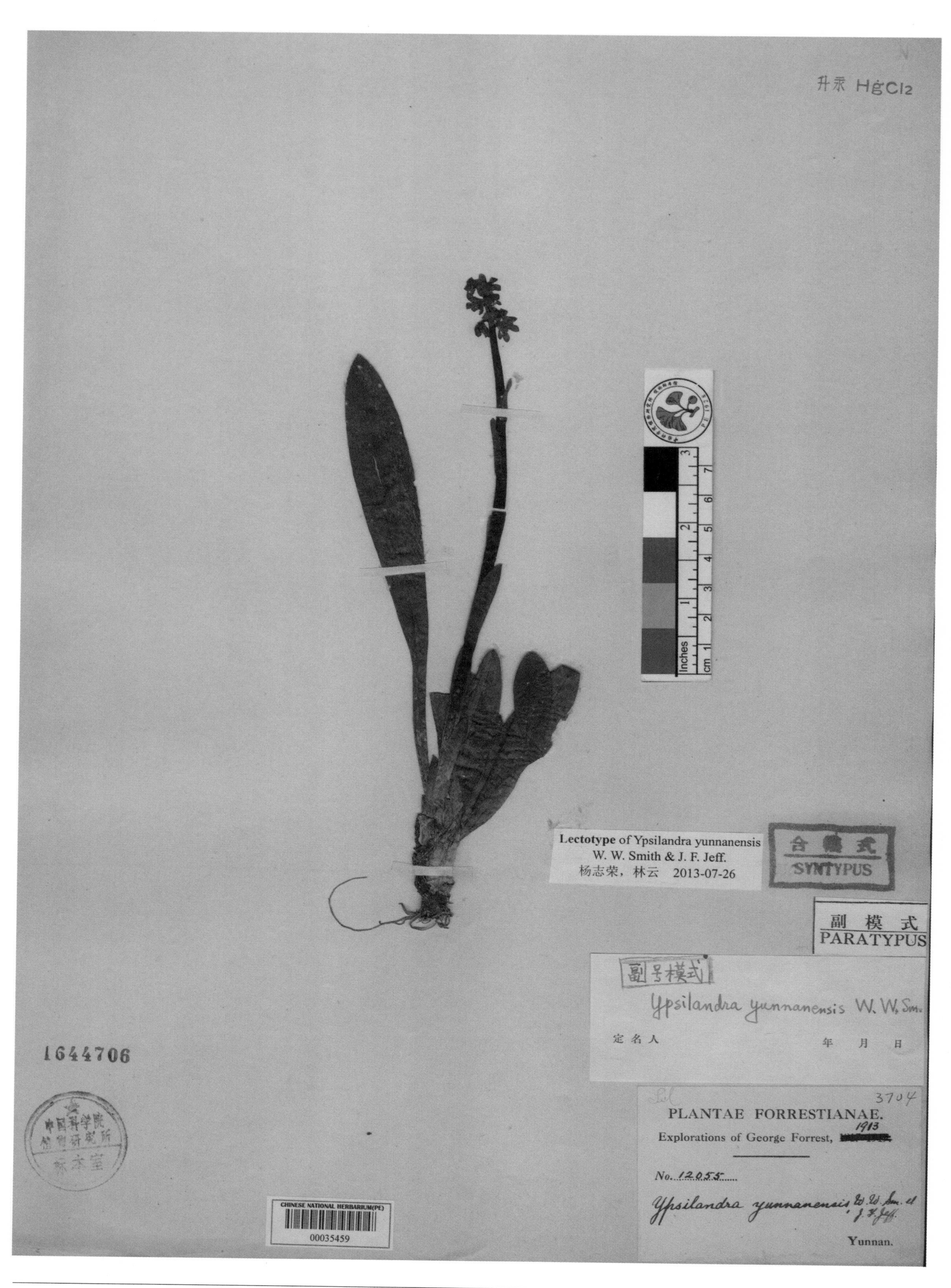

云南丫蕊花 ***Ypsilandra yunnanensis*** W. W. Smith & J. E. Jeff. ex W. W. Smith in Notes Roy. Bot. Gard. Edinburgh 9(42): 143. 1915. **Lectotype** (designated by Y. Lin & al. in Acta Bot. Bor.-Occ. Sin. 34: 414. 2014.): China. Yunnan: Shweli Salween Divide, alt. 3000 m, 1913-08-??, G. Forrest 12055.

Amaryllidaceae

石蒜科

shisuanke

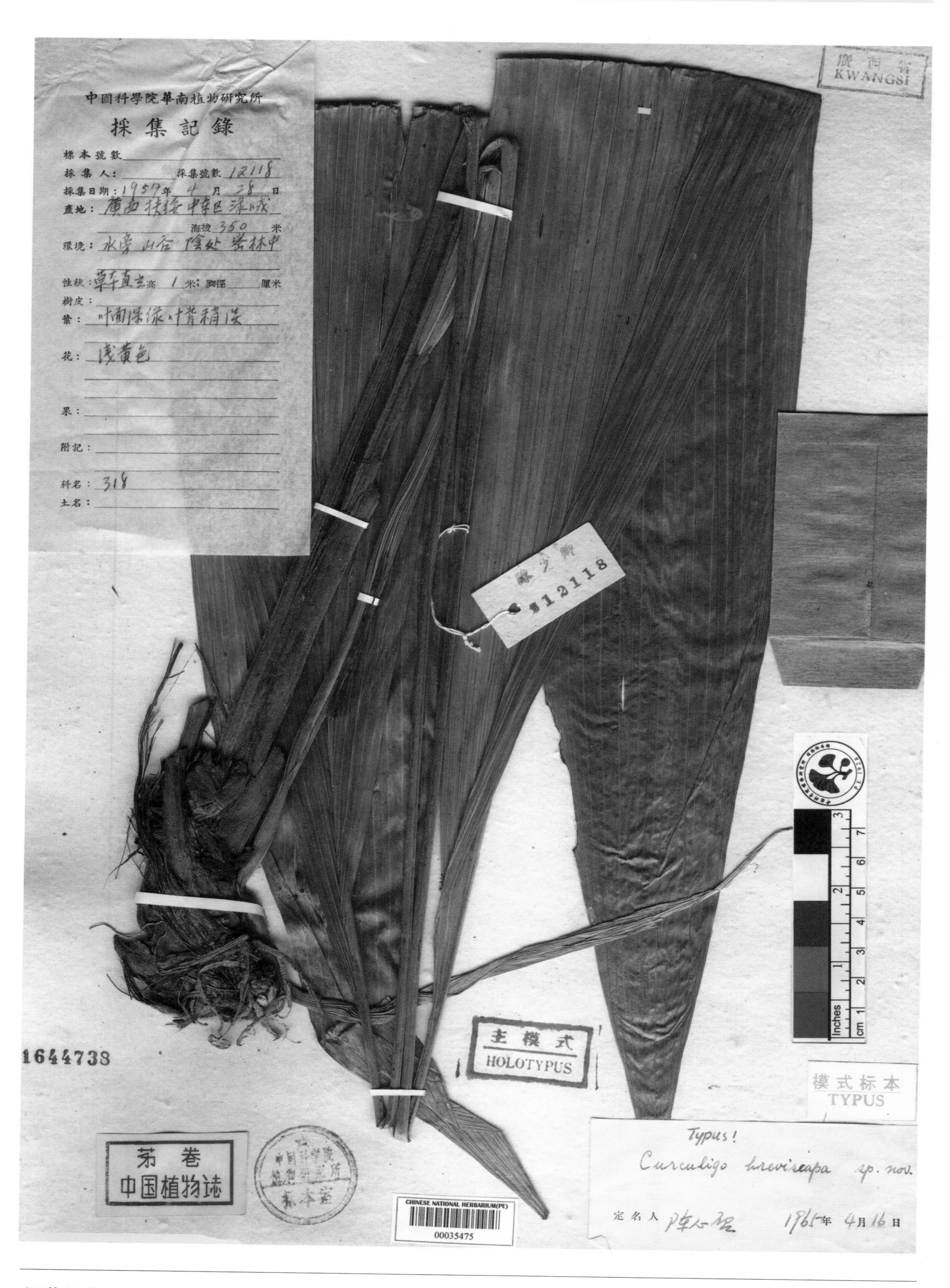

短葶仙茅 ***Curculigo breviscapa*** S. C. Chen in Acta Phytotax. Sin. 11(2): 132, pl. 22: 2-3. 1966. **Holotype:** China. Guangxi: Fusui, alt. 350 m, 1957-04-28, S. H. Chun 12118.

中华仙茅 ***Curculigo sinensis*** S. C. Chen in Acta Phytotax. Sin. 11(2): 133, pl. 22: 1. 1966. **Holotype:** China. Yunnan: Jinping, alt. 1800 m, 1956-05-11, Sino-Russia Yunnan Exped. 1299.

Dioscoreaceae

薯蓣科

shuyuke

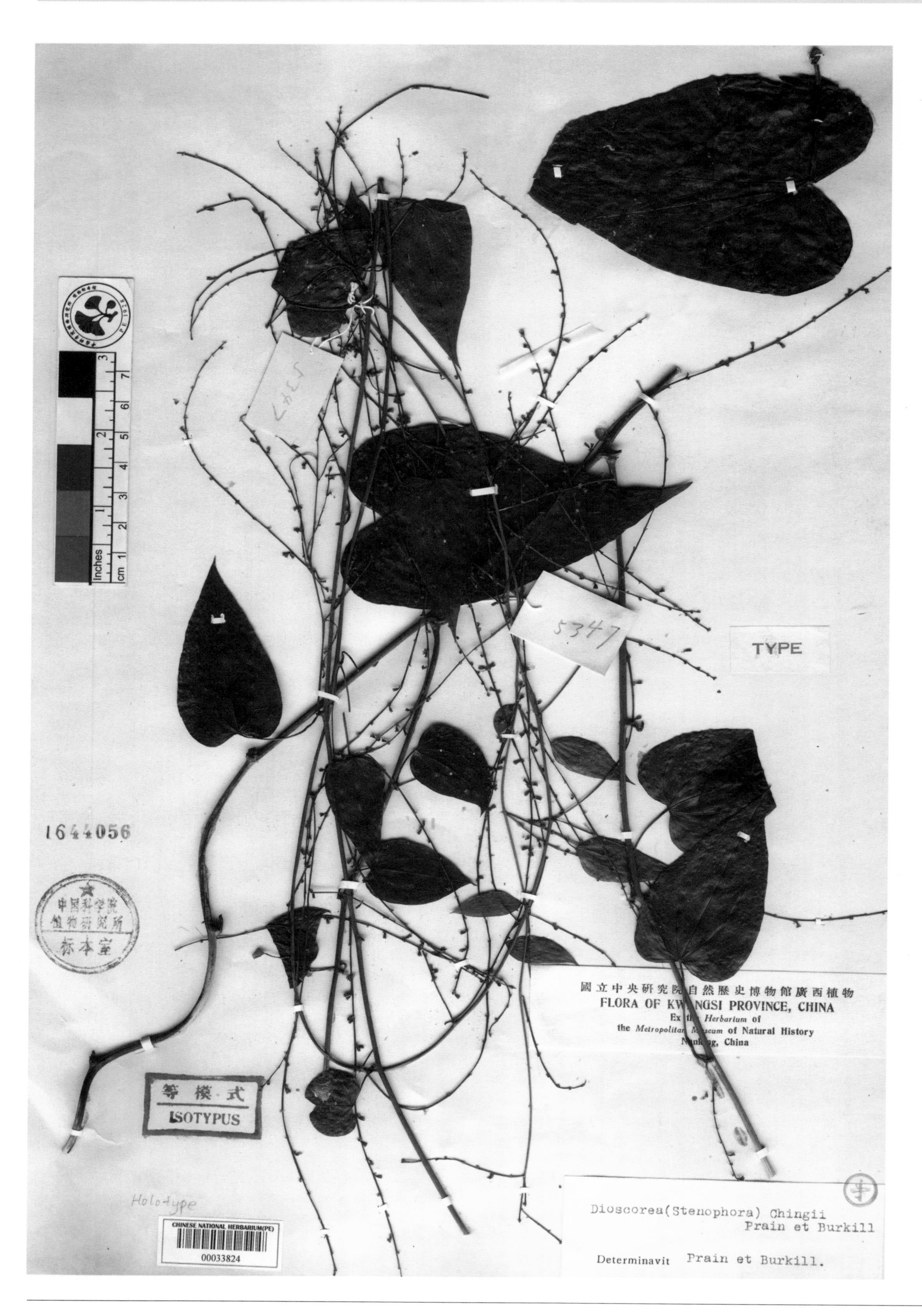

山葛薯 ***Dioscorea chingii*** Prain & Burkill in Bull. Misc. Inform., Roy. Bot. Gard., Kew 1931(8): 425. 1931. **Isotype:** China. Guangxi: Precise locality not known, R. C. Ching 5347.

七叶薯蓣 ***Dioscorea esquirolii*** Prain & Burkill in Bull. Misc. Inform., Roy. Bot. Gard., Kew 1931(8): 426. 1931. **Lectotype** (designated by Y. Lin & al. in Acta Bot. Bor.-Occ. Sin. 34: 414. 2014.)：China. Guangxi: Bakoshan, alt. 1000 m, 1928-09-15, R. C. Ching 7467.

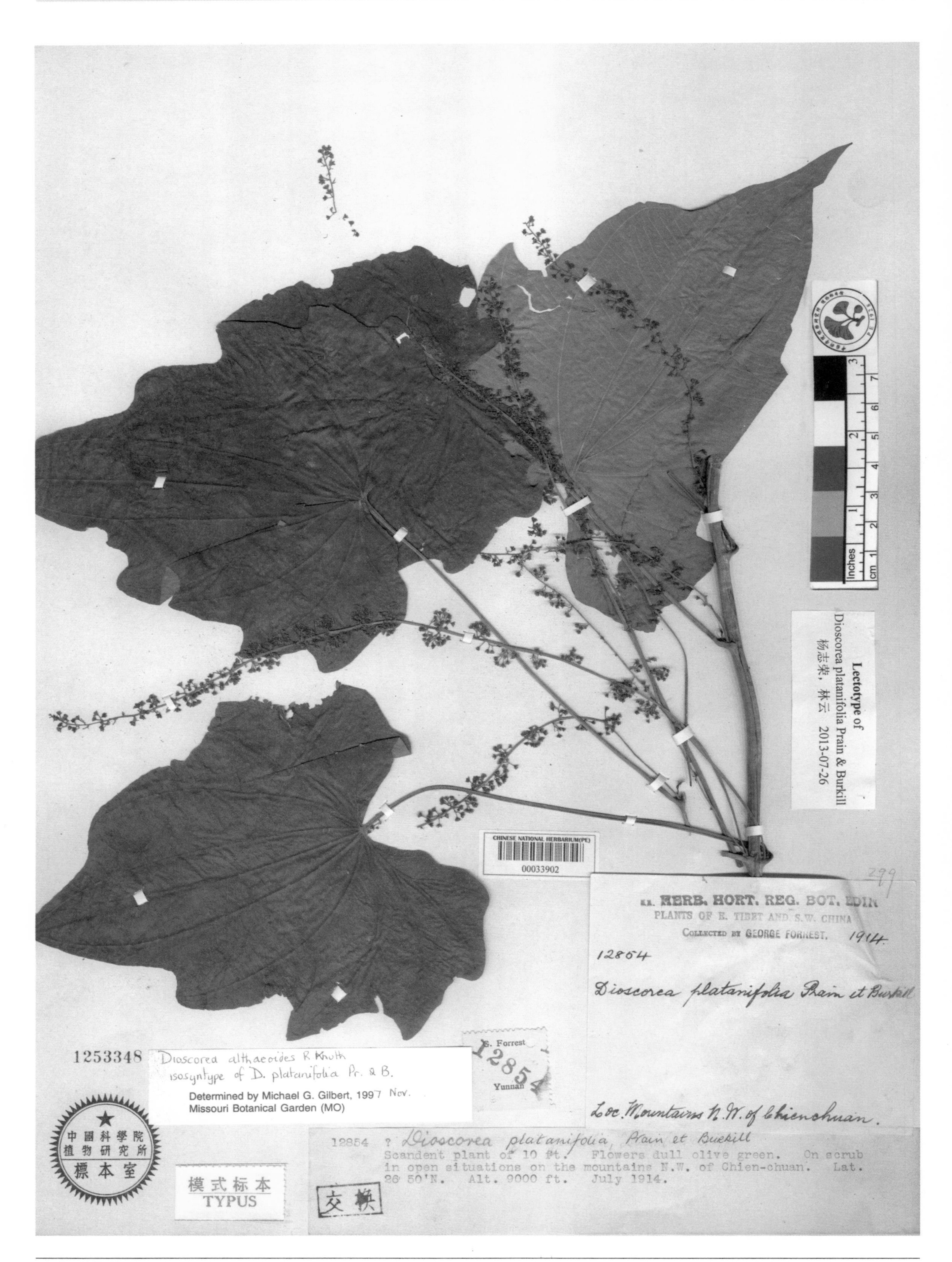

蜀葵叶薯蓣 ***Dioscorea platanifolia*** Prain & Burkill in Bull. Misc. Inform., Roy. Bot. Gard., Kew 1925(2): 60. 1925. **Lectotype** (designated by Y. Lin & al. in Acta Bot. Bor.-Occ. Sin. 34: 414. 2014.): China. Yunnan: Chien-chuan (=Jianchuan), alt. 3000 m, 1914-07-??, G. Forrest 12854.

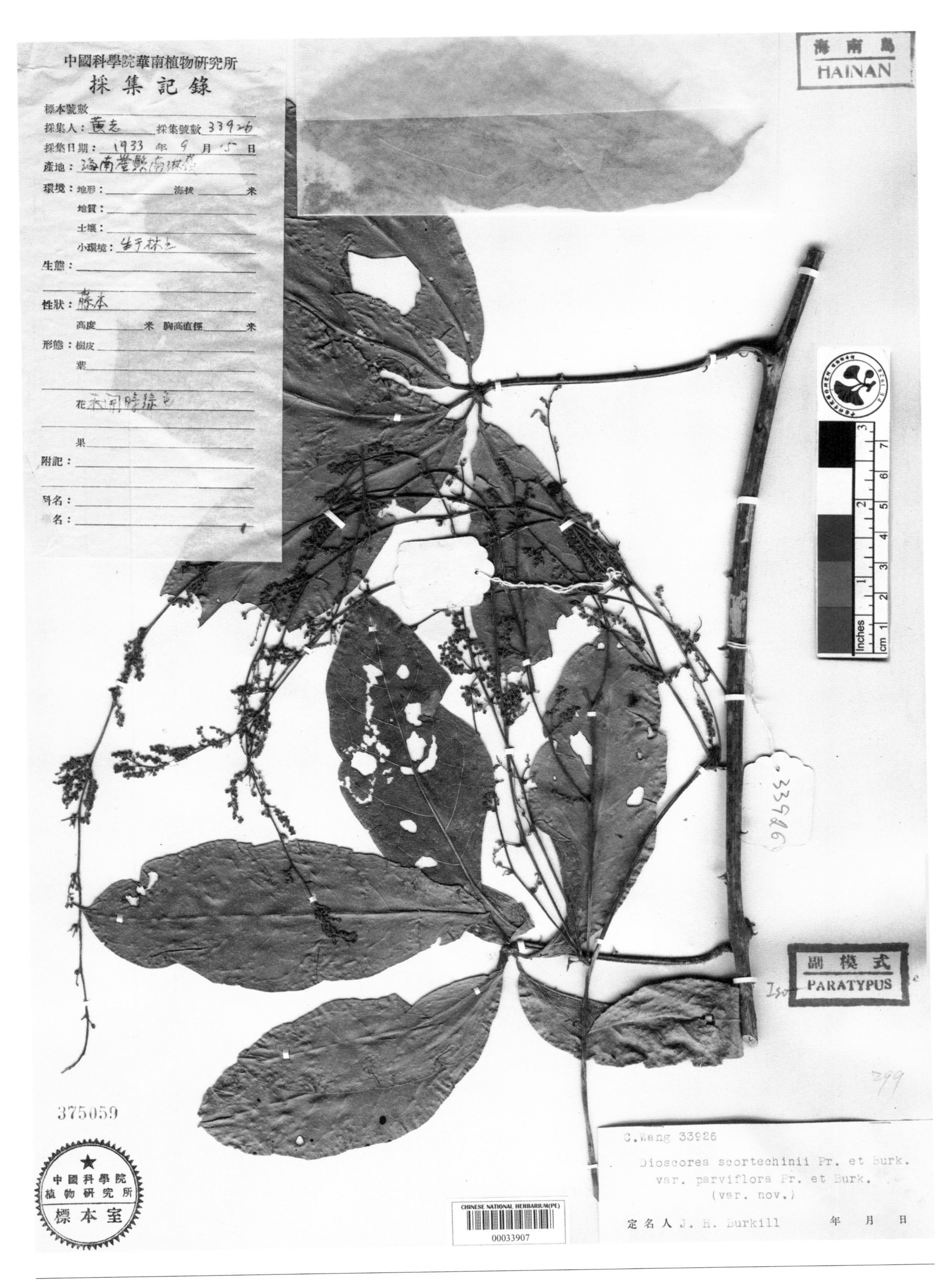

小花刺薯蓣 ***Dioscorea scortechinii*** Prain & Burkill var. ***parviflora*** Prain & Burkill in Kew Bull. 9: 494. 1936. **Isoparatype:** China. Hainan: Sanya, 1933-09-15, C. Wang 33926.

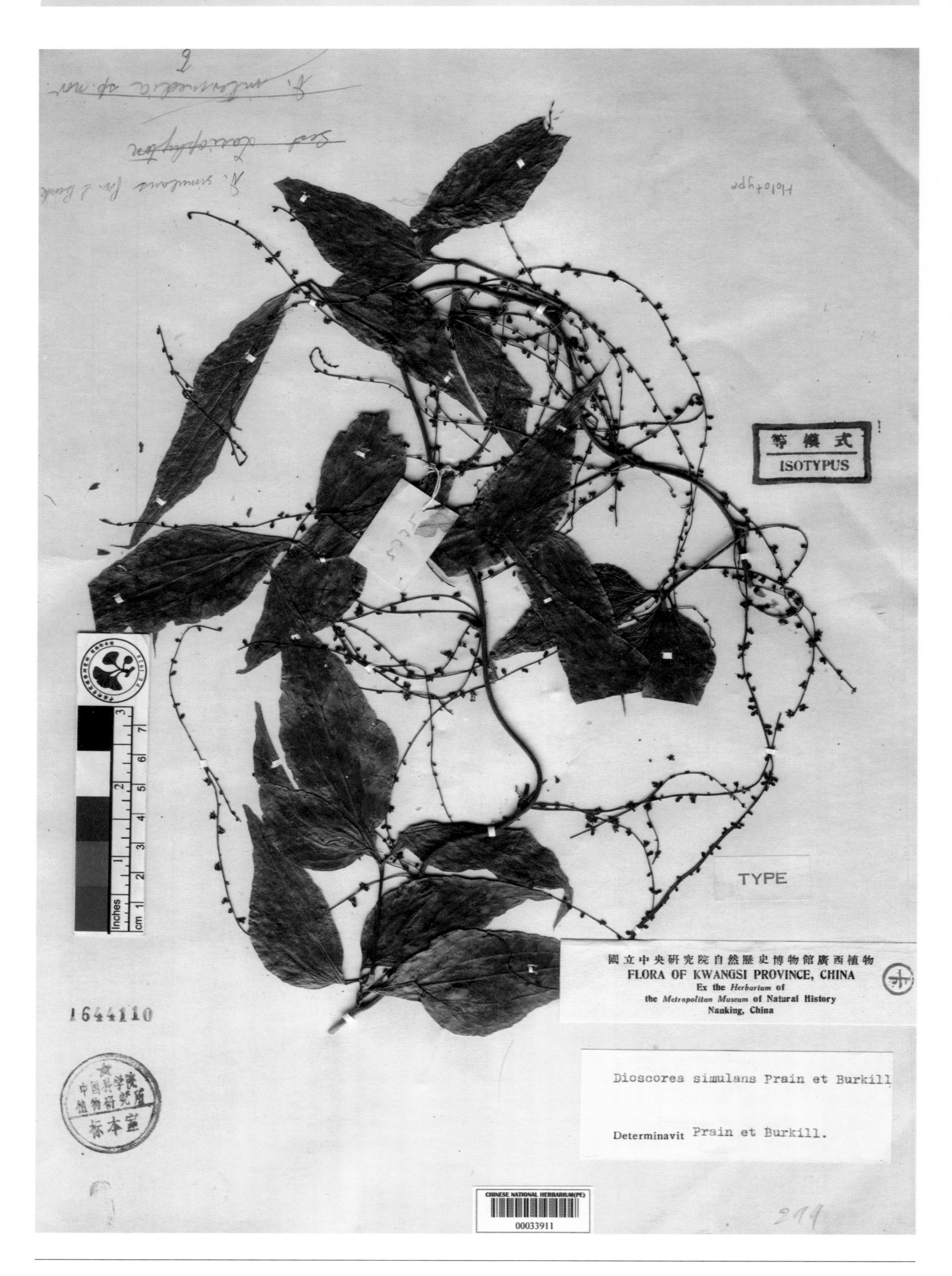

马肠薯蓣 ***Dioscorea simulans*** Prain & Burkill in Kew Bull. 8: 427. 1931. **Isotype:** China. Guangxi: Precise locality not known, R. C. Ching 5335.

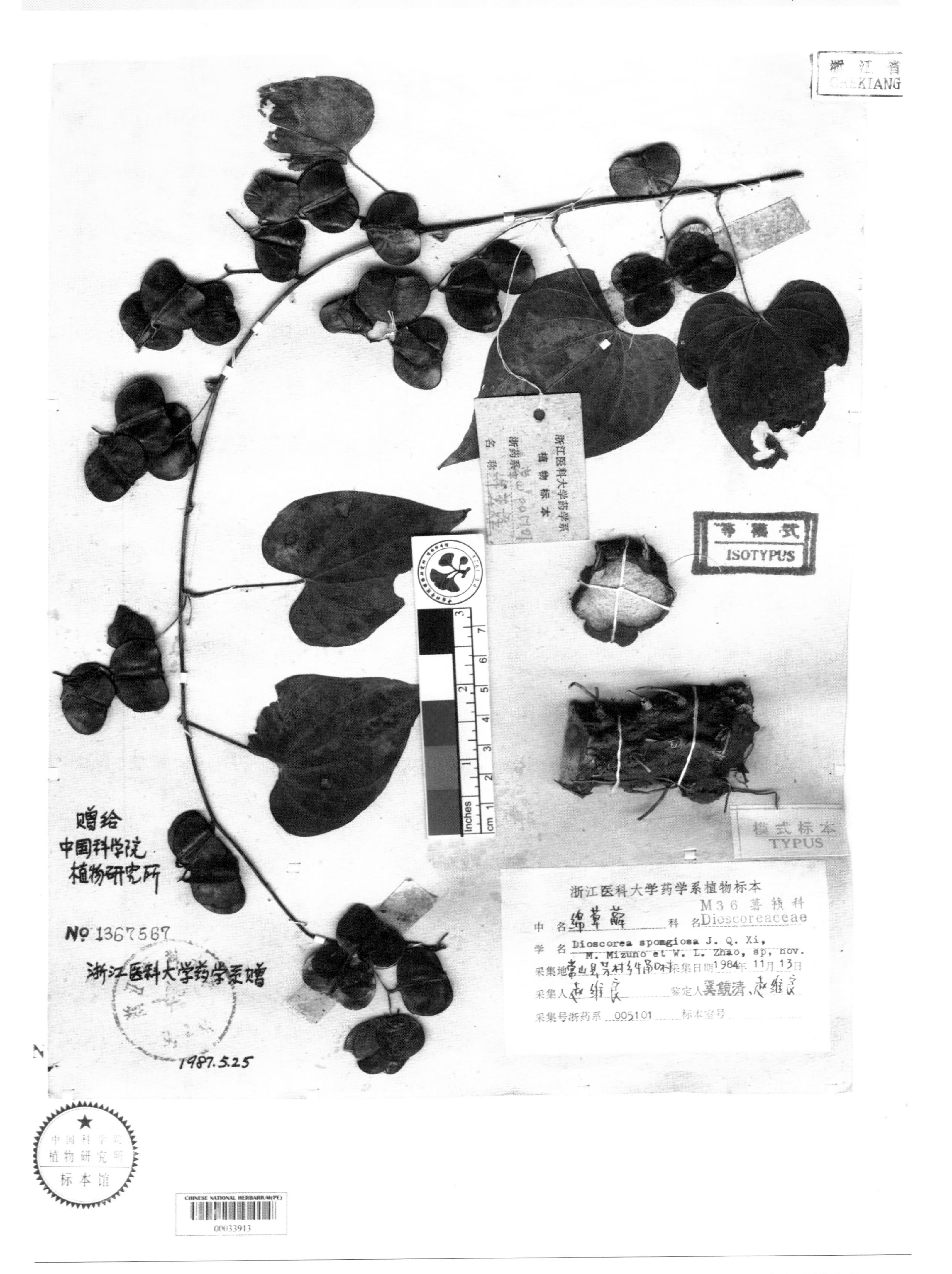

绵萆薢 ***Dioscorea spongiosa*** J. Q. Xi, M. Mizuno & W. L. Zhao in Acta Phytotax. Sin. 25(1): 52, f. 3. 1987. **Isotype:** China. Zhejiang: Changshan, 1984-11-13, W. L. Zhao 5101.

Iridaceae

鸢尾科

yuanweike

大苞鸢尾 ***Iris bungei*** Maxim. in Bull. Acad. Imp. Sci. St. Petersb. 26(3): 509. 1880. **Lectotype** (designated by Y. Lin & al. in Acta Bot. Bor.-Occ. Sin. 34: 414. 2014.): Mongolia. Precise locality not known, 1871-??-??, N. M. Przewalski s. n.

甘肃鸢尾 ***Iris pandurata*** Maxim. in Bull. Acad. Imp. Sci. St. Petersb. 26: 529. 1880. **Isotype:** China. Gansu: Precise locality not known, 1880-06 -18, N. K. Przewalski s. n.

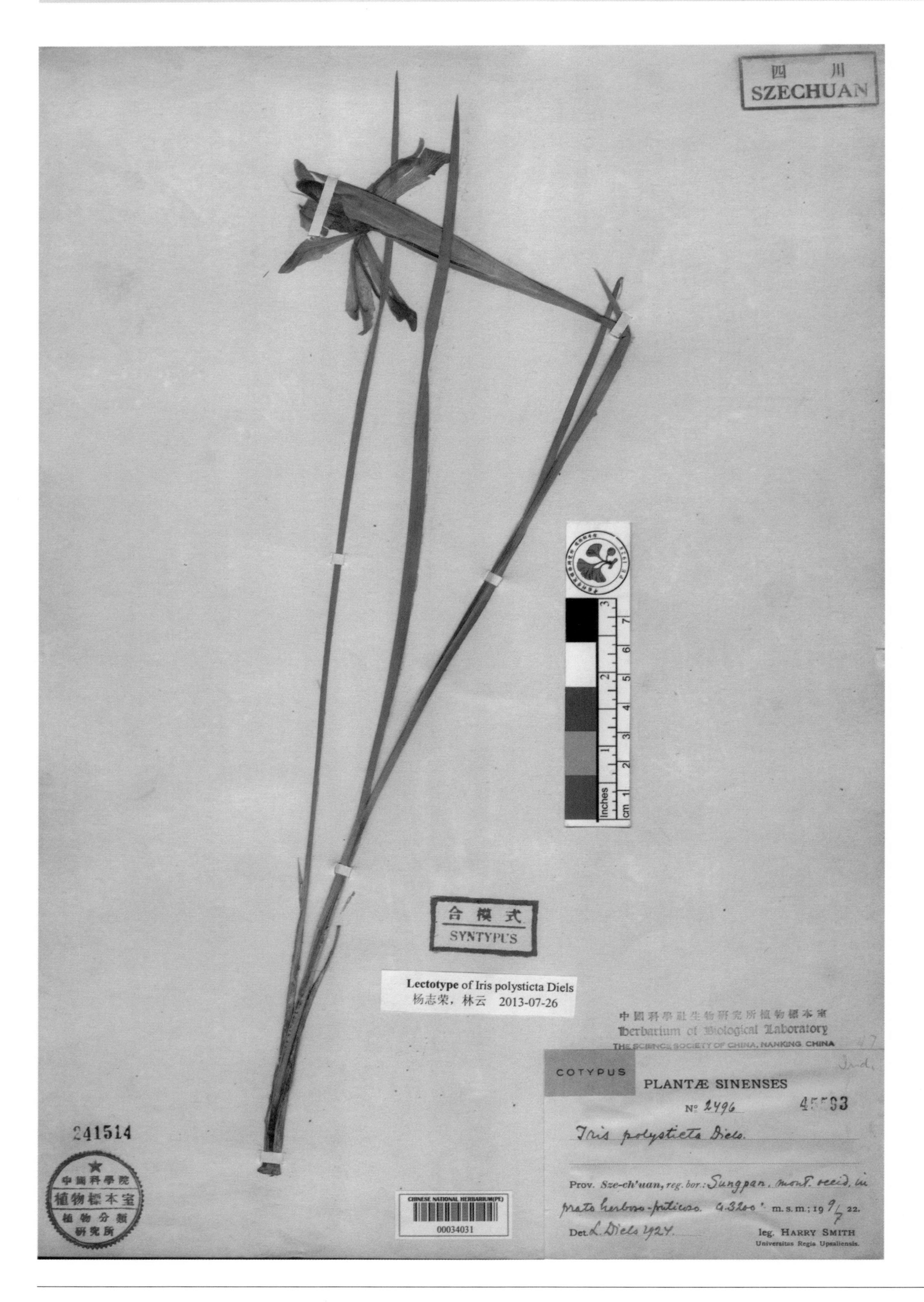

多斑鸢尾 ***Iris polysticta*** Diels in Svensk Bot. Tidskr. 18(3): 428. 1924. **Lectotype** (designated by Y. Lin & al. in Acta Bot. Bor.-Occ. Sin. 34: 414. 2014.): China. Sichuan: Songpan, alt. 3200 m, 1922-07-09, H. Smith 2496.

FLORA OF CHINA
中國植物

Field No. 1220 號數 Date Mar. 30, 1931 日期
Locality Eastern slope of Purple mountain 地點
Altitude 海拔高度
Habitat on open slopes by a brook 產地
Habit 樹 灌木 藤本 草本
Height 高度 D. B. H. 胸高直徑
Bark 樹皮
Leaf glaucous 葉
Flower white calyx tube yellowish-green outside, sepals purplish blue spotted yellow 花
Fruit 果
Notes 附錄
Common Name 俗名 Family 科
Name Iris pseudo-rossii Chien 學名
Collector C. C. Chang 採集者

江蘇
KIANGSU

主模式
HOLOTYPUS

1220

CHINESE NATIONAL HERBARIUM(PE)
00034035

Iris proantha Diels
定名人 1986年 4 月 日

TYPE

Iridac
Type
中國科學社生物研究所植物標本室
Herbarium of Biological Laboratory
THE SCIENCE SOCIETY OF CHINA, NANKING, CHINA
Herbarium No. 12471
Iris pseudorossii Chien
南京紫金山東坡
Coll: C. C. Chang No. 1220
Determined by: S. S. Chien 錢崇澍 Mar. 30, 1931

241515

拟罗斯鸢尾 ***Iris pseudorossii*** S. S. Chien in Contr. Biol. Lab. Sci. China, Bot. Ser. 6(7): 72. 1931. **Holotype:** China. Jiangsu: Nanjing, Zijinshan, 1931-05-30, C. C. Chang 1220.

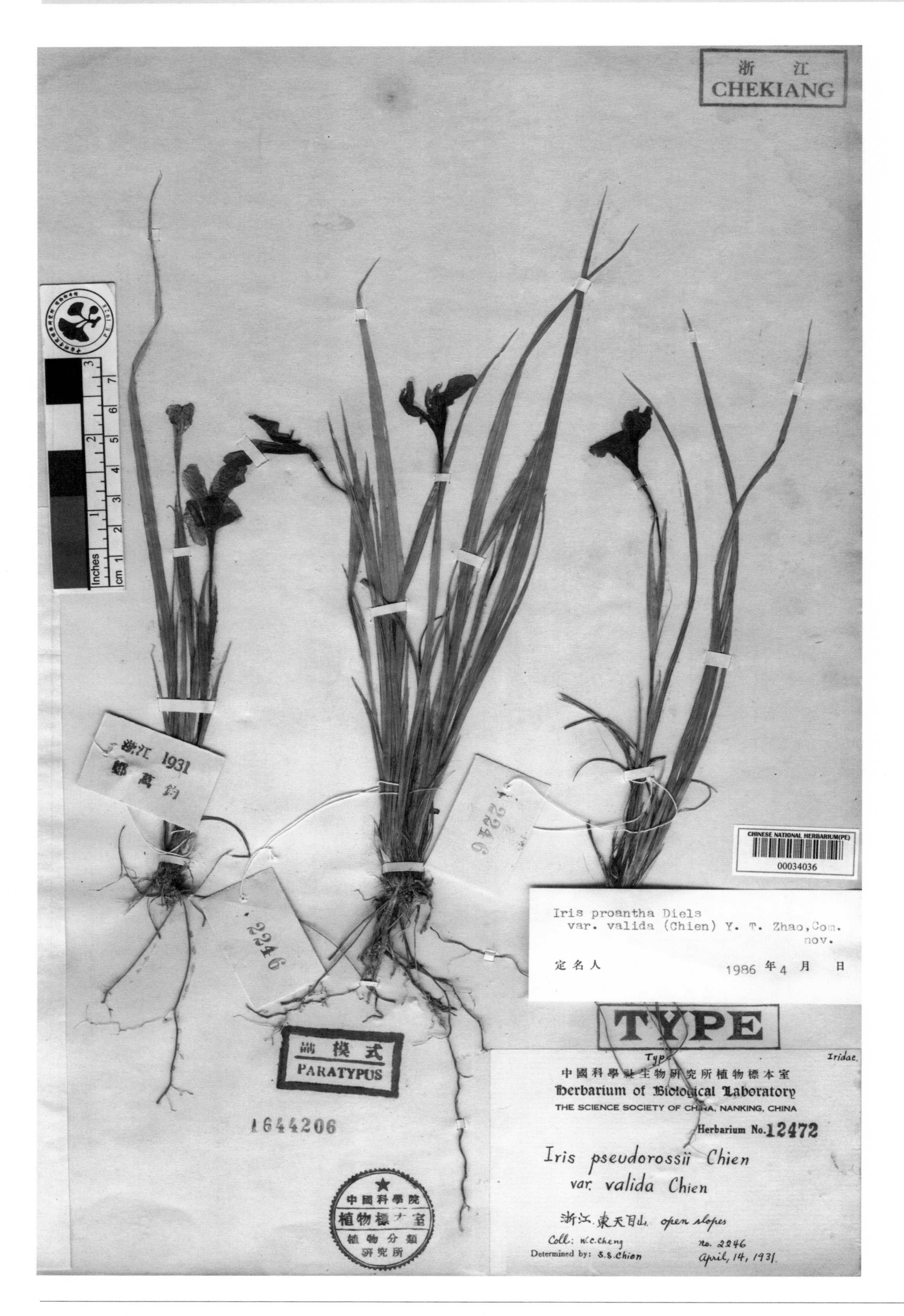

粗壮小鸢尾 ***Iris pseudorossii*** S. S. Chien var. ***valida*** S. S. Chien in Contr. Biol. Lab. Sci. China, Bot. Ser. 6(7): 74. 1931. **Paratype:** China. Zhejiang: Tianmushan, 1931-04-14, W. C. Cheng 2246.

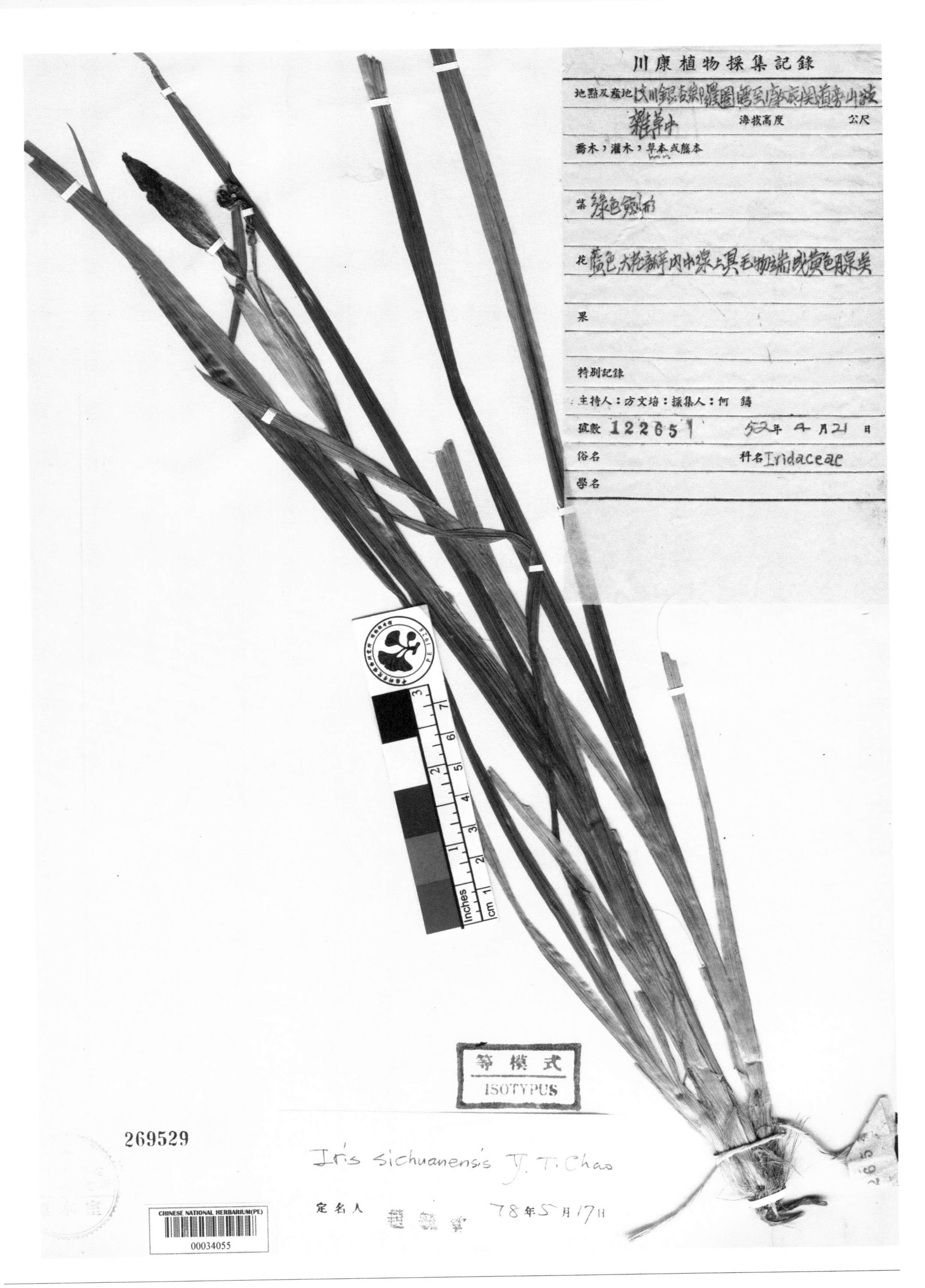

四川鸢尾 ***Iris sichuanensis*** Y. T. Zhao in Acta Phytotax. Sin. 18(1): 59. 1980. **Isotype:** China. Sichuan: Wenchuan, 1952-04-21, Z. He 12265.

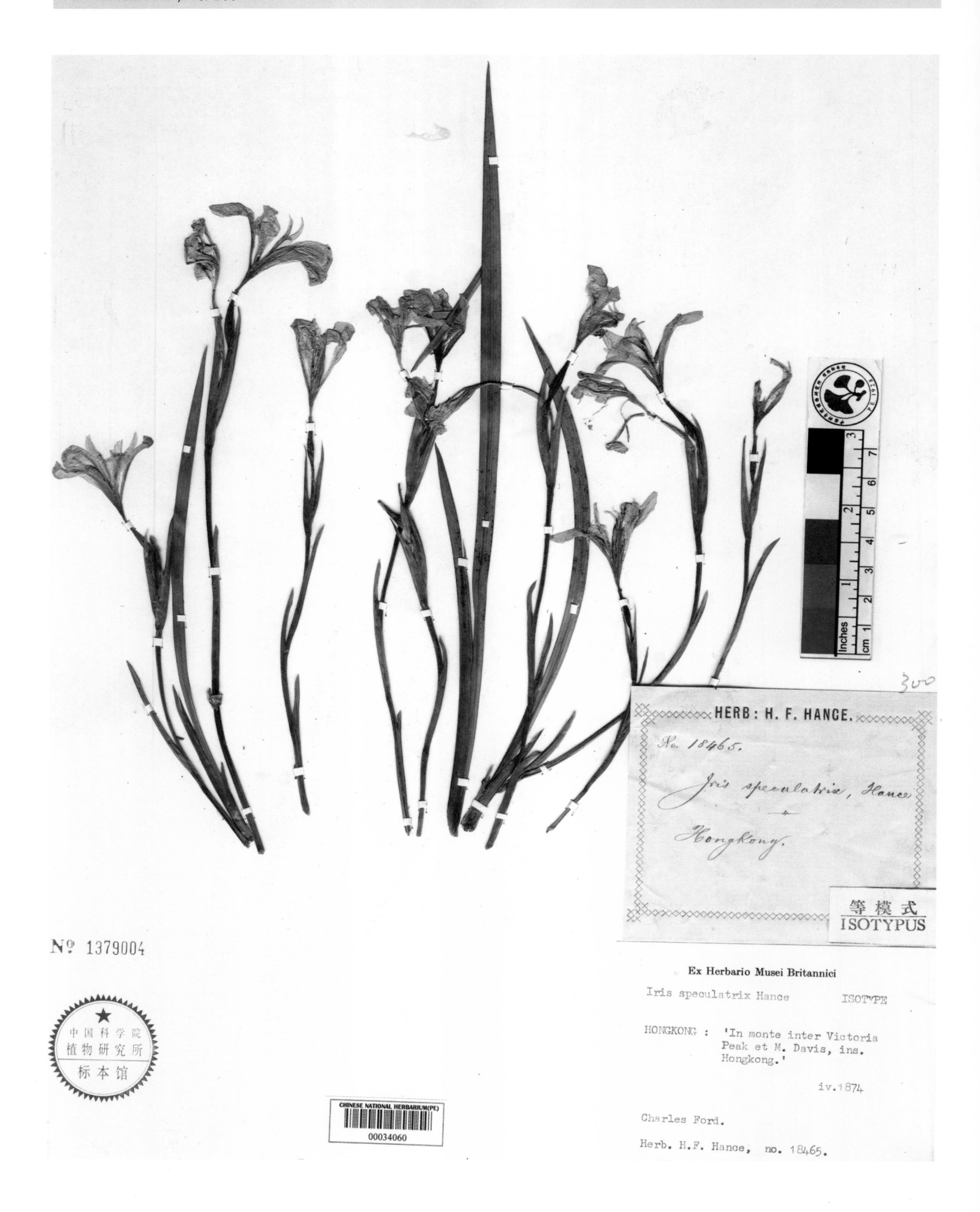

小花鸢尾 ***Iris speculatrix*** Hance in Journ. Bot. 13: 196. 1875. **Isotype:** China. Hongkong: Victoria Peak, 1874-04-??, H. F. Hance 18465.

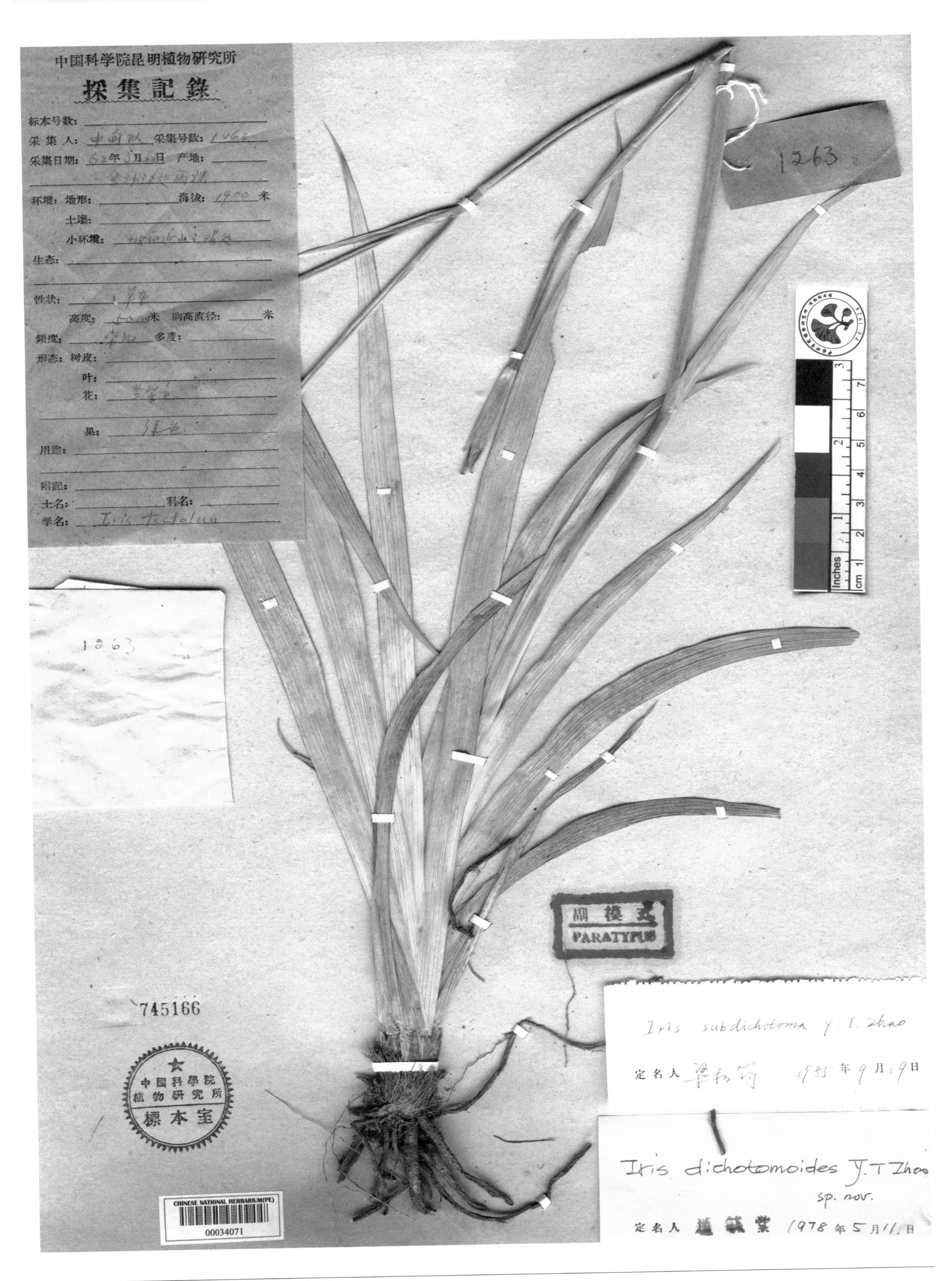

中甸鸢尾 ***Iris subdichotoma*** Y. T. Zhao in Acta Phytotax. Sin. 18(1): 57. 1980. **Paratype:** China. Yunnan: Zhongdian (=Shangri-La), alt. 1900 m, 1962-08-22, Zhongdian Exped. 1263.

Musaceae

芭蕉科

bajiaoke

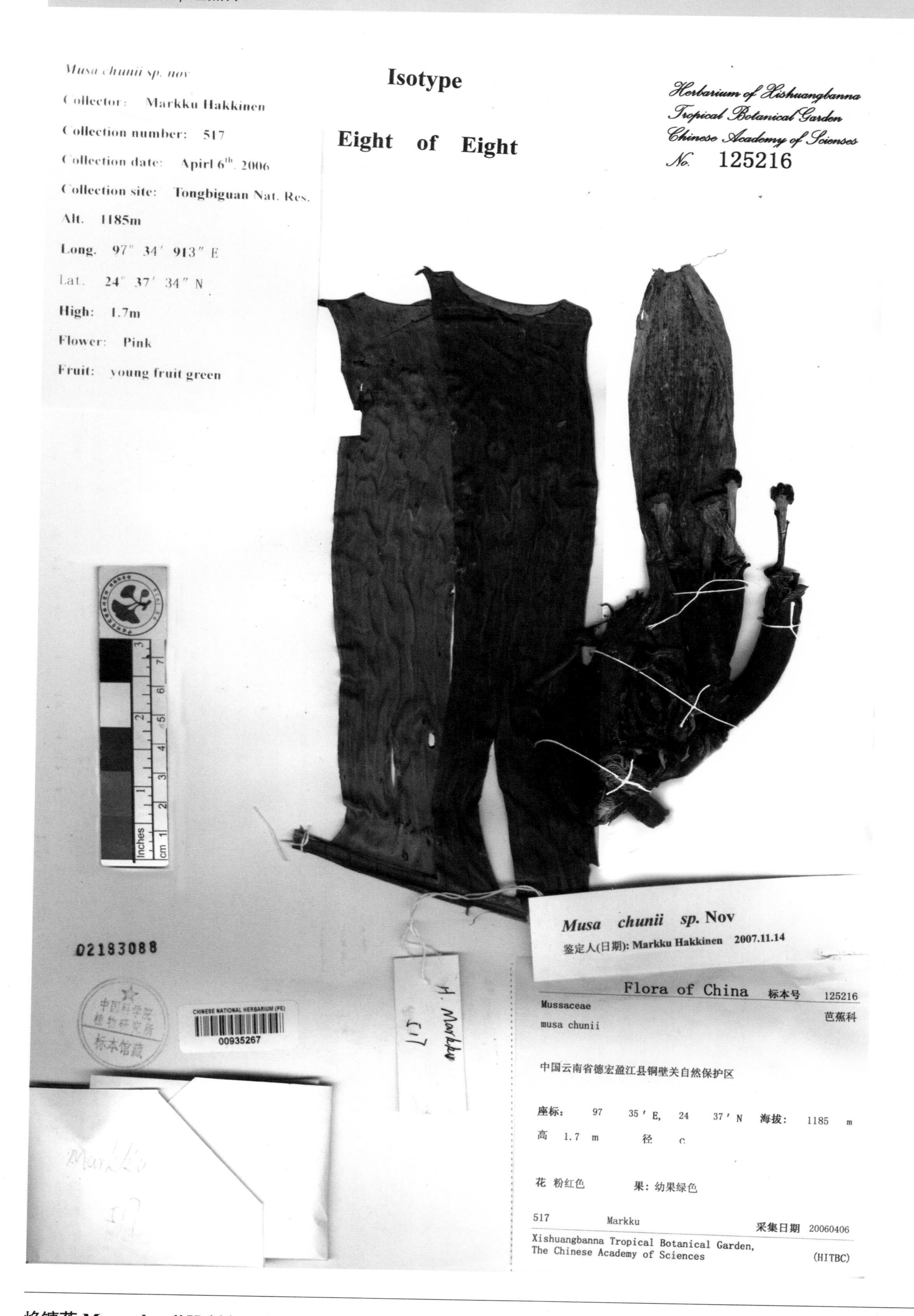

焕镛蕉 ***Musa chunii*** Häkkinen in Journ. Syst. Evol. 47(1): 87, f. 1. 2009. **Isotype:** China. Yunnan: Yingjiang, alt. 1185 m, 2006-04-06, M. Häkkinen 517.

Zingiberaceae

姜科

jiangke

竹叶山姜 ***Alpinia bambusifolia*** C. F. Liang & D. Fang in Acta Phytotax. Sin. 16(4): 77, pl. 6: 1. 1978. **Paratype:** China. Guangxi: Debao, 1977-04-25, D. Fang 32309.

靖西山姜 ***Alpinia jingxiensis*** D. Fang in Acta Phytotax. Sin. 18(2): 224. 1980. **Isotype:** China. Guangxi: Jingxi, alt. 1400~1500 m, 1978-06-23, D. Fang 23675.

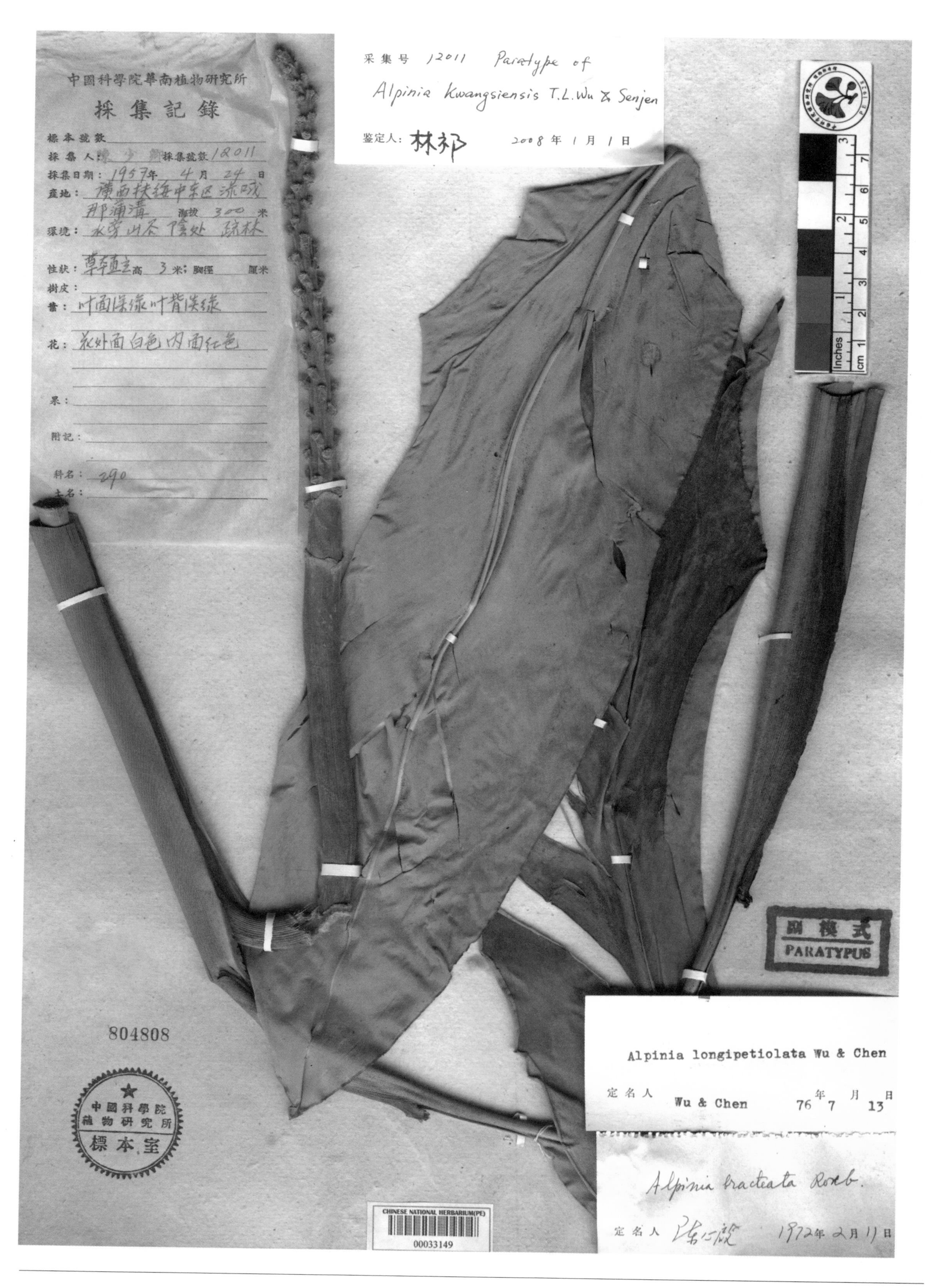

长柄山姜 ***Alpinia kwangsiensis*** T. L. Wu & S. J. Chen in Acta Phytotax. Sin.16(3): 35, f. 9. 1978. **Paratype:** China. Guangxi: Fusui, alt. 300 m, 1957-04-24, S. H. Chun 12011.

卵唇山姜 ***Alpinia ovata*** Z. L. Zhao & L. S. Xu in Acta Phytotax. Sin. 39(2): 154, pl. 1. 2001. **Holotype:** China. Guangdong: Yangchun, alt. 600 m, 1997-06-11, Z. L. Zhao 25.

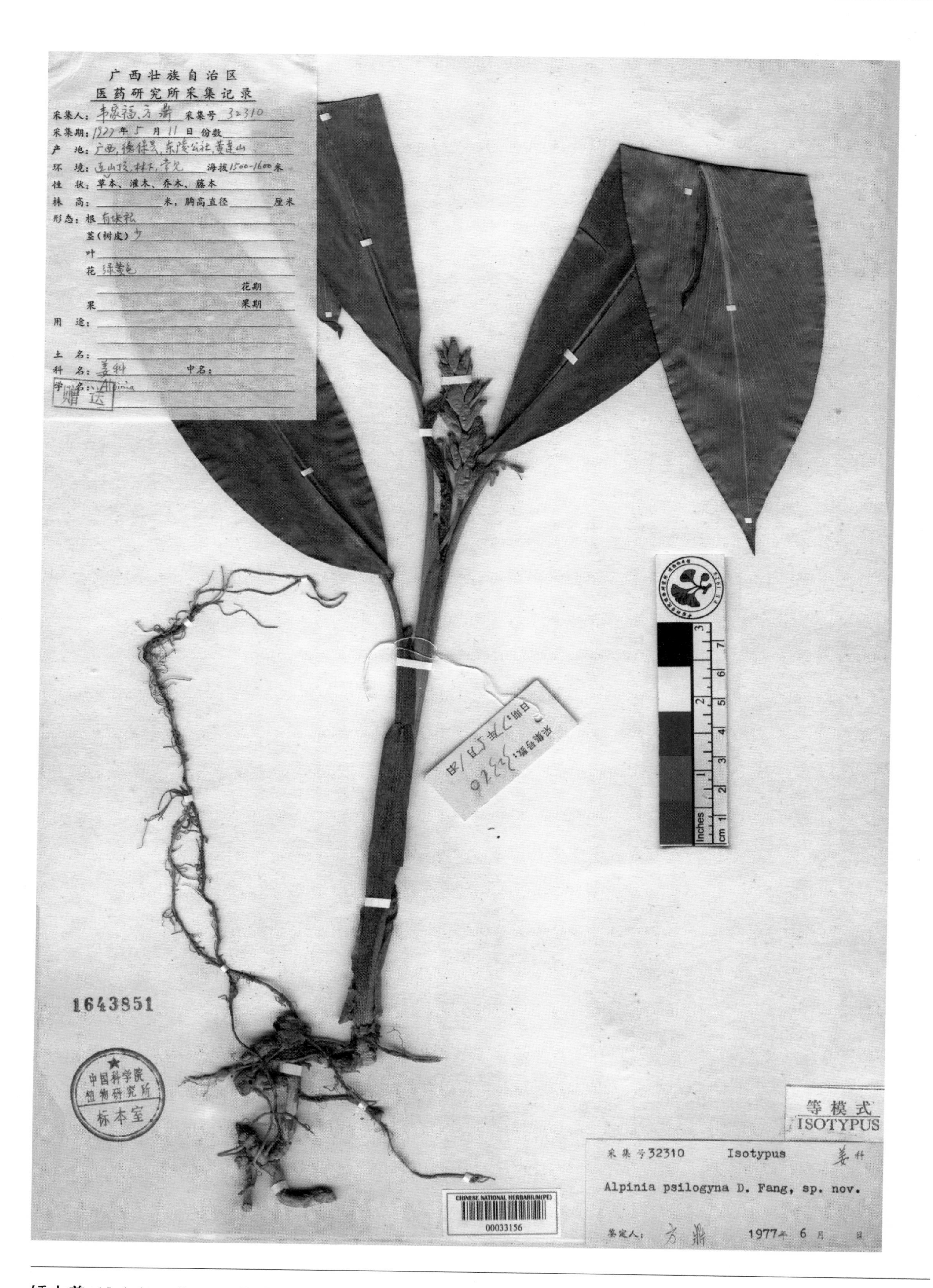

矮山姜 ***Alpinia psilogyna*** D. Fang in Acta Phytotax. Sin. 16(4): 80, pl. 6: 5. 1978. **Isotype:** China. Guangxi: Debao, alt. 1500~1600 m, 1977-05-11, J. F. Wei & D. Fang 32310.

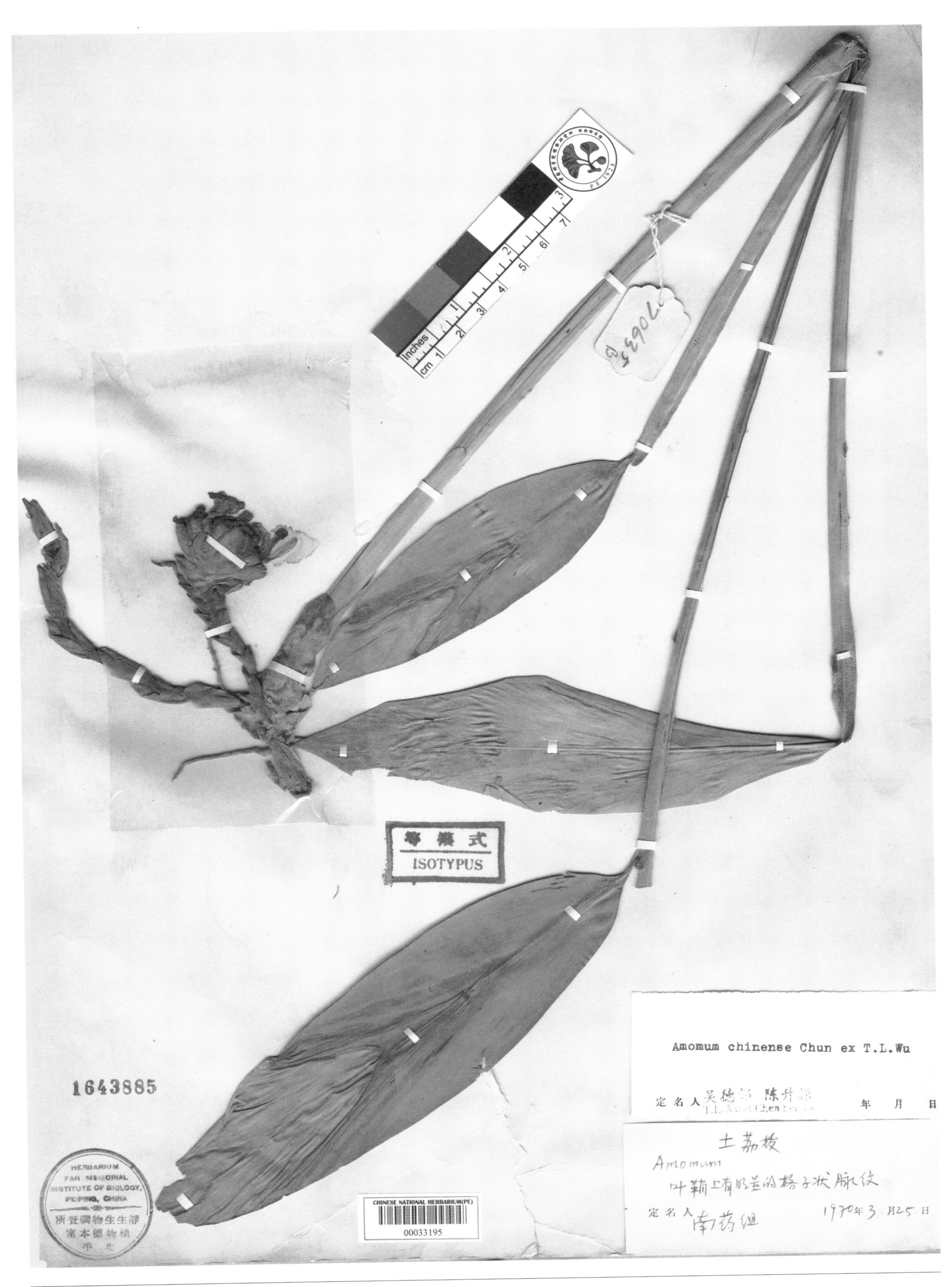

海南假砂仁 ***Amomum chinense*** W. Y. Chun & T. L. Wu, Fl. Hainan. 4: 101, 533. 1977. **Isotype:** China. Hainan: Sanya, F. C. How 70635B.

红草果 ***Amomum hongtsaoko*** C. F. Liang & D. Fang in Acta Phytotax. Sin. 16(3): 50, pl. 4: 4. 1978. **Paratype:** China. Guangxi: Duan, 1975-05-14, X. X. Zhang & H. Z. Ling 29547.

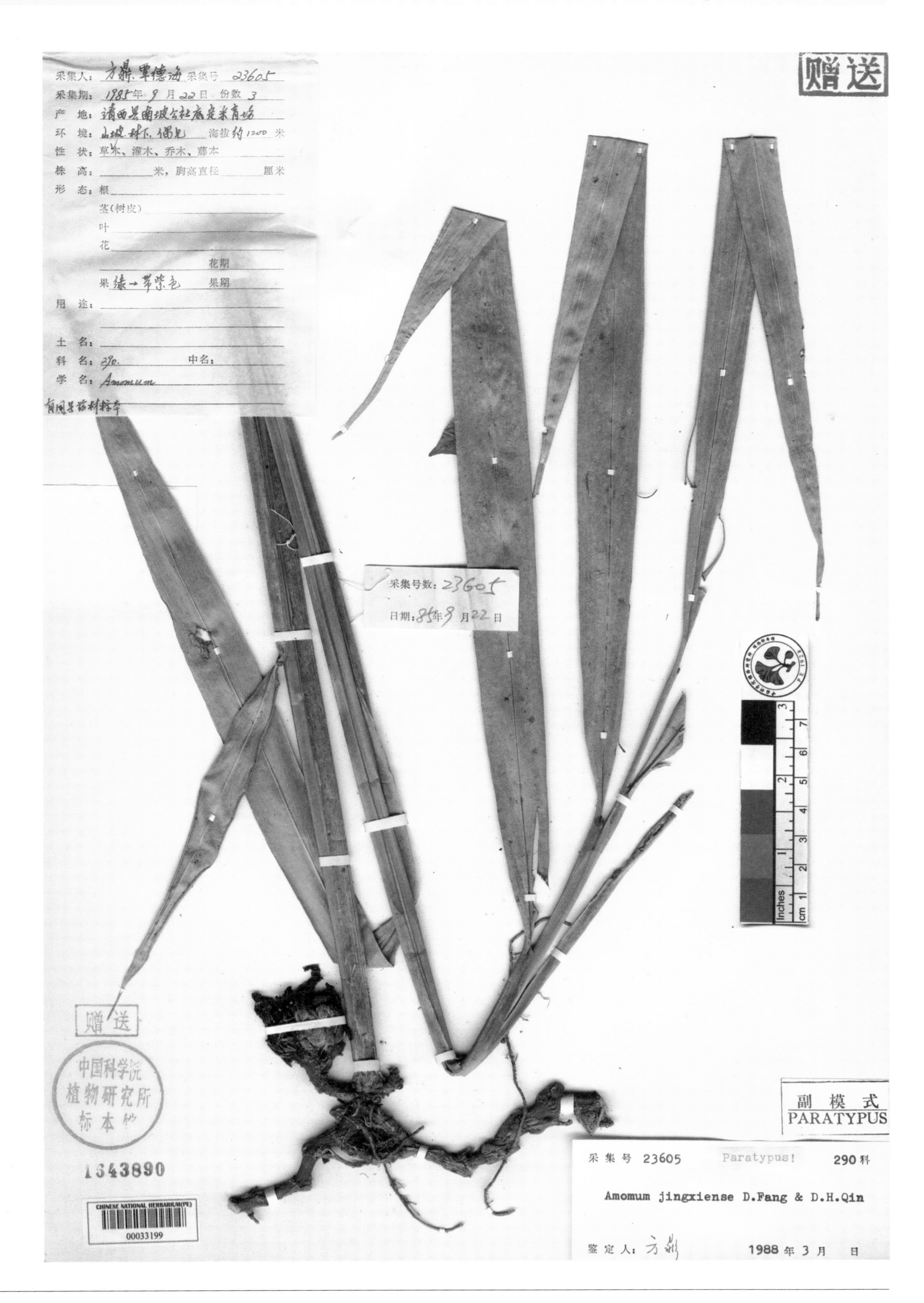

狭叶豆蔻 ***Amomum jingxiense*** D. Fang & D. H. Qin in Acta Phytotax. Sin. 27(6): 461. 1989. **Paratype:** China. Guangxi: Jingxi, alt. 1200 m, 1985-09-22, D. Fang & D. H. Qin 23605.

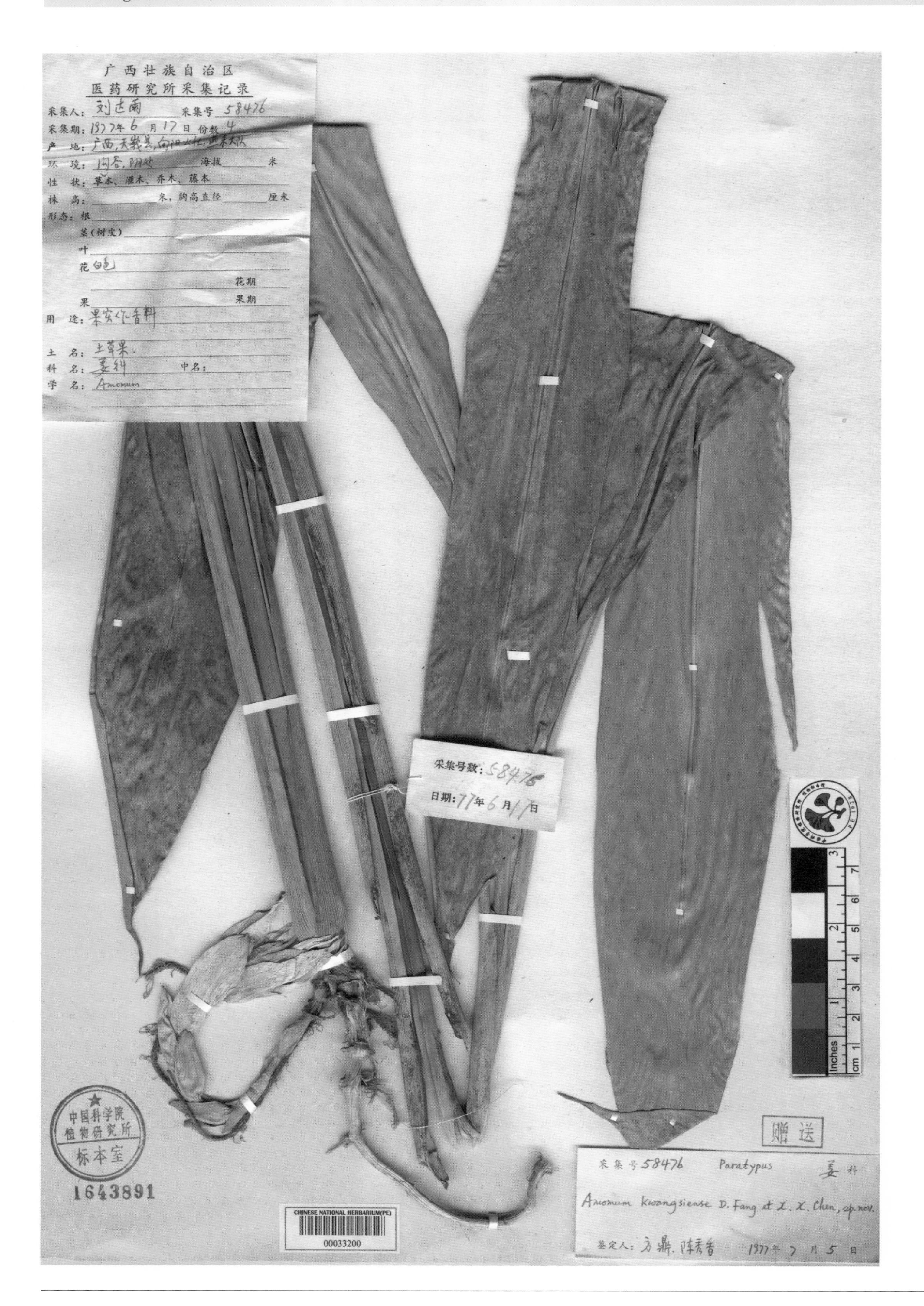

广西豆蔻 ***Amomum kwangsiense*** D. Fang & X. X. Chen in Acta Phytotax. Sin. 16(3): 48, pl. 3: 3. 1978. **Paratype:** China. Guangxi: Tiane, 1977-06-17, D. Y. Liu 58476.

细砂仁 ***Amomum microcarpum*** C. F. Liang & D. Fang in Acta Phytotax. Sin. 16(3): 49, pl. 4: 3. 1978. **Paratype:** China. Guangxi: Dongxing, alt. 500 m, 1975-08-18, D. Fang & X. P. Liao 76613.

波翅豆蔻 ***Amomum odontocarpum*** D. Fang in Acta Phytotax. Sin. 18(2): 224, pl. 4: 1. 1980. **Paratype:** China. Guangxi: Xilin, 1975-08-31, X. P. Liao & D. Fang 26128.

腐花豆蔻 ***Amomum putrescens*** D. Fang in Acta Phytotax. Sin. 16(3): 51, pl. 4: 1. 1978. **Paratype:** China. Guangxi: Dongxing, alt. 290 m, 1977-05-10, D. Y. Liu 76644.

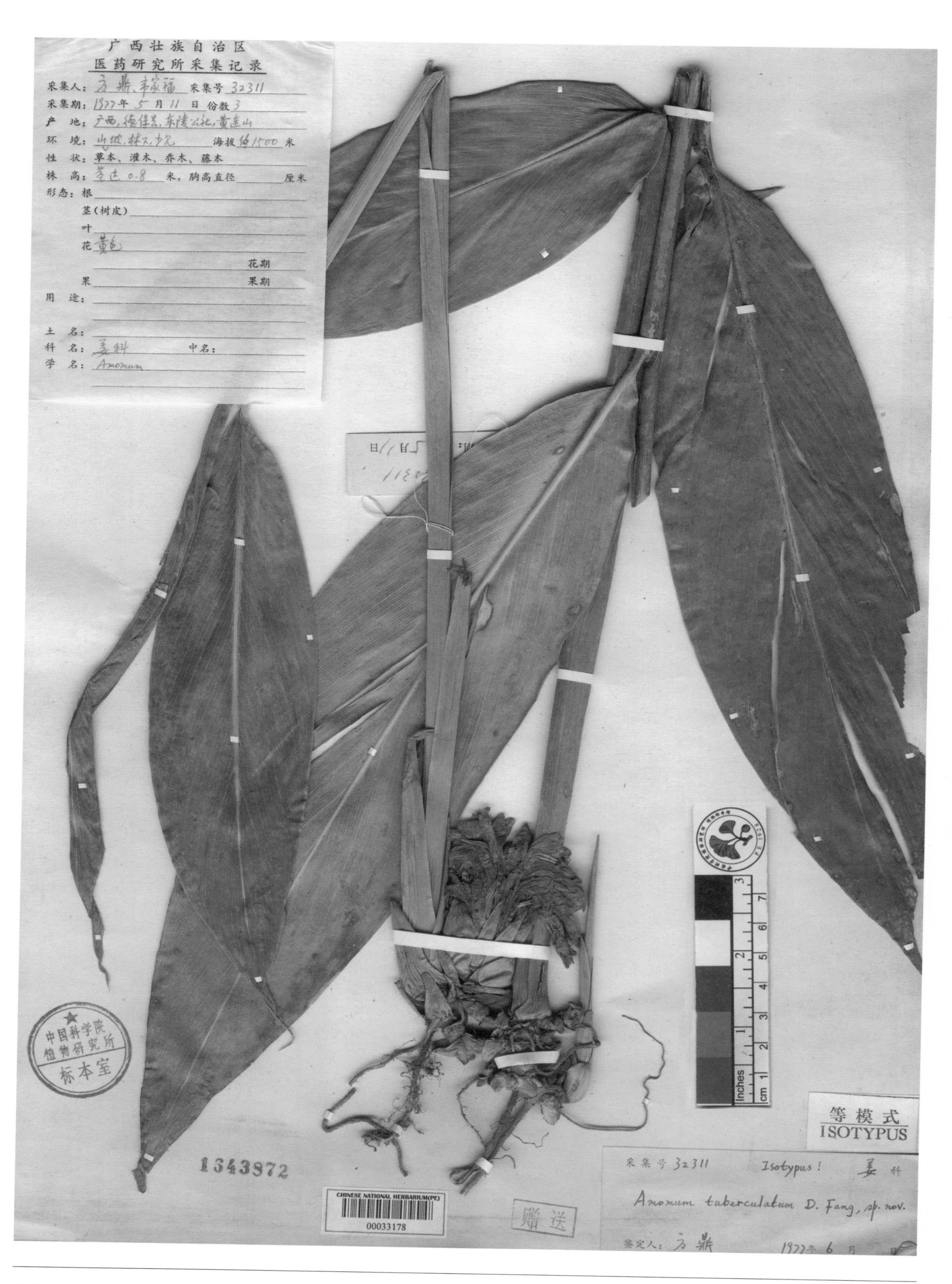

德保豆蔻 ***Amomum tuberculatum*** D. Fang in Acta Phytotax. Sin. 16(3): 47, pl. 3: 1. 1978. **Isotype:** China. Guangxi: Debao, alt. 1500 m, 1977-05-11, D. Fang & J. F. Wei 32311.

碧江姜花 ***Hedychium bijiangense*** T. L. Wu & S. J. Chen in Acta Phytotax. Sin. 16(3): 26, f. 2. 1978. **Isotype:** China. Yunnan: Bijiang, alt. 2600~3200 m, H. T. Tsai 58471.

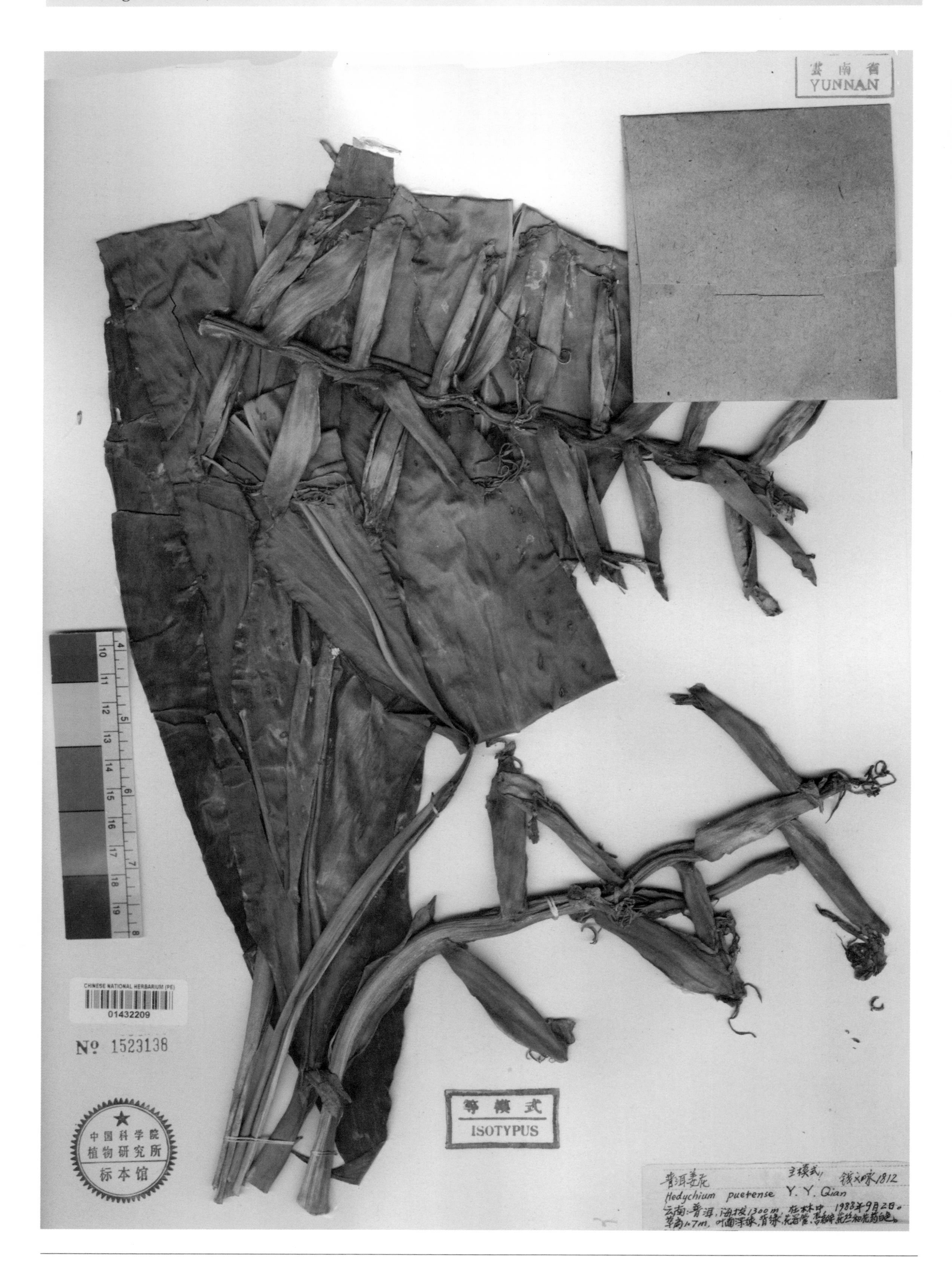

普洱姜花 ***Hedychium puerense*** Y. Y. Qian in Acta Phytotax. Sin. 34(4): 444, f. 2. 1996. **Isotype:** China. Yunnan: Puer, alt. 1300 m, 1988-09-02, Y. Y. Qian 1812.

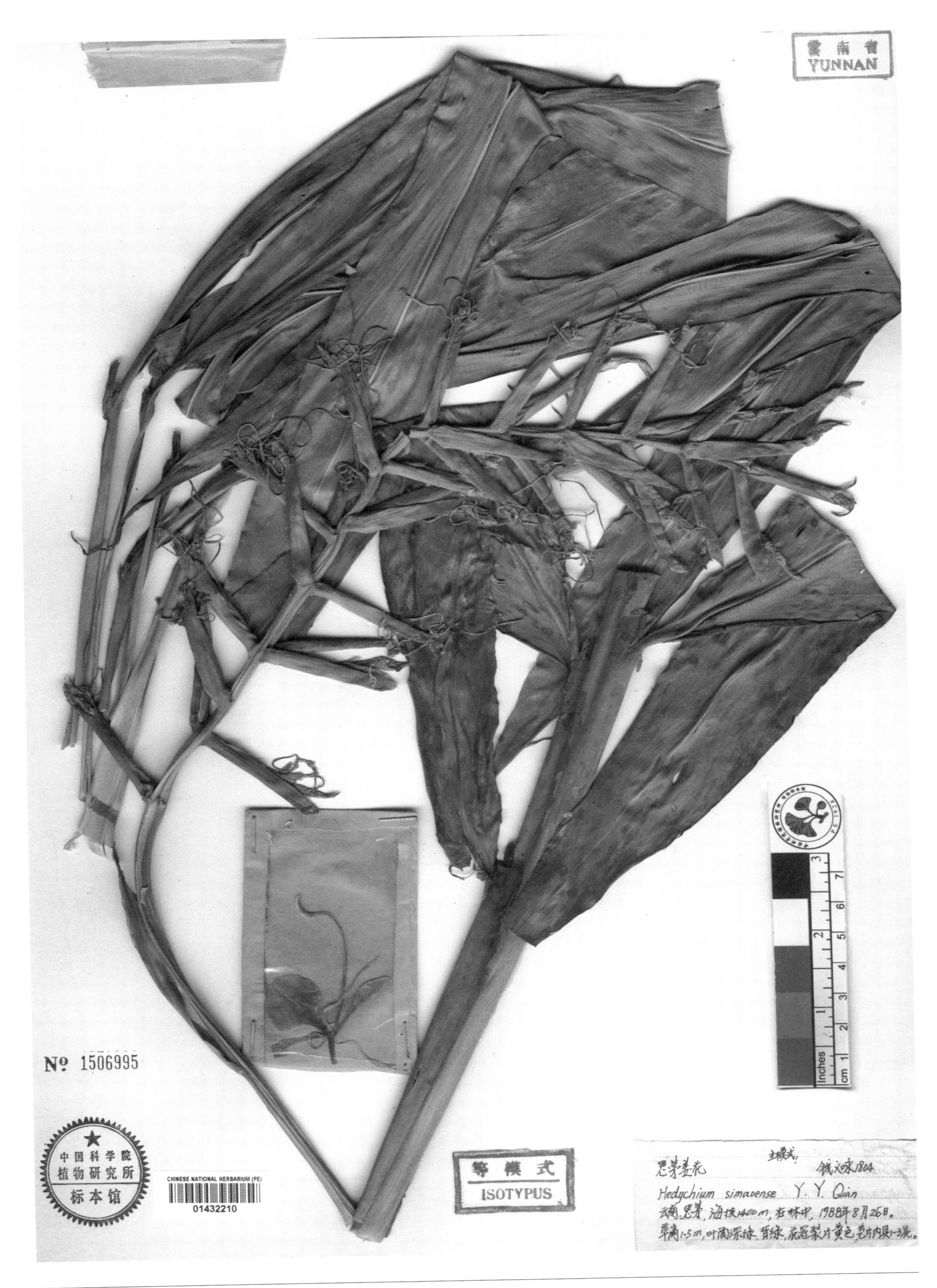

思茅姜花 ***Hedychium simaoense*** Y. Y. Qian in Acta Phytotax. Sin. 34(4): 443, f. 1. 1996. **Isotype:** China. Yunnan: Simao, alt. 1400 m, 1988-08-26, Y. Y. Qian 1804.

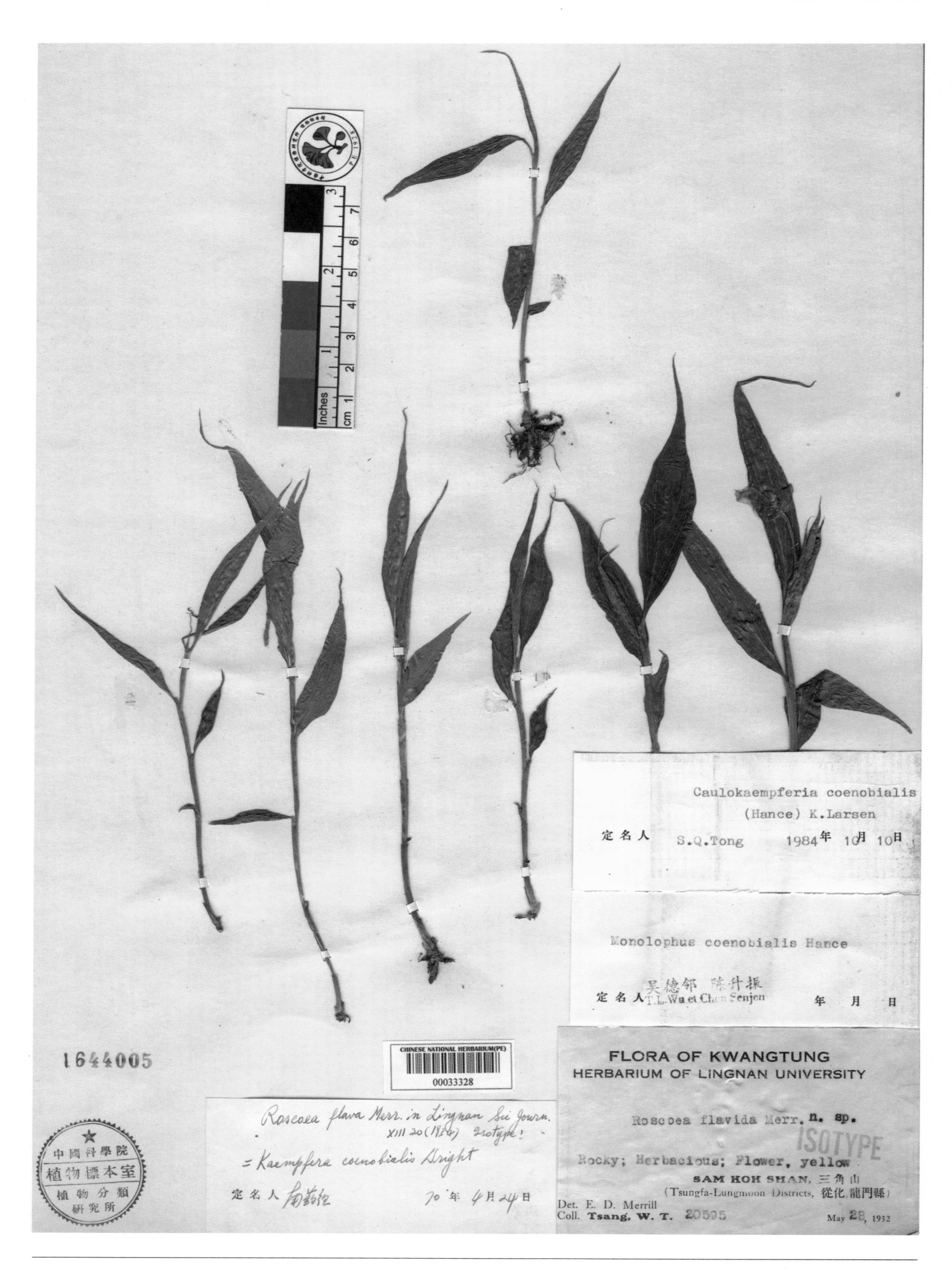

黄花大苞姜 ***Roscoea flava*** Merr. in Lingnan Sci. Journ. 13(1): 21. 1934. **Isotype:** China. Guangdong: Longmen, 1932-05-28, W. T. Tsang 20595.

鄂川姜 ***Zingiber echuanense*** Y. K. Yang in Acta Phytotax. Sin. 26(2): 158, f. 1. 1988. **Holotype:** China. Hubei: Lichuan, 1985-09-25, Y. K. Yang 850117.

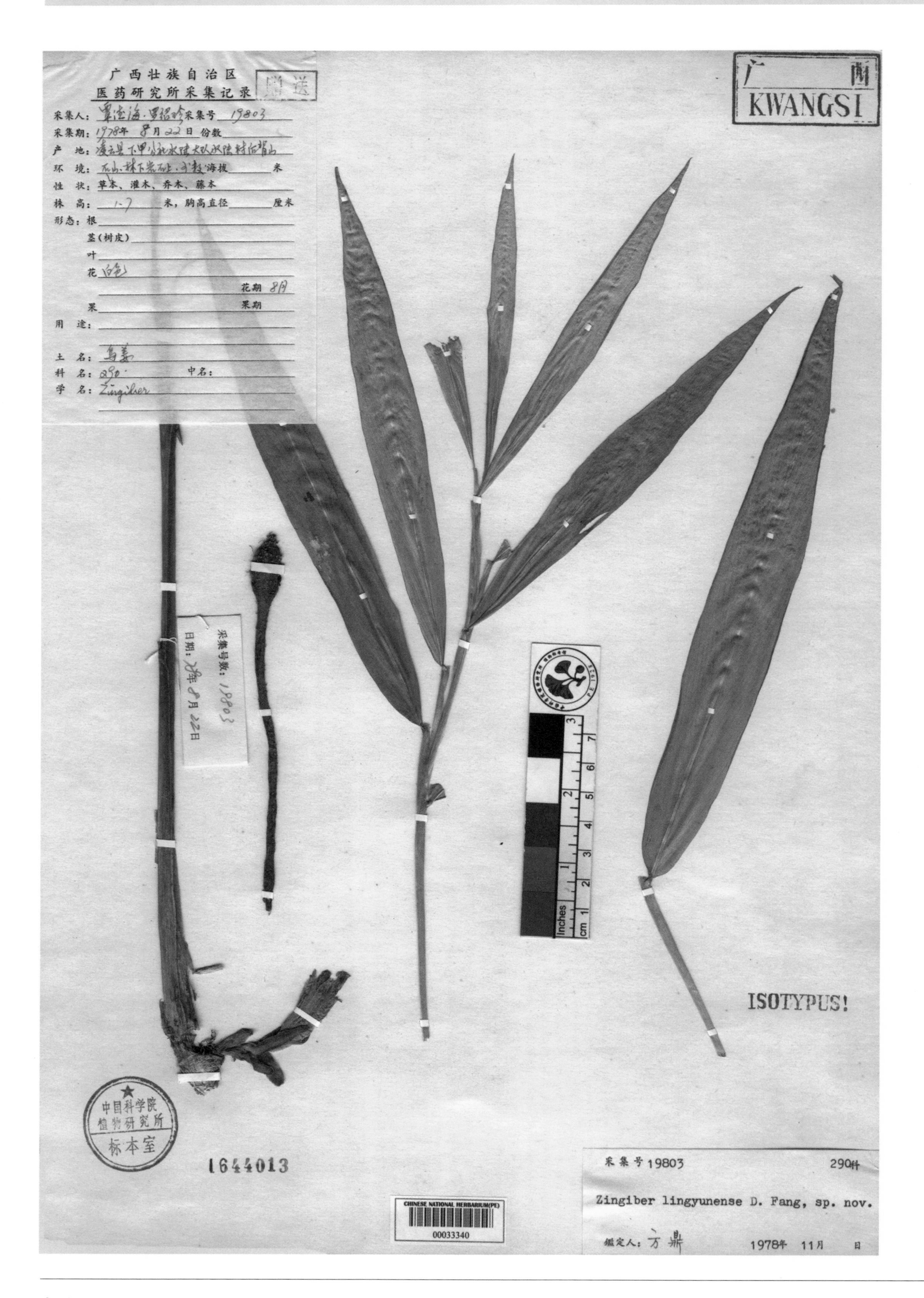

乌姜 ***Zingiber lingyunense*** D. Fang in Acta Phytotax. Sin. 18(2): 226, pl. 4: 4. 1980. **Isotype:** China. Guangxi: Lingyun, 1978-08-22, Q. H. Tan & S. Z. Luo 19803.

Orchidaceae

lanke

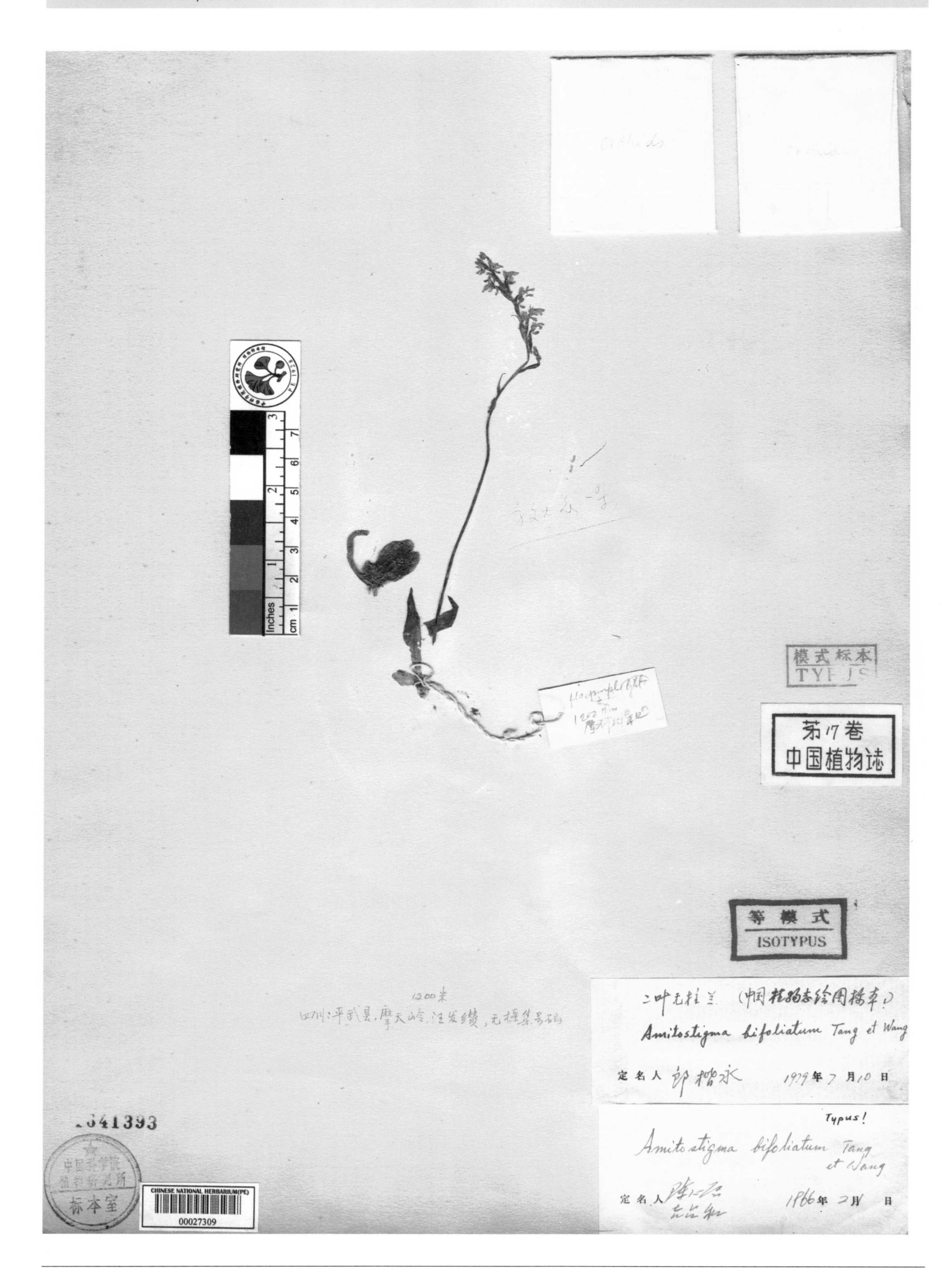

棒距无柱兰 ***Amitostigma bifoliatum*** Tang & F. T. Wang in Bull. Fan Mem. Inst. Biol., Bot. 7(3): 127. 1936. **Isotype:** China. Sichuan: Pingwu, alt. 1200 m, 1930-??-??, F. T. Wang s. n.

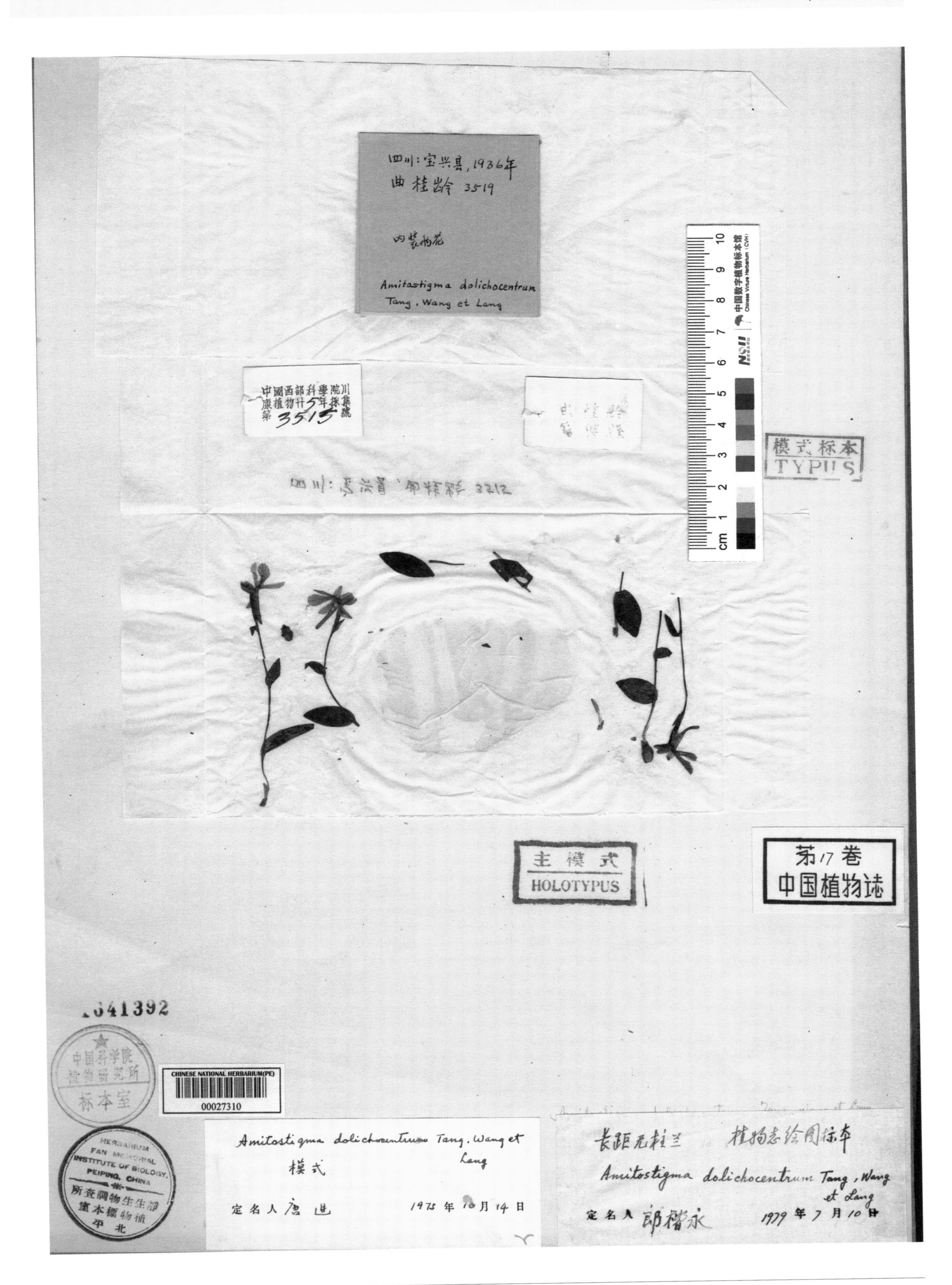

长距无柱兰 ***Amitostigma dolichocentrum*** Tang, F. T. Wang & K. Y. Lang in Acta Phytotax. Sin. 20(1): 84, f. 1: 3-4. 1982. **Holotype:** China. Sichuan: Baoxing, 1936-??-??, K. L. Chu 3515.

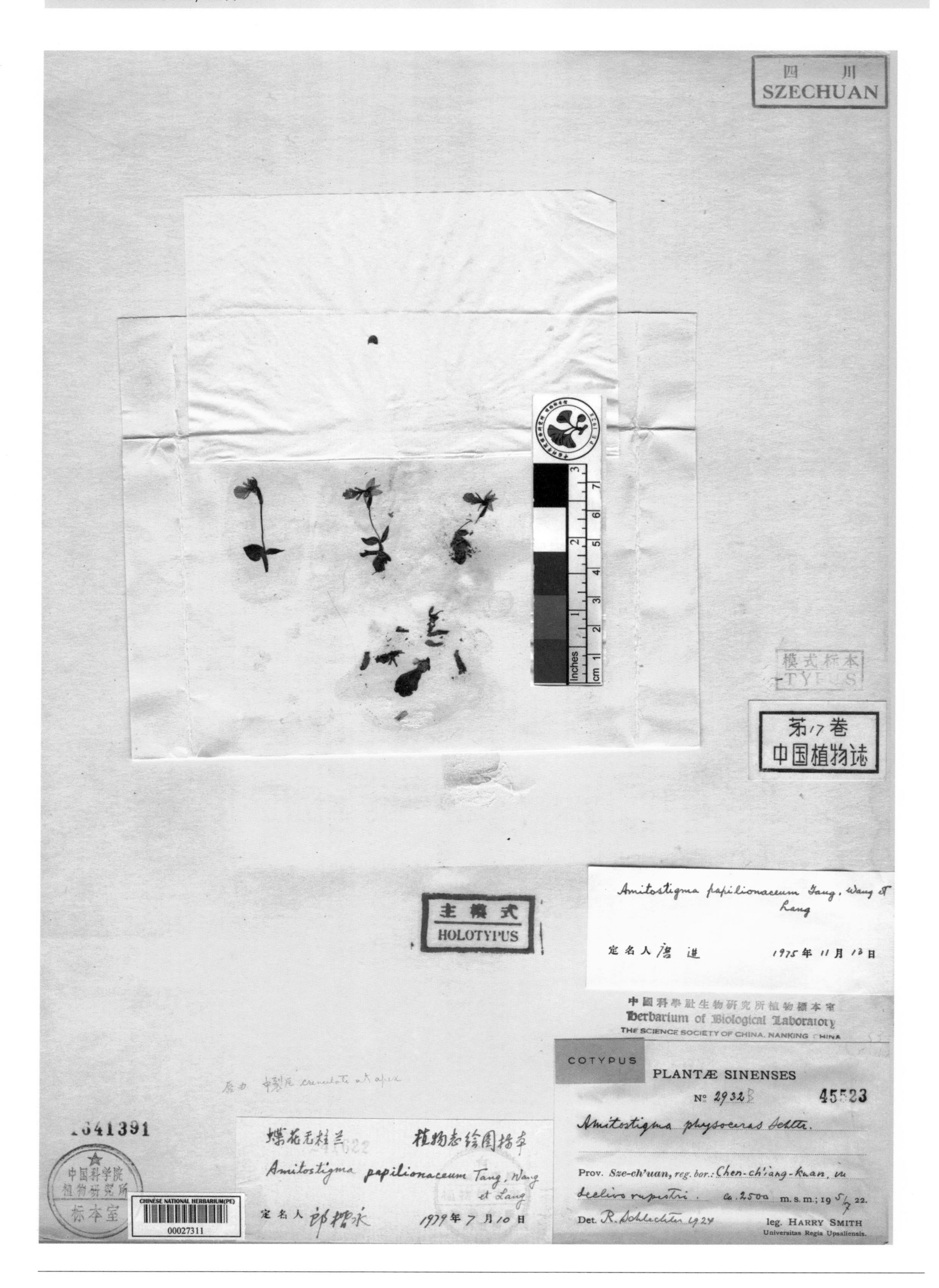

蝶花无柱兰 ***Amitostigma papilionaceum*** Tang, F. T. Wang & K. Y. Lang in Acta Phytotax. Sin. 20(1): 83, f. 1: 1-2. 1982. **Holotype:** China. Sichuan: Songpan, alt. 2500 m, 1922-07-05, H. Smith 2932 B.

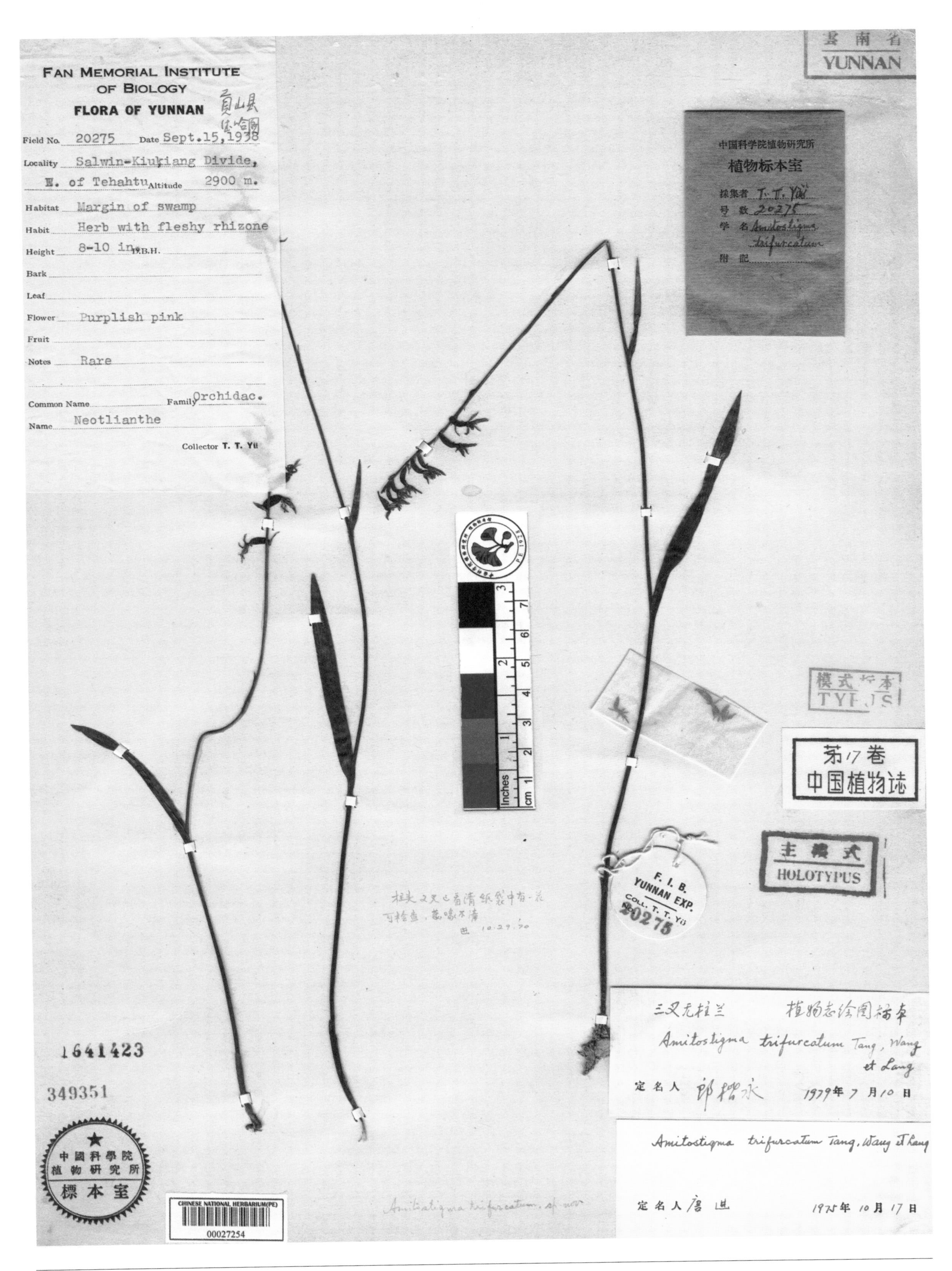

三叉无柱兰 ***Amitostigma trifurcatum*** Tang, F. T. Wang & K. Y. Lang in Acta Phytotax. Sin. 20(1): 80, f. 1: 5-8. 1982. **Holotype:** China. Yunnan: Gongshan, alt. 2900 m, 1938-09-15, T. T. Yu 20275.

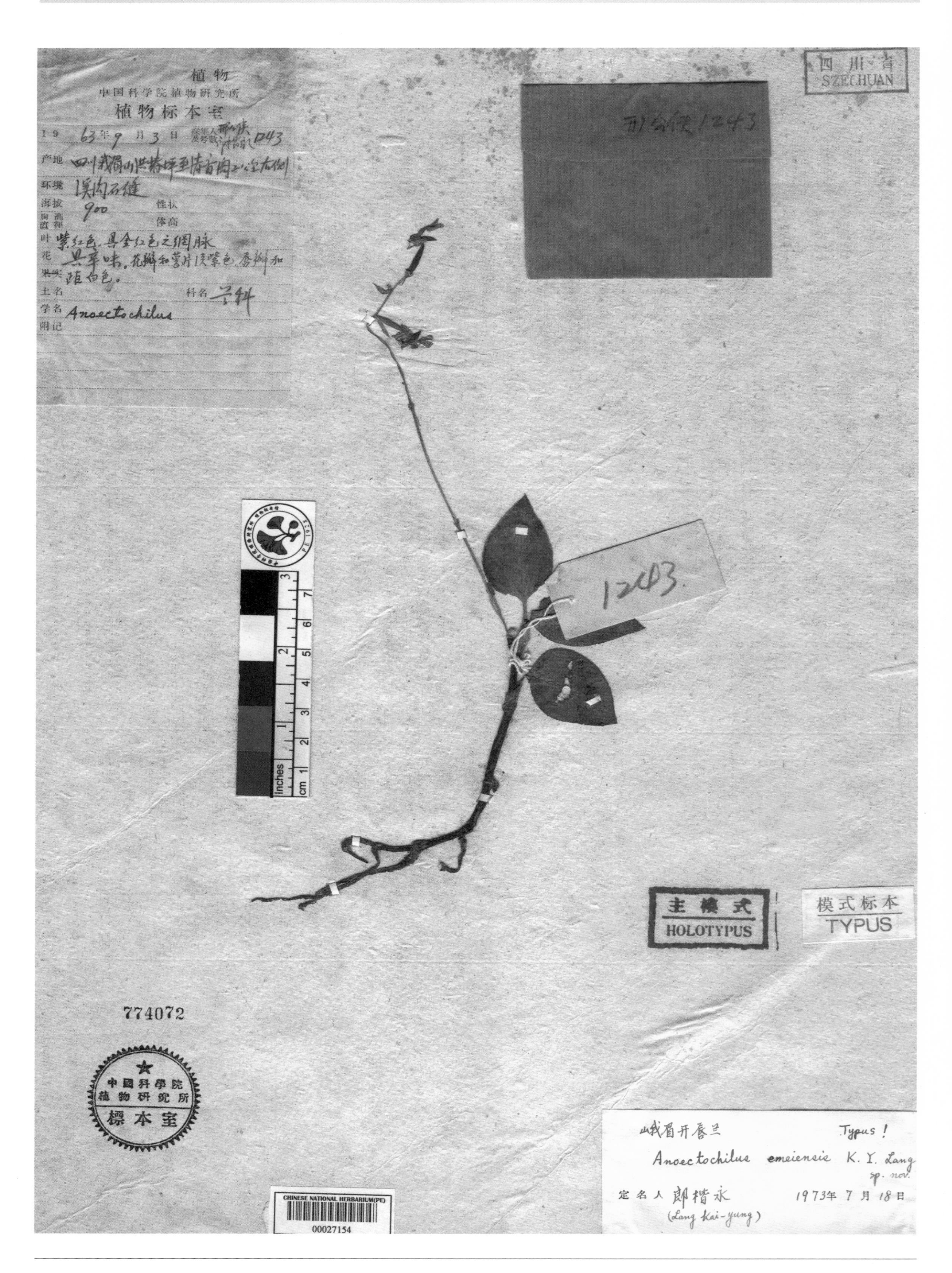

峨眉开唇兰 ***Anoectochilus emeiensis*** K. Y. Lang in Acta Phytotax. Sin. 20(2): 183, f. 2. 1982. **Holotype:** China. Sichuan: Emei, Emeishan, alt. 900 m, 1963-09-03, G. X. Xing & K. Y. Lang 1243.

耿马齿唇兰 ***Anoectochilus gengmanensis*** K. Y. Lang in Acta Phytotax. Sin. 34(5): 554, f. 1. 1996. **Holotype:** China. Yunnan: Gengma, alt. 2500 m, 1938-08-08, T. T. Yu 17277.

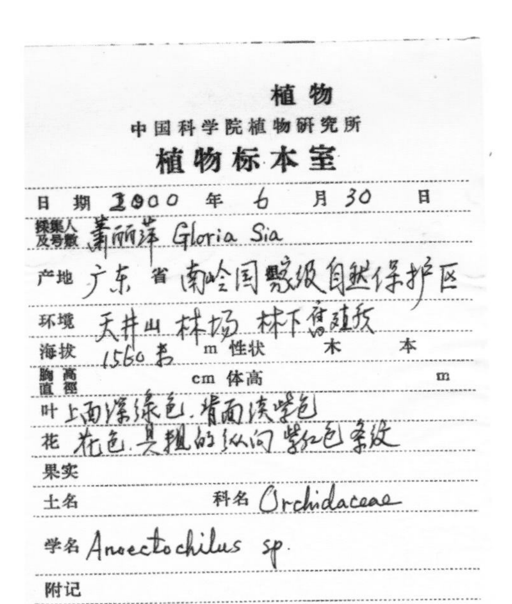

植物
中国科学院植物研究所
植物标本室

日期 2000 年 6 月 30 日
采集人及号数 萧丽萍 Gloria Sia
产地 广东 省 南岭国家级自然保护区
环境 天井山 林场 林下腐殖质
海拔 1560 米 m 性状 木 本
胸高直径 cm 体高 m
叶 上面深绿色，背面淡紫色
花 花色，具粗的纵向紫红色条纹
果实
土名 科名 Orchidaceae
学名 Anoectochilus sp.
附记

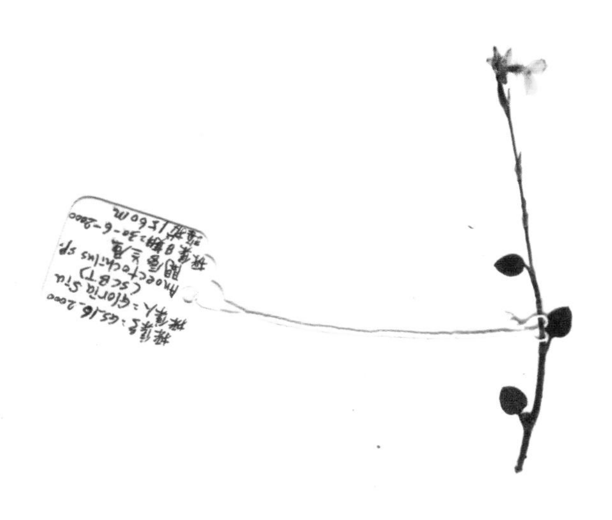

№ 1675247

南岭齿唇兰 holotype!
Anoectochilus nanlingensis L. P. Siu et K. Y. Lang
DET. 郎楷永 (Lang Kaiyong) 2001. 5. 8.

南岭齿唇兰 ***Anoectochilus nanlingensis*** L. P. Siu & K. Y. Lang in Acta Phytotax. Sin. 40(2): 164, f. 1. 2002. **Holotype:** China. Guangdong: Nanling National Nature Reserve, Tianjingshan, alt. 1560 m, 2000-06-30, L. P. Siu Gs-16-2000.

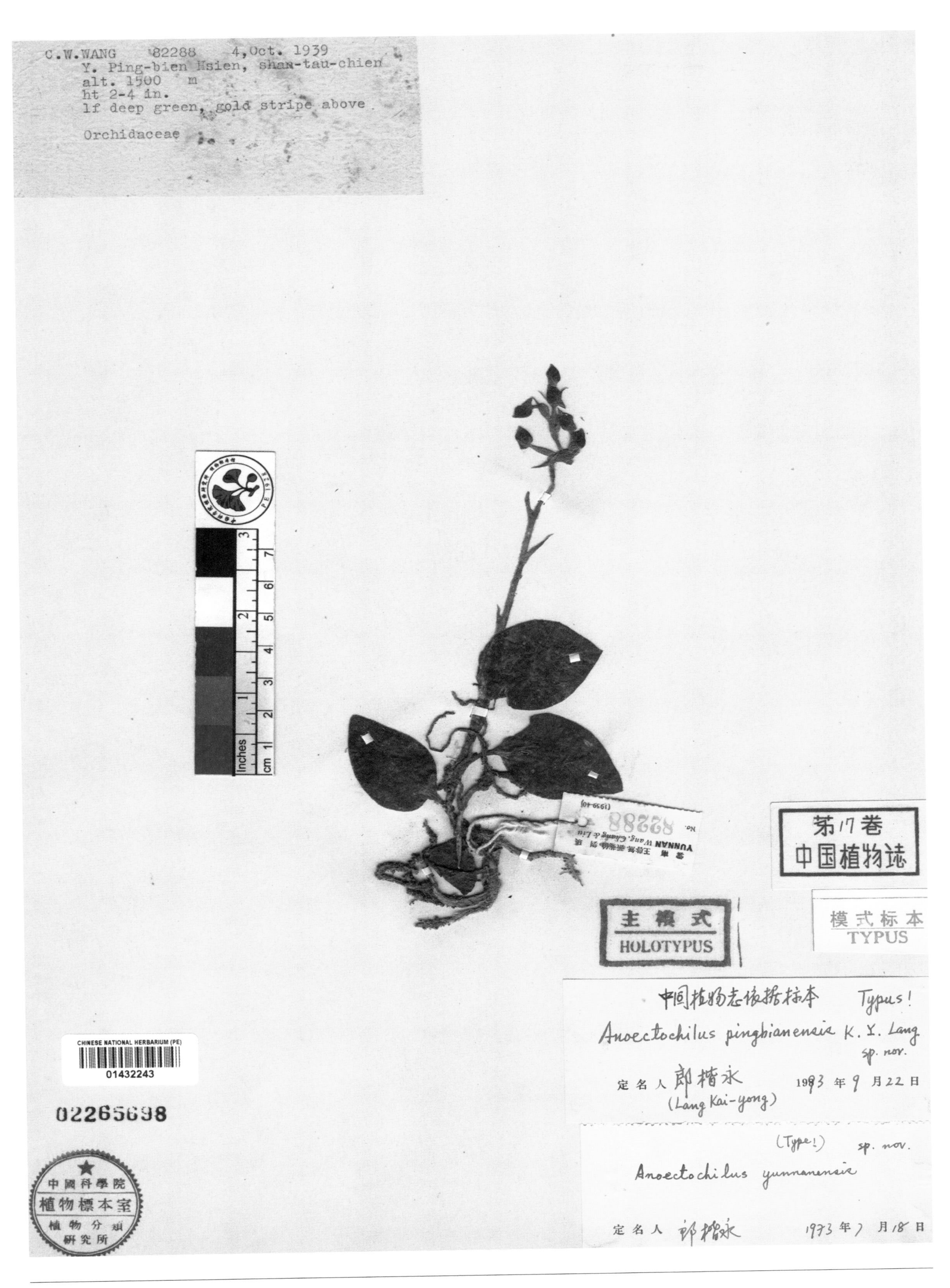

屏边金线兰***Anoectochilus pingbianensis*** K. Y. Lang in Acta Phytotax. Sin. 34(5): 556, f. 2. 1996. **Holotype:** China. Yunnan: Pingbian, alt. 1500 m, 1939-10-04, C. W. Wang 82288.

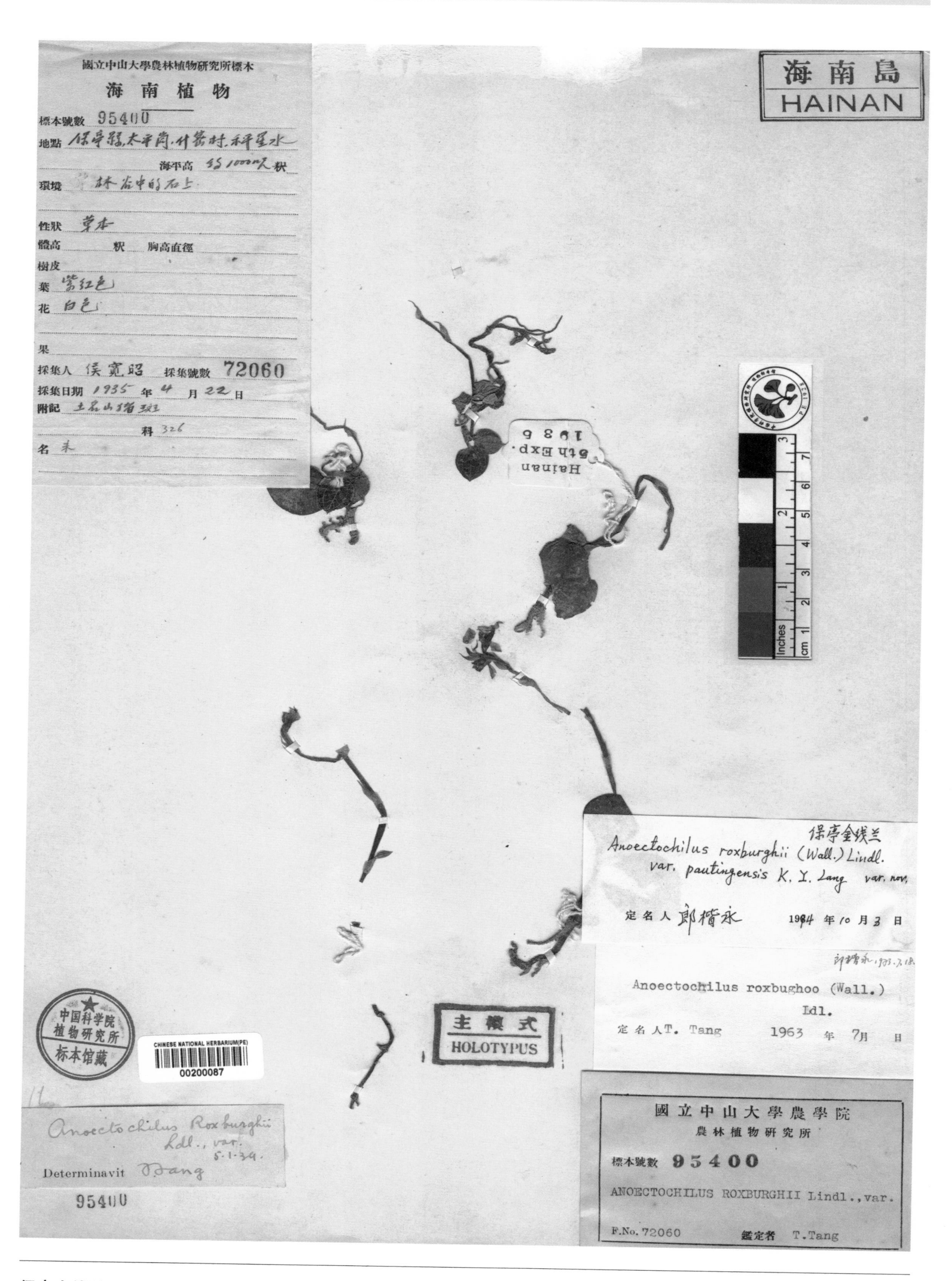

保亭金线兰 ***Anoectochilus roxburghii*** (Wall.) Lindl. var. ***baotingensis*** K. Y. Lang in Acta Phytotax. Sin. 34(5): 557. 1996. **Holotype:** China. Hainan: Baoting, alt. 330 m, 1935-04-22, F. C. How 72060.

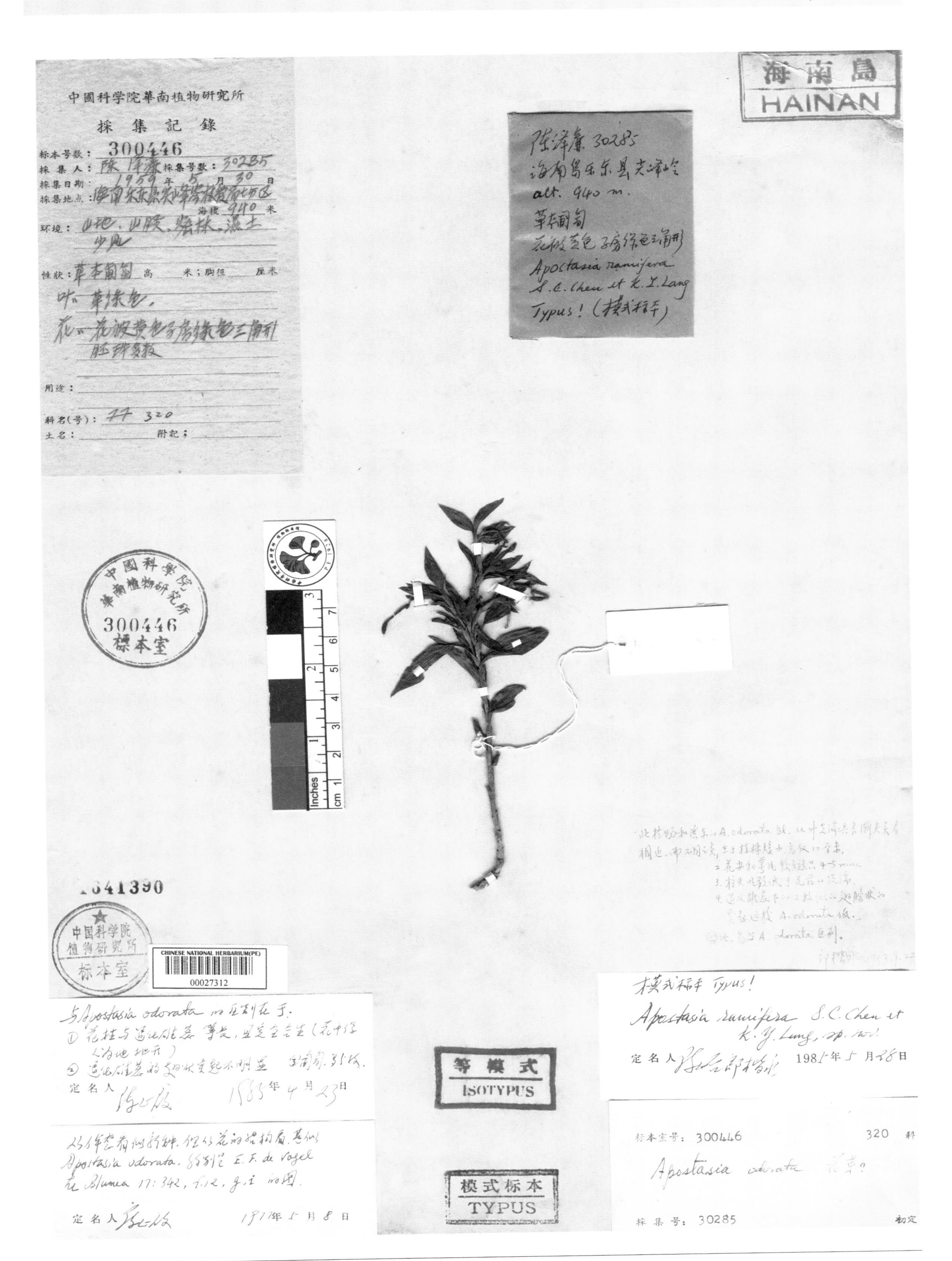

多枝拟兰 ***Apostasia ramifera*** S. C. Chen & K. Y. Lang in Acta Phytotax. Sin. 24(5): 349, f. 2. 1986. **Isotype:** China. Hainan: Ledong, alt. 940 m, 1959-05-30, Z. L. Chen 30285.

云南省热带植物研究所

采集记录

标本号数：______ 采集号数：178
采集人：马宜中
采集日期：1985 年 1 月 26 日
产地：云南省景洪县 优乐山 公社
48公里石灰山
环境：地形：______ 海拔：1320 米
土壤：______
小环境：______
生态：附生
性状：______
高度：______米胸径：______厘米
频度：______多度：______
形态：树皮：______ 叶：______
花：紫红色 果：______
当地名：______ 科名：Orchidaceae
学名：Cirrhopetalum
用途：______
记：

雲南省
YUNNAN

中国科学院植物研究所
植物标本室
採集者 马宜中
号数 178
学名 ______
附記 ______

模式标本
TYPUS

主模式
HOLOTYPUS

云南省
热带植物研究所

№ 1363940

中国科学院
植物研究所
标本馆

CHINESE NATIONAL HERBARIUM(PE)
00027219

Bulbophyllum brevispicatum Z. H. Tsi et Y. Z. Ma sp. nov.
定名人 吉占和 91年 4 月16 日

短序石豆兰 ***Bulbophyllum brevispicatum*** Z. H. Tsi & S. C. Chen in Acta Phytotax. Sin. 32(6): 555, f. 1: 7-12. 1994.
Holotype: China. Yunnan: Jinghong, alt. 1320 m, 1985-01-26, Y. Z. Ma 178.

豹斑石豆兰 ***Bulbophyllum colomaculosum*** Z. H. Tsi & S. C. Chen in Acta Phytotax. Sin. 32(6): 553, f. 1: 5-6. 1994.
Holotype: China. Yunnan: Menghai, alt. 1700 m, 1992-06-12, Z. H. Tsi 92-370.

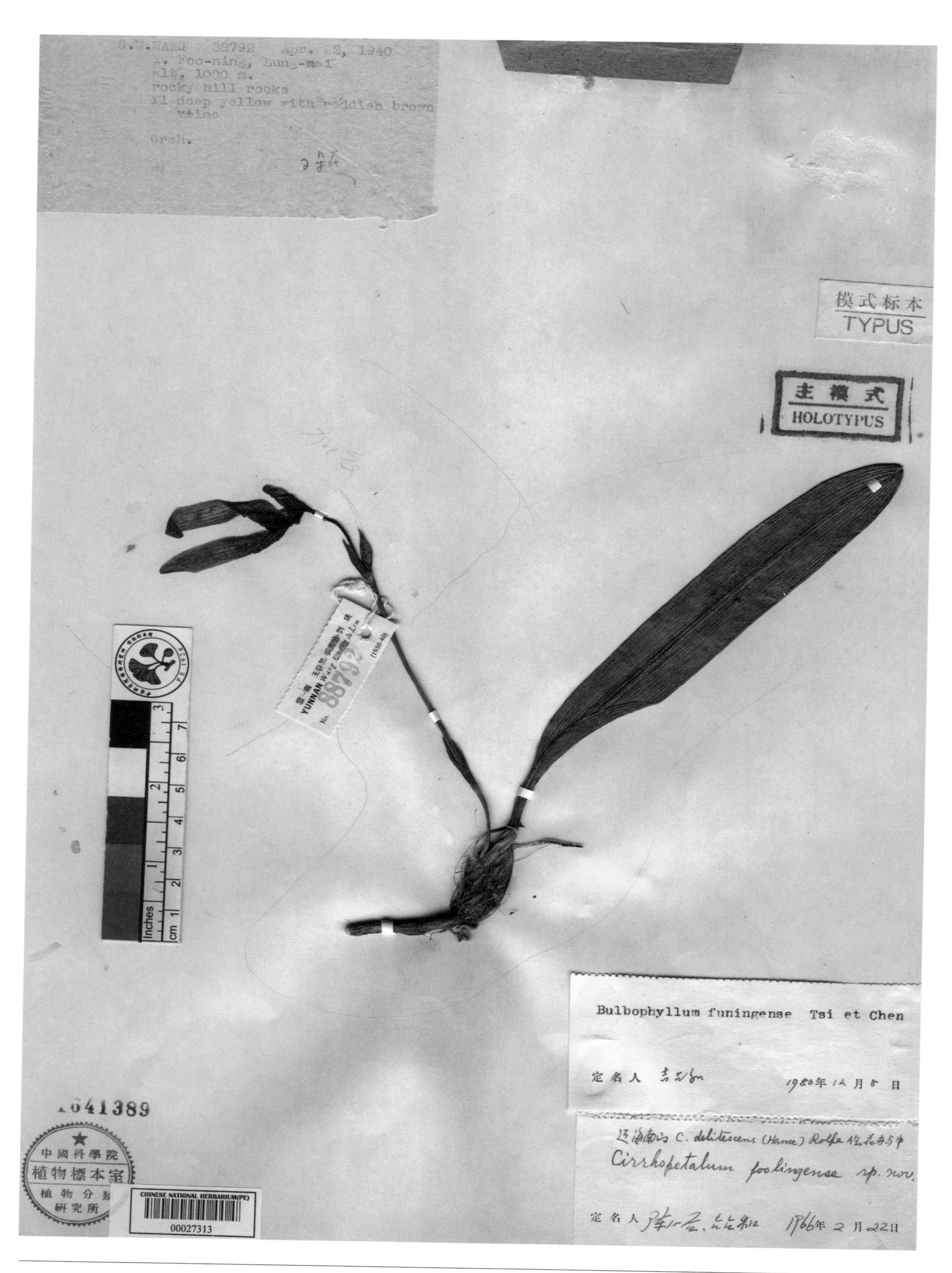

富宁卷瓣兰 ***Bulbophyllum funingense*** Z. H. Tsi & H. Y. Chen in Bull. Bot. Res., Harbin 1(1-2): 112, pl. 2: 1-2. 1982.
Holotype: China. Yunnan: Funing, alt. 1000 m, 1940-04-22, C. W. Wang 88792.

FAN MEMORIAL INSTITUTE OF BIOLOGY

FLORA OF YUNNAN

Field No. 67569 Date Oct. 1935

Locality 貢山設治局,四季通 (Shi-gi-tung, Champu-tung)

Altitude 2000 m.

Habitat Ravine, Tree bark

Habit

Height D.B.H.

Bark

Leaf

Flower red

Fruit

Notes

Common Name Family Orch.

Name

Collector 王啓無 C. W. Wang

模式标本 TYPUS

YUNNAN C.W.WANG 1935-36 67569

主模式 HOLOTYPUS

Bulbophyllum gongshanense Tsi, sp. nov.

定名人 吉占和 80年7月1日

Bulbophyllum retusiusculum Rchb.f.

定名人 吉 76年5月3日

Cirrhopetalum wallichii Lindl.

定名人 陈心启. 吉占和 66年2月22日

02102795

中國科學院植物標本室 植物分類研究所

CHINESE NATIONAL HERBARIUM (PE) 00850425

贡山卷瓣兰 ***Bulbophyllum gongshanense*** Z. H. Tsi in Bull. Bot. Res., Harbin 1(1-2): 111, pl. 1: 3. 1982. **Holotype:** China. Yunnan: Gongshan, alt. 2000 m, 1935-10-??, C. W. Wang 67569.

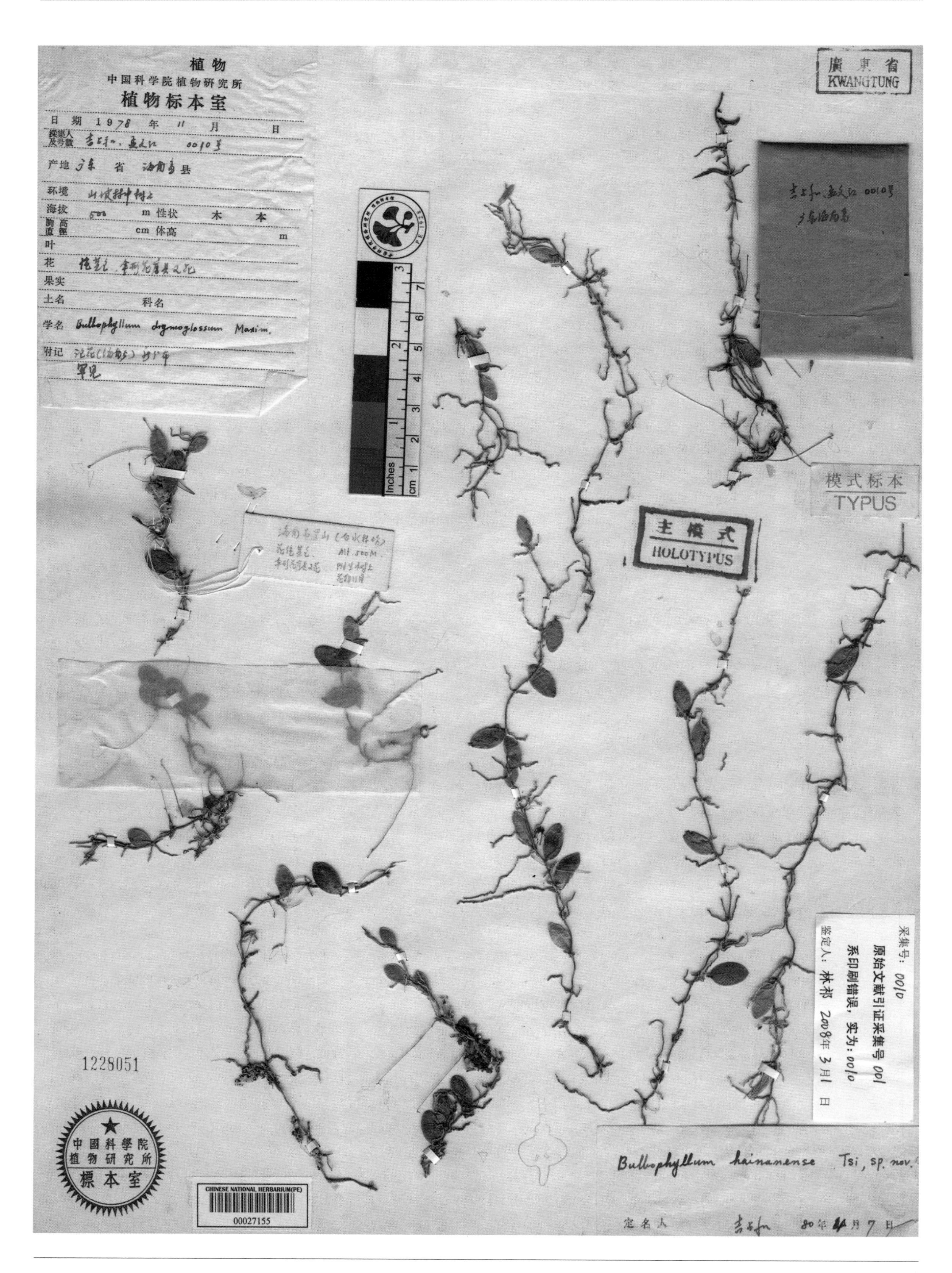

海南石豆兰 ***Bulbophyllum hainanense*** Z. H. Tsi in Bull. Bot. Res., Harbin 1(1-2): 118, pl. 1: 4-5. 1982. **Holotype:** China. Hainan: Precise locality not known, alt. 500 m, 1978-11-??, Z. H. Ysi & W. J. Meng 10.

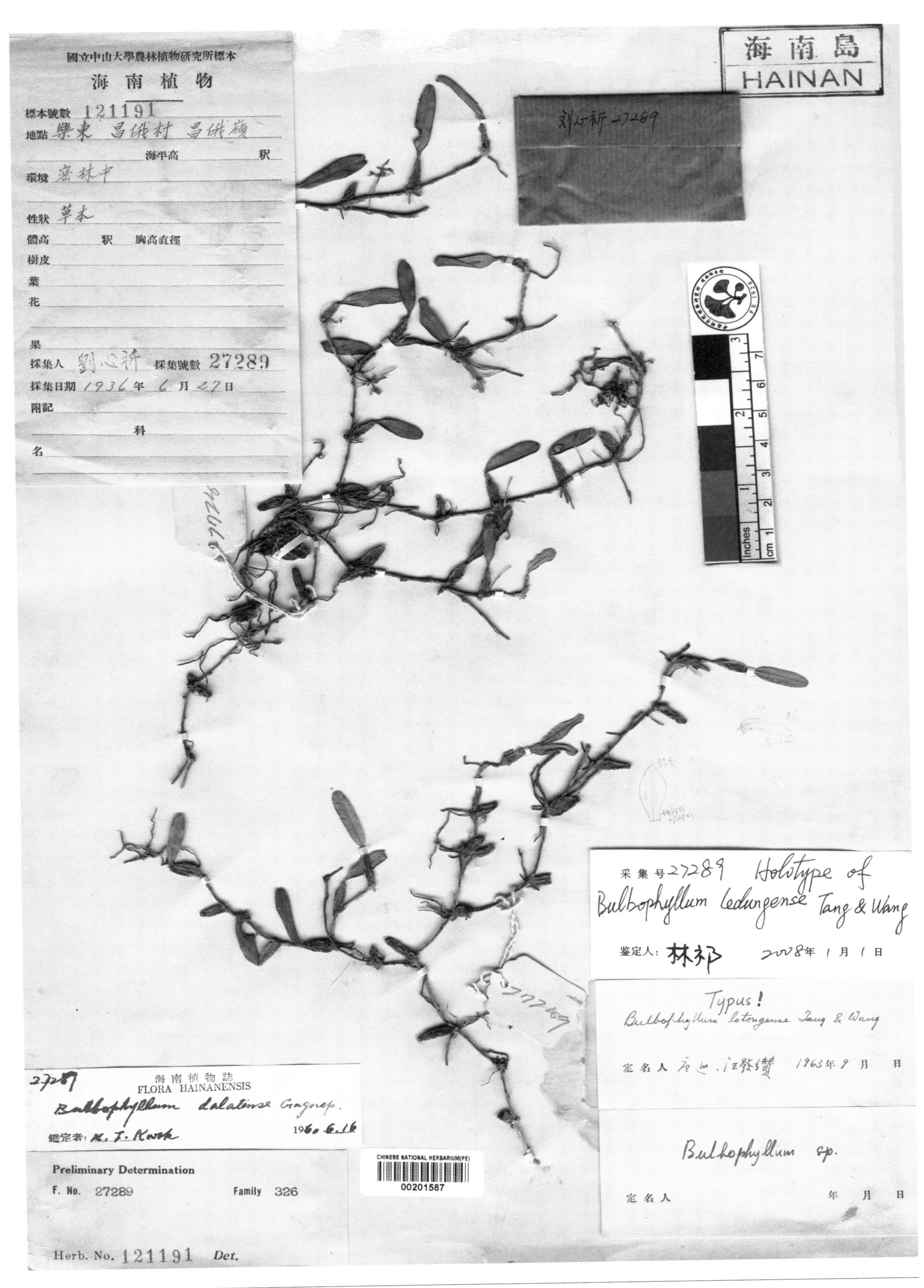

乐东石豆兰 ***Bulbophyllum ledungense*** Tang & F. T. Wang in Acta Phytotax. Sin. 12(1): 45. 1974. **Holotype:** China. Hainan: Ledong, 1936-06-27, S. K. Lau 27289.

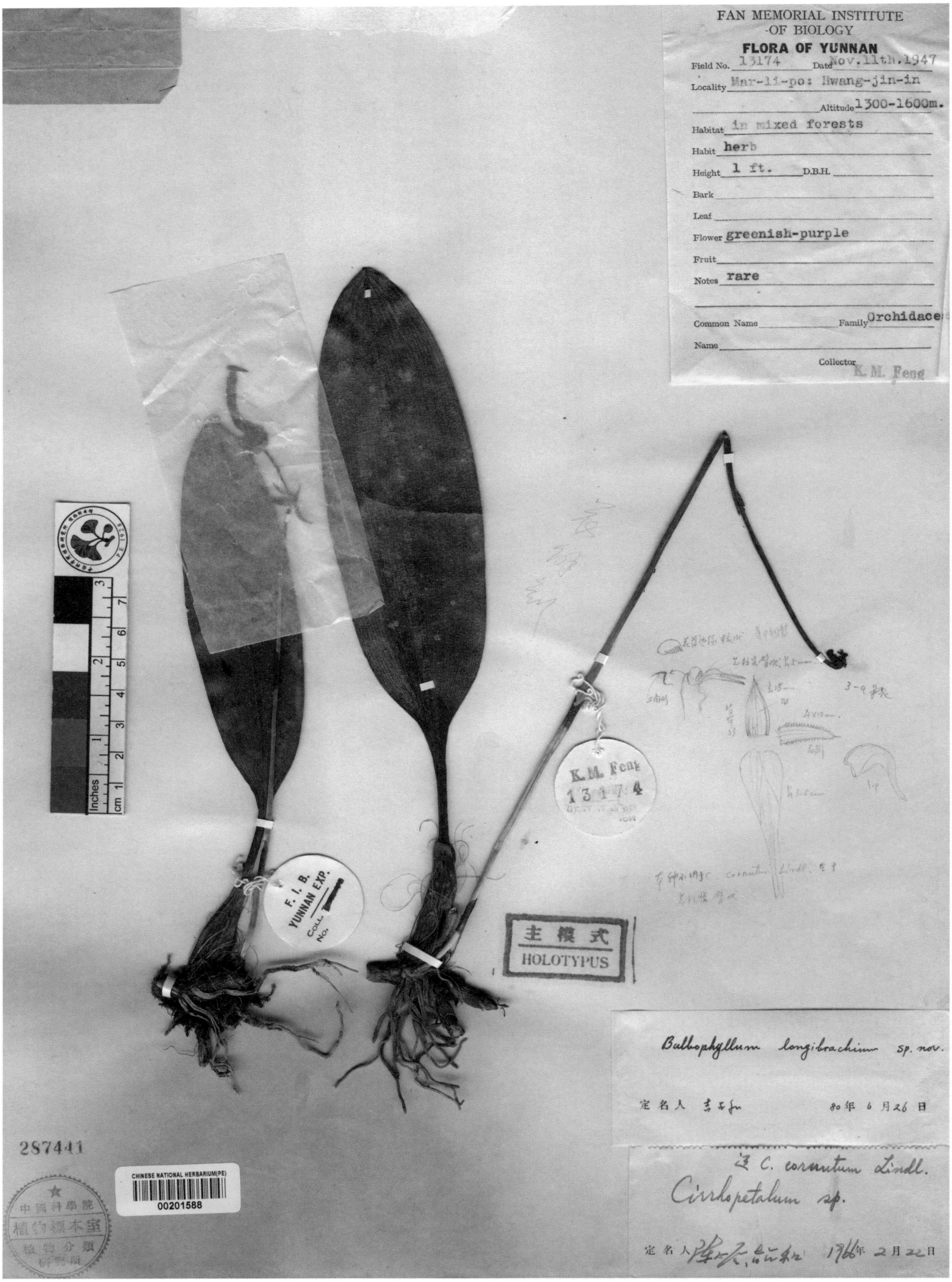

长臂卷瓣兰 ***Bulbophyllum longibrachiatum*** Z. H. Tsi in Bull. Bot. Res., Harbin 1(1-2): 115, pl. 2: 3. 1982. **Holotype:** China. Yunnan: Malipo, alt. 1300~1600 m, 1947-11-11, K. M. Fang 13174.

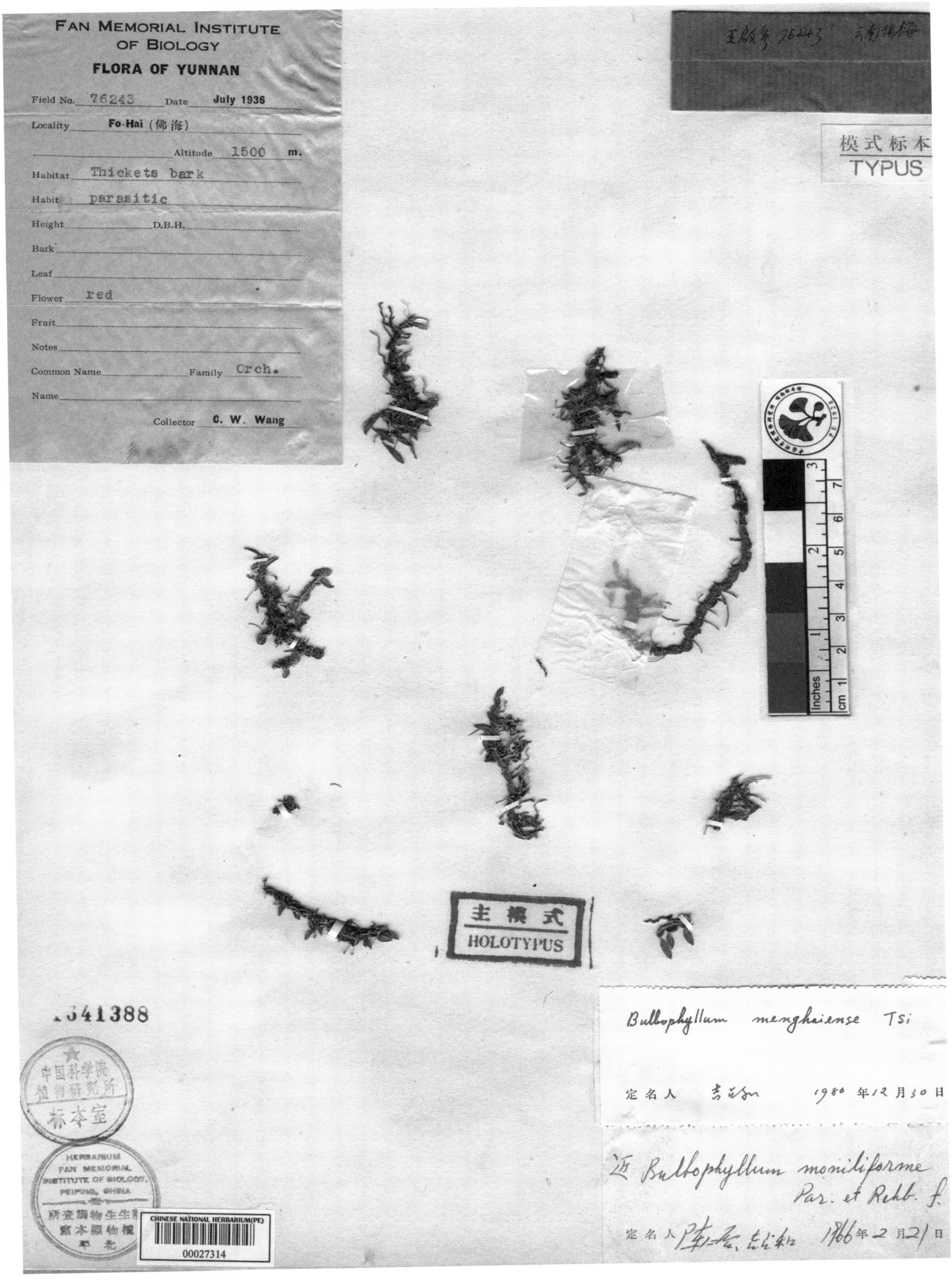

勐海石豆兰 ***Bulbophyllum menghaiense*** Z. H. Tsi in Bull. Bot. Res., Harbin 1(1-2): 109, pl. 1: 1-2. 1982. **Holotype:** China. Yunnan: Menghai, alt. 1500 m, 1936-07-??, C. W. Wang 76243.

勐仑石豆兰 ***Bulbophyllum menglunense*** Z. H. Tsi & Y. Z. Ma in Acta Bot. Yunnan. 7(1): 83, f. 1: 1-2. 1985. **Holotype:** China. Yunnan: Mengla, alt. 800 m, 1980-10-20, Z. H. Tsi 47.

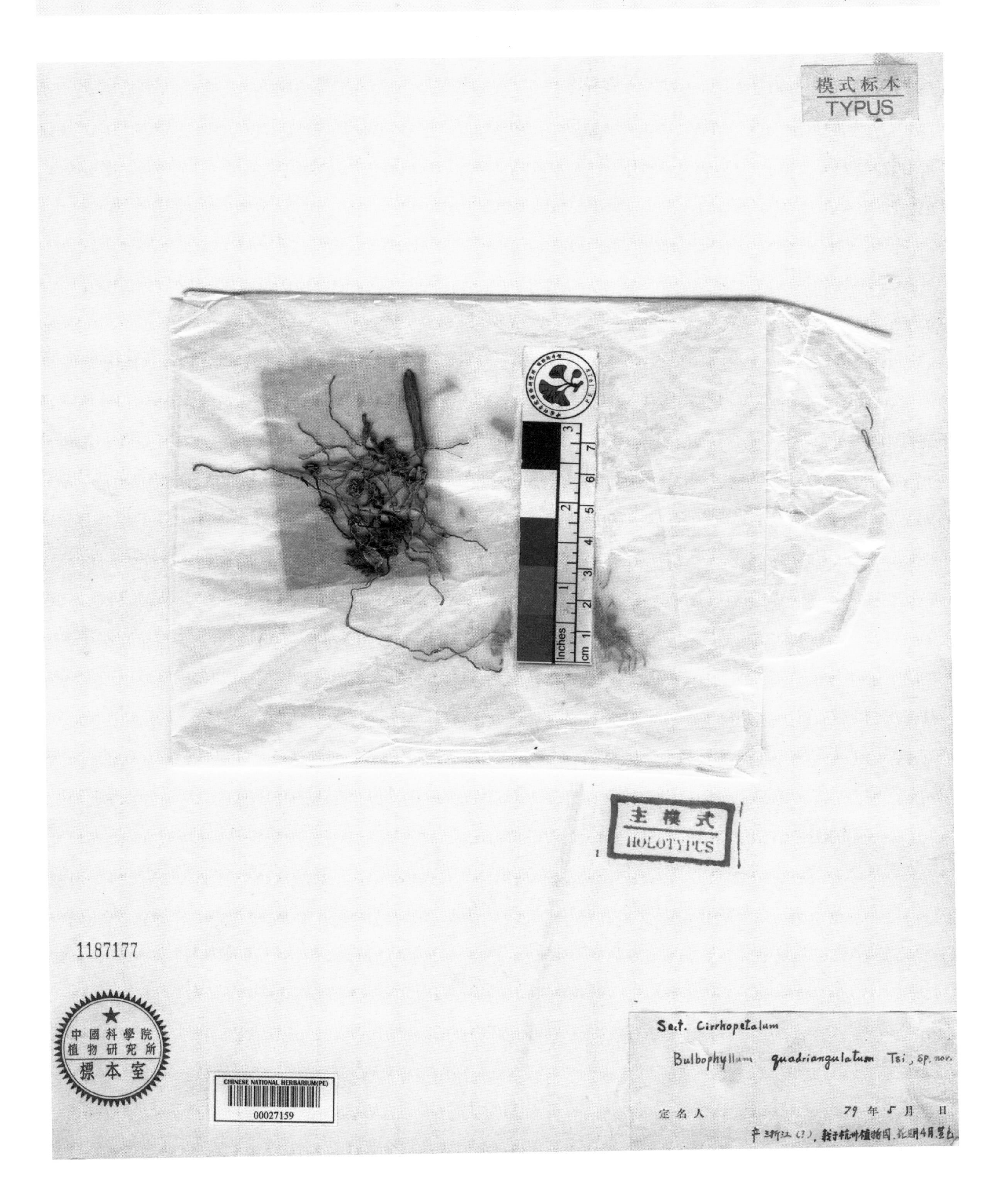

浙杭卷瓣兰 ***Bulbophyllum quadrangulum*** Z. H. Tsi in Bull. Bot. Res., Harbin 1(1-2): 114, pl. 2: 4. 1982. **Holotype:** China. Zhejiang: Taishun, 1978-04-??, S. Y. Zhang 79-A.

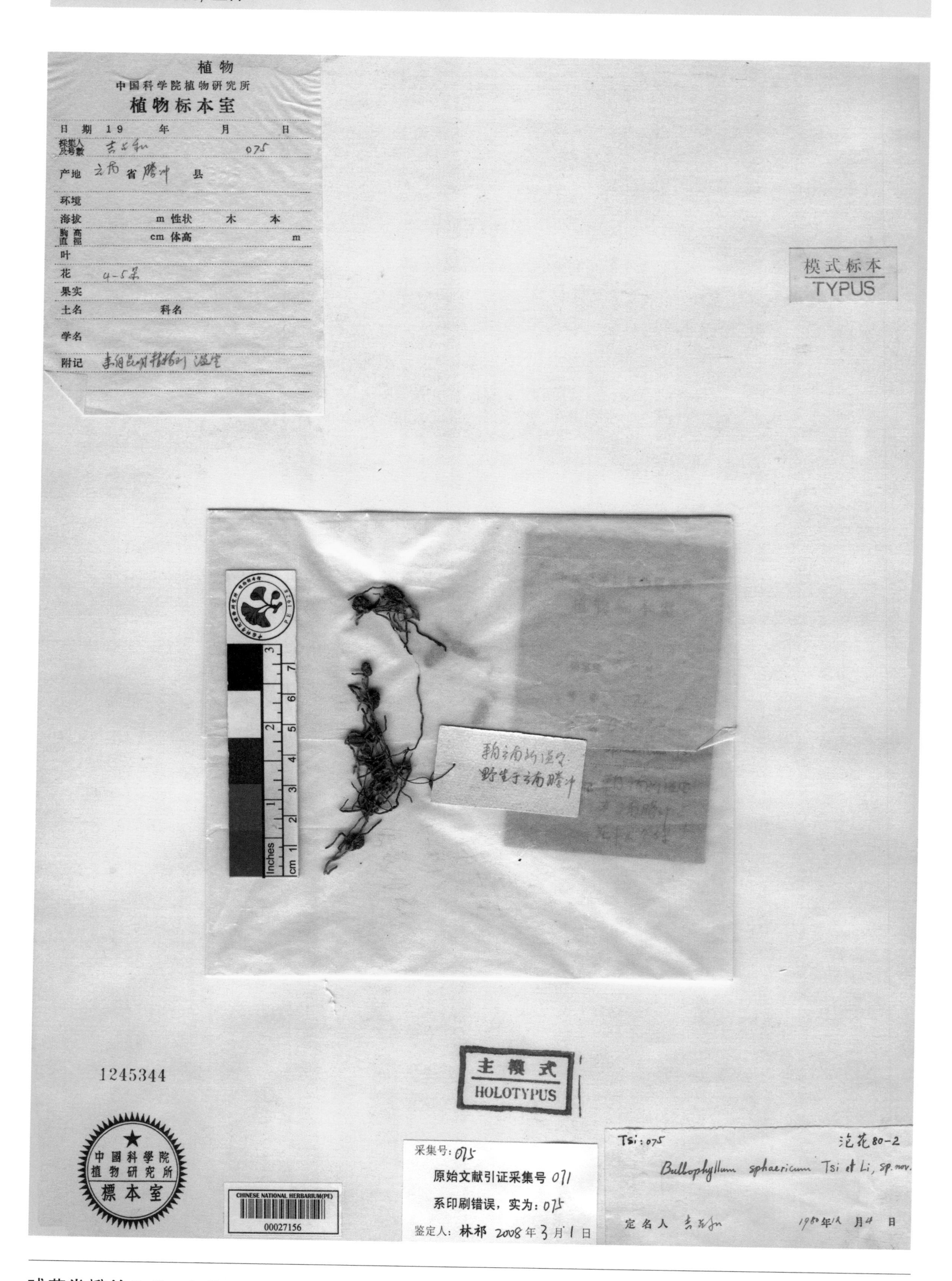

球茎卷瓣兰 ***Bulbophyllum sphaericum*** Z. H. Tsi & H. Li in Bull. Bot. Res., Harbin 1(1-2): 117, pl. 2: 5-6. 1982.
Holotype: China. Yunnan: Tengchong, 1980-12-25, Z. H. Tsi 75.

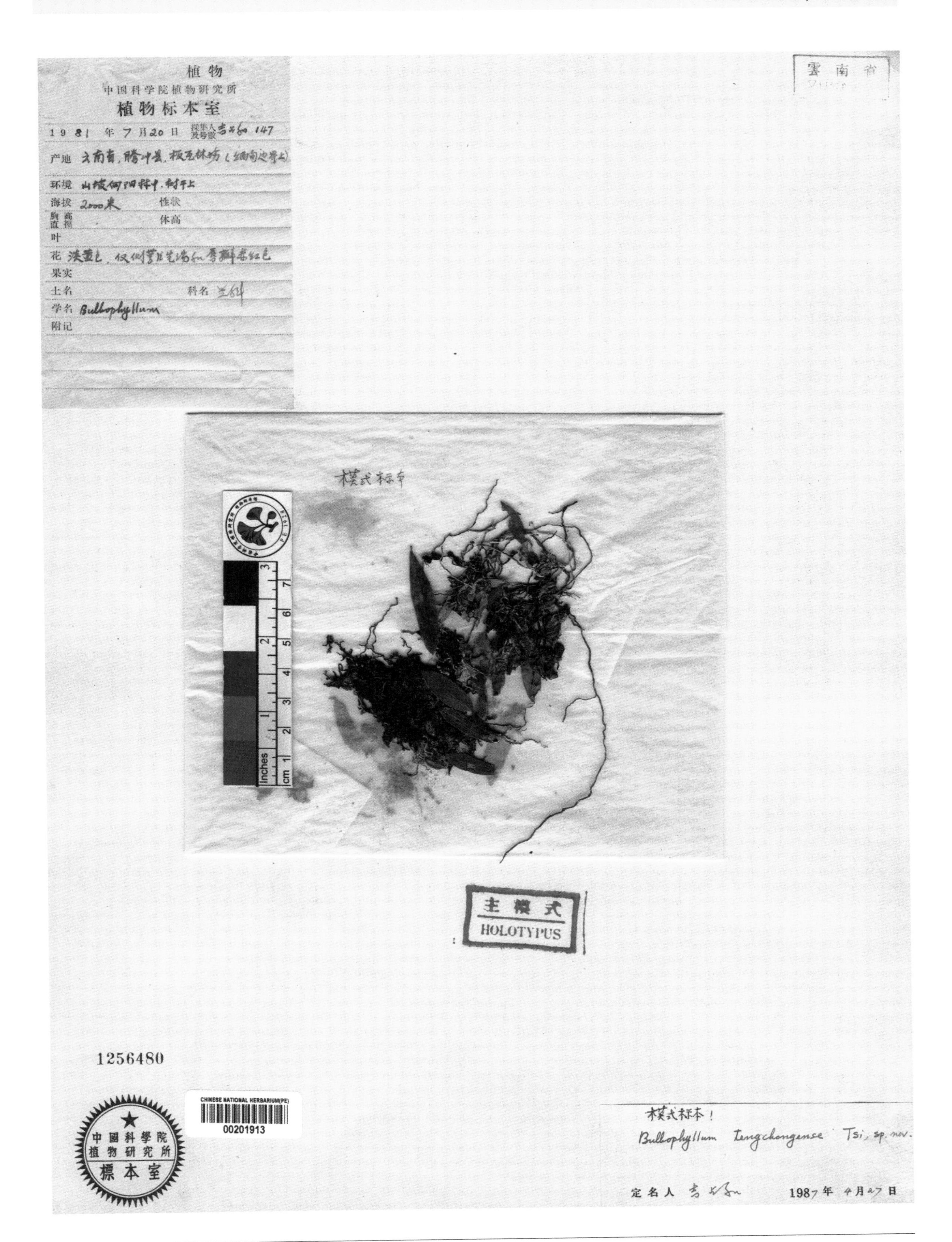

云北石豆兰 ***Bulbophyllum tengchongense*** Z. H. Tsi in Bull. Bot. Res., Harbin 9(2): 29, f. 4: 1-4. 1989. **Holotype:** China. Yunnan: Tengchong, alt. 2000 m, 1981-07-20, Z. H. Tsi 147.

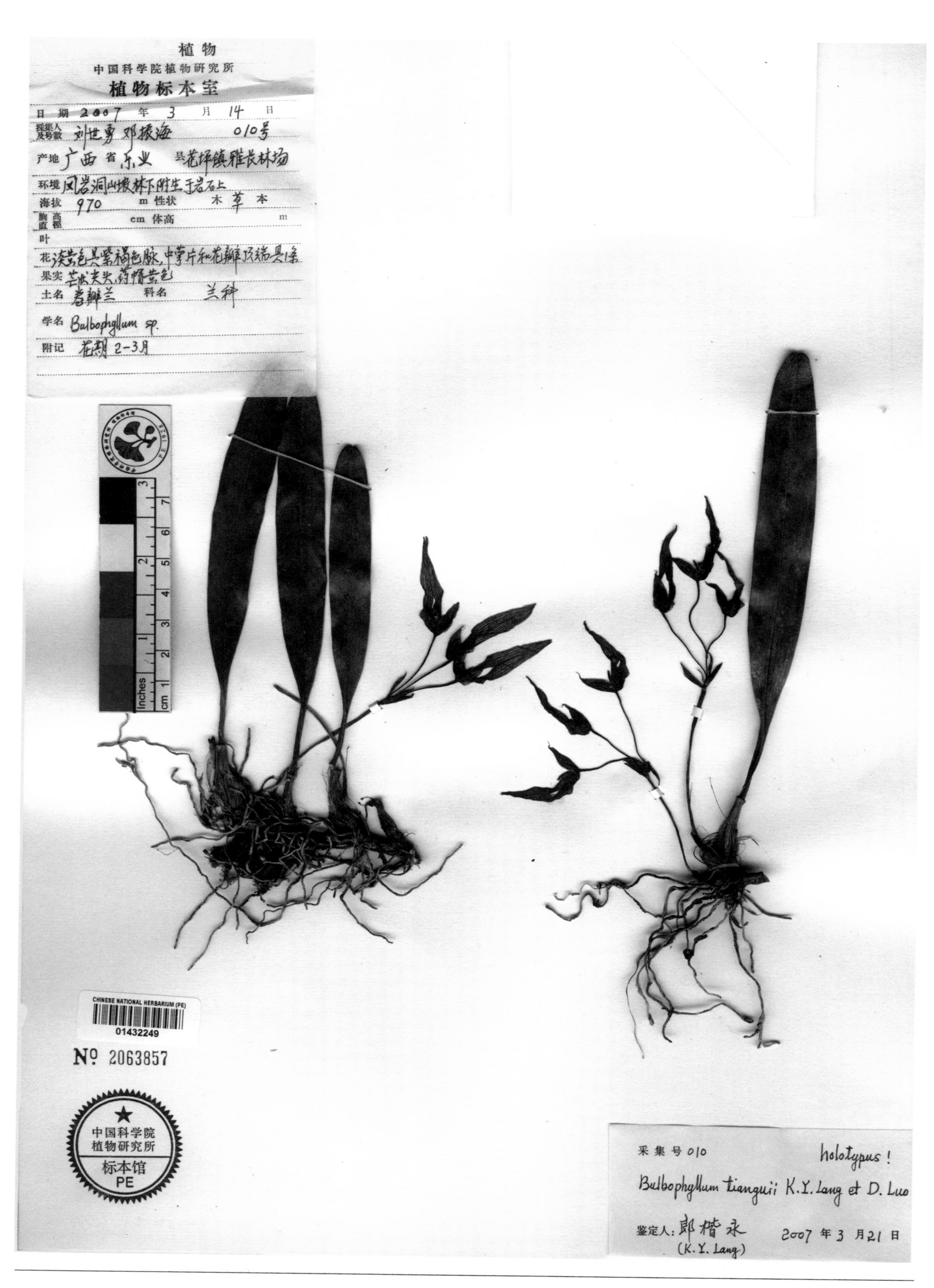

天贵卷瓣兰 ***Bulbophyllum tianguii*** K. Y. Lang & D. Luo in Journ. Wuhan Bot. Res. 25(6): 558, f. 1. 2007. **Holotype:** China. Guangxi: Leye, alt. 970 m, 2007-03-14, S. Y. Liu & Z. H. Deng 10.

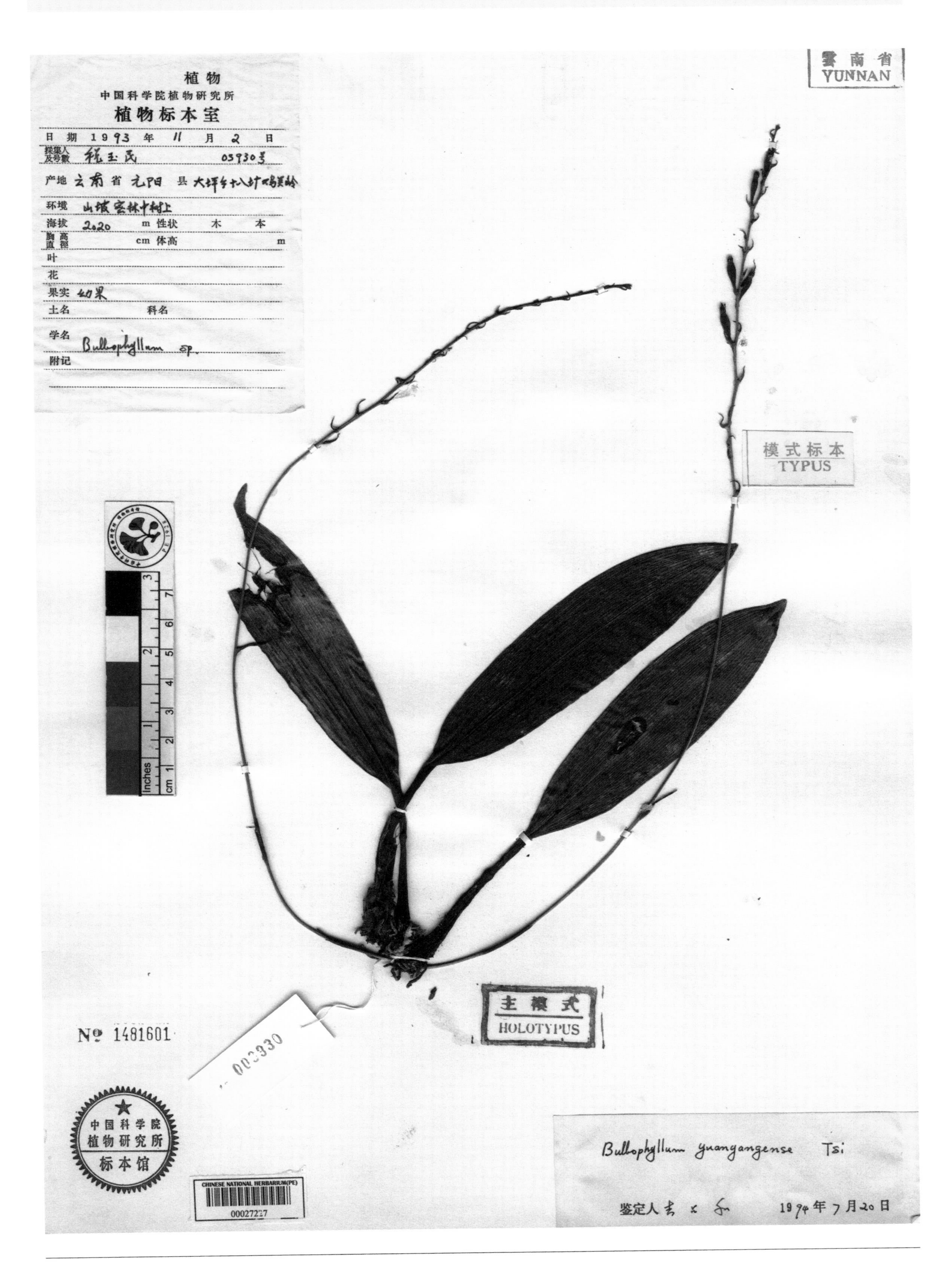

元阳石豆兰 ***Bulbophyllum yuanyangense*** Z. H. Tsi in Guihaia 15(2): 106, f. 1. 1995. **Holotype:** China. Yunnan: Yuanyang, alt. 2020 m, 1993-11-02, Y. M. Shui 3930.

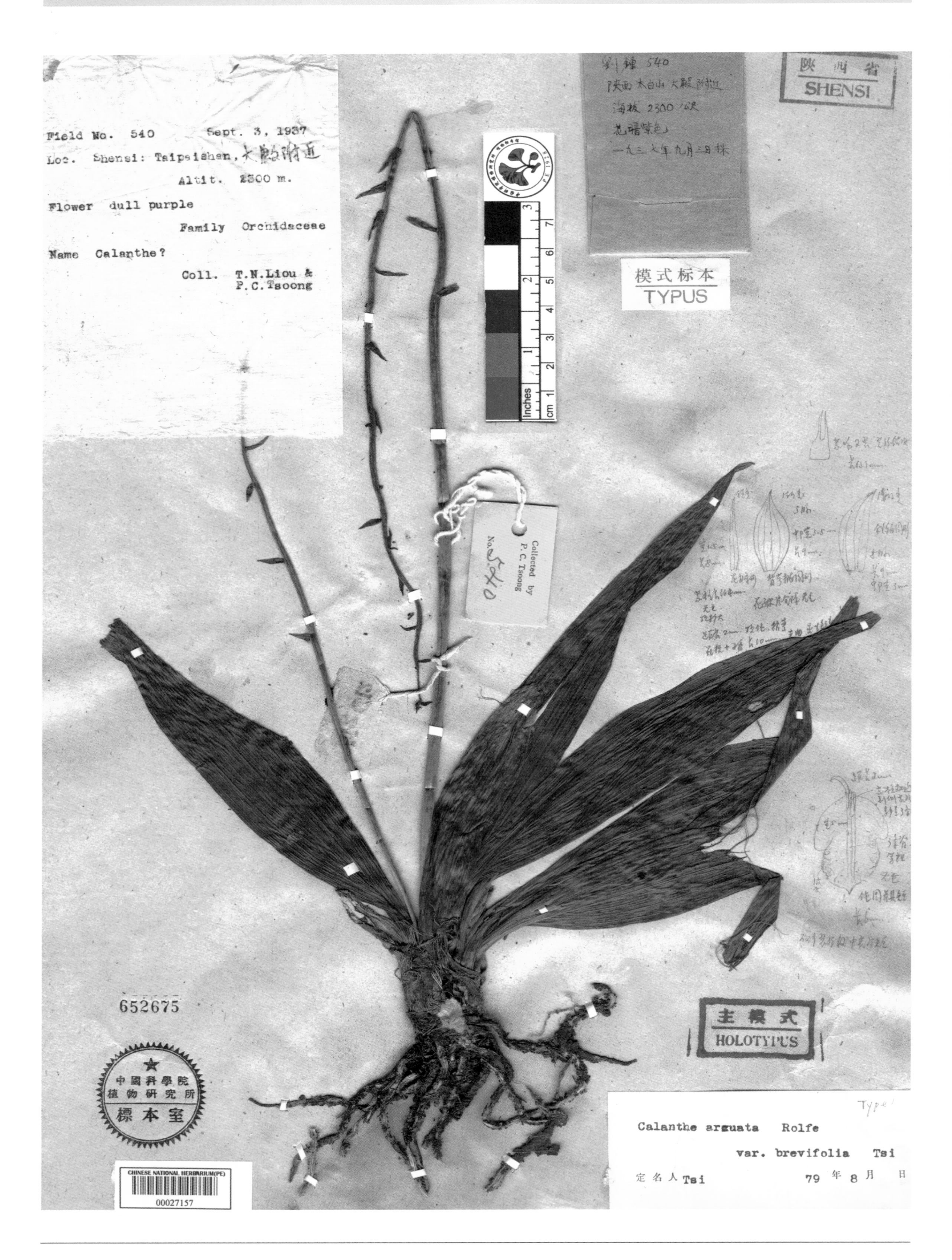

短叶虾脊兰 ***Calanthe arcuata*** Rolfe var. ***brevifolia*** Z. H. Tsi in Acta Phytotax. Sin. 19(4): 508. 1981. **Holotype:** China. Shaanxi: Taibaishan, alt. 2300 m, 1937-09-03, T. N. Liou & P. C. Tsoong 540.

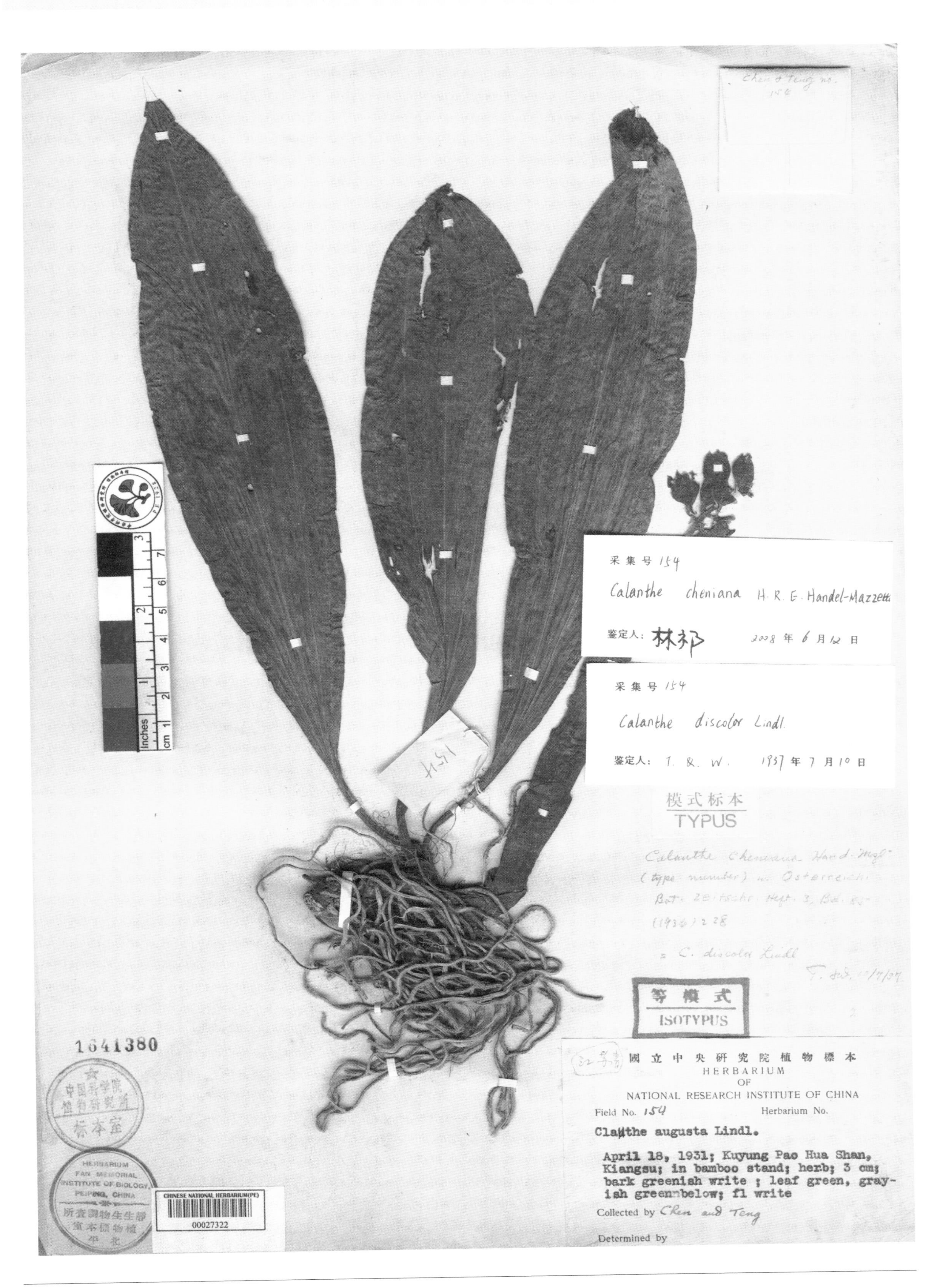

宝华山虾脊兰 ***Calanthe cheniana*** Hand.-Mazz. in Oesterr. Bot. Zeitschr. 85: 228, f. 1. 1936. **Isotype:** China. Jiangsu: Baohuashan, 1931-04-18, Chen & Teng 154.

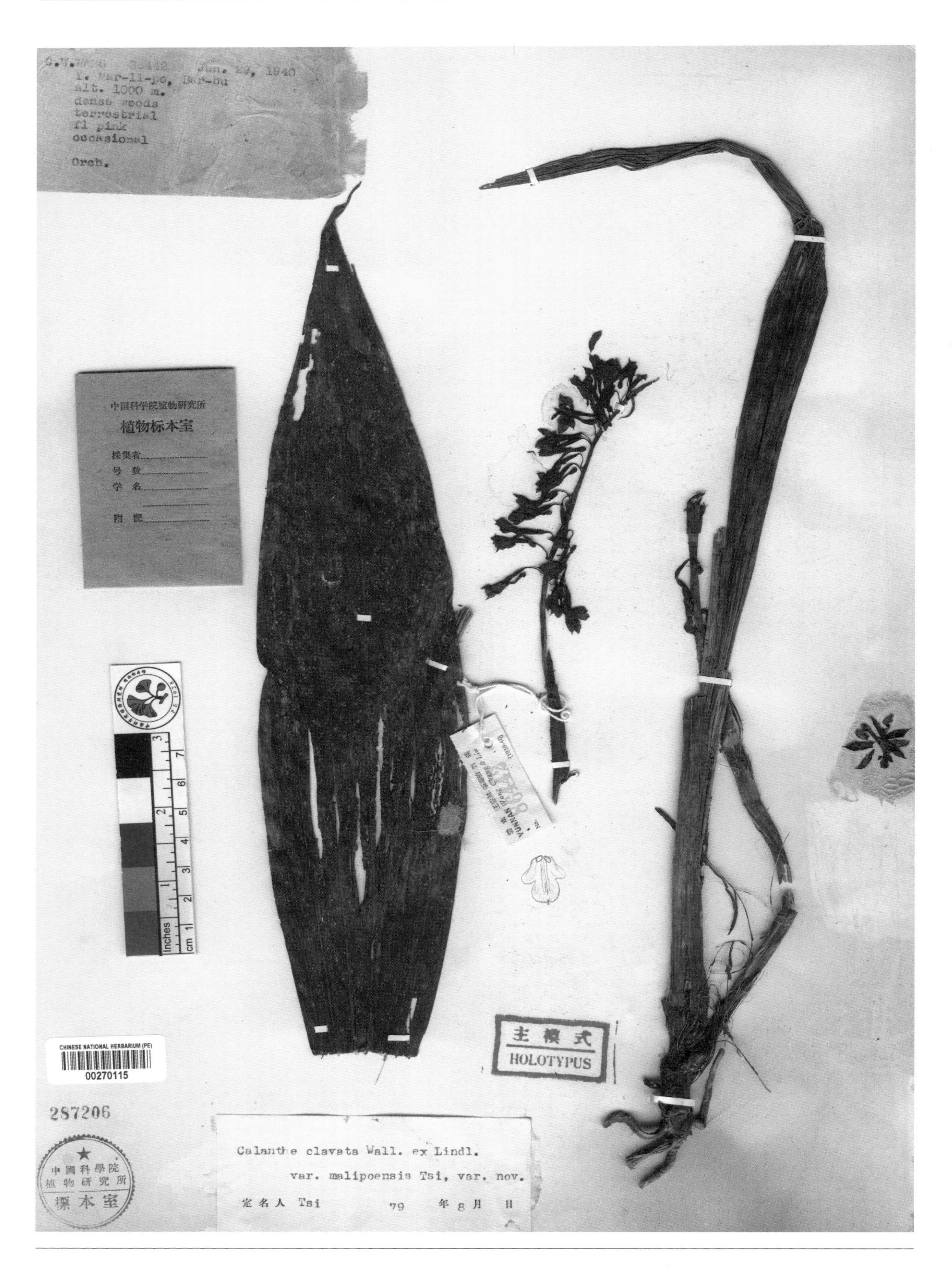

麻栗坡虾脊兰 ***Calanthe clavata*** Wall. ex Lindl. var. ***malipoensis*** Z. H. Tsi in Acta Phytotax. Sin. 19(4): 508. 1981.
Holotype: China. Yunnan: Malipo, alt. 1000 m, 1940-01-29, C. W. Wang 86442.

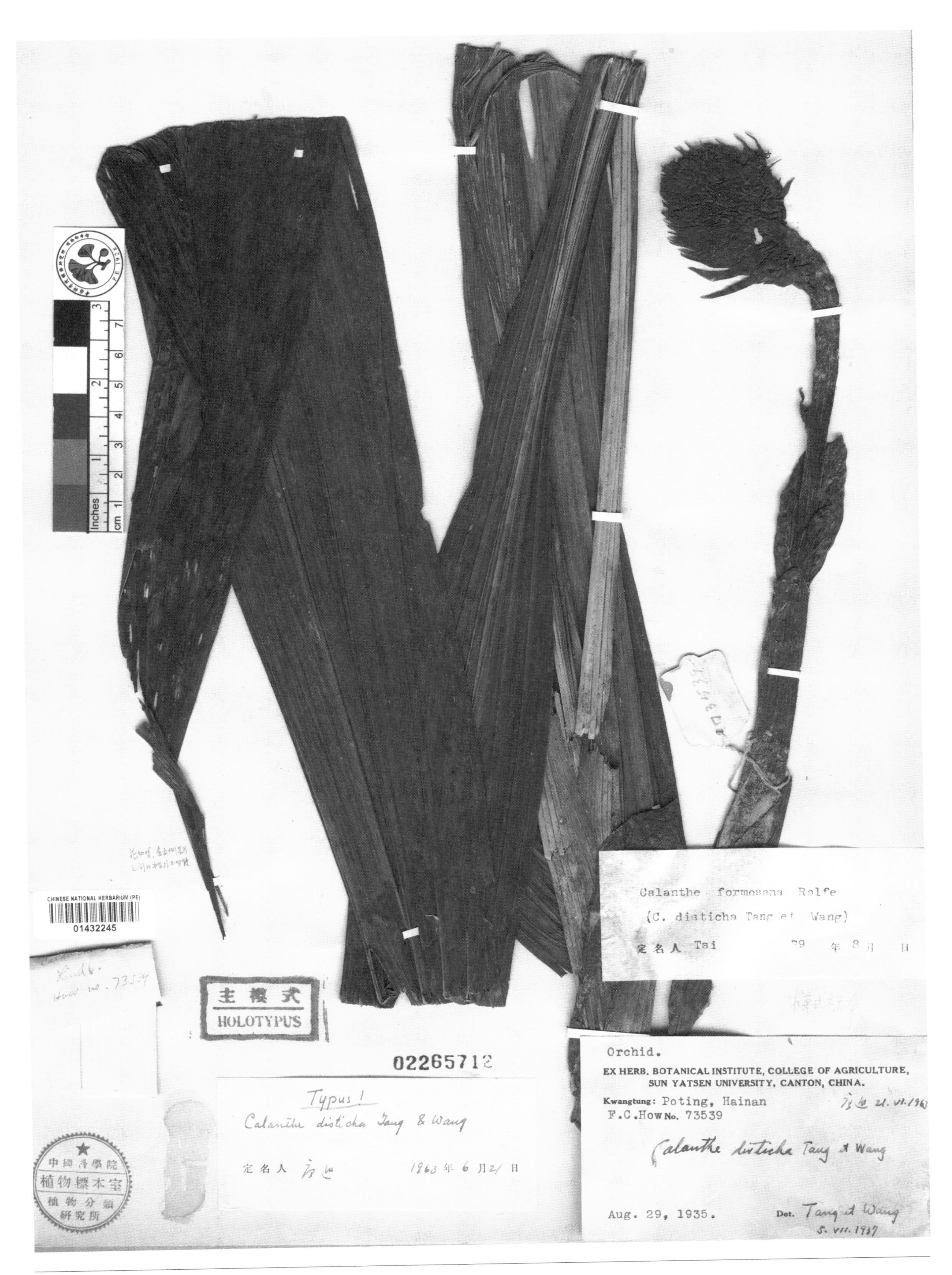

两列叶虾脊兰 ***Calanthe disticha*** Tang & F. T. Wang in Acta Phytotax. Sin. 12(1): 43. 1974. **Holotype:** China. Hainan: Baoting, 1935-08-29, F. C. How 73539.

峨眉虾脊兰 ***Calanthe emeishanica*** K. Y. Lang in Acta Phytotax. Sin. 20(2): 186, f. 5. 1982. **Holotype:** China. Sichuan: Emei, Emeishan, 1980-07-02, K. Y. Lang & al. 12.

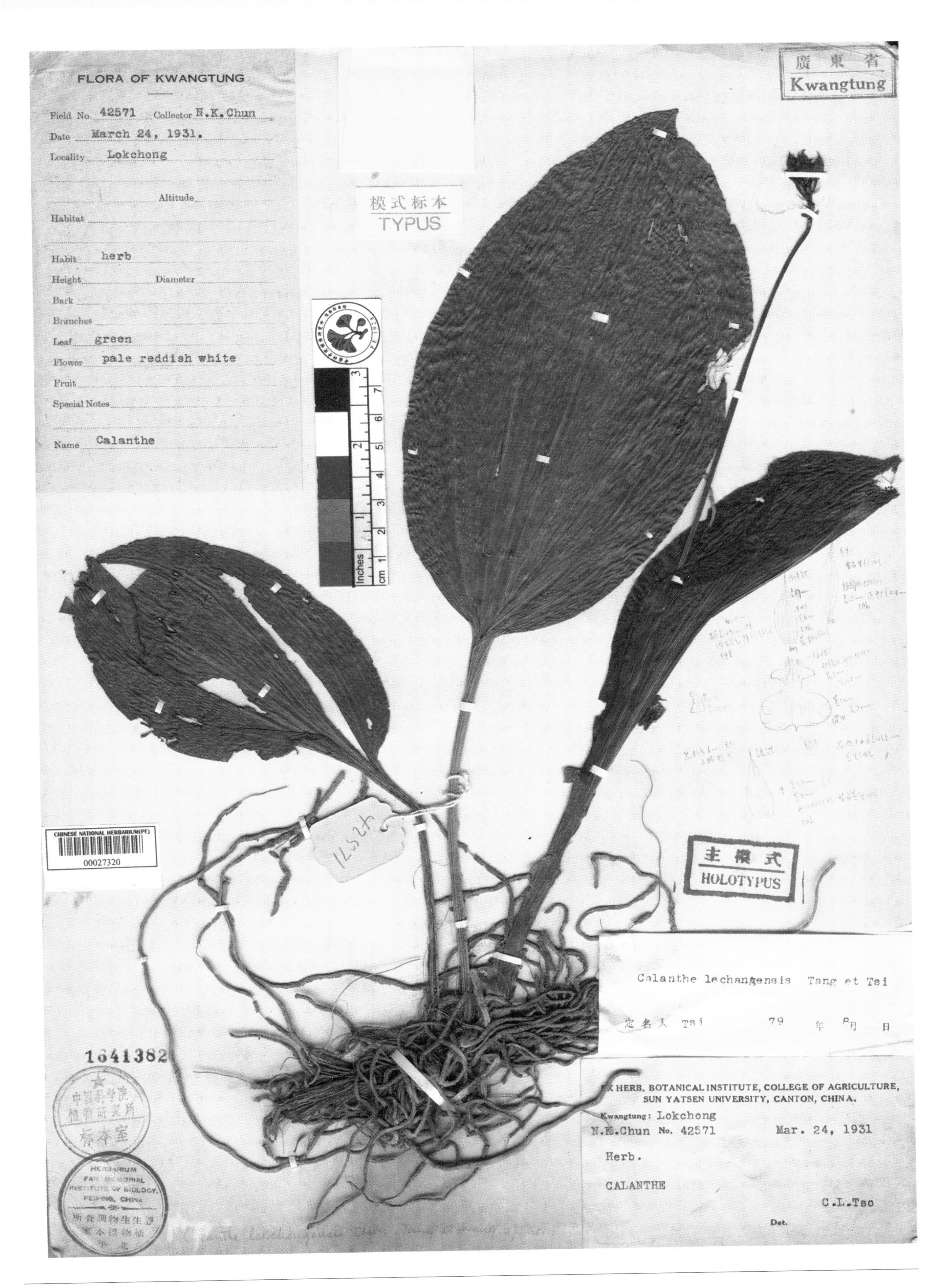

乐昌虾脊兰 ***Calanthe lechangensis*** Tang & Z. H. Tsi in Acta Phytotax. Sin. 19(4): 506, f. 1: 5-6. 1981. **Holotype:** China. Guangdong: Lechang, 1931-03-24, N. K. Chun 42571.

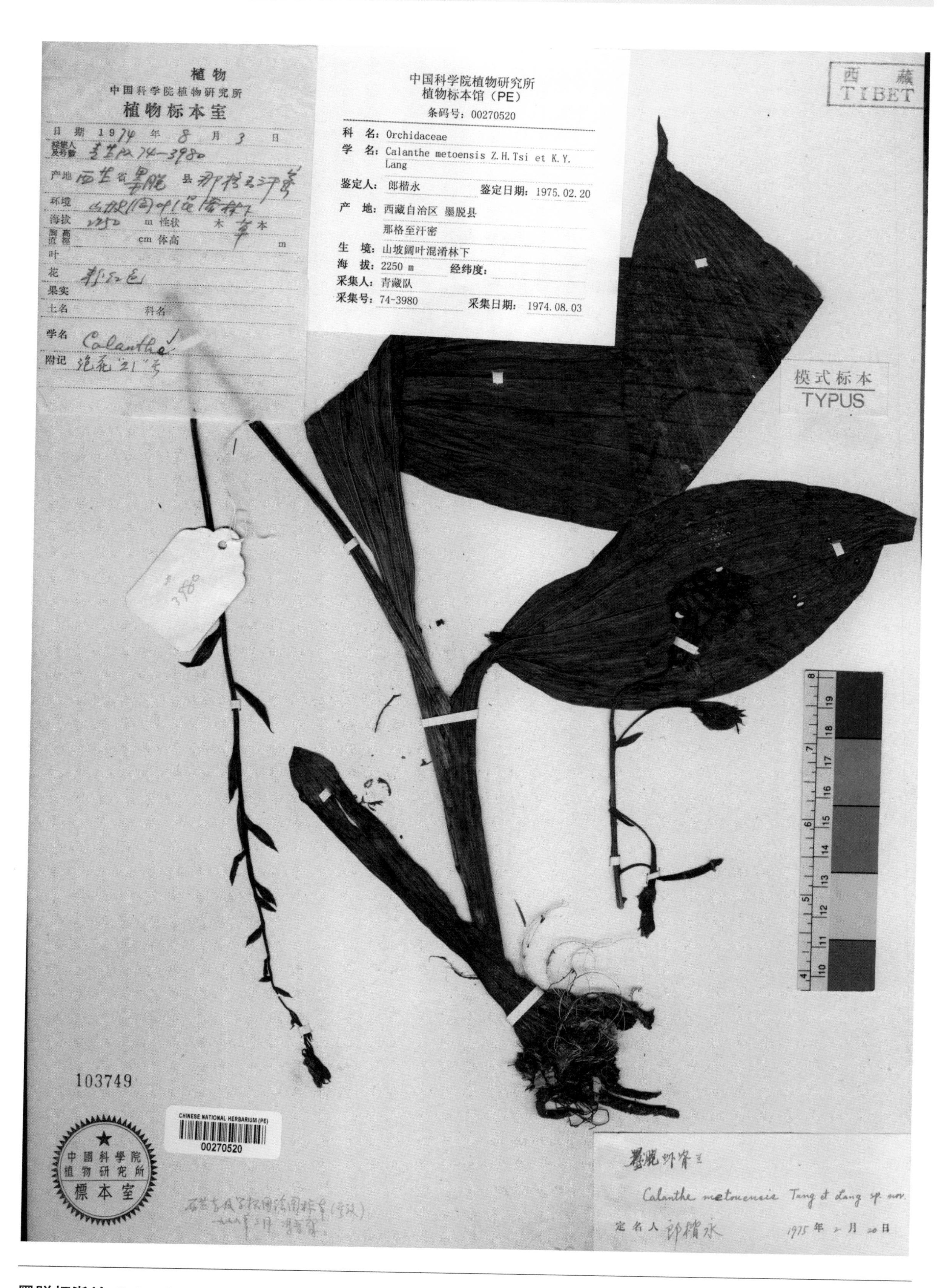

墨脱虾脊兰 ***Calanthe metoensis*** Z. H. Tsi & K. Y. Lang in Acta Phytotax. Sin. 16(4): 129, f. 5. 1978. **Holotype:** China. Xizang: Mêdog, alt. 2250 m, 1974-08-03, Qinghai-Xizang Exped.74-3980.

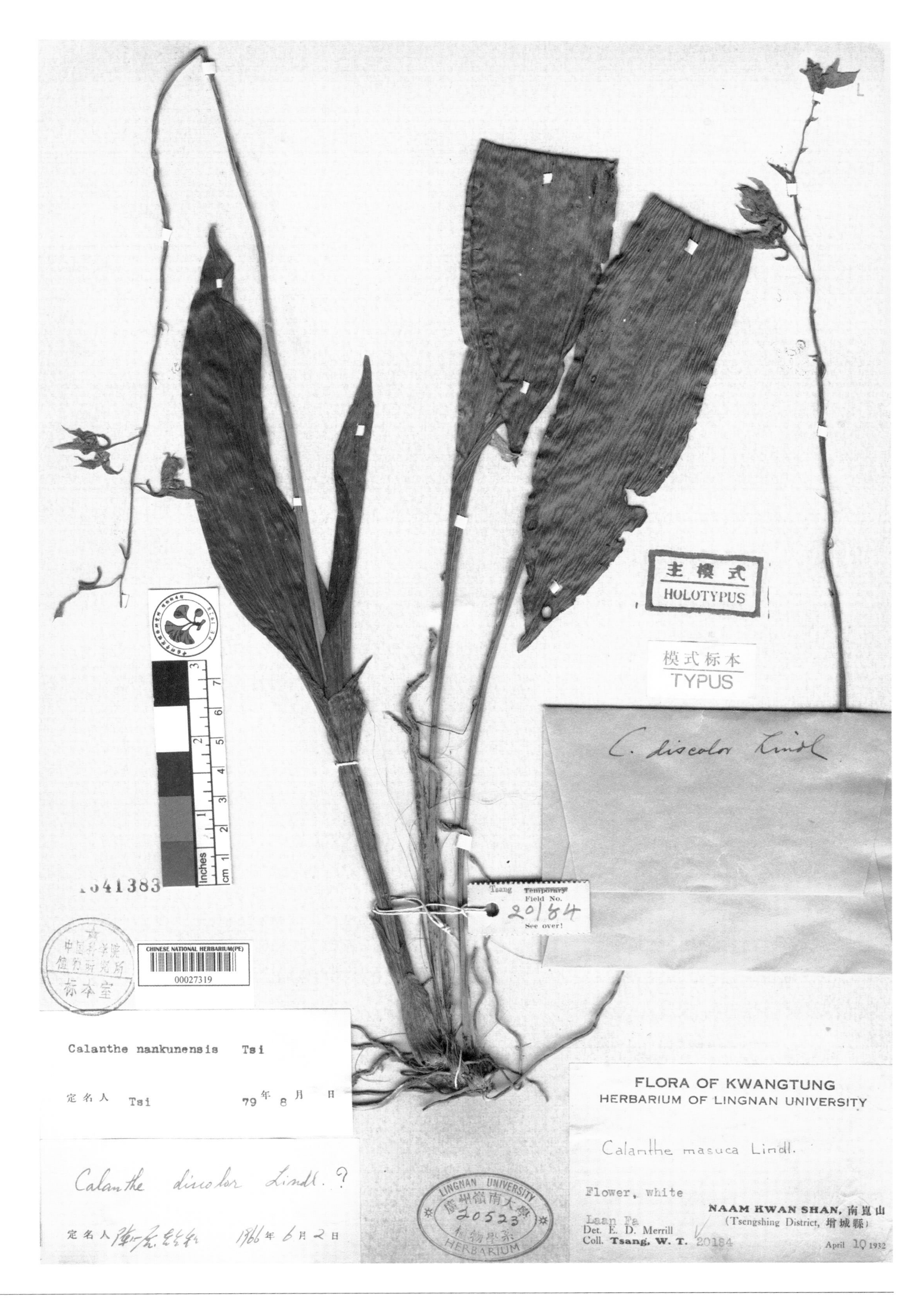

南昆虾脊兰 ***Calanthe nankunensis*** Z. H. Tsi in Acta Phytotax. Sin. 19(4): 507, f. 1: 7. 1981. **Holotype:** China. Guangdong: Zengcheng, 1932-04-10, W. T. Tsang 20184.

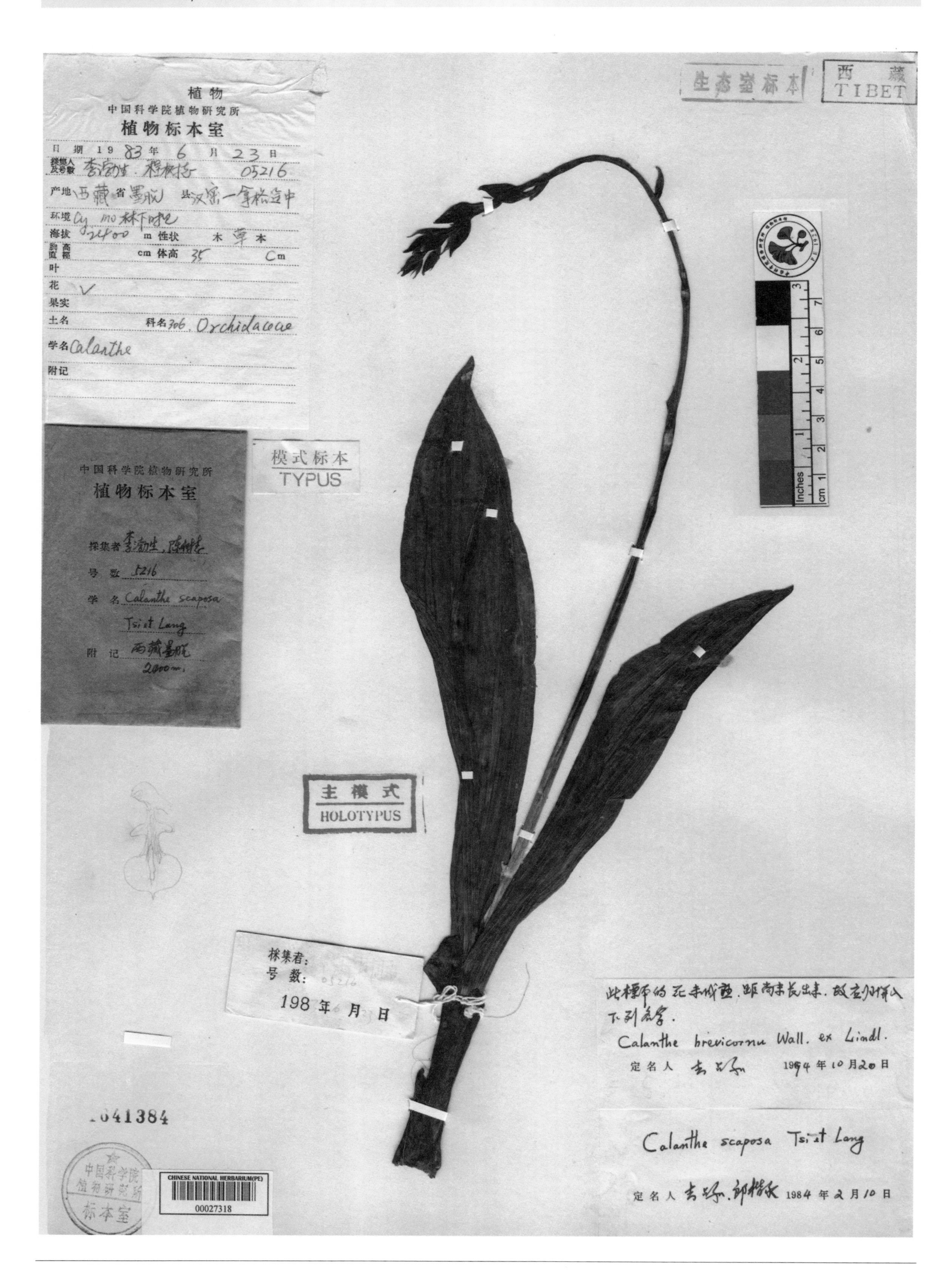

西藏虾脊兰 ***Calanthe scaposa*** Z. H. Tsi & K. Y. Lang in Acta Phytotax. Sin. 23(5): 385, f. 1: 1-2. 1985. **Holotype:** China. Xizang: Mêdog, alt. 2400 m, 1983-06-23, B. S. Li & S. Z. Cheng 5216.

中华虾脊兰 ***Calanthe sinica*** Z. H. Tsi in Bull. Bot. Res., Harbin 15(4): 419. 1995. **Holotype:** China. Yunnan: Wenshan, alt. 1050 m, 1994-07-15, Z. H. Tsi 94-001.

通麦虾脊兰 ***Calanthe tangmaiensis*** K. Y. Lang & Y. Tateishi in Acta Phytotax. Sin. 30(6): 563, f. 1. 1992. **Holotype:** China. Xizang: Bomi, alt. 2000 m, 1986-05-14, T. Naito & al. 996.

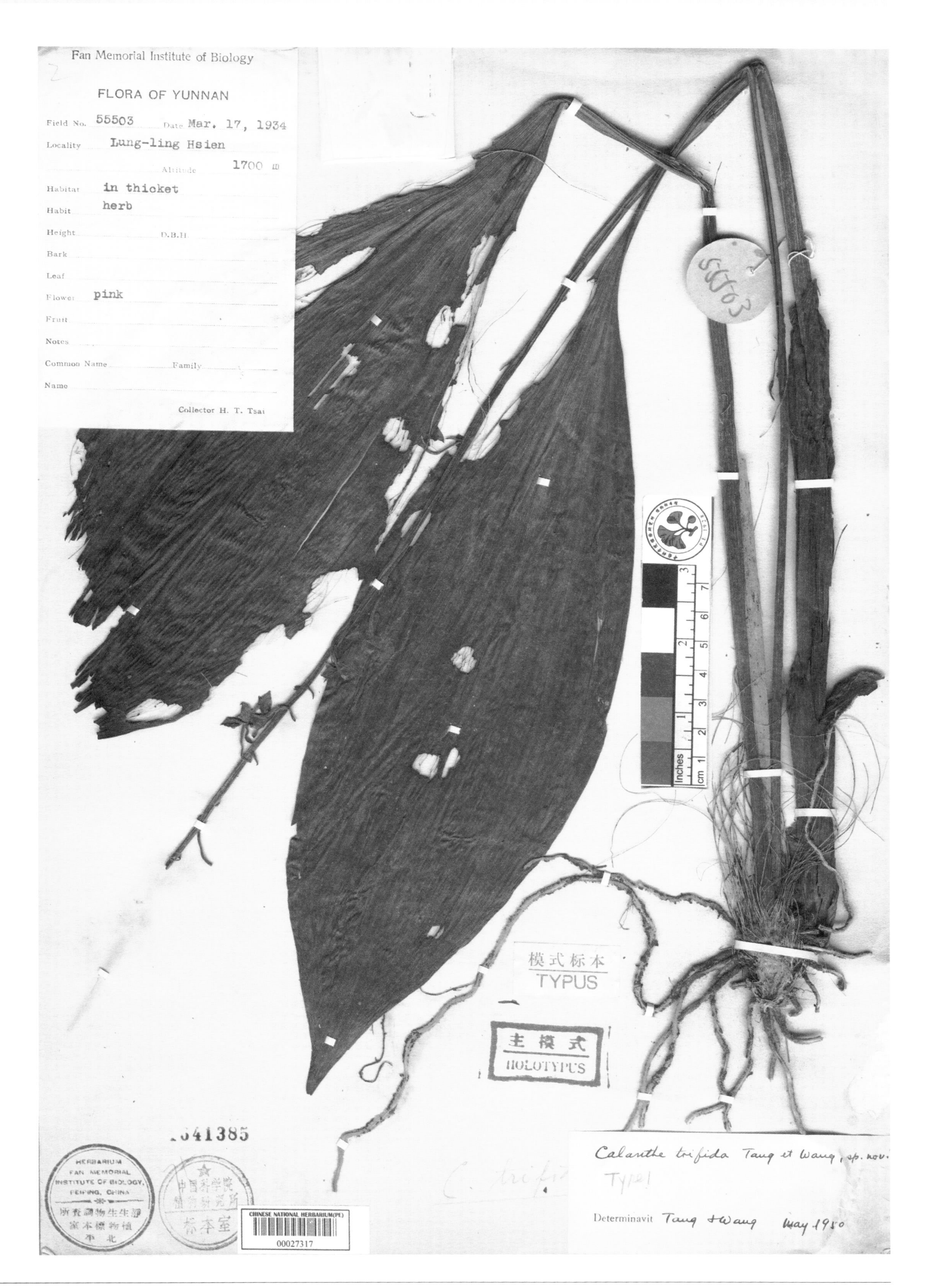

裂距虾脊兰 ***Calanthe trifida*** Tang & F. T. Wang in Acta Phytotax. Sin. 1(1): 45, 87. 1951. **Holotype:** China. Yunnan: Longling, alt. 1700 m, 1934-03-17, H. T. Tsai 55503.

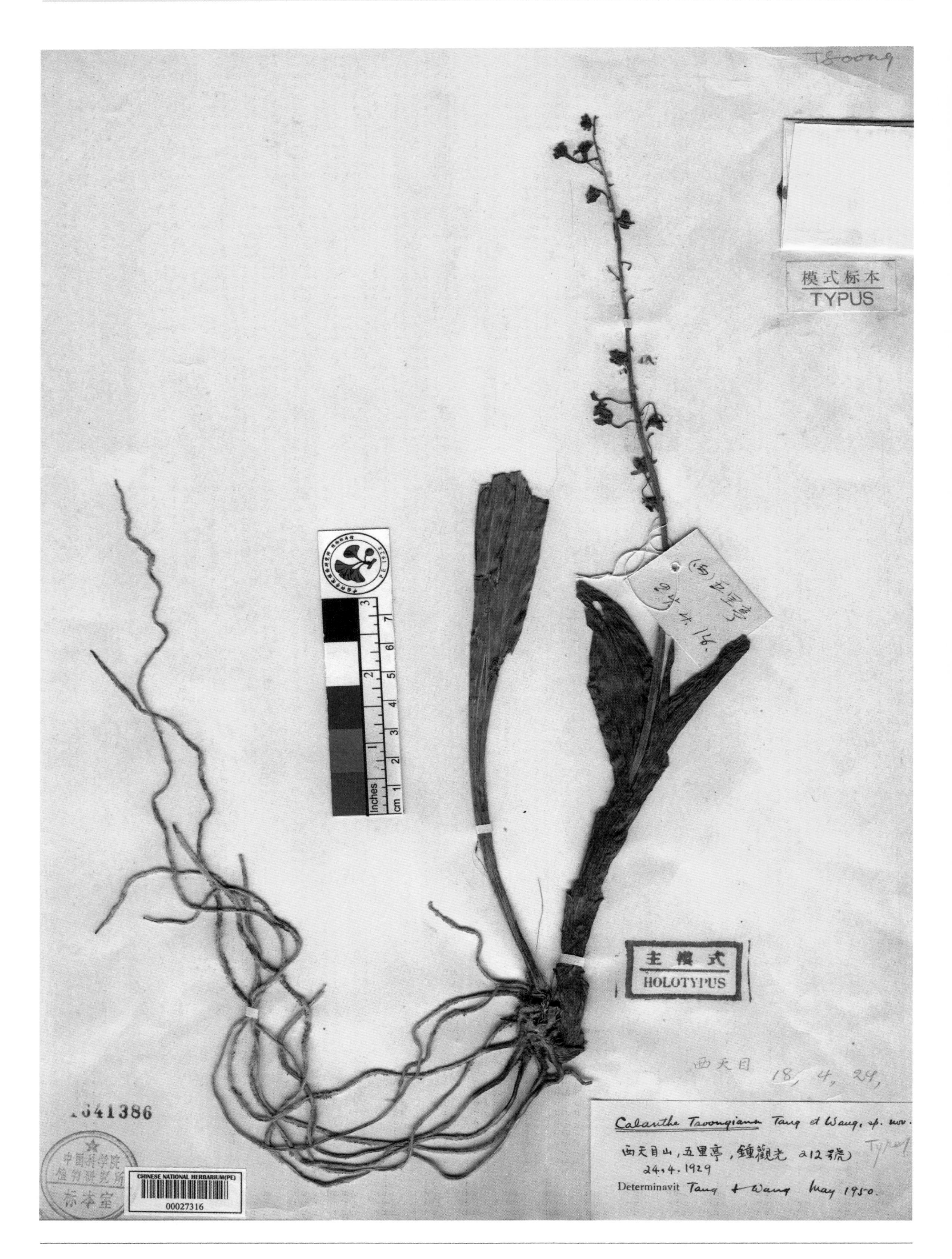

无距虾脊兰 ***Calanthe tsoongiana*** Tang & F. T. Wang in Acta Phytotax. Sin. 1(1): 45, 88. 1951. **Holotype:** China. Zhejiang: Tianmushan, 1929-04-24, K. K. Tsoong 212.

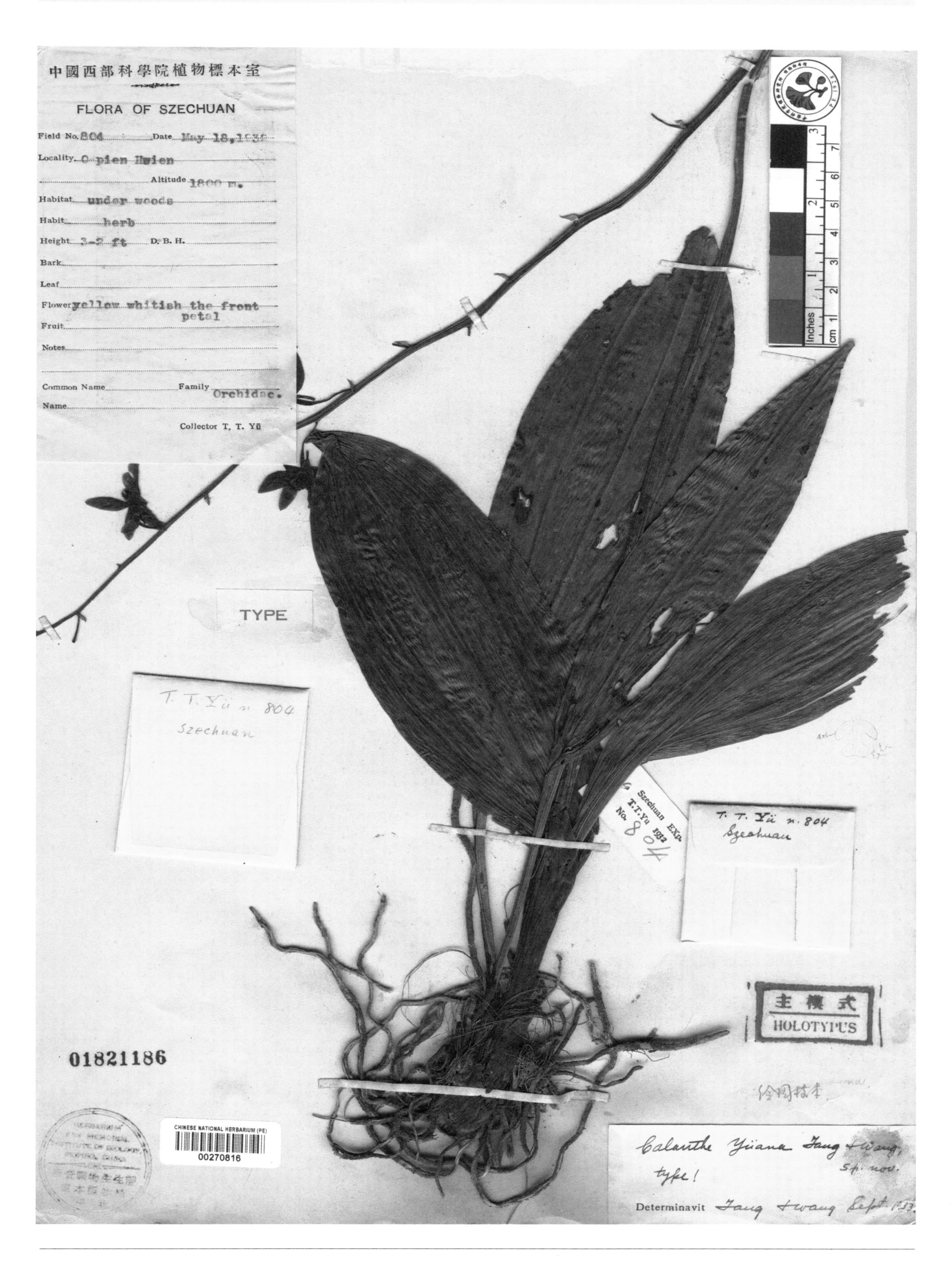

峨边虾脊兰 ***Calanthe yuana*** Tang & F. T. Wang in Bull. Fan Mem. Inst. Biol., Bot. 7(1): 7. 1936. **Holotype:** China. Sichuan: Ebian, alt. 1800 m, 1932-05-18, T. T. Yu 804.

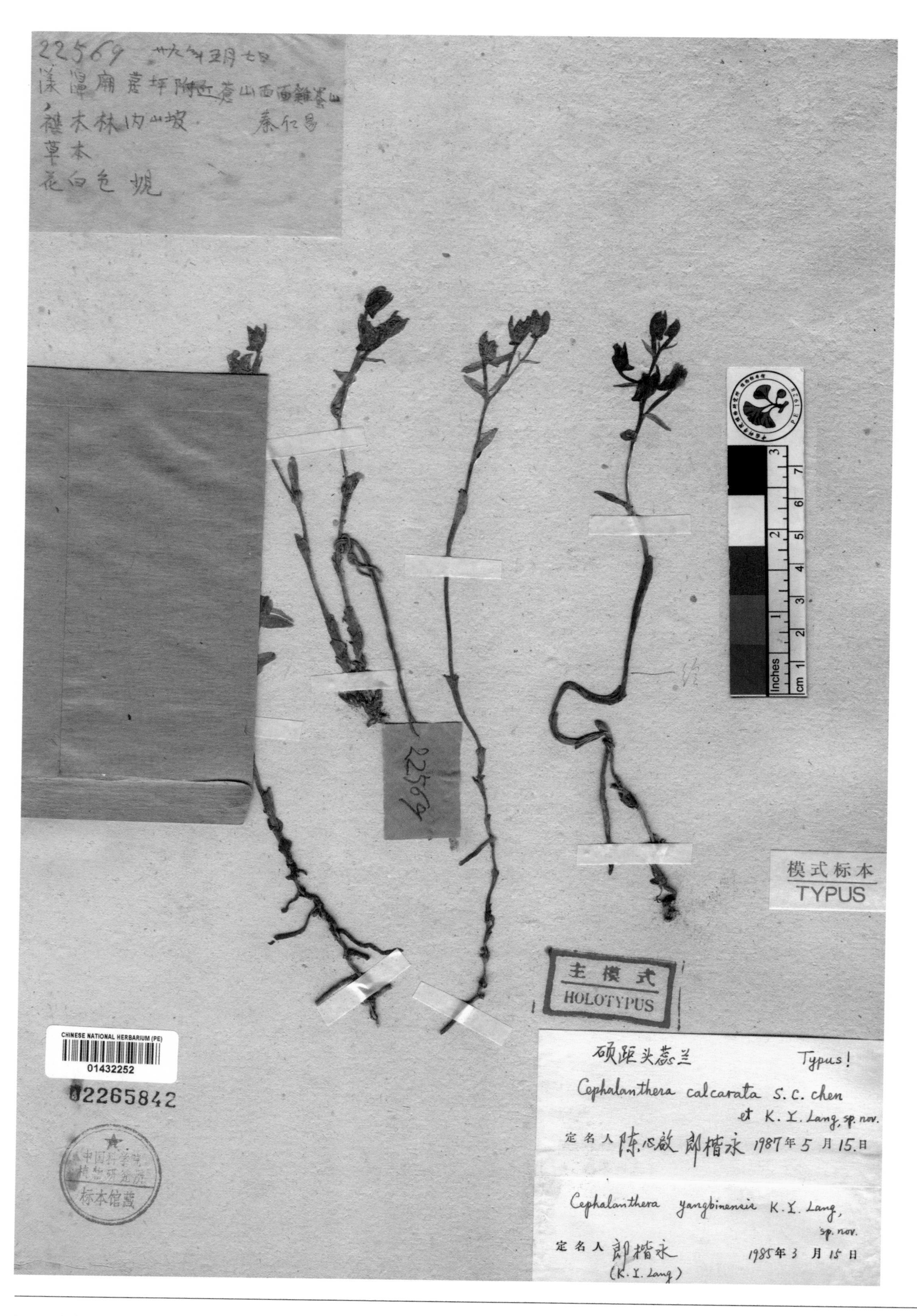

硕距头蕊兰 ***Cephalanthera calcarata*** S. C. Chen & K. Y. Lang in Acta Bot. Yunnan. 8(3): 271, f. 1. 1986. **Holotype:** China. Yunnan: Yangbi, 1929-05-07, R. C. Ching 22569.

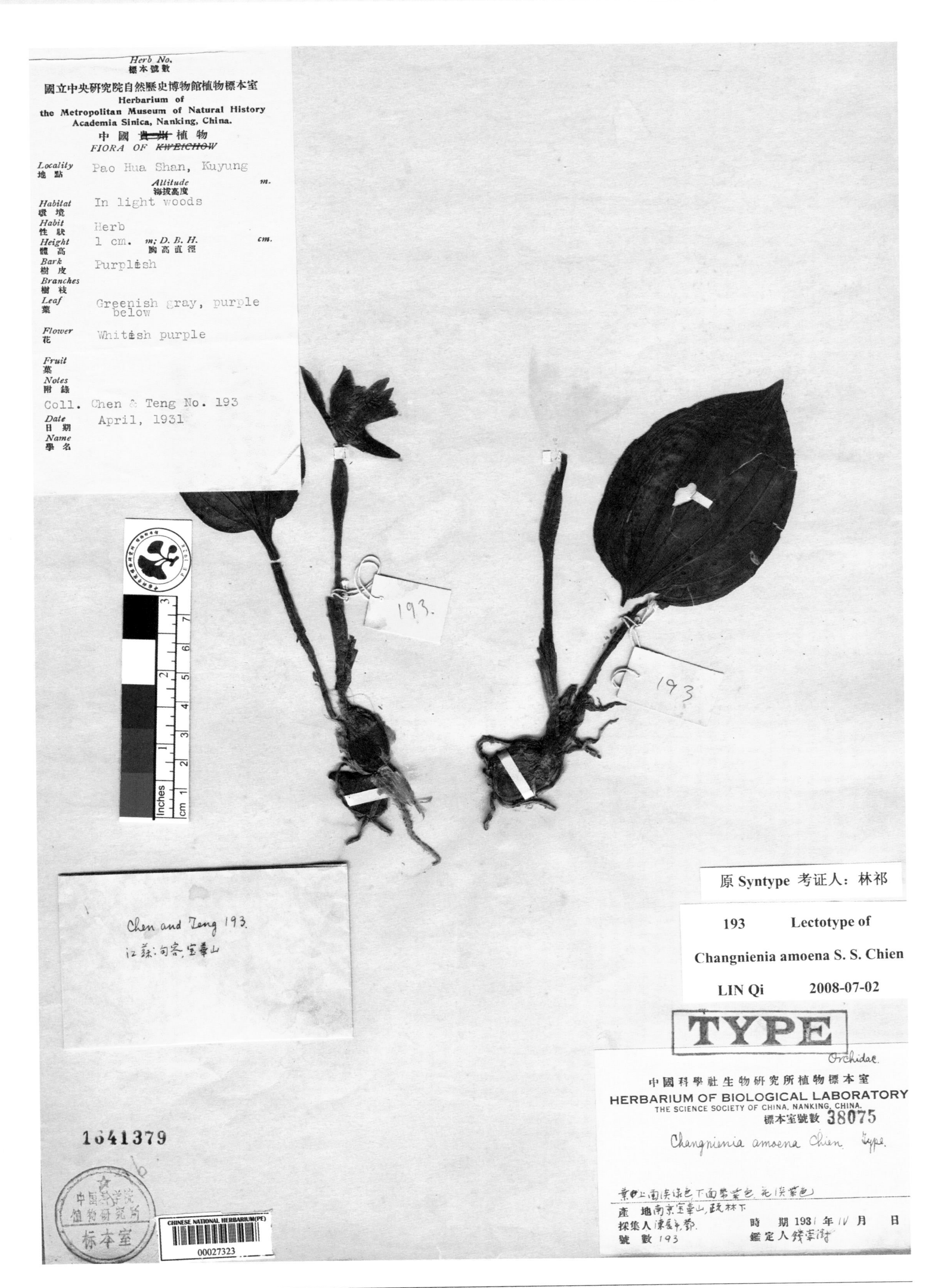

独花兰 ***Changnienia amoena*** S. S. Chien in Contr. Biol. Lab. Sci. Soc. China, Bot. Ser. 10(1): 90, f. 12. 1935. **Lectotype** (designated by Q. Lin & al. in Acta Bot. Boreal.-Occident. Sin. 29(1): 178. 2009.): China. Jiangsu: Baohuashan, 1931-04-??, C. N. Chen & Teng 193.

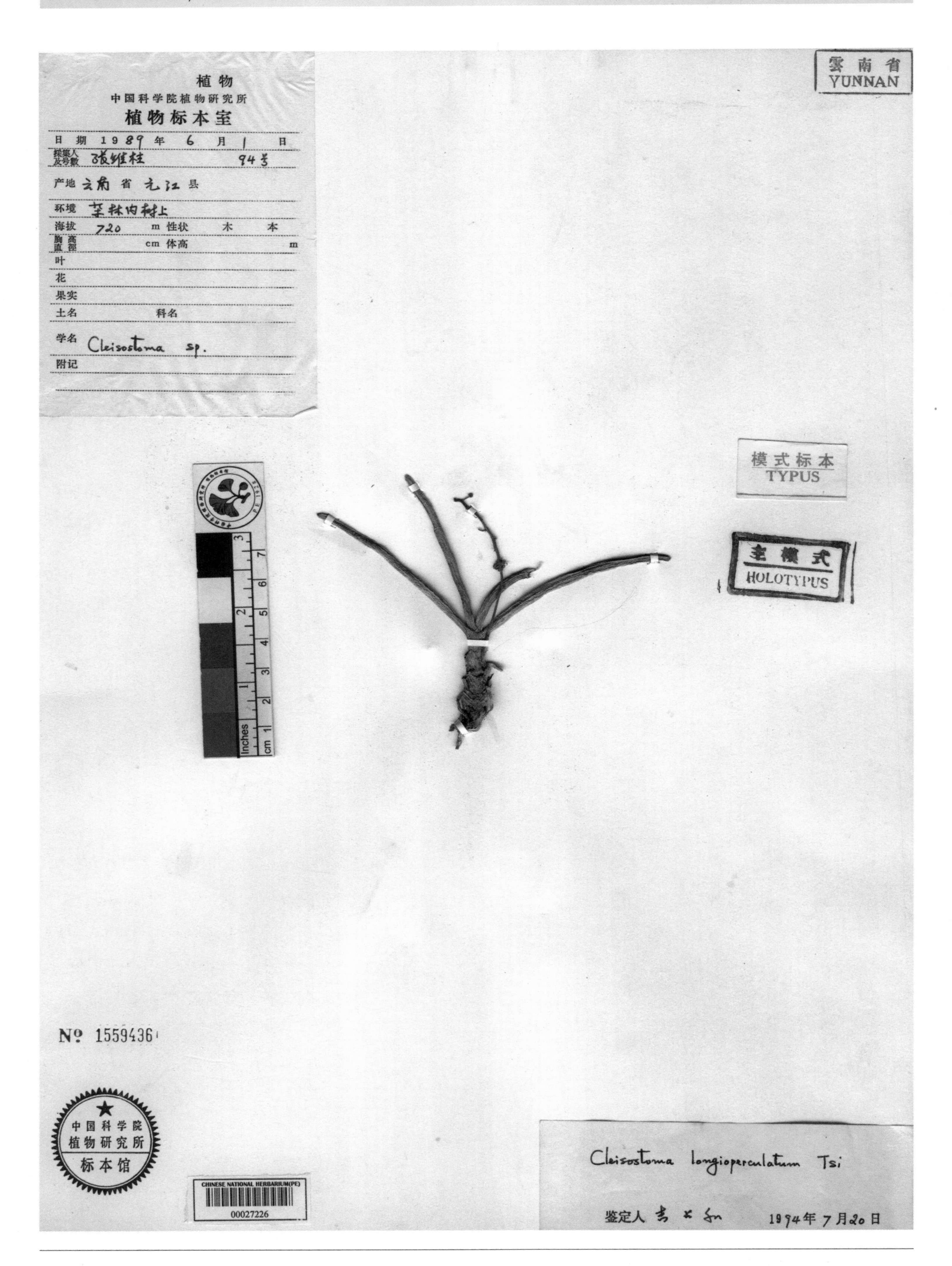

长帽隔距兰 ***Cleisostoma longioperculatum*** Z. H. Tsi in Guihaia 15(2): 108, f. 2. 1995. **Holotype:** China. Yunnan: Yuanjiang, alt. 720 m, 1989-06-01, W. Z. Zhang 94.

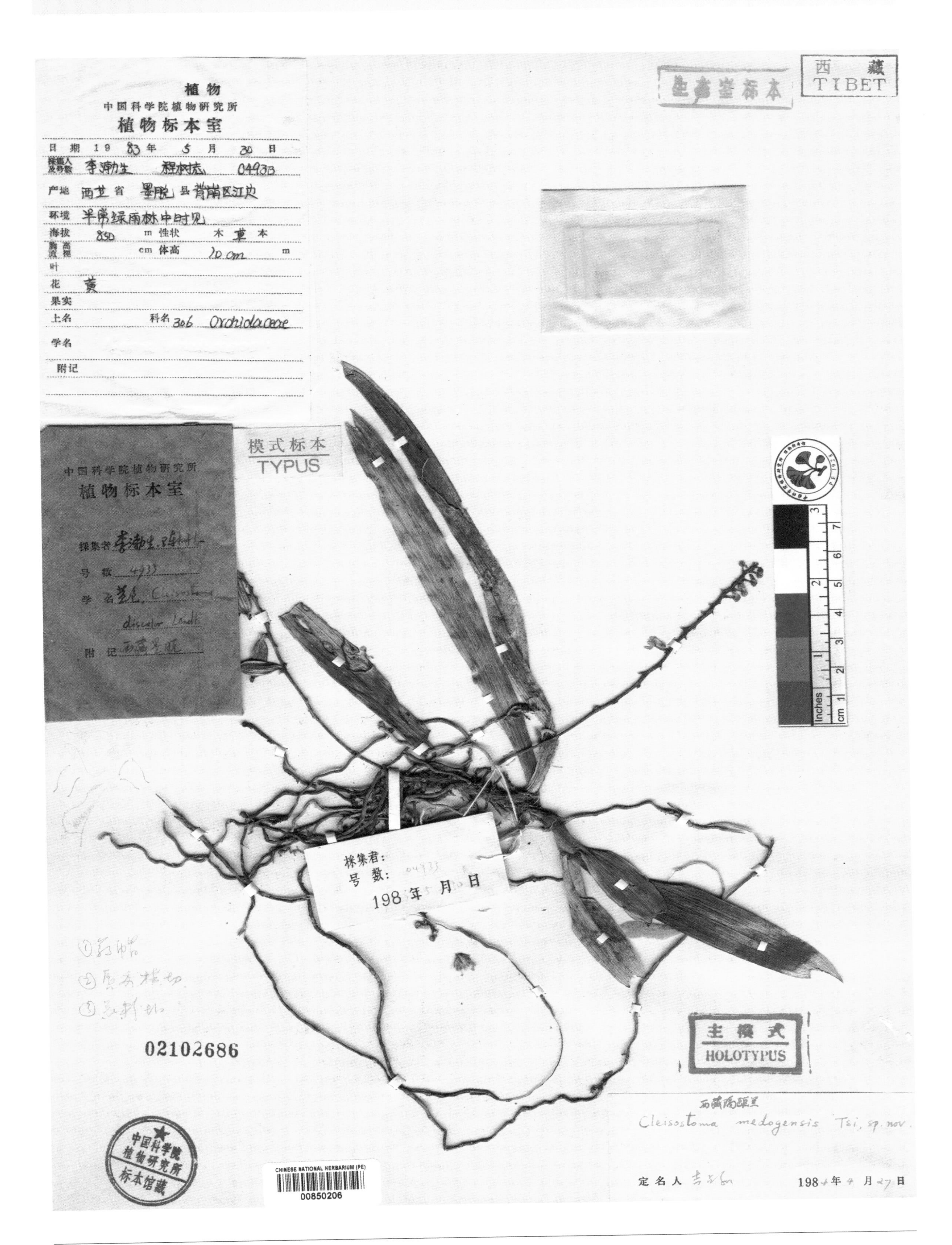

西藏隔距兰 ***Cleisostoma medogense*** Z. H. Tsi in Acta Phytotax. Sin. 23(5): 387, f. 2: 1-4. 1985. **Holotype:** China. Xizang: Mêdog, alt. 850 m, 1983-05-30, P. S. Li & S. Z. Cheng 4933.

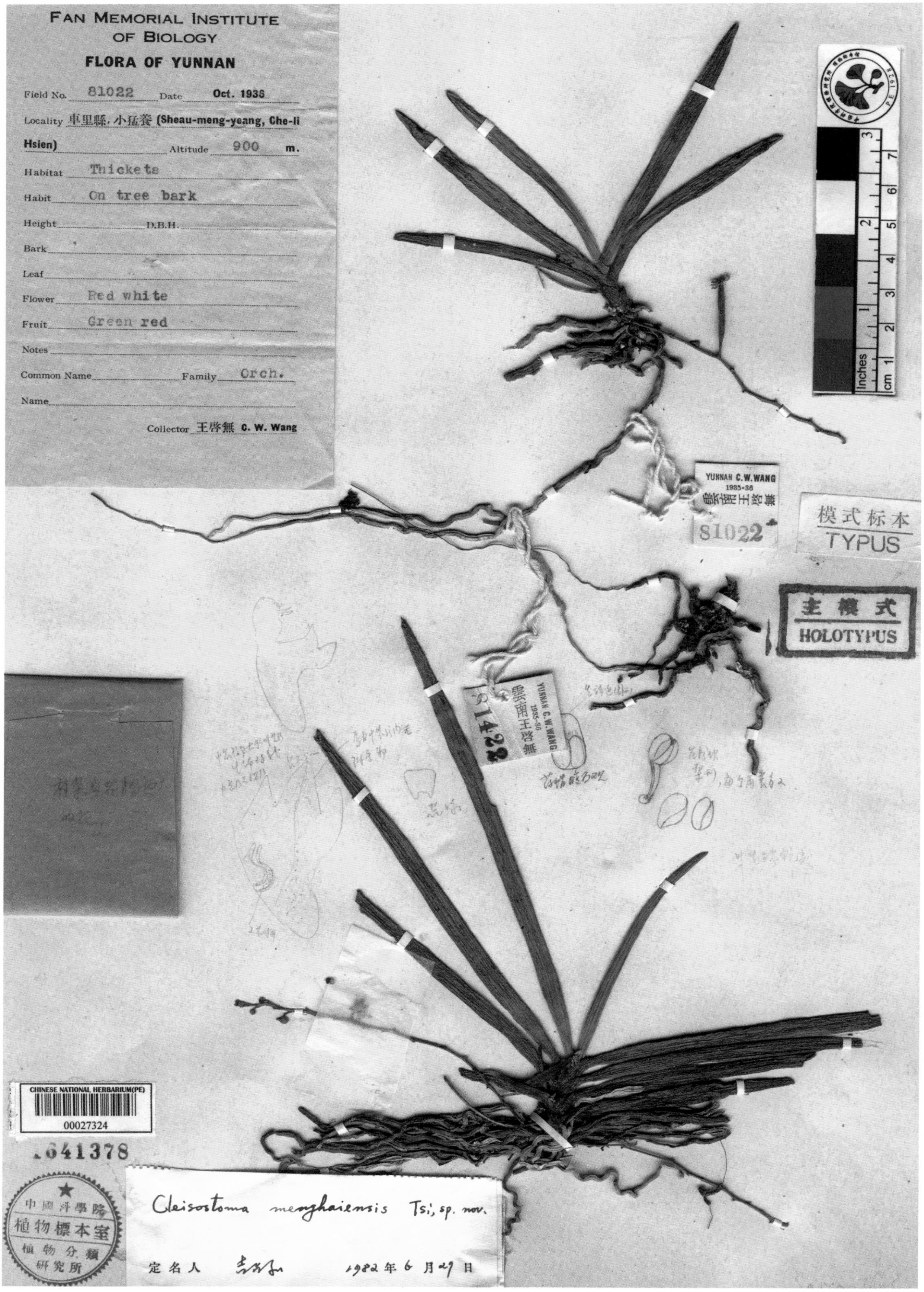

FAN MEMORIAL INSTITUTE
OF BIOLOGY
FLORA OF YUNNAN

Field No. 81022 Date Oct. 1936

Locality 車里縣, 小猛養 (Sheau-meng-yeang, Che-li Hsien) Altitude 900 m.

Habitat Thickets

Habit On tree bark

Height D.B.H.

Bark

Leaf

Flower Red white

Fruit Green red

Notes

Common Name Family Orch.

Name

Collector 王啓無 C. W. Wang

YUNNAN C.W.WANG
1935-36
雲南王啓無
81022

模式标本
TYPUS

主模式
HOLOTYPUS

YUNNAN C.W.WANG
1935-36
雲南王啓無
81422

CHINESE NATIONAL HERBARIUM(PE)
00027324

641378

中國科學院
植物標本室
植物分類
研究所

Cleisostoma menghaiensis Tsi, sp. nov.

定名人 [illegible] 1982年6月29日

勐海隔距兰 ***Cleisostoma menghaiense*** Z. H. Tsi in Bull. Bot. Res., Harbin Sin. 3(4): 76, pl. 1: 1-4. 1983. **Holotype:** China. Yunnan: Chenli (=Jinghong), alt. 900 m, 1936-10-??, C. W. Wang 81022.

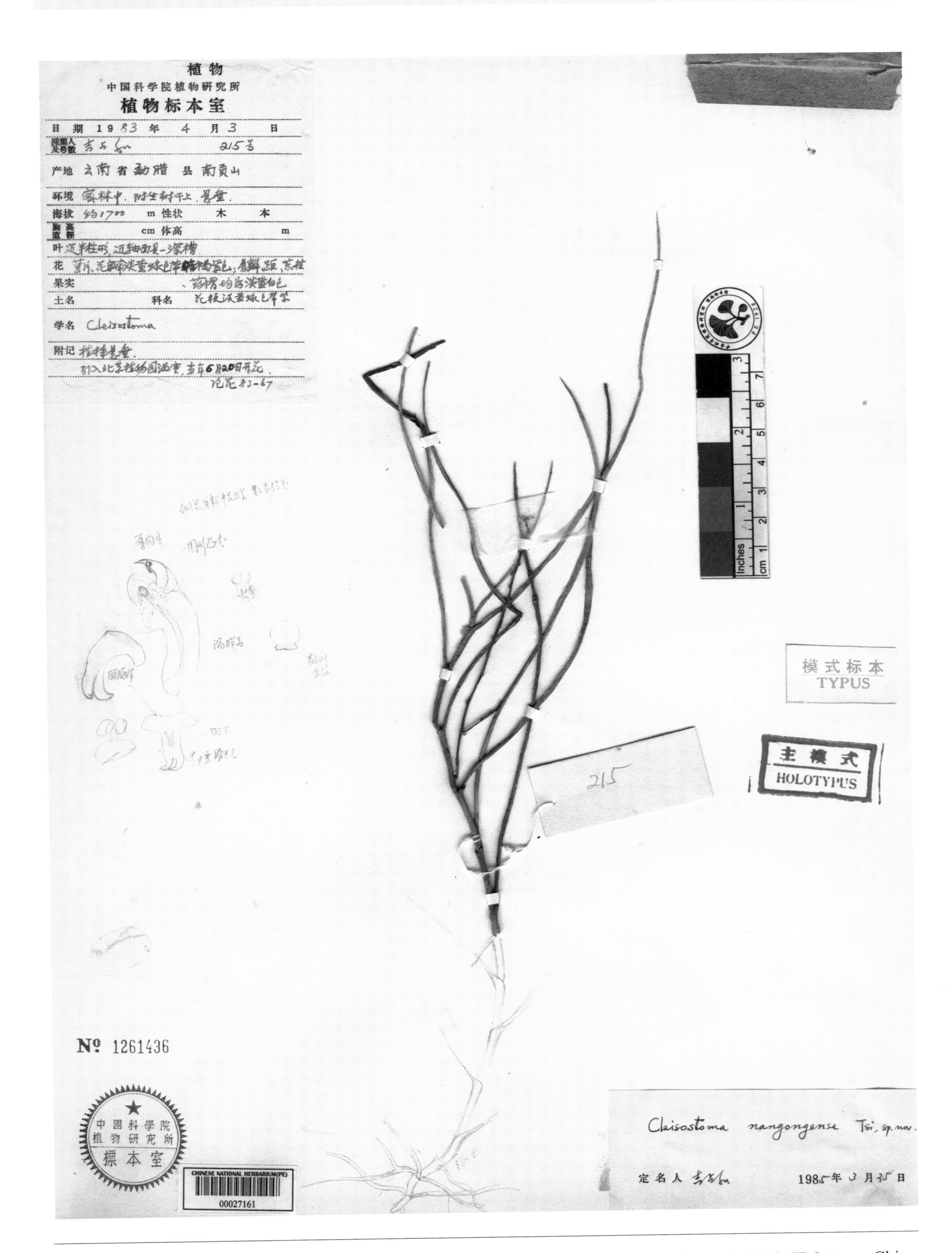

南贡隔距兰 ***Cleisostoma nangongense*** Z. H. Tsi in Bull. Bot. Res., Harbin 9(2): 26, f. 3: 1-5. 1989. **Holotype:** China. Yunnan: Mengla, alt. 1700 m, 1983-04-03, Z. H. Jsi 215.

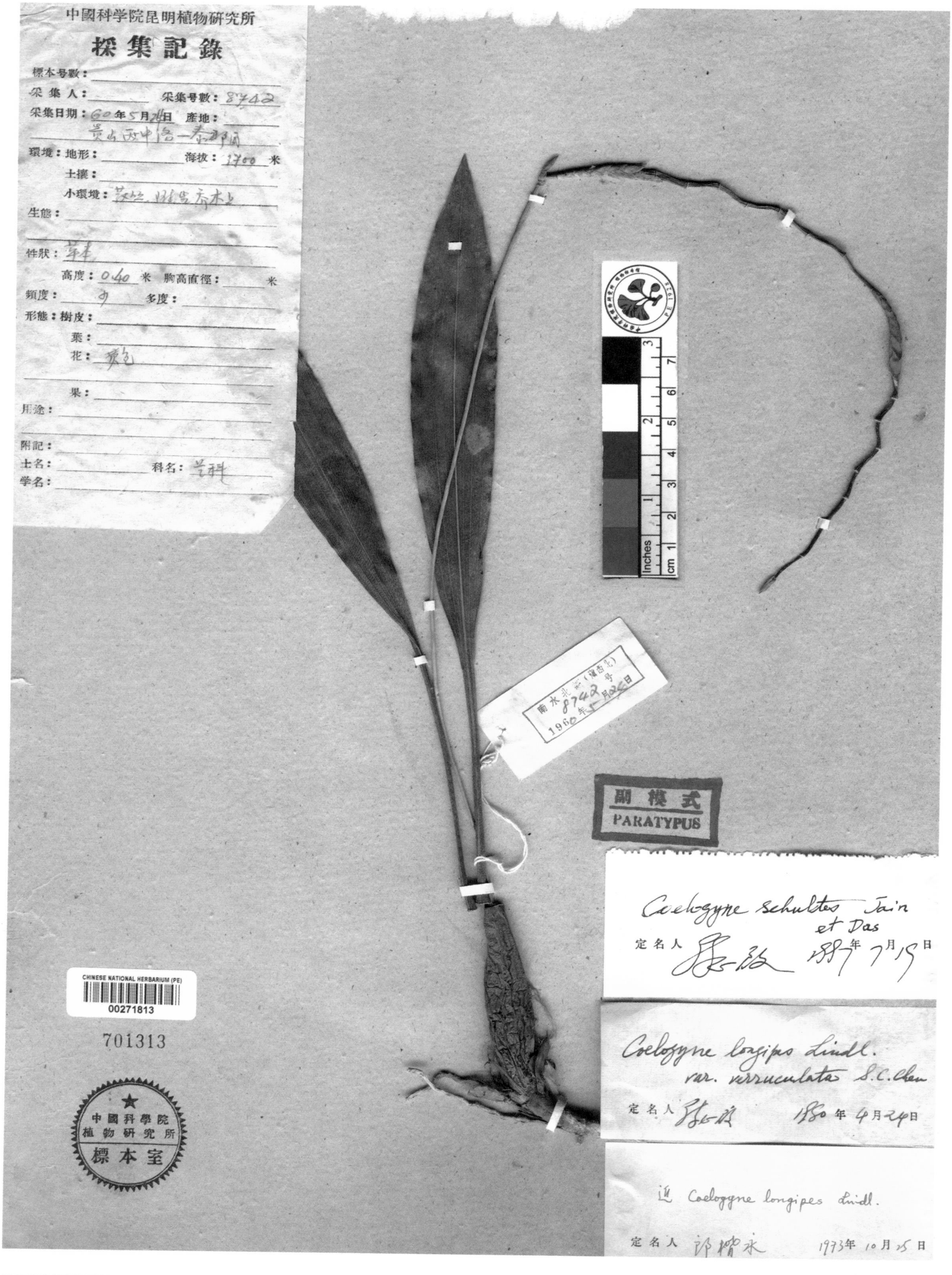

疣鞘贝母兰 ***Coelogyne longipes*** Lindl. var. ***verruculata*** S. C. Chen in Acta Phytotax. Sin. 21(3): 346. 1983. **Paratype:** China. Yunnan: Gongshan, alt. 1700 m, 1960-05-24, S. Jiang & al. 8742.

FAN MEMORIAL INSTITUTE
OF BIOLOGY
FLORA OF YUNNAN
Field No. 72347 Date March 1936
Locality Chen-Kang Hsien (鎮康縣)
Altitude 2500 m.
Habitat Tree Bark
Habit
Height D.B.H.
Bark
Leaf
Flower
Fruit greyish yellow
Notes
Common Name Family Orch.
Name
Collector C. W. Wang

YUNNAN C. W. WANG
1935-36
72347

lip × 4

主模式
HOLOTYPUS

Typus: 镇康贝母兰
Coelogyne zhenkangensis S.C. Chen et K.Y. Lang, sp. nov.
定名人 S.C. Chen K.Y. Lang 1980 年 2 月 28 日

Coelogyne elamellata sp. nov.
定名人 郎楷永 1973 年 10 月 26 日

01824546

镇康贝母兰 ***Coelogyne zhenkangensis*** S. C. Chen & K. Y. Lang in Acta Phytotax. Sin. 21(3): 345, pl. 1: 3. 1983. **Holotype:** China. Yunnan: Zhenkang, alt. 2500 m, 1936-03-??, C. W. Wang 72347.

梵净山铠兰 ***Corybas fanjingshanensis*** Y. X. Xiong in Acta Phytotax. Sin. 45(6): 809, f. 2-3. 2007. **Holotype:** China. Guizhou: Fanjingshan, alt. 2310 m, 2006-07-25, Y. X. Xiong F060701.

丽花兰 ***Cymbidium concinnum*** Z. J. Liu & S. C. Chen in Acta Phytotax. Sin. 44(2): 179, f. 1. 2006. **Isotype:** China. Yunnan: Lushui, alt. 2300 m, 2004-11-02, Z. J. Liu 2918.

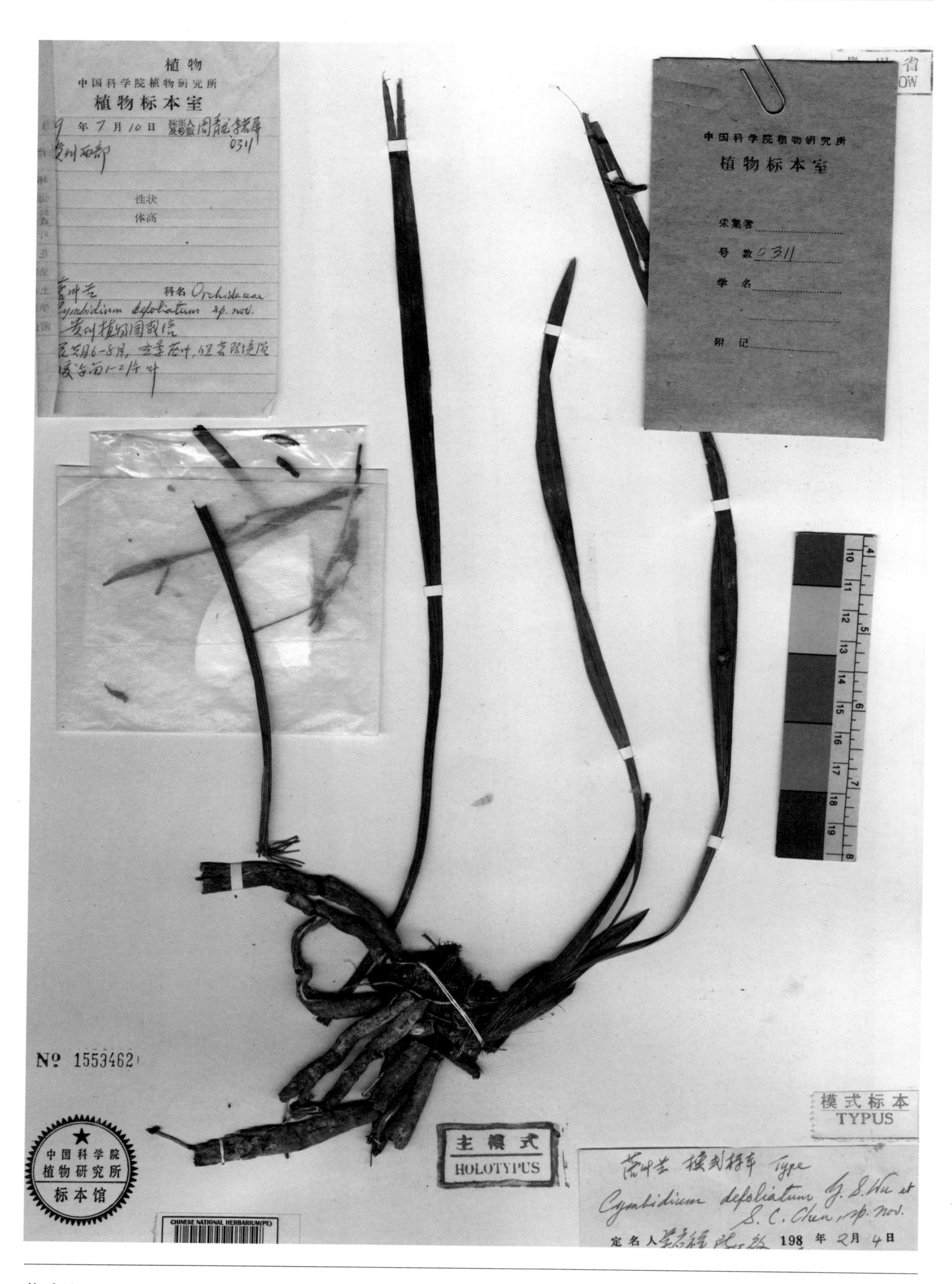

落叶兰 ***Cymbidium defoliatum*** Y. S. Wu & S. C. Chen in Acta Phytotax. Sin. 29(6): 549, f. 1: 1-6. 1991. **Holotype:** China. Guizhou: Precise locality not known, 1989-07-10, Q. L. Zhou & R. P. Li 311.

龙州兰 ***Cymbidium eburneum*** Lindl. var. ***longzhouense*** Z. J. Liu & S. C. Chen in Acta Phytotax. Sin. 44(2): 179, f. 2. 2006. **Isotype:** China. Guangxi: Longzhou, alt. 800 m, 2005-04-20, Z. J. Liu 3032.

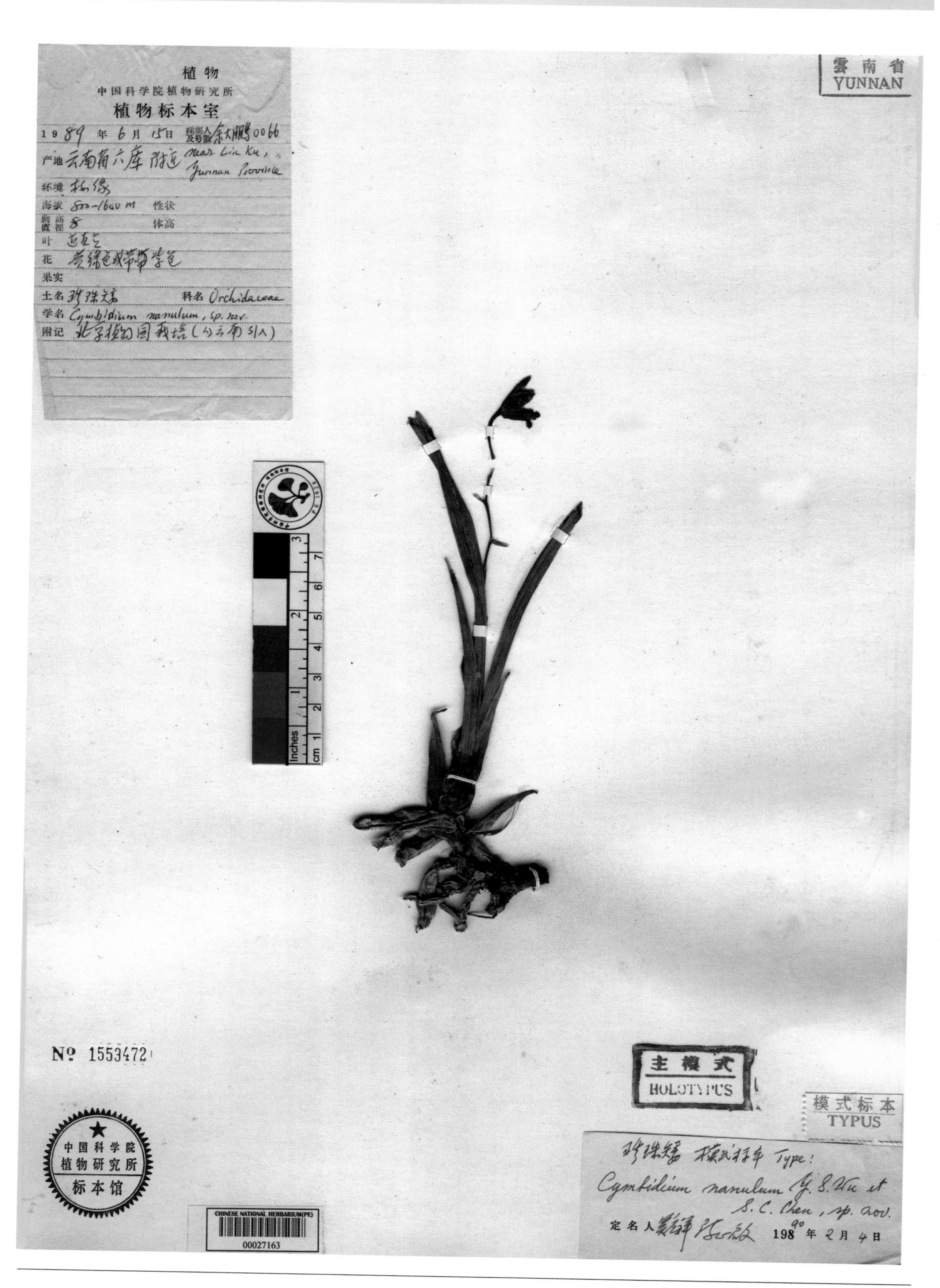

珍珠矮 ***Cymbidium nanulum*** Y. S. Wu & S. C. Chen in Acta Phytotax. Sin. 29(6): 551, f. 1: 7-10. 1991. **Holotype:** China. Yunnan: Liuku, alt. 800~1600 m, 1989-06-15, D. P. Yu 66.

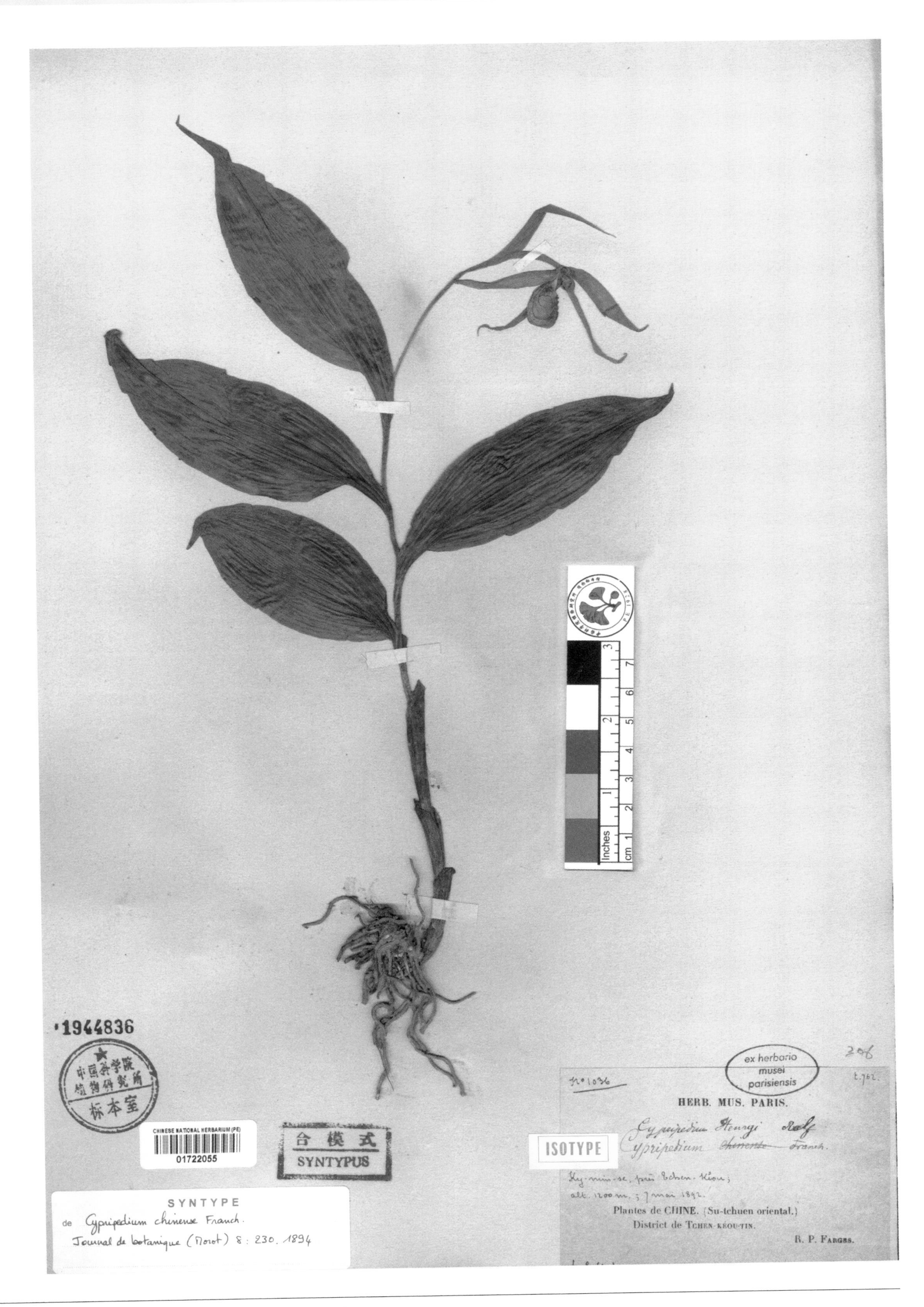

城口杓兰 ***Cypripedium chinense*** Franch. in Journ. Bot. (Morot) 8: 230. 1894. **Syntype:** China. Chongqing: Tchen-keon (=Chengkou), alt. 1200 m, 1892-05-07, R. P. Farges 1036.

肥厚杓兰 ***Cypripedium corrugatum*** Franch. var. ***obesum*** Franch. in Journ. Bot. (Morot) 8: 251. 1894. **Isotype:** China. Yunnan: Mo-so-yn, alt. 2800 m, 1890-05-26, Delavay s. n..

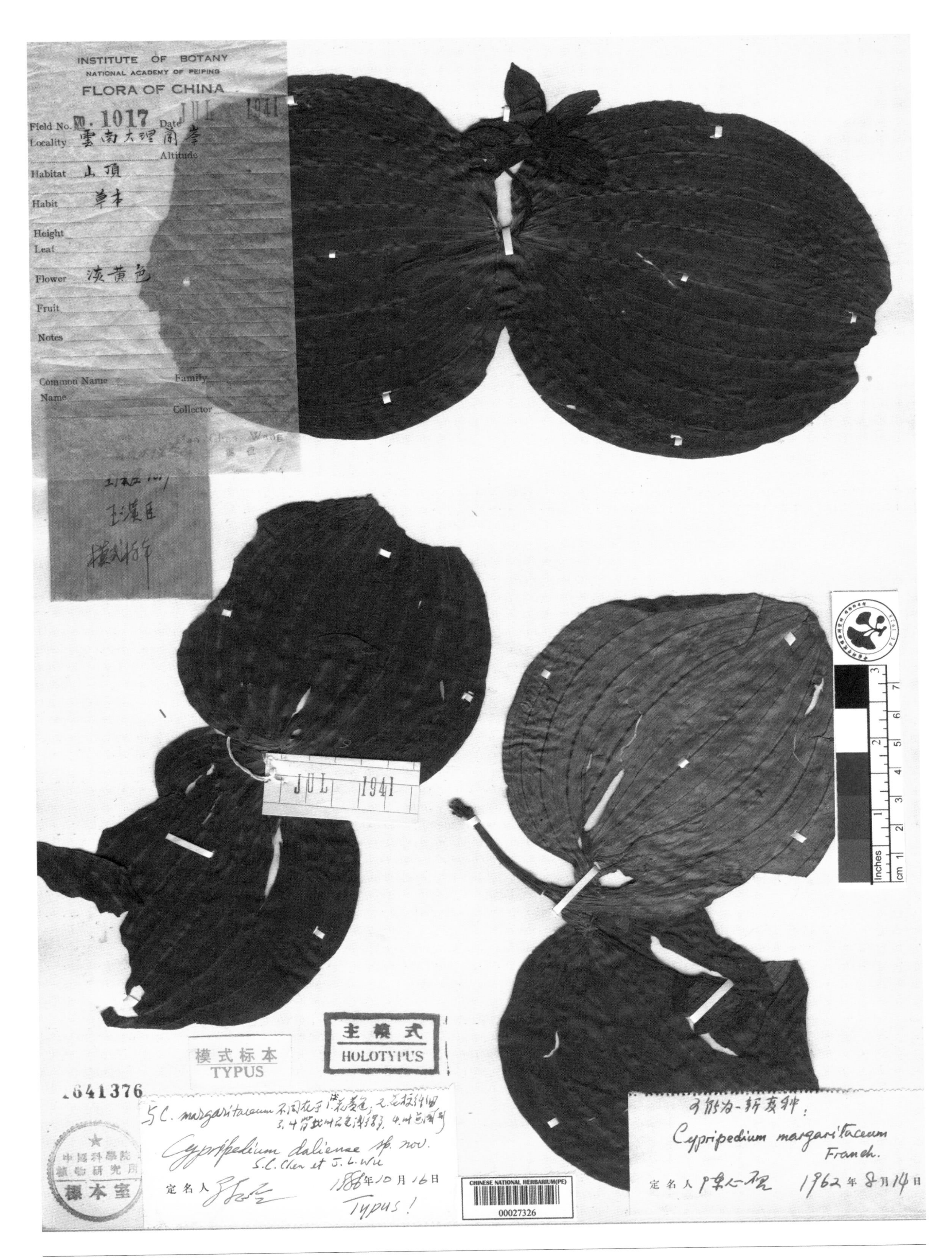

大理杓兰 ***Cypripedium daliense*** S. C. Chen & J. L. Wu in Acta Phytotax. Sin. 29(1): 86, f. 1. 1991. **Holotype:** China. Yunnan: Dali, 1941-07-??, H. C. Wang 1017.

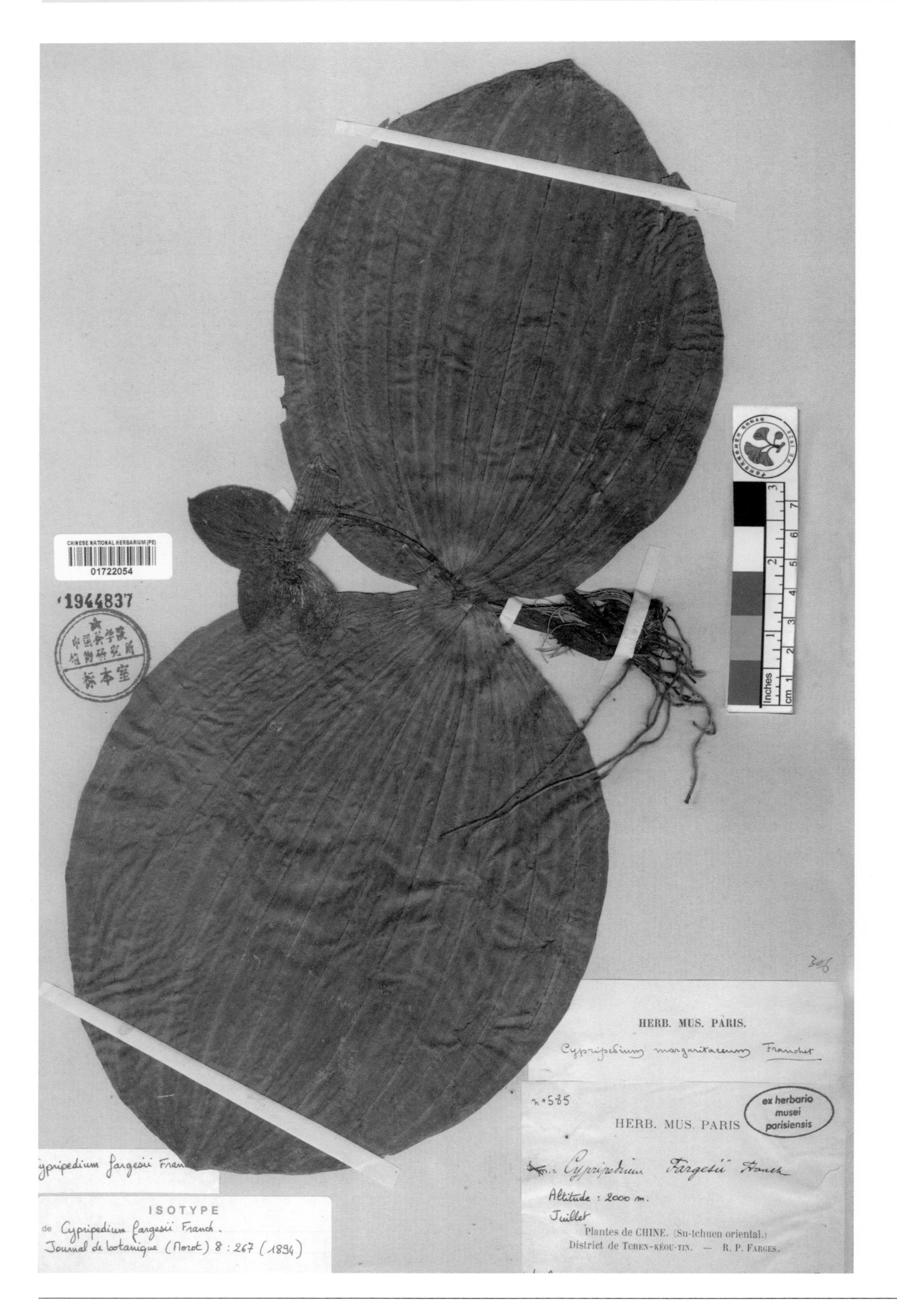

毛瓣杓兰 ***Cypripedium fargesii*** Franch. in Journ. Bot. (Morot) 8: 267. 1894. **Isotype:** China. Chongqing: Tchen-keou (=Chengkou), alt. 2000 m, R. P. Farges 585.

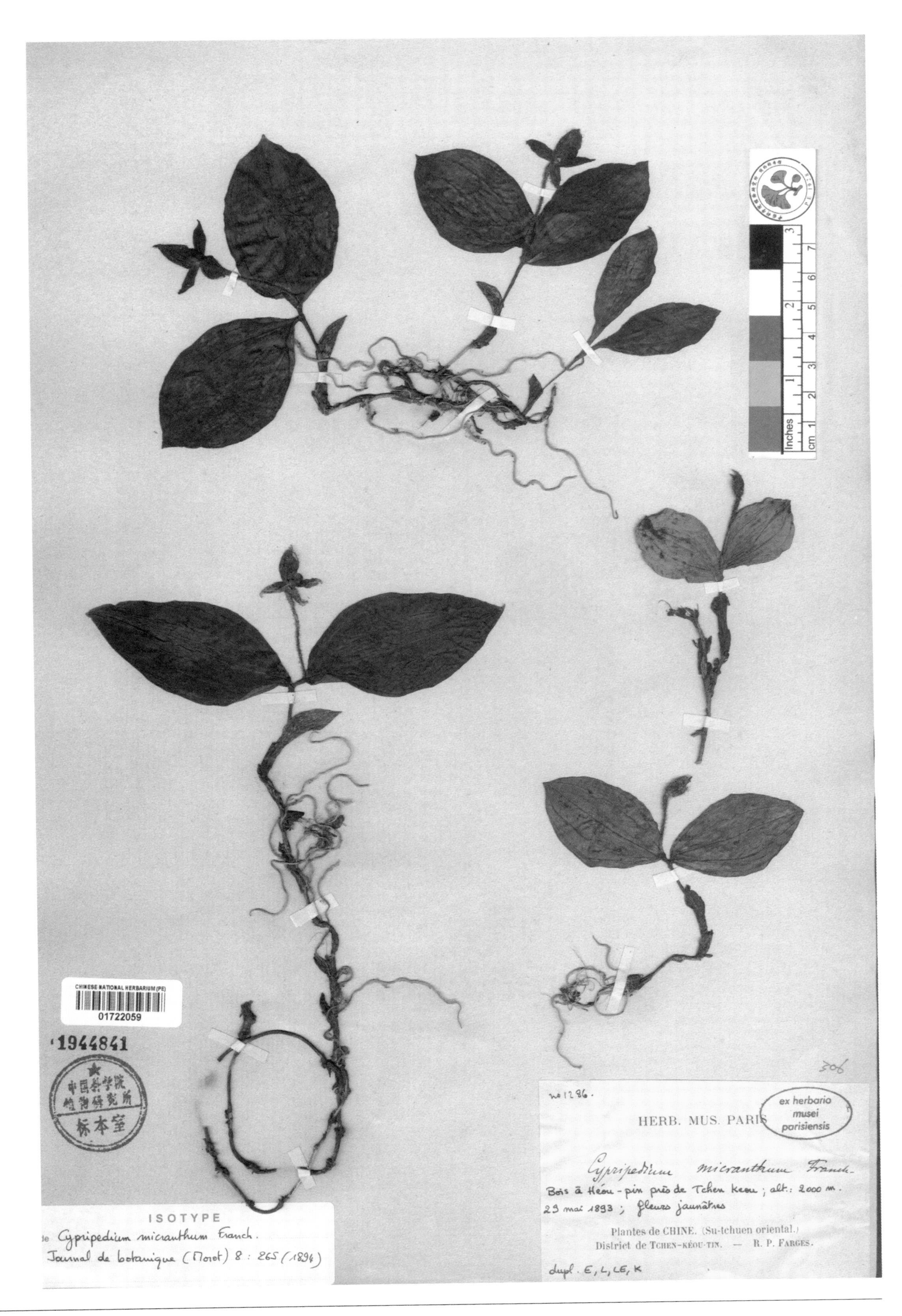

小花杓兰 ***Cypripedium micranthum*** Franch. in Journ. Bot. (Morot) 8: 265. 1894. **Isotype:** China. Chongqing: Tchen-keou (=Chengkou), alt. 2000 m, 1893-05-23, R. P. Farges 1286.

Fan Memorial Institute of Biology

FLORA OF N. W. Szechuan

Field No. 21164 Date June 4, 1930.

Locality West Wen-chuan Hsien, Mt. Pa-lang Altitude 2200 m.

Habitat in thicket

Habit

Height D. B. H.

Bark

Leaf

Flower deep purple, labellum

Fruit light purple

Notes

Common Name Family

Name

Collector F. T. Wang

Coll. F. T. Wang No. 21164

Cypripedium palangshanense Tang & Wang sp. nov.

typus!

21164

TYPE

Inches cm

641377

x10

column seen from side and front,

x4

vertical section of lip

lower sep. x2 petal x2 x2 upper sep.

中国科学院植物研究所标本室

Cyp. palangshanense

This species differs from C. debile R.f. in its lower stature, elliptic-ovate floral bract, different dorsal sepal and petals and dissimilar color.

主模式

HOLOTYPUS

Cypripedium palangshanense Tang & Wang

typus! sp. nov.

Determinavit Tang & Wang July 1933.

CHINESE NATIONAL HERBARIUM(PE)

00027325

巴郎山杓兰 ***Cypripedium palangshanense*** Tang & F. T. Wang in Bull. Fan Mem. Inst. Biol., Bot. 7(1): 1. 1936. **Holotype:** China. Sichuan: Wenchuan, alt. 2200 m. 1930-06-04, F. T. Wang 21164.

山西杓兰 ***Cypripedium shanxiense*** S. C. Chen in Acta Phytotax. Sin. 21(3): 343, f. 1: 1. 1983. **Holotype:** China. Shanxi: Qinyuan, alt. 1800 m, 1957-06-27, K. M. Liou 1423.

四川杓兰 ***Cypripedium sichuanense*** Perner in Orchidee 53(1-3): 89. 2002. **Holotype:** China. Sichuan: Wenchuan, alt. 3300 m, 1998-05-25, X. Y. Liu s. n.

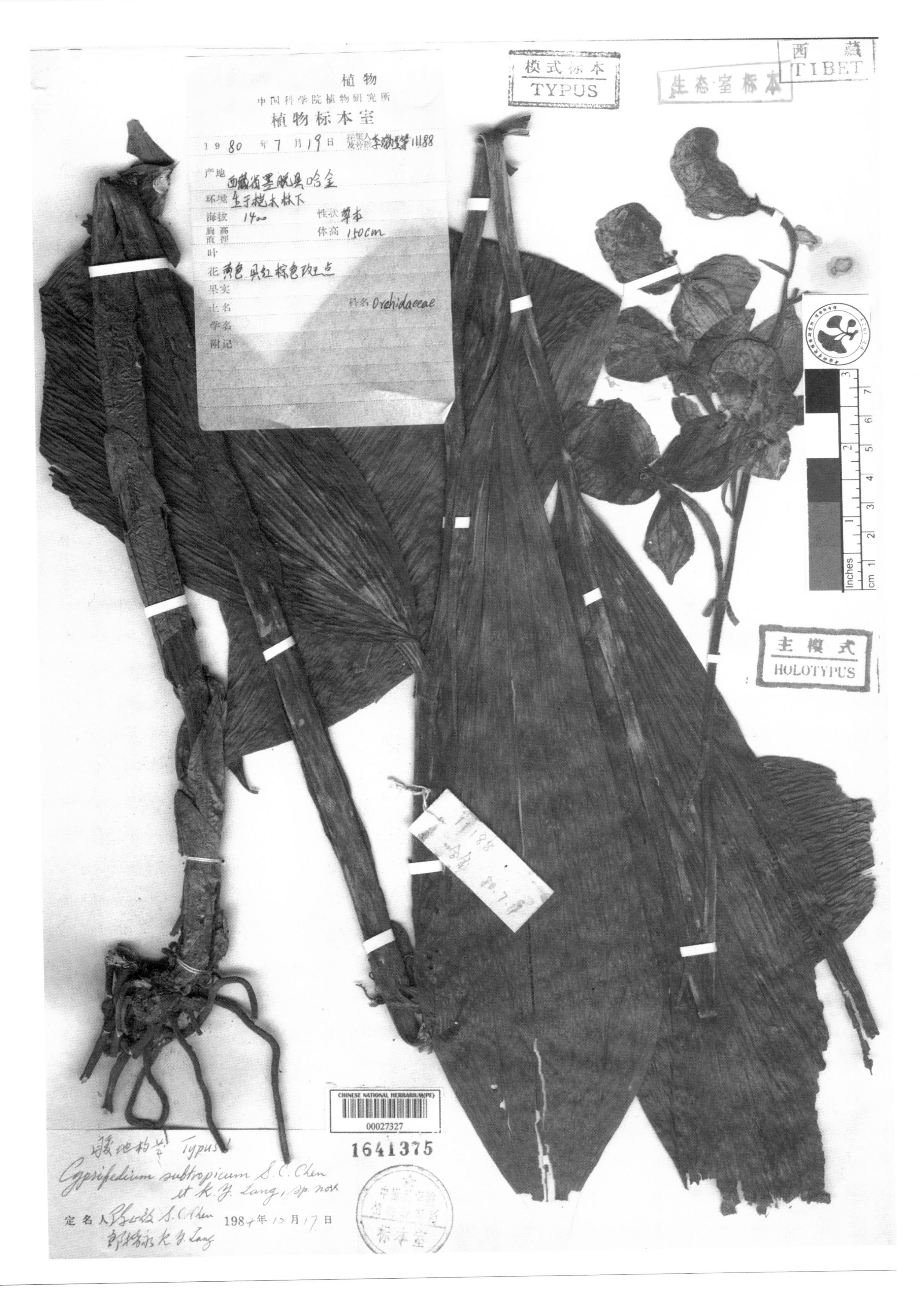

暖地杓兰 ***Cypripedium subtropicum*** S. C. Chen & K. Y. Lang in Acta Phytotax. Sin. 24(4): 317, f. 1. 1986. **Holotype:** China. Xizang: Mêdog, alt. 1400 m, 1980-07-19, B. S. Li & al. 11188.

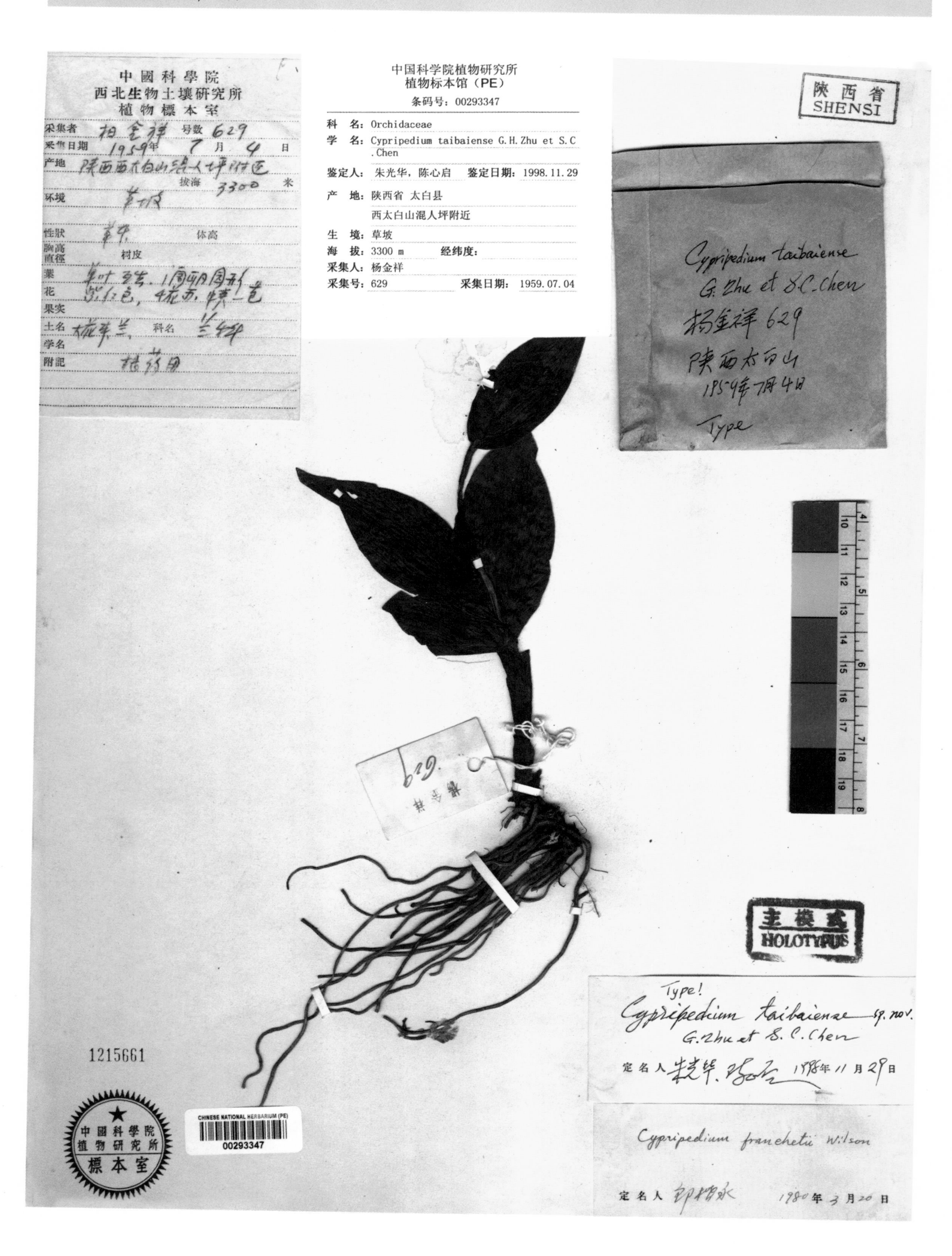

太白杓兰 ***Cypripedium taibaiense*** G. Zhu & S. C. Chen in Novon 9: 454, f. 1. 1999. **Holotype:** China. Shaanxi: Taibaishan, alt. 3300 m, 1959-07-04, J. X. Yang 629.

小剑叶石斛 ***Dendrobium acinaciforme*** Roxb. var. ***minus*** Tang & F. T. Wang in Acta Phytotax. Sin. 1(1): 40, 80. 1951.

Holotype: China. Guangxi: Precise locality not known, alt. 700 m, 1928-09-21, R. C. Ching 7582.

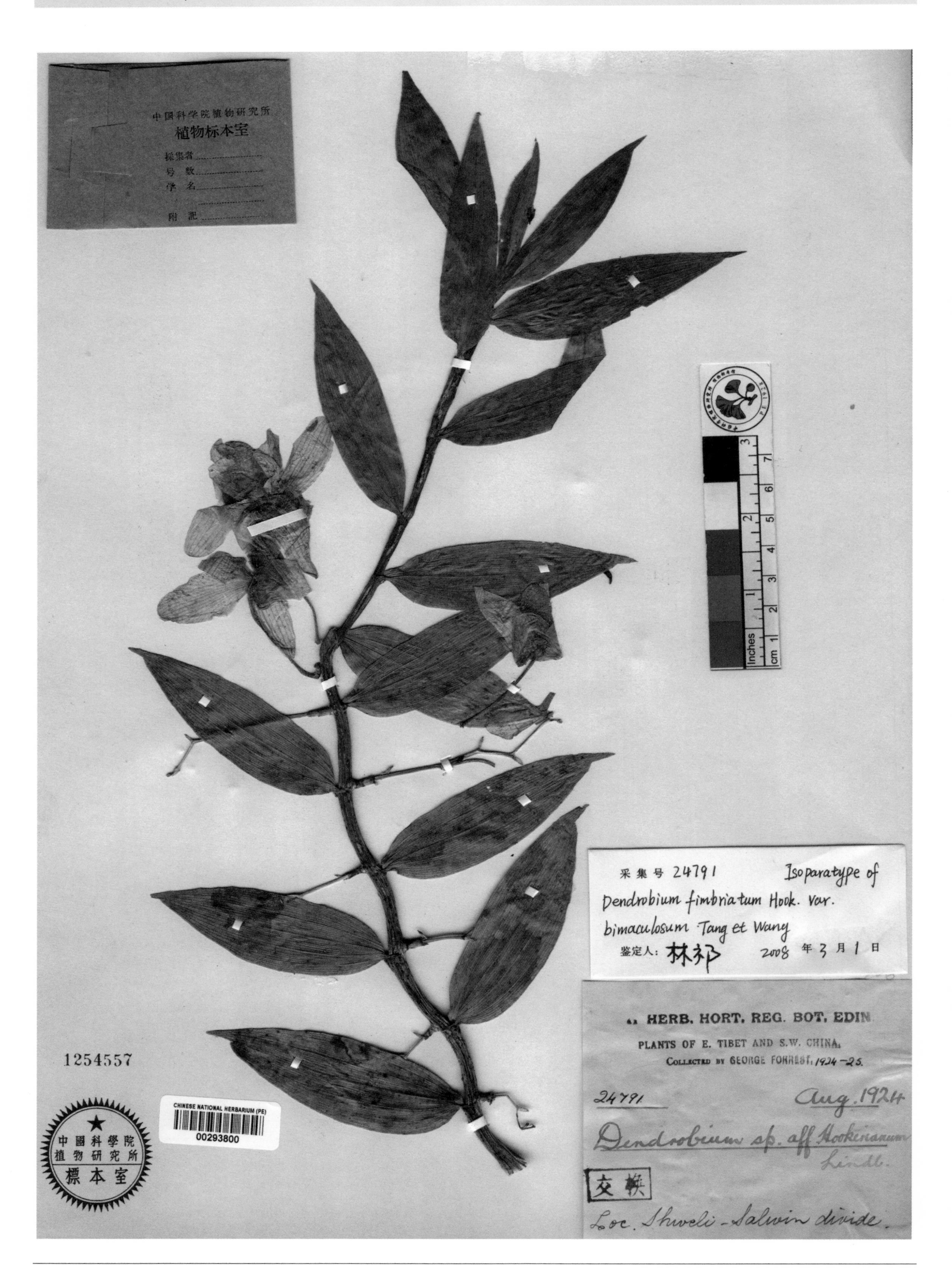

双斑点石斛 ***Dendrobium fimbriatum*** Hook. var. ***bimaculosum*** Tang & F. T. Wang in Acta Phytotax. Sin. 1(1): 41, 81. 1951. **Isoparatype:** China. Yunnan: Precise locality not known, alt. 2700 m, 1924-08-??, G. Forrest 24791.

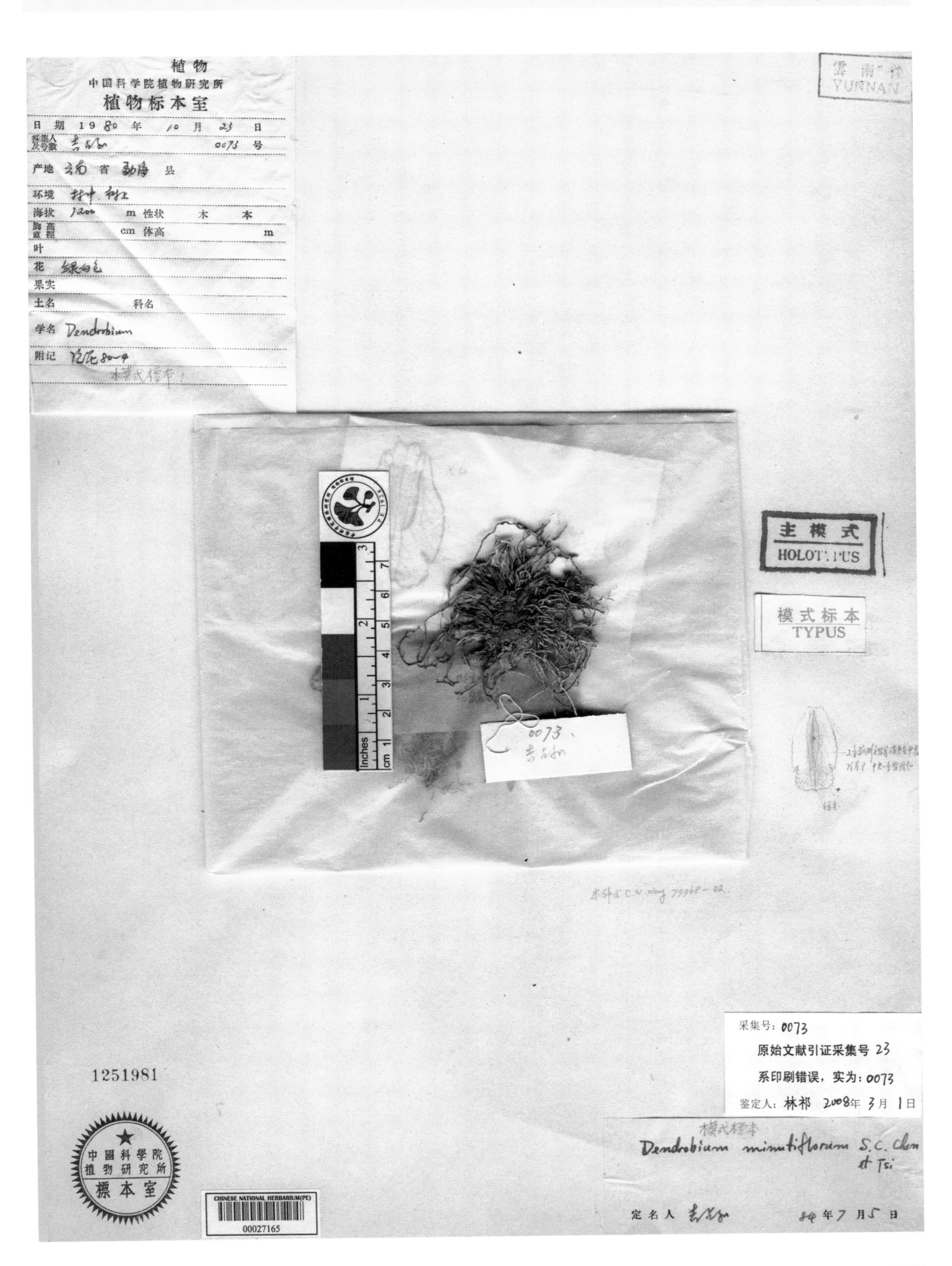

勐海石斛 ***Dendrobium minutiflorum*** S. C. Chen & Z. H. Tsi in Bull. Bot. Res., Harbin 9(2): 27, f. 4: 5-6. 1989. **Holotype:** China. Yunnan: Menghai, alt. 1200 m, 1980-10-23, Z. H. Tsi 73.

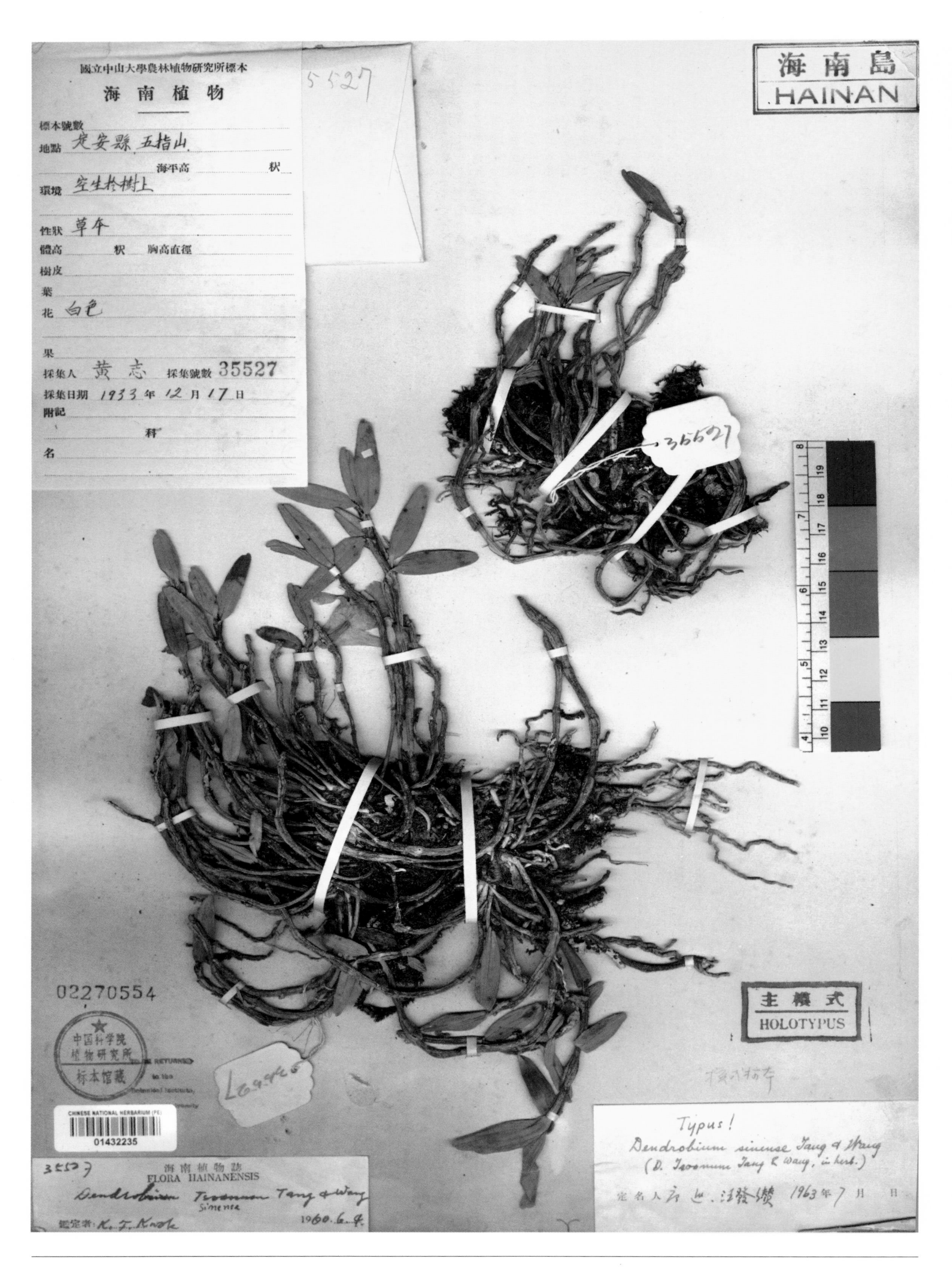

华石斛 ***Dendrobium sinense*** Tang & F. T. Wang in Acta Phytotax. Sin. 12(1): 41. 1974. **Holotype:** China. Hainan: Dingan, 1933-12-17, C. Wang 35527.

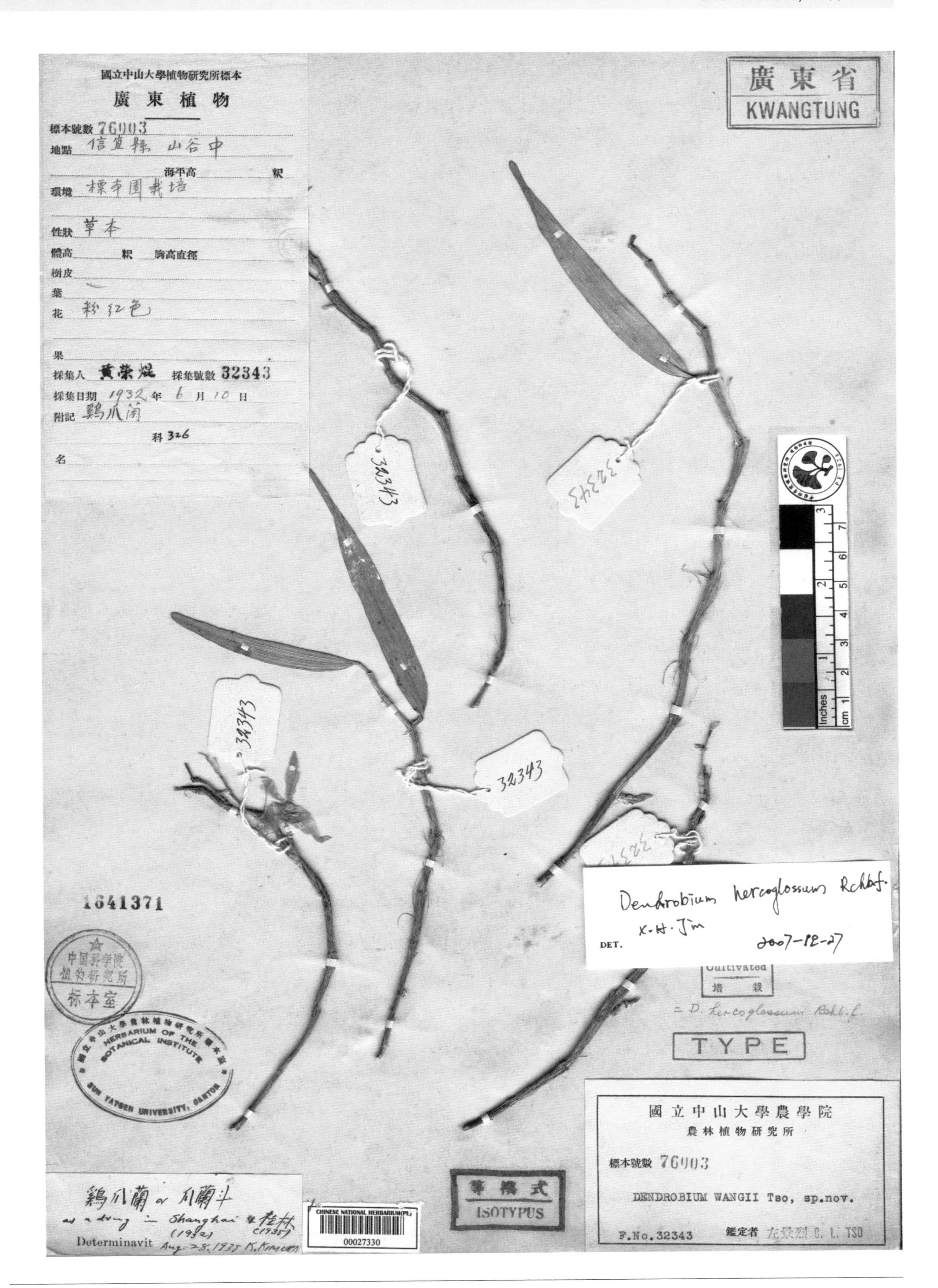

黄氏石斛 ***Dendrobium wangii*** C. L. Tso in Sunyatsenia 1(2-3): 138. 1933. **Isotype:** China. Guangdong: Xinyi, 1932-06-10, Y. K. Wang 32343.

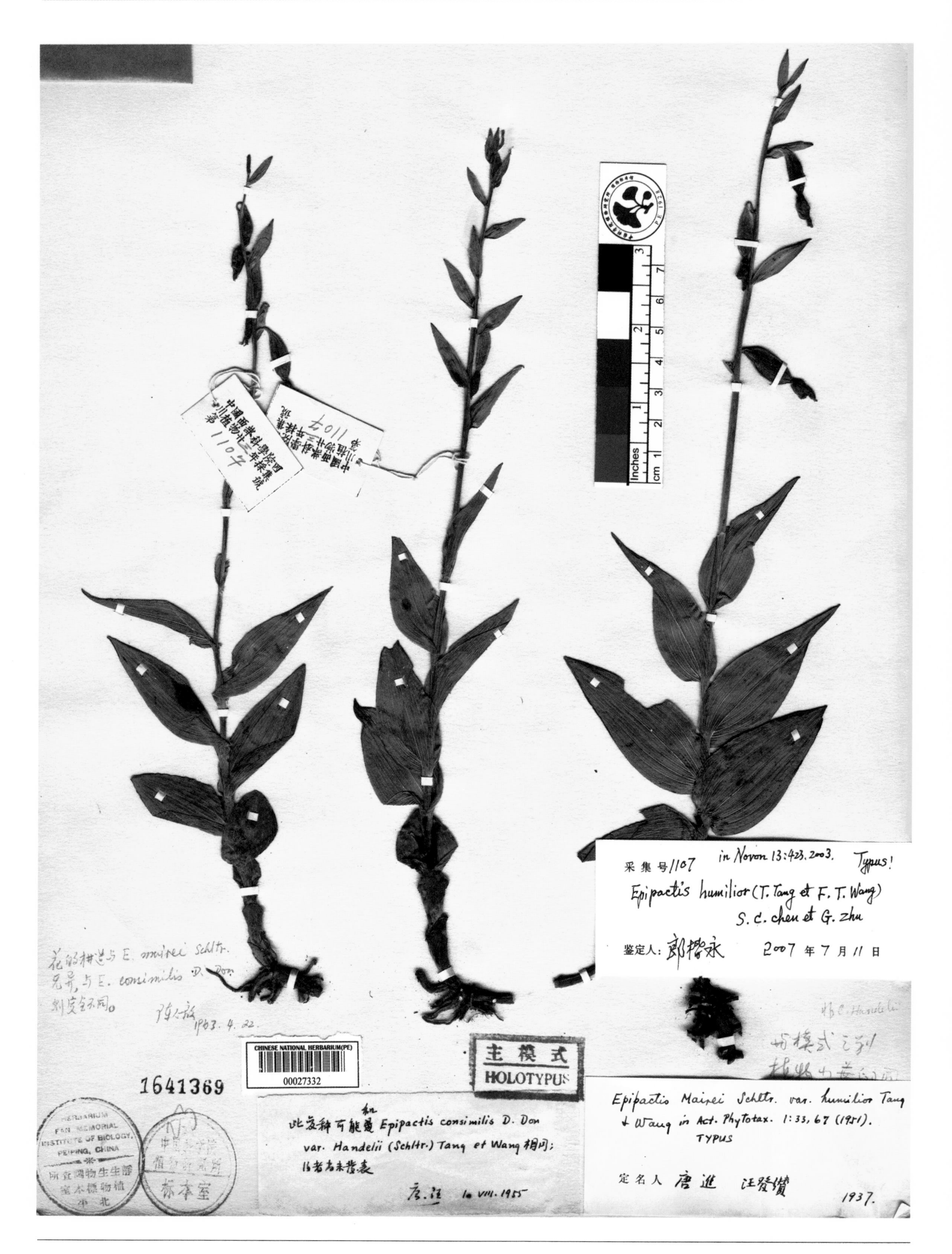

矮大叶火烧兰 ***Epipactis mairei*** Schlt. var. ***humilior*** Tang & F. T. Wang in Acta Phytotax. Sin. 1(1): 33, 67. 1951. **Holotype:** China. Sichuan: Precise locality not known, 1934-??-??, S. M. Liu 1107.

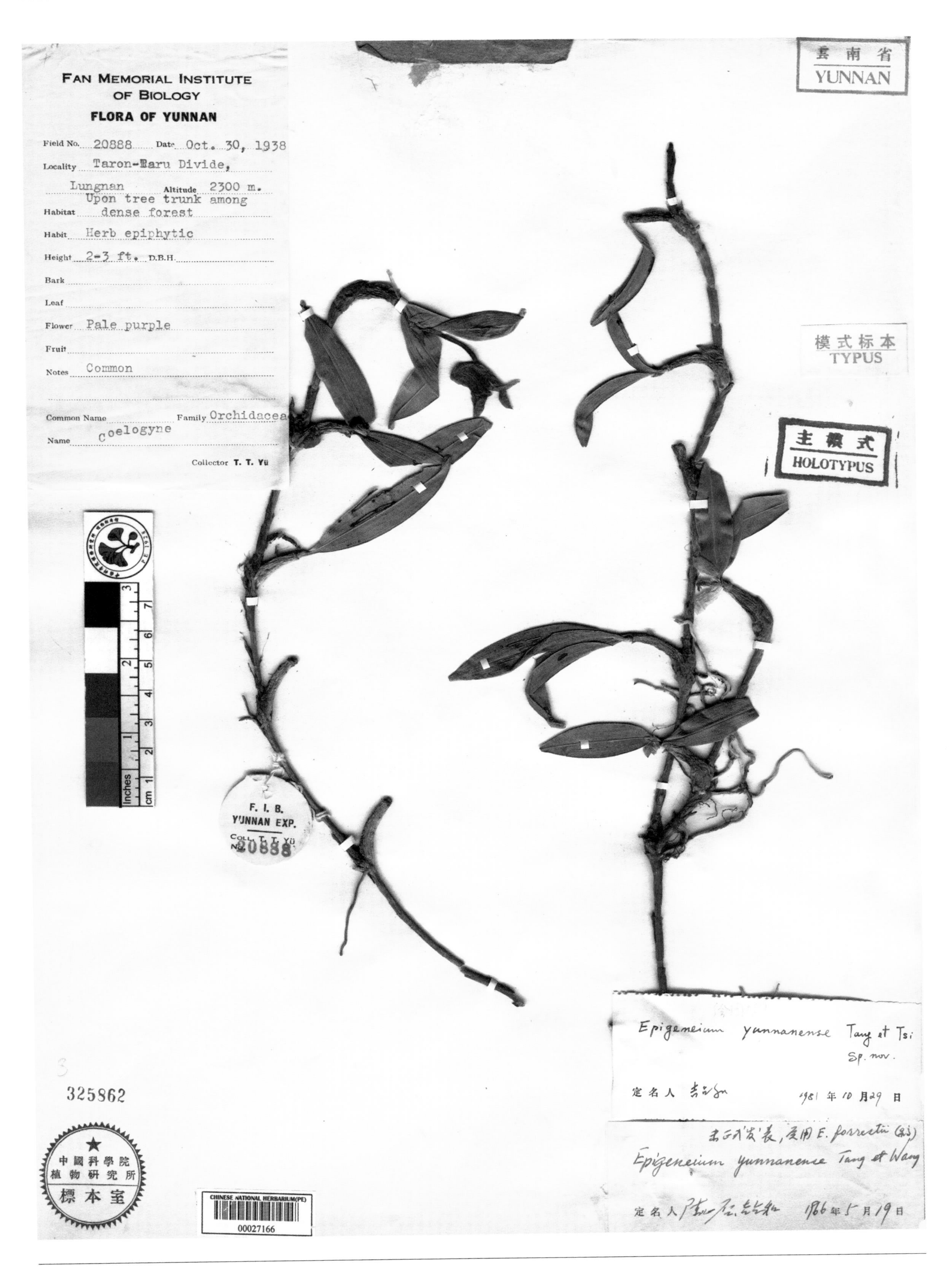

长爪厚唇兰 ***Epigeneium yunnanense*** Tang & Z. H. Tsi in Acta Phytotax. Sin. 22(6): 484, f. 2: 1-5. 1984. **Holotype:** China. Yunnan: Gongshan, alt. 2300 m, 1938-10-30, T. T. Yu 20888.

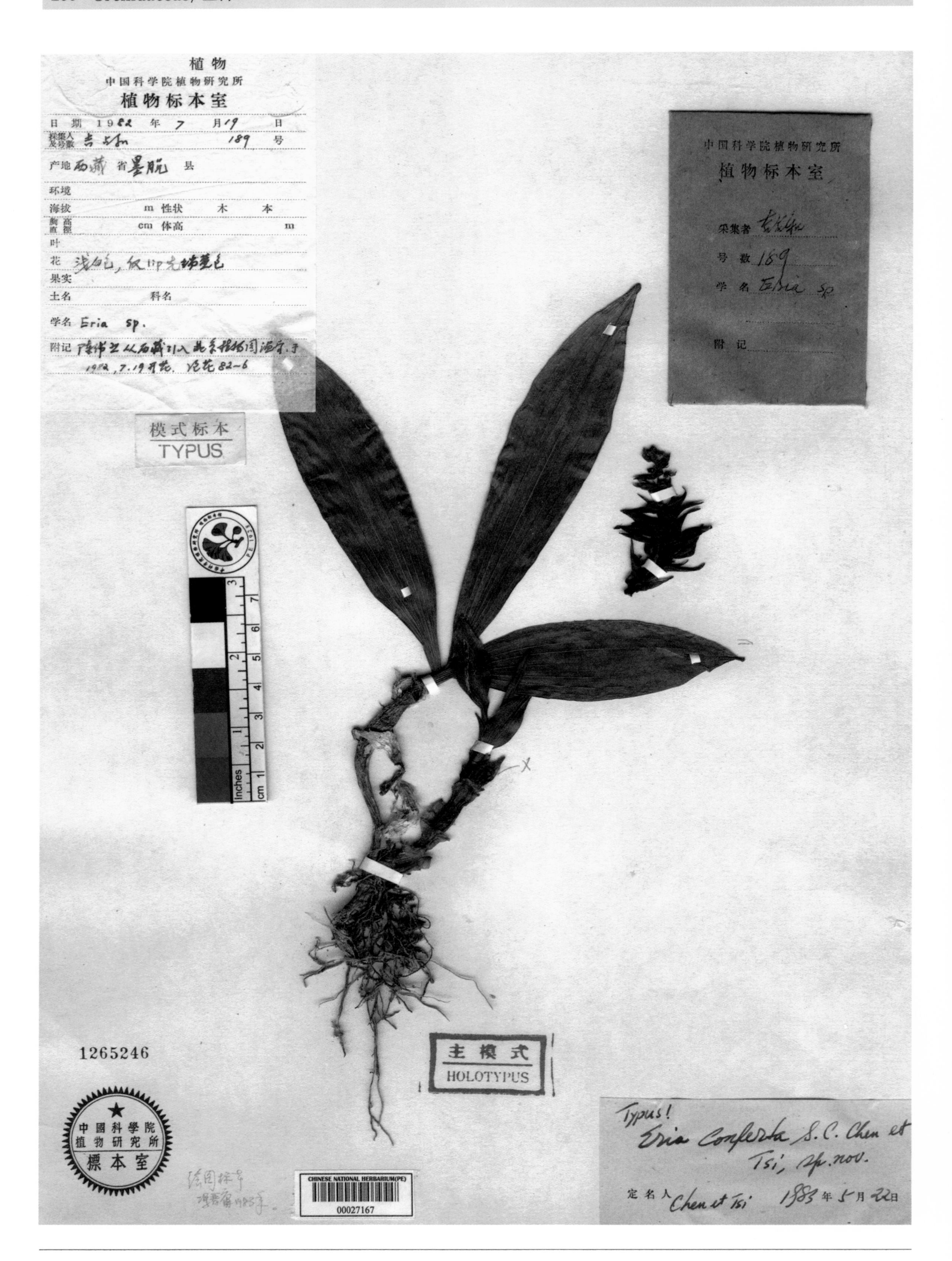

密毛苞兰 ***Eria conferta*** S. C. Chen & Z. H. Tsi in Acta Bot. Yunnan. 6(4): 383, f. 1: 3-4. 1984. **Holotype:** China. Xizang: Mêdog, 1982-07-19, Z. H. Tsi 189.

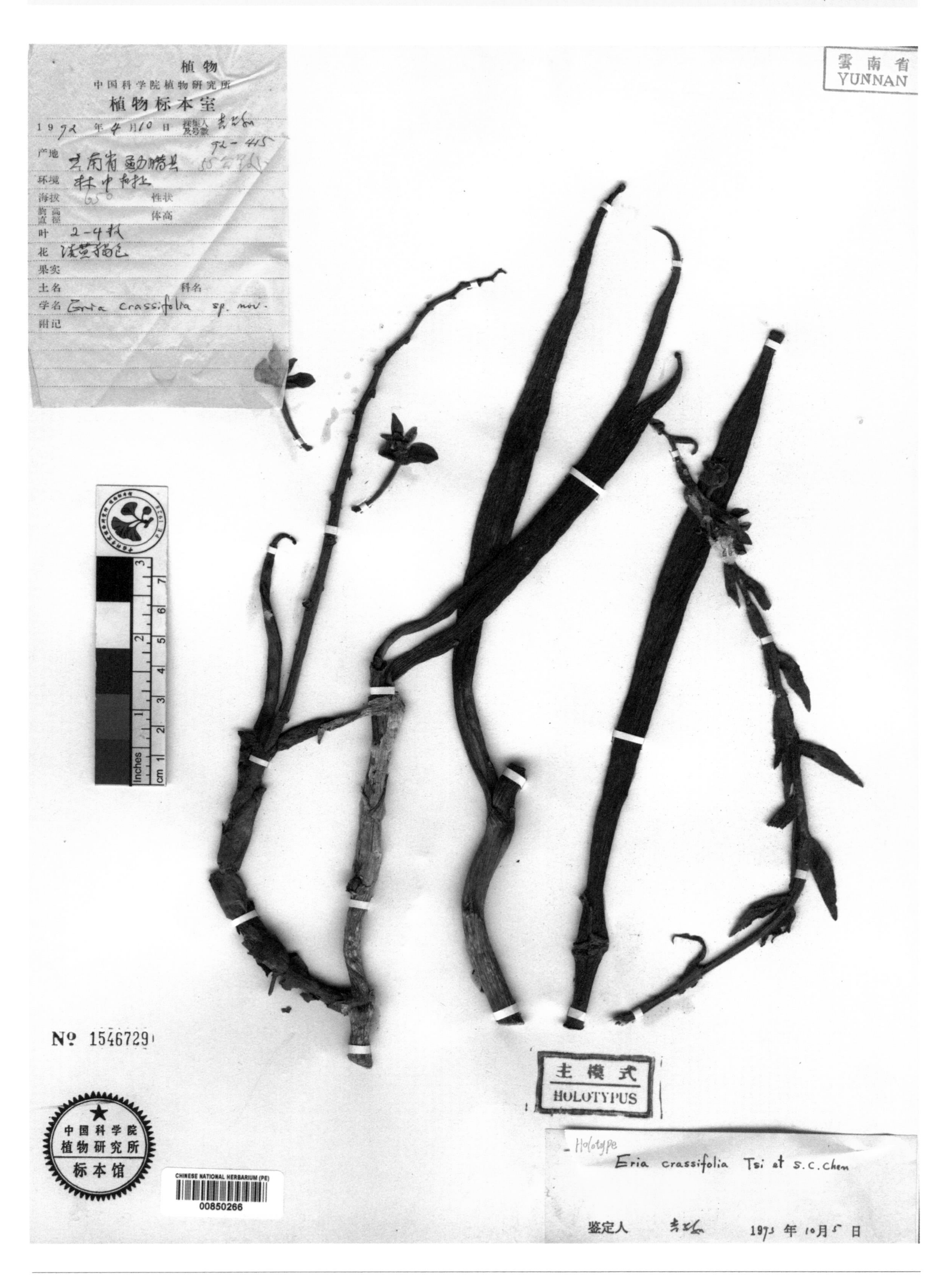

厚叶毛兰 ***Eria crassifolia*** Z. H. Tsi & S. C. Chen in Acta Phytotax. Sin. 32(6): 561, f. 3: 7-12. 1984. **Holotype:** China. Yunnan: Mengla, alt. 650 m, 1992-04-10, Z. H. Tsi 92-415.

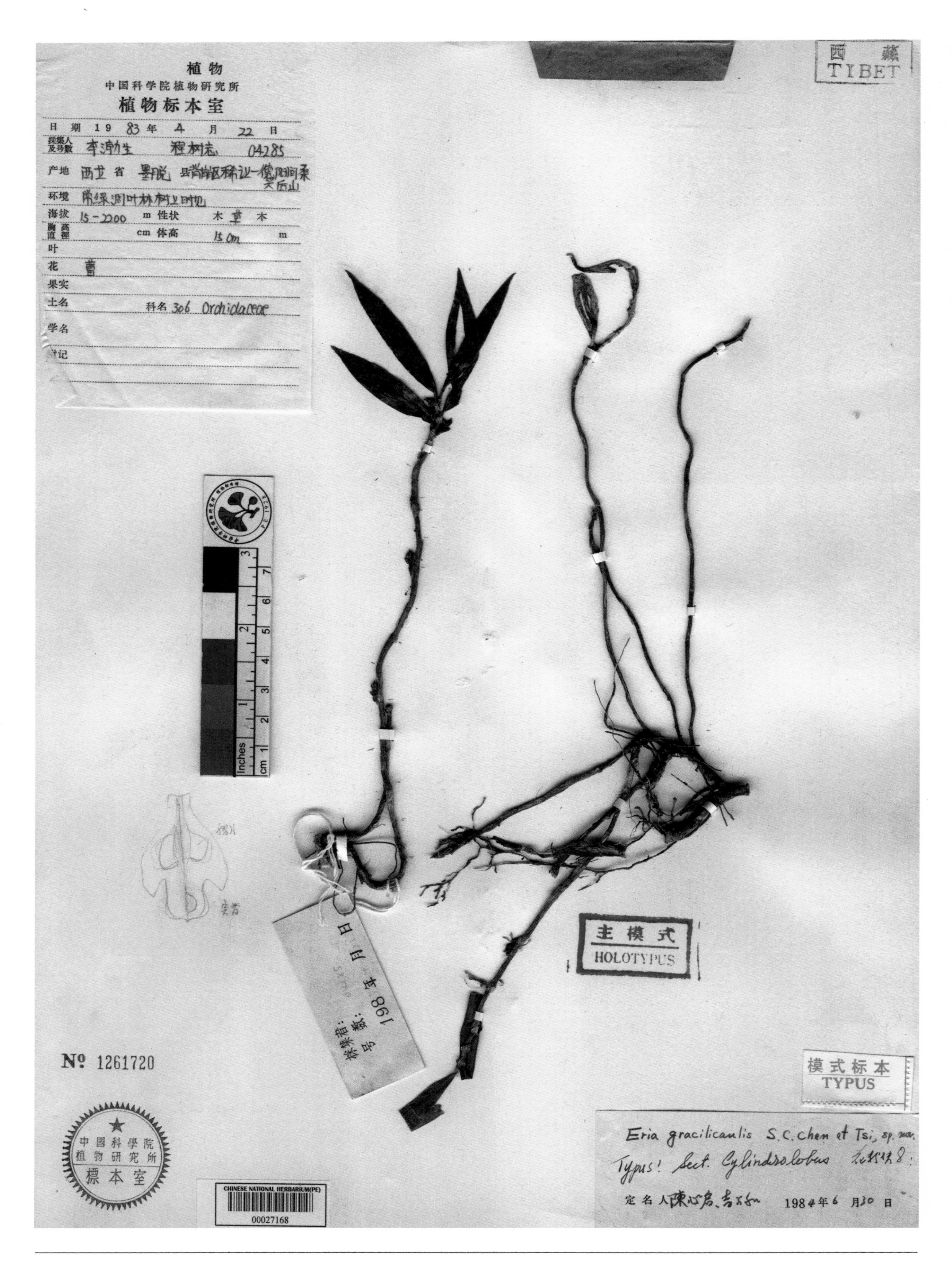

细茎毛兰 ***Eria gracilicaulis*** S. C. Chen & Z. H. Tsi in Bull. Bot. Res., Harbin 8(1): 8, f. 2. 1988. **Holotype:** China. Xizang: Mêdog, alt. 1500~2200 m, 1983-04-22, B. S. Li & S. Z. Cheng 4285.

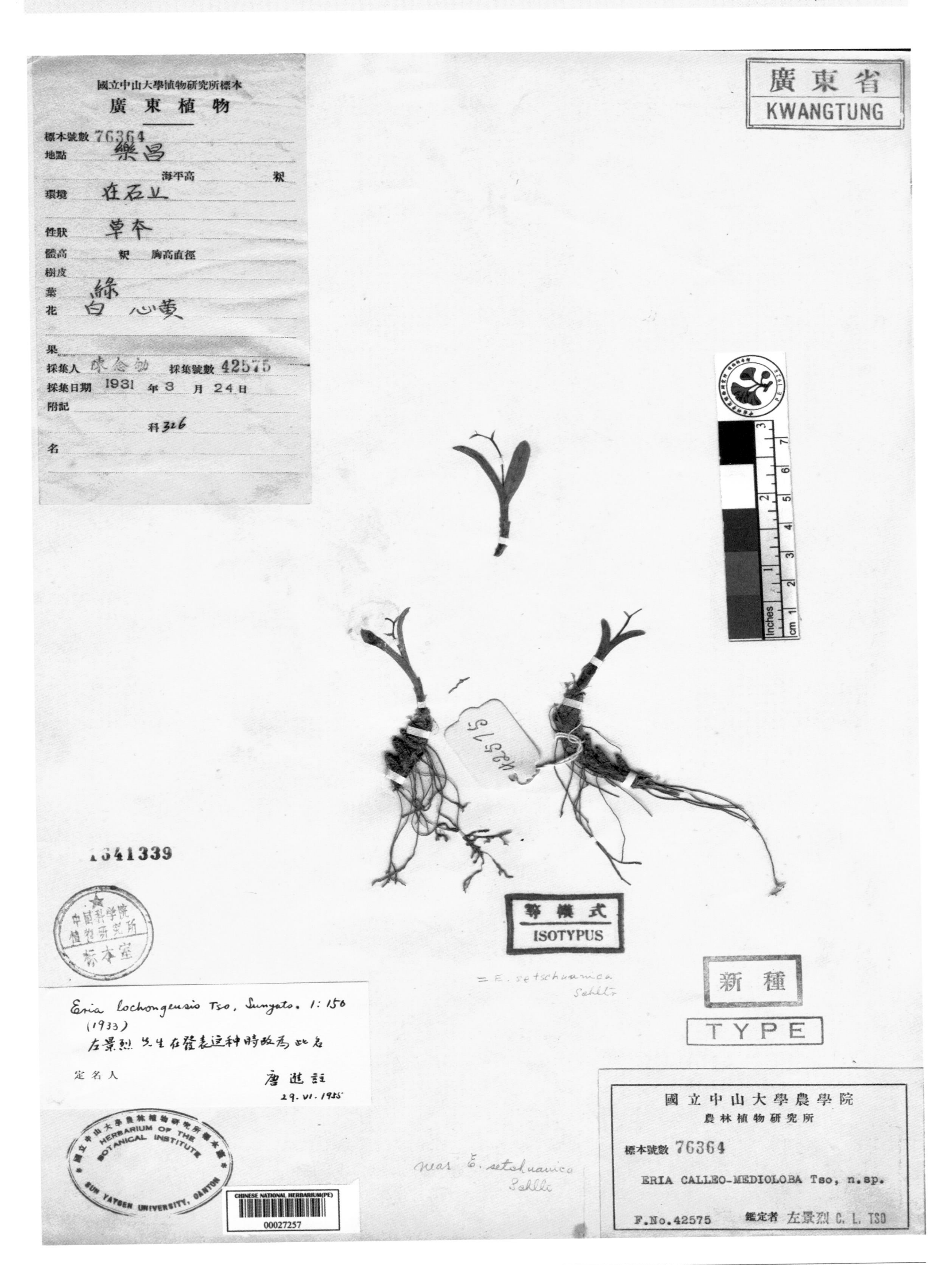

乐昌毛兰 ***Eria lochongensis*** C. L. Tso in Sunyatsenia 1(2-3): 150. 1933. **Isotype:** China. Guangdong: Lechang, 1931-03-24, N. K. Chun 42575.

墨脱毛兰 ***Eria medogensis*** S. C. Chen & Z. H. Tsi in Acta Phytotax. Sin. 25(5): 329, f. 1. 1987. **Holotype:** China. Xizang: Mêdog, alt. 1800~2100 m, 1983-05-20, B. S. Li & al. 3662.

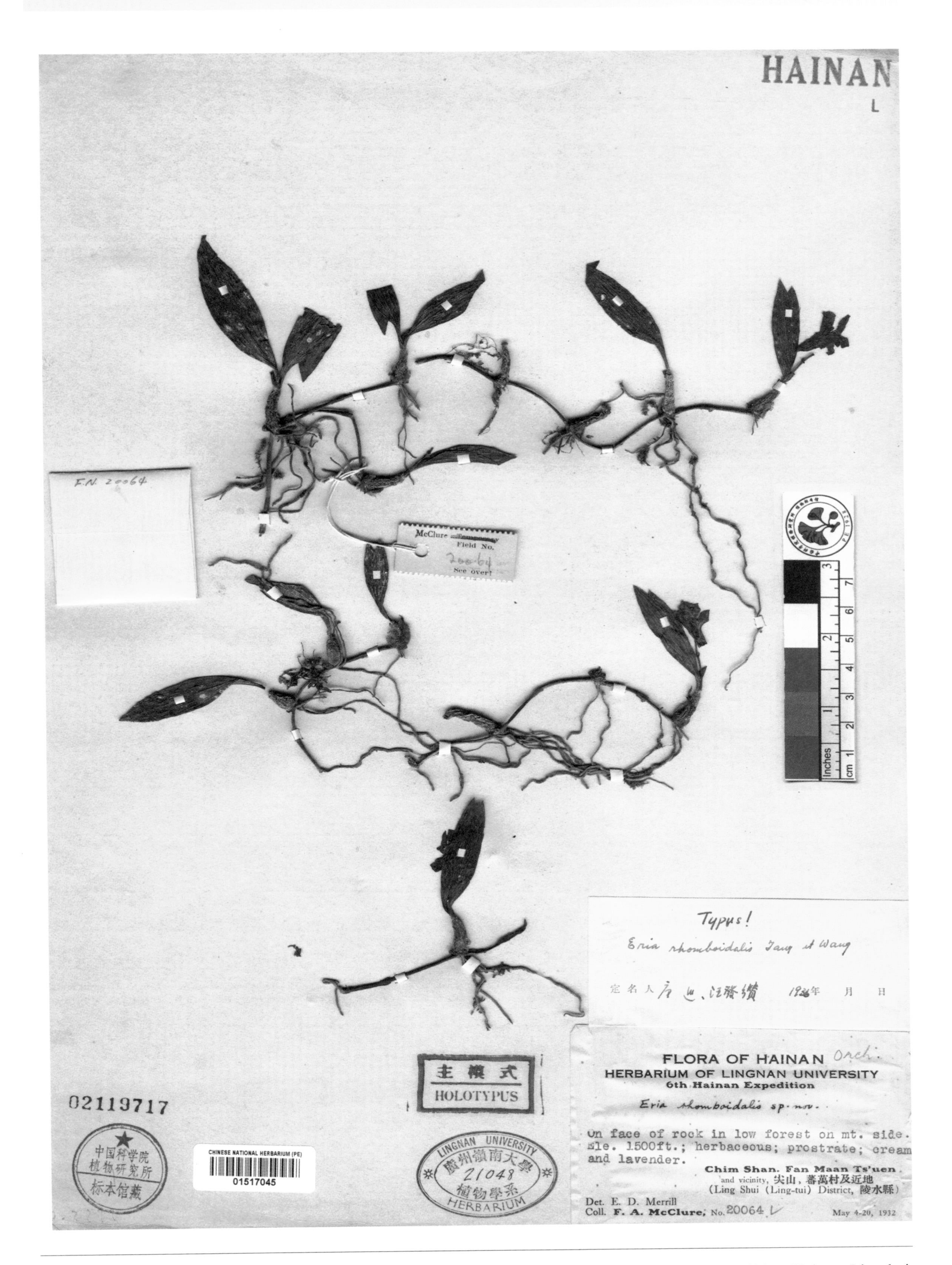

菱唇毛兰 ***Eria rhomboidalis*** Tang & F. T. Wang in Acta Phytotax. Sin. 1(1): 44, 86. 1951. **Holotype:** China. Hainan: Lingshui, alt. 500 m, 1932-05-20, F. A. McClure 20064.

砚山毛兰 ***Eria yanshanensis*** S. C. Chen in Acta Phytotax. Sin. 26(3): 239, f. 1. 1987. **Holotype:** China. Yunnan: Yanshan, alt. 1100 m, 1939-11-15, C. W. Wang 84974.

FAN MEMORIAL INSTITUTE
OF BIOLOGY
FLORA OF YUNNAN

Field No. 79003 Date Sept. 1936
Locality 車里縣，曼牙 (Man-ya, Che-li Hsien)
Altitude 1500 m.
Habitat thickets
Habit on tree bark
Height D.B.H.
Bark
Leaf
Flower greenish yellow
Fruit
Notes
Common Name Family Orch.
Name
Collector 王啓無 C. W. Wang

YUNNAN C. W. WANG 1935-36
79003

主模式
HOLOTYPUS

01843189

CHINESE NATIONAL HERBARIUM (PE)
00338942

中國科學院
植物標本室
植物分類
研究所

Sect. Hymenaria
Eria yunnanensis sp. nov.
定名人 陈心启 吉占和 1986年5月27日

滇南毛兰 ***Eria yunnanensis*** S. C. Chen & Z. H. Tsi in Acta Bot. Yunnan. 6(4): 381, f. 1: 1-2. 1984. **Holotype:** China. Yunnan: Cheli (=Jinghong), alt. 1500 m, 1936-09-??, C. W. Wang 79003.

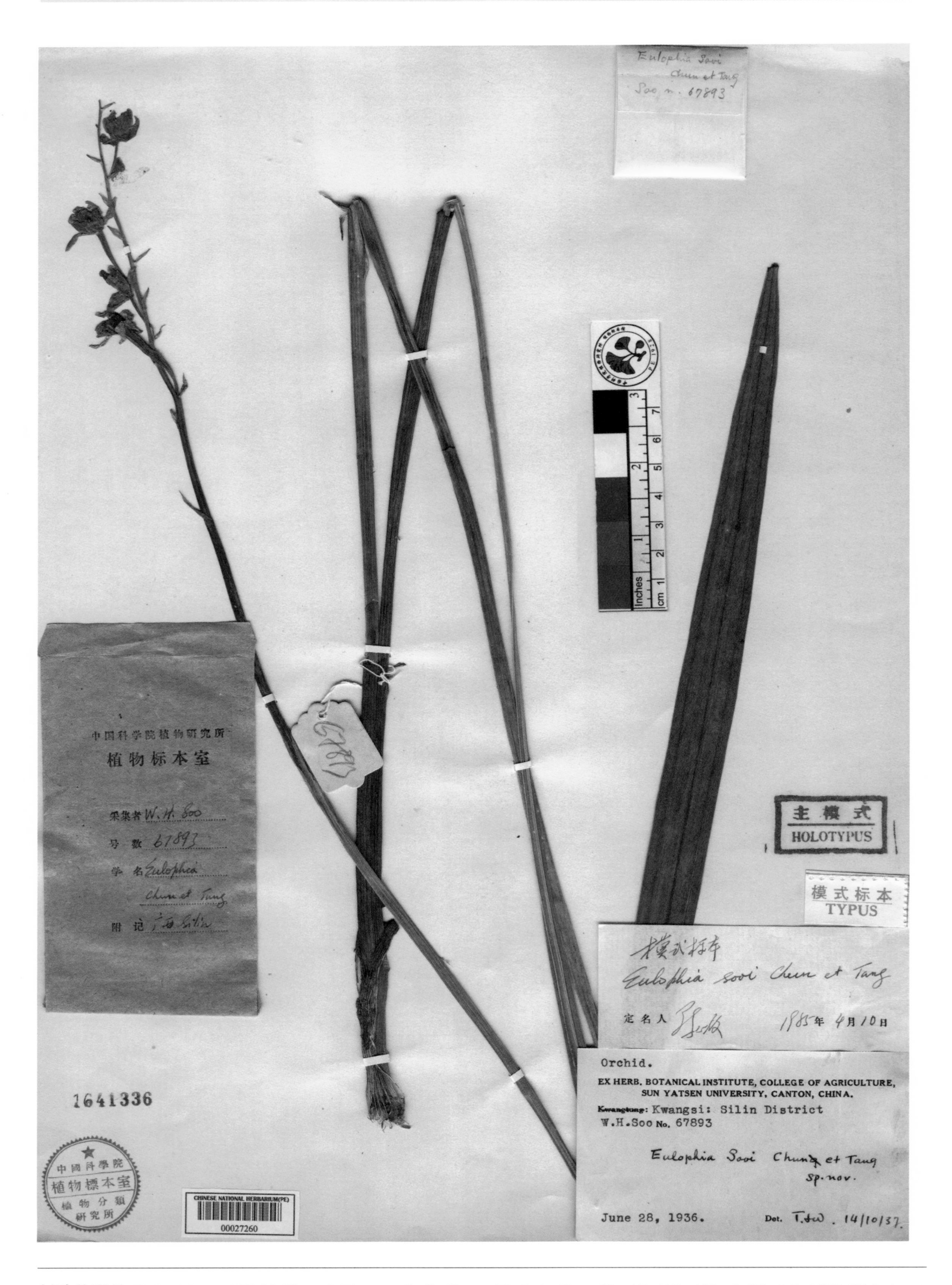

剑叶美冠兰 ***Eulophia sooi*** W. Y. Chun & Tang ex S. C. Chen，Fl. Reip. Pop. Sin. 18: 179, 412, pl. 32: 6-7. 1999. **Holotype:** China. Guangxi: Tianlin, 1936-06-28, W. H. Soo 67893.

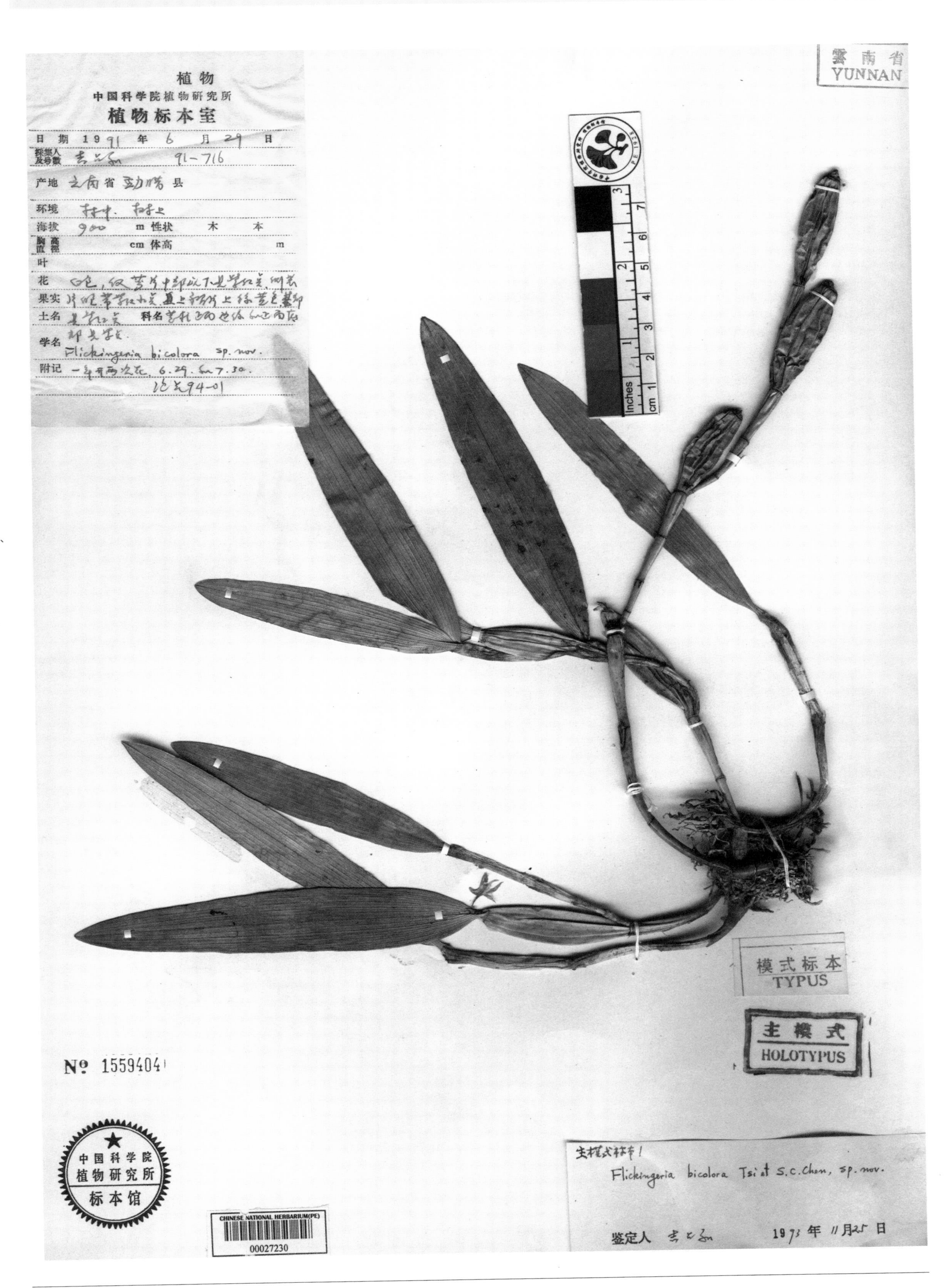

二色金石斛 ***Flickingeria bicolor*** Z. H. Tsi & S. C. Chen in Acta Phytotax. Sin. 33(2): 204, f. 2: 6. 1995. **Holotype:** China. Yunnan: Mengla, alt. 900 m, 1991-06-29, Z. H. Tsi 91-716.

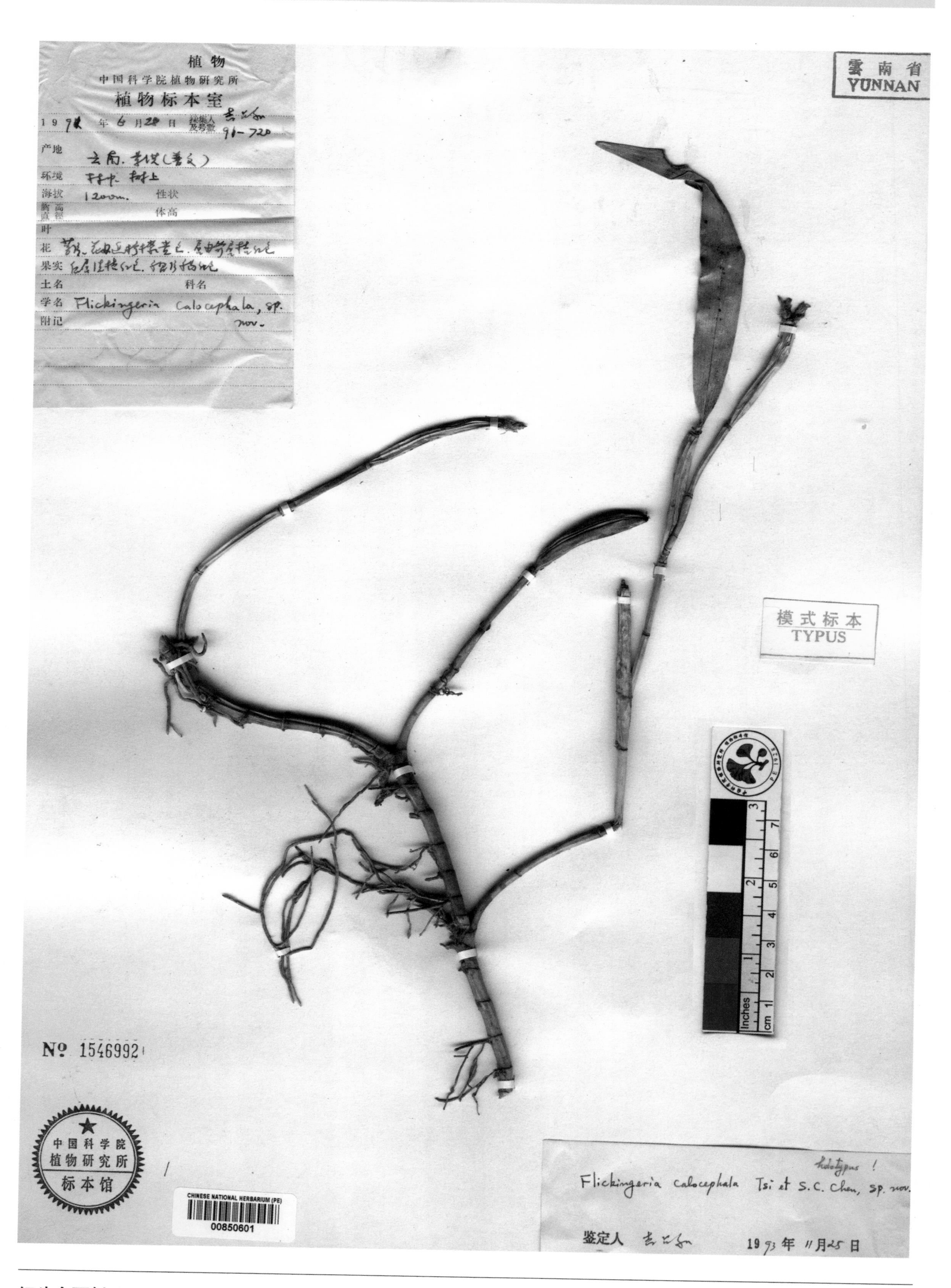

红头金石斛 ***Flickingeria calocephala*** Z. H. Tsi & S. C. Chen in Acta Phytotax. Sin. 33(2): 203, f. 2: 4. 1995. **Holotype:** China. Yunnan: Jinghong, Puwen, alt. 1200 m, 1991-06-28, Z. H. Tsi 91-720.

同色金石斛 ***Flickingeria concolor*** Z. H. Tsi & S. C. Chen in Acta Phytotax. Sin. 33(2): 204, f. 2: 5. 1995. **Holotype:** China. Yunnan: Jinghong, alt. 1600 m, 1991-06-29, Z. H. Tsi 91-722.

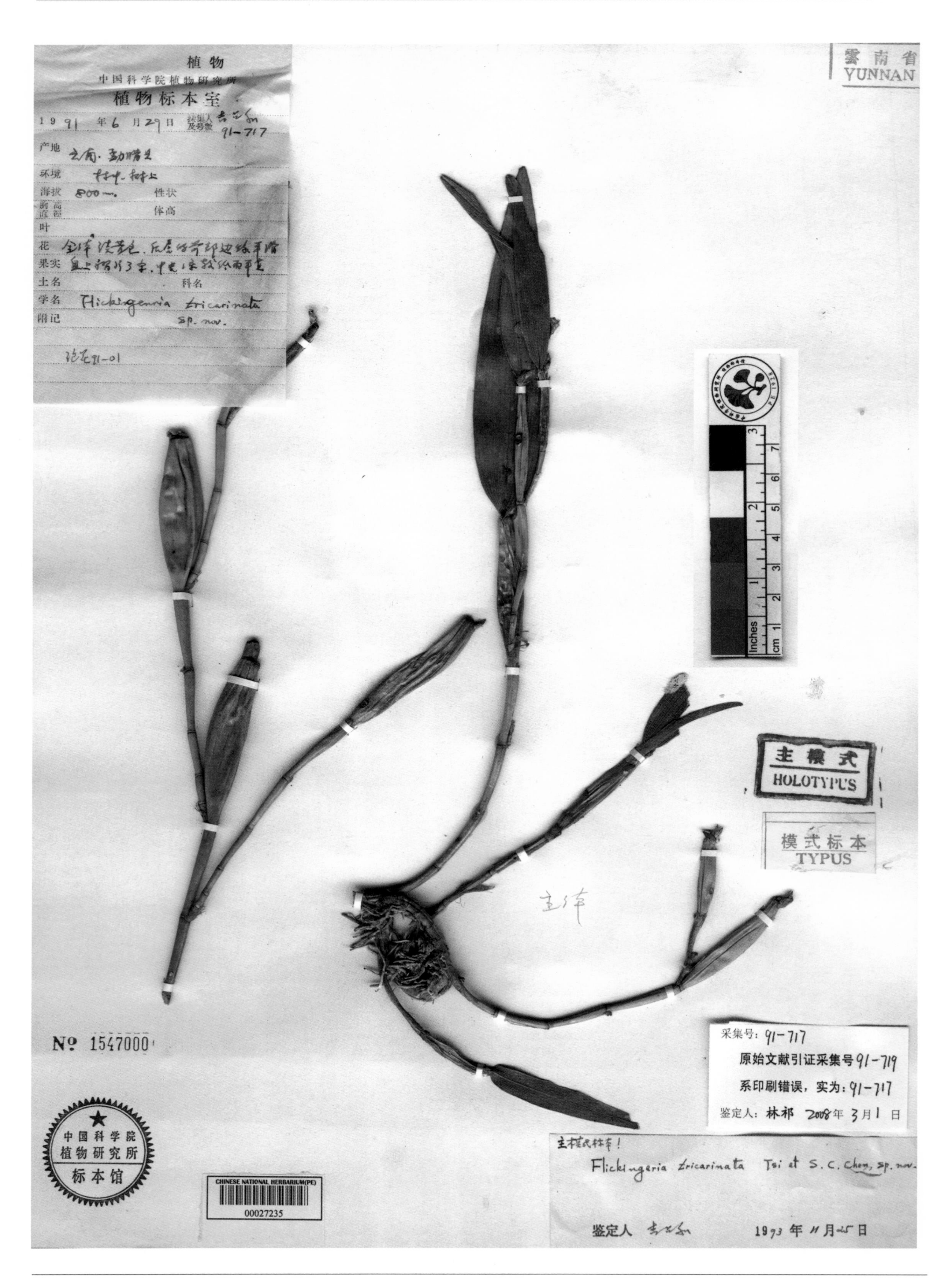

三脊金石斛 ***Flickingeria tricarinata*** Z. H. Tsi & S. C. Chen in Acta Phytotax. Sin. 33(2): 201, f. 2: 1-2. 1995. **Holotype:** China. Yunnan: Mengla, alt. 800 m, 1991-06-29, Z. H. Tsi 91-717.

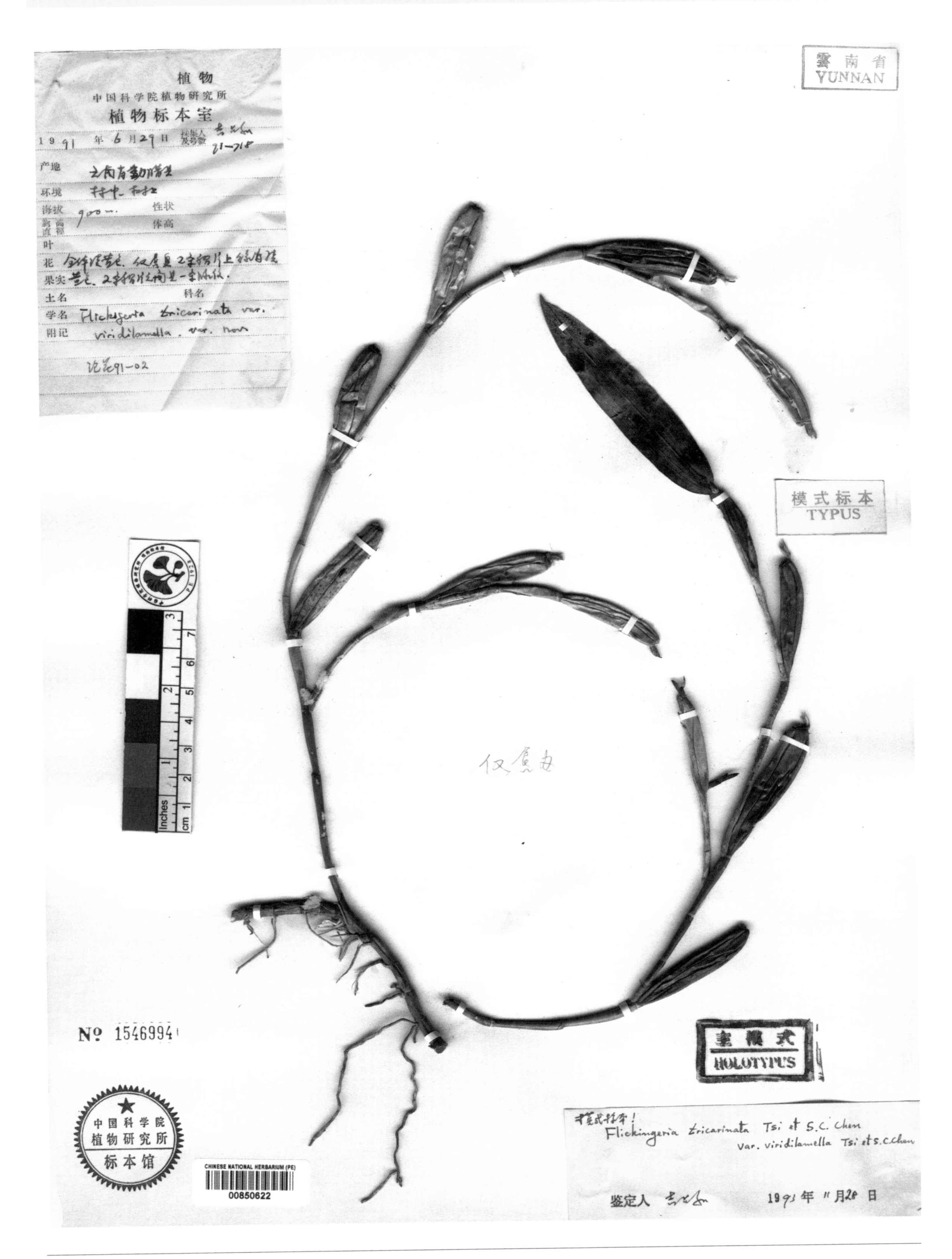

绿脊金石斛 ***Flickingeria tricarinata*** Z. H. Tsi & S. C. Chen var. ***viridilamella*** Z. H. Tsi & S. C. Chen in Acta Phytotax. Sin. 33(2): 203, f. 2: 3. 1995. **Holotype:** China. Yunnan: Mengla, alt. 900 m, 1991-06-29, Z. H. Tsi 91-718.

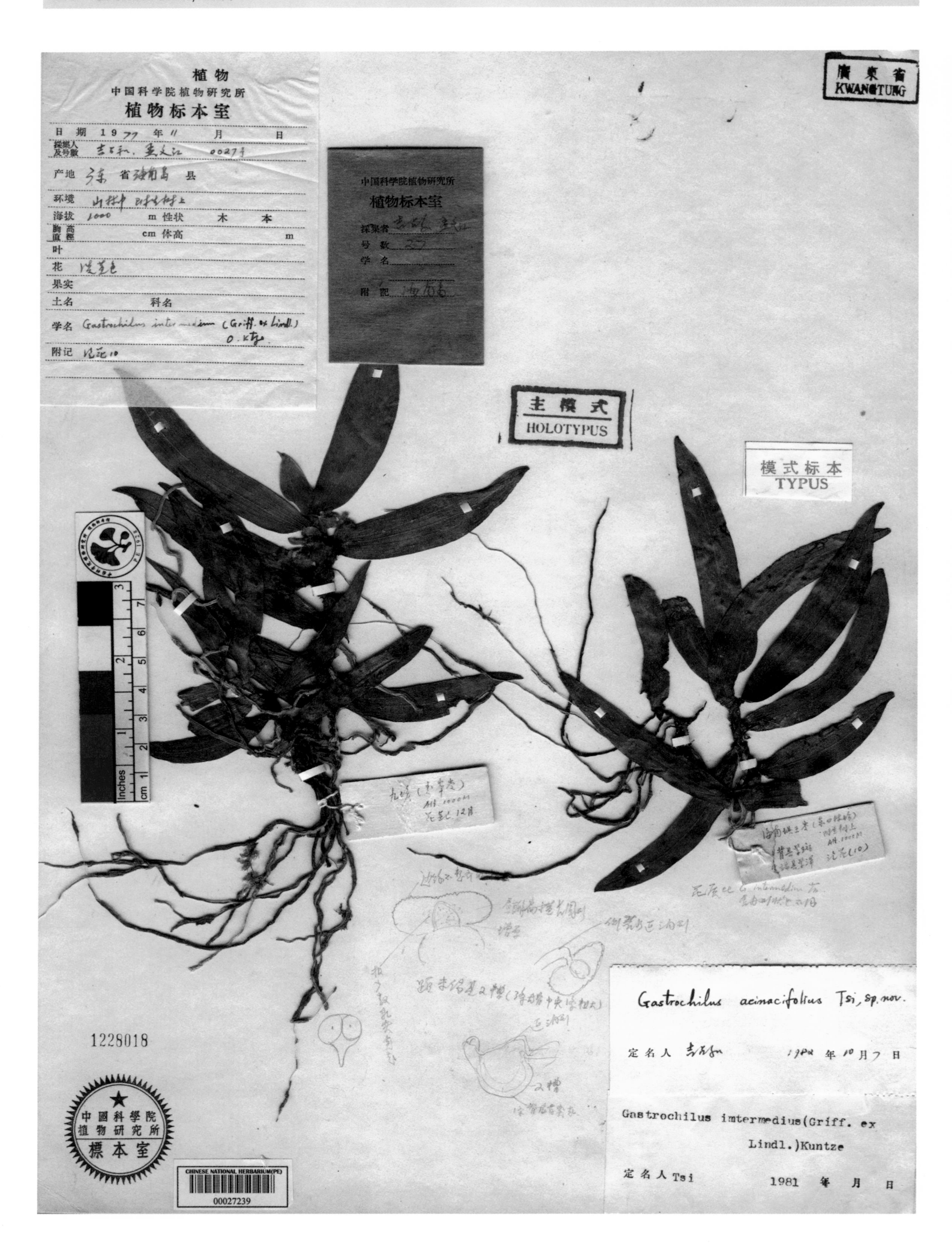

镰叶盆距兰 ***Gastrochilus acinacifolius*** Z. H. Tsi in Bull. Bot. Res., Harbin 9(2): 25, f. 2: 1-2. 1989. **Holotype:** China. Hainan: Diaoluoshan, alt. 1000 m, 1977-11-??, Z. H. Tsi & W. J. Meng 27.

滇南盆距兰 ***Gastrochilus diannanensis*** Z. H. Tsi & Y. Z. Ma in Acta Bot. Yunnan. 7(1): 85, f. 1: 3-6. 1985. **Holotype:** China. Yunnan: Mengla, alt. 750 m. 1983-03-18, S. C. Chen & al. 65.

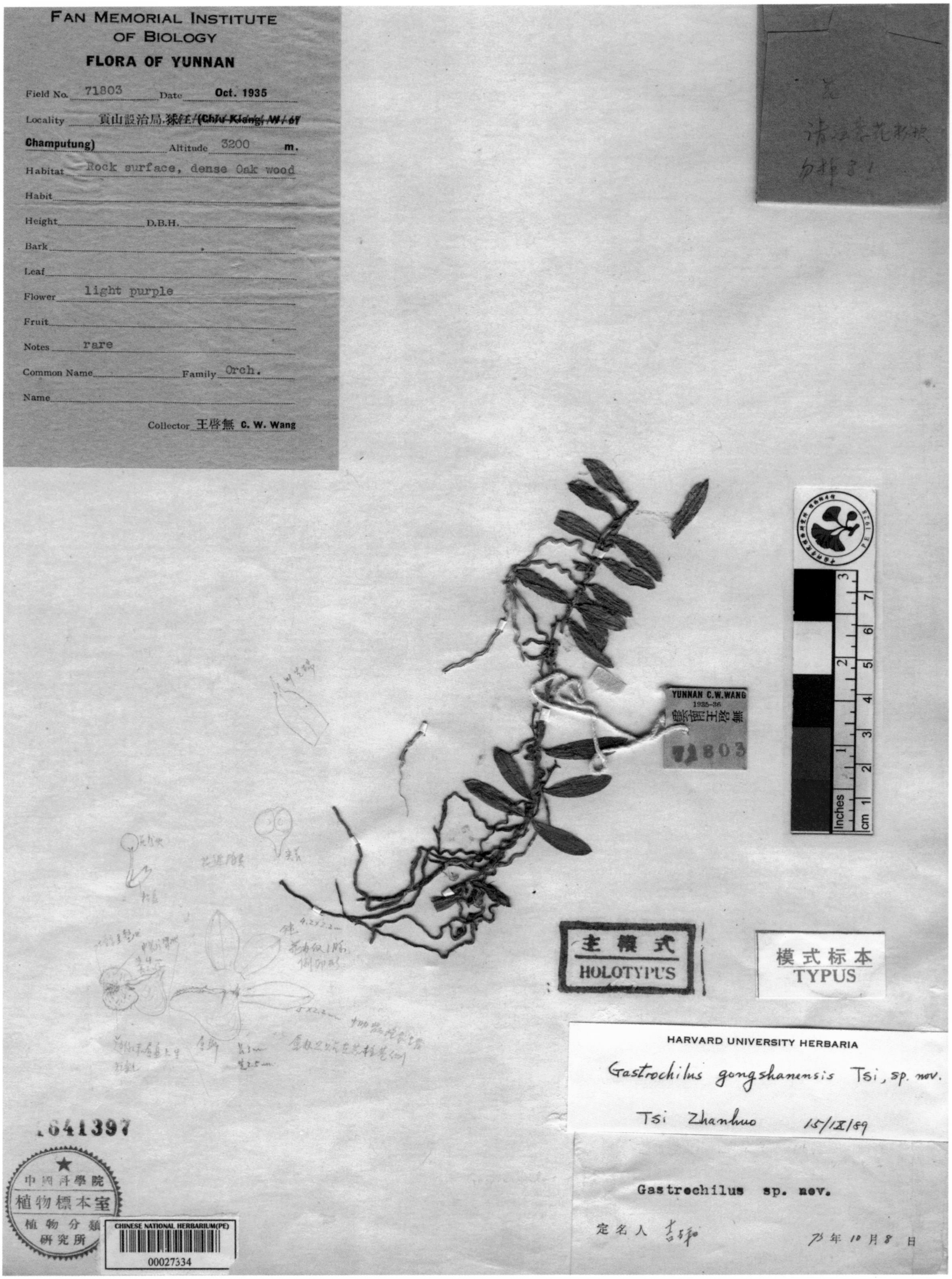

FAN MEMORIAL INSTITUTE OF BIOLOGY
FLORA OF YUNNAN

Field No. 71803 Date Oct. 1935
Locality 貢山設治局.徐江 (Chiu Kiang, W. of Champutung) Altitude 3200 m.
Habitat Rock surface, dense Oak wood
Habit
Height D.B.H.
Bark
Leaf
Flower light purple
Fruit
Notes rare
Common Name Family Orch.
Name
Collector 王啓無 C. W. Wang

YUNNAN C.W.WANG 1935-36 雲南王啓無 71803

主模式 HOLOTYPUS

模式标本 TYPUS

HARVARD UNIVERSITY HERBARIA
Gastrochilus gongshanensis Tsi, sp. nov.
Tsi Zhanhuo 15/IX/89

Gastrochilus sp. nov.
定名人 吉占和 7?年 10 月 8 日

贡山盆距兰 ***Gastrochilus gongshanensis*** Z. H. Tsi in Guihaia 16(2): 149, f. 2: a-e. 1996. **Holotype:** China. Yunnan: Gongshan, alt. 3200 m, 1935-10-??, C. W. Wang 71803.

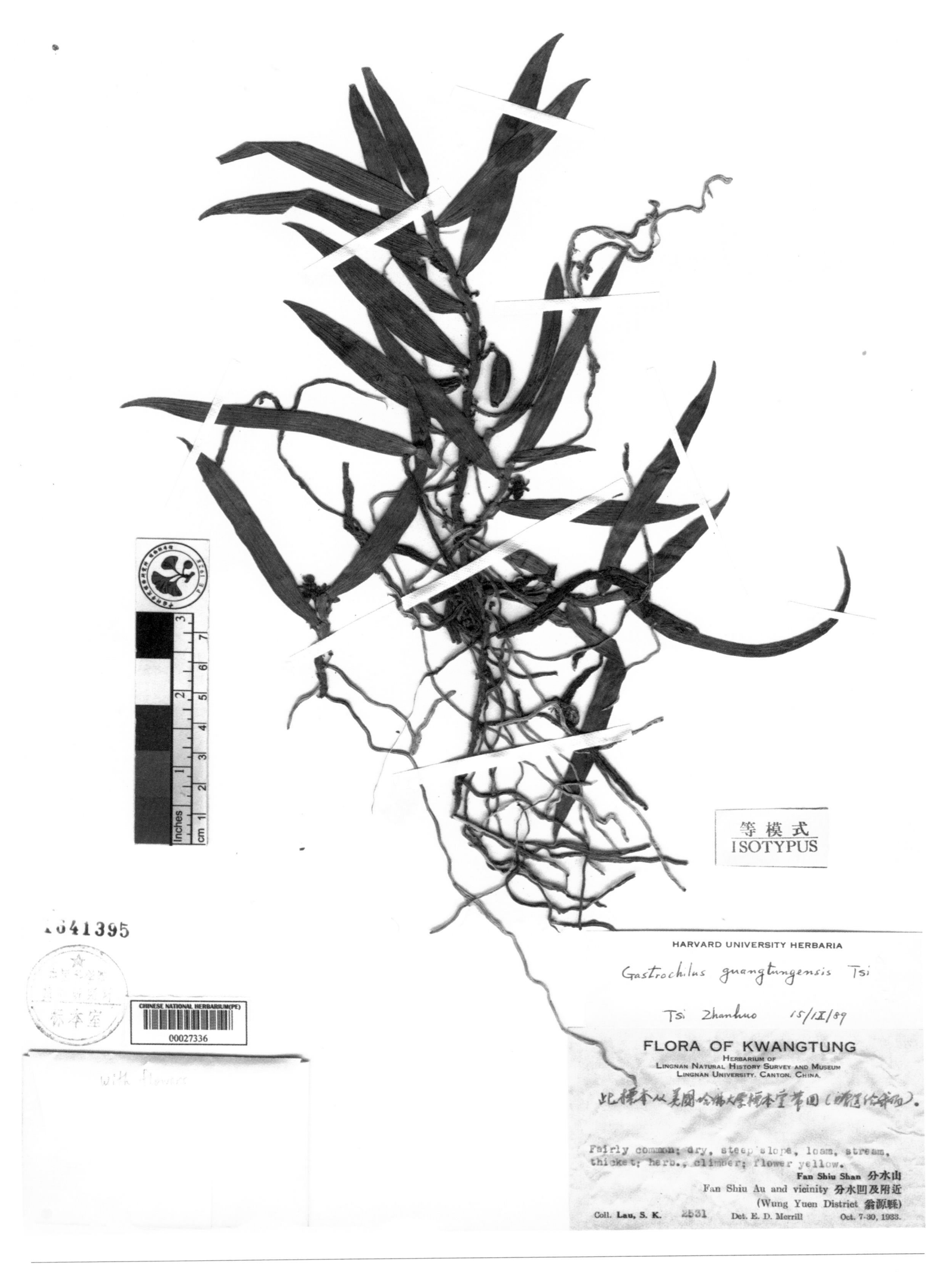

广东盆距兰 ***Gastrochilus guangtungensis*** Z. H. Tsi in Guihaia 16(2): 139, f. 1: c-d. 1996. **Isotype:** China. Guangdong: Wengyuan, 1933-10-07, S. K. Lau 2531.

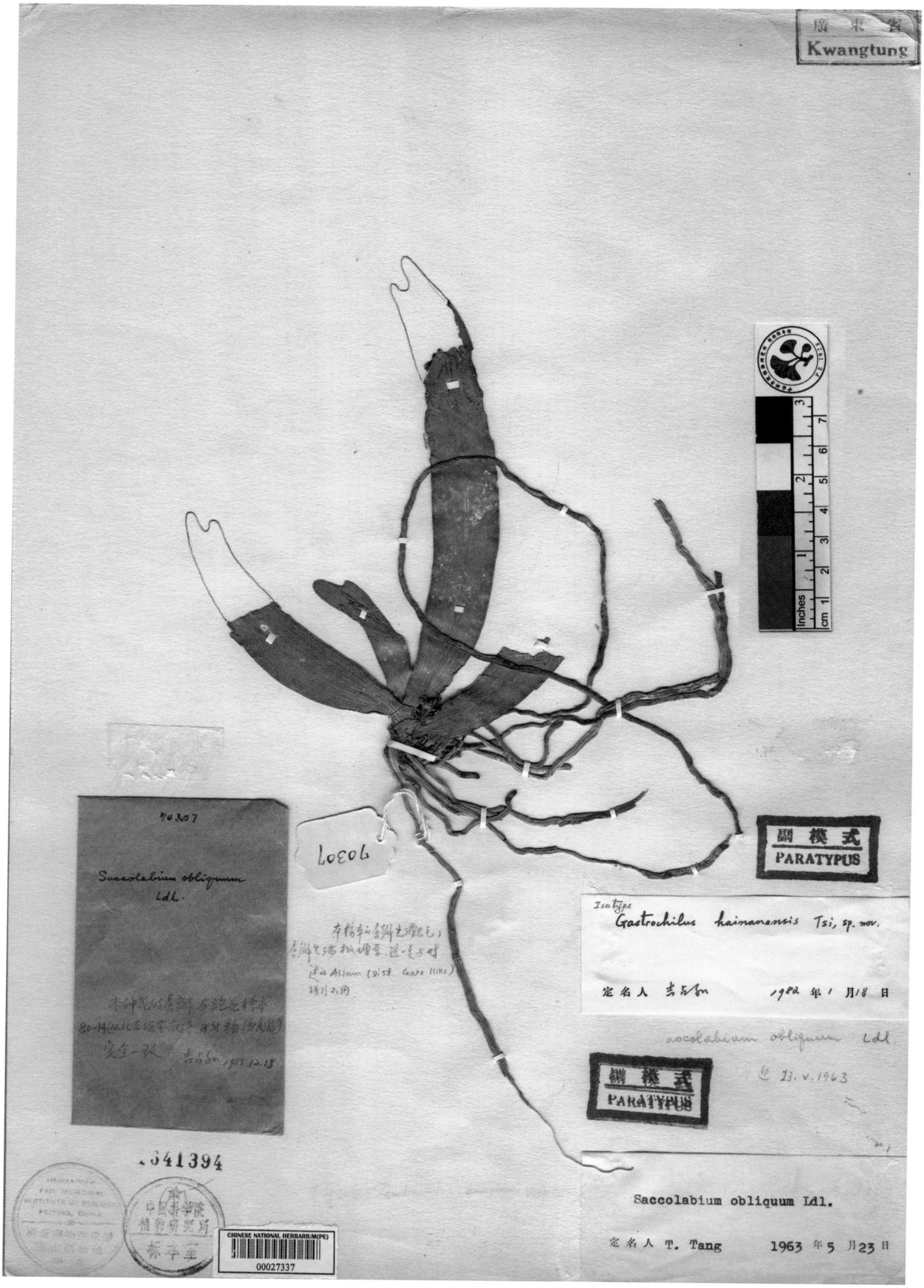

海南盆距兰 ***Gastrochilus hainanensis*** Z. H. Tsi in Bull. Bot. Res., Harbin 9(2): 21, f. 1: 1-4. 1989. **Paratype:** China. Hainan: Precise locality not known, Anonymous 70307.

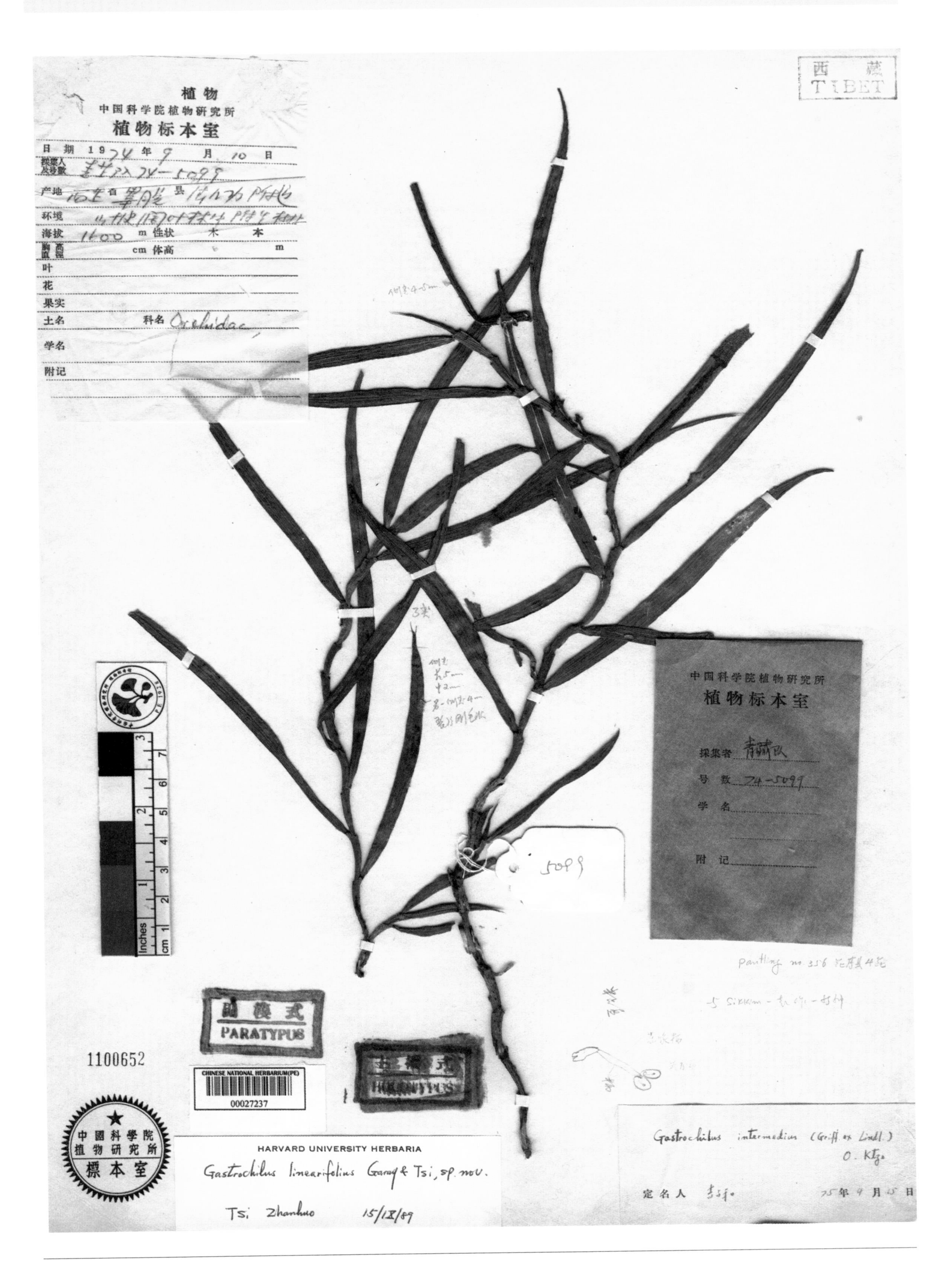

狭叶盆距兰 ***Gastrochilus linearifolius*** Z. H. Tsi & L. A. Garay in Guihaia 16(2): 138, f. 1: a-b. 1996. **Paratype:** China. Xizang: Mêdog, alt. 1600 m, 1974-09-10, Qinghai-Xizang Exped. 74-5099.

药用植物标本采集记录卡

地方名	岡子兰		
科别	兰科	名称	
学名			
采集地点	南川金佛山大河坝		
海拔（公尺）	1200m		
茎			
叶	肉质具殊红色小斑点		
花	腋生		
果实和种子			
根和地下茎			
药用部份			
效用			
采集单位	四川中药研究所南川药物场	采集人	刘正宇
采集日期	1983年12月7日	编号	4765

叶表绿色

模式标本
TYPUS

杏仁牛奶粥

杏仁10克，桑白皮10克，生姜片10克，大枣6枚，牛奶250毫升，粳米100克。
杏仁浸泡去皮尖，细研，入牛奶中搅和滤取汁备用。桑白皮、姜、枣水煎去渣取汁，

主模式
HOLOTYPUS

1641398

HARVARD UNIVERSITY HERBARIA

Gastrochilus nanchuanensis Tsi, sp. nov.

Tsi Zhanhuo 13/12/89

四川省南川县
金佛山经济植物标本笺

学名：Gastrochilus sinensis Tsi
科别：
中名： 俗名：
效用：
鉴定人：吉占和 一九八8年9月5日

南川盆距兰 ***Gastrochilus nanchuanensis*** Z. H. Tsi in Guihaia 16(2): 149, f. 2: f-k. 1996. **Holotype:**China. Chongqing: Nanchuan, alt. 1200 m, 1983-12-07, Z. Y. Liu 4765.

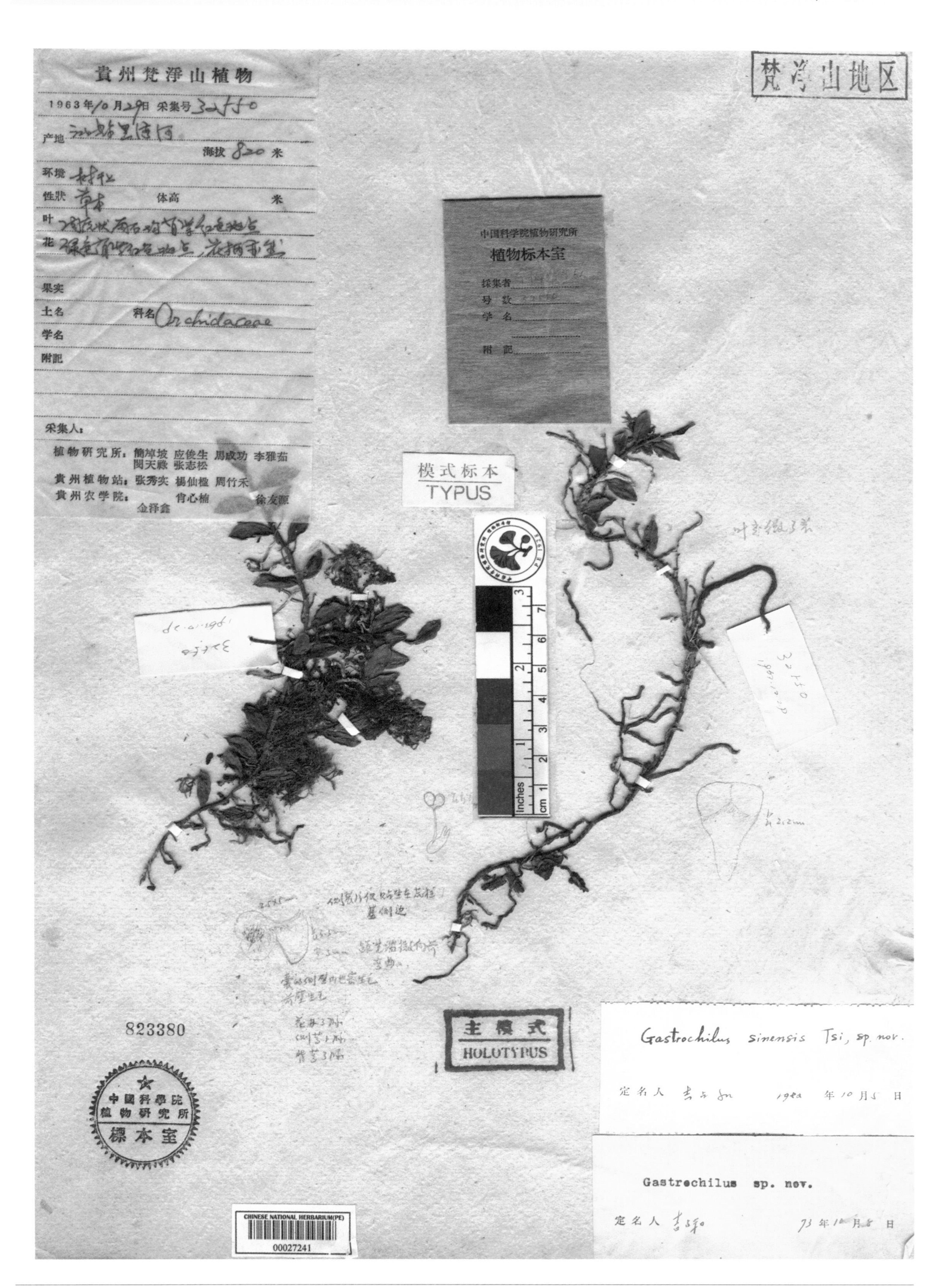

中华盆距兰 ***Gastrochilus sinensis*** Z. H. Tsi in Bull. Bot. Res., Harbin 9(2): 23, f. 2: 3-6. 1989. **Holotype:** China. Guizhou: Jiankou, alt. 820 m, 1963-10-29, C. P. Tsien & al. 32550.

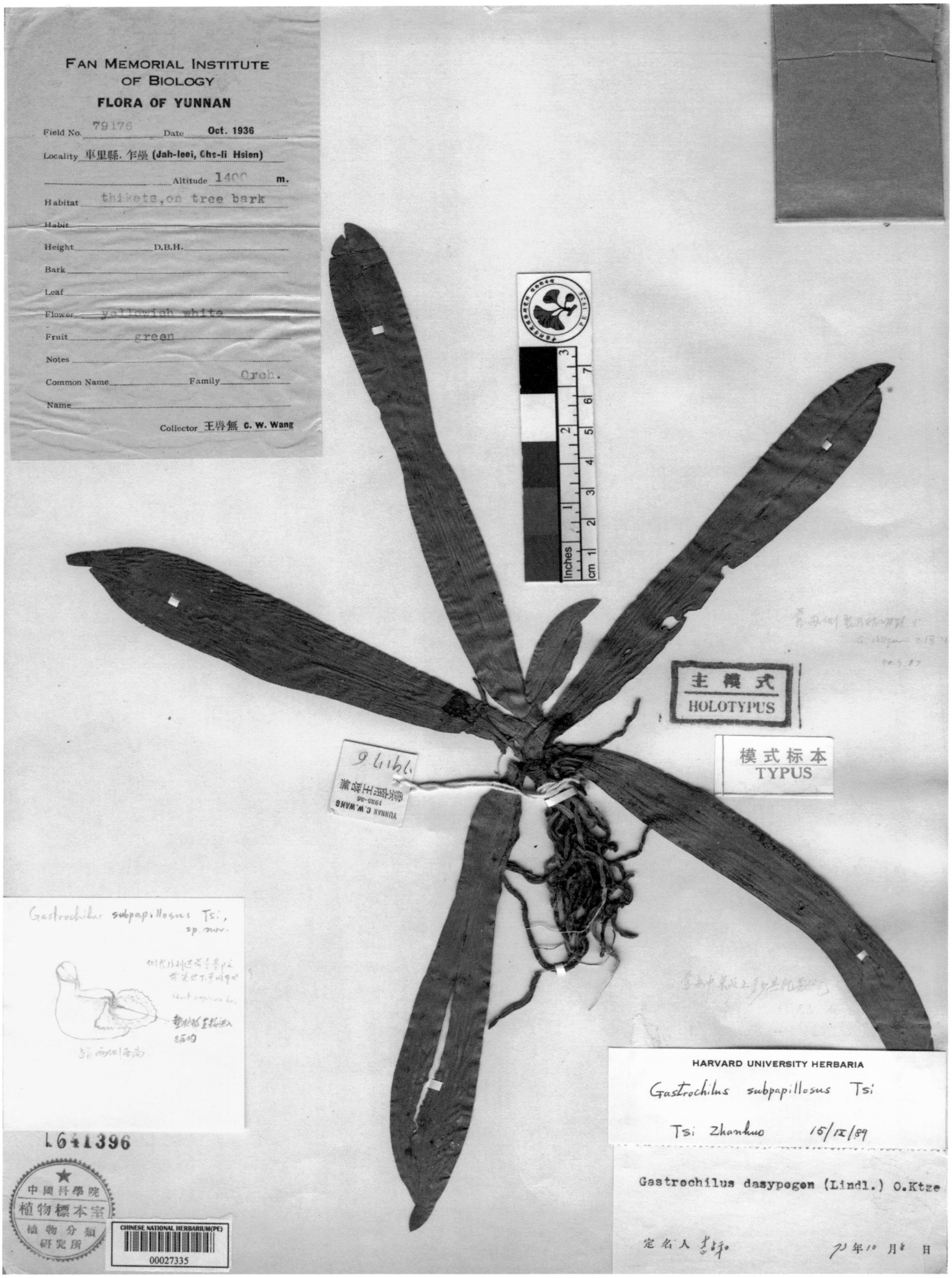

FAN MEMORIAL INSTITUTE OF BIOLOGY
FLORA OF YUNNAN

Field No. 79176 Date Oct. 1936
Locality 車里縣, 乍嶺 (Jah-leei, Che-li Hsien)
Altitude 1400 m.
Habitat thikets, on tree bark
Habit
Height D.B.H.
Bark
Leaf
Flower yellowish white
Fruit green
Notes
Common Name Family Orch.
Name
Collector 王啓無 C. W. Wang

主模式
HOLOTYPUS

模式标本
TYPUS

79176
YUNNAN C. W. WANG 1935-36

Gastrochilus subpapillosus Tsi, sp. nov.

L641396

中國科學院 植物標本室 植物分類研究所

CHINESE NATIONAL HERBARIUM(PE)
00027335

HARVARD UNIVERSITY HERBARIA
Gastrochilus subpapillosus Tsi
Tsi Zhanhuo 15/IX/89

Gastrochilus dasypogon (Lindl.) O.Ktze
定名人 [illegible] [illegible]年10月[illegible]日

歪头盆距兰 ***Gastrochilus subpapillosus*** Z. H. Tsi in Guihaia 16(2): 142, f. 2: n. 1996. **Holotype:**China. Yunnan: Cheli (=Jinghong), alt. 1400 m, 1936-10-??, C. W. Wang 79176.

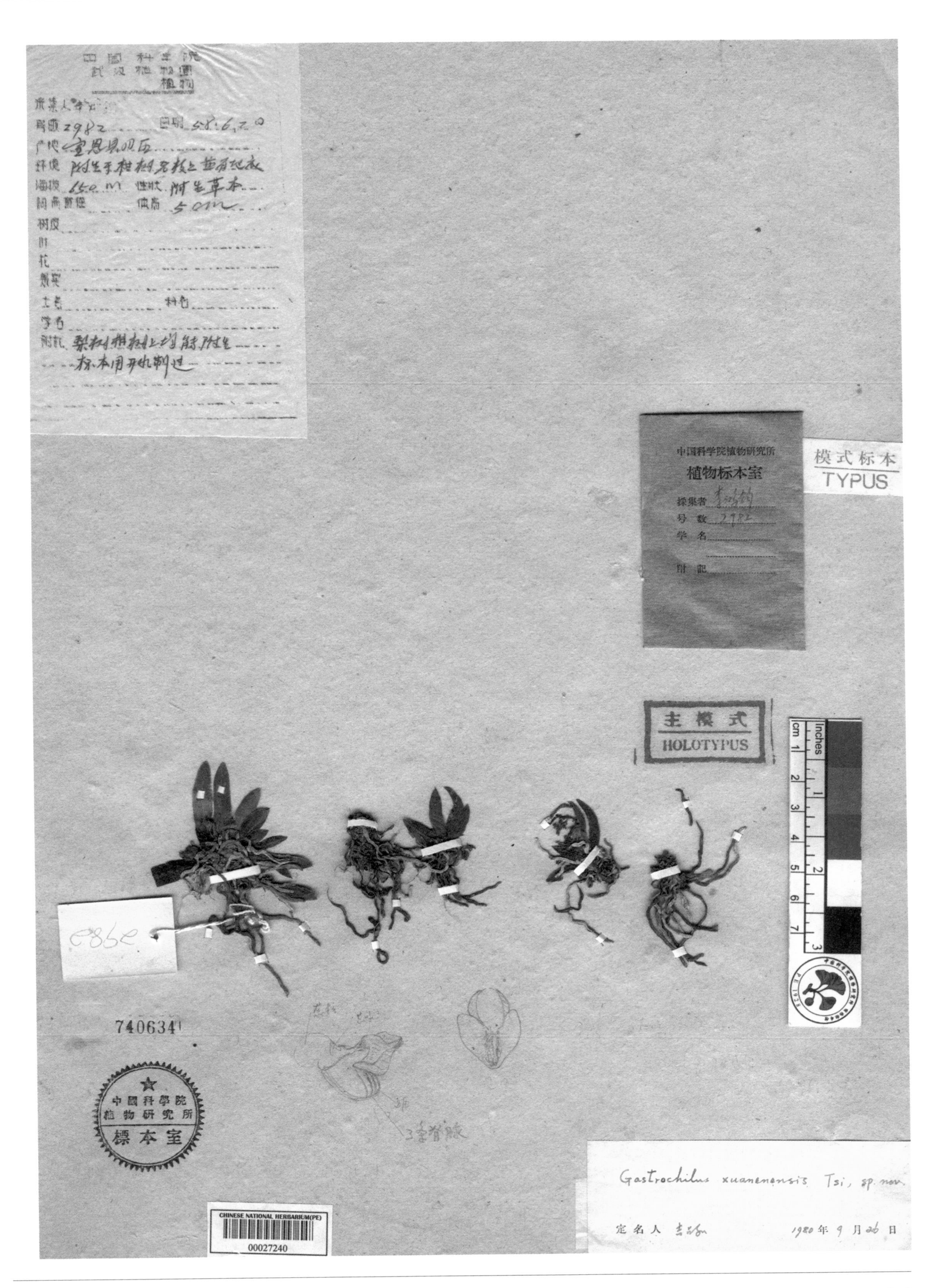

宣恩盆距兰 ***Gastrochilus xuanenensis*** Z. H. Tsi in Acta Bot. Yunnan. 4(3): 269, f. 1: 7-13. 1982. **Holotype:** China. Hubei: Xuanen, alt. 650 m, 1958-06-20, H. C. Li 2982.

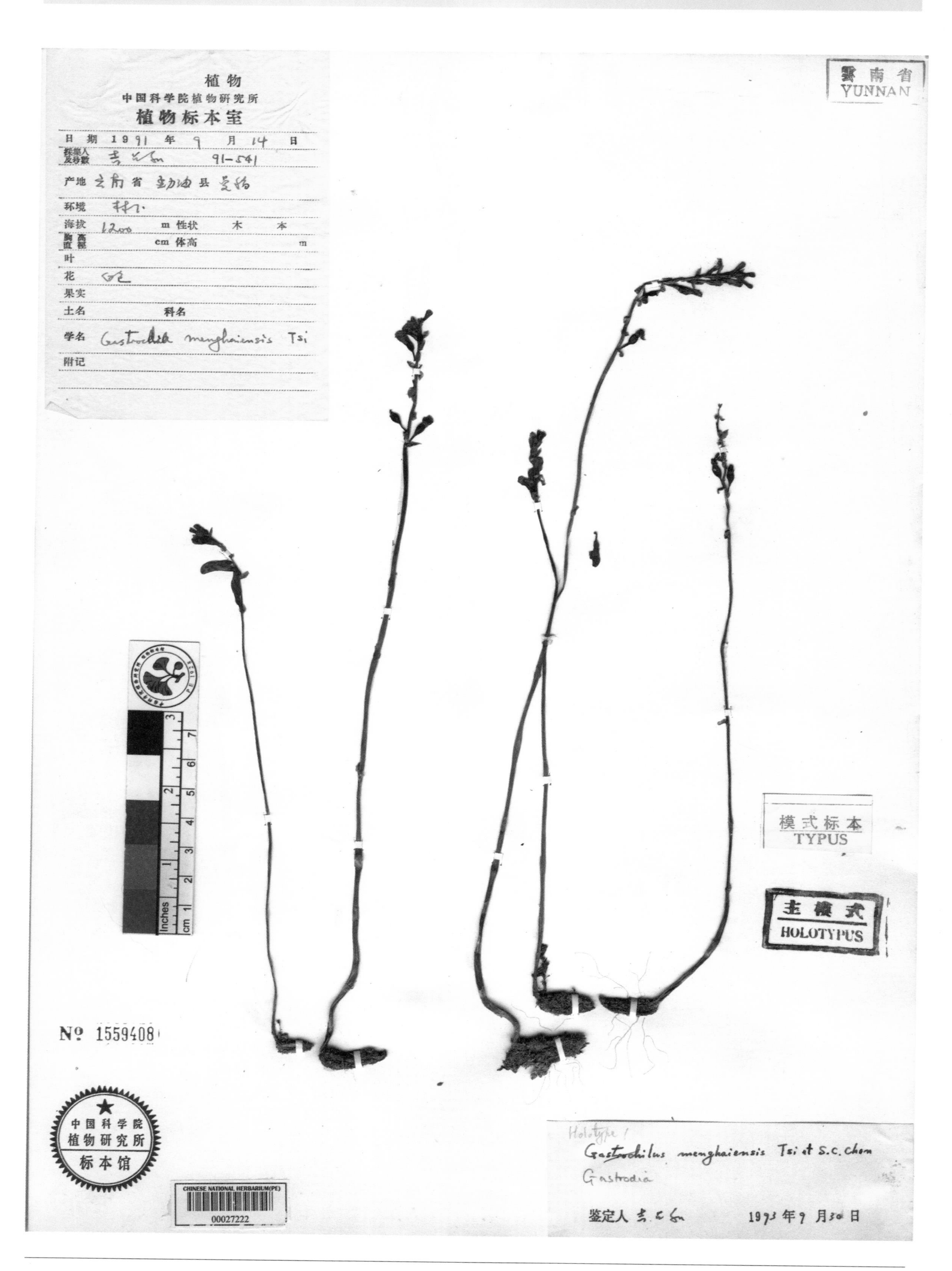

勐海天麻 ***Gastrodia menghaiensis*** Z. H. Tsi & S. C. Chen in Acta Phytotax. Sin. 32(6): 559, f. 1: 1-4. 1994. **Holotype:**China. Yunnan: Menghai, alt. 1200 m, 1991-09-14, Z. H. Tsi 91-541.

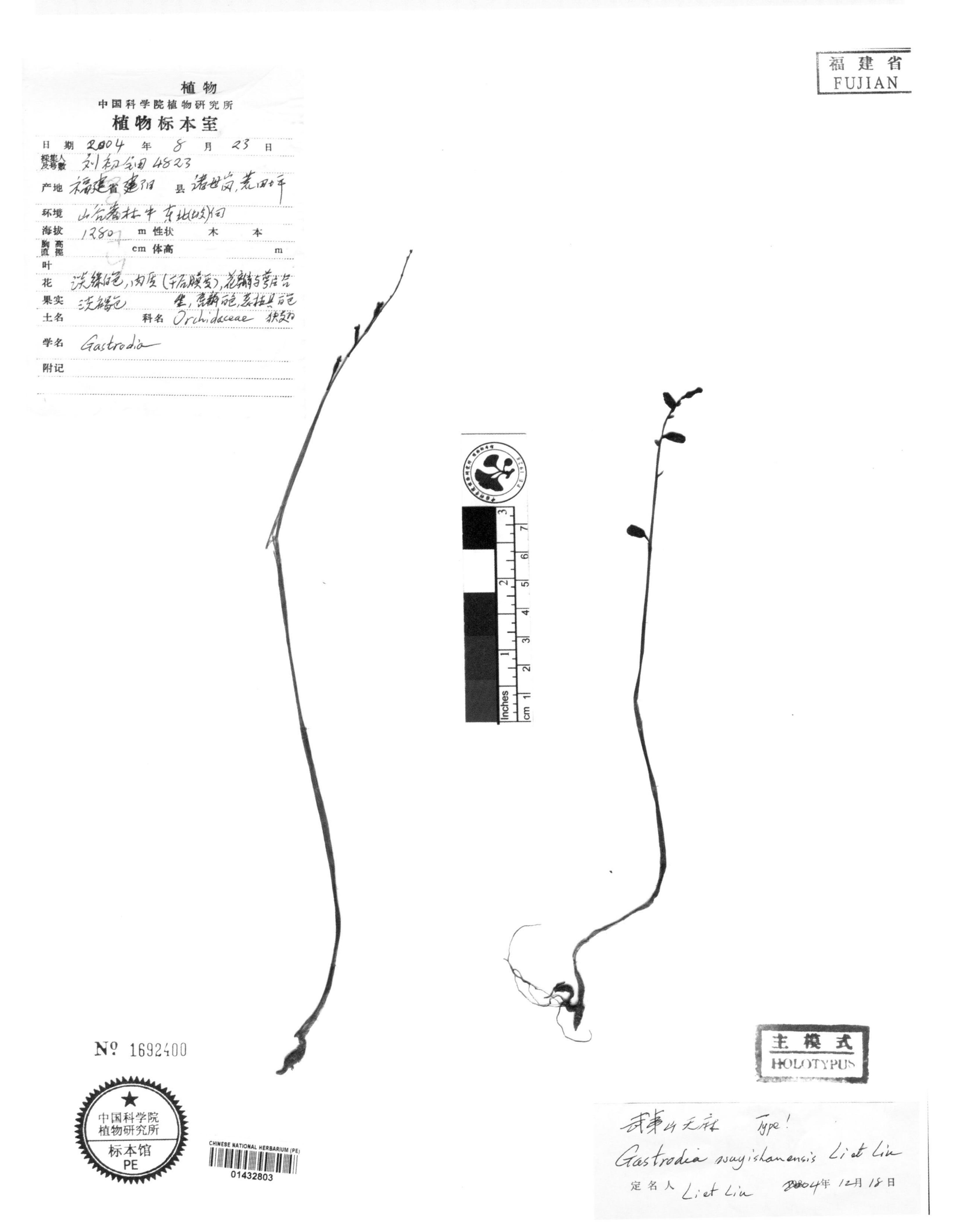

武夷山天麻 ***Gastrodia wuyishanensis*** D. M. Li & C. D. Liu in Novon 17: 354, f. 1. 2007. **Holotype:** China. Fujian: Jianyang, alt. 1280 m, 2004-08-23, C. D. Liu 4823.

匍匐斑叶兰 ***Goodyera serpens*** Schltr. in Acta Hort. Gothob. 1: 148. 1924. **Isotype:** China. Sichuan: Songpan, Dongrergo, alt. 3900 m, 1922-07-23, H. Smith 3746.

广东 植物
中国科学院植物研究所
植物标本室

日期 1958年8月4日
采集人及号数 邓良 7004
产地 广东省始兴县罗坝乡东星社山凹
环境 坑山坳水旁山后疏林下湿土石上散生
海拔 300 m 性状 直立草本
胸高直径 cm 体高 m
叶 面深绿色泛黑色带紫色细纹有光泽 背面
花 浅绿带浅红色 花柄浅绿色
果实
土名 科名 326.
学名 Goodyera
附记 叶背边缘两边有浅红色 中肋附近深绿色 互生 卵形

廣東省 KWANGTUNG

№ 1353274

模式标本

Goodyera yangmeishanensis T. P. Lin
定名人 田怀珍 (H. Z. Tian) 年 12月 7日

始兴斑叶兰 中国植物志依据标本
Type!
Goodyera shixingensis K. Y. Lang sp. nov.
定名人 郎楷永 (K. Y. Lang) 1985年10月8日

始兴斑叶兰 ***Goodyera shixingensis*** K. Y. Lang in Acta Phytotax. Sin. 34(6): 636, f. 2. 1996. **Holotype:** China. Guangdong: Shixing, alt. 300 m, 1958-08-04, L. Teng 7004.

卧龙斑叶兰 ***Goodyera wolongensis*** K. Y. Lang in Acta Phytotax. Sin. 22(4): 314, f. 1: 7-11. 1984. **Holotype:**China. Sichuan: Wenchuan, alt. 2700 m, 1982-08-19, K. Y. Lang, L. Q. Li & Y. Fei 1220.

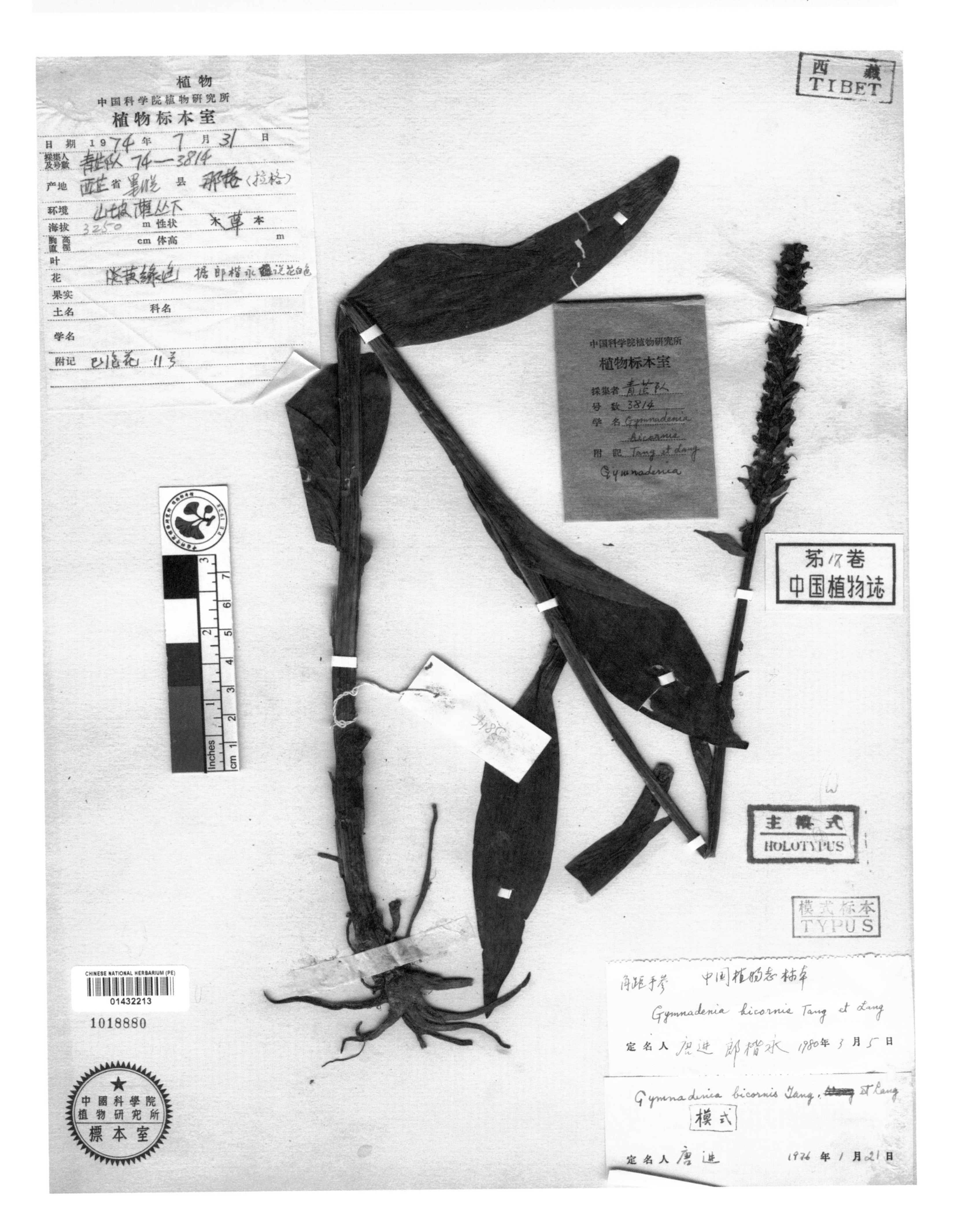

角距手参 ***Gymnadenia bicornis*** Tang & K. Y. Lang in Acta Phytotax. Sin. 16(4): 126, f. 1. 1978. **Holotype:**China. Xizang: Mêdog, alt. 3250 m, 1974-07-31, Qinghai-Xizang Exped. 74-3814.

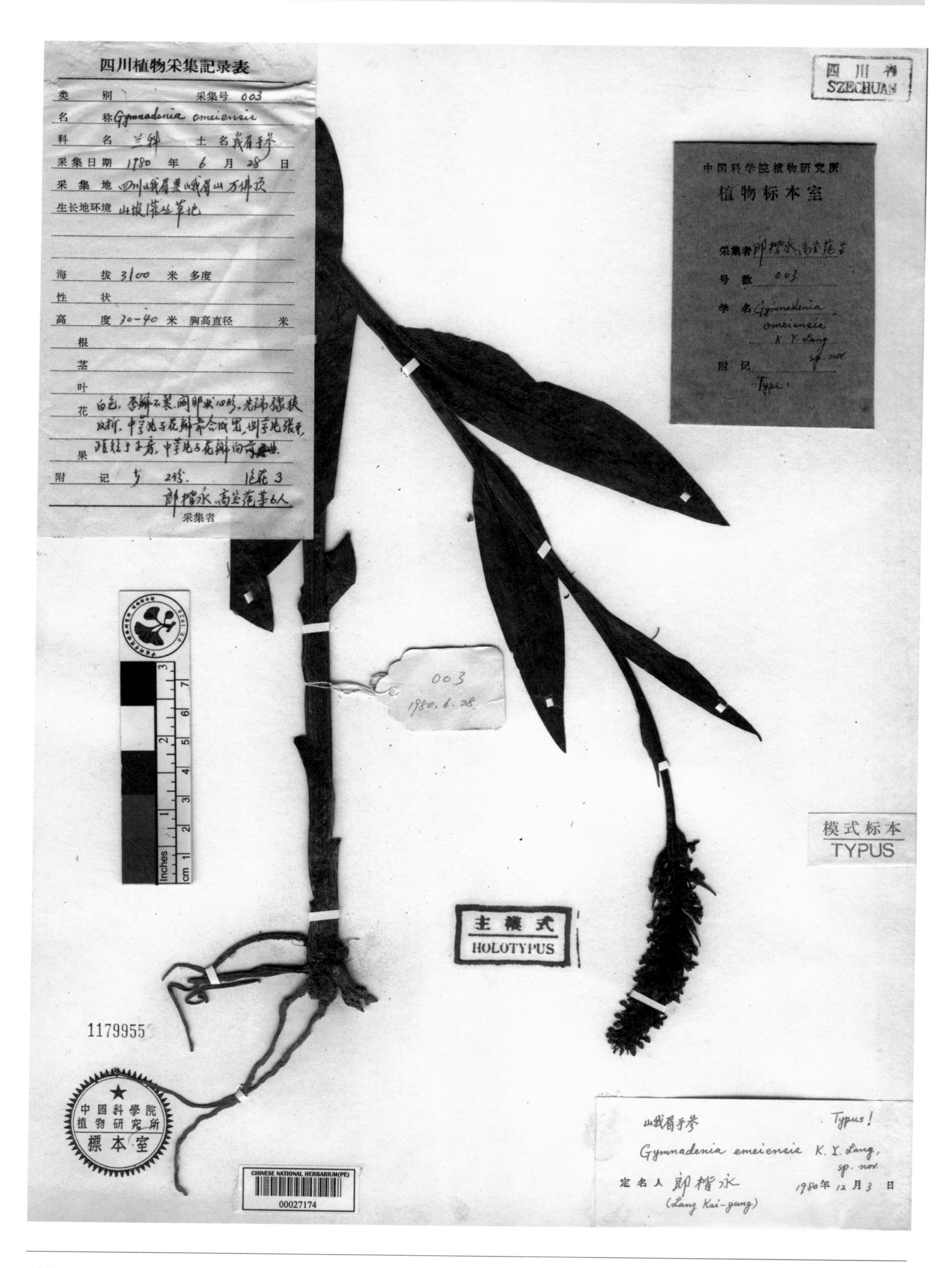

峨眉手参 ***Gymnadenia emeiensis*** K. Y. Lang in Acta Phytotax. Sin. 20(2): 182, f. 1. 1982. **Holotype:**China. Sichuan: Emei, Emeishan, alt. 3100 m, 1980-06-28, K. Y. Lang & al. 3.

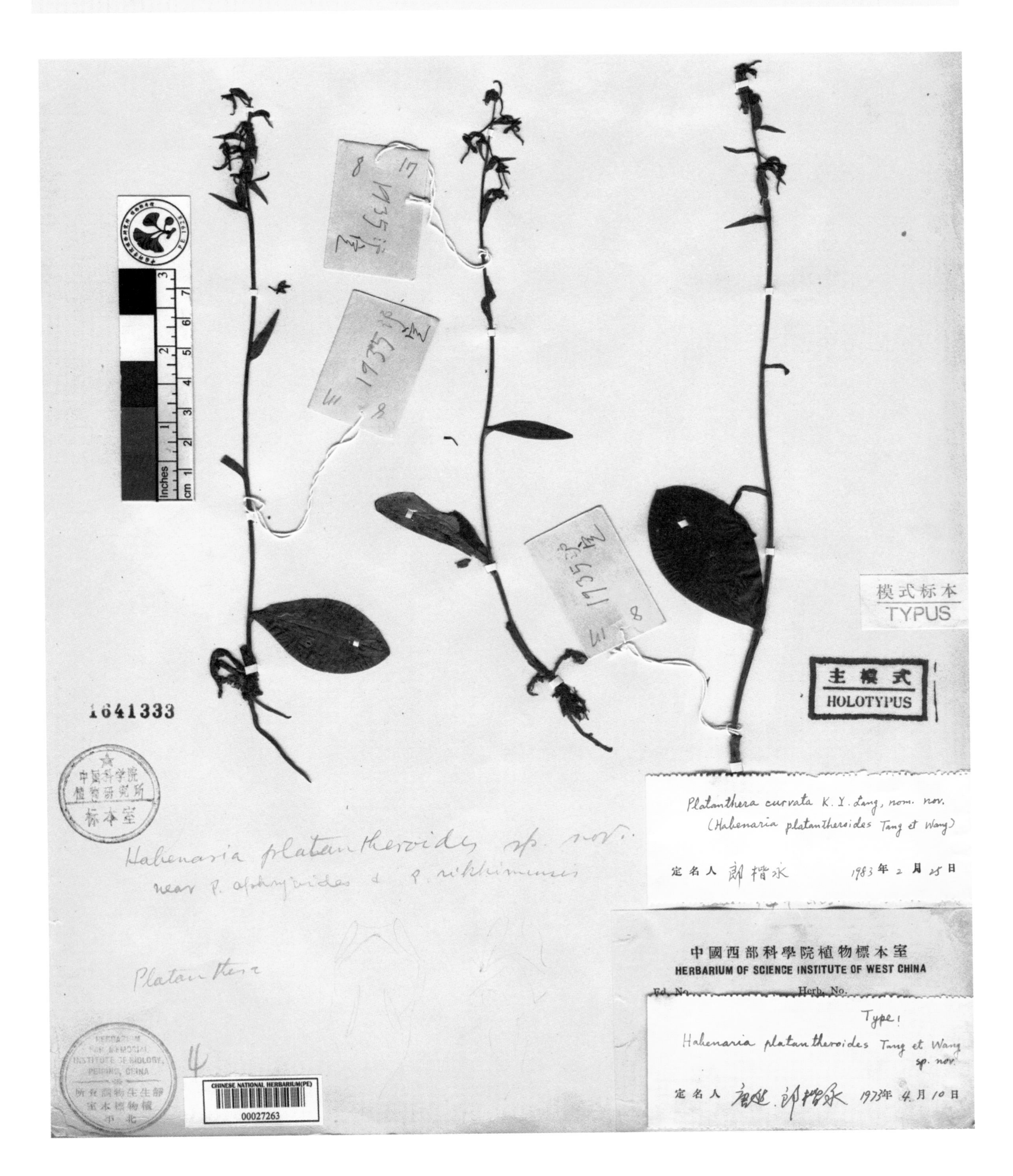

弓背舌唇兰 ***Habenaria platantheroides*** Tang & F. T. Wang in Bull. Fan Mem. Inst. Biol., Bot. 7(3): 133. 1936. **Holotype:** China. Sichuan: Luding, 1935-08-17, T. H. Tu s. n.

FAN MEMORIAL INSTITUTE OF BIOLOGY
FLORA OF YUNNAN

Field No. 79921 Date Oct. 1936
Locality 車里縣.橄欖壩 (Mong-hain or gan-lan-ba Che-li Hsien) Altitude 720 m.
Habitat river bank, under woods
Habit
Height D.B.H.
Bark
Leaf
Flower light yellowish green
Fruit
Notes
Common Name Family Orch.
Name
Collector 王啓無 C. W. Wang

中国科学院植物研究所
植物标本室
採集者
号 数 79921
学 名 Habenaria plurifolia
附 記 T. et W.

YUNNAN C. W. WANG 1935-36
79921

第17卷
中国植物志

等模式
ISOTYPUS

主模式
HOLOTYPUS

中国植物志依据标本 type!
Habenaria plurifoliata Tang et Wang
定名人 郎楷永 1973年3月21日

莲座玉凤花 ***Habenaria plurifoliata*** Tang & F. T. Wang in Bull. Fan Mem. Inst. Biol., Bot. Ser. 10(1): 40. 1940. **Isotype:** China. Yunnan: Cheli (=Jinghong), alt. 720 m, 1936-10-??, C. W. Wang 79921.

毛茎玉凤花 ***Habenaria pubicaulis*** Schultr. in Acta Hort. Gothob. 1: 139. 1924. **Isotype:** China. Sichuan: Sungpan (=Songpan), alt. 3900 m, 1922-07-30, H. Smith 3858.

紫斑玉凤花 ***Habenaria purpureopunctata*** K. Y. Lang in Acta Phytotax. Sin. 16(4): 127, f. 2. 1978. **Holotype:** China. Xizang: Bomi, alt. 2500 m, 1965-07-19, Y. T. Chang & K. Y. Lang 384.

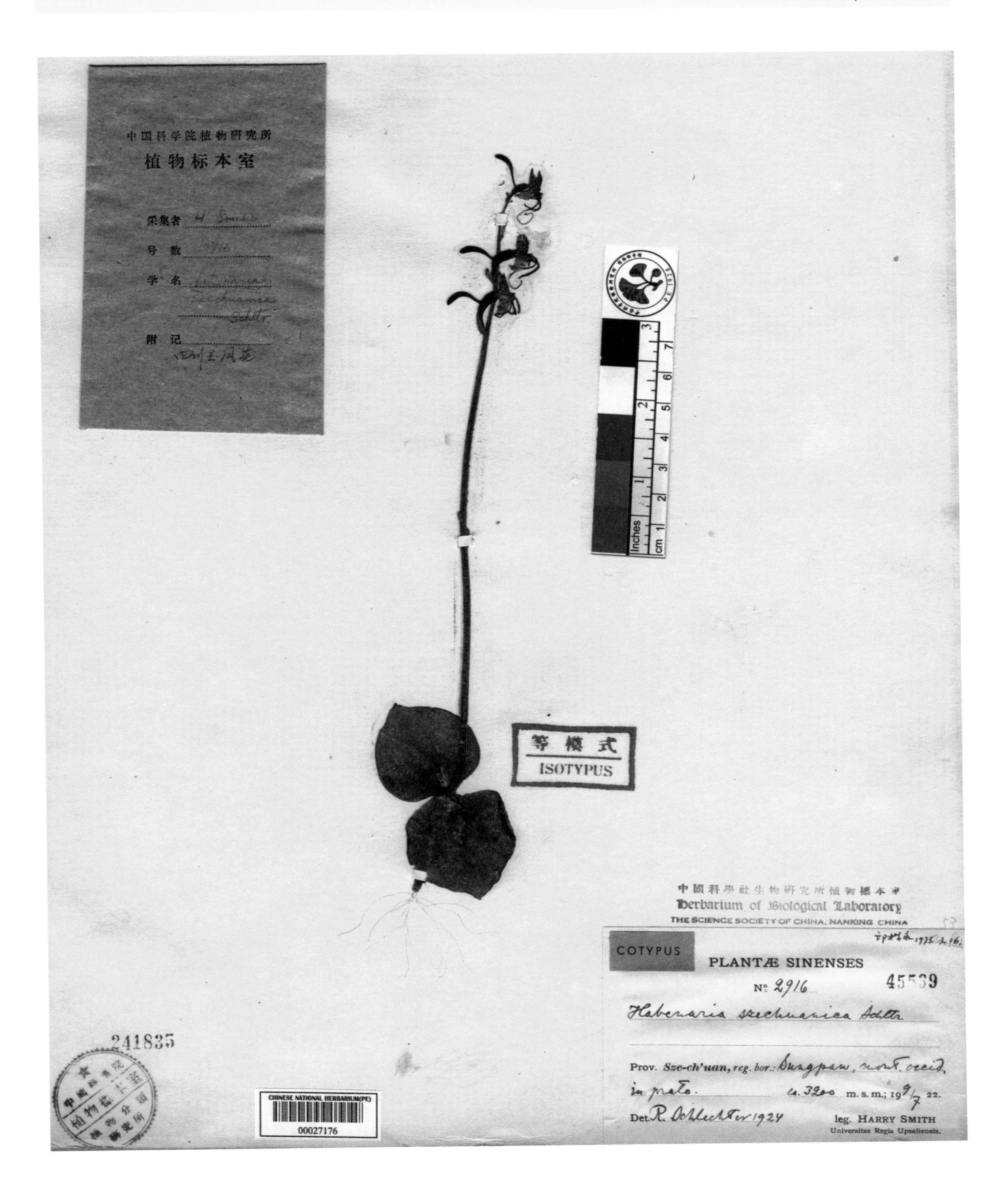

四川玉凤花 ***Habenaria szechuanica*** Schultr. in Acta Hort. Gothob. 1: 140. 1924. **Isotype:** China. Sichuan: Sungpan (=Songpan), alt. 3200 m, 1922-07-09, H. Smith 2916.

FLORA OF SZECHWAN
中國植物
Field No. 2122 Date July 11, 1928
號數 日期
Locality 灌縣 Kuan-hsien
地點
Altitude 3000-3600 ft.
海拔高度
Habitat On grassy slope.
產地
Habit Herb
樹 灌木 藤本 草本
Height ½-1 ft. D.B.H.
高度 胸高直徑
Bark
樹皮
Leaf
葉
Flower Purple
花
Fruit
菓
Notes
附錄
Common Name Orchis Family
俗名 科
Name Habenaria monophylla Rolfe
學名
Det. W. W. Sm. Collector 方文培 W. P. Fang
採集者

四川
SZECHUAN

TYPE

中國科學社生物研究所植物標本室
Herbarium of Biological Laboratory
THE SCIENCE SOCIETY OF CHINA, NANKING, CHINA
Herbarium No. 13954
Hemipilia crassicalcarata Chien.
Szechuan: Kuan-hsien, on grassy slope.
Flowers purple.
W. P. Fang, no 2122.
Determined by: S. S. Chien July 11, 1928.

主模式
HOLOTYPUS

中國科學院
植物標本室
植物分類
研究所

CHINESE NATIONAL HERBARIUM
00027177

241838

粗距舌喙兰 ***Hemipilia crassicalcarata*** S. S. Chien in Contr. Biol. Lab. Sci. Soc. China 6(8): 80, f. 1. 1931. **Holotype:** China. Sichuan: Kuanhsien (=Dujiangyan), alt. 1000~1200 m, 1928-07-11, W. P. Fang 2122.

FAN MEMORIAL INSTITUTE
OF BIOLOGY
FLORA OF YUNNAN

Field No. 66649 Date Sept. 1935

Locality 貢山設治局,菖蒲桶,千那通 (Chi-na-tung, Cham-pu-tung) Altitude 2500 m.

Habitat rock surface

Habit

Height D.B.H.

Bark

Leaf

Flower light red

Fruit

Notes

Common Name Family Orch.

Name

Collector 王啓無 C. W. Wang

66649
YUNNAN C.W.WANG

主模式
HOLOTYPUS

1541332

中國科學院 植物標本室 植物分類研究所

CHINESE NATIONAL HERBARIUM(PE)
00027264

Typus
Hemipilia quinquangularis Tang et Wang
定名人 [illegible] 52年 月 日

五角舌喙兰 ***Hemipilia quinquangularis*** Tang & F. T. Wang in Acta Phytotax. Sin. 1(1): 28, 60. 1951. **Holotype:**China. Yunnan: Gongshan, alt. 2500 m, 1935-09-??, C. W. Wang 66649.

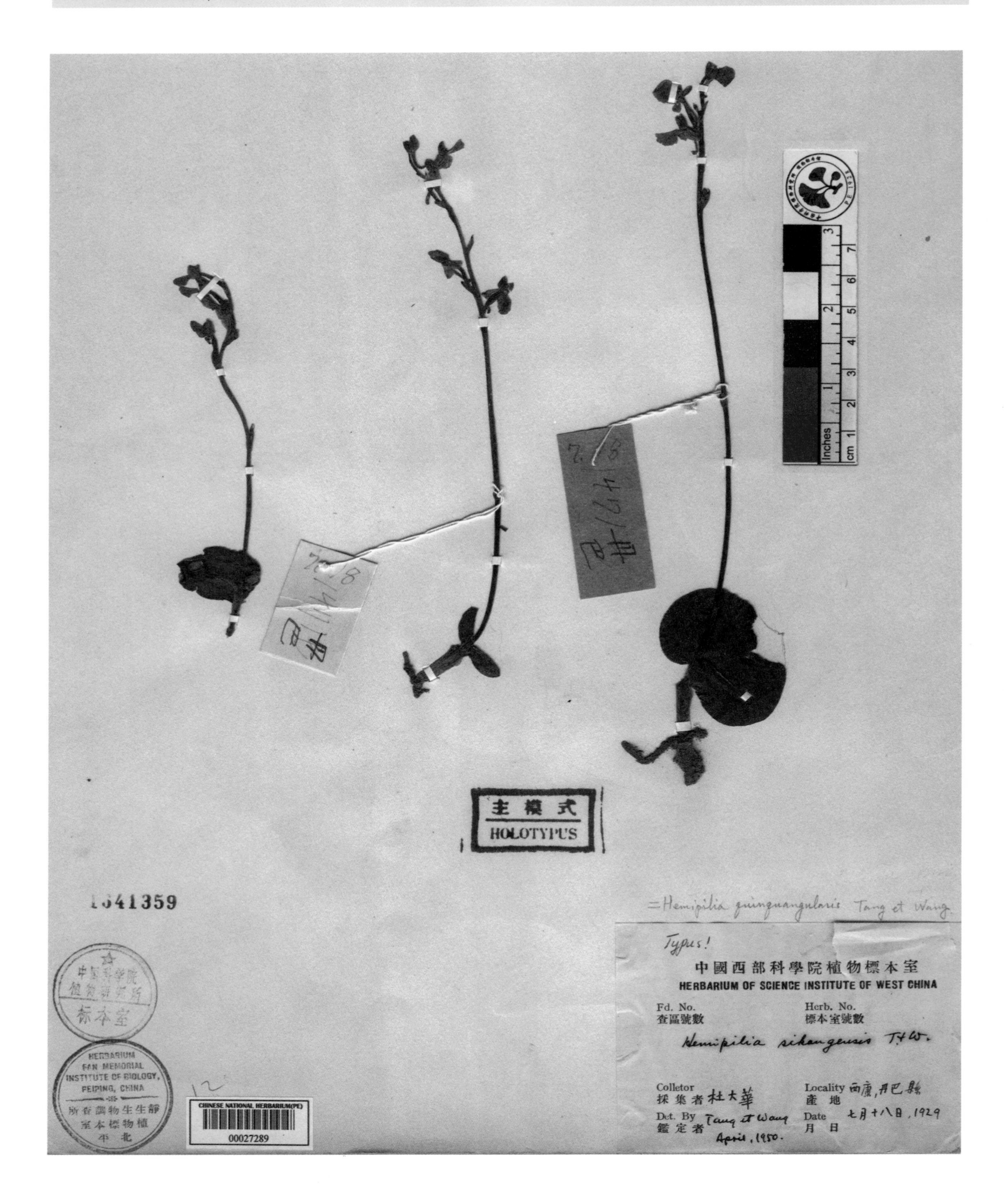

西康舌喙兰 ***Hemipilia sikangensis*** Tang & F. T. Wang in Acta Phytotax. Sin. 1(1): 28, 60. 1951. **Holotype:** China. Sichuan: Danba, 1929-07-18, T. H. Tu 1471.

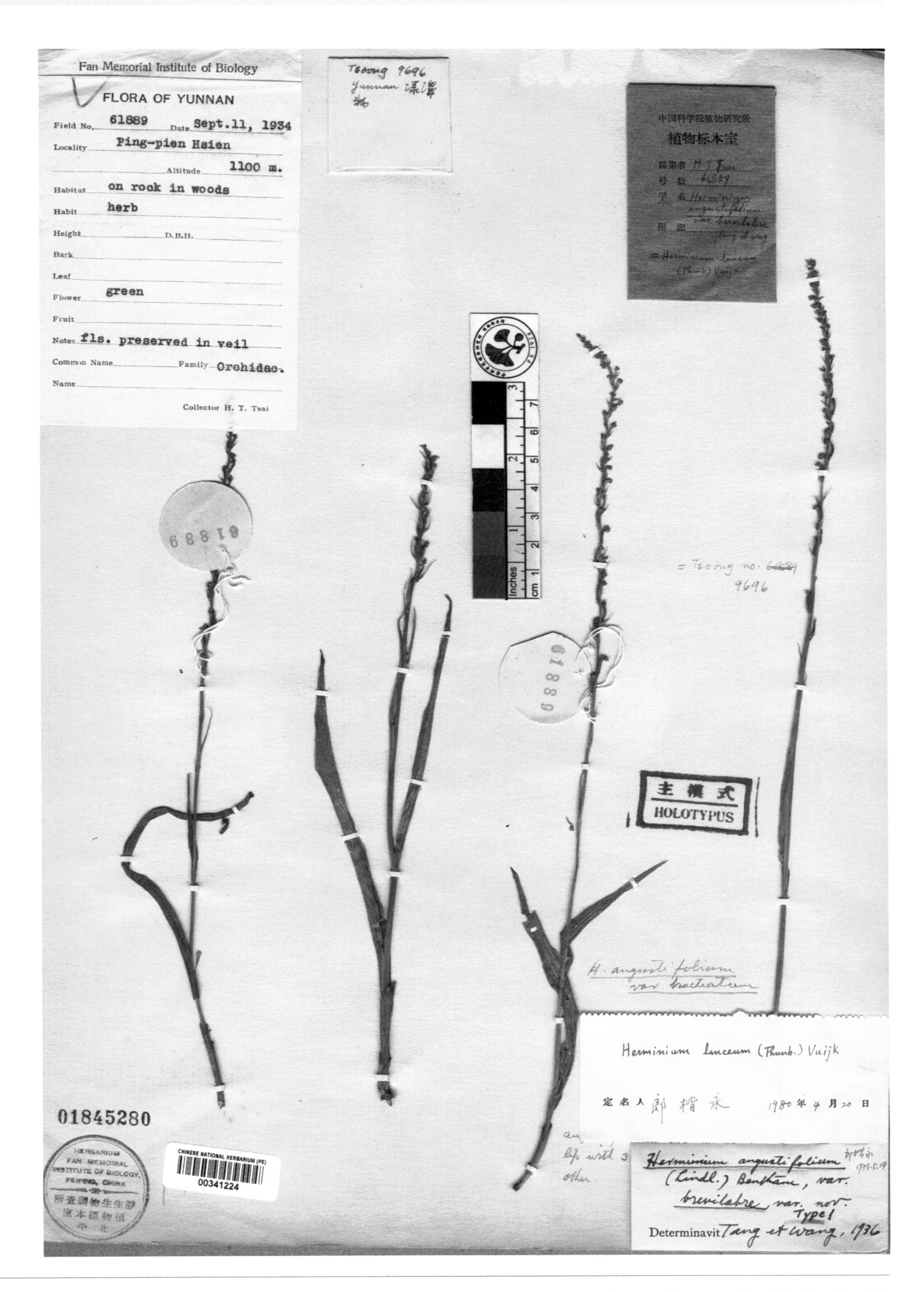

短唇角盘兰 ***Herminium angustifolium*** Benth. var. ***brevilabre*** Tang & F. T. Wang in Acta Phytotax. Sin. 1(1): 28, 61. 1951.
Holotype: China. Yunnan: Pingbian, alt. 1100 m, 1934-09-11, H. T. Tsai 61889.

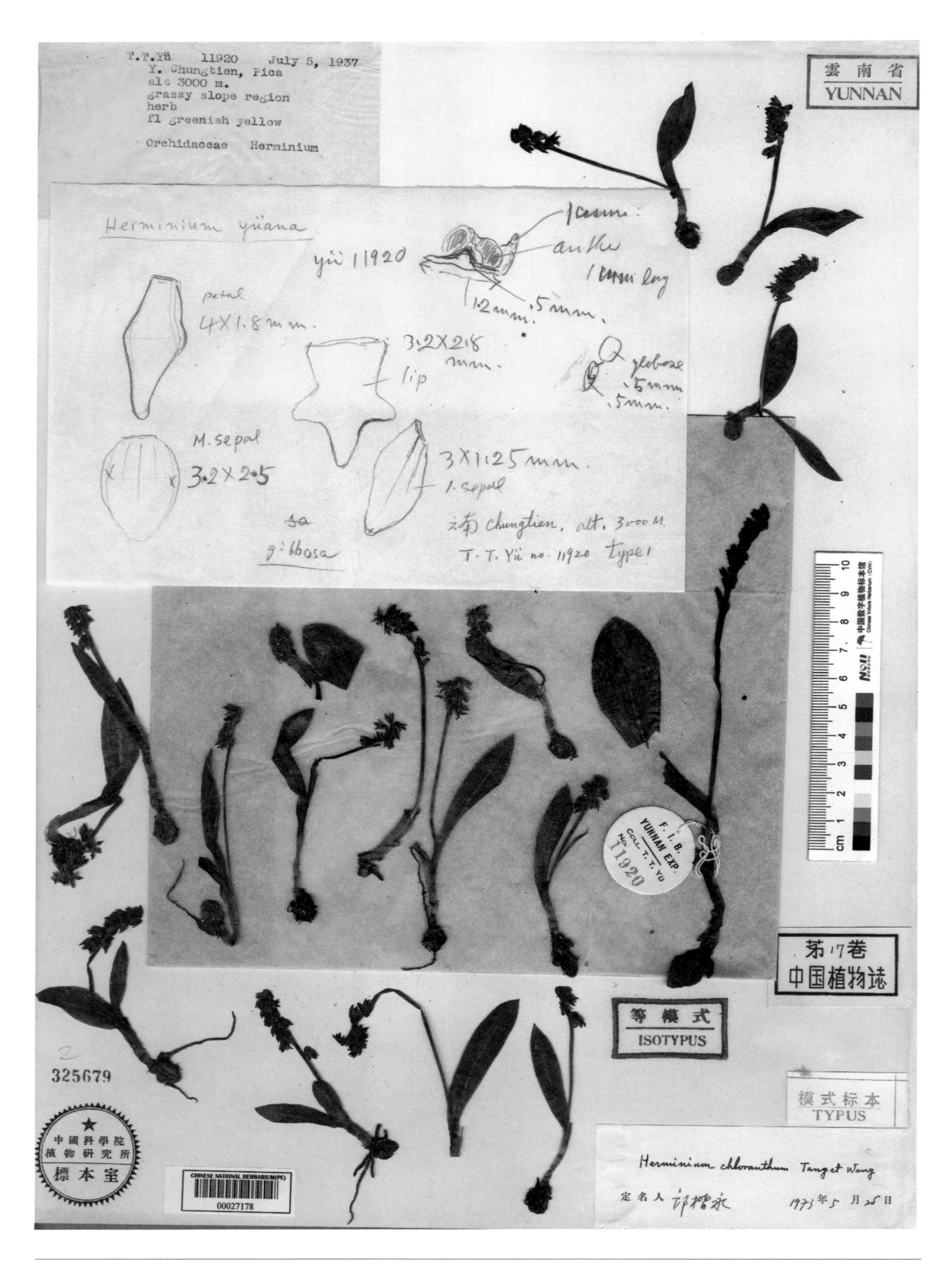

矮角盘兰 ***Herminium chloranthum*** Tang & F. T. Wang in Bull. Fan Men. Inst. Biol., Bot. Ser. 10: 34. 1940. **Isotype:** China. Yunnan: Zhongdian(=Shangri-La), alt. 3000 m, 1937-07-05, T. T. Yu 11920.

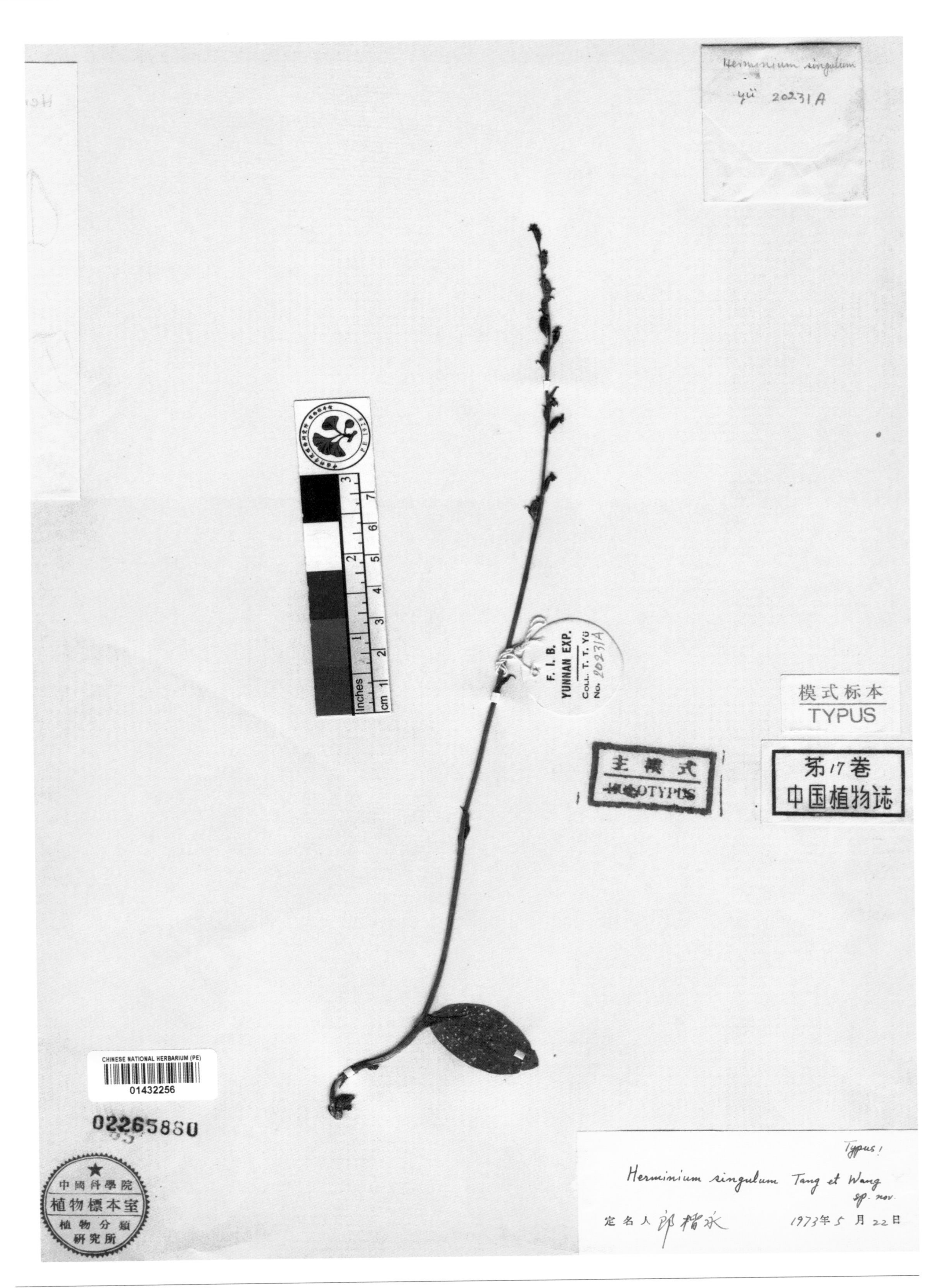

披针唇角盘兰 ***Herminium singulum*** Tang & & F. T. Wang in Bull. Fan Mem. Inst. Biol., Bot. Ser. 10: 35. 1940.**Holotype:**China. Yunnan: Gongshan, alt. 2600~2800 m, 1938-09-03, T. T. Yu 20231A.

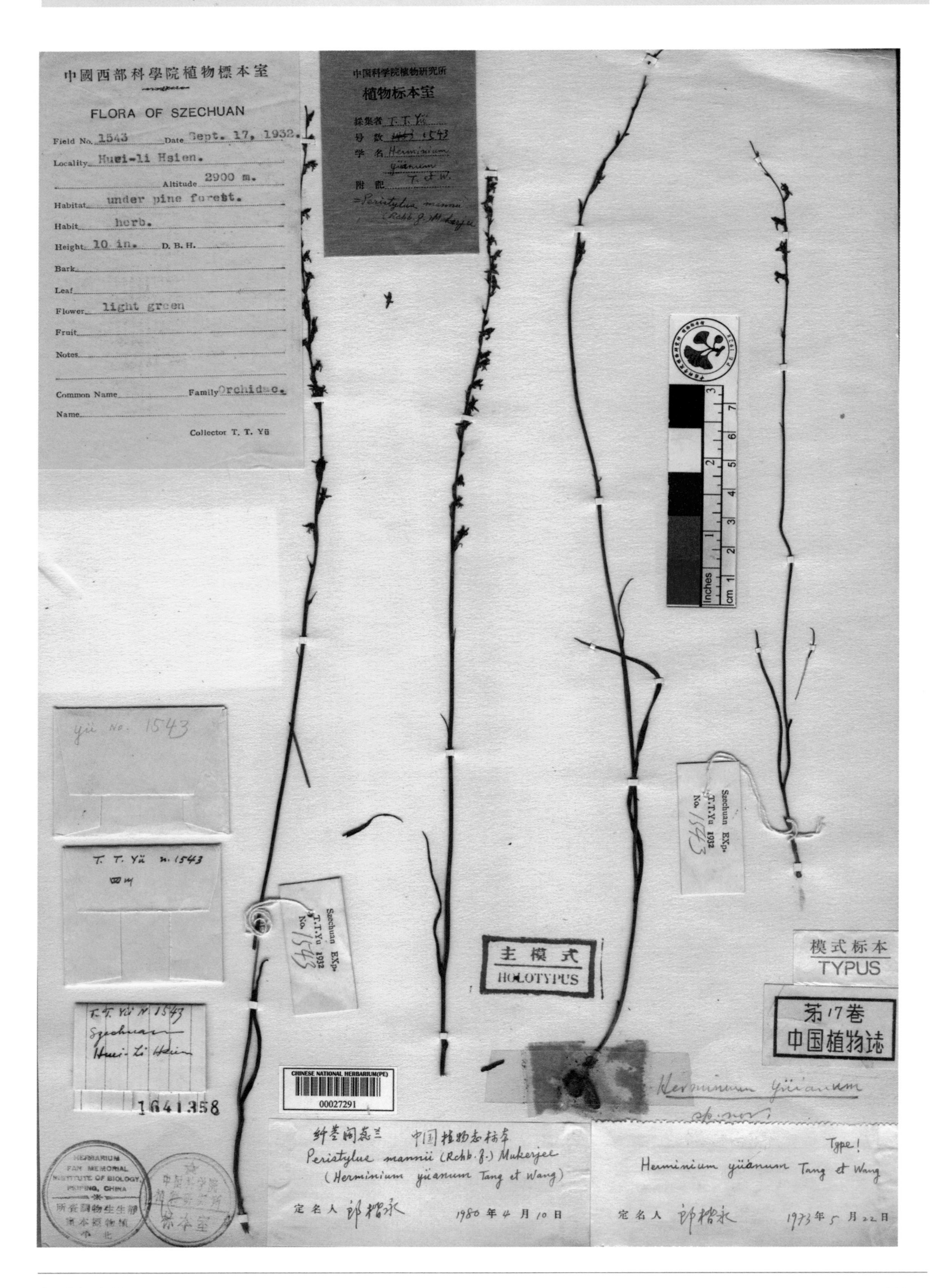

俞氏角盘兰 ***Herminium yuanum*** Tang & F. T. Wang in Bull. Fan Men. Inst. Biol., Bot. 7(3): 129. 1936. **Holotype:** China. Sichuan: Huili, alt. 2900 m, 1932-09-17, T. T. Yu 1543.

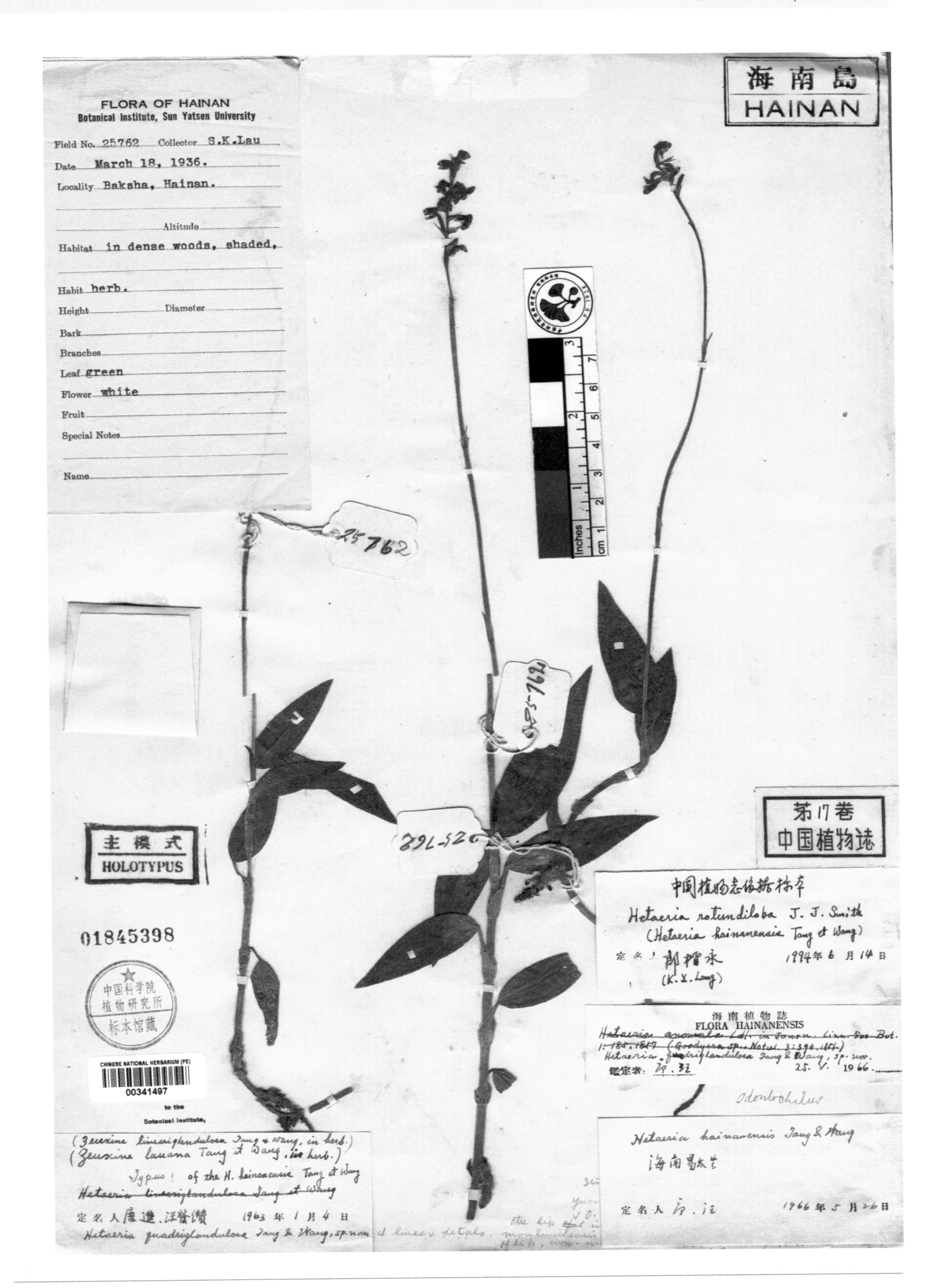

海南翻唇兰 ***Hetaeria hainanensis*** Tang & F. T. Wang in Acta Phytotax. Sin. 12(1): 35. 1974. **Holotype:** China. Hainan: Baisha, 1936-03-18, S. K. Lau 25762.

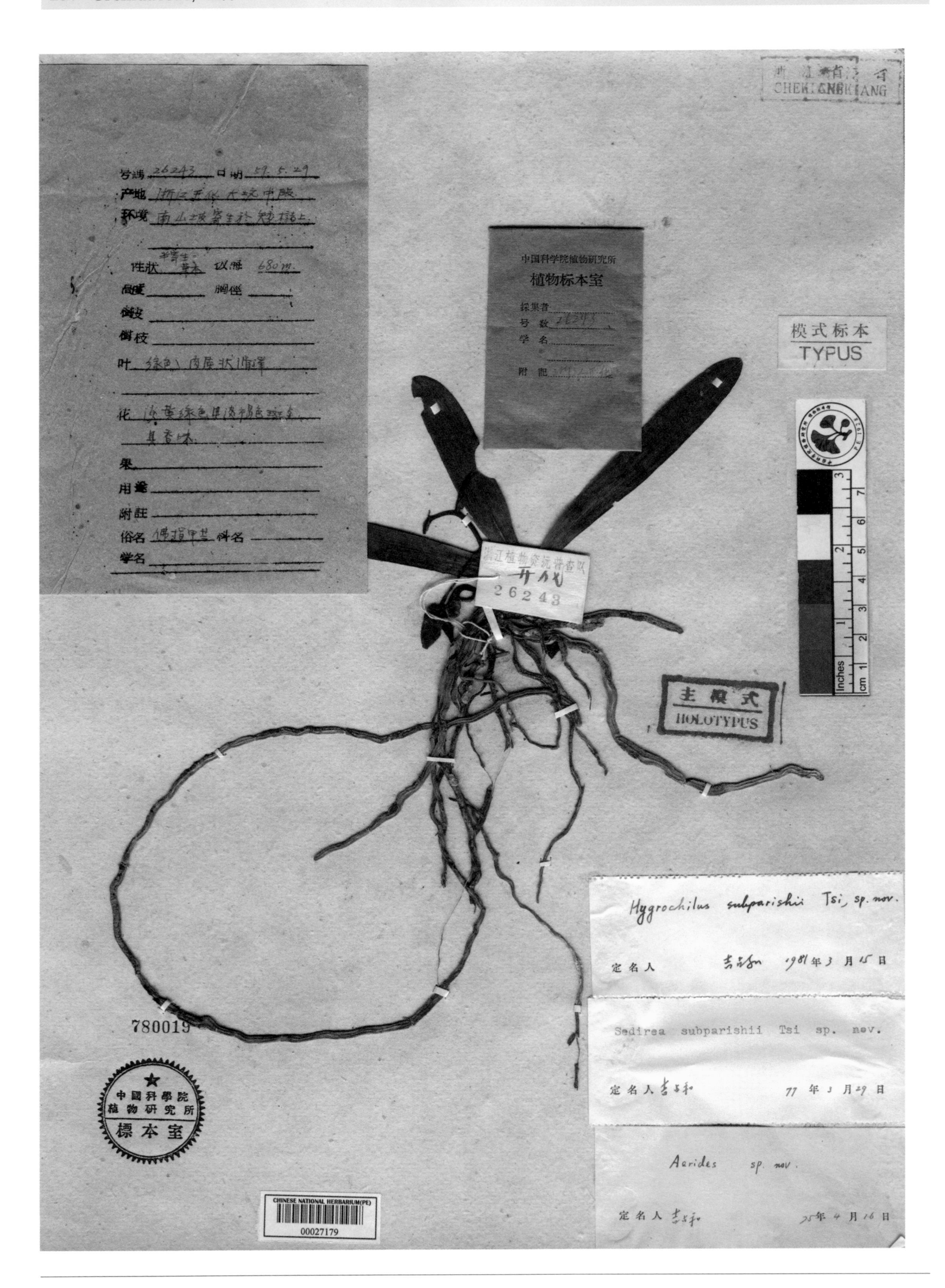

短茎萼脊兰 ***Hygrochilus subparishii*** Z. H. Tsi in Acta Bot. Yunnan. 4(3): 267, f. 1: 1-6. 1982. **Holotype:** China. Zhejiang: Kaihua, alt. 680 m, 1959-05-29, Zhejiang Exped. 26243.

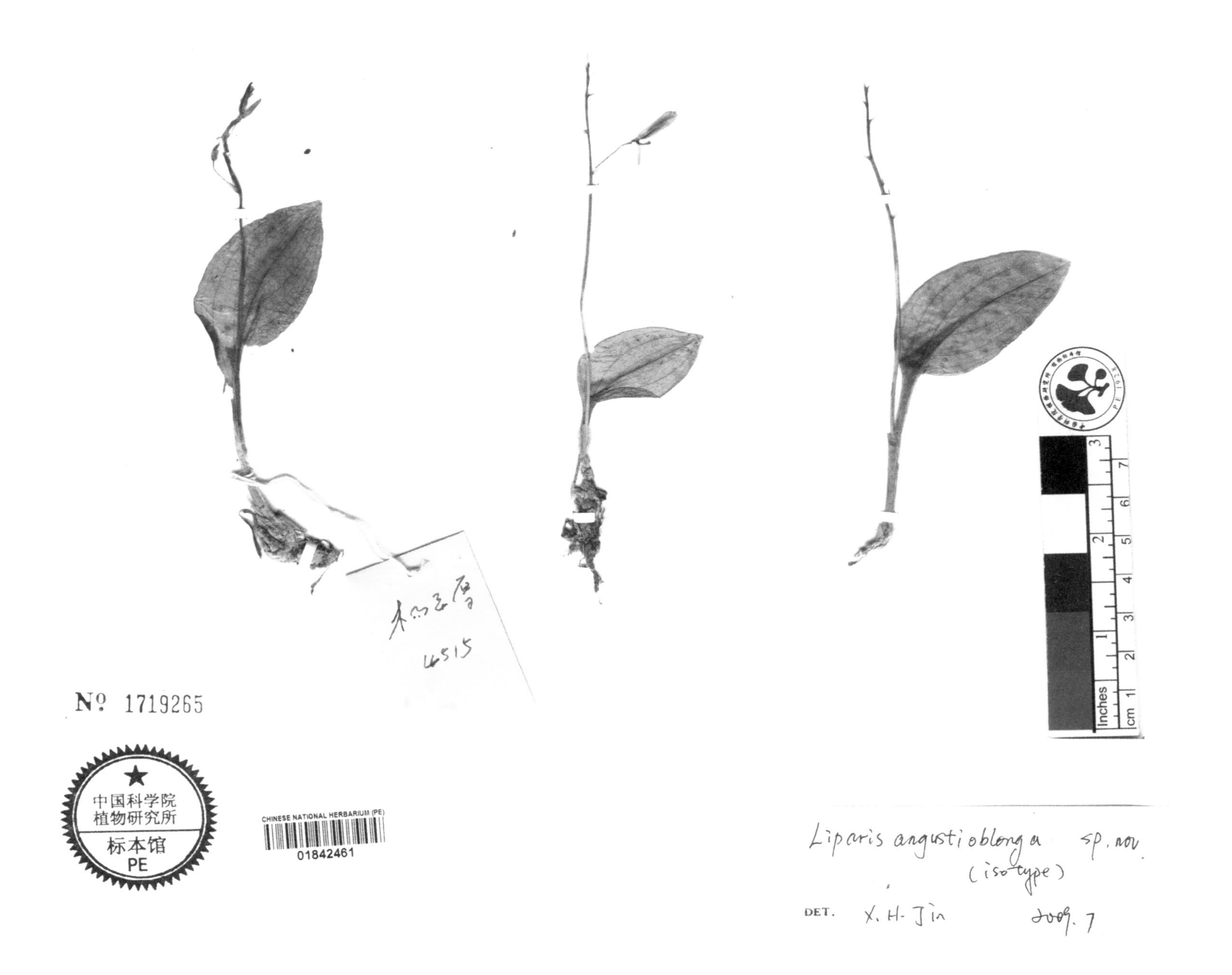

狭长圆羊耳蒜 ***Liparis angustioblonga*** P. H. Yang & X. H. Jin in Nord. Journ. Bot. 27: 348, f. 1. 2009. **Holotype:**China. Shaanxi: Foping, alt. 1060 m, 1999-06-14, P. H. Yang 4515.

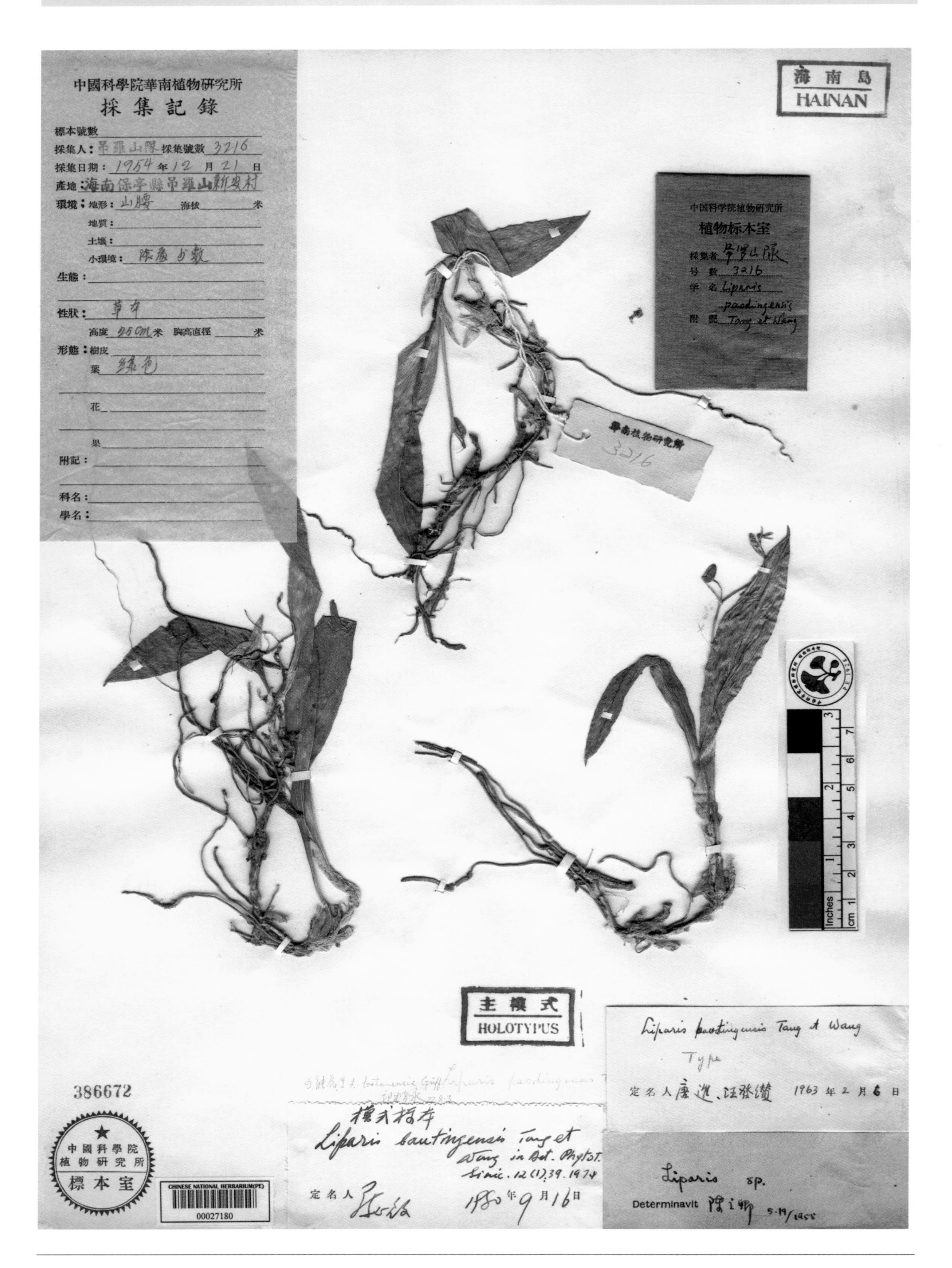

保亭羊耳蒜 ***Liparis bautingensis*** Tang & F. T. Wang in Acta Phytotax. Sin. 12(1): 39. 1974. **Holotype:** China. Hainan: Baoting, 1954-12-21, Diaoluoshan Exped. 3216.

狭翅圆羊耳蒜 ***Liparis bootanensis*** Griff. var. ***angustissima*** S. C. Chen & K. Y. Lang in Acta Phytotax. Sin. 21(3): 344. 1983.

Holotype: China. Guangxi: Nanning, alt. 400 m, 1928-10-17, R. C. Ching 7958.

勺状羊耳蒜 ***Liparis cucullata*** S. S. Chien in Contrib. Biol. Lab. Sci. Soc. China, Bot. Ser. 6(3): 29, f. 2. 1930. **Lectotype** (designated by Y. Lin & al. in Acta Bot. Bor.-Occ. Sin. 34: 414. 2014.): China. Zhejiang: Tianmushan, 1929-05-08, K. K. Tsoong 361.

裂唇羊耳蒜 ***Liparis fissilabris*** Tang & F. T. Wang in Acta Phytotax. Sin. 12(1): 37. 1974. **Holotype:**China. Hainan: Baoting, 1935-11-03, F. C. How 73978.

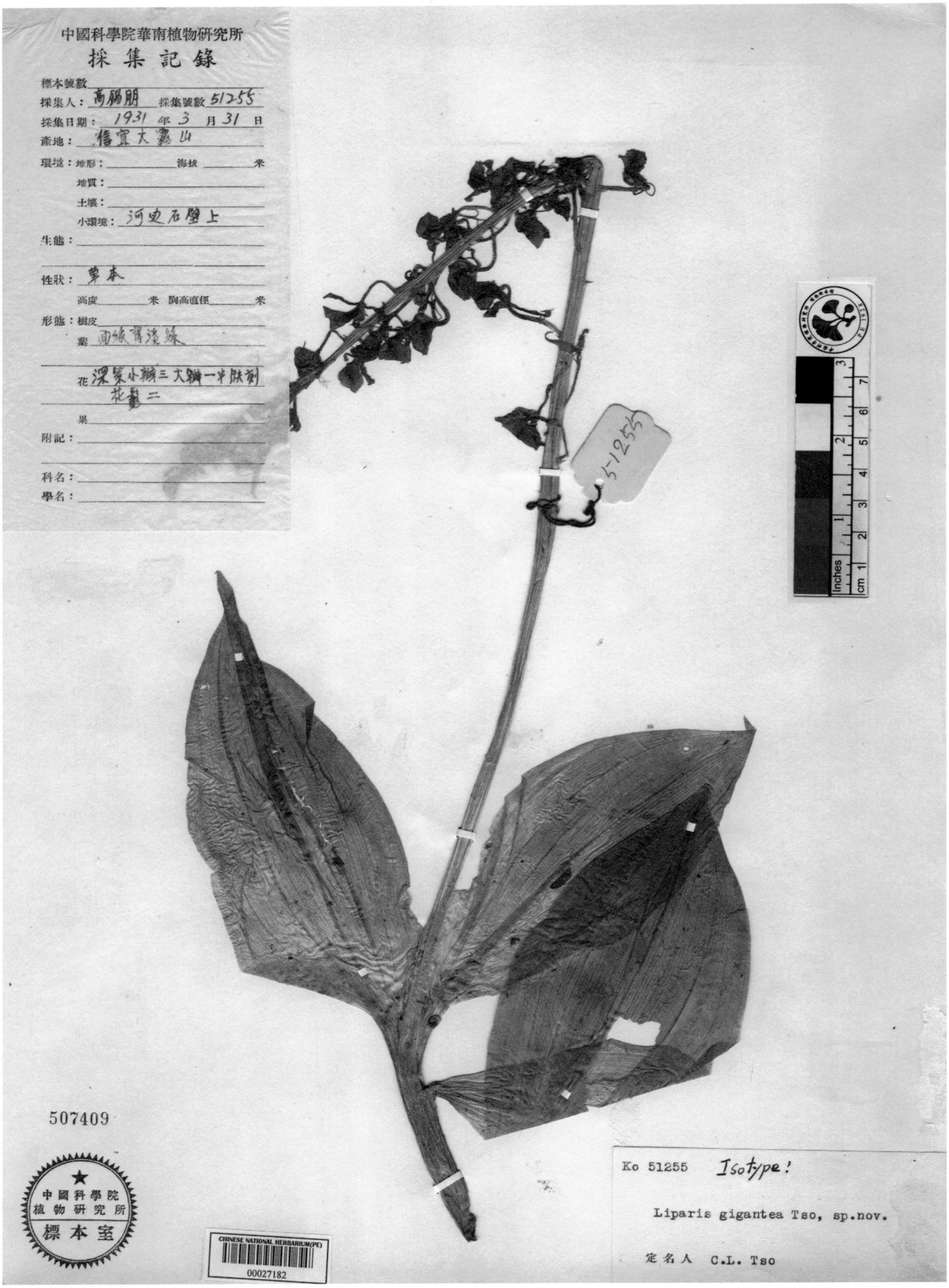

紫花羊耳蒜 ***Liparis gigantea*** C. L. Tso in Sunyatsenia 1(2-3): 136. 1933. **Isotype**: China. Guangdong: Xinyi, 1931-03-31, S. P. Ko 51255.

海南羊耳蒜 ***Liparis hainanensis*** Tang & F. T. Wang in Acta Phytotax. Sin. 12(1): 38. 1974. **Holotype:**China. Hainan: Baoting, alt. 800 m, 1935-08-29, F. C. How 73533.

长扇羊耳蒜 ***Liparis stricklandiana*** H. G. Reichenbach var. ***longibracteata*** S. C. Chen in Acta Phytotax. Sin. 21(3): 345. 1983. **Holotype:**China. Yunnan: Malipo, alt. 1300 m, 1940-01-16, C. W. Wang & Y. Liu 83920.

折脉羊耳蒜 ***Liparis subplicata*** Tang & F. T. Wang in Acta Phytotax. Sin. 12(1): 40. 1974. **Holotype:**China. Hainan: Lingshui, Wuzhishan, alt. 1000 m, 1932-10-24, C. T. Tso & N. K. Chun 44150.

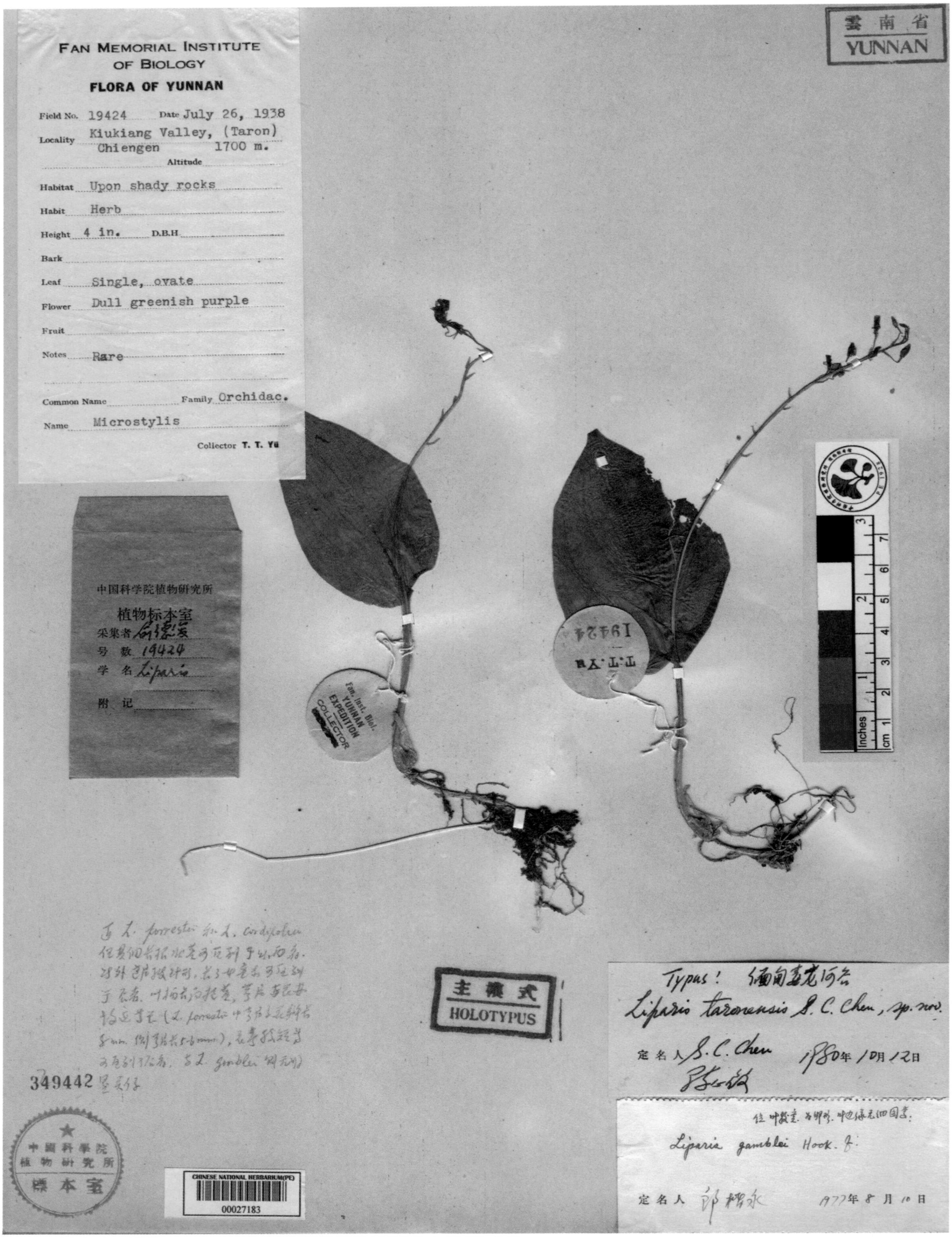

独龙羊耳蒜 ***Liparis taronensis*** S. C. Chen in Acta Phytotax. Sin. 21(3): 344, pl. 1: 2. 1983. **Holotype:**China. Yunnan, Taron Valley, alt. 1700 m, 1938-07-26, T. T. Yu 19424.

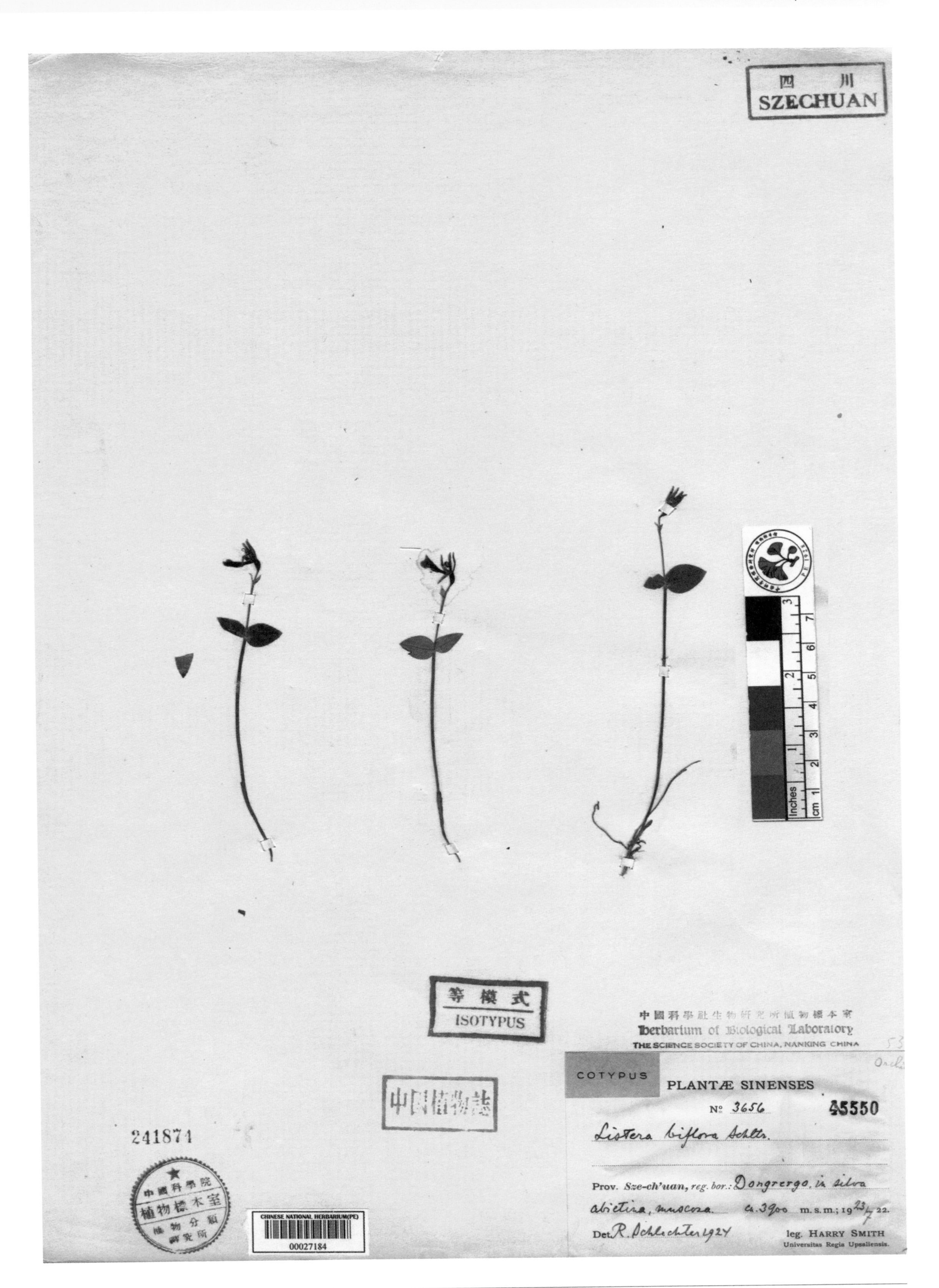

二花对叶兰 ***Listera biflora*** Schltr in Acta Hort. Gothob. 1: 143. 1924. **Isotype:**China. Sichuan: Songpan, Dongrergo, alt. 3900 m, 1922-07-23, H. Smith 3656.

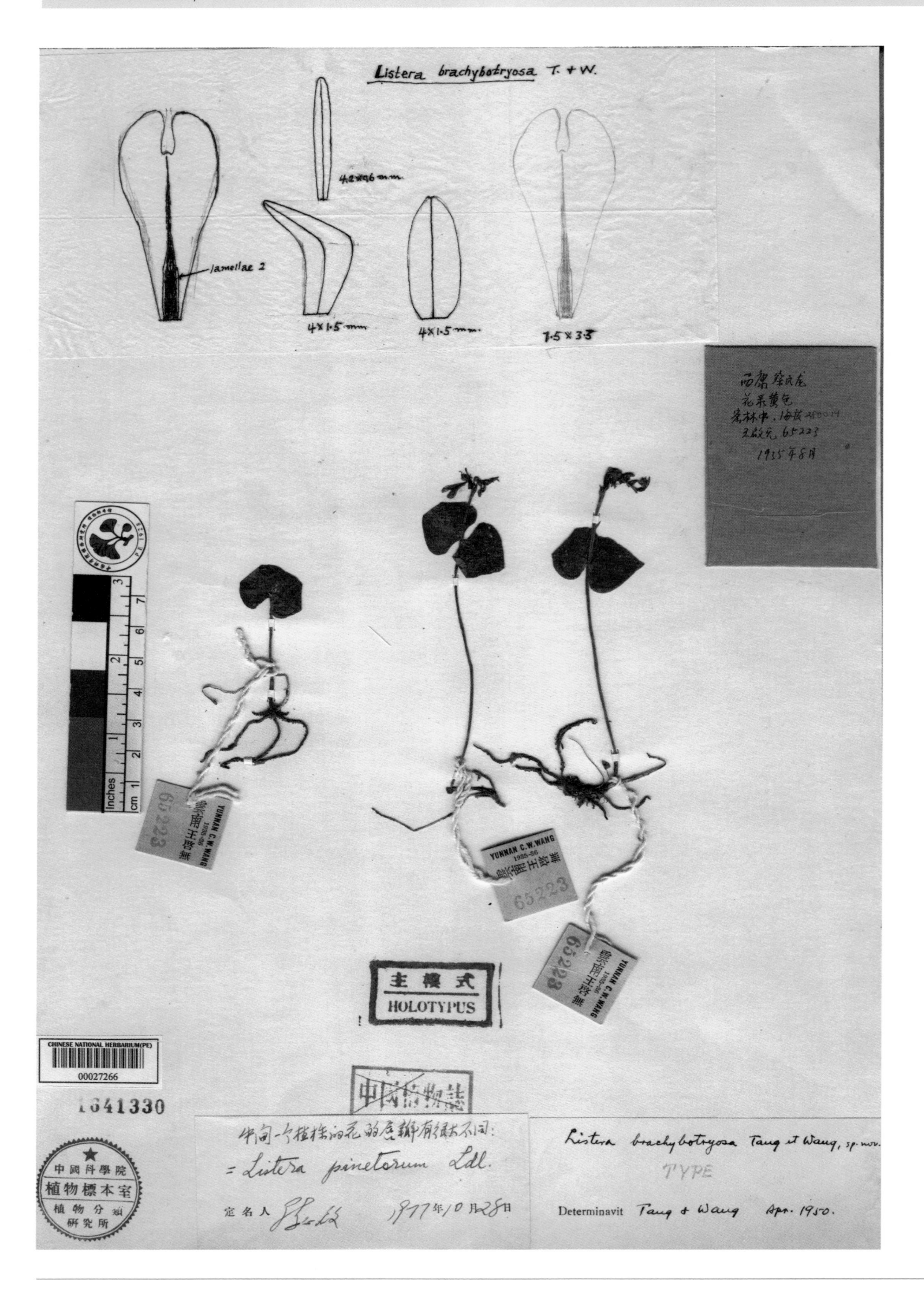

短花序对叶兰 ***Listera brachybotryosa*** Tang & F. T. Wang in Acta Phytotax. Sin. 1(1): 31, 64. 1951. **Holotype:** China. Xikang (=Sichuan): Cawarong, alt. 2800 m, 1935-08-??, C. W. Wang 65223.

FLORA OF SZECHWAN
中國植物 四川

Field No. 2204 Date July 14, 1928
號數 日期
Locality 灌縣 Kuan-hsien
地點
Altitude 3000-3600 ft.
海拔高度
Habitat In thickets
產地
Habit Herb
樹 灌木 藤本 草本
Height 1½ ft. D.B.H.
高度 胸高直徑
Bark
樹皮
Leaf
葉
Flower
花
Fruit
果
Notes
附錄
Common Name Family
俗名 科
Name
學名
Collector 方文培 W. P. Fang
採集者

四川灌县(都江堰市)
alt. 3000-3600 ft.
方培 2204
1928年7月14日

Listera fangii
Tang et Wang ex
S.C. Chen & G. Zhu

2204

Listera fangii Tang et Wang
ex S.C. Chen & G.
Zhu
定名人 [illegible] 198 2001 年 1 月 11 日

主模式
HOLOTYPUS

模式标本
TYPUS

静生生物調查所植物標本室
HERBARIUM OF FAN MEMORIAL INSTITUTE OF BIOLOGY
Ed. No. Herb. No.
Listera ~~grandiflora Rolfe, cf.~~ Fangii
Orchidaceae
= Kuanensis Tang et Wang
Collector W. P. Fang Loc. Szechnau
Determined by Date 1928

扇唇对叶兰 ***Listera fangii*** Tang & F. T. Wang ex S. C. Chen & G. Zhu in Novon 12(4): 438. 2002. **Holotype:**China. Sichuan: Dujiangyan, alt. 1000~1200 m, 1928-07-14, W. P. Fang 2204.

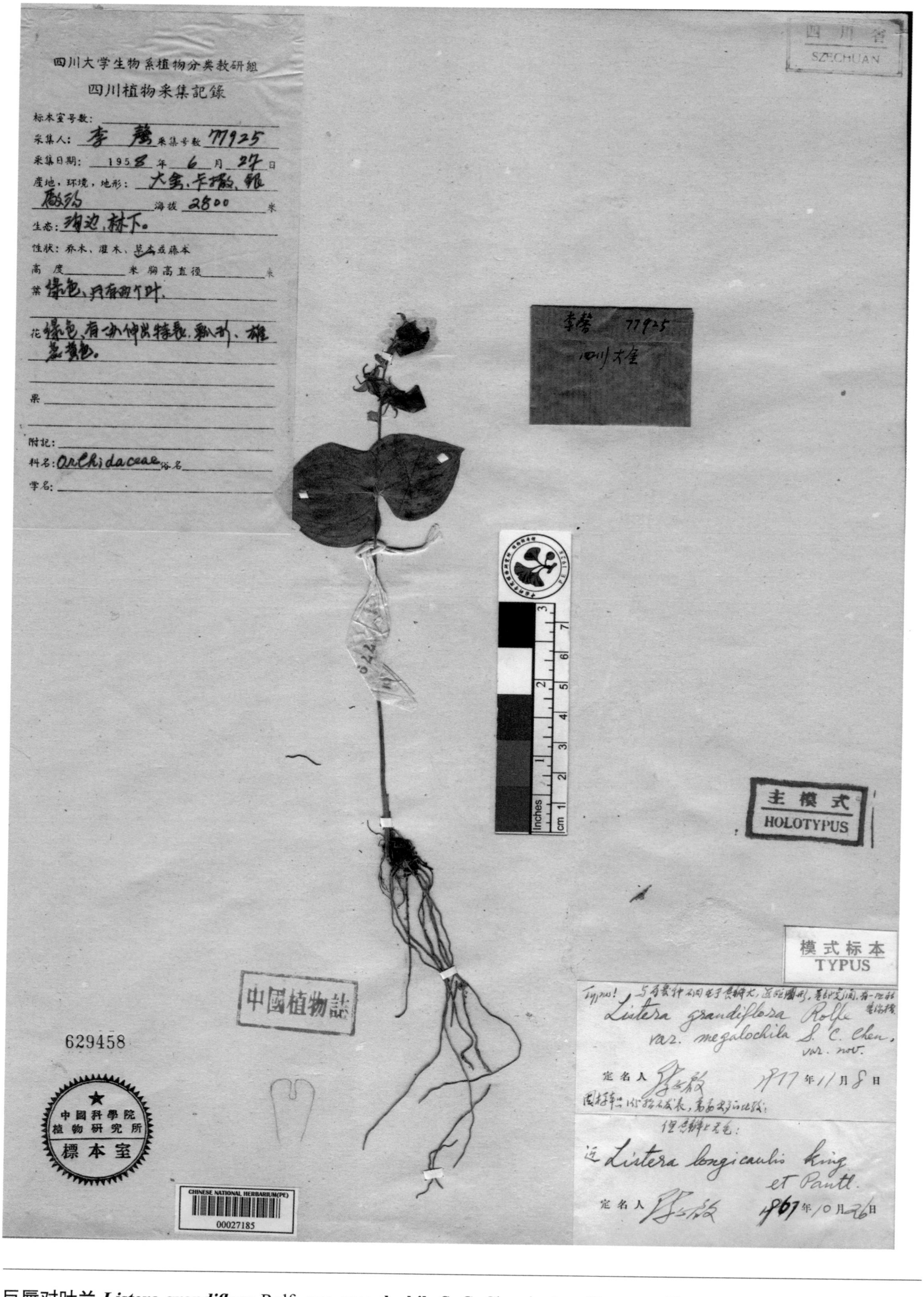

巨唇对叶兰 ***Listera grandiflora*** Rolfe var. ***megalochila*** S. C. Chen in Acta Phytotax. Sin. 25(6): 473. 1987. **Holotype:** China. Sichuan: Dajin, alt. 2800 m, 1958-06-27, X. Li 77925.

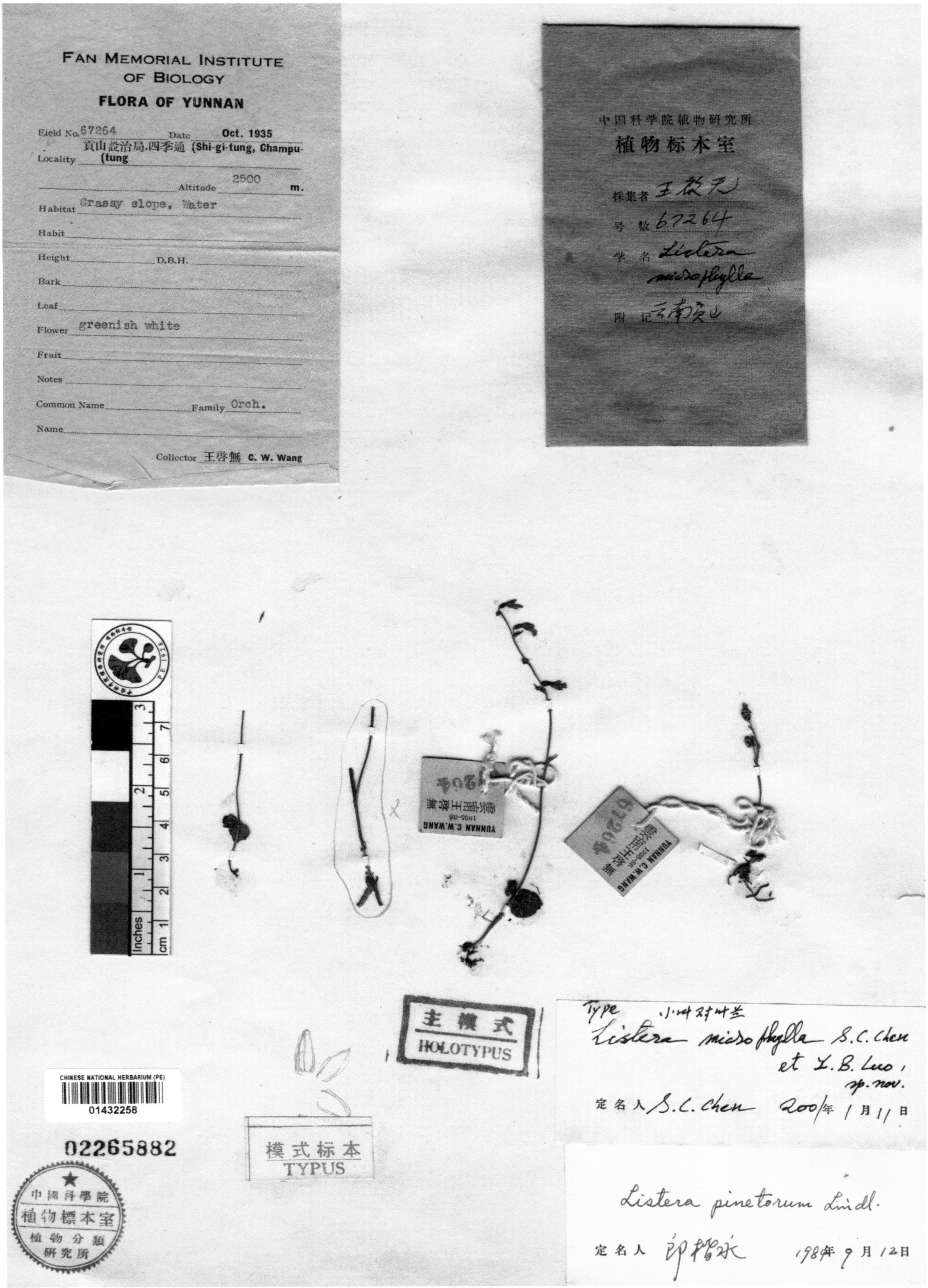

小叶对叶兰 ***Listera microphylla*** S. C. Chen & Y. B. Luo in Novon 12(4): 438. 2002. **Holotype:**China. Yunnan: Gongshan, alt. 2500 m, 1935-10-??, C. W. Wang 67264.

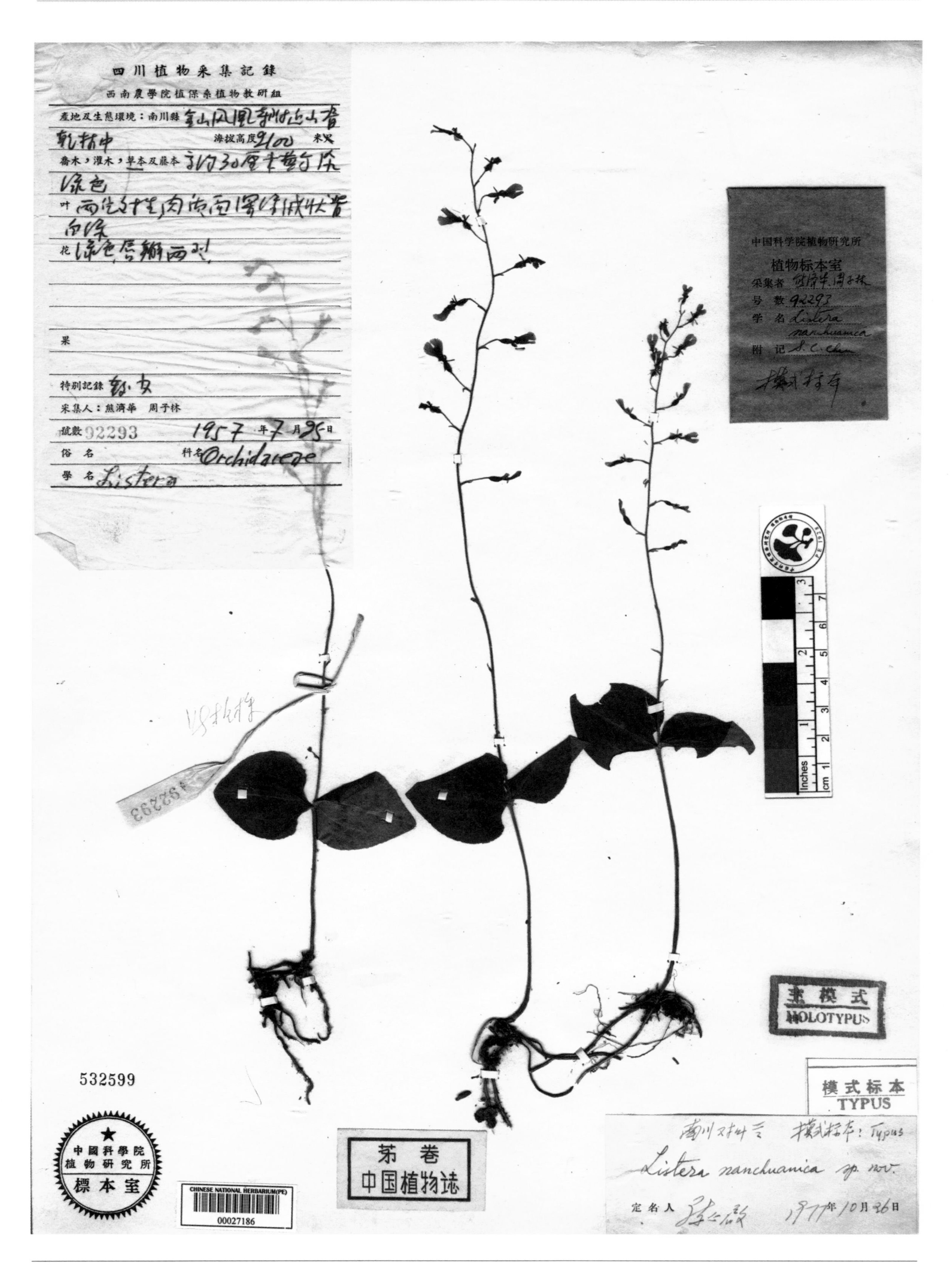

南川对叶兰 ***Listera nanchuanica*** S. C. Chen in Kew Bull. 35(4): 761. 1981.**Holotype:** China. Chongqing: Nanchuan, alt. 2100 m, 1957-07-25, J. H. Xiong & Z. L. Zhou 92293.

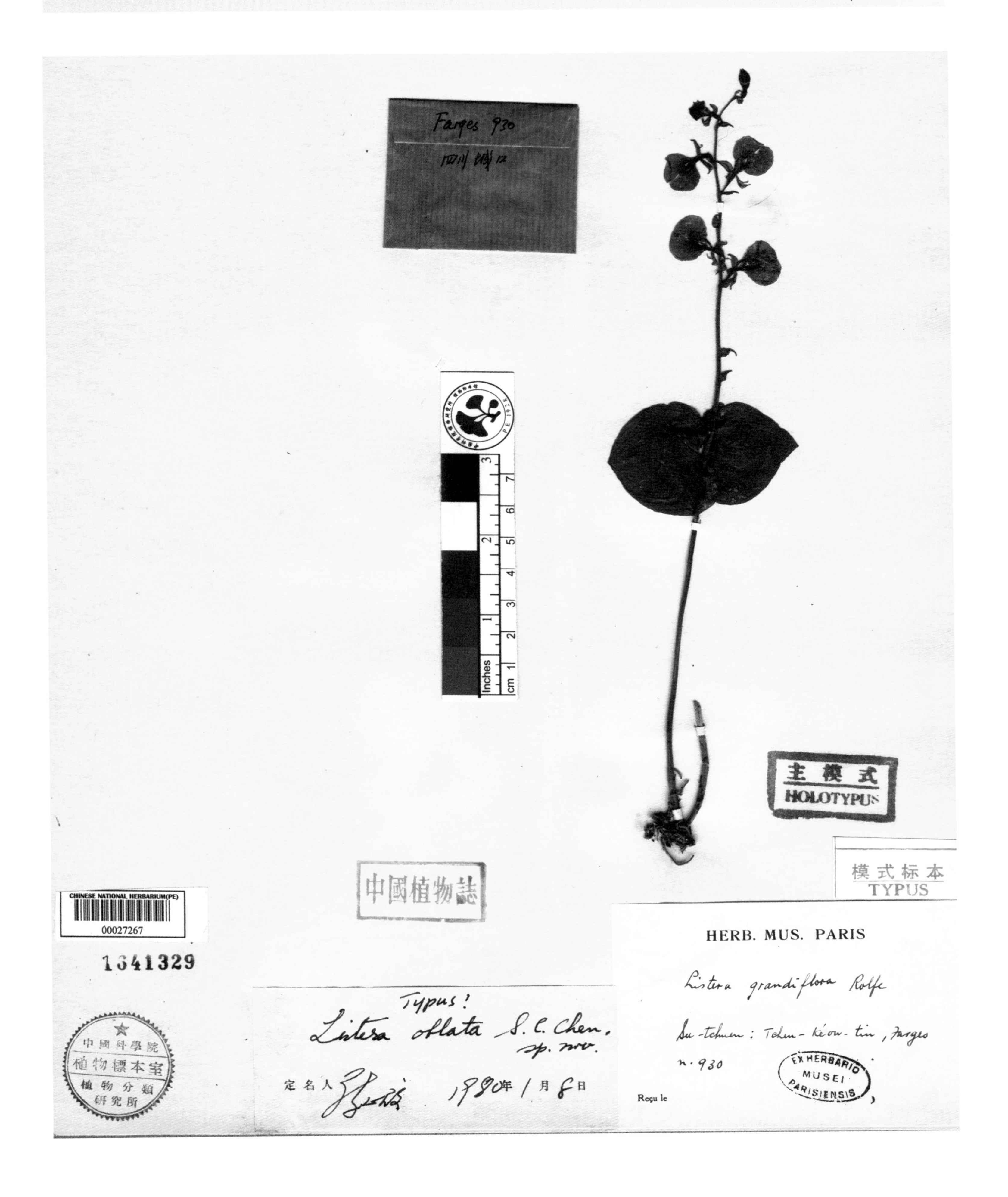

圆唇对叶兰 ***Listera oblata*** S. C. Chen in Kew Bull. 35(4): 759. 1981. **Holotype:**China. Chongqing: Chengkou, R .P. Farges 930.

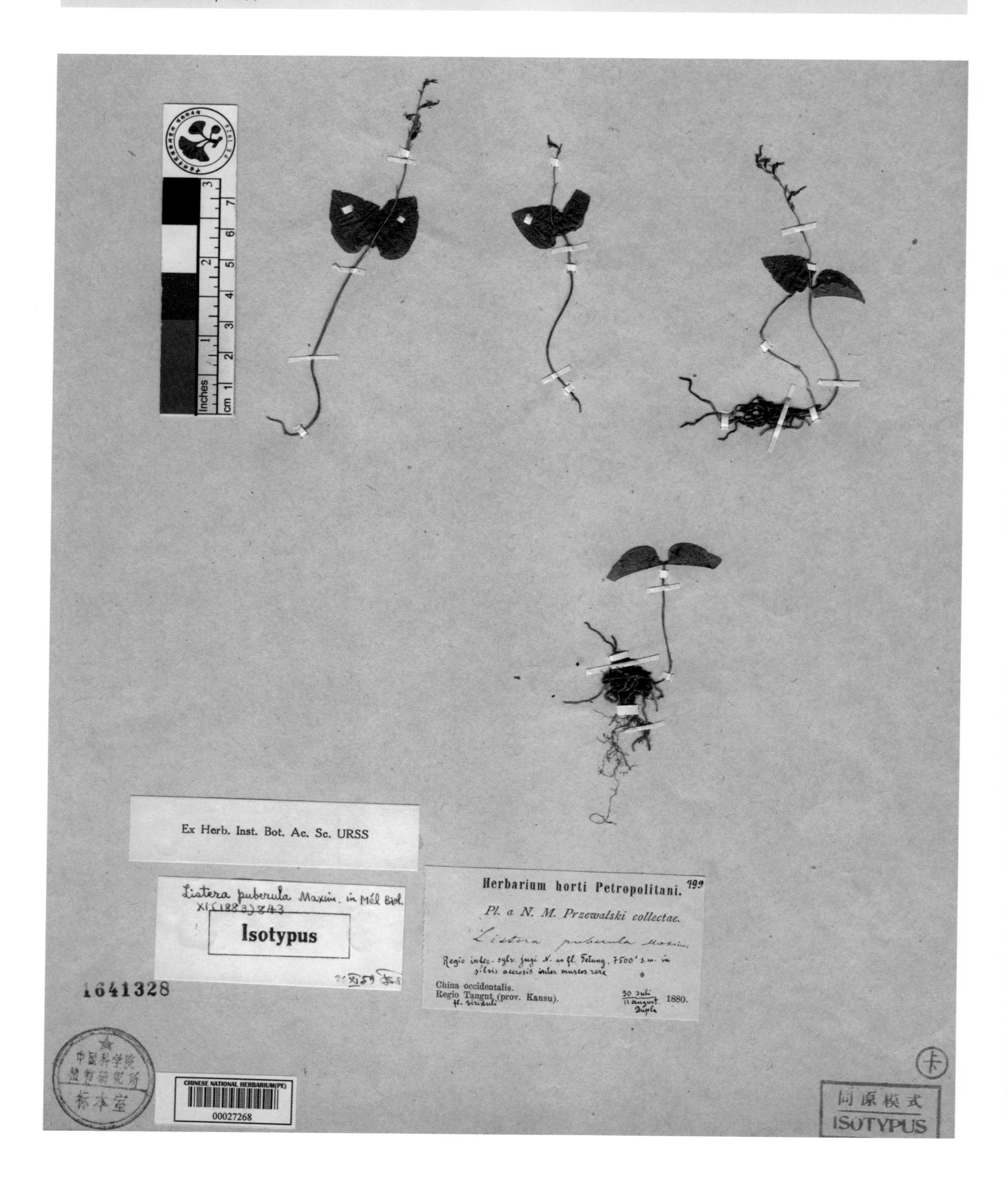

对叶兰 ***Listera puberula*** Maxim. in Bull. Acad. Imp. Sci. St-Petersb. 29: 204. 1884. **Isotype:** China. Gansu: Tetung, alt. 2500 m, 1880-07-30, Przewalski 799.

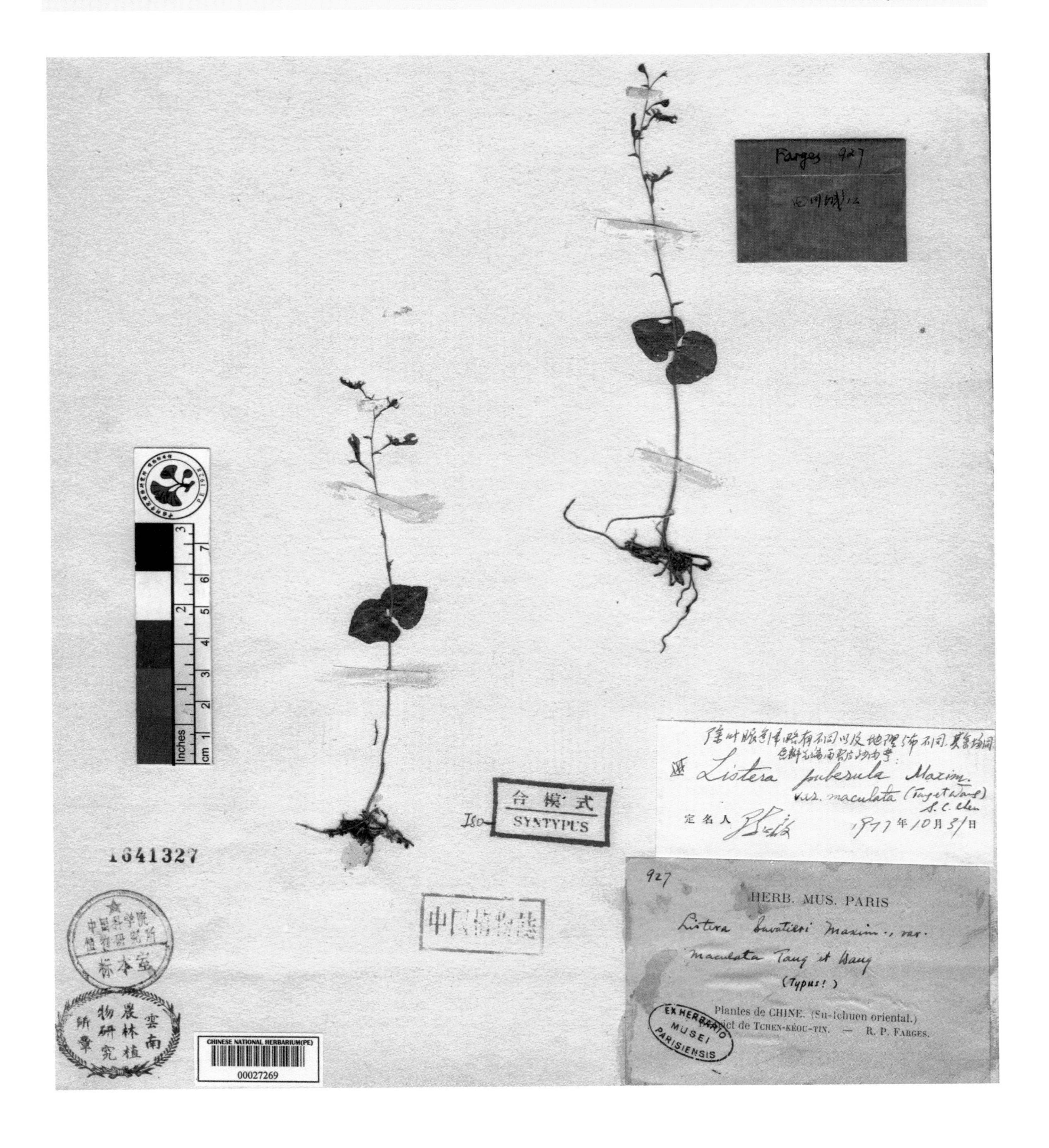

花叶对叶兰 ***Listera savatieri*** Maxim. var. ***maculata*** Tang & F. T. Wang in Acta Phytotax. Sin. 1(1): 31, 65. 1951.
Isotype: China. Chongqing: Chengkou, alt. 2200 m, 1892-??-??, R. P. Farges 927.

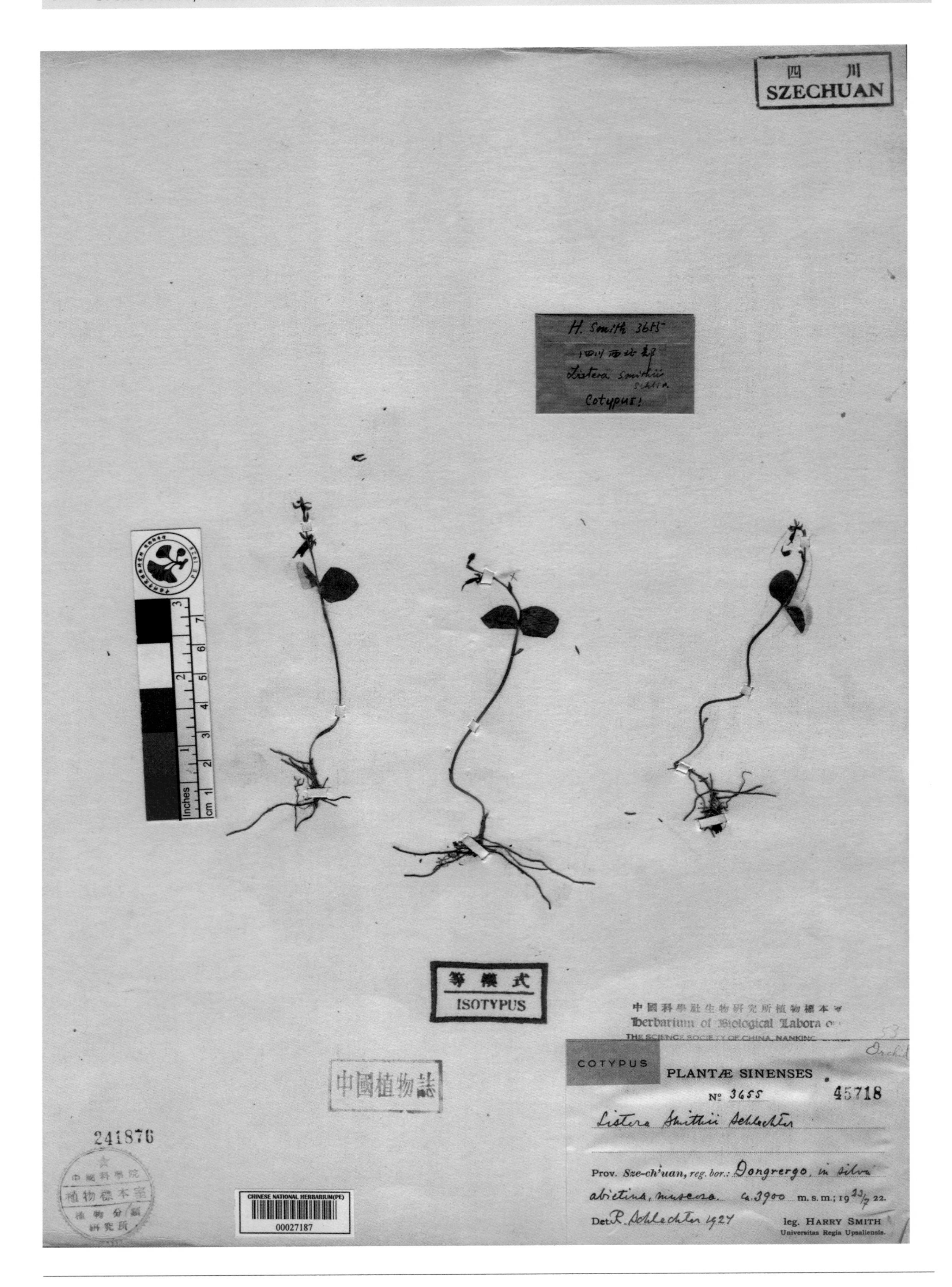

川西对叶兰 ***Listera smithii*** Schltr. in Acta Horti Gothob. 1: 144. 1924. **Isotype:** China. Sichuan: Songpan, Dongrergo, alt. 3900 m, 1922-07-23, H. Smith 3655.

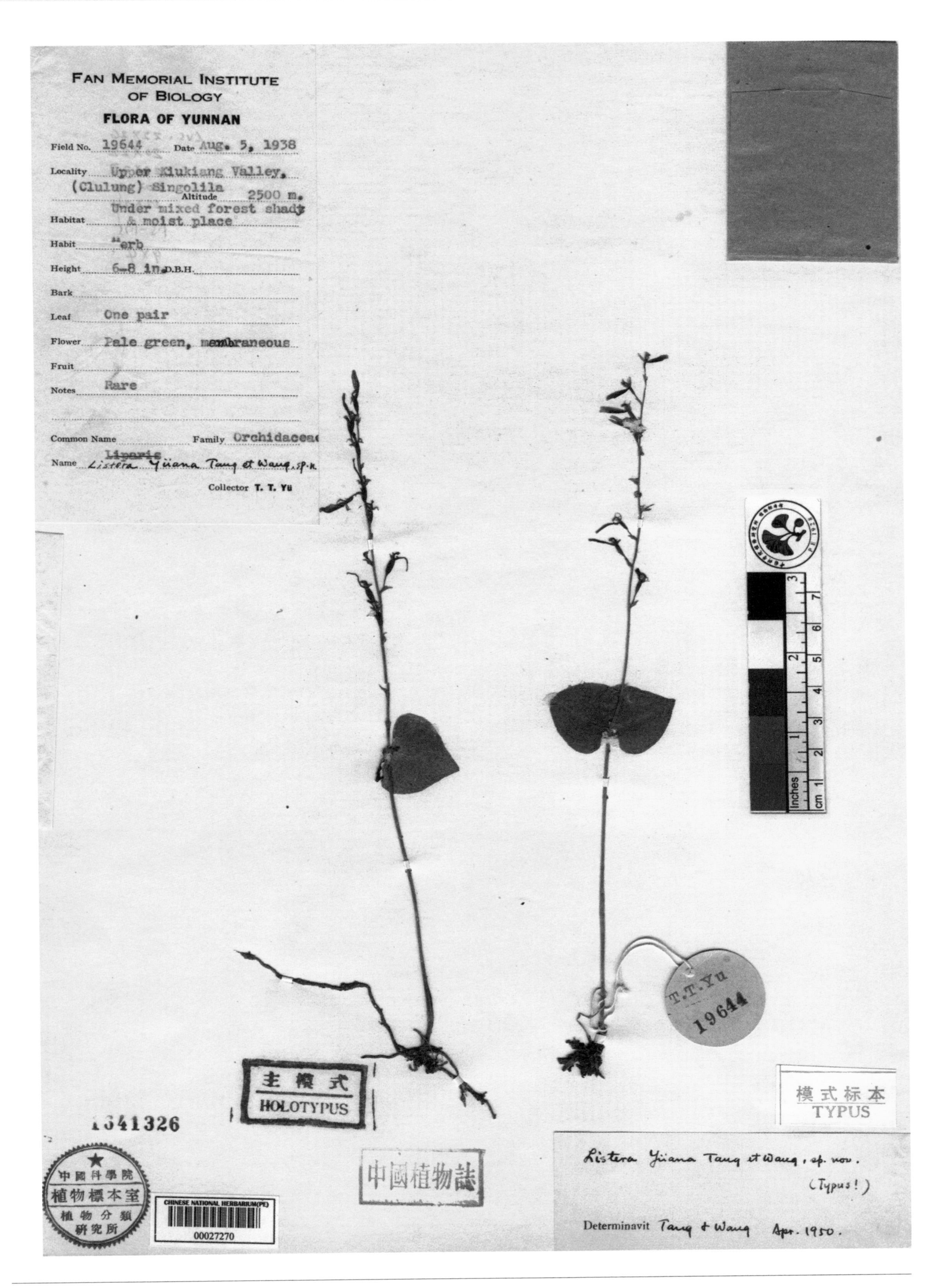

俞氏对叶兰 ***Listera yuana*** Tang & F. T. Wang in Acta Phytotax. Sin. 1(1): 31, 65. 1951. **Holotype:**China. Yunnan: Upper Kiukiang Valley alt. 2500 m, 1938-08-05, T. T. Yu 19644.

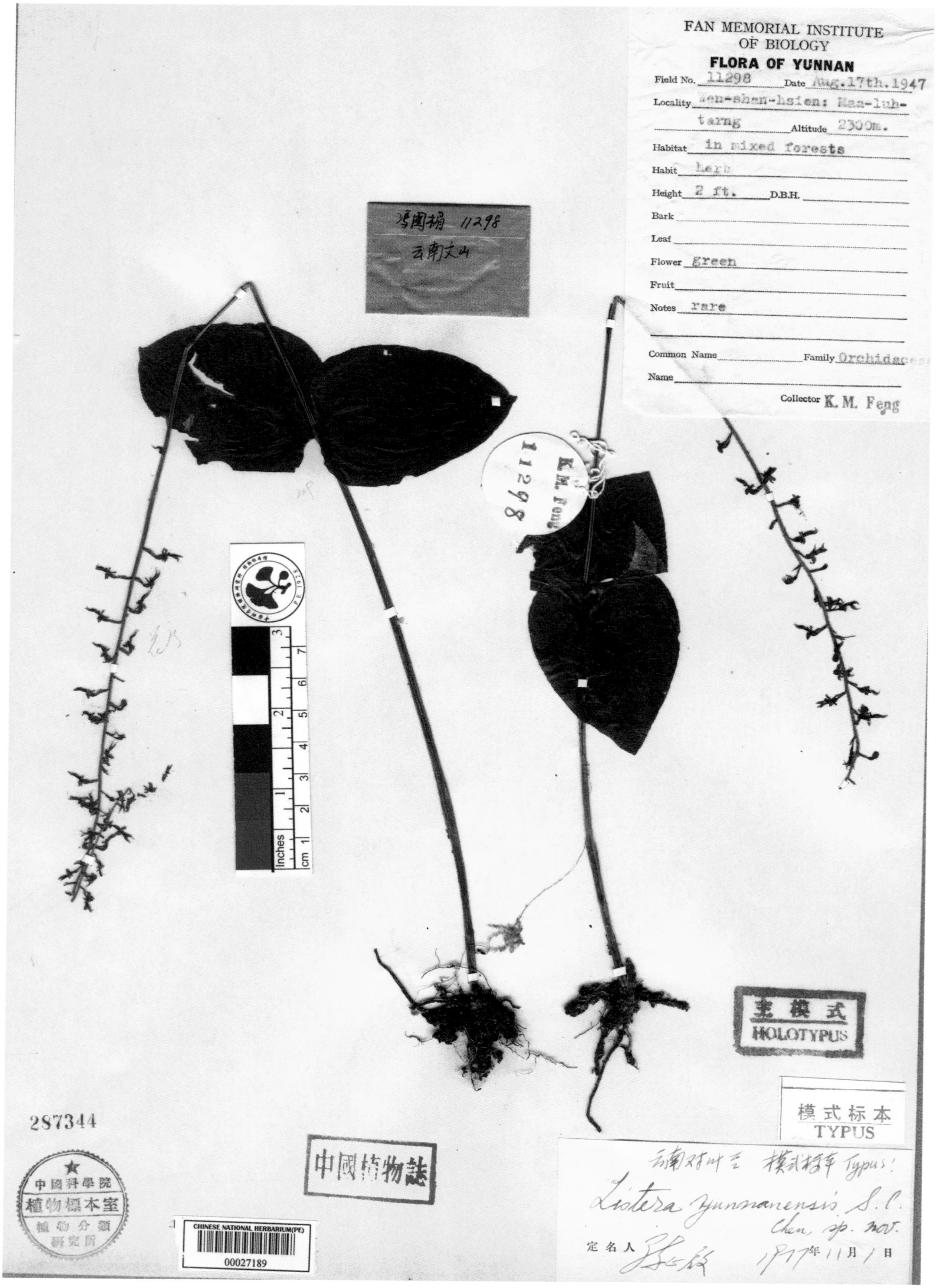

FAN MEMORIAL INSTITUTE
OF BIOLOGY
FLORA OF YUNNAN
Field No. 11298 Date Aug.17th.1947
Locality Wen-shan-hsien: Maa-luh-tarng Altitude 2300m.
Habitat in mixed forests
Habit herb
Height 2 ft. D.B.H.
Bark
Leaf
Flower green
Fruit
Notes rare
Common Name Family Orchidac
Name
Collector K. M. Feng

冯国楣 11298
云南文山

K.M. Feng
11298

287344

中國科學院
植物標本室
植物分類
研究所

CHINESE NATIONAL HERBARIUM(PE)
00027189

中國植物誌

主模式
HOLOTYPUS

模式标本
TYPUS

云南对叶兰 模式标本 Typus!
Listera yunnanensis S. C. Chen, sp. nov.
定名人 陈心启 1977年11月1日

云南对叶兰 ***Listera yunnanensis*** S. C. Chen in Kew Bull. 35(4): 759. 1981. **Holotype:** China. Yunnan: Wenshan, alt. 2300 m, 1947-08-17, K. M. Feng 11298.

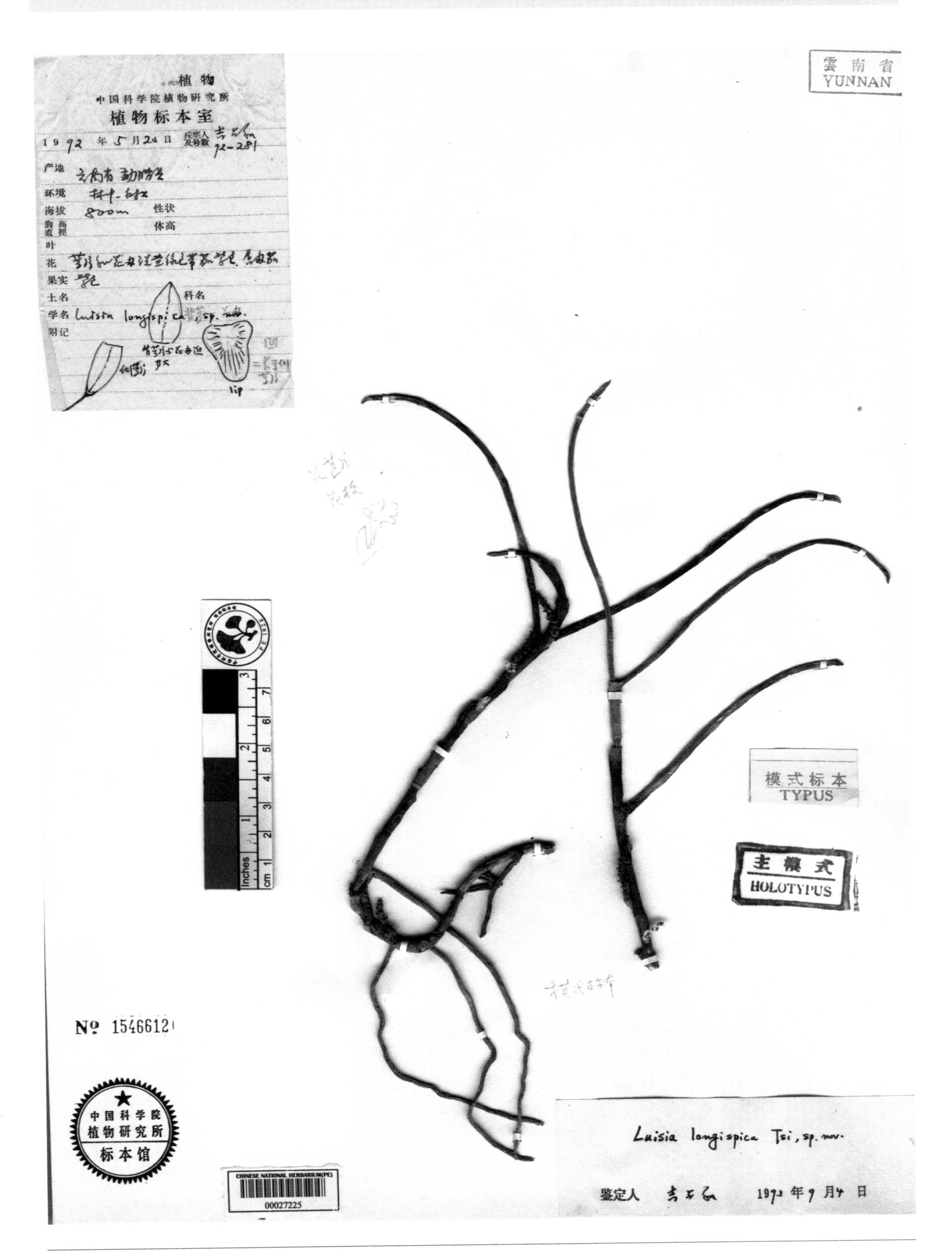

长穗叉子股 ***Luisia longispica*** Z. H. Tsi & S. C. Chen in Acta Phytotax. Sin. 32(6): 556, f. 2: 1-5. 1994. **Holotype:**China. Yunnan: Mengla, alt. 800 m, 1992-05-20, Z. H. Tsi 92-281.

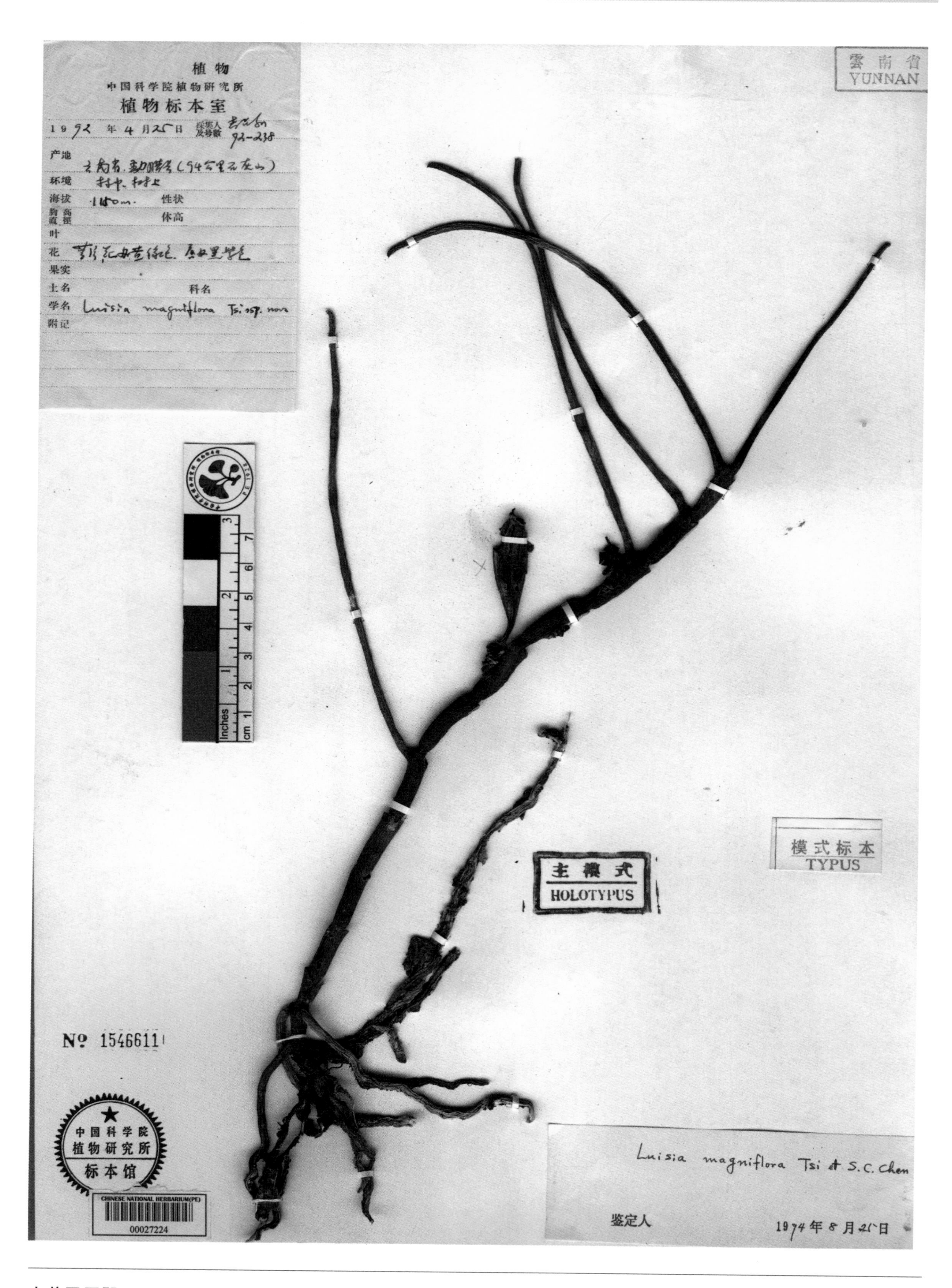

大花叉子股 ***Luisia magniflora*** Z. H. Tsi & S. C. Chen in Acta Phytotax. Sin. 32(6): 558, f. 2: 6-10. 1994. **Holotype:** China. Yunnan: Mengla, alt. 1150 m, 1992-04-25, Z. H. Tsi 92-238.

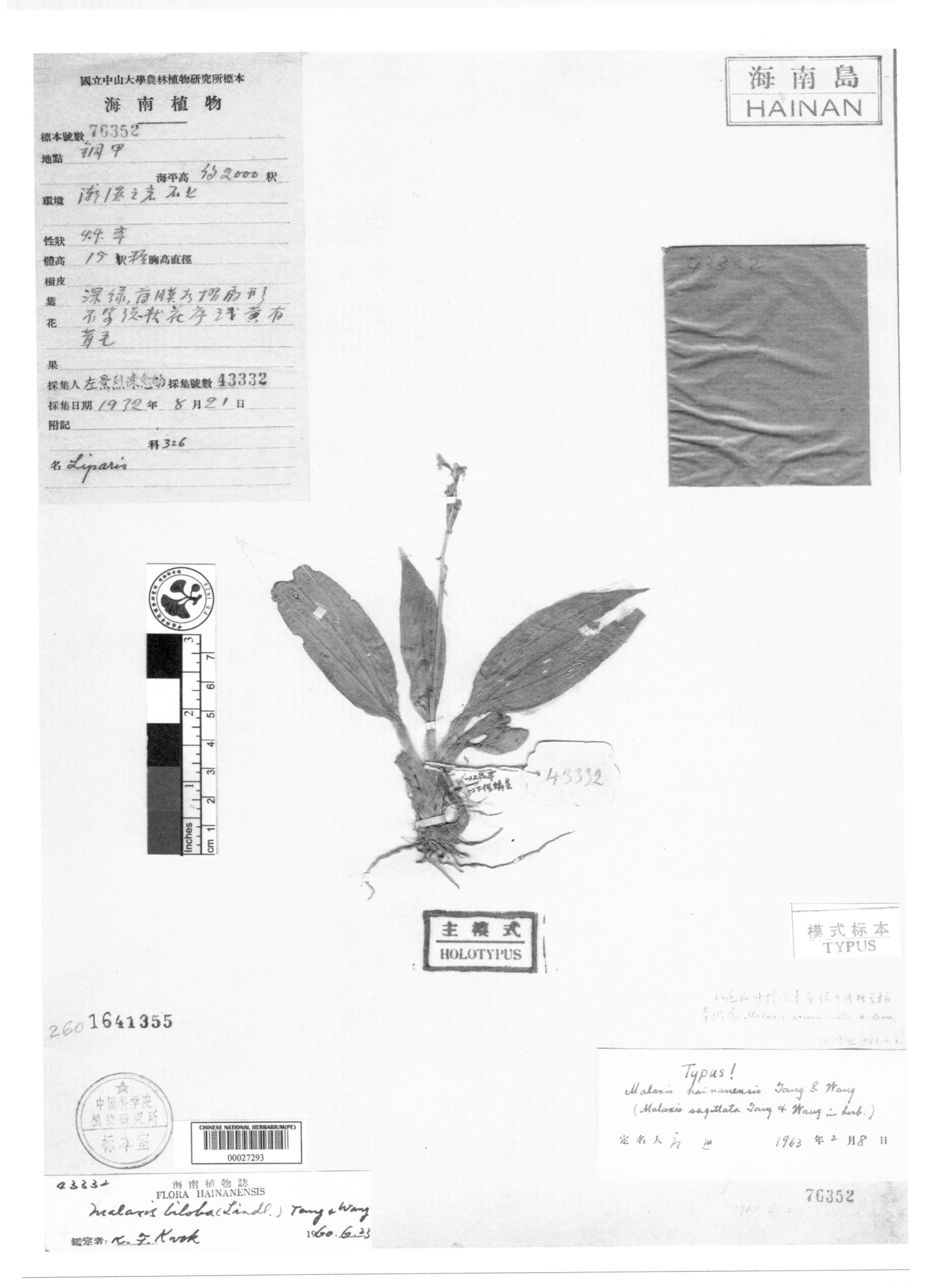

海南沼兰 ***Malaxis hainanensis*** Tang & F. T. Wang in Acta Phytotax. Sin. 12(1): 37. 1974. **Holotype:**China. Hainan: Lingshui, alt. 700 m, 1932-08-21, C. L. Tso & N. K. Chun 43332.

琼岛沼兰 ***Malaxis insularis*** Tang & F. T. Wang in Acta Phytotax. Sin. 12(1): 36. 1974. **Holotype:** China. Hainan: Changjiang, 1933-06-05, S. K. Lan 1864.

44109
FLORA OF SZECHWAN
中國植物

Field No. 號數 2134 Date 日期 July 12, 1928.
Locality 地點 灌縣 Kuan-hsien
Altitude 海拔高度 3000-3600 ft.
Habitat 產地 At roadside.
Habit 樹 灌木 藤本 草本 Herb
Height 高度 5 in. D.B.H. 胸高直徑
Bark 樹皮
Leaf 葉
Flower 花 Pale-yellow.
Fruit 菓
Notes 附錄
Common Name 俗名 Family 科 M.46
Name 學名
Collector 採集者 方文培 W. P. Fang

326

四川省
SZECHUAN
BA

2134

1641356

主模式
HOLOTYPUS

中国科学院植物研究所标本室

CHINESE NATIONAL HERBARIUM(PE)
00027292

模式标本
TYPUS

此标本的花轴上有腺毛，但在 Malaxis purpurea 的一些标本中也有，此外花黄色，但在城南的一些标本中无腺毛，但花也呈黄色的，看来花色似不足以作为种的依据。 Malaxis purpurea (Lindl.) Kze.
定名人 [illegible] 198 年 月 日 1986 11 18

Malaxis fangii Tang et Wang
近 M. acuminata

HERBARIUM OF THE BOTANICAL INSTITUTE SUN YATSEN UNIVERSITY, CANTON
44109

四川沼兰 Typus! M. purpurea
Malaxis sichuanica Tang et Wang
定名人 [illegible] 1980 年 11 月 9 日

Malaxis acuminata D. Don
定名人 [illegible] 1973 年 11 月 2 日

四川沼兰 ***Malaxis sichuanica*** Tang & F. T. Wang in Acta Phytotax. Sin. 26(3): 239, f. 1: 3. 1974. **Holotype:**China. Sichuan: Guanxian (=Dujiangyan), alt. 1000~1200 m, 1928-07-12, W. P. Fang 2134.

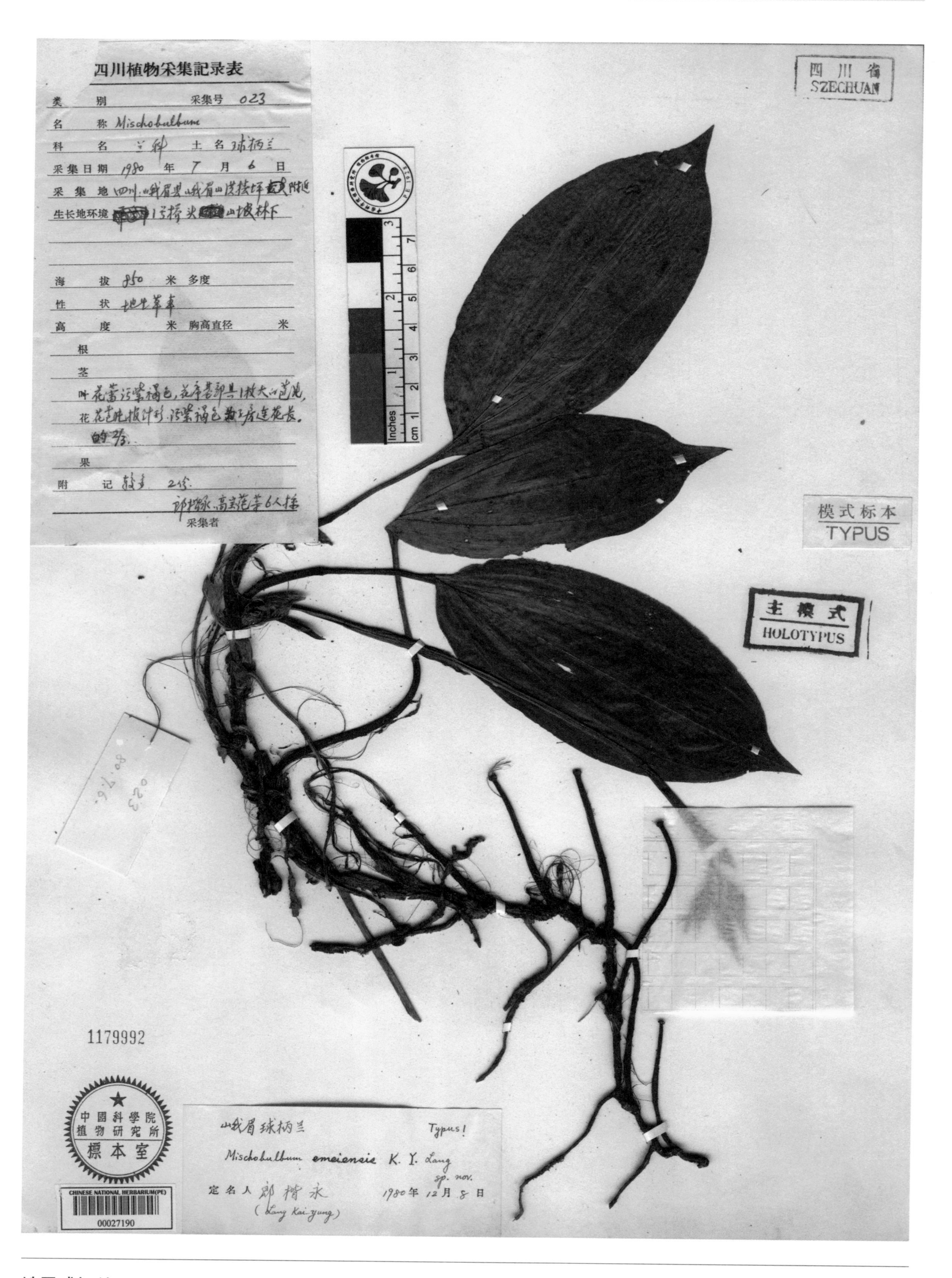

峨眉球柄兰 ***Mischobulbum emeiensis*** K. Y. Lang in Acta Phytotax. Sin. 20(2): 185, f. 4. 1982. **Holotype:** China. Sichuan: Emei, Emeishan, alt. 850 m, 1980-07-06, K. Y. Lang & al. 23.

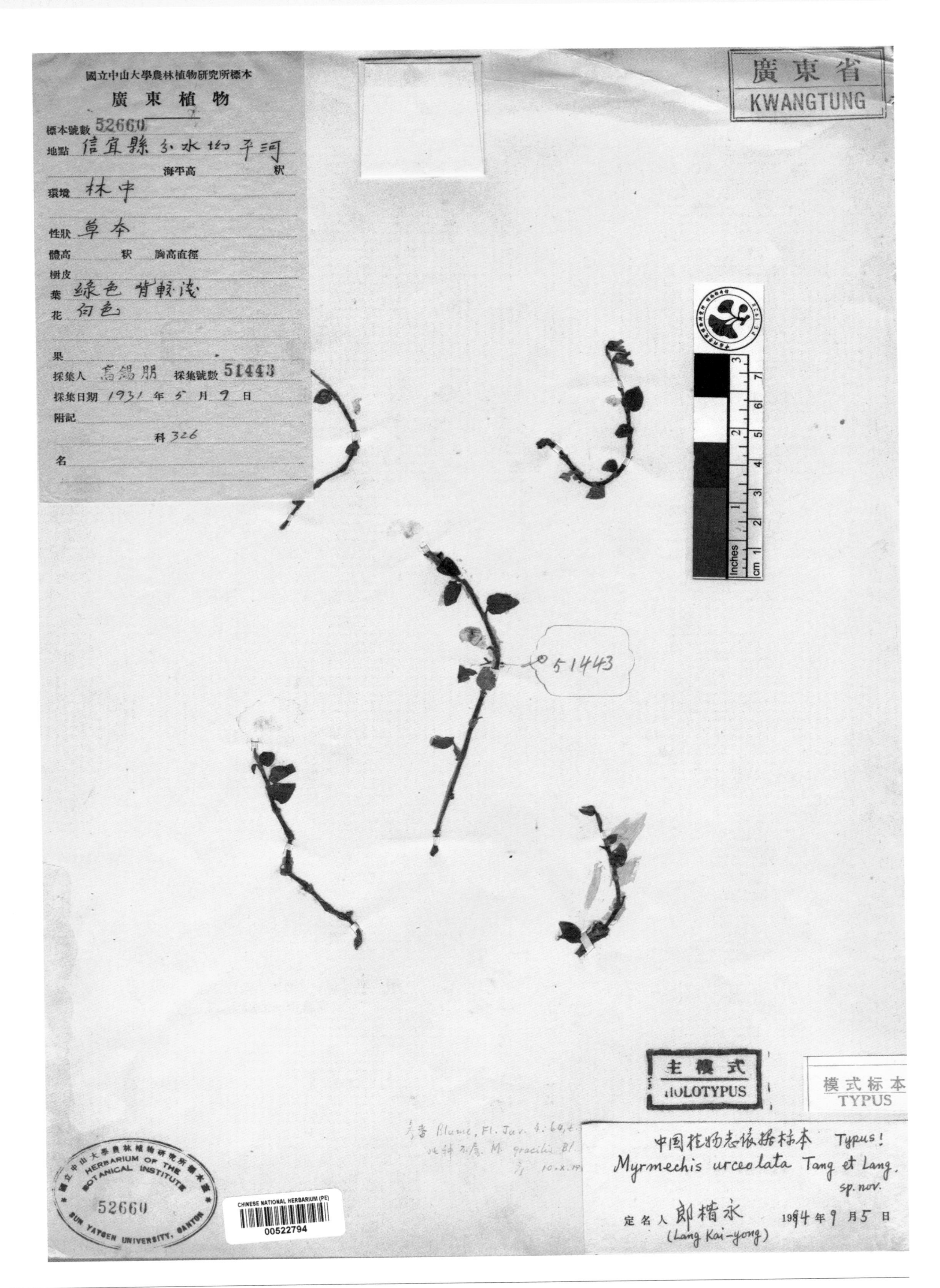

宽瓣全唇兰 ***Myrmechis urceolata*** Tang & K. Y. Lang in Acta Phytotax. Sin. 34(6): 638, f. 3. 1996. **Holotype:** China. Guangdong: Xinyi, 1931-05-09, S. P. Ko 51443.

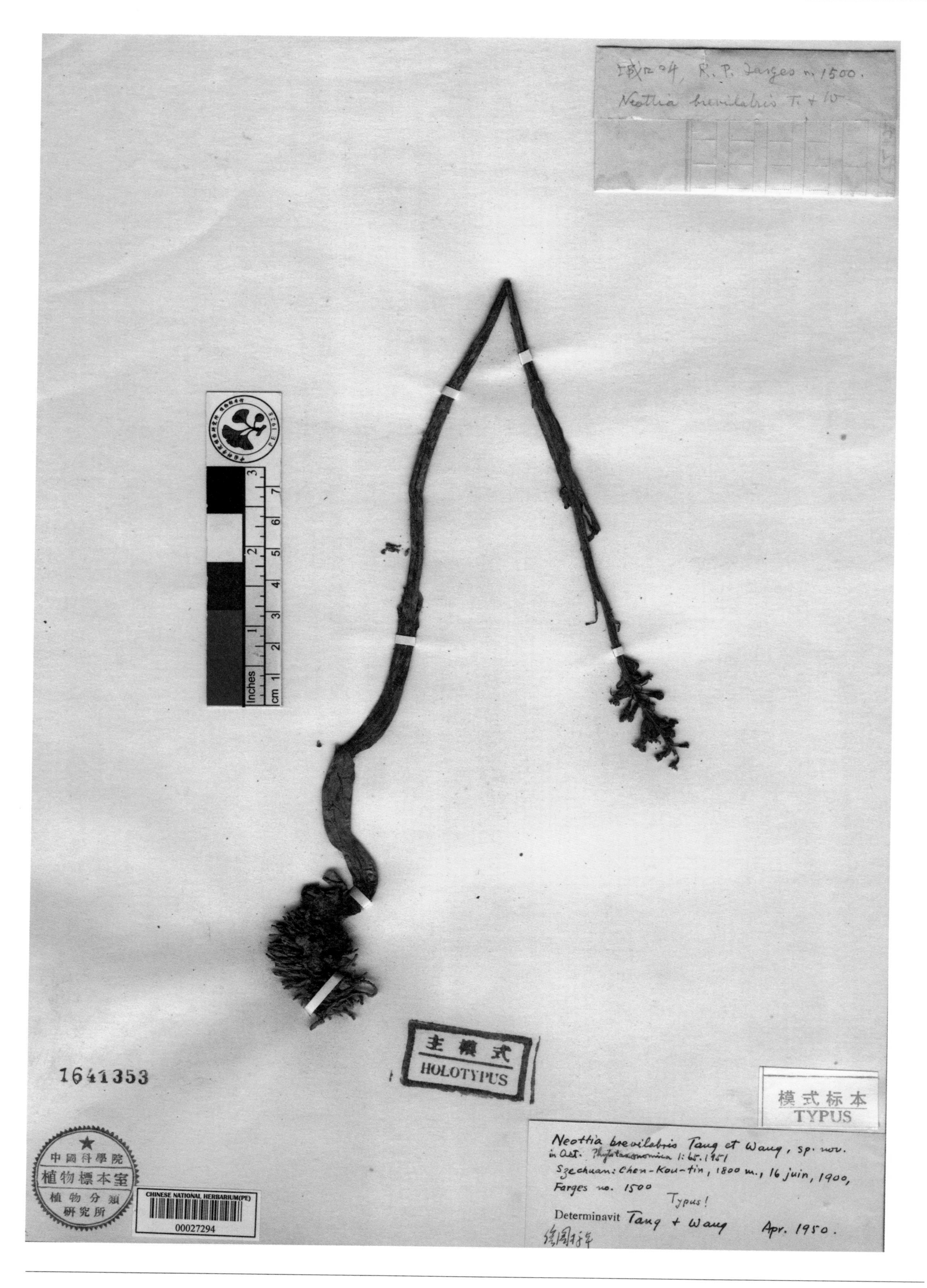

短唇鸟巢兰 ***Neottia brevilabris*** Tang & F. T. Wang in Acta Phytotax. Sin. 1(1): 32, 65. 1951. **Holotype:** China. Chongqing: Chengkou, alt. 1800 m, 1900-06-16, R. P. Farges 1500.

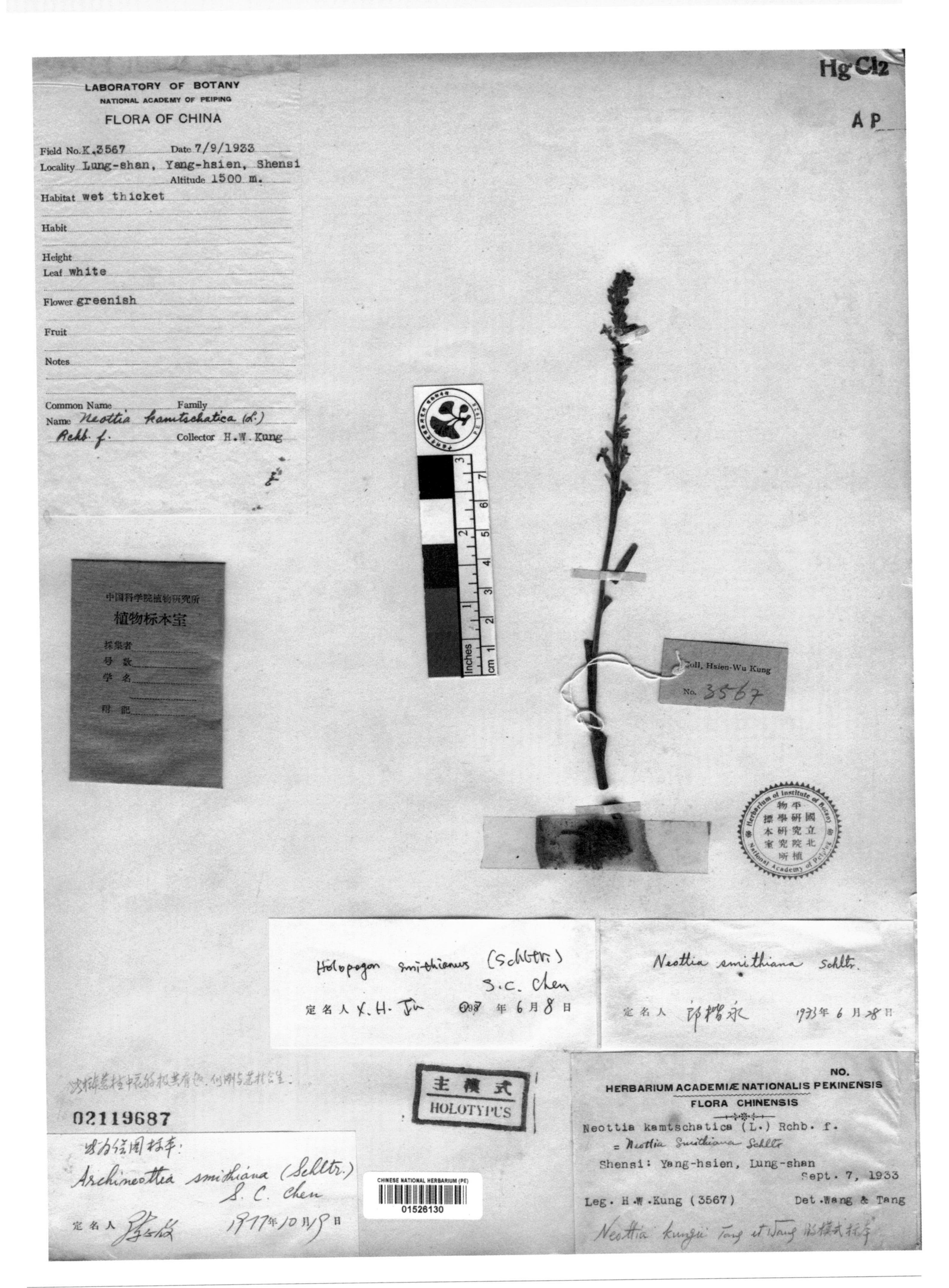

宪武对叶兰 ***Neottia kungii*** Tang & F. T. Wang in Bull. Fan Mem. Inst. Biol., Bot. 7(1): 6. 1936. **Holotype:** China. Shaanxi: Yangxian, alt. 1500 m, 1933-09-07, H. W. Kung 3567.

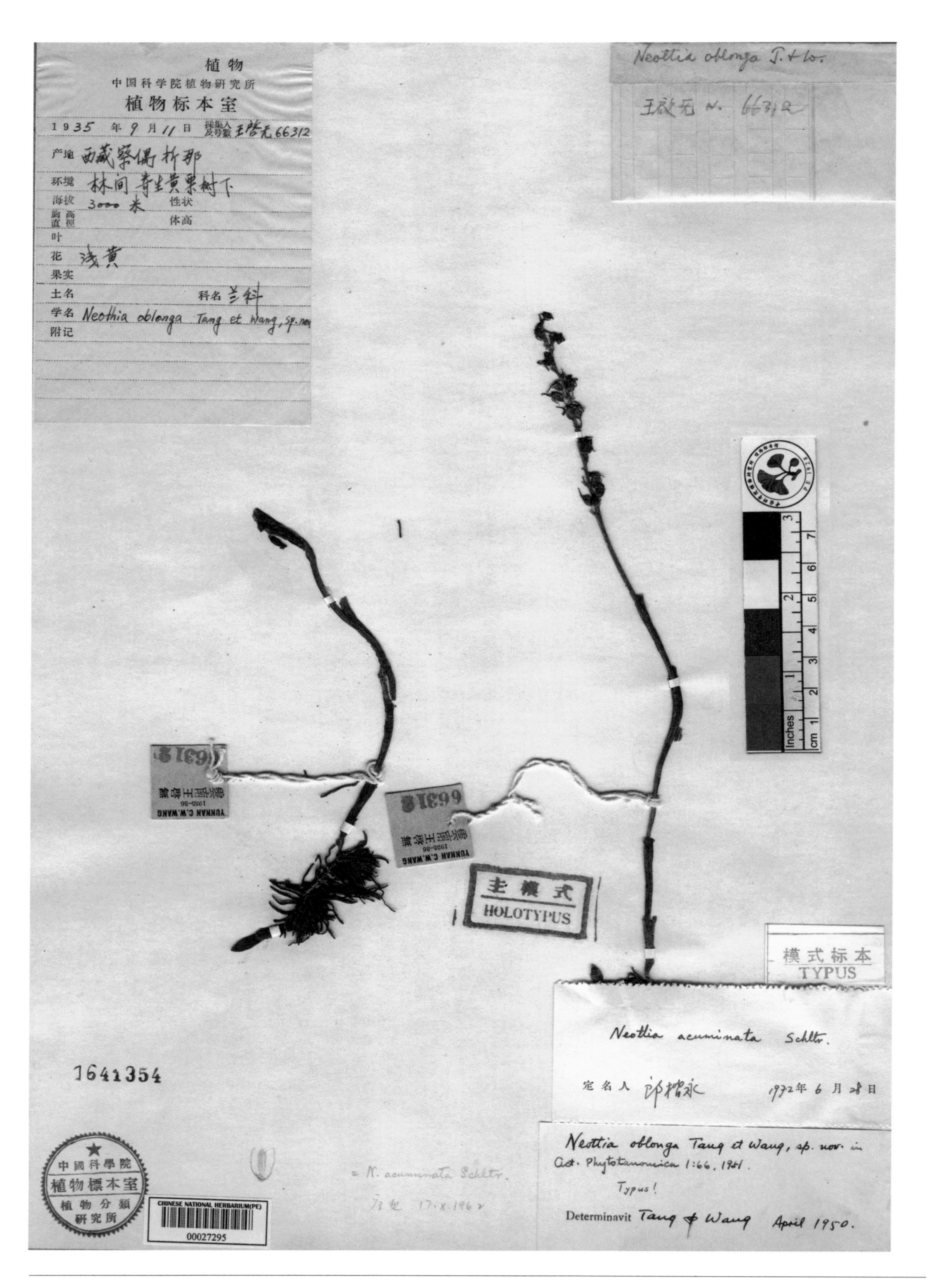

矩形唇瓣对叶兰 ***Neottia oblonga*** Tang & F. T. Wang in Acta Phytotax. Sin. 1(1): 32, 66. 1951. **Holotype:** China. Xizang: Zayü, alt. 3000 m, 1935-09-11, C. W. Wang 66312.

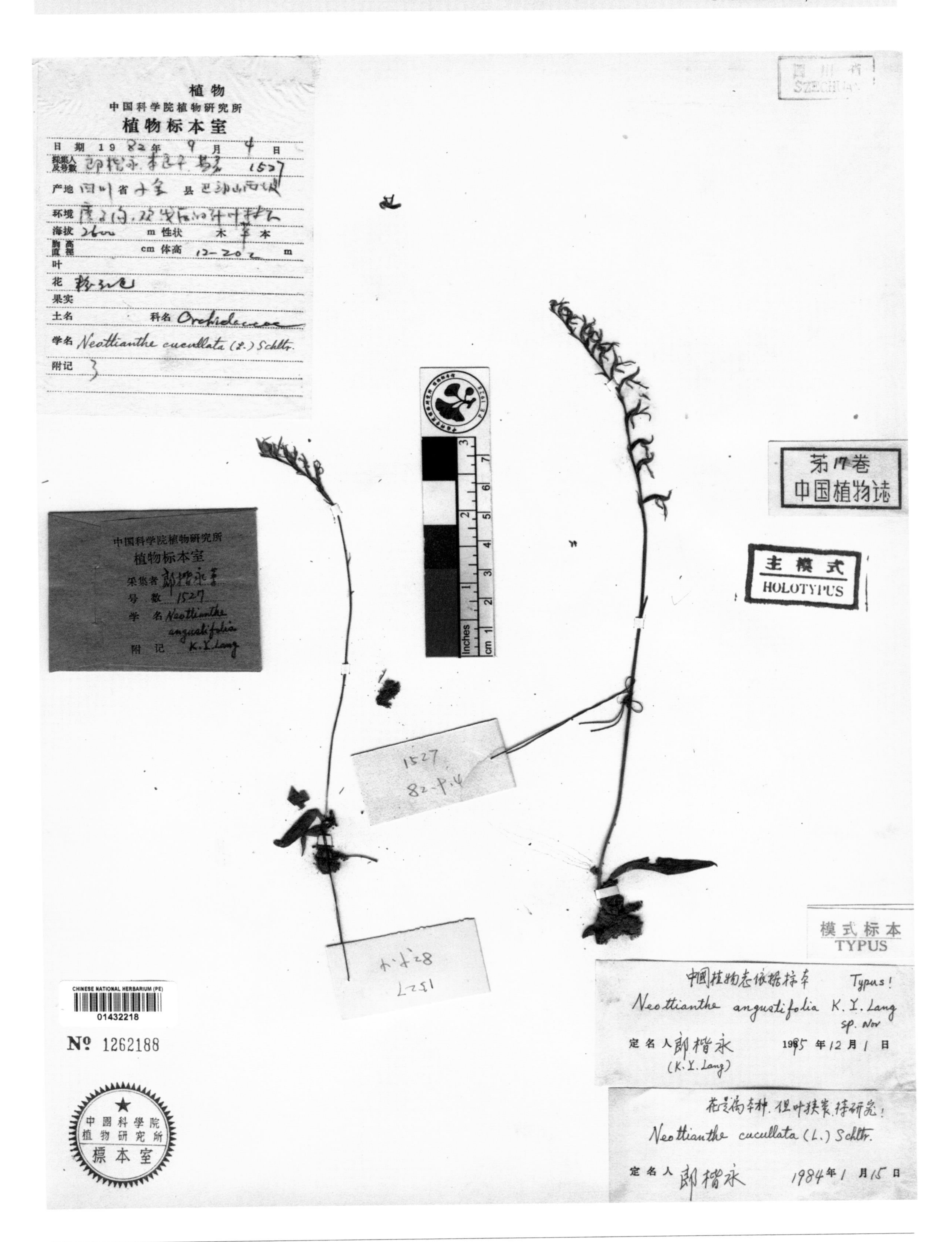

二狭叶兜被兰 ***Neottianthe angustifolia*** K. Y. Lang in Acta Phytotax. Sin. 35(6): 538, f. 1: 1-4. 1997. **Holotype:**China. Sichuan: Xiaojin, alt. 2600 m, 1982-09-04, K. Y. Lang & al. 1527.

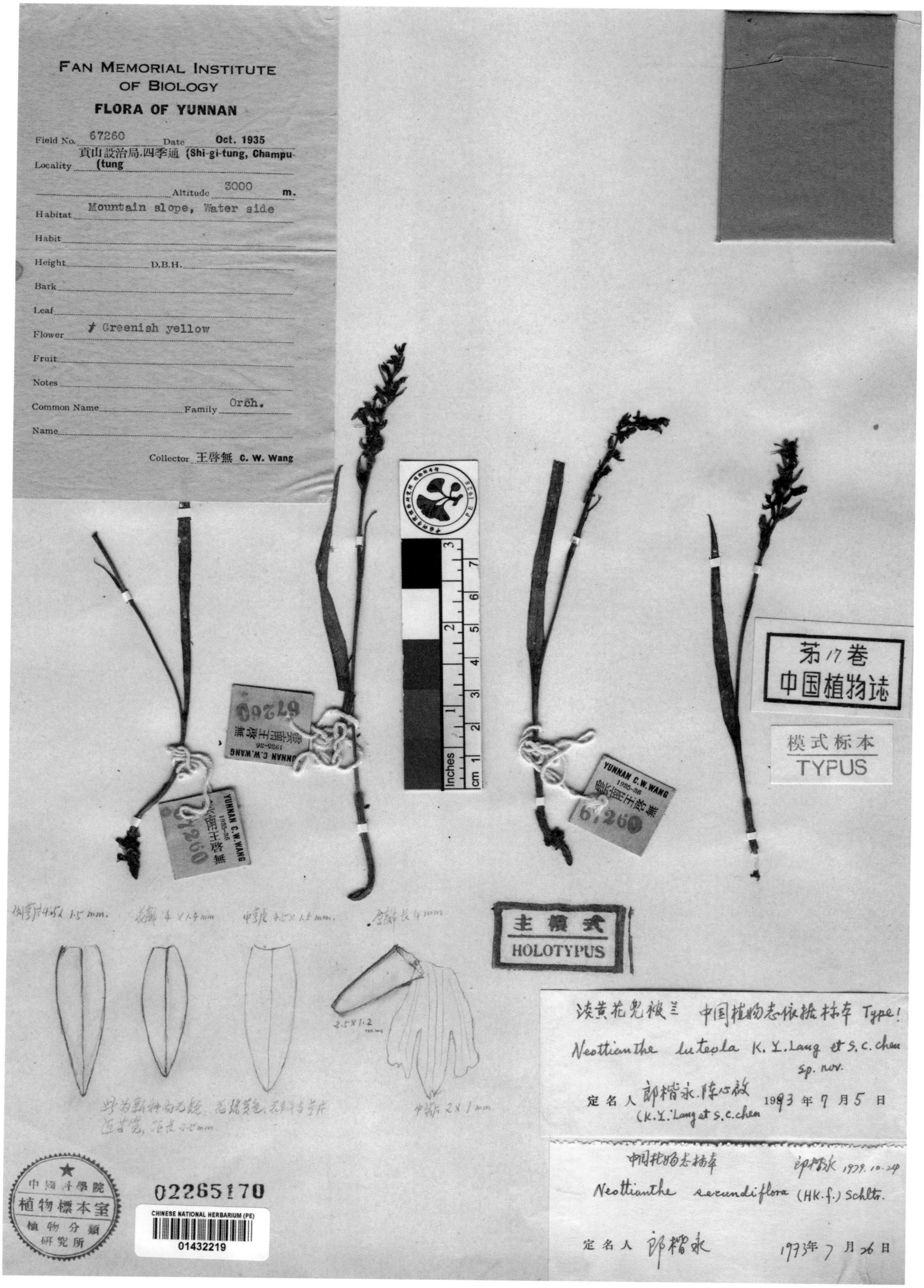

淡黄花兜被兰 ***Neottianthe luteola*** K. Y. Lang & S. C. Chen in Acta Phytotax. Sin. 35(6): 545, f. 2. 1997. **Holotype:** China. Yunnan: Gongshan, alt. 3000 m, 1935-10-??, C. W. Wang 67260.

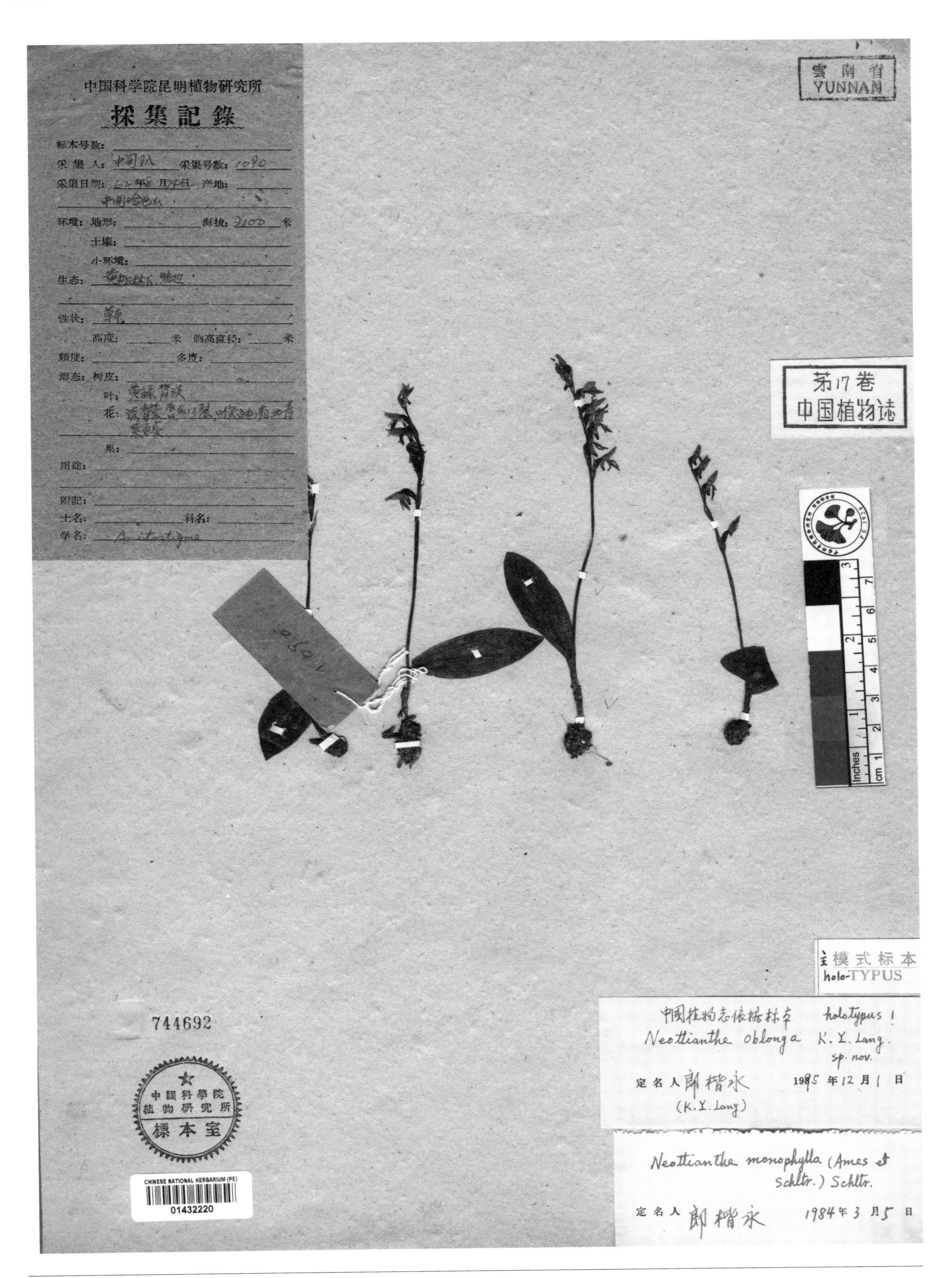

长圆叶兜被兰 ***Neottianthe oblonga*** K. Y. Lang in Acta Phytotax. Sin. 35(6): 544, f. 1: 5-8. 1997. **Holotype:**China. Yunnan: Zhongdian(=Shangri-La), alt. 3100 m, 1962-08-24, Zhongdian Exped. 1090.

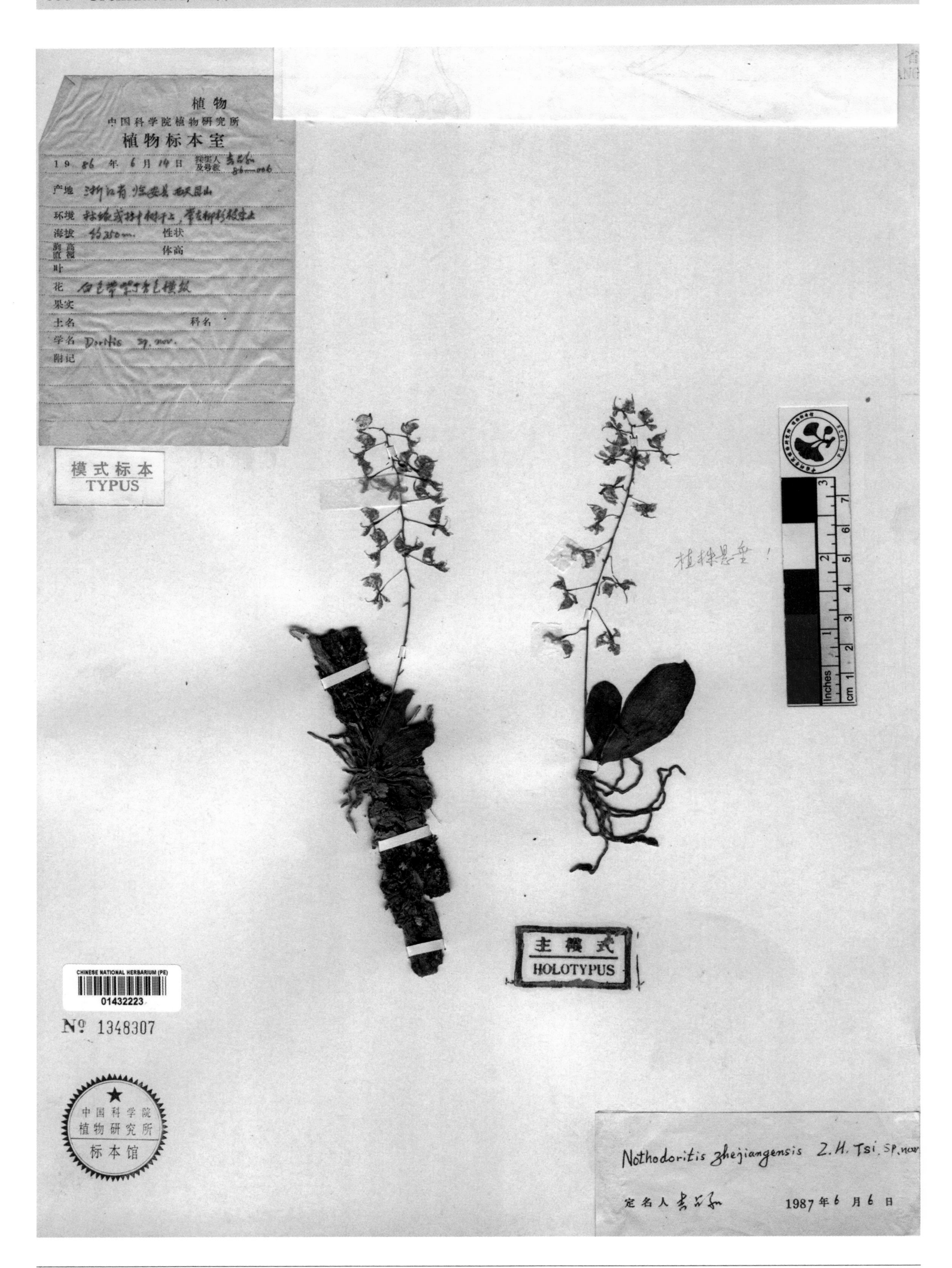

象鼻兰 ***Nothodoritis zhejiangensis*** Z. H. Tsi in Acta Phytotax. Sin. 27(1): 59. 1989. **Holotype:** China. Zhejiang: Linan, Tianmushan, alt. 350 m, 1986-06-14, Z. H. Tsi 86-006.

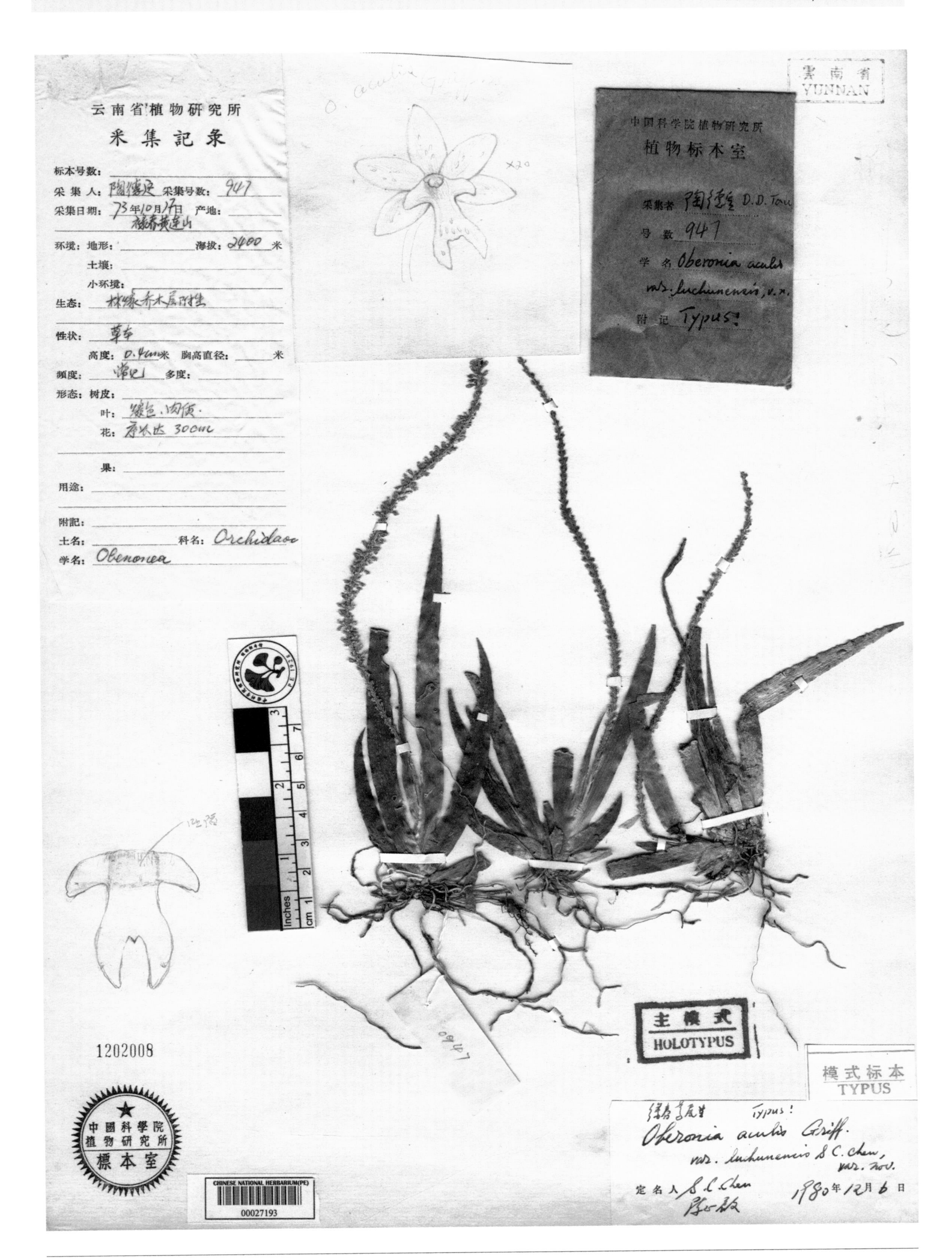

绿春鸢尾兰 ***Oberonia acaulis*** Griff. var. ***luchunensis*** S. C. Chen in Acta Phytotax. Sin. 20(2): 192, f. 1: 8. 1982.

Holotype: China. Yunnan: Luchun, alt. 2400 m, 1973-10-17, D. D. Tau 947.

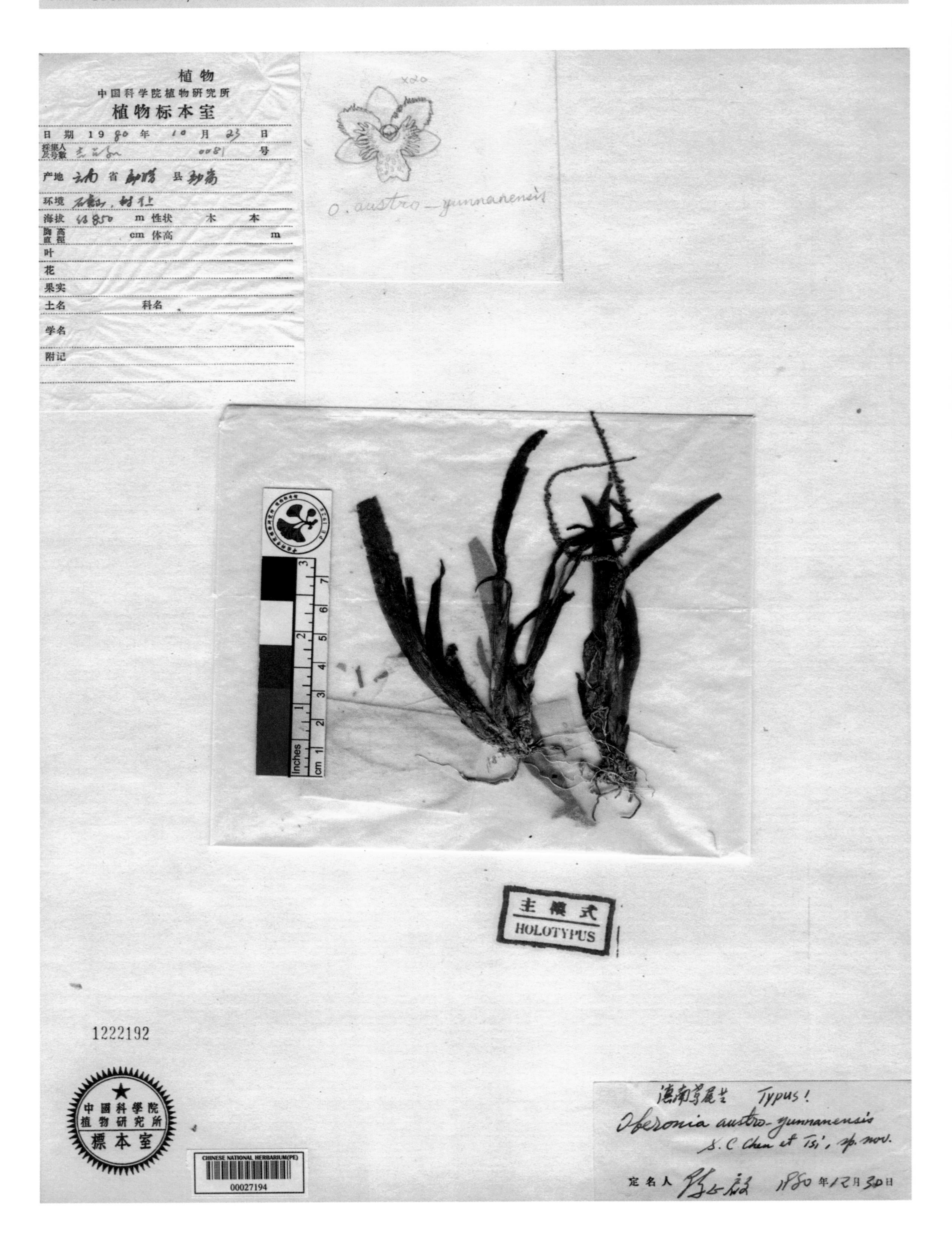

滇南鸢尾兰 ***Oberonia austro-yunnanensis*** S. C. Chen & Z. H. Tsi in Acta Phytotax. Sin. 20(2): 193, f. 2: 4-6. 1982.

Holotype: China. Yunnan: Mengla, alt. 850 m, 1980-10-23, Z. H. Tsi 81.

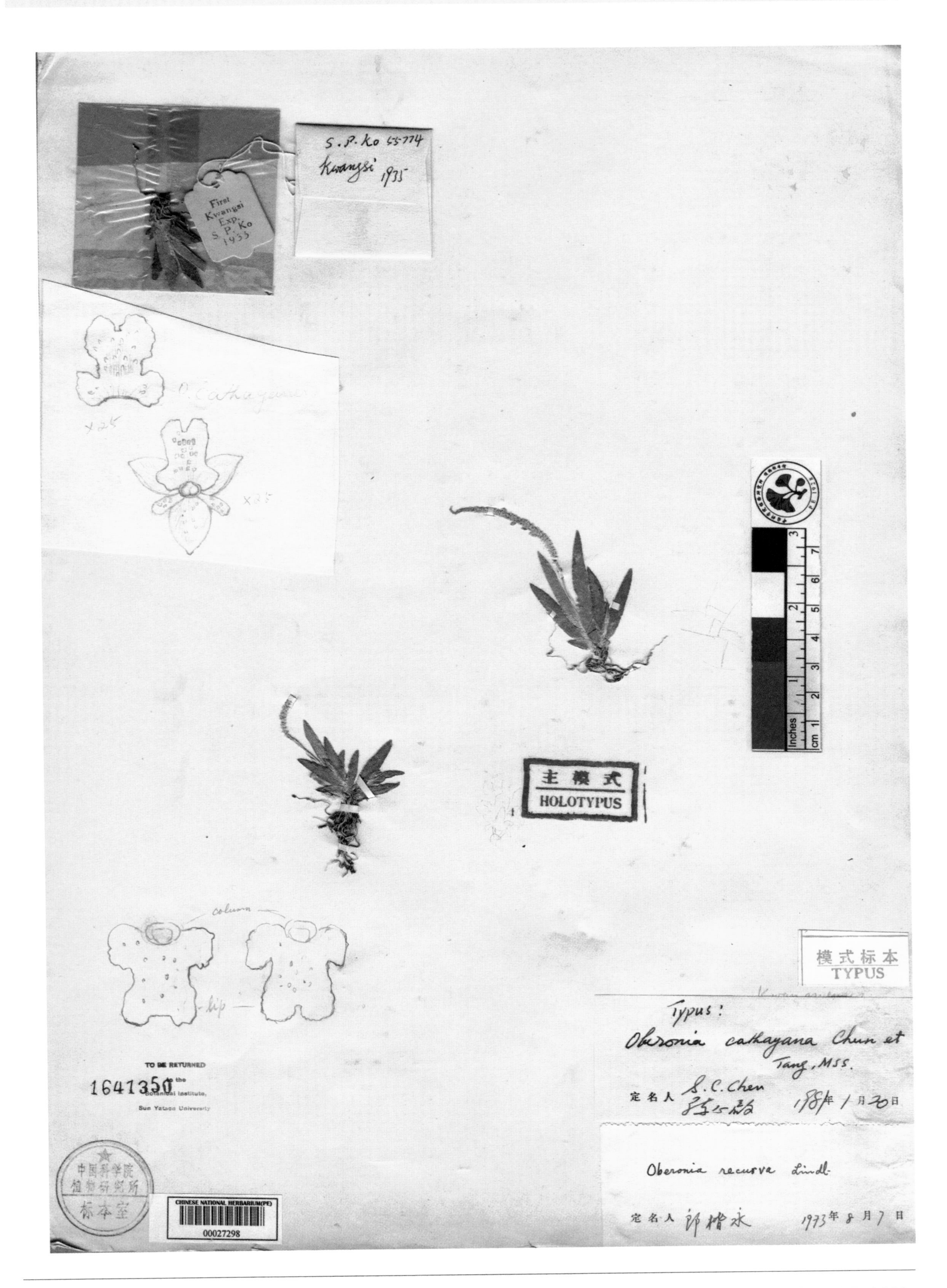

中华鸢尾兰 ***Oberonia cathayana*** Chun & Tang ex S. C. Chen in Acta Phytotax. Sin. 20(2): 192, f. 1: 4-7. 1982.

Holotype: China. Guangxi: Precise locality not known, 1935-??-??, S. P. Ko 55774.

植物
中国科学院植物研究所
植物标本室
日期 1991 年 8 月 25 日
采集人号数 吉占和 91-356 号
产地 云南 省 景洪 县 勐宋
环境 林中，[illegible]
海拔 1700 m 性状 木 本
高 cm 体高 m
花 淡红色
果实
土名 科名
学名 Oberonia delicata Tsi, sp. nov.
附记

中国科学院植物研究所
植物标本室
采集者 吉占和
号数 91-356
学名
附记

雲南省 YUNNAN

cm 1 2 3 4 5 6 7 8 9 10
中国数字植物标本馆 Chinese Virtual Herbarium (CVH)

主模式 HOLOTYPUS

Nº 1455081

中国科学院植物研究所 标本馆

CHINESE NATIONAL HERBARIUM (PE)
00850650

采集号: 91-356
原始文献引证采集日期 1992.8.25
系印刷错误，实为: 1991.8.25
鉴定人: 林祁 2008 年 3 月 1 日

Holotypus!
Oberonia delicata Tsi, sp. nov.
鉴定人 吉占和 1992年 7月 13日

无齿鸢尾兰 ***Oberonia delicata*** Z. H. Tsi & S. C. Chen in Acta Phytotax. Sin. 32(6): 559, f. 2: 11-13. 1994. **Holotype:** China. Yunnan: Jinghong, alt. 1700 m, 1991-08-25, Z. H. Tsi 91-356.

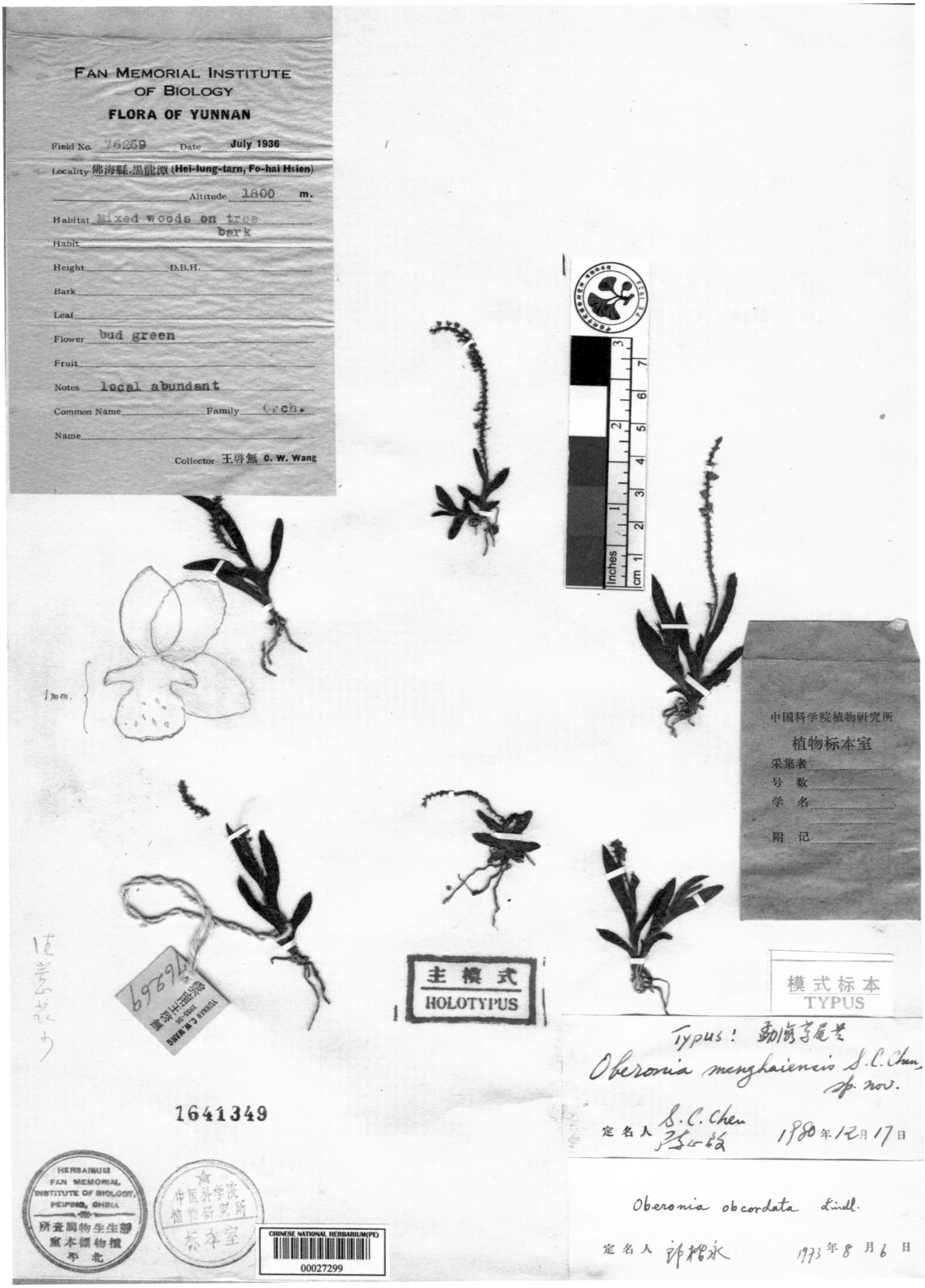

FAN MEMORIAL INSTITUTE OF BIOLOGY
FLORA OF YUNNAN

Field No. 76269 Date July 1936
Locality 佛海縣黑龍潭 (Hei-lung-tarn, Fo-hai Hsien)
Altitude 1800 m.
Habitat Mixed woods on tree bark
Habit
Height D.B.H.
Bark
Leaf
Flower bud green
Fruit
Notes local abundant
Common Name Family Orch.
Name
Collector 王啓無 C. W. Wang

Inches 1 2 3
cm 1 2 3 4 5 6 7

1mm.

中国科学院植物研究所
植物标本室
采集者
号 数
学 名
附 记

76269
YUNNAN C. W. WANG

主模式
HOLOTYPUS

模式标本
TYPUS

Typus! 勐海鸢尾兰
Oberonia menghaiensis S. C. Chen sp. nov.
定名人 S. C. Chen 陈心启 1980年12月17日

Oberonia obcordata Lindl.
定名人 郎楷永 1973年8月6日

1641349

勐海鸢尾兰 ***Oberonia menghaiensis*** S. C. Chen in Acta Phytotax. Sin. 20(2): 190, f. 1: 1-3. 1982.**Holotype:**China. Yunnan: Menghai, alt. 1800 m, 1936-07-??, C. W. Wang 76269.

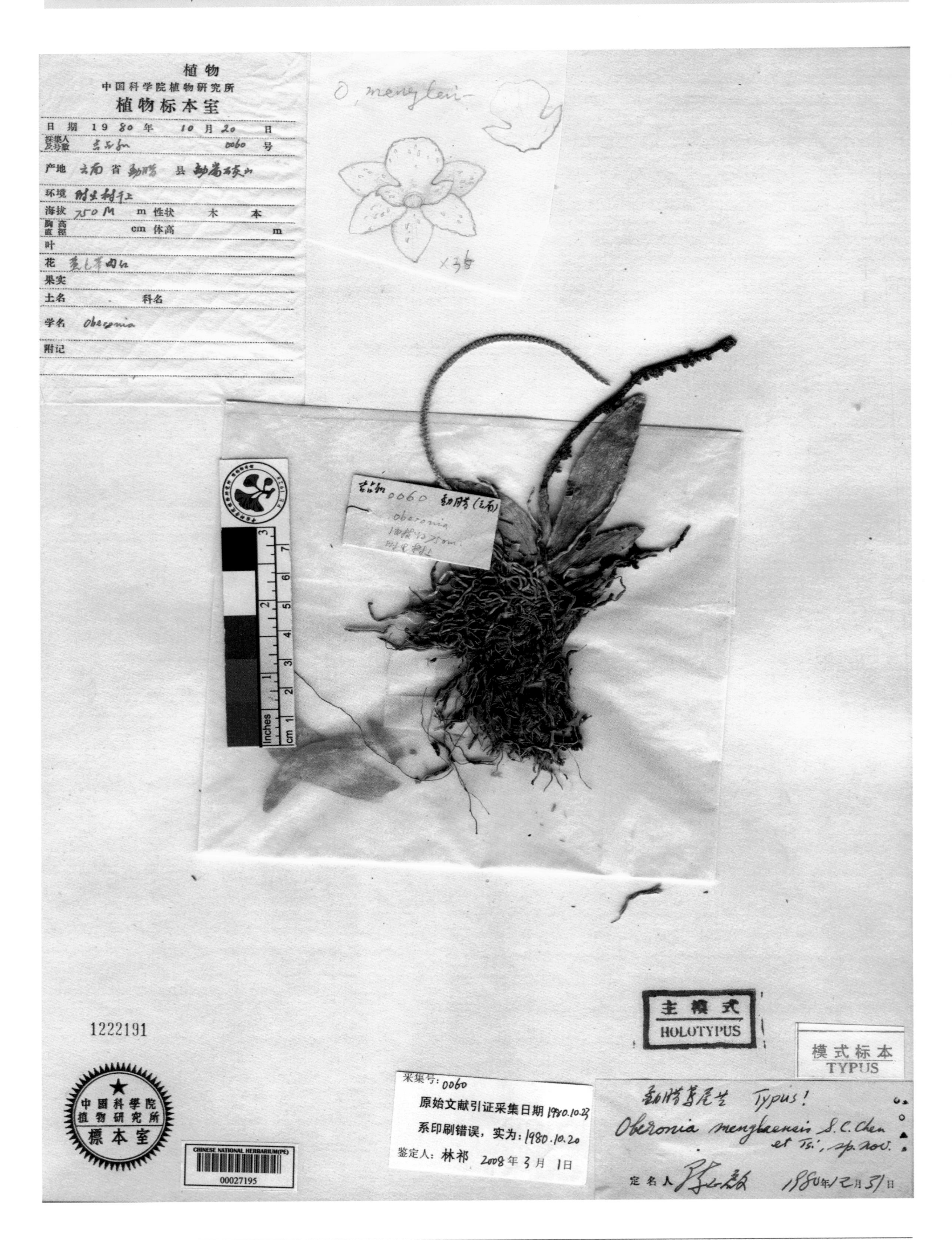

勐腊鸢尾兰 ***Oberonia menglaensis*** S. C. Chen & Z. H. Tsi in Acta Phytotax. Sin. 20(2): 193, f. 2: 1-3. 1982. **Holotype:** China. Yunnan: Mengla, alt. 750 m, 1980-10-20, Z. H. Tsi 60.

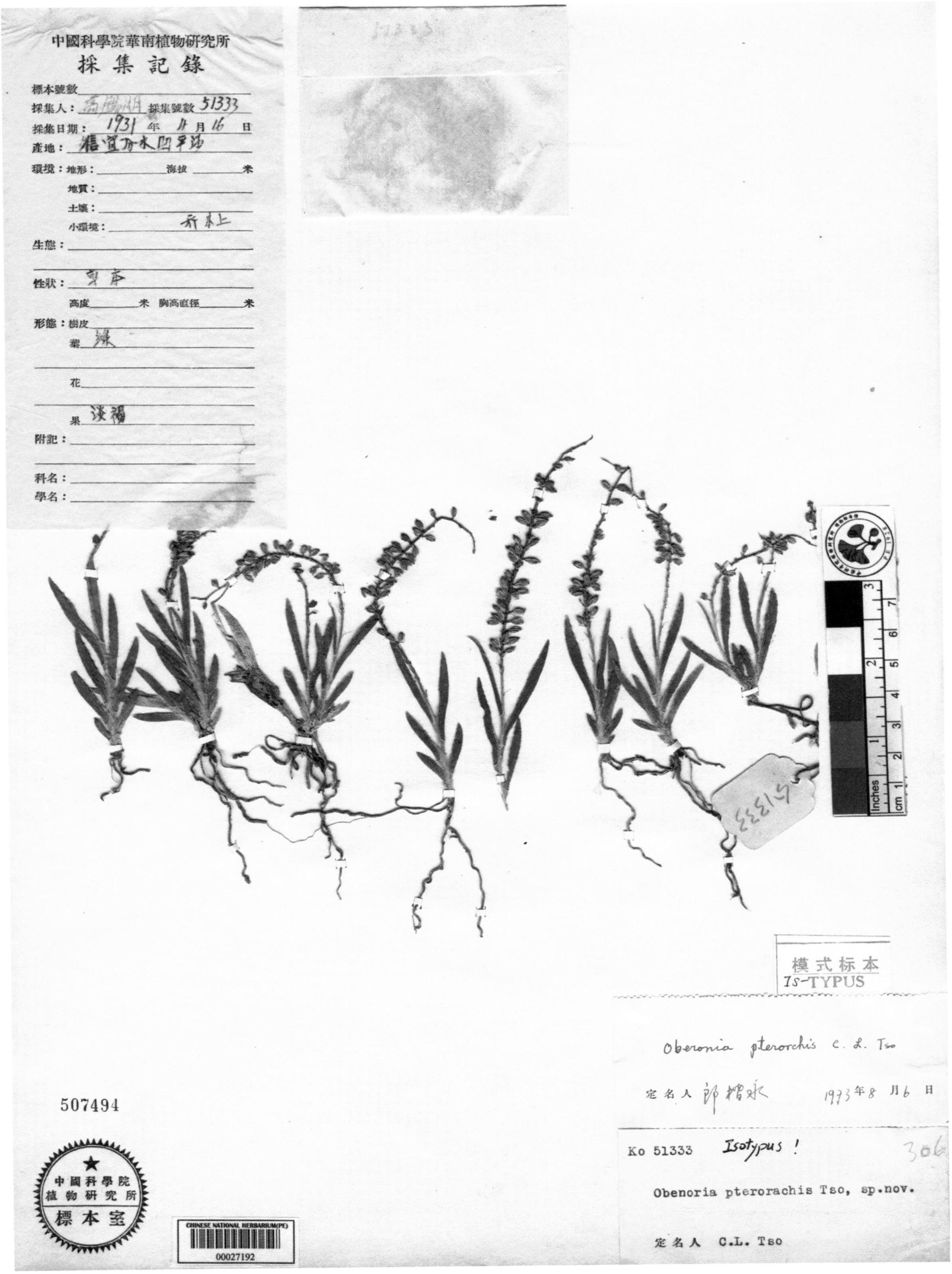

中國科學院華南植物研究所
採集記錄

標本號數
採集人：高錫朋 採集號數 51333
採集日期：1931 年 11 月 16 日
產地：信宜分水凹平洛
環境：地形： 海拔 米
地質：
土壤：
小環境：木上
生態：
性狀：草本
高度 米 胸高直徑 米
形態：樹皮
葉 綠
花
果 淡褐
附記：
科名：
學名：

Inches 1 2 3
cm 1 2 3 4 5 6 7

51333

模式标本
Is-TYPUS

Oberonia pterorchis C. L. Tso
定名人 郎楷永 1993年8月6日

Ko 51333 Isotypus !
Obenoria pterorachis Tso, sp.nov.
定名人 C.L. Tso

翅轴鸢尾兰 ***Obenoria pterorachis*** C. L. Tso in Sunyatsenia 1: 135. 1933. **Isotype:**China. Guangdong: Xinyi, 1931-11-16, S. P. Ko 51333.

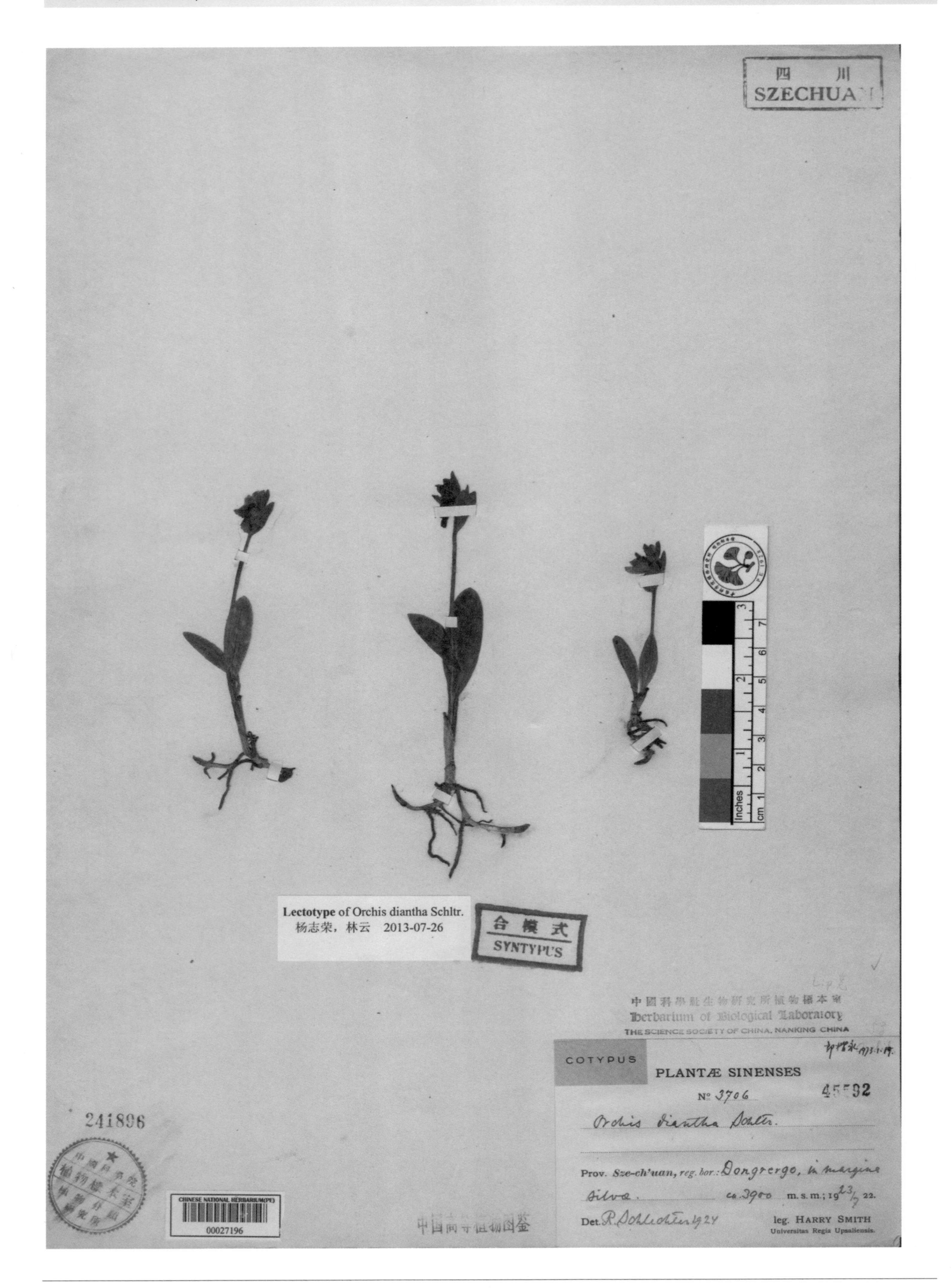

二叶红门兰 ***Orchis diantha*** Schltr. in Acta Horti Gothob. 1(3): 131. 1924. **Lectotype:** (designated by Y. Lin & al. in Acta Bot. Bor.-Occ. Sin. 34: 415. 2014.): China. Sichuan: Songpan, Dongrergo, alt. 3900 m, 1922-07-23, H. Smith 3706.

Fan Memorial Institute of Biology

FLORA OF N. W. Szechuan

Field No. 21244 Date June 10, 1930.

Locality West Wen-chuan Hsien, Pa-lan Shan Altitude 3600 m.

Habitat grass ridge

Habit

Height D. B. H.

Bark

Leaf green, purple dotted above, purple beneath.

Flower lilac, lip deep lilac dotted

Fruit

Notes

Common Name Family

Name

Collector F. T. Wang.

Wang no 21244 Szechuan Flora

F. T. Wang n. 21244 Szechuan

inches cm

TYPE

主模式 HOLOTYPUS

= Orchis limprichtii Schltr.

定名人 郎楷永 1973年 1 月20 日

Orchis hui Tang & Wang, sp. nov. type!

Determinavit Tang & Wang Oct. 1933

641346

CHINESE NATIONAL HERBARIUM(PE) 00027302

中国科学院植物研究所 标本室

胡氏红门兰 ***Orchis hui*** Tang & F. T. Wang in Bull. Fan Mem. Inst. Biol., Bot. 7(1): 2. 1936. **Holotype:**China. Sichuan: Wenchuan, alt. 3600 m, 1930-06-10, F. T. Wang 21244.

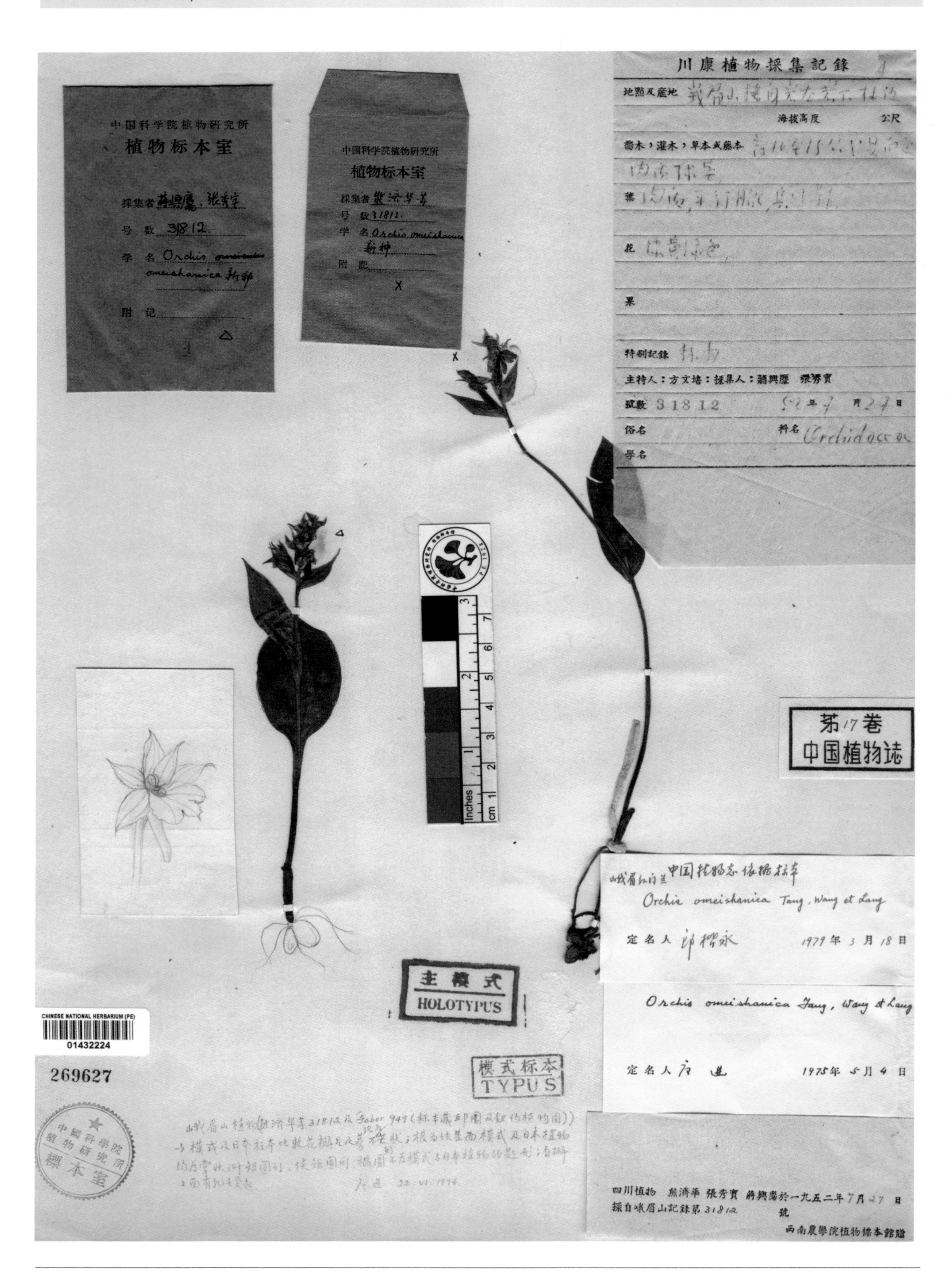

峨眉红门兰 ***Orchis omeishanica*** Tang, F. T. Wang & K. Y. Lang in Acta Phytotax. Sin. 18(4): 416, f. 6: 1-2. 1980.
Holotype: China. Sichuan: Emei, Emeishan, 1952-07-27, X. L. Jiang & X. S. Zhang 31812.

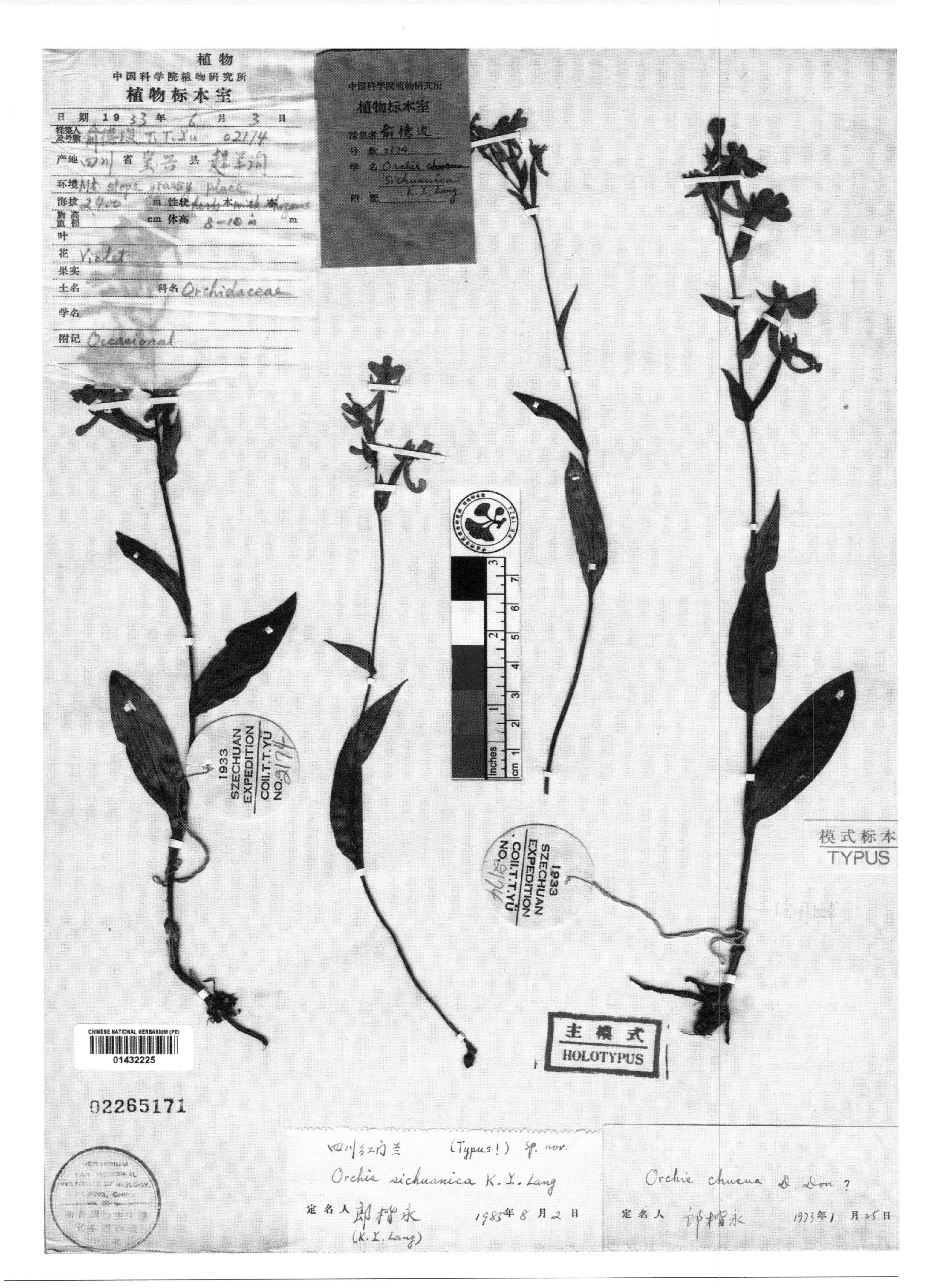

四川红门兰 ***Orchis sichuanica*** K. Y. Lang in Acta Phytotax. Sin. 25(5): 401, f. 1. 1987. **Holotype:**China. Sichuan: Baoxing, alt. 2400 m, 1933-06-03, T. T. Yu 2174.

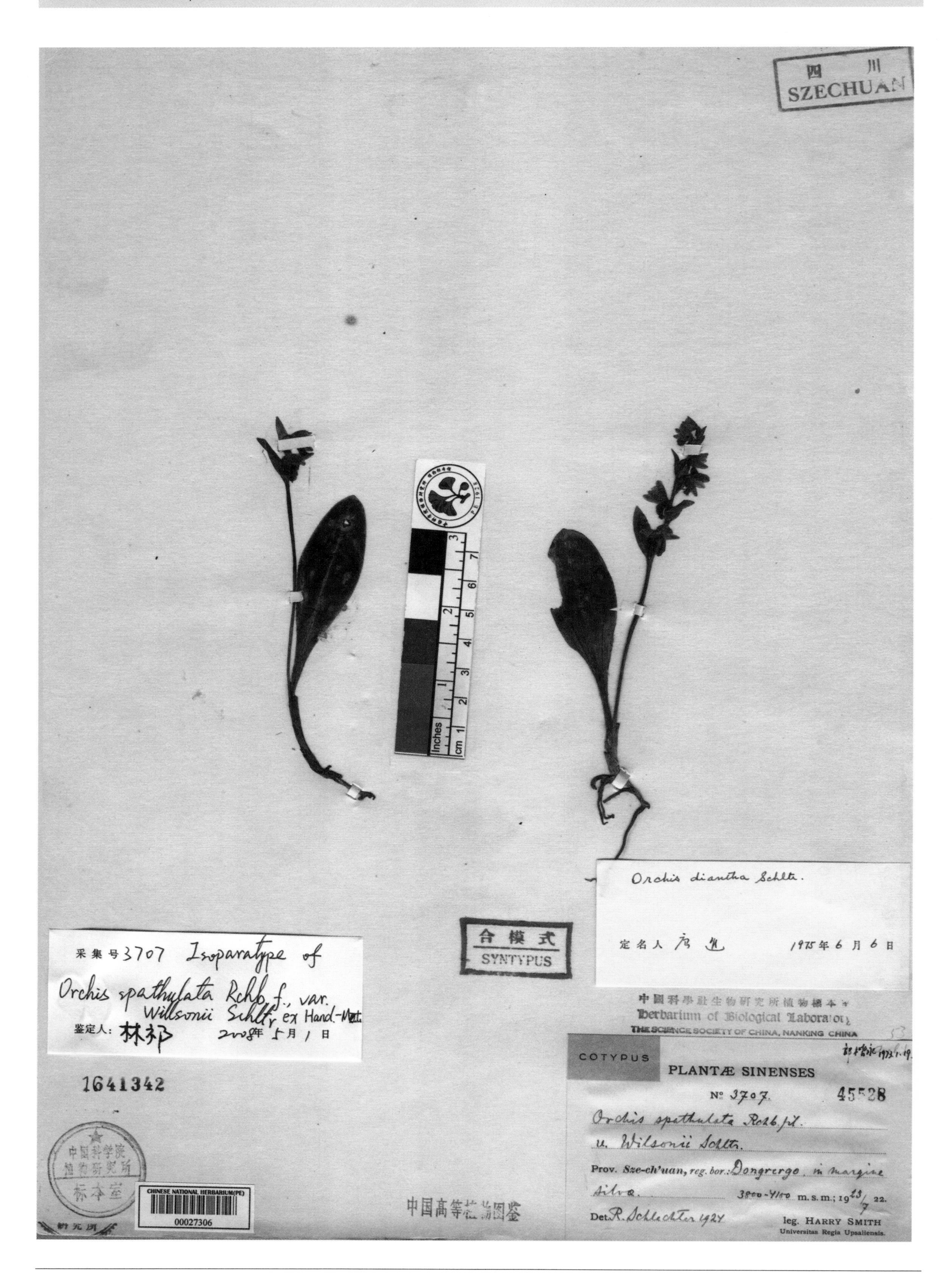

松潘红门兰 ***Orchis spathulata*** (Lindl.) Rchb. f. ex Benth. var. ***wilsonii*** Schltr. in Acta Horti Goth. 1: 132. 1924.
Isoparatype: China. Sichuan: Songpan, Dongrergo, alt. 3800~4100 m, 1922-07-23, H. Smith 3707.

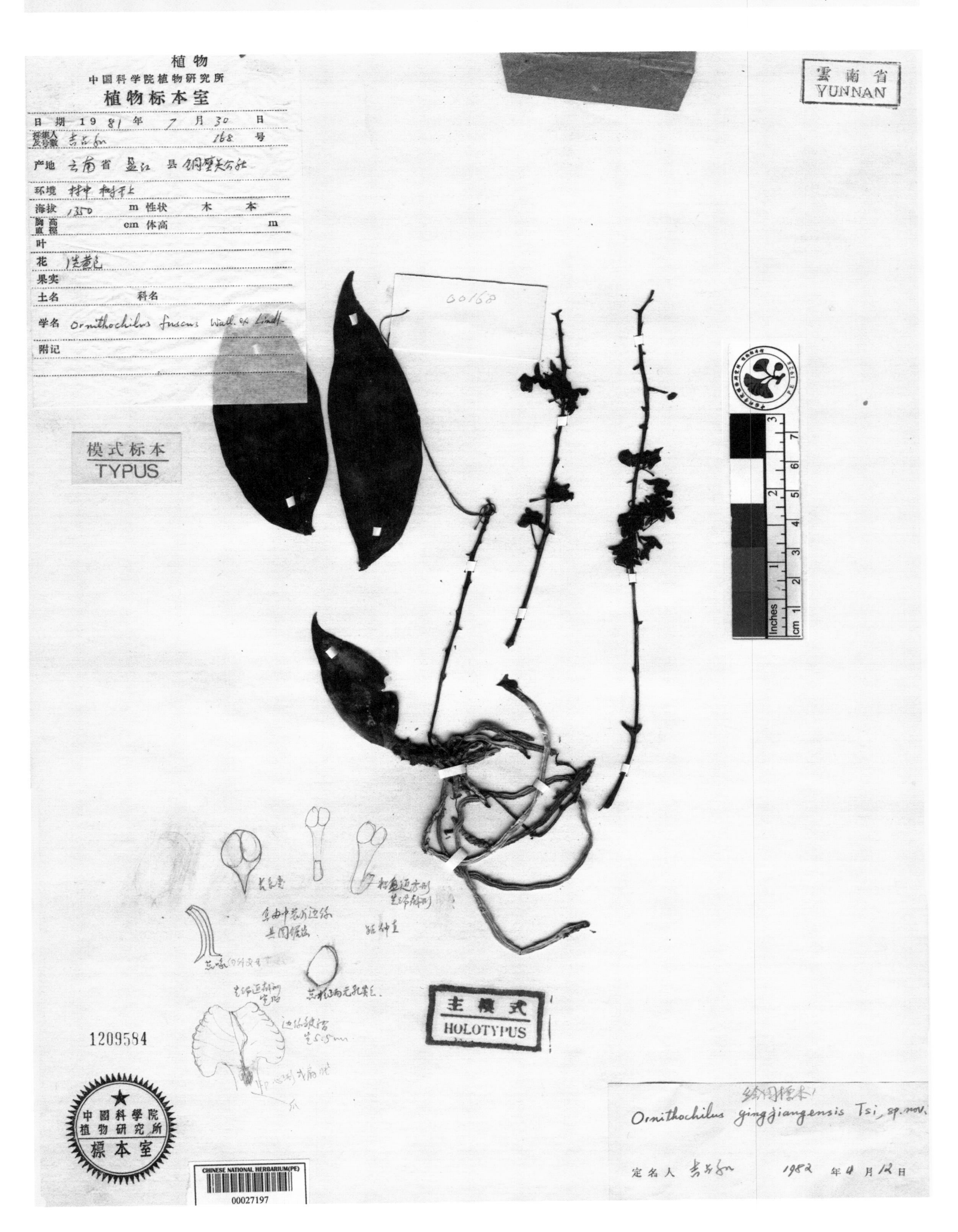

盈江羽唇兰 ***Ornithochilus yingjiangensis*** Z. H. Tsi in Acta Phytotax. Sin. 22(6): 479, f. 2: 12-14. 1984. **Holotype:**China. Yunnan: Yingjiang, alt. 1350 m, 1981-07-30, Z. H. Tsi 168.

单叶曲唇兰 ***Panisea unifolia*** S. C. Chen in Acta Bot. Yunnan. 2(3): 304. 1980. **Holotype:** China. Yunnan: Fengqing, alt. 2100 m, 1938-06-17, T. T. Yu 16321.

FAN MEMORIAL INSTITUTE
OF BIOLOGY
FLORA OF YUNNAN
Field No 13278 Date Nov.15th.1947
Locality Mar-li-po: Hwang-jin-in
Altitude 1300-1500m.
Habitat on tree in mixed forests on rock mt.
Habit herb
Height 2 in. D.B.H
Bark
Leaf
Flower white
Fruit
Notes rare
Common Name Family Orchidaceae
Name
Collector K. M. Feng

K. M. Feng 13278

茅卷
中国植物志

主模式
HOLOTYPUS

模式标本
TYPUS

Typus! 模式标本!

Panisea yunnanensis sp. nov.

定名人 [illegible] 1966年4月8日

287495

中國科學院
植物研究所
標本室

CHINESE NATIONAL HERBARIUM(PE)
00027198

云南曲唇兰 ***Panisea yunnanensis*** S. C. Chen & Z. H. Tsi in Acta Bot. Yunnan. 2(3): 301. 1980. **Holotype:**China. Yunnan: Malipo, alt. 1300~1500 m, 1947-11-15, K. M. Feng 13278.

小叶兜兰 ***Paphiopedilum barbigerum*** Tang & F. T. Wang in Bull. Fan Mem. Inst. Biol., Bot. Ser. 10: 23.1940.
Holotype: China. Guizhou: Precise locality not known, Cavalerie & Fortunat 1794.

启无兜兰 ***Paphiopedilum chiwuanum*** Tang & F. T. Wang in Acta Phytotax. Sin. 1(1): 25, 56. 1951. **Holotype:**China. Yunnan: Funing, alt. 700 m, 1940-04-15, C. W. Wang 88525.

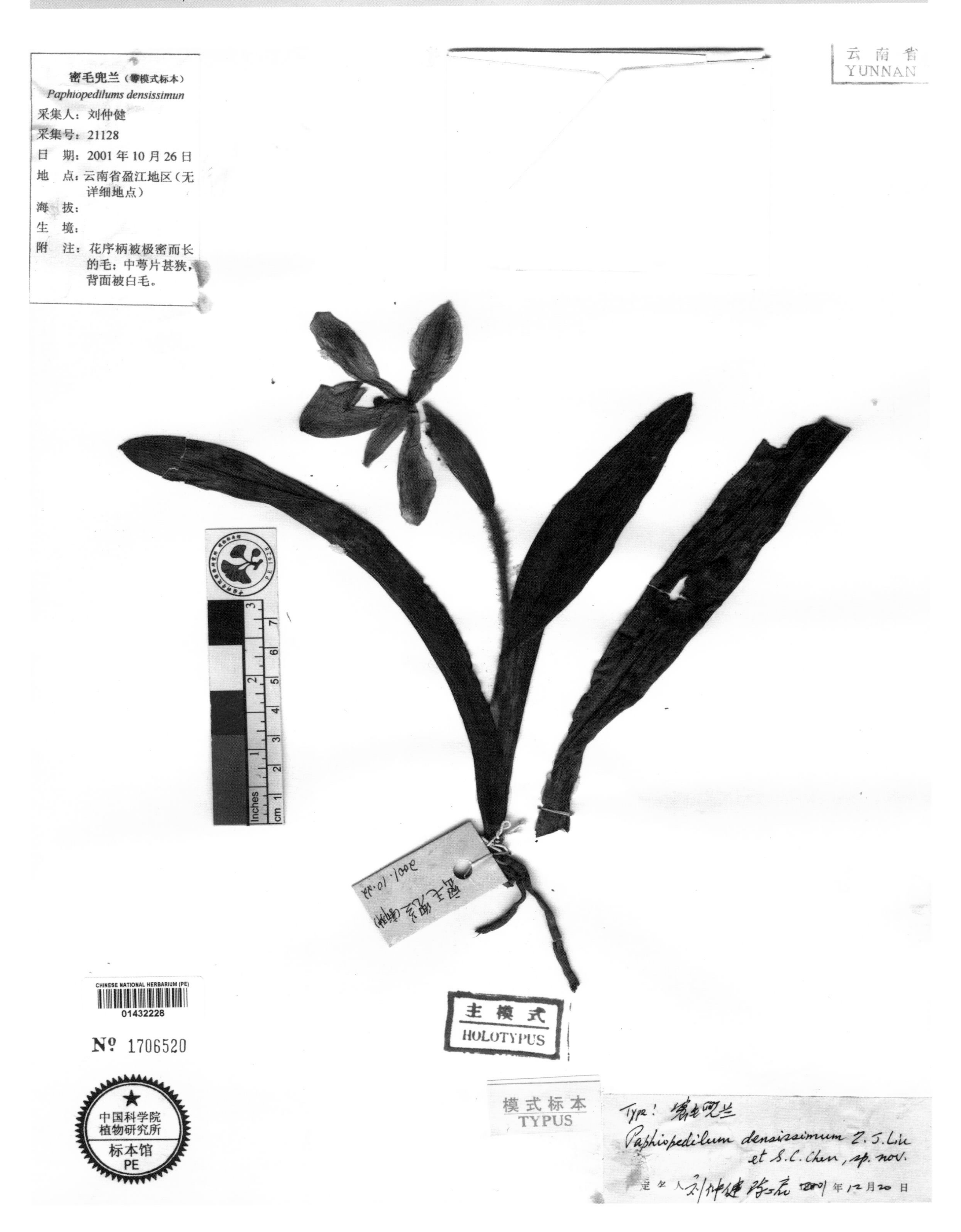

密毛兜兰 ***Paphiopedilum densissimum*** Z. J. Liu & S. C. Chen in Acta Phytotax. Sin. 40(3): 283, f. 1. 2002. **Holotype:** China. Yunnan: Yingjiang, 2001-10-26, Z. J. Liu 21128.

长瓣兜兰 ***Paphiopedilum dianthum*** Tang & F. T. Wang in Bull. Fan Mem. Inst. Biol., Bot. Ser. 10: 24. 1940. **Isotype:** China. Yunnan: Mengzi, alt. 1800 m. 1939-10-16, C. W. Wang 83446.

№ 1706521

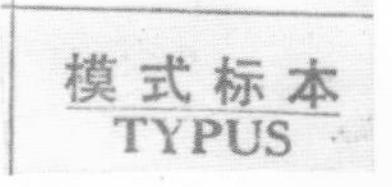

Type! 小囊兜兰 云南文山
Paphiopedilum globulosum Z. J. Liu et S. C. Chen, sp. nov.
定名人 刘仲健 陈心启 2001 年 12 月 20 日

小囊兜兰 ***Paphiopedilum globulosum*** Z. J. Liu & S. C. Chen in Acta Phtotax. Sin. 40(4): 365, f. 1. 2002. **Holotype:** China. Yunnan: Wenshan, 2001-05-08, Z. J. Liu 21052.

麻栗坡兜兰 ***Paphiopedilum malipoense*** S. C. Chen & Z. H. Tsi in Acta Phytotax. Sin. 22(2): 119, f. 1. 1984. **Holotype:** China. Yunnan: Malipo, alt. 1300~1600 m. 1947-11-11, K. M. Feng 13161.

硬叶兜兰 ***Paphiopedilum micranthum*** Tang & F. T. Wang in Acta Phytotax. Sin. 1(1): 25, 56. 1951. **Holotype:** China. Yunnan: Malipo, alt. 1000 m, 1940-01-04, C. W. Wang 86182.

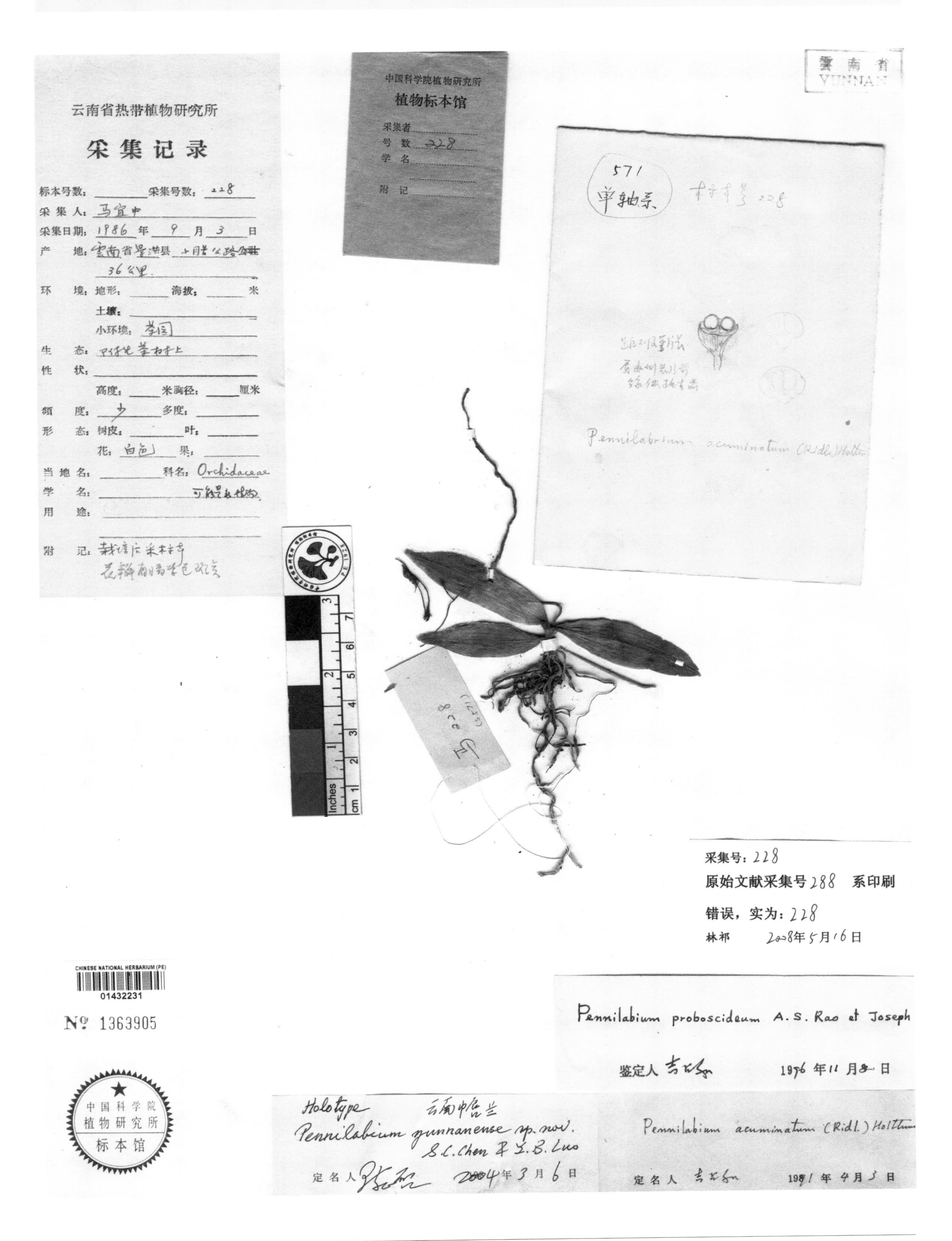

云南巾唇兰 ***Pennilabium yunnanense*** S. C. Chen & Y. B. Luo in Acta Pytotax. Sin. 42(5): 457. 2004. **Holotype:** China. Yunnan: Jinghong, 1986-09-03, Y. Z. Ma 228.

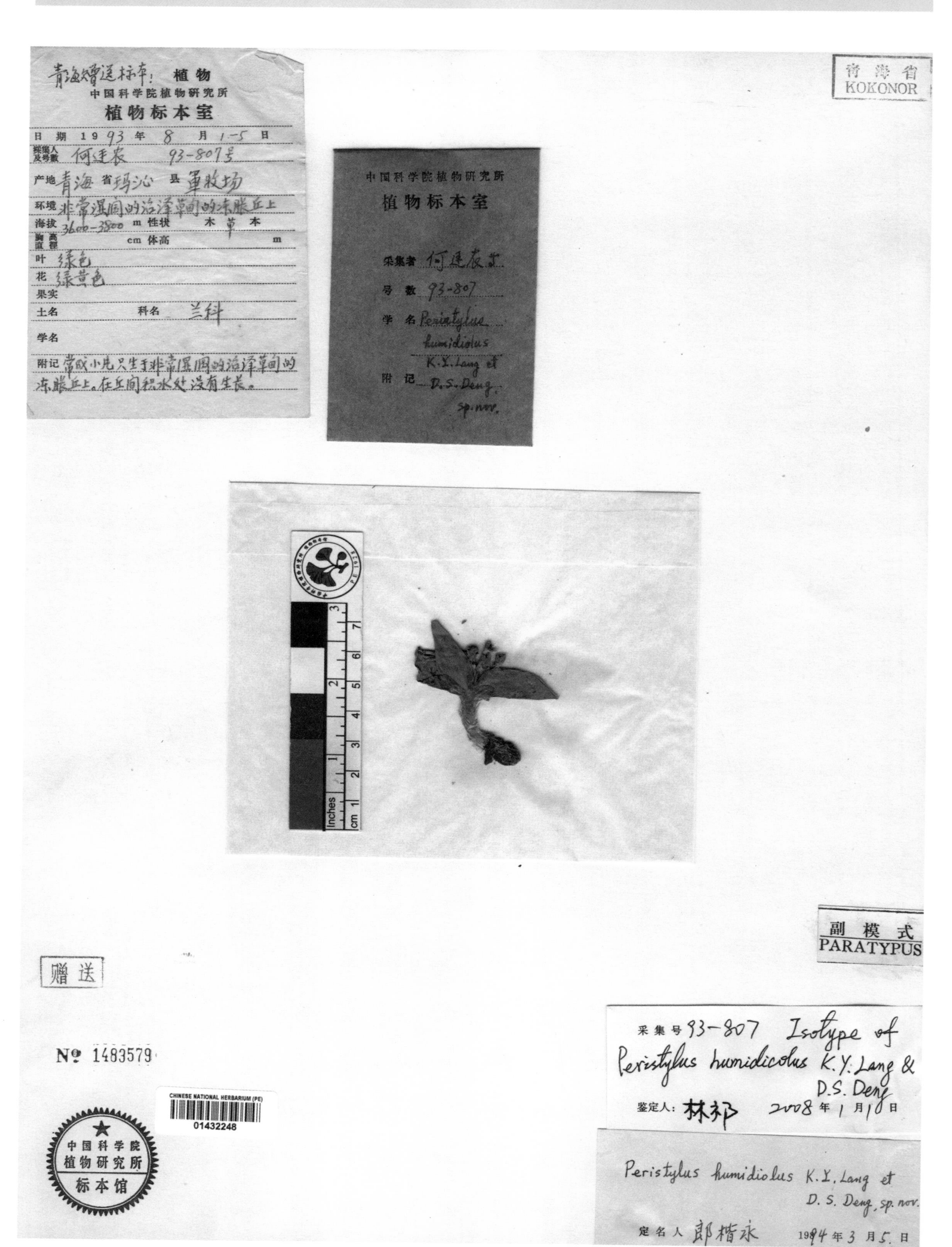

湿生阔蕊兰 ***Peristylus humidicolus*** K. Y. Lang & D. S. Deng in Novon 6: 190, f. 2. 1996. **Isotype:** China. Qinghai: Maqin, alt. 3600~3800 m, 1993-08-(01-05), T. N. Ho & al. 93-807.

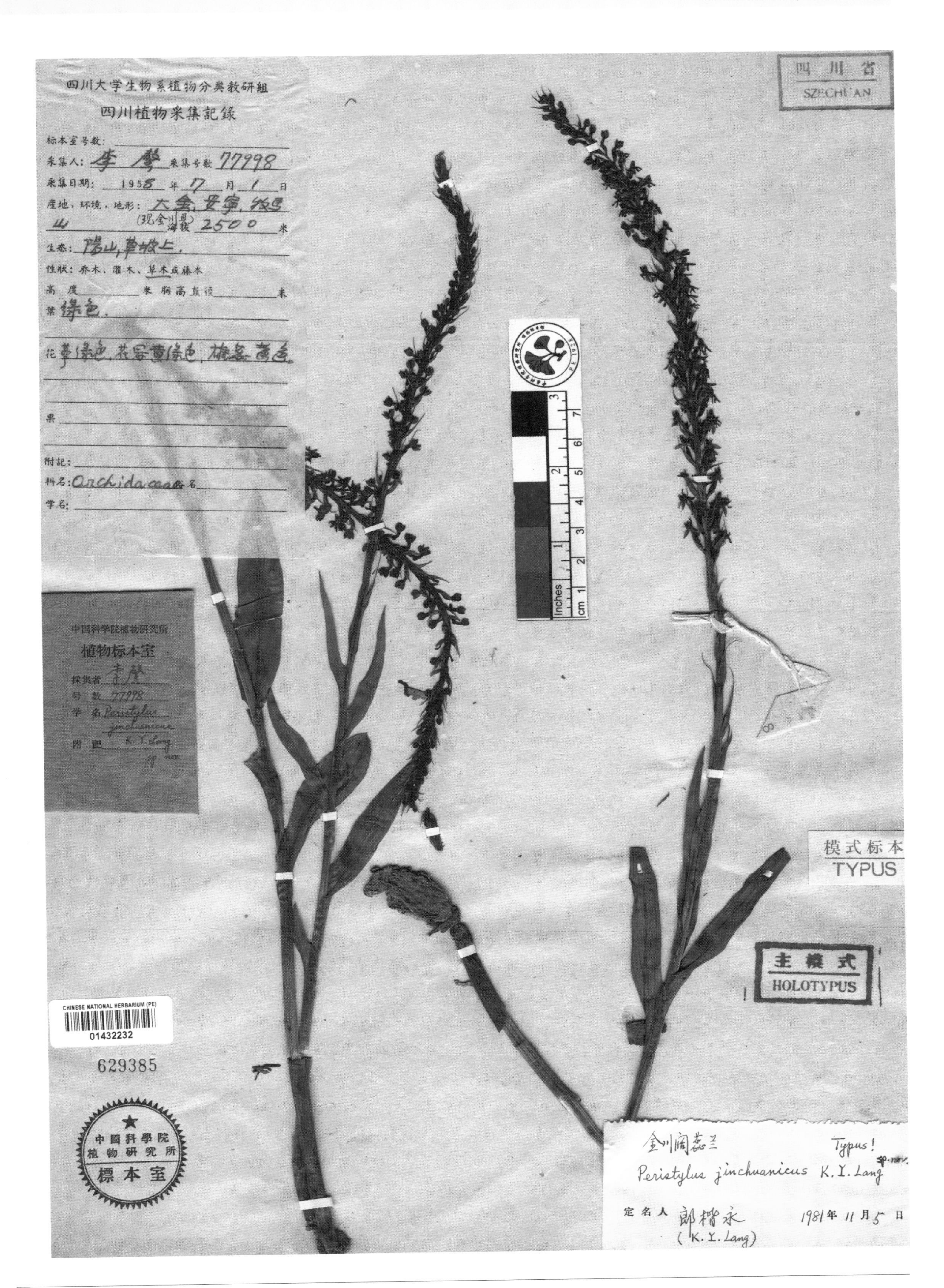

金川阔蕊兰 ***Peristylus jinchuanicus*** K. Y. Lang in Acta Phytotax. Sin. 25(6): 447, f. 1. 1987. **Holotype:** China. Sichuan: Jinchuan, alt. 2500 m. 1958-07-01, X. Li 77998.

球形阔蕊兰 ***Peristylus sphaerocentron*** Tang & F. T. Wang in Acta Phytotax. Sin. 1(1): 30, 64. 1951. **Holotype:** China. Yunnan: Precise locality not known, Anonymous 2390.

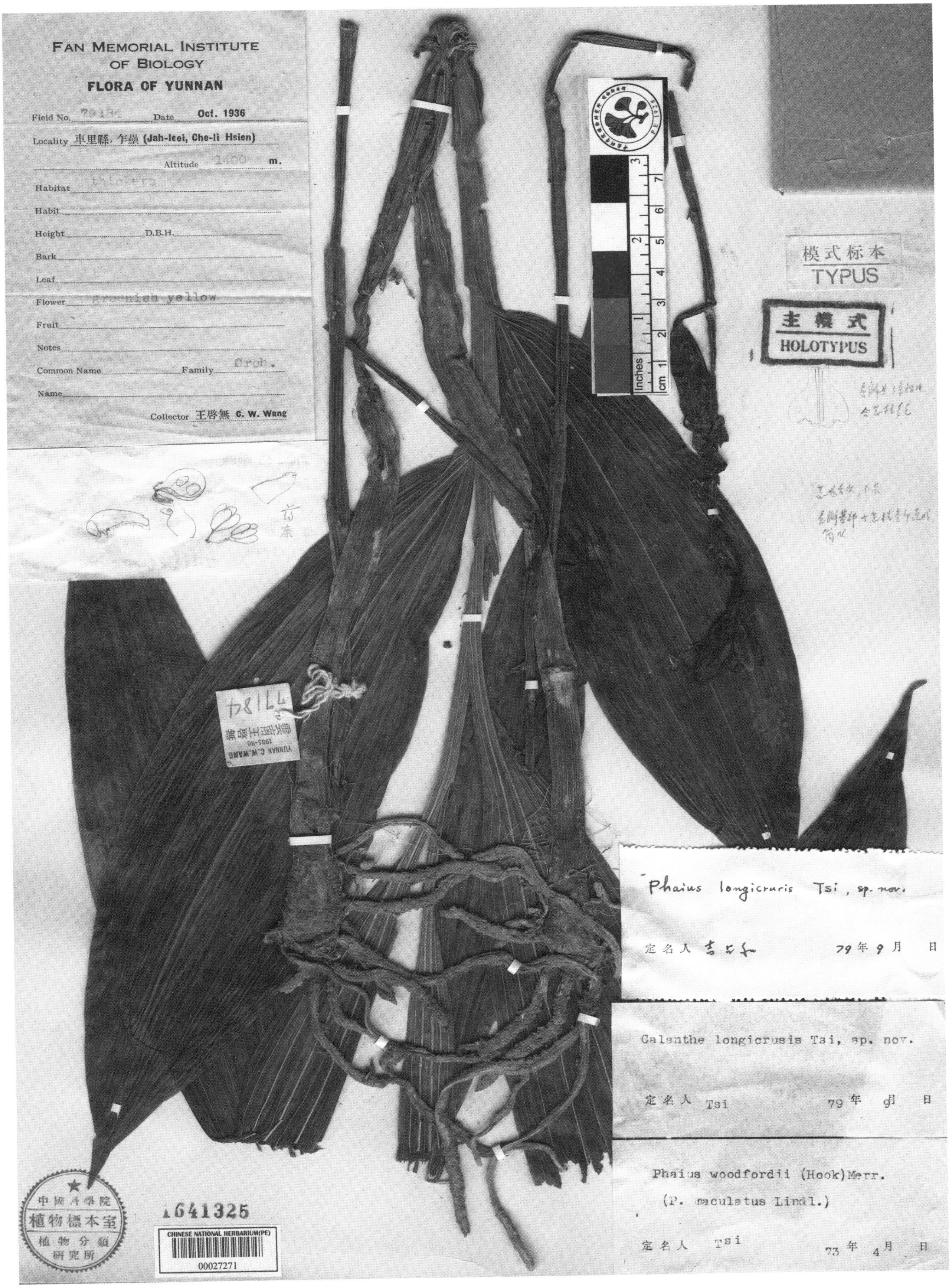

FAN MEMORIAL INSTITUTE OF BIOLOGY
FLORA OF YUNNAN
Field No. 79184 Date Oct. 1936
Locality 車里縣, 乍塲 (Jah-leei, Che-li Hsien)
Altitude 1400 m.
Habitat thickets
Flower greenish yellow
Family Orch.
Collector 王啓無 C. W. Wang

模式标本 TYPUS
主模式 HOLOTYPUS

Phaius longicruris Tsi, sp. nov.
定名人 吉占和 79 年 9 月 日

Calanthe longicrusis Tsi, sp. nov.
定名人 Tsi 79 年 9 月 日

Phaius woodfordii (Hook) Merr.
(P. maculatus Lindl.)
定名人 Tsi 73 年 4 月 日

中國科學院 植物標本室 植物分類研究所
1641325
CHINESE NATIONAL HERBARIUM(PE)
00027271

长茎鹤顶兰 ***Phaius longicruris*** Z. H. Tsi in Acta Phytotax. Sin. 19(4): 505, f. 1: 1-4. 1981. **Holotype:** China. Yunnan: Cheli (=Jinghong), alt. 1400 m, 1936-10-??, C. W. Wang 79184.

大花鹤顶兰 ***Phaius magniflorus*** Z. H. Tsi & S. C. Chen in Acta Phytotax. Sin. 32(6): 560, f. 1: 13-17. 1994. **Holotype:** China. Yunnan: Mengla, alt. 500 m, 1991-06-27, Z. H. Tsi 91-564.

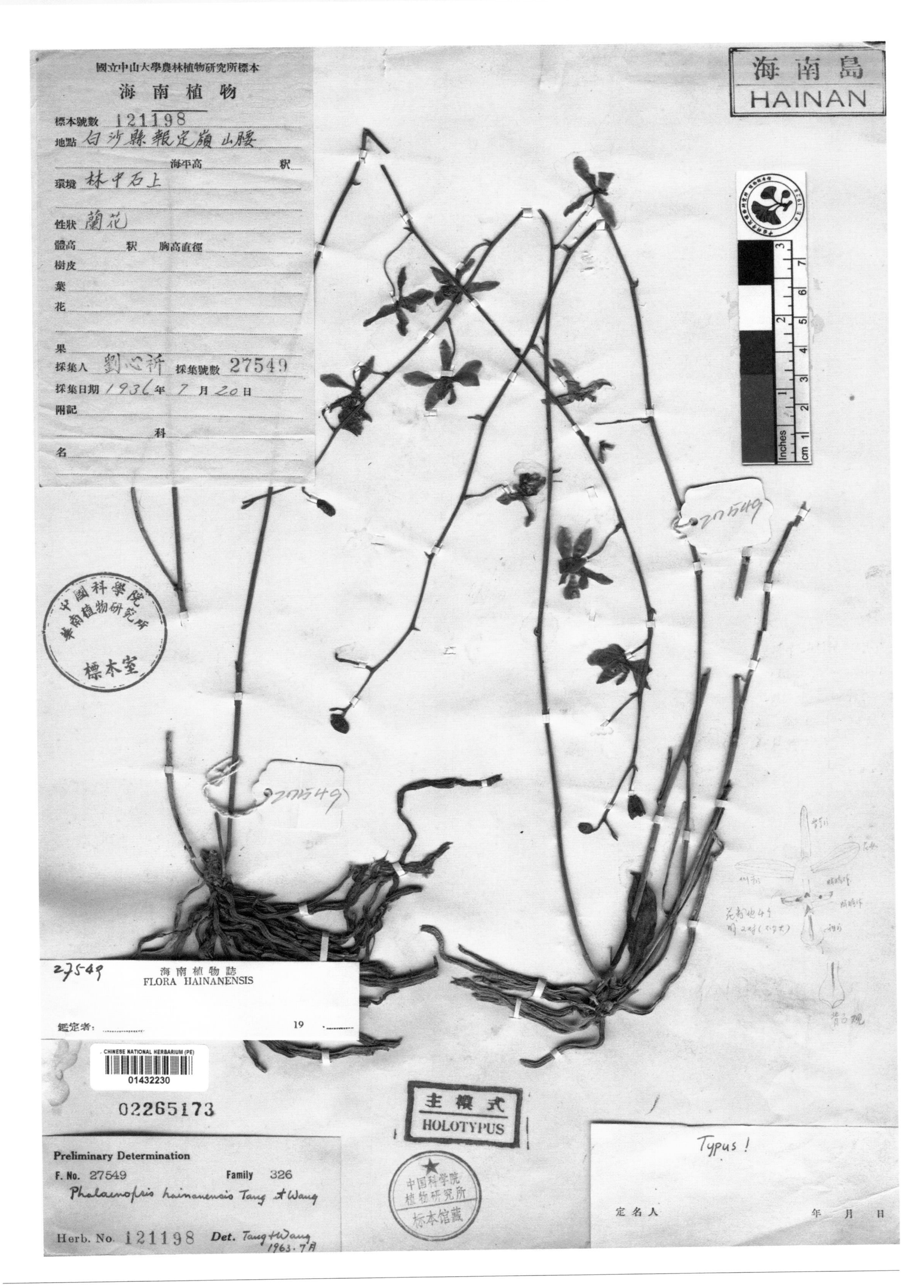

海南蝶兰 ***Phalaenopsis hainanensis*** Tang & F. T. Wang in Acta Phytotax. Sin. 12(1): 47. 1974. **Holotype:** China. Hainan: Baisha, 1936-07-20, S. K. Lau 27549.

圆筒石仙桃 ***Pholidota chinensis*** Ldl. var. ***cylindracea*** Tang & F. T. Wang in Acta Phytotax. Sin. 1(1): 38, 77. 1951.
Holotype: China. Guangxi: Luocheng, alt. 700 m, 1928-06-07, R. C. Ching 5790.

长足石仙桃 ***Pholidota longipes*** S. C. Chen & Z. H. Tsi in Acta Phytotax. Sin. 21(3): 346, f. 1: 4. 1983. **Holotype:** China. Yunnan: Xichou, alt. 1400 m, 1978-01-17, Z. R. Wang 639.

文山石仙桃 ***Pholidota wenshanica*** S. C. Chen & Z. H. Tsi in Bull. Bot. Res., Harbin 8(1): 8, f. 1. 1983. **Holotype:** China. Yunnan: Wenshan, 1984-12-04, Z. H. Tsi 223.

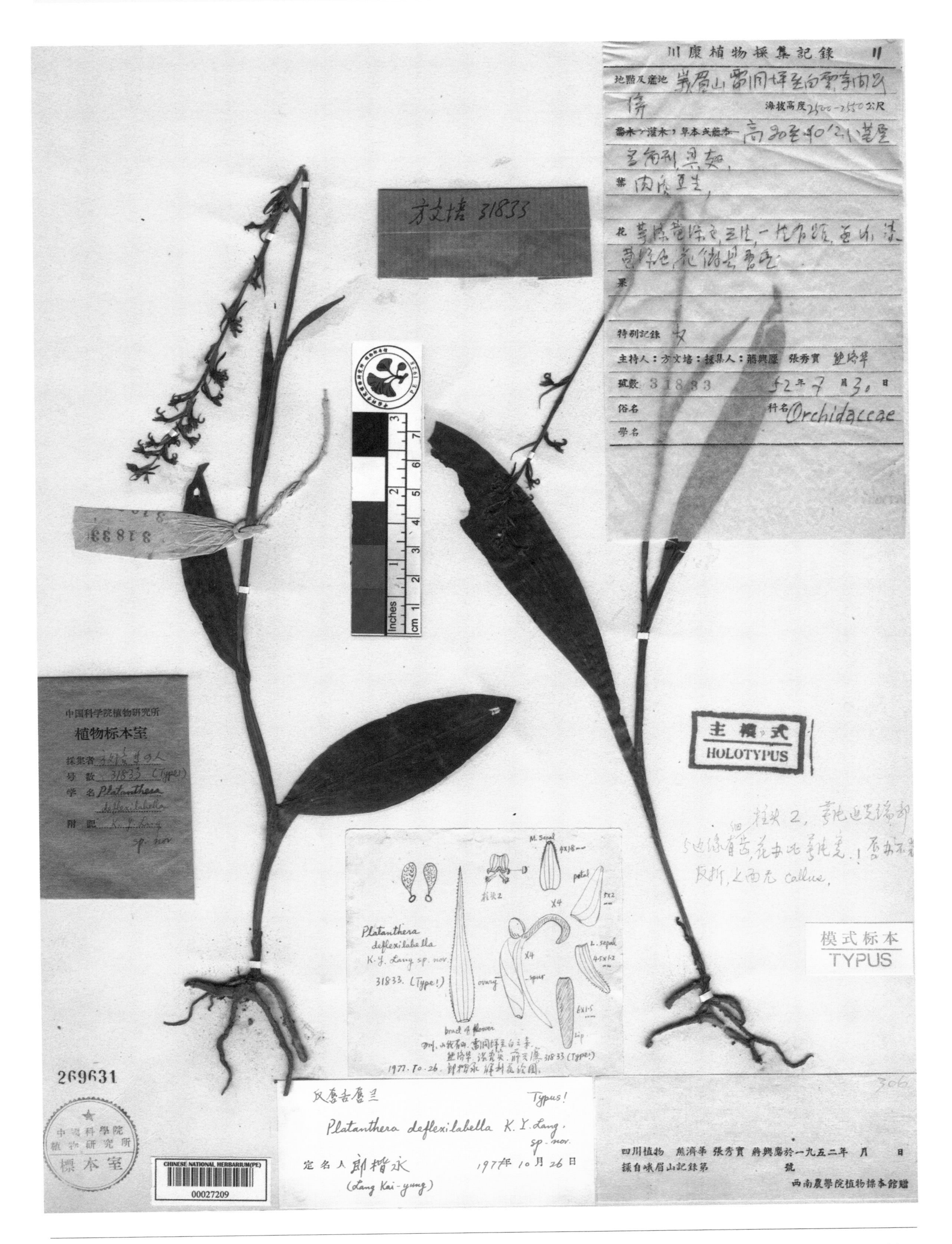

反唇舌唇兰 ***Platanthera deflexilabella*** K. Y. Lang in Acta Phytotax. Sin. 20(2): 186, f. 6. 1982. **Holotype:** China. Sichuan: Emei, Emeishan, alt. 2500~2550 m, 1952-07-30, X. L. Jiang, S. S. Chang & J. H. Xiong 31833.

高黎贡舌唇兰 ***Platanthera herminioides*** Tang & F. T. Wang in Acta Phytotax. Sin. 1(1): 26, 58. 1951. **Isotype:** China. Yunnan: Salween-Chiukiang Divide, alt. 3800 m, 1938-08-07, T. T. Yu 19763.

丽江舌唇兰 ***Platanthera likiangensis*** Tang & F. T. Wang in Acta Phytotax. Sin. 1(1): 27, 58. 1951. **Holotype:** China. Yunnan: Lijiang, alt. 2800 m, 1935-07-??, C. W. Wang 71682.

长粘盘舌唇兰 ***Platanthera longiglandula*** K. Y. Lang in Acta Phytotax. Sin. 20(2): 188, f. 7. 1982. **Holotype:** China. Sichuan: Emei, Emeishan, 1952-07-04, X. L. Jiang, S. S. Chang & J. H. Xiong 31474.

小花舌唇兰 ***Platanthera minutiflora*** Schltr. in Acta Hort. Goth. 1: 138. 1924. **Isotype:** China. Sichuan: Songpan, Dongrergo, alt. 3900 m, 1922-07-23, H. Smith 3747.

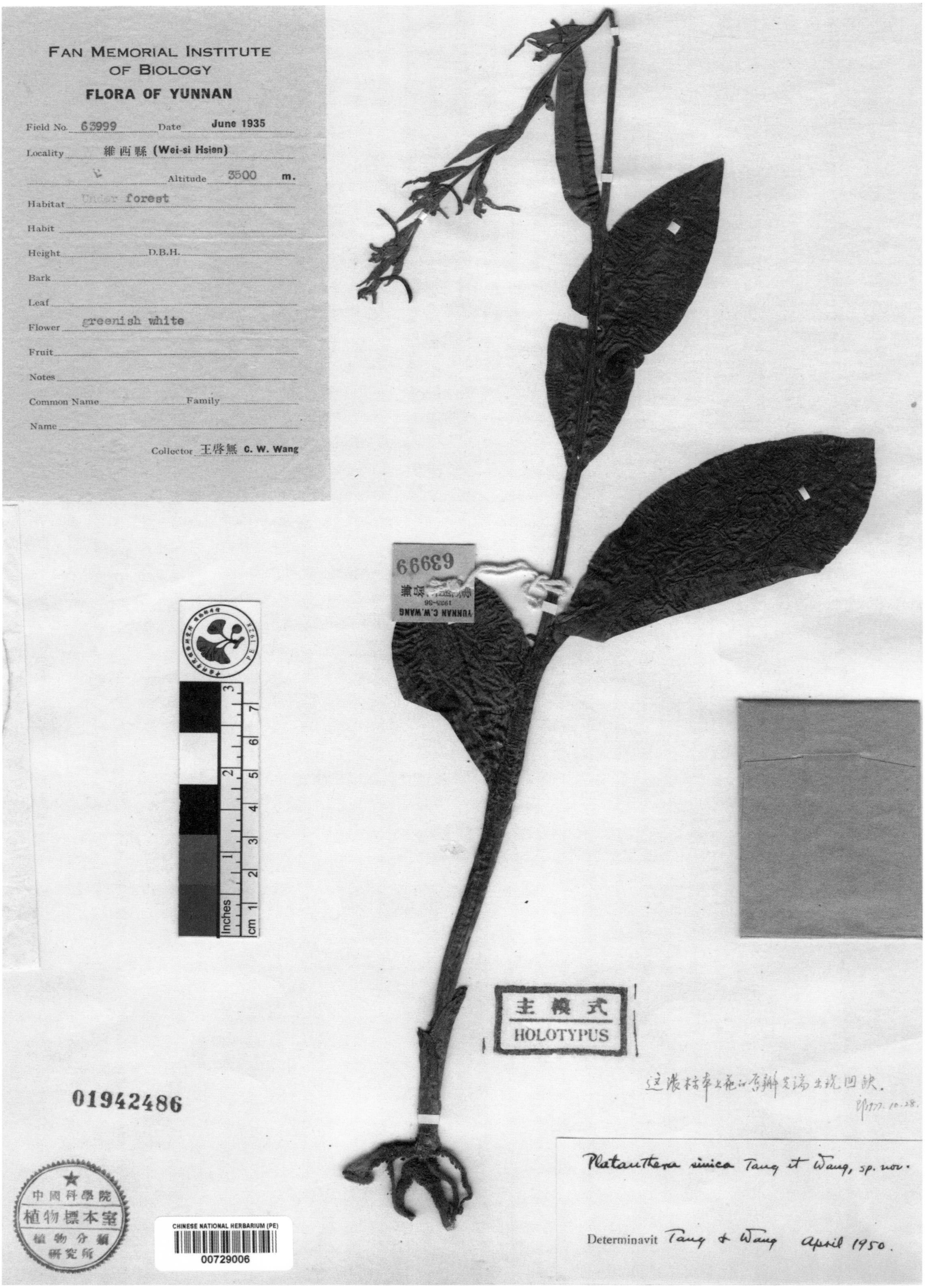

滇西舌唇兰 ***Platanthera sinica*** Tang & F. T. Wang in Acta Phytotax. Sin. 1(1): 27, 59. 1951. **Holotype:** China. Yunnan: Weixi, alt. 3500 m, 1935-06-??, C. W. Wang 63999.

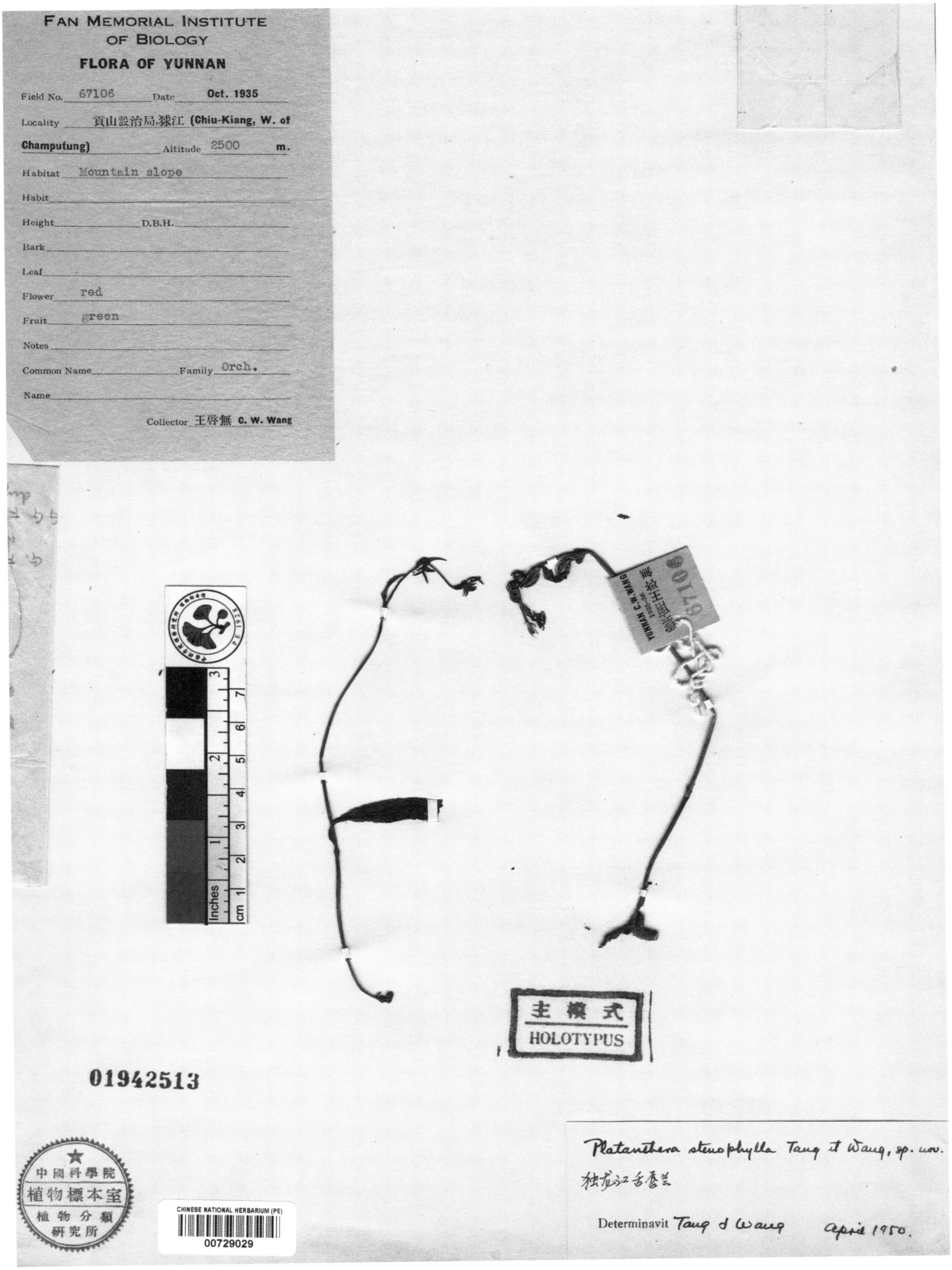

FAN MEMORIAL INSTITUTE
OF BIOLOGY
FLORA OF YUNNAN

Field No. 67106 Date Oct. 1935
Locality 貢山設治局,俅江 (Chiu-Kiang, W. of Champutung) Altitude 2500 m.
Habitat Mountain slope
Habit
Height D.B.H.
Bark
Leaf
Flower red
Fruit green
Notes
Common Name Family Orch.
Name
Collector 王啓無 C. W. Wang

主模式
HOLOTYPUS

01942513

Platanthera stenophylla Tang et Wang, sp. nov.
独龙江舌唇兰
Determinavit Tang et Wang April 1950.

独龙江舌唇兰 ***Platanthera stenophylla*** Tang & F. T. Wang in Acta Phytotax. Sin. 1(1): 27, 59. 1951. **Holotype:** China. Yunnan: Gongshan, Chiukiang, alt. 2500 m, 1935-10-??, C. W. Wang 67106.

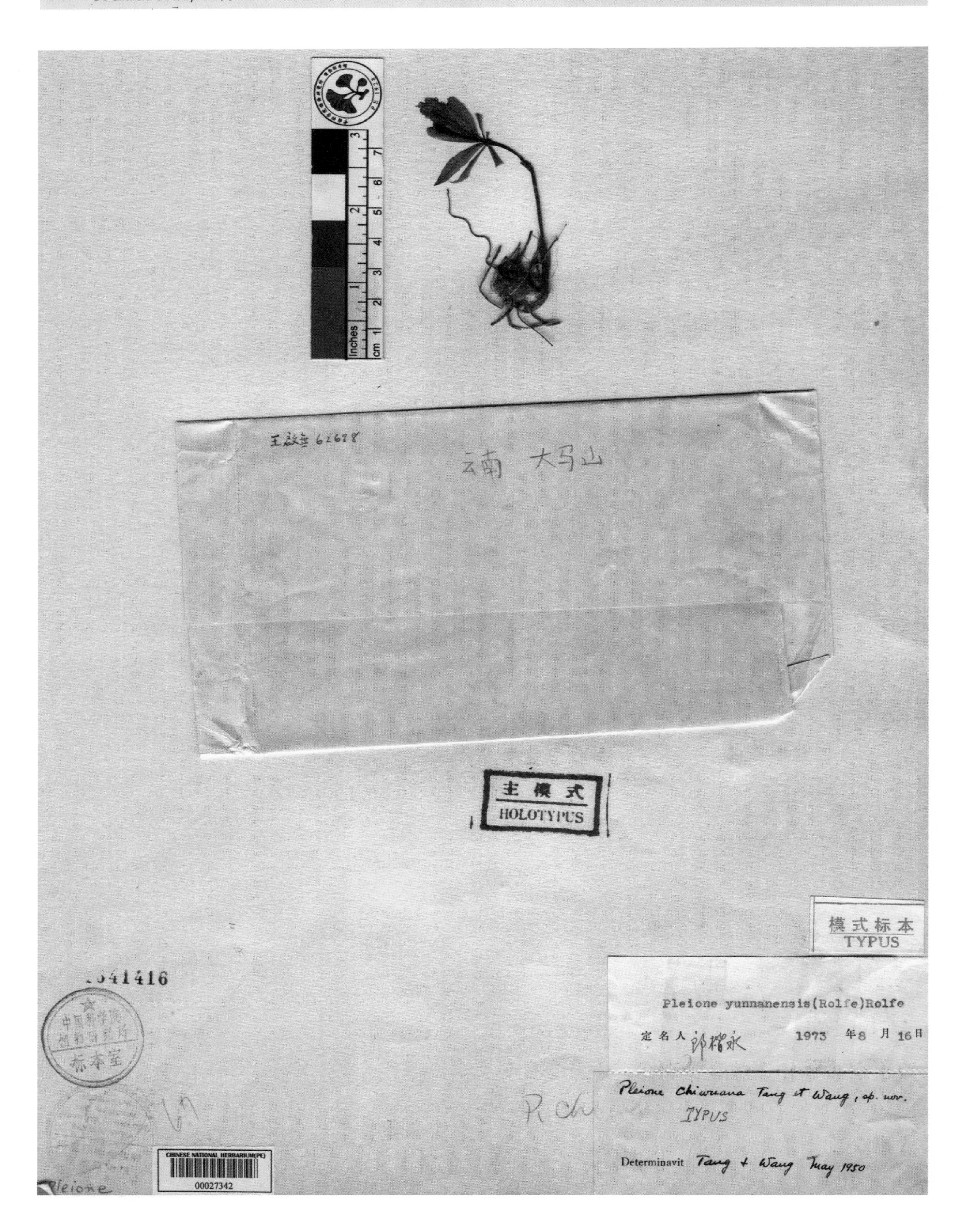

启无独蒜兰 ***Pleione chiwuana*** Tang & F. T. Wang in Acta Phytotax. Sin. 1(1): 39, 78. 1951. **Holotype:** China. Yunnan: Kunming, 1935-04-07, C. W. Wang 62698.

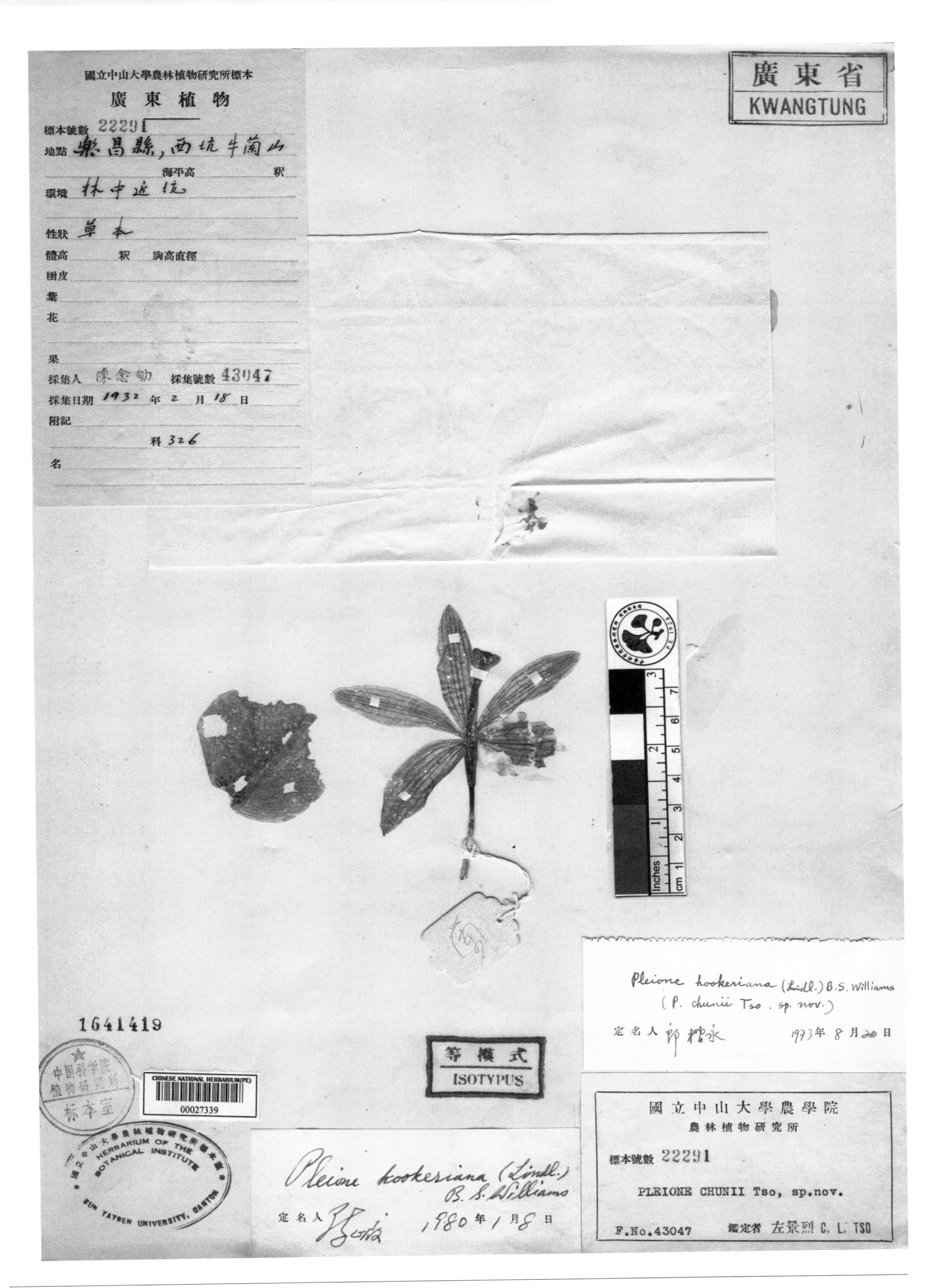

念劬独蒜兰 ***Pleione chunii*** C. L. Tso in Sunyatsenia 1(1): 148. 1930. **Isotype:** China. Guangdong: Lechang, 1932-02-18, N. K. Chun 43047.

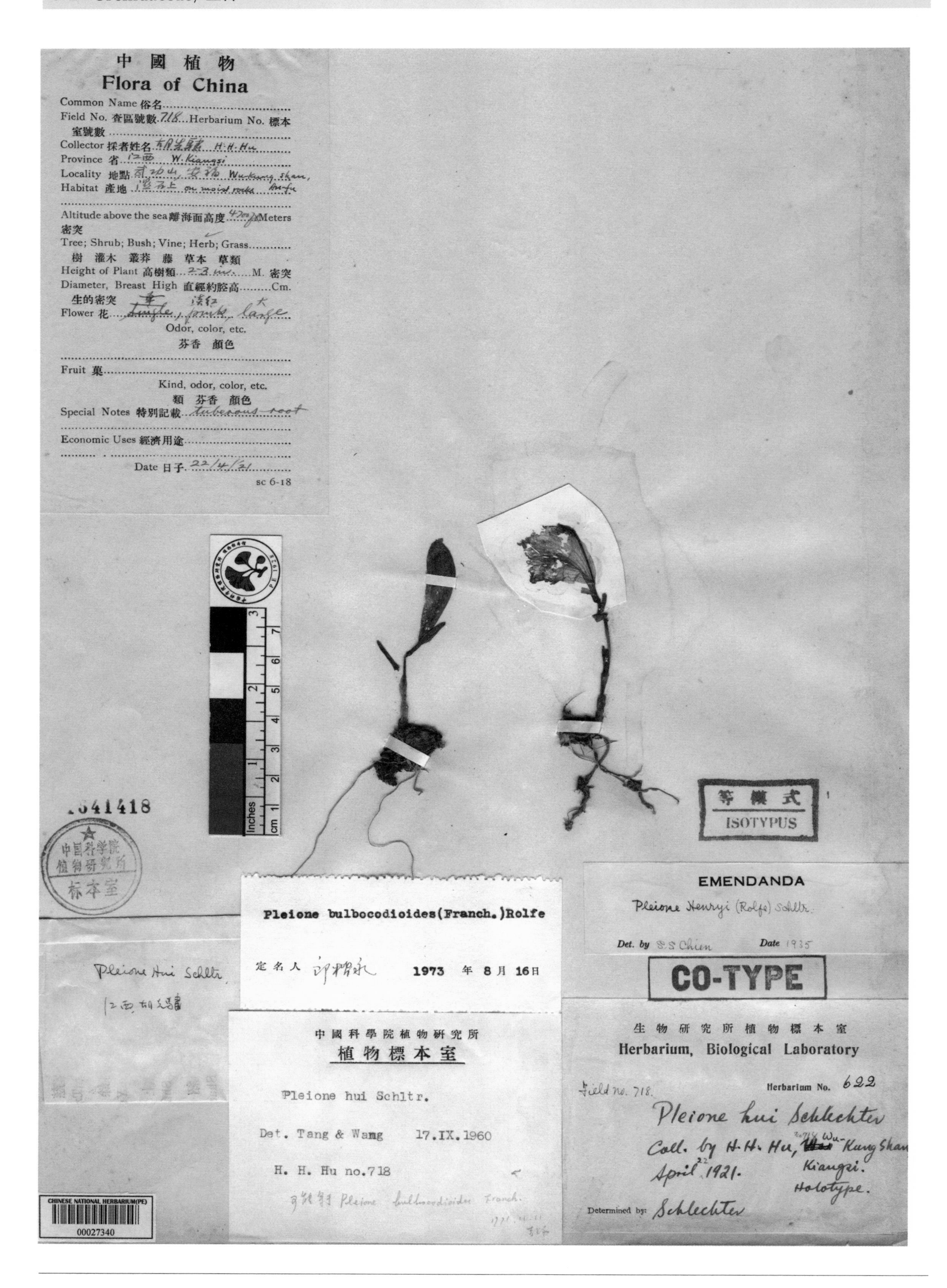

先骕独蒜兰 ***Pleione hui*** Schltr. in Fedde, Rep. Spec. Nov. Regn. Veg. 19: 377. 1924. **Isotype:** China. Jiangxi: Anfu, Wugongshan, alt. 1600 m, 1921-04-22, H. H. Hu 718.

岩生独蒜兰 ***Pleione saxicola*** Tang & F. T. Wang ex S. C. Chen in Acta Phytotax. Sin. 25(6): 473, f. 2. 1987. **Holotype:** China. Yunnan: Gongshan, alt. 2400~2500 m, 1940-09-20, K. M. Feng 7914.

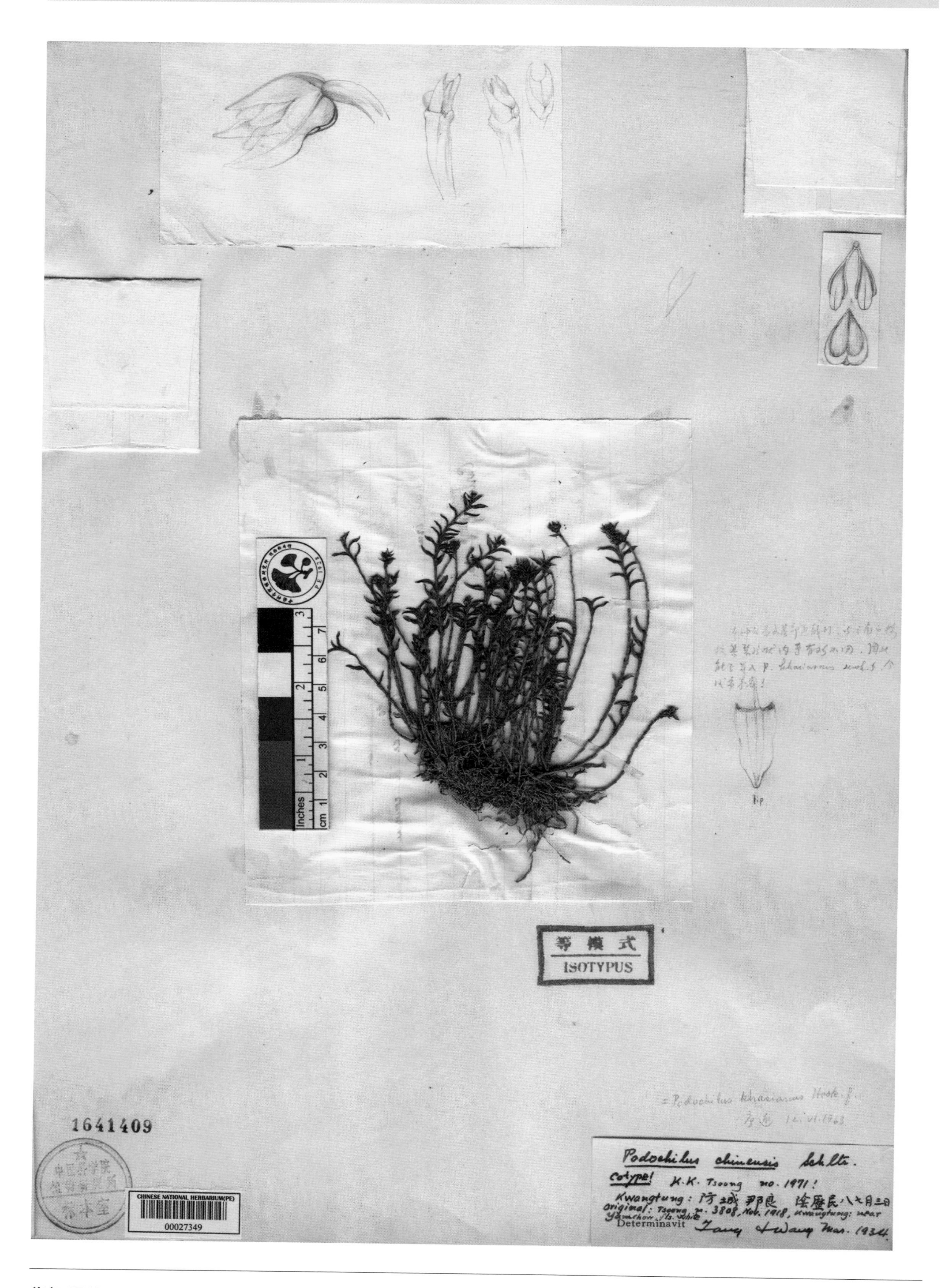

华柄唇兰 ***Podochilus chinensis*** Schltr. in Fedde, Rep. Spec. Nov. Regn. Veg. 19: 380. 1924. **Isotype:**China. Guangxi: Fangcheng, 1918-11-??, K. K. Tsoong 3808.

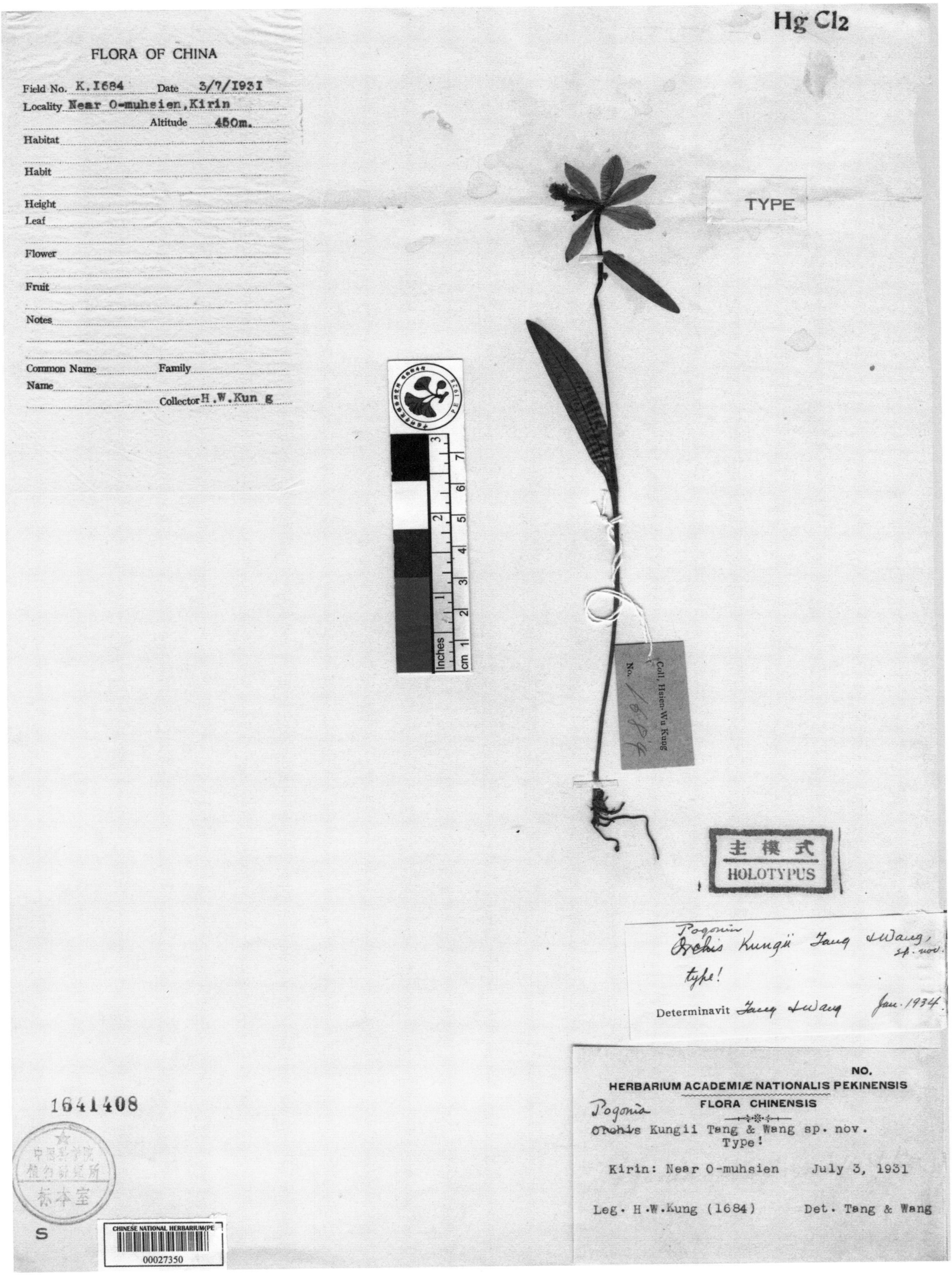

宪武朱兰 ***Pogonia kungii*** Tang & F. T. Wang in Contr. Inst. Bot. Nat. Acad. Peiping 2: 135. 1933. **Holotype:** China. Jilin: Omu, alt. 450 m, 1931-07-03, H. W. Kung 1684.

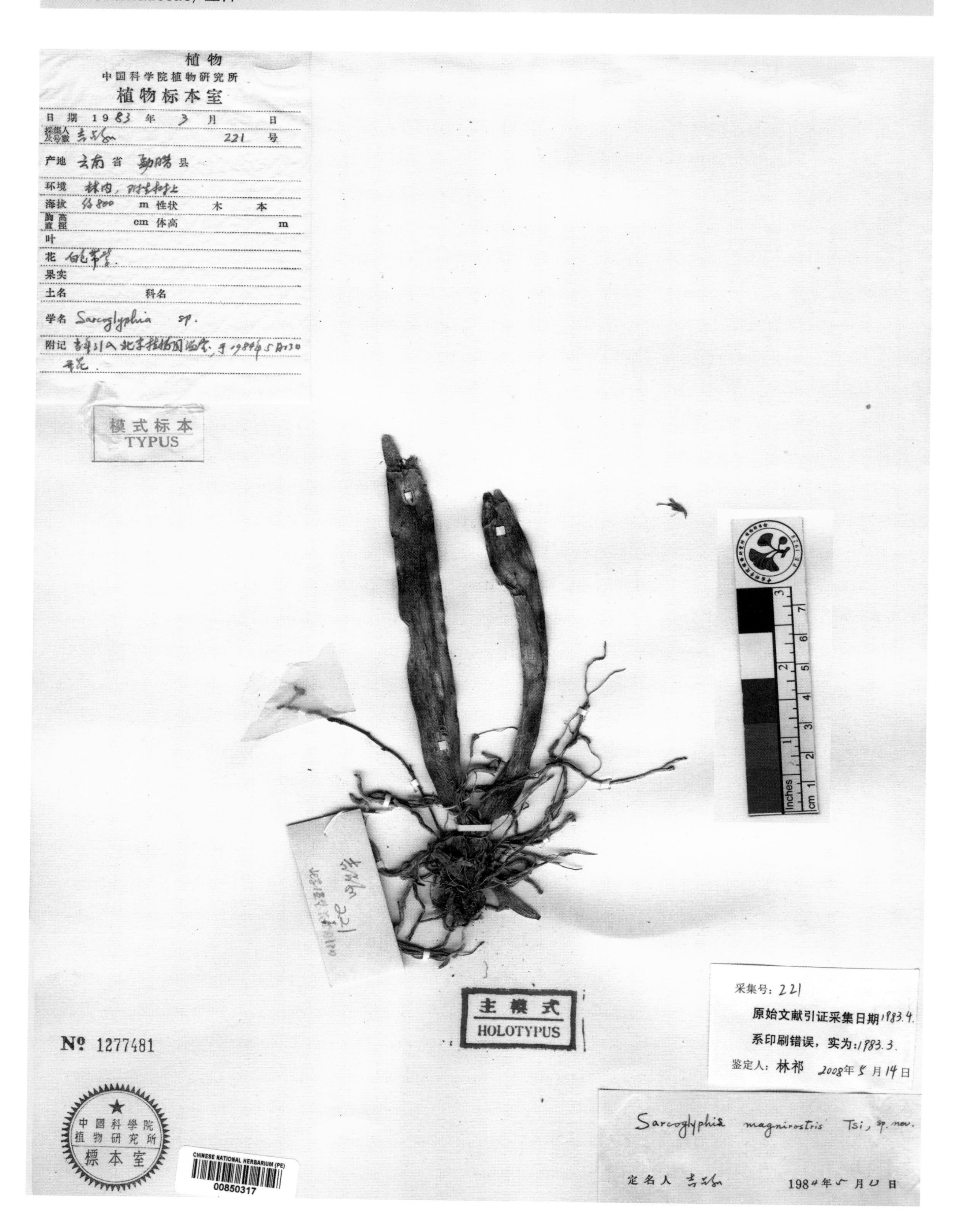

短帽大喙兰 ***Sarcoglyphis magnirostris*** Z. H. Tsi in Acta Phytotax. Sin. 23(5): 387, f. 2: 5-7. 1985. **Holotype:** China. Yunnan: Mengla. 800 m, 1983-03-??, Z. H. Tsi 221.

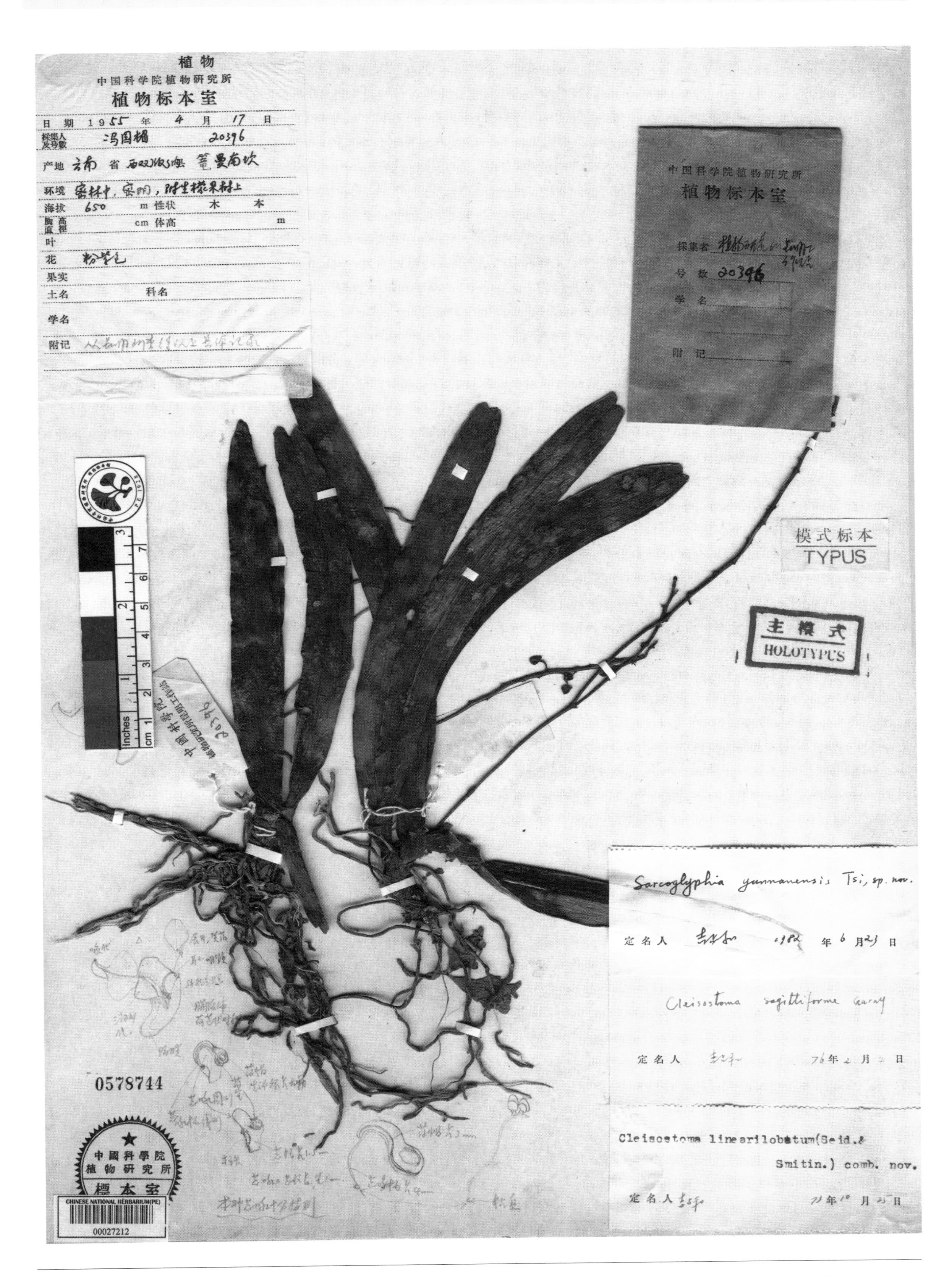

大喙兰 ***Sarcoglyphis yunnanensis*** Z. H. Tsi in Acta Phytotax. Sin. 22(6): 476, f. 1: 1-4. 1984. **Holotype:** China. Yunnan: Jinghong alt. 650 m, 1955-04-17, K. M. Feng 20396.

甘肃省
KANSU

Plants of China

Orchidaceae
Spiranthes sunii Boufford & Wenheng Zhang --

Gansu Province, Wen Xian: Motianling Shan, Baishui Jiang Nature Reserve, vicinity of town of Fanba, upstream along Heiyin Gou. 32°42'12"N, 105°5'48"E; 825-890 m. Remnant mixed deciduous forest with Acer spp, Ulmus, Juglans, Castanea, Diospyros, Cercis, etc. Most remaining trees of economic importance. Open areas in hard packed moist soil in pockets and crevices on ledges along river, probably inundated during high water periods. Plants scattered; tepals white.

D. E. Boufford & Z. Y. Zhang, with Y. Jia (bryophytes)
37597 13 May 2007

Harvard University Herbaria

河边绶草 ***Spiranthes sunii*** Boufford & W. H. Zhang in Harv. Pap. Bot. 13(2): 261, f. 1-3. 2008. **Holotype:** China. Gansu: Wenxian, alt. 825~890 m, 2007-05-13, D. E. Boufford & al. 37597.

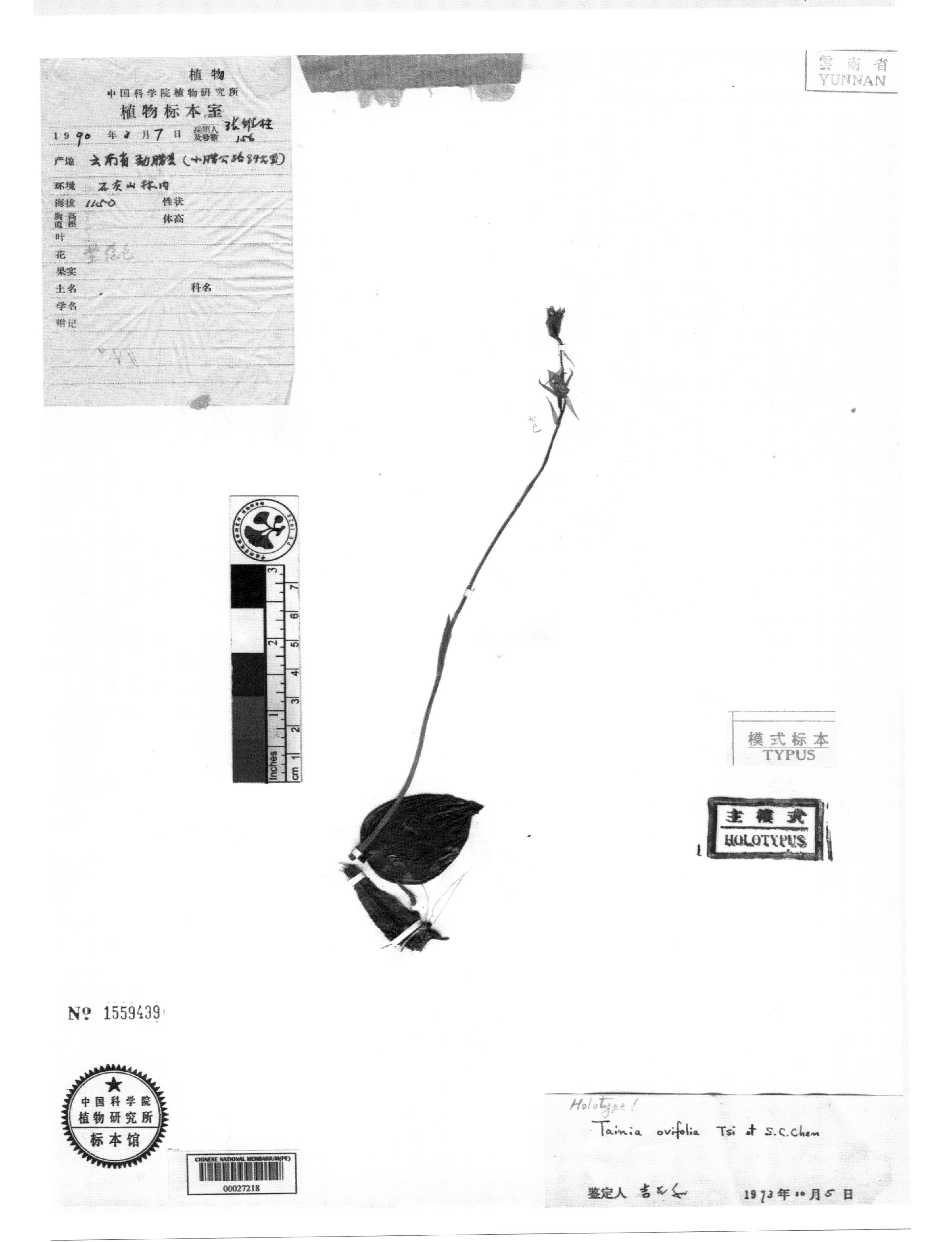

卵叶带唇兰 ***Tainia ovifolia*** Z. H. Tsi & S. C. Chen in Acta Phytotax. Sin. 32(6): 558, f. 2: 14-15. 1994. **Holotype:** China. Yunnan: Mengla, alt. 1150 m, 1990-03-07, W. Z. Zhang 156.

进兰 ***Tangtsinia nanchuanica*** S. C. Chen in Acta Phytotax. Sin. 10(3): 195, pl. 39. 1965. **Holotype:** China. Chongqing: Nanchuan, alt. 970 m, 1964-05-03, S. C. Chen & K. Y. Lang 2119.

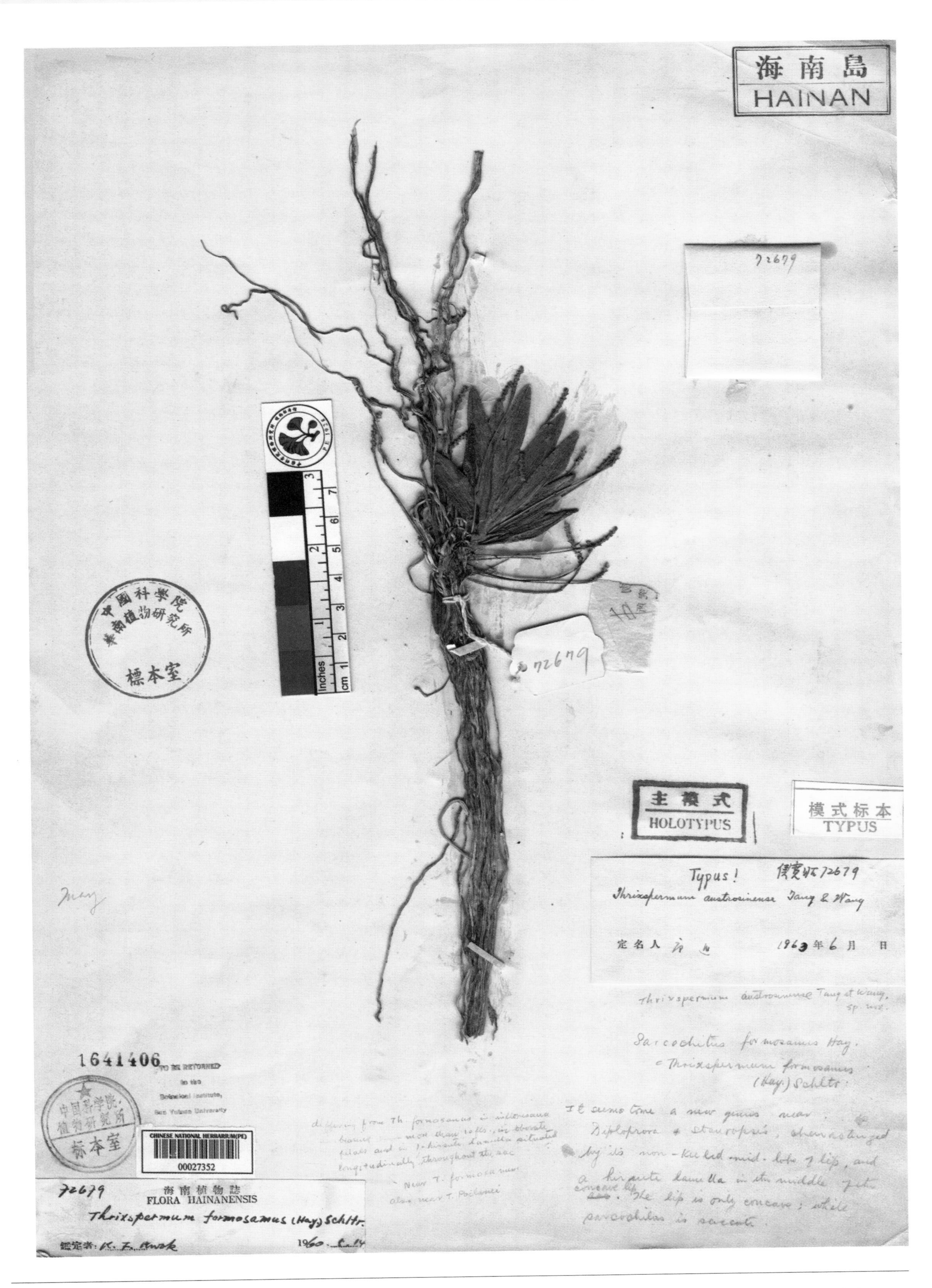

海南白点兰 ***Thrixspermum austrosinense*** Tang & F. T. Wang in Acta Phytotax. Sin. 12(1): 46. 1974. **Holotype:** China. Hainan: Baoting, 1935-??-??, F. C. How 72679.

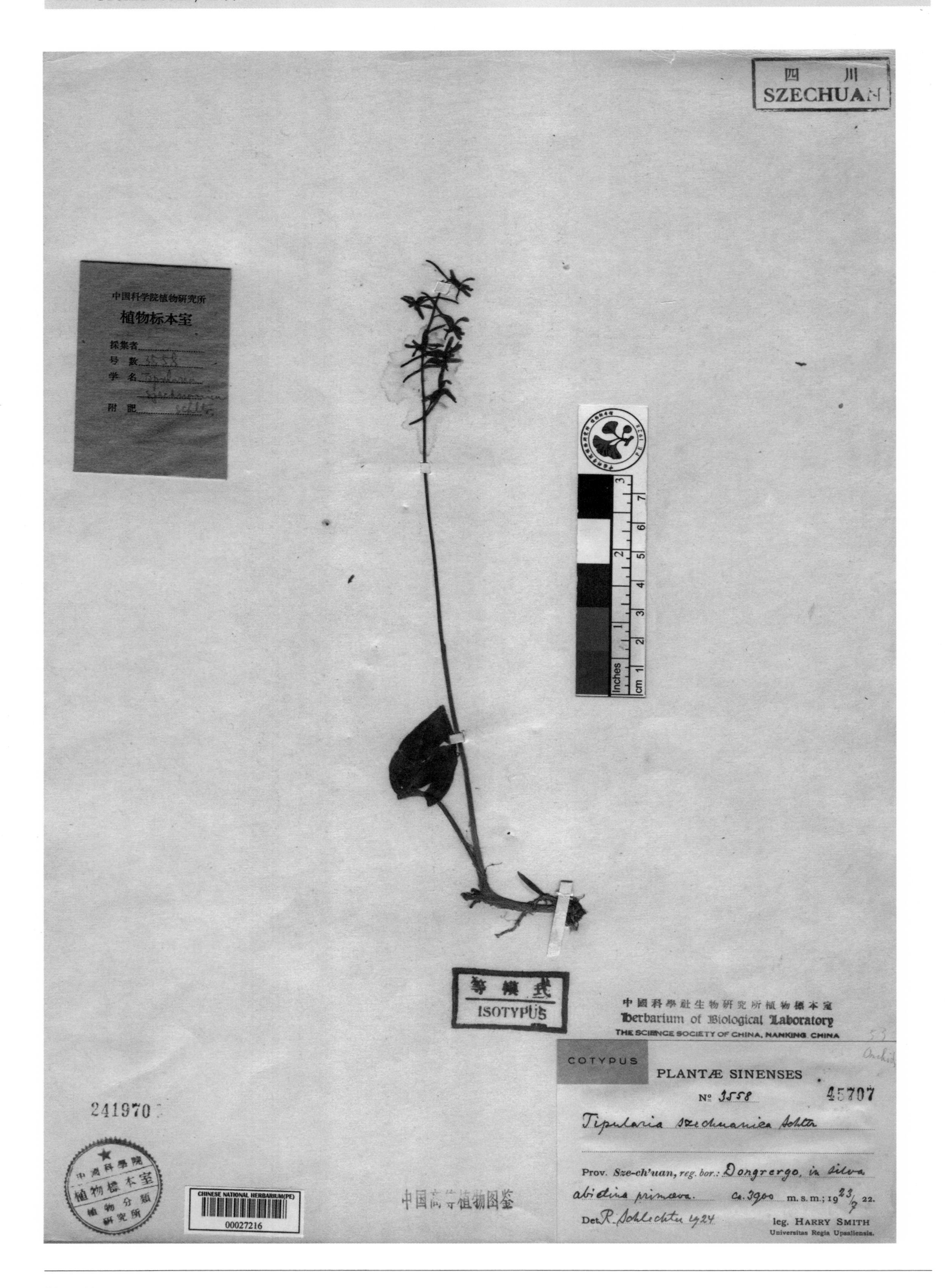

筒距兰 ***Tipularia szechuanica*** Schltr. in Acta Hort. Goth. 1: 153. 1924. **Isotype:** China. Sichuan: Songpan, Dongrergo, alt. 3900 m, 1922-07-23, H. Smith 3558.

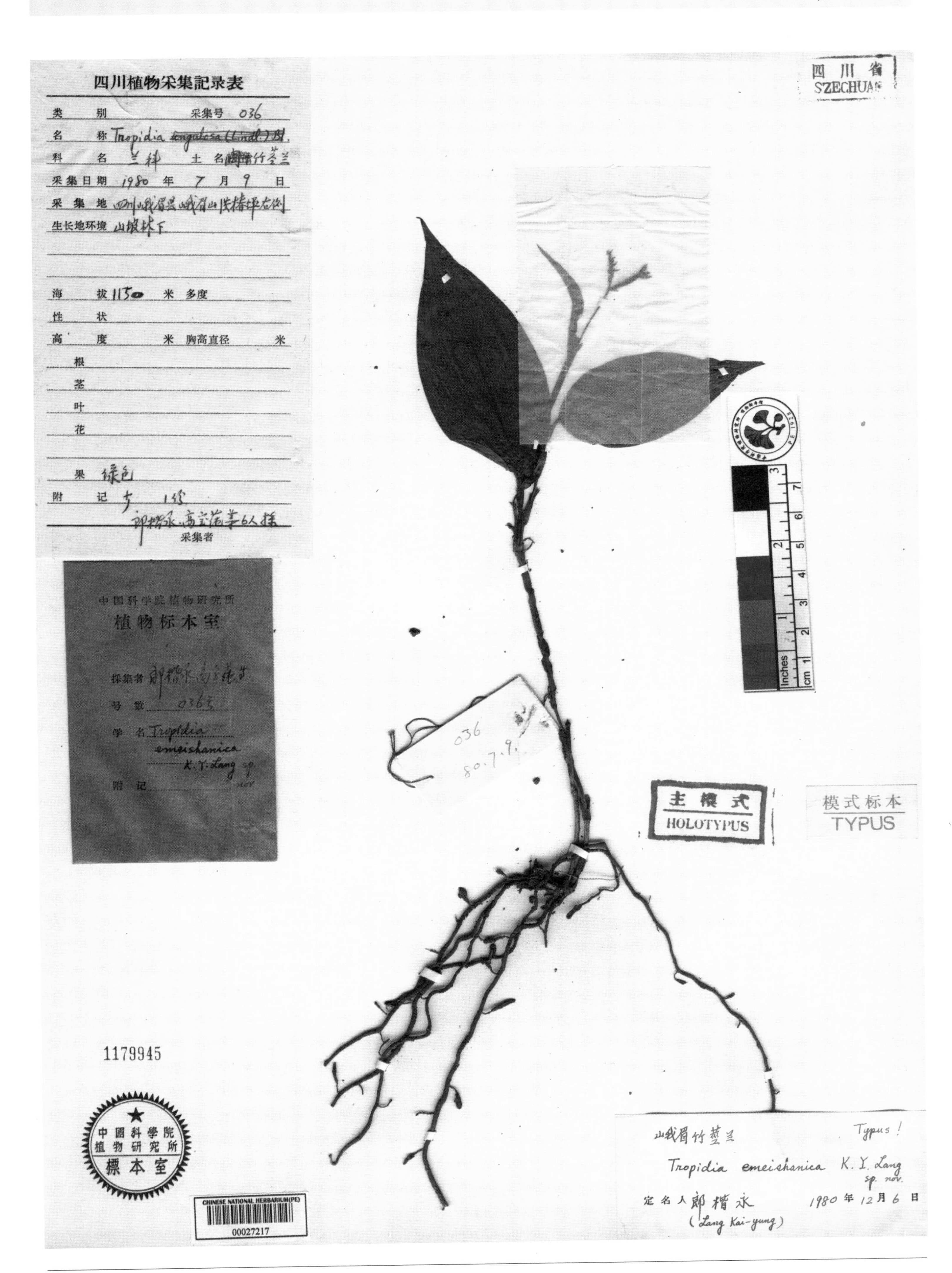

峨眉竹茎兰 ***Tropidia emeishanica*** K. Y. Lang in Acta Phytotax. Sin. 20(2): 184, f. 3. 1982. **Holotype:** China. Sichuan: Emei, Emeishan, alt. 1150 m, 1980-07-09, K. Y. Lang & al. 36.

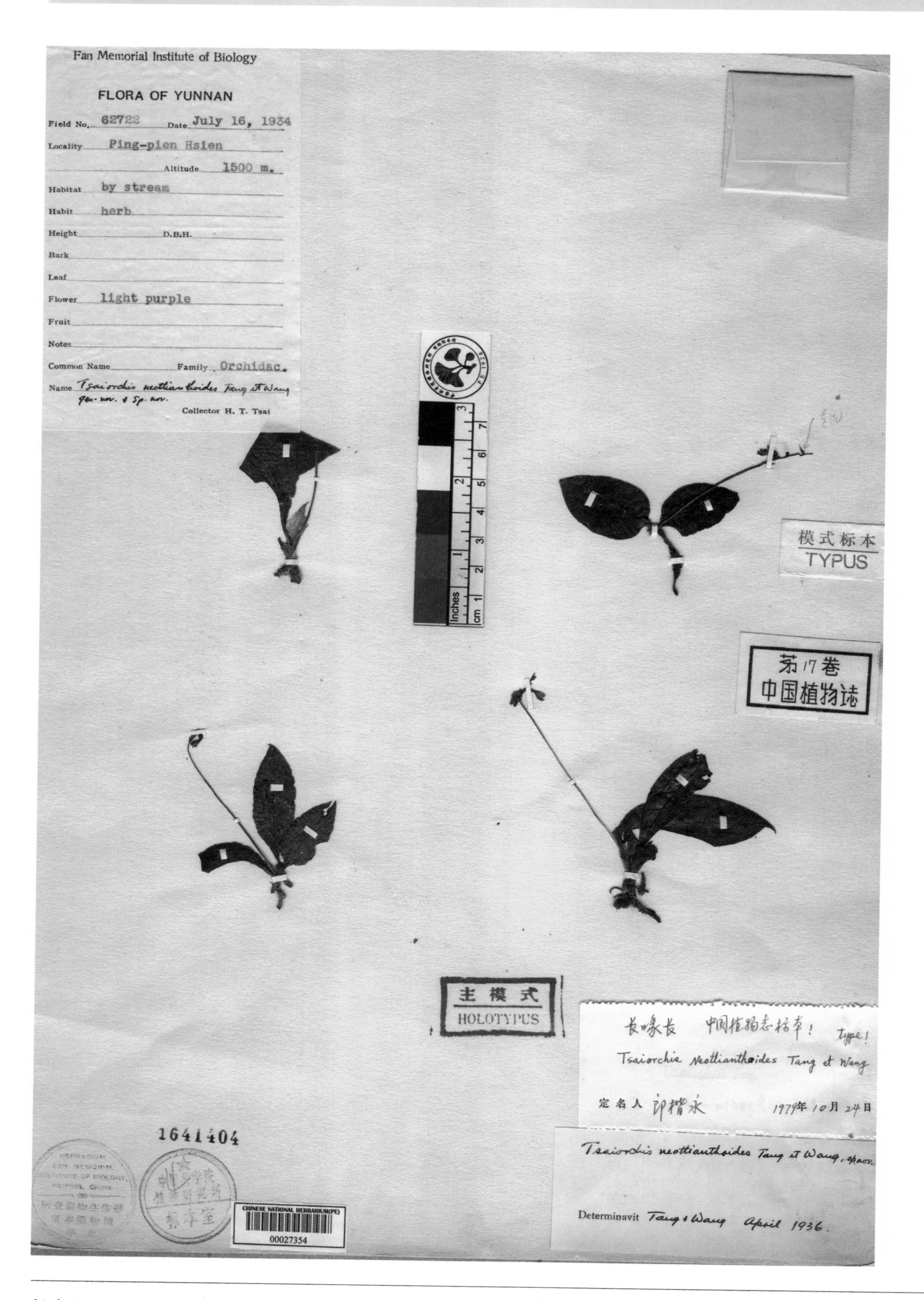

长喙兰 ***Tsaiorchis neottianthoides*** Tang & F. T. Wang in Bull. Fan Mem. Inst. Biol., Bot. 7(3): 3. 133. 1936. **Holotype:** China. Yunnan: Pingbian, alt. 1500 m, 1934-07-16, H. T. Tsai 62722.

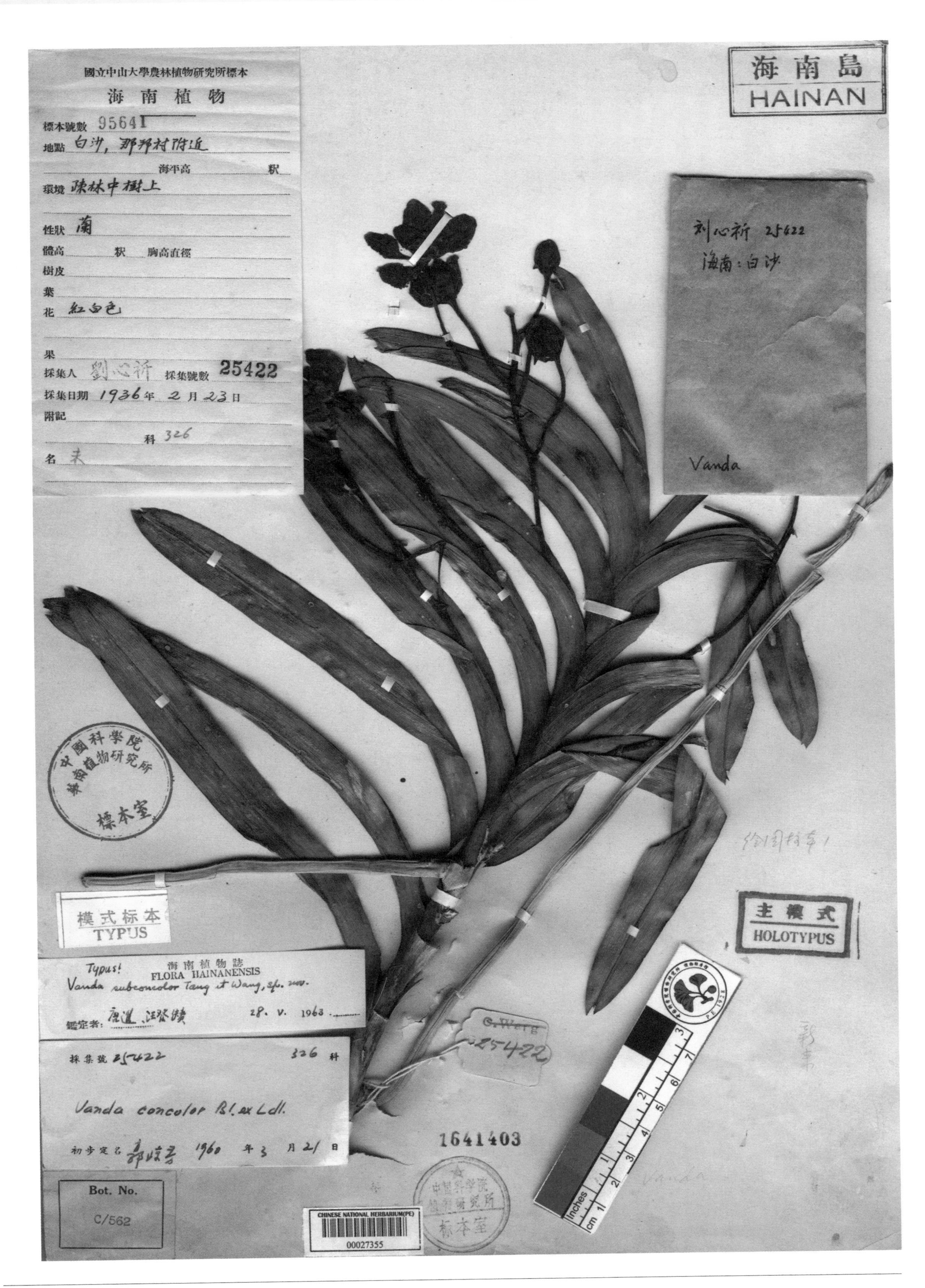

纯色万带兰 ***Vanda subconcolor*** Tang & F. T. Wang in Acta Phytotax. Sin. 12(1): 48. 1974. **Holotype:**China. Hainan: Baisha, 1936-02-23, S. K. Lau 25422.

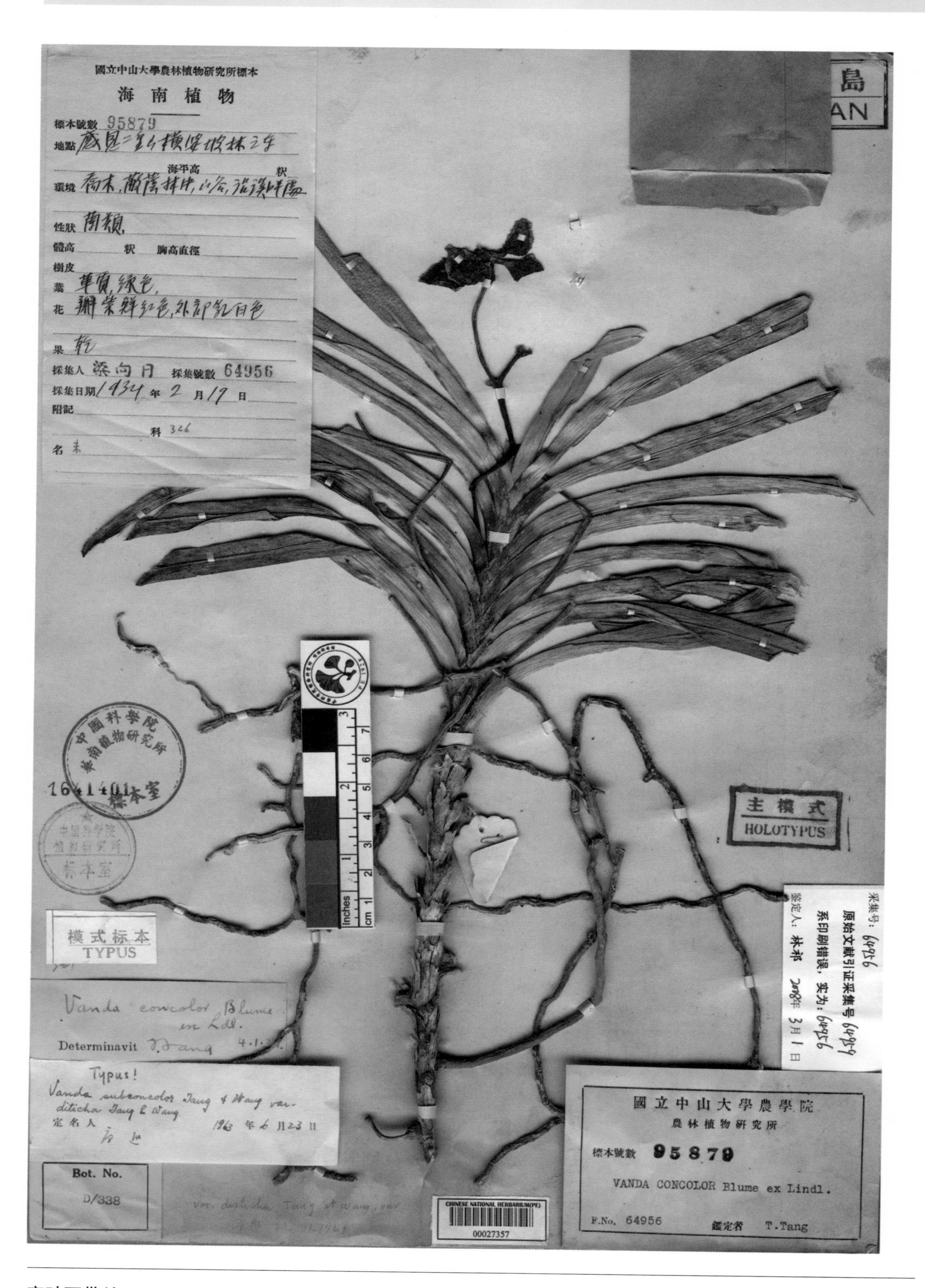

密叶万带兰 ***Vanda subconcolor*** Tang & F. T. Wang var. ***disticha*** Tang & F. T. Wang in Acta Phytotax. Sin. 12(1): 48. 1974. **Holotype:** China. Hainan: Ganen (=Dongfang), 1934-02-19, H. Y. Liang 64956.

Saururaceae

三白草科

sanbaicaoke

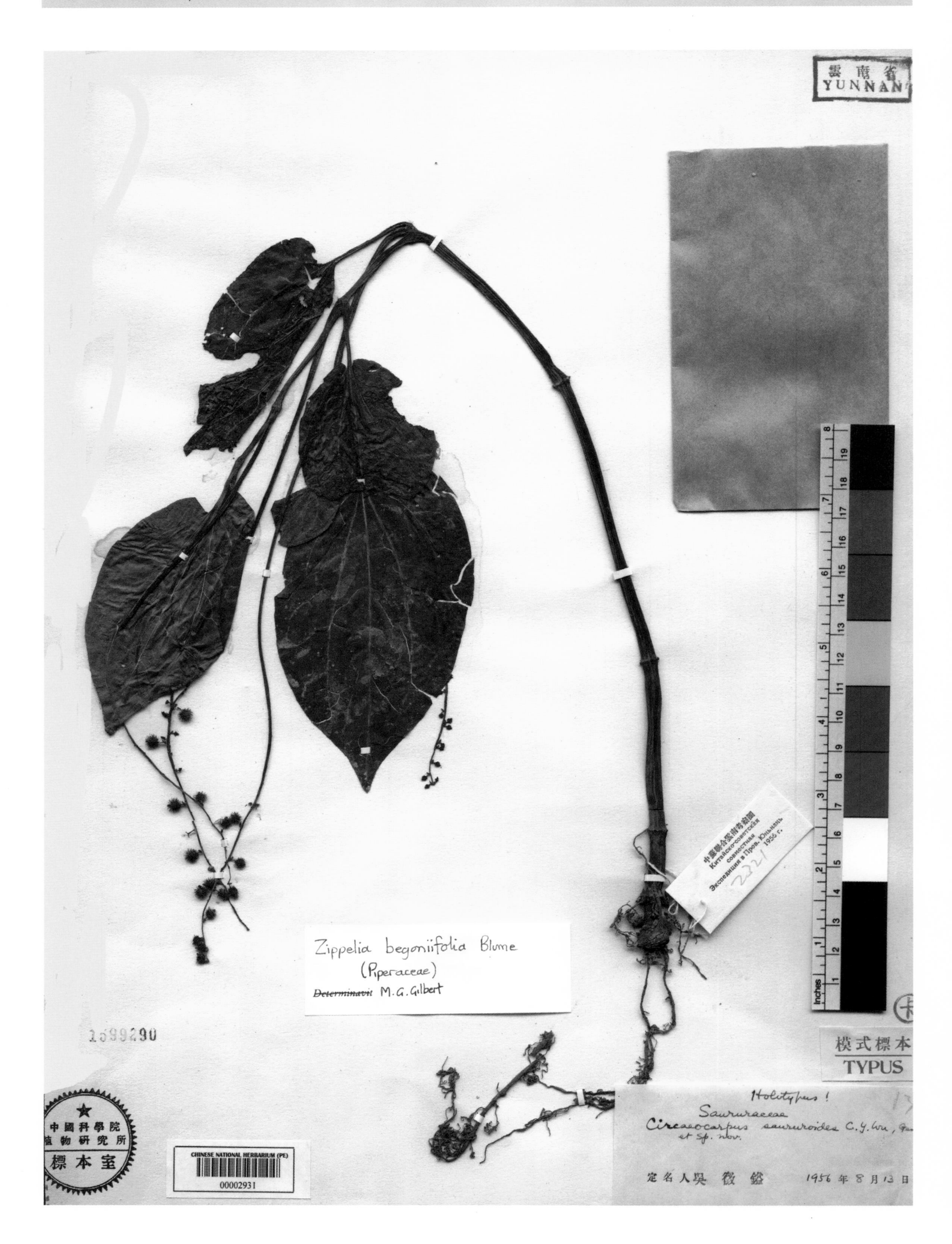

齐头绒 ***Circaeocarpus saururoides*** C. Y. Wu in Acta Phytotax. Sin. 6(2): 223, pl. 45, 47: 8. 1957. **Holotype:** China. Yunnan: Hekou, alt. 300 m, 1956-06-08, Sino-Russia Yunnan Exped. 2321.

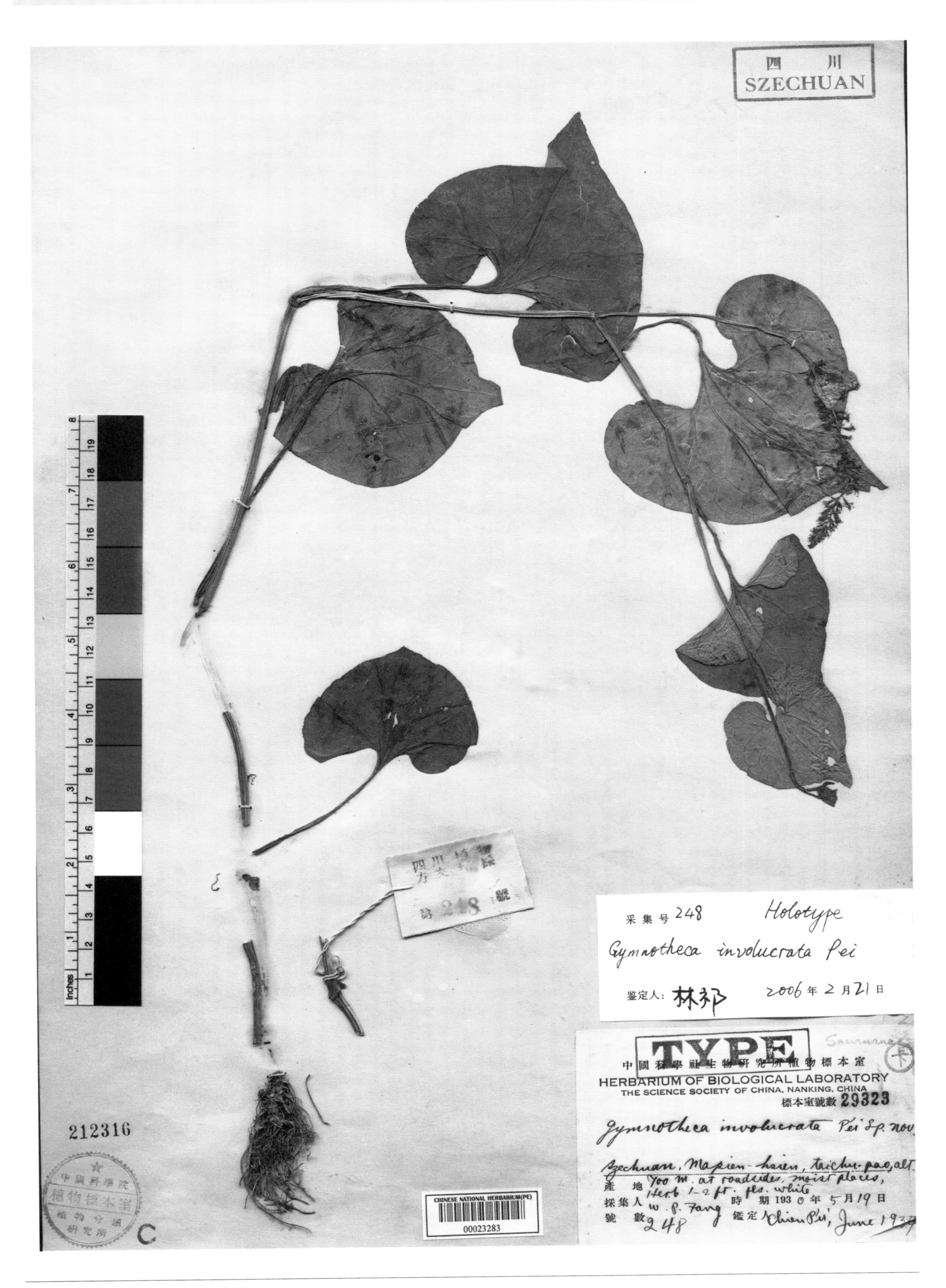

白苞裸蒴 ***Gymnotheca involucrata*** Pei in Contr. Biol. Lab. Sci. Soc. China 9: 111, f. 11. 1934. **Holotype:** China. Sichuan: Mabian, alt. 700 m, 1930-05-19, W. P. Fang 248.

Piperaceae

胡椒科

hujiaoke

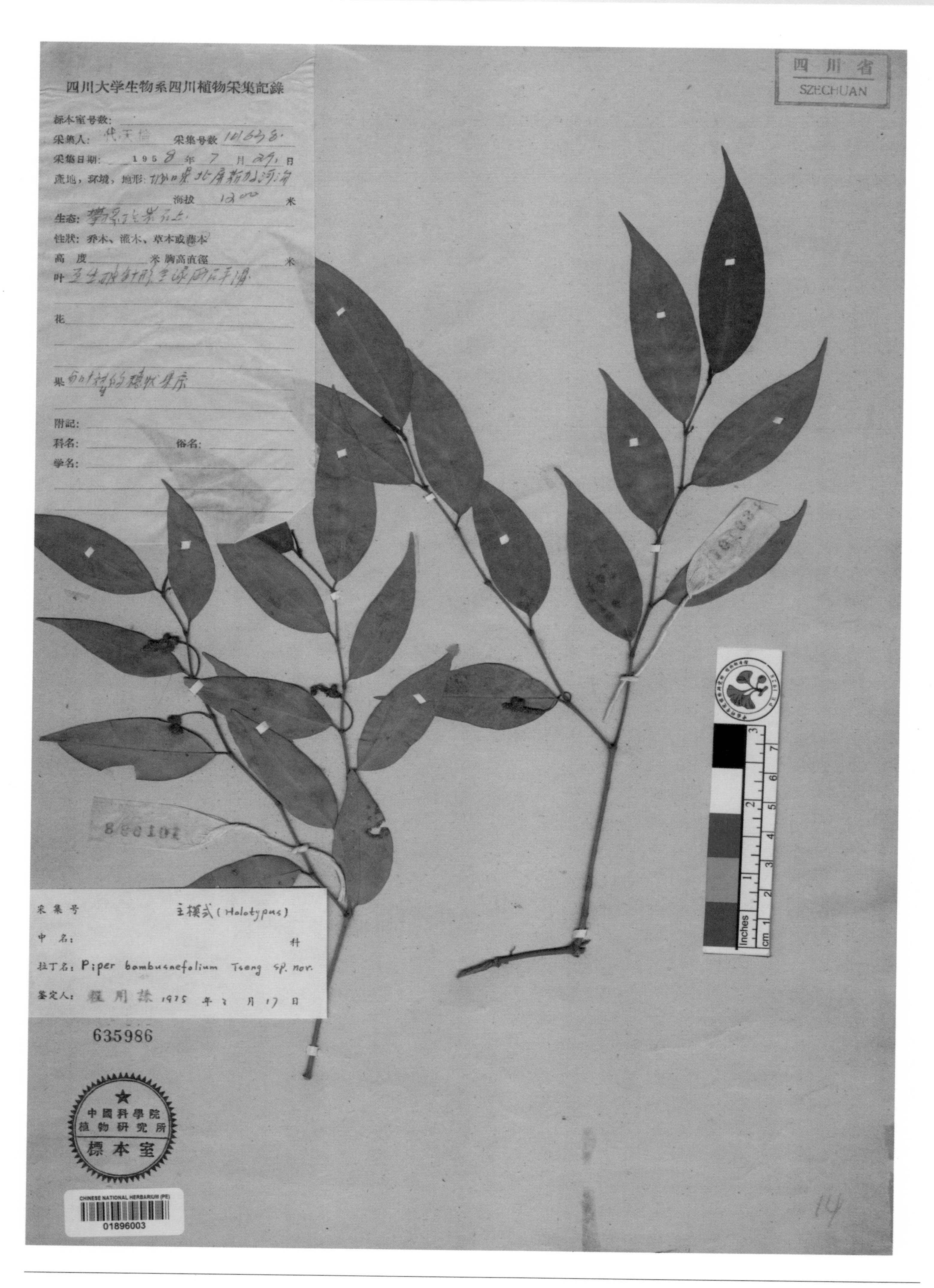

竹叶胡椒 ***Piper bambusaefolium*** Y. C. Tseng in Acta Phytotax. Sin. 17(1): 38, f. 14. 1979. **Holotype:** China. Chongqing: Chenkou, alt. 1200 m, 1958-07-29, T. L. Tai 101638.

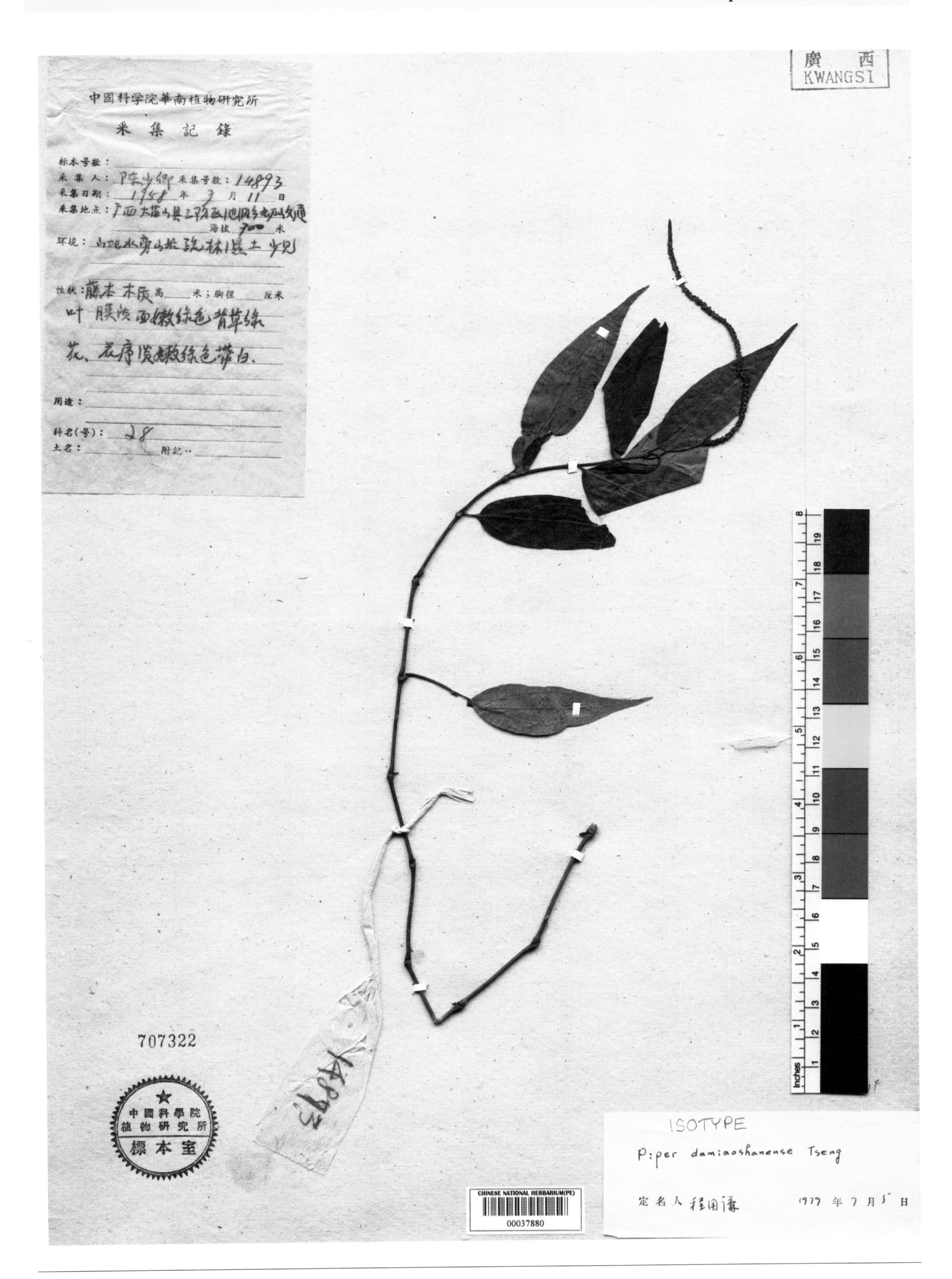

大苗山胡椒 ***Piper damiaoshanense*** Y. C. Tseng in Acta Phytotax. Sin. 17(1): 24, f. 2. 1979. **Isotype:** China. Guangxi: Damiaoshan (=Rongshui), alt. 700 m, 1958-07-11, S. H. Chun 14893.

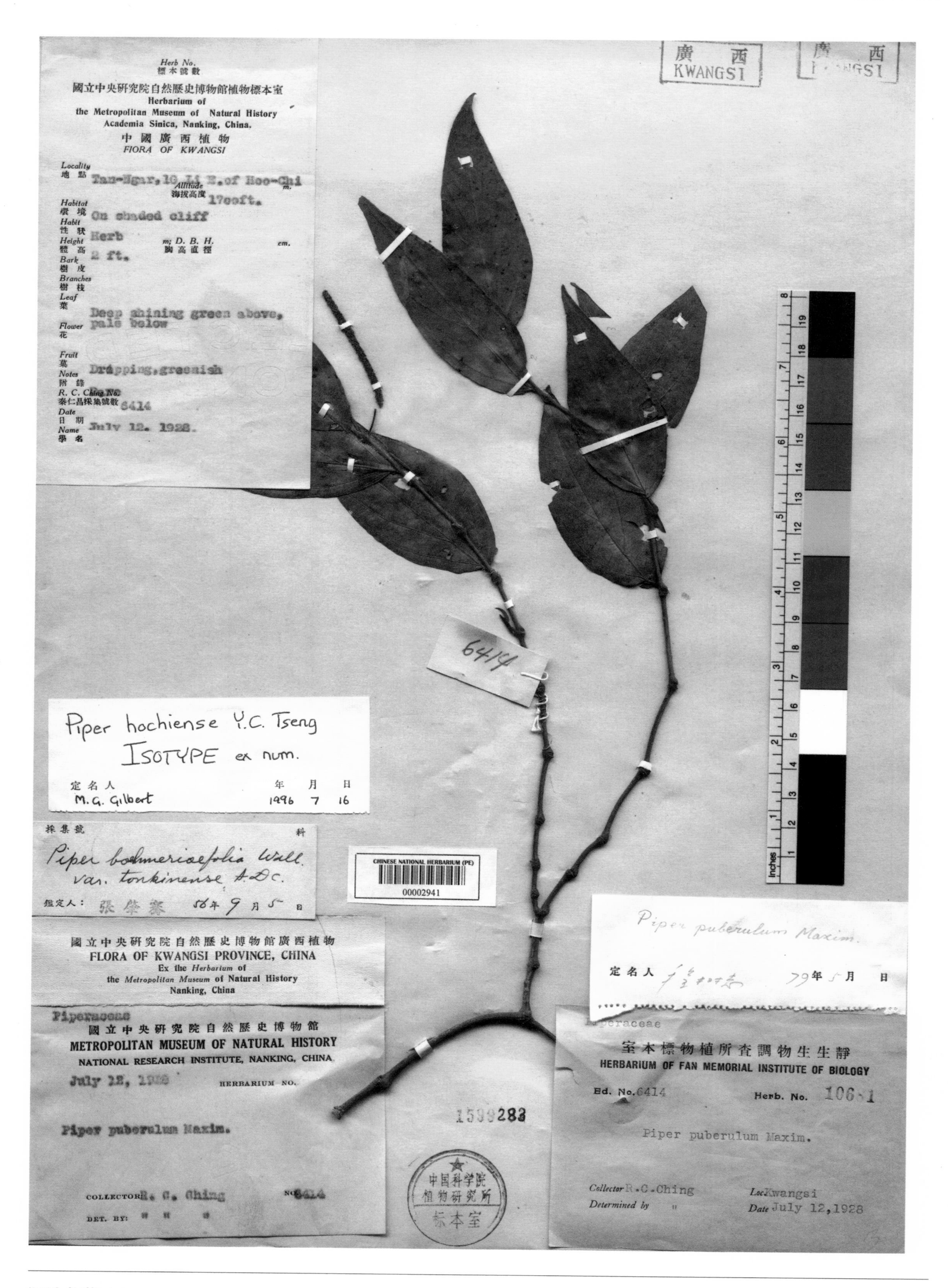

河池胡椒 ***Piper hochiense*** Y. C. Tseng in Acta Phytotax. Sin. 17(1): 25, f. 1. 1979. **Isotype:** China. Guangxi: Hechi, alt. 600 m, 1928-07-12, R. C. Ching 6414.

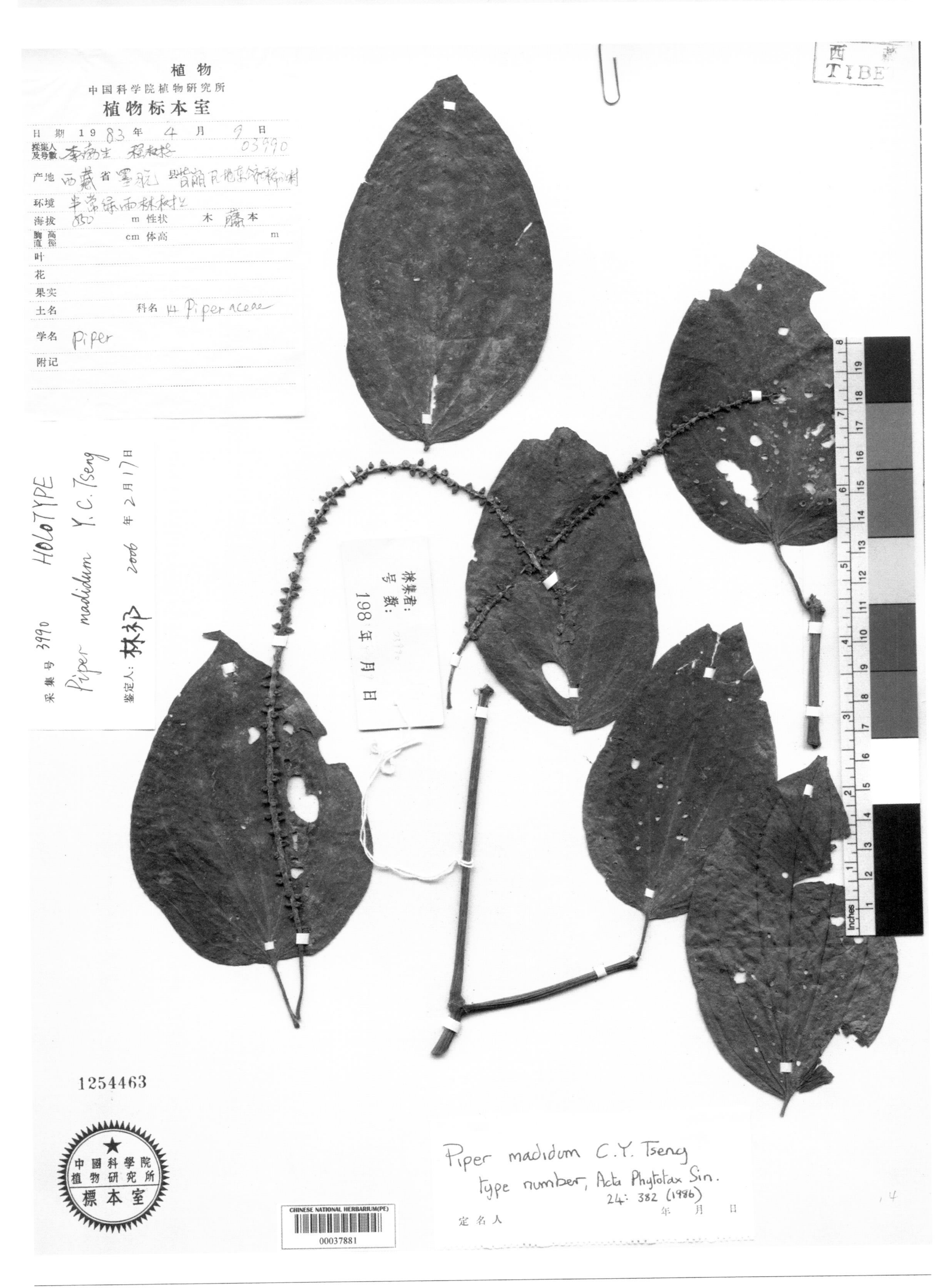

西藏胡椒 ***Piper madidum*** Y. C. Tseng in Acta Phytotax. Sin. 24(5): 382, f. 1. 1986. **Holotype:** China. Xizang: Mêdog, alt. 850 m, 1983-04-09, B. S. Li & S. Z. Cheng 3990.

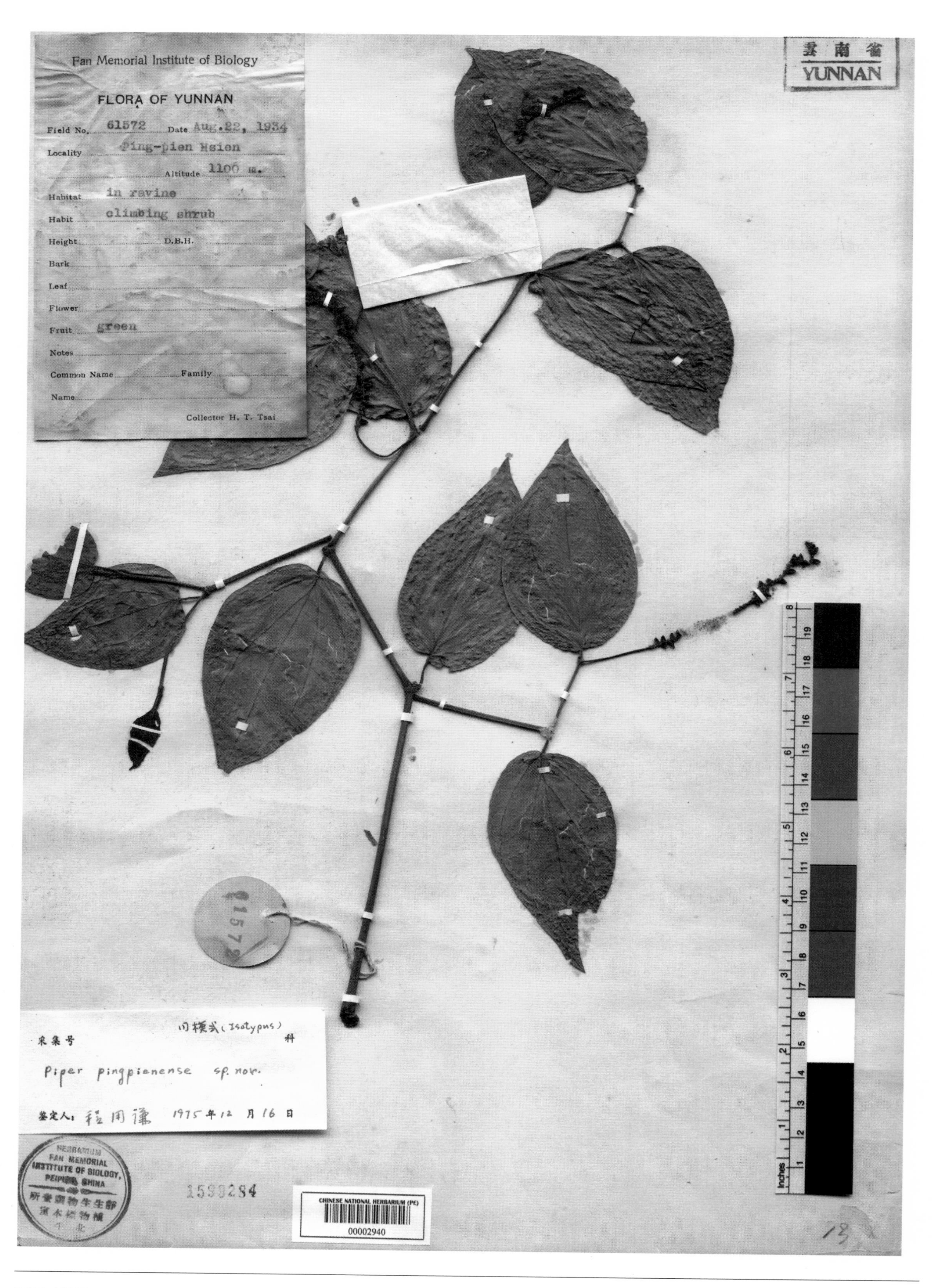

屏边胡椒 ***Piper pingbienense*** Y. C. Tseng in Acta Phytotax. Sin. 17(1): 26, f. 3. 1979. **Isotype:** China. Yunnan: Pingbian, alt. 1100 m, 1934-08-22, H. T. Tsai 61572.

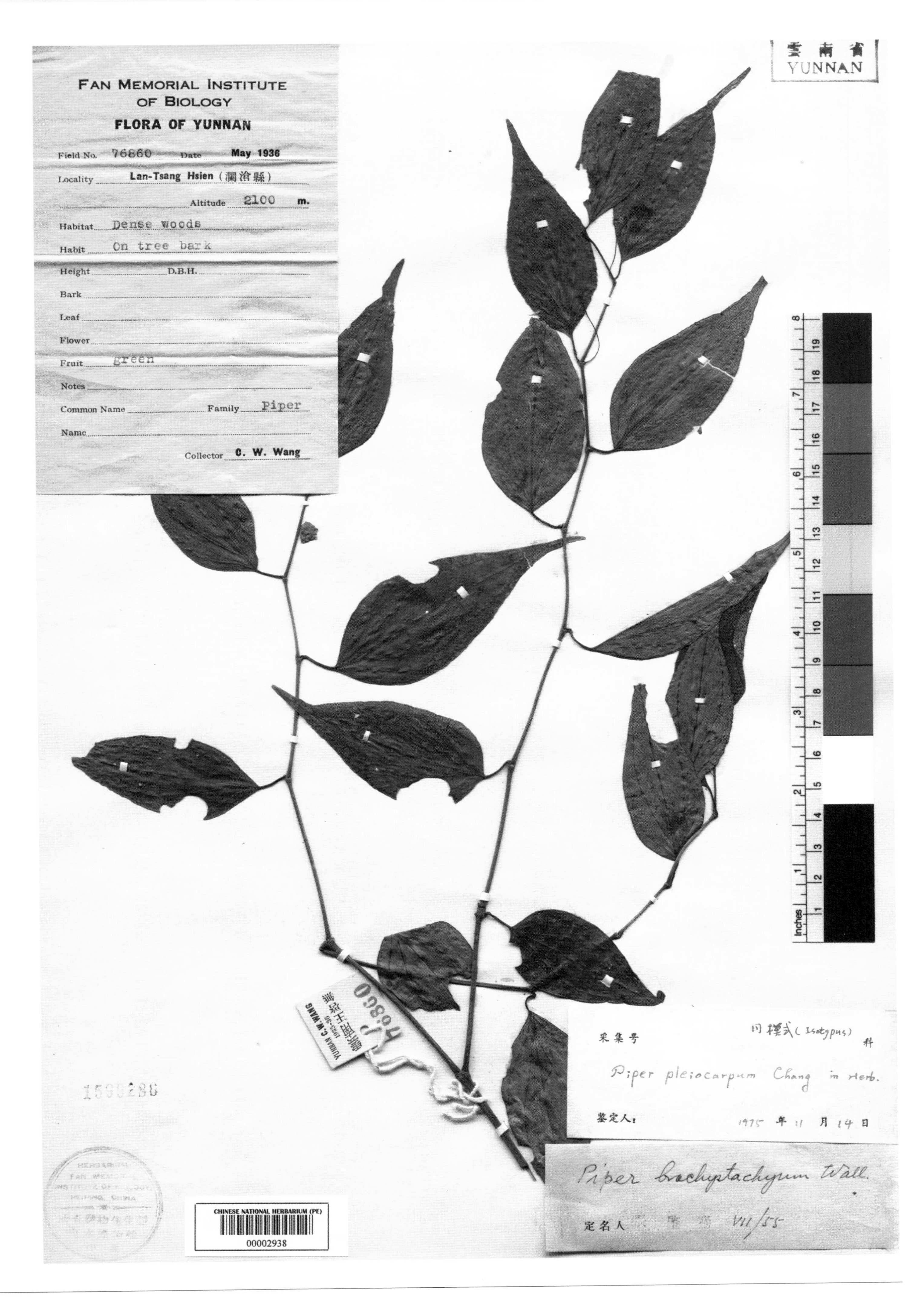

线梗胡椒 ***Piper pleiocarpum*** C. C. Chang ex Y. C. Tseng in Acta Phytotax. Sin. 17(1): 40, f. 16. 1979. **Isotype:** China. Yunnan: Lancang, alt. 2100 m, 1936-05-??, C. W. Wang76860.

泰国胡椒 ***Piper protrusum*** Chaveer. & Tanee in Journ. Syst. Evol. 49(5): 473, f. 3-4. 2011. **Isotype:** Thailand. Phang Nga: Sri Phang Nga National Park, alt. 100 m, 2009-07-12, A. Chaveerach 615.

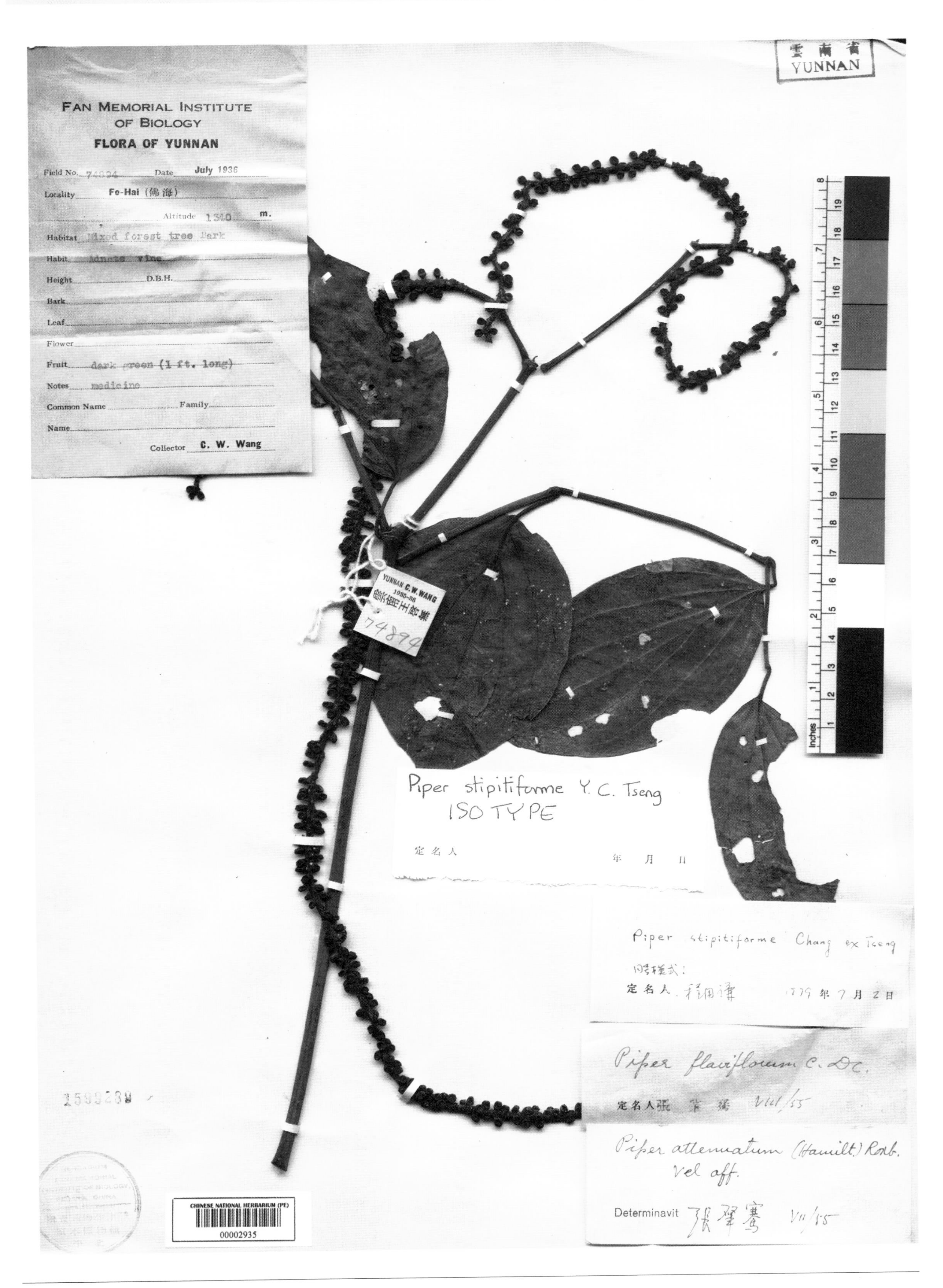

短柄胡椒 ***Piper stipitiforme*** C. C. Chang ex Y. C. Tseng in Acta Phytotax. Sin. 17(1): 28, f. 4. 1979. **Isotype:** China. Yunnan: Fohai (=Menghai), alt. 1340 m, 1936-07-??, C. W. Wang 74894.

顶花胡椒 ***Piper terminaliflorum*** Y. C. Tseng in Acta Phytotax. Sin. 17(1): 30, f. 7. 1979. **Holotype:** China. Yunnan: Shunning (=Fengqing), alt. 2200 m, 1938-06-24, T. T. Yu 16454.

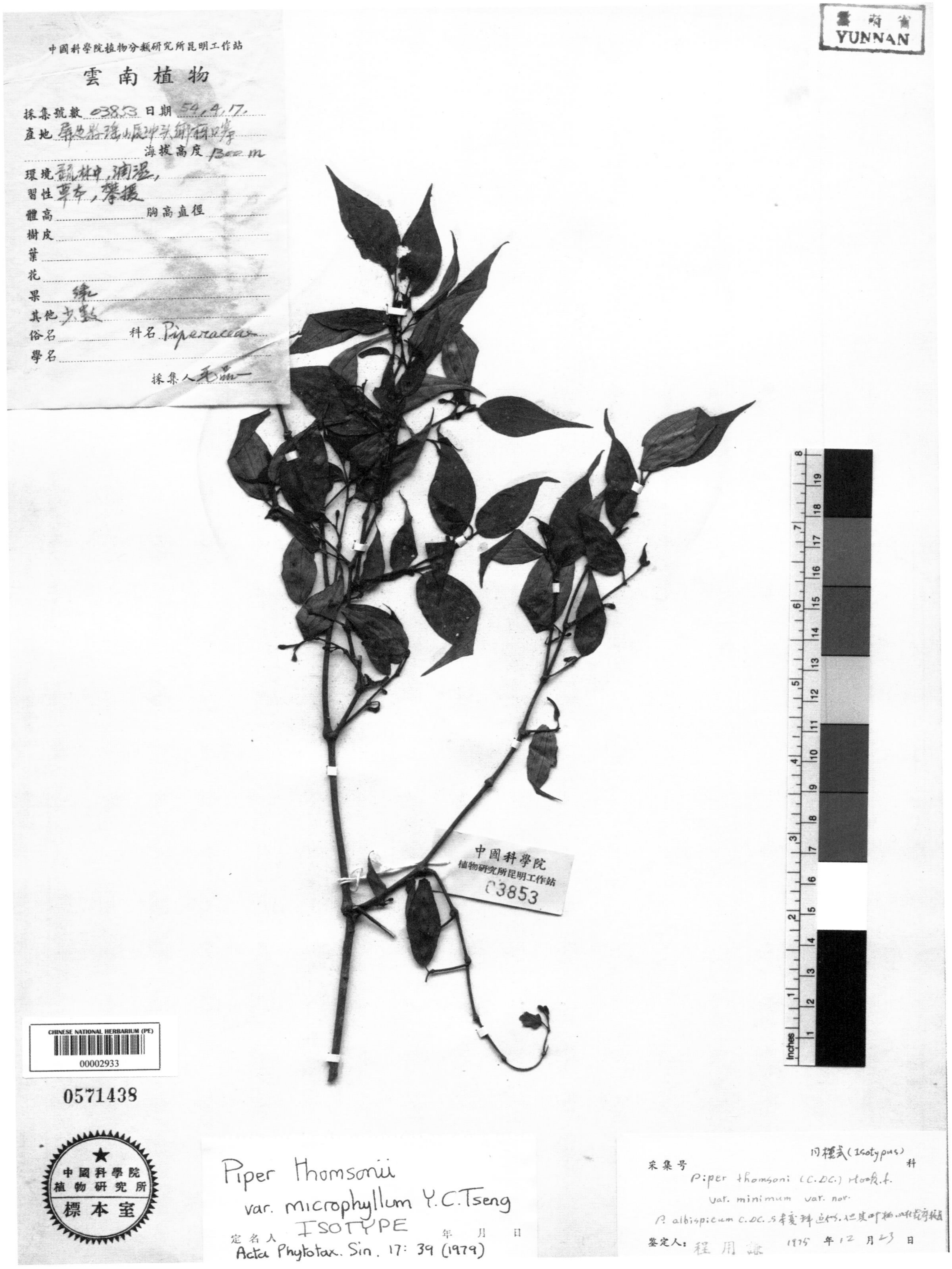

小叶球穗胡椒 ***Piper thomsonii*** (C. DC.) J. D. Hooker var. ***microphyllum*** Y. C. Tseng in Acta Phytotax. Sin. 17(1): 39, f. 15. 1979. **Isotype:** China. Yunnan: Pingbian, alt. 1300 m, 1954-04-17, P. I Mao 3853.

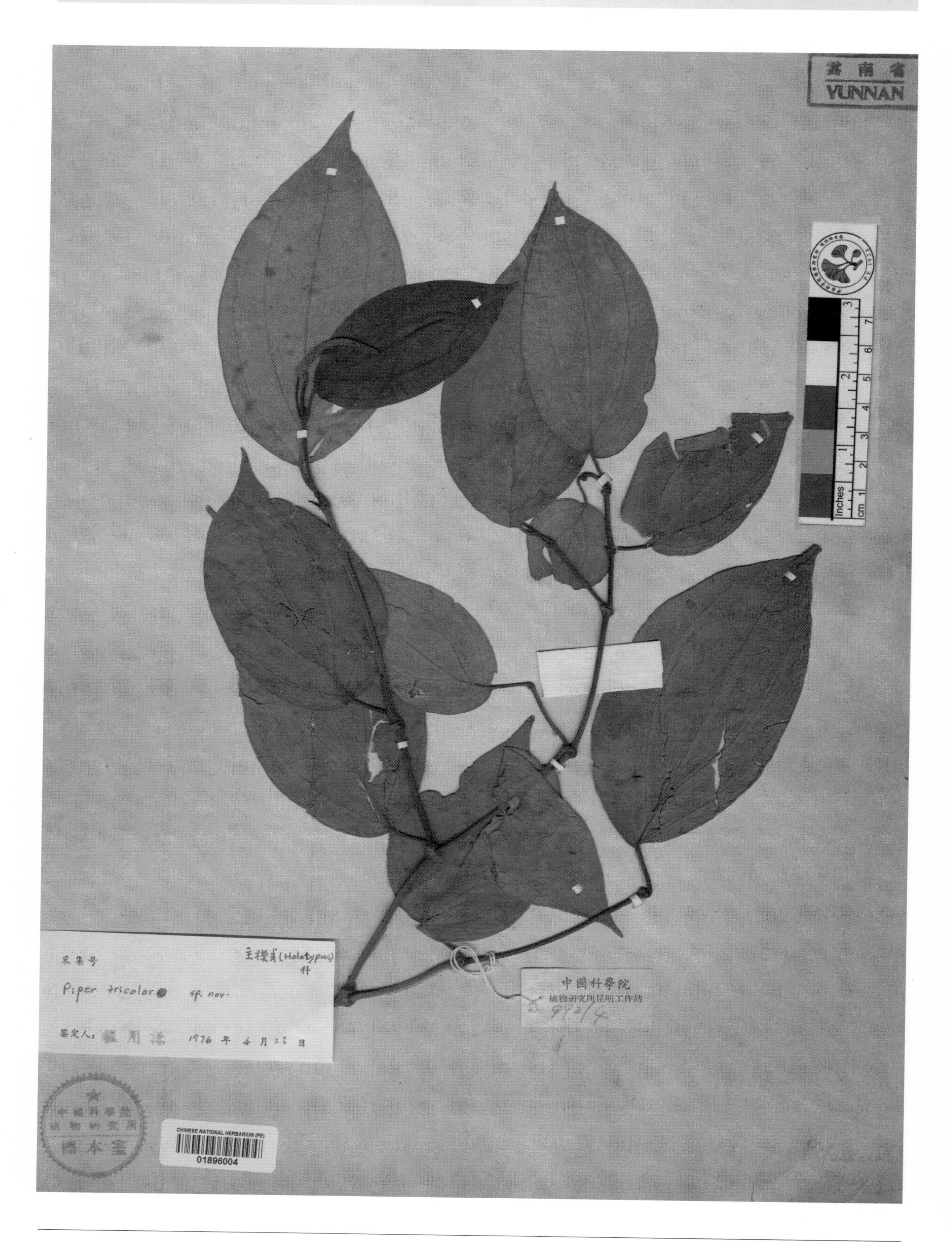

三色胡椒 ***Piper tricolor*** Y. C. Tseng in Acta Phytotax. Sin. 17(1): 35, f. 11. 1979. **Holotype:** China. Yunnan: Precise locality not known, Kunming Stat. Inst. Bot. Acad. Sin. 992/4.

Chloranthaceae

金粟兰科

jinsulanke

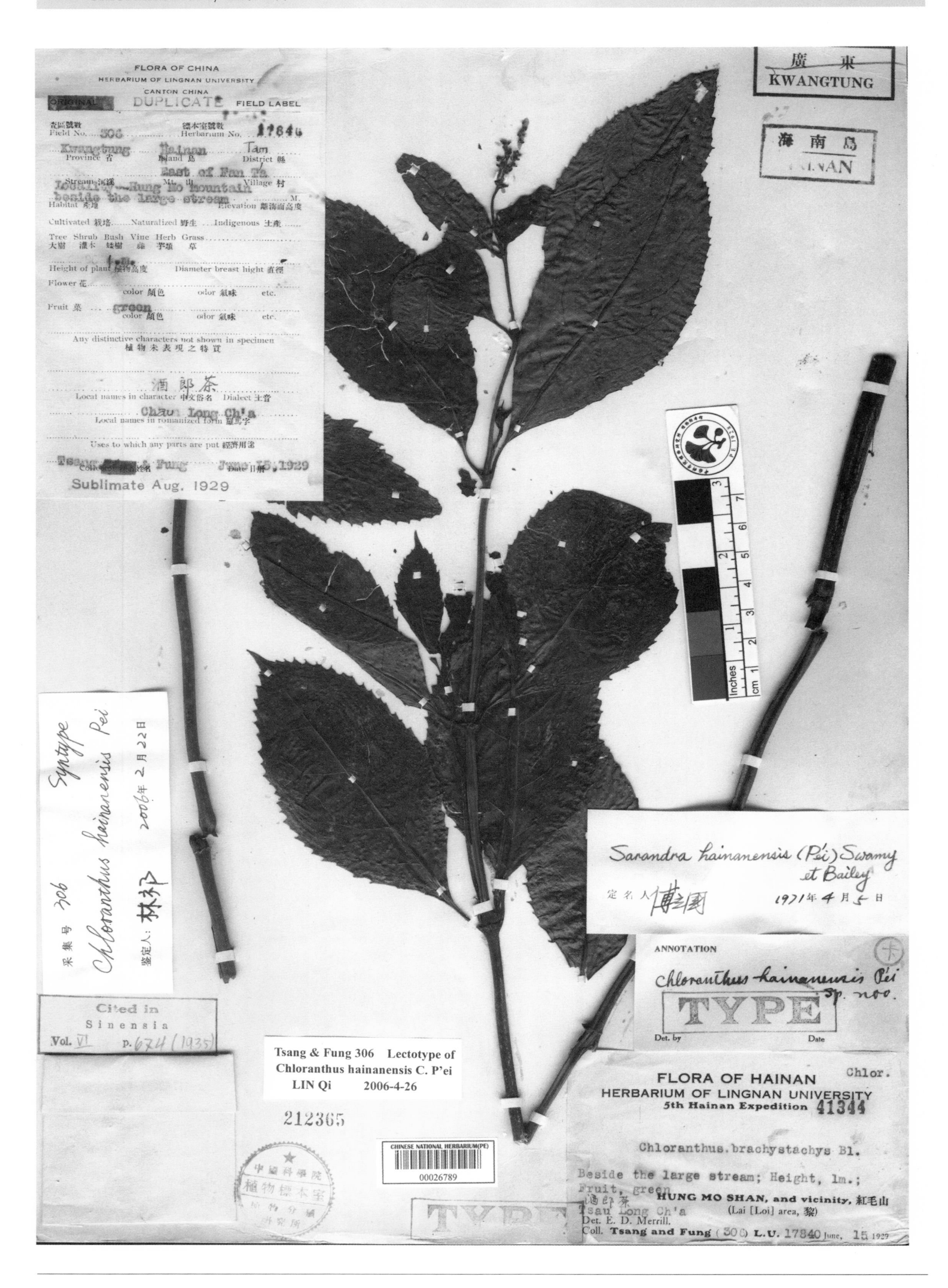

海南草珊瑚 ***Chloranthus hainanensis*** Pei in Sinensia 6(6): 674, f. 4. 1935. **Lectotype:** (designated by Q. Lin & al. in Bull. Bot. Res., Harbin 28(5): 535. 2008.): China. Hainan: Hongmaoshan, 1929-06-15, Tsang & Fung 306.

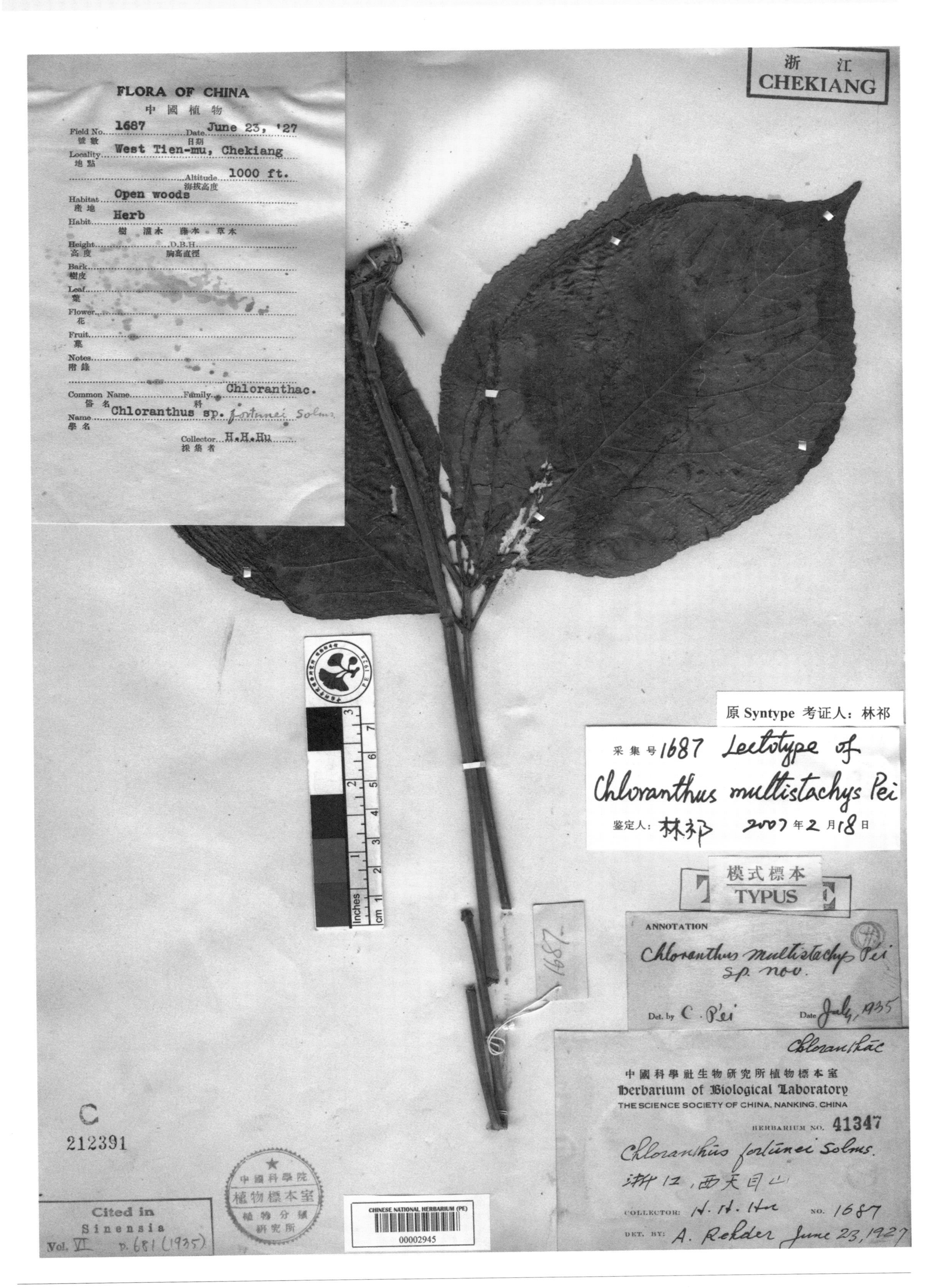

多穗金粟兰 ***Chloranthus multistachys*** Pei in Sinensia 6(6): 681, f. 7. 1935. **Lectotype:** (designated by Q. Lin & al. in Acta Bot. Boreal.-Occident. Sin. 27(6): 1249. 2007.): China. Zhejiang: W Tianmushan, alt. 330 m, 1927-06-23, H. H. Hu 1687.

Salicaceae

杨柳科

yangliuke

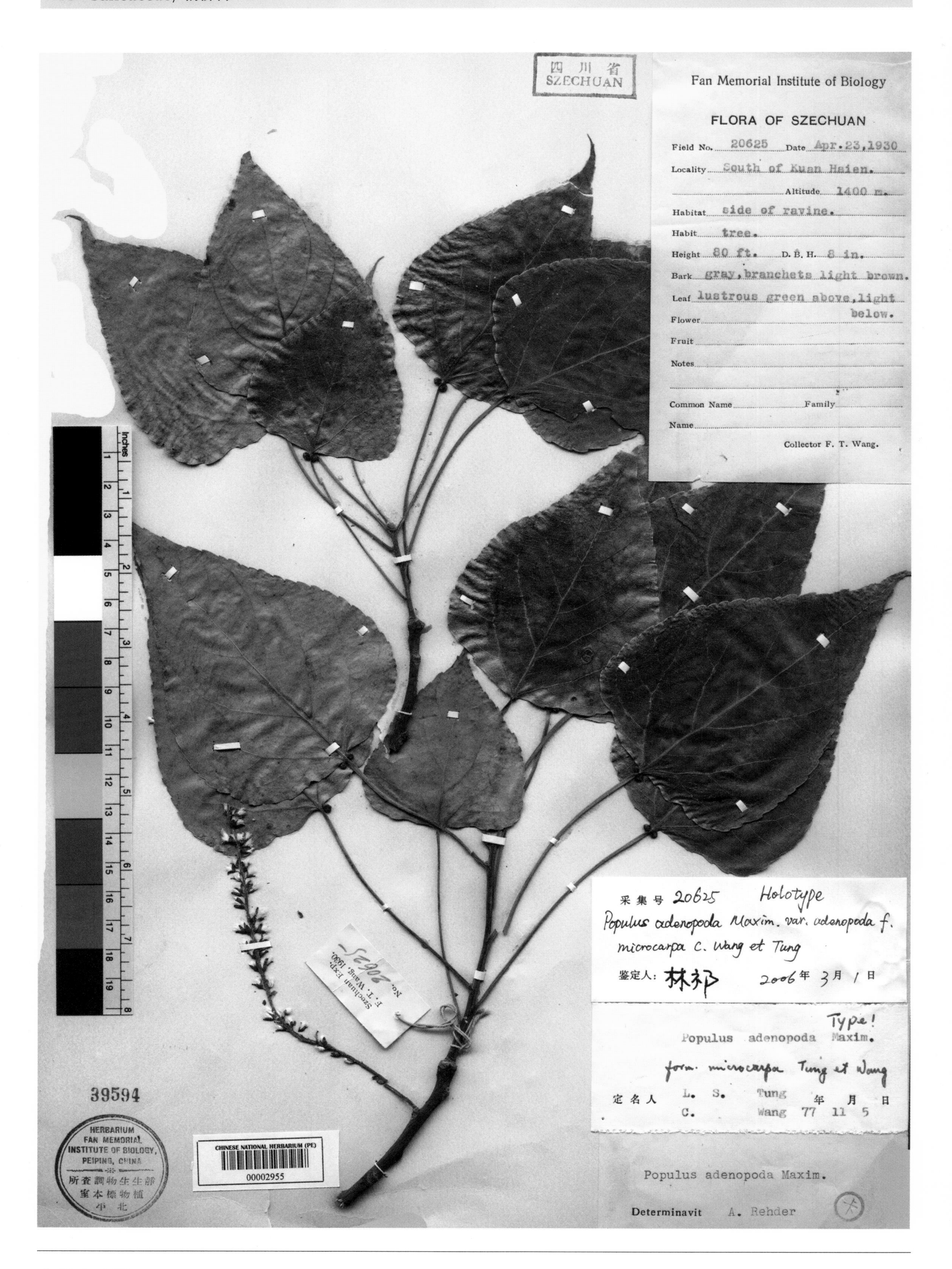

小果响叶杨 ***Populus adenopoda*** Maxim. f. ***microcarpa*** C. Wang & S. L. Tung in Bull. Bot. Res., Harbin 2(2): 114. 1982. **Holotype:** China. Sichuan: Kuanhsien (=Dujiangyan), alt. 1400 m, 1930-04-23, F. C. Wang 20625.

长果柄青杨 ***Populus cathayana*** Rehd. var. ***pedicellata*** C. Wang & S. L. Tung in Bull. Bot. Res., Harbin 2 (2): 117. 1982. **Holotype:** China. Hebei: Huailai, alt. 1800 m, 1959-07-03, Anonymous 1634.

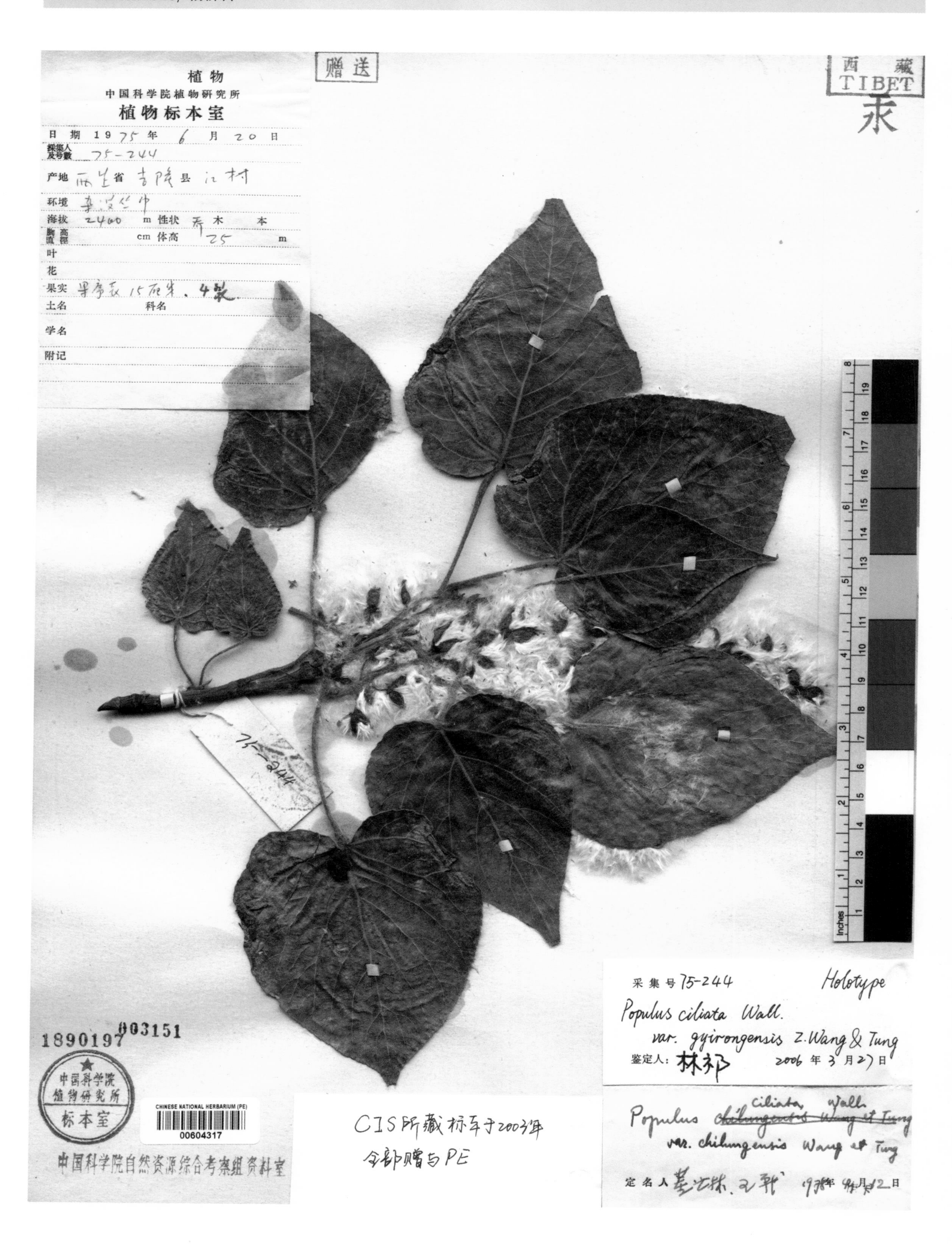

吉隆缘毛杨 ***Populus ciliata*** Wall. var. ***gyirongensis*** Z. Wang & S. L. Tung ex Z. Wang & C. F. Fang in Acta Phytotax. Sin. 17(4): 102, f. 2: 3-4. 1979. **Holotype:** China. Xizang: Gyirong, alt. 2400 m, 1975-06-20, W. H. Li, Y. F. Han & J. Sang 75-244.

维西缘毛杨 ***Populus ciliata*** Wall. var. ***weixi*** Z. Wang & S. L. Tung in Bull. Bot. Lab. N. E. Forest. Inst., Harbin 4: 25, pl. 3: 3-4. 1979. **Holotype:** China. Yunnan: Weixi, alt. 2200~2300 m, 1940-05-02, K. M. Feng 3594.

卵叶山杨 ***Populus davidiana*** Dode. f. ***ovata*** C. Wang & S. L. Tung in Bull. Bot. Res., Harbin 2(2): 115. 1982. **Holotype:** China. Gansu: Wenxian, alt. 600 m, 1958-10-15, Y. C. Hou 1145.

德钦杨 ***Populus haoana*** W. C. Cheng & Z. Wang ex Z. Wang & S. L. Tung in Bull. Bot. Lab. N. E. Forest. Inst., Harbin 4: 17, pl. 1: 1-3. 1979. **Holotype:** China. Yunnan: Dêqên, alt. 2800 m, 1937-06-04, T. T. Yu 8468.

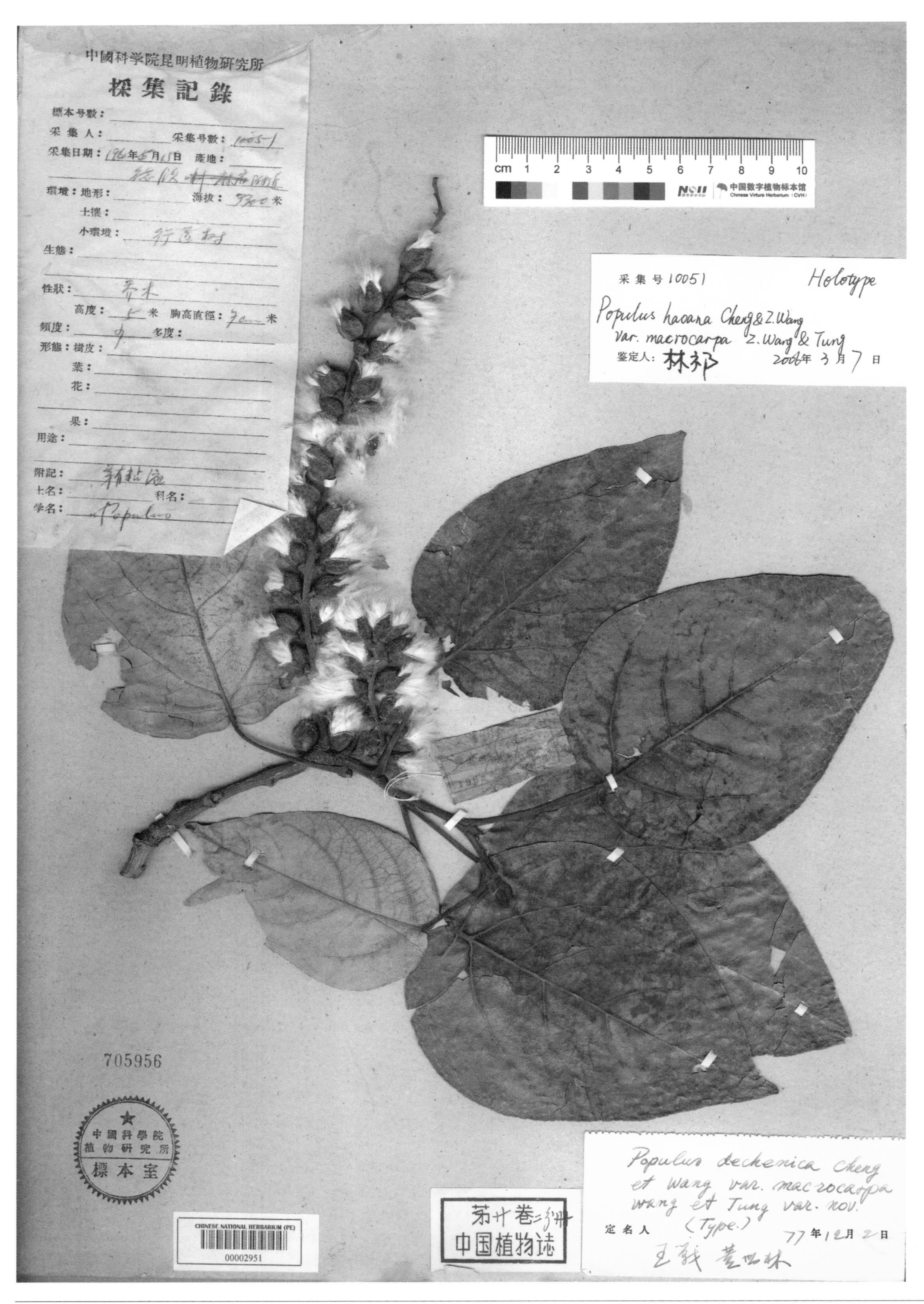

大果德钦杨 ***Populus haoana*** W. C. Cheng & Z. Wang ex Z. Wang & S. L. Tung var. ***macrocarpa*** Z. Wang & S. L. Tung in Bull. Bot. Lab. N. E. Forest. Inst., Harbin 4: 18, pl. 1: 4-5. 1979. **Holotype:** China. Yunnan: Dêqên, alt. 3300 m, 1960-06-15, S. Jiang & al. 10051.

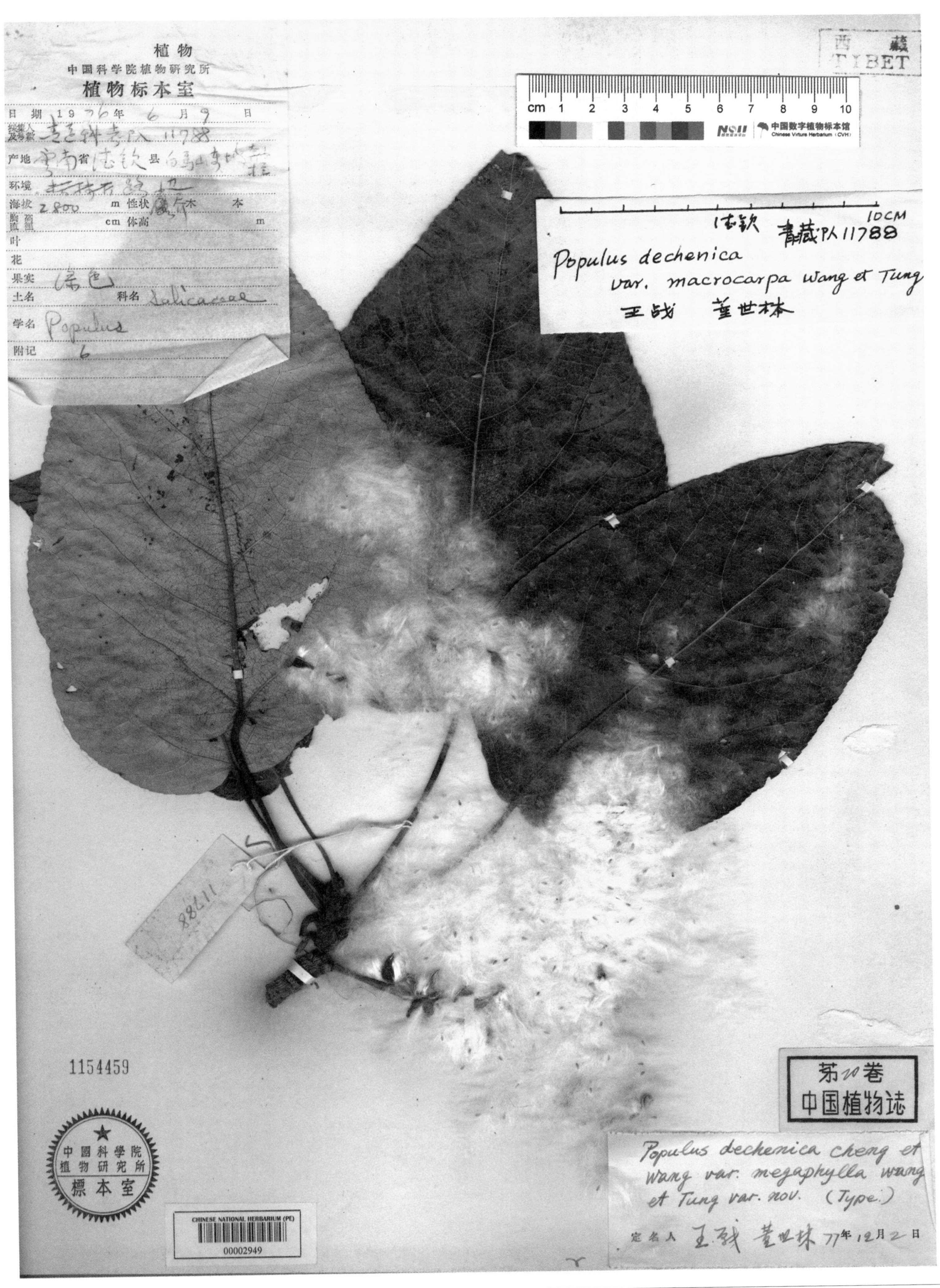

大叶德钦杨 ***Populus haoana*** W. C. Cheng & C. Wang ex Z. Wang & S. L. Tung var. ***megaphylla*** C. Wang & S. L. Tung in Bull. Bot. Res., Harbin 2(2): 118. 1982. **Holotype:** China. Yunnan: Dêqên, alt. 2800 m, 1976-06-09, Qinghai-Xizang Exped. 11788.

康定杨 ***Populus kangdingensis*** Z. Wang & S. L. Tung in Bull. Bot. Lab. N. E. Forest. Inst., Harbin 4: 19. 1979. **Lectotype** (designated by Q. Lin & al. in Acta Bot. Boreal.-Occident. Sin. 27(6): 1251. 2007.): China. Sichuan: Kangding, alt. 3500 m, 1963-07-24, K. C. Kuan et al. 900.

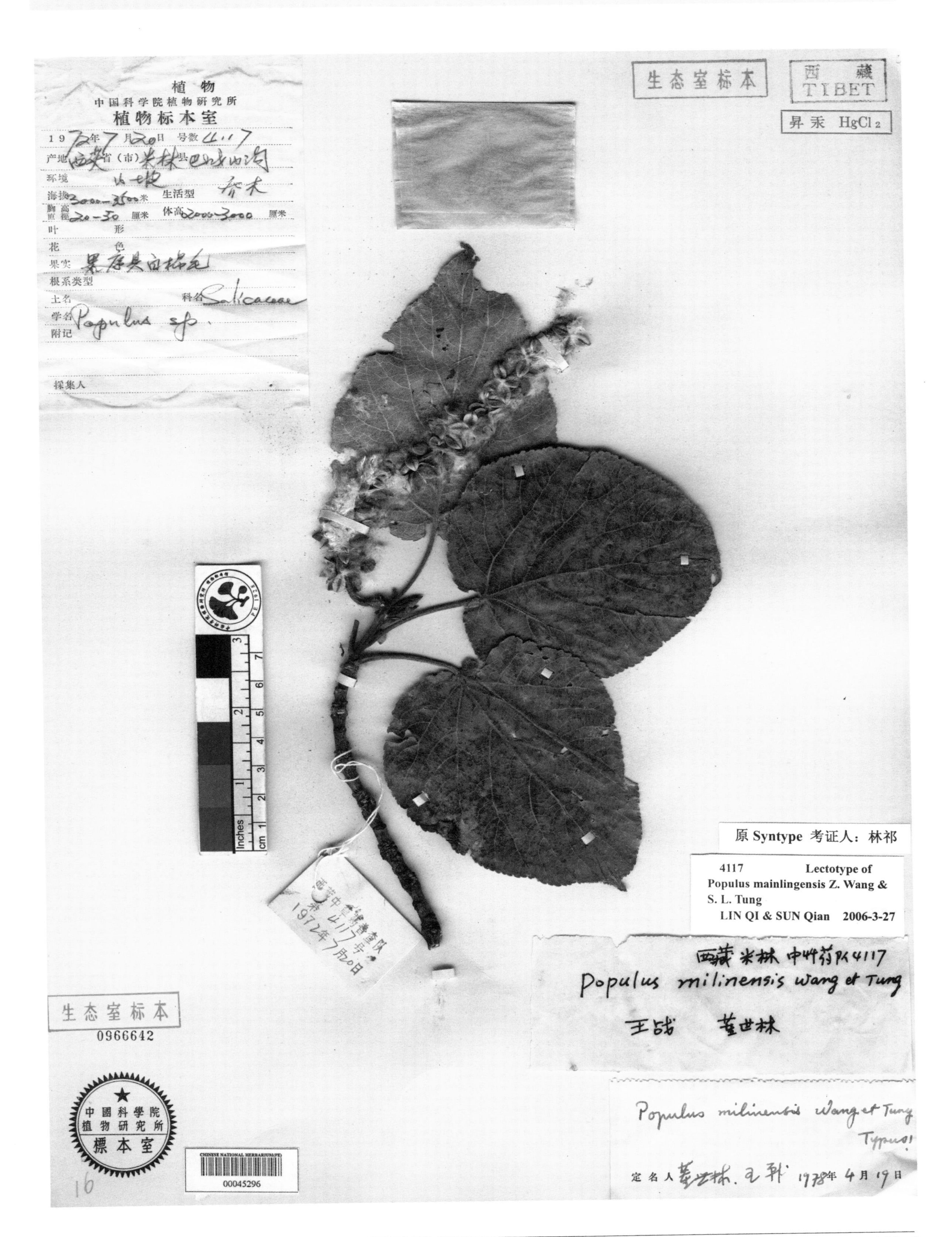

米林杨 ***Populus mainlingensis*** Z. Wang & S. L. Tung ex Z. Wang & C. F. Fang in Acta Phytotax. Sin. 17(4): 102, f. 2: 1-2. 1979. **Lectotype** (designated by Q. Lin & al. in Acta Bot. Boreal.-Occident. Sin. 27(6): 1251. 2007.): China. Xizang: Mainling, alt. 3000~3500 m, 1972-07-20, Xizang Med. Pl. Exped. 4117.

青甘杨 ***Populus przewalskii*** Maxim. in Bull. Acad. Imper. Sci. St. Petersb. 27: 540. 1881. **Isosyntype:** China. Qinghai: Region Tangut, 1880-??-??, N. M. Przewalski s. n.

长序杨 ***Populus pseudoglauca*** Z. Wang & P. Y. Fu in Acta Phytotax. Sin. 12(2): 191, pl. 49: 1. 1974. **Holotype:** China. Xizang: Bomi, alt. 2650 m, 1965-06-26, T. S. Ying & D. Y. Hong 650310 .

梧桐杨 ***Populus pseudomaximowiczii*** Z. Wang & S. L. Tung in Bull. Bot. Lab. N. E. Forest. Inst., Harbin 4: 20, pl. 2. 1979. **Holotype:** China. Hebei: Xinglong, Wulingshan, alt. 1600 m, 1955-06-19, Dongling Exped. 245.

光果梧桐杨 ***Populus pseudomaximowiczii*** Z. Wang & S. L. Tung f. ***glabrata*** Z. Wang & S. L. Tung in Bull. Bot. Lab. N. E. Forest. Inst., Harbin 4: 21. 1979. **Holotype:** China. Hebei: Chengde, 1959-??-??, Nankai Univ. Exped. 186.

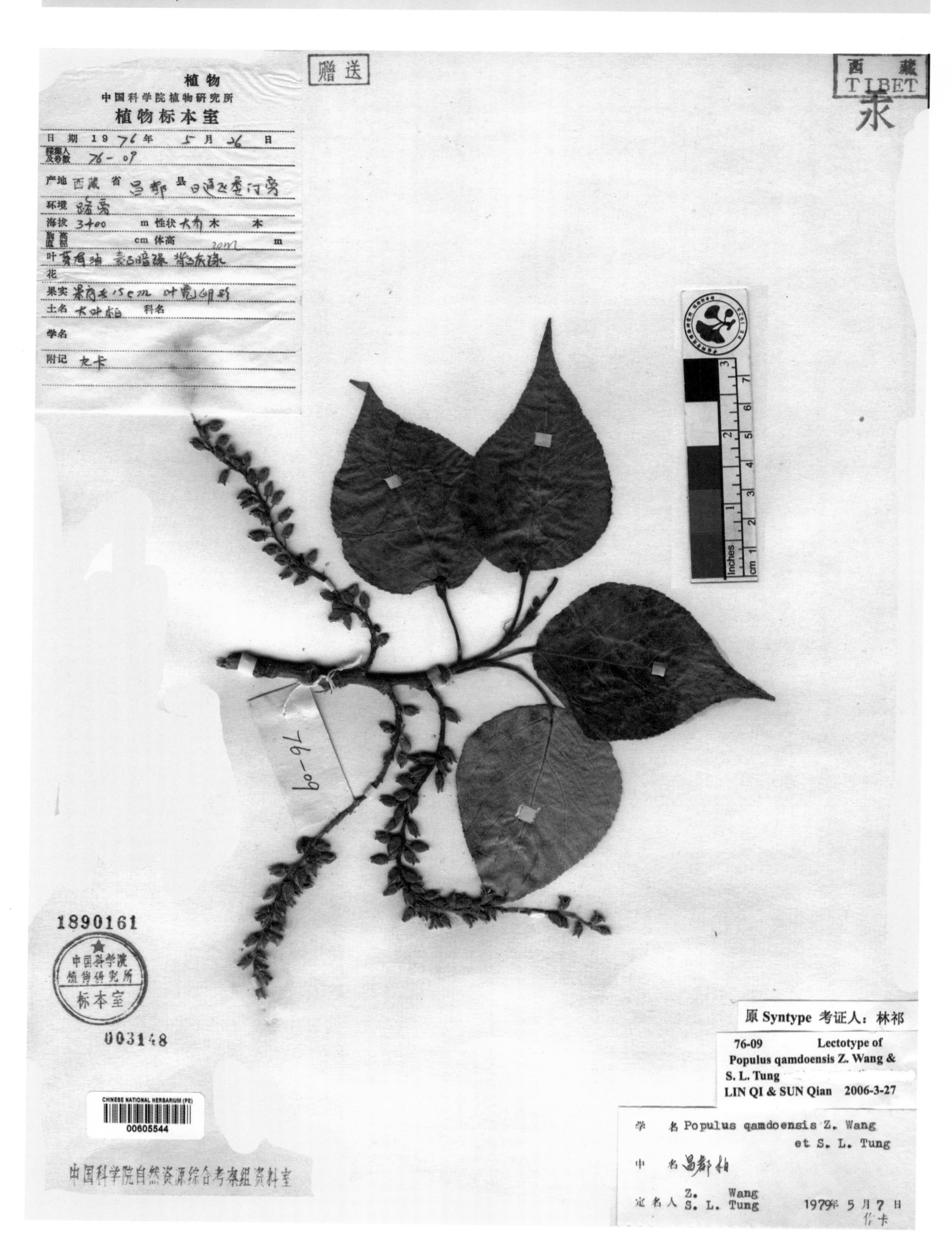

昌都杨 ***Populus qamdoensis*** Z. Wang & S. L. Tung ex Z. Wang & C. F. Fang in Acta Phytotax. Sin. 17(4): 101, f. 1. 1979. **Lectotype** (designated by Q. Lin & al. in Acta Bot. Boreal.-Occident. Sin. 27(6): 1252. 2007.): China. Xizang: Qamdo, alt. 3400 m, 1976-05-26, W. H. Li, Y. F. Han & J. Sang 76-09.

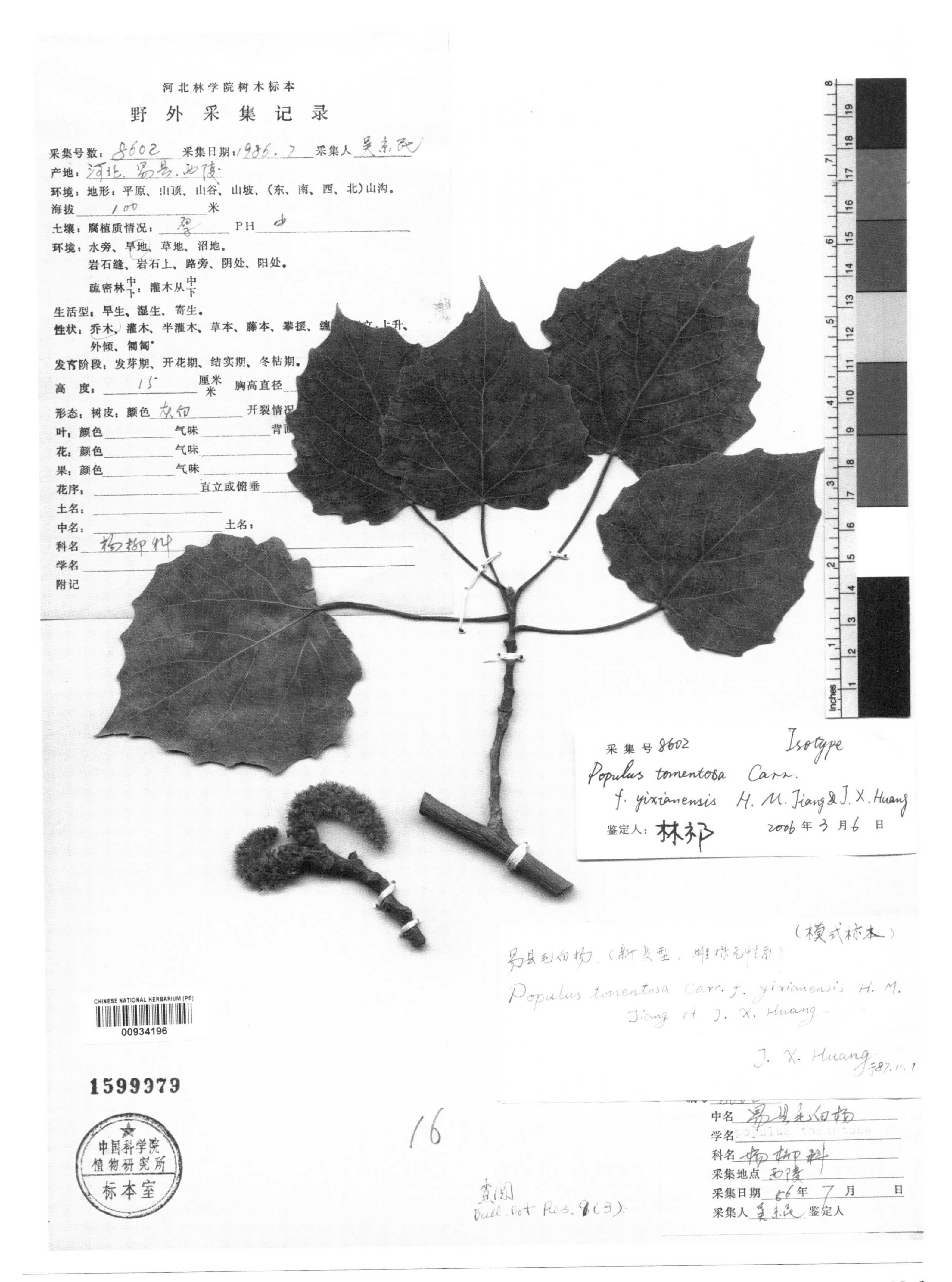

易县毛白杨 ***Populus tomentosa*** Carr. f. ***yixianensis*** H. M. Jiang & J. X. Huang in Bull. Bot. Res., Harbin 9(3): 75, f. 1989. **Isotype:** China. Hebei: Yixian, alt. 100 m, 1986-07-??, J. M. Wu 8602.

三脉青杨 ***Populus trinervis*** Z. Wang & S. L. Tung in Bull. Bot. Lab. N. E. Forest. Inst., Harbin 4: 23, pl. 3: 1-2. 1979. **Paratype:** China. Sichuan: Mianning, alt. 2600 m, 1976-06-09, SWCTU Exped. 11810.

圆齿亚东杨 ***Populus yatungensis*** (Z. Wang & P. Y. Fu) C. Wang & S. L. Tung var. ***crenata*** C. Wang & S. L. Tung in Bull. Bot. Res., Harbin 2(2): 115. 1982. **Holotype:** China. Xizang: Yadong, alt. 2900 m, 1975-06-12, Qinghai-Xizang Exped. 750313.

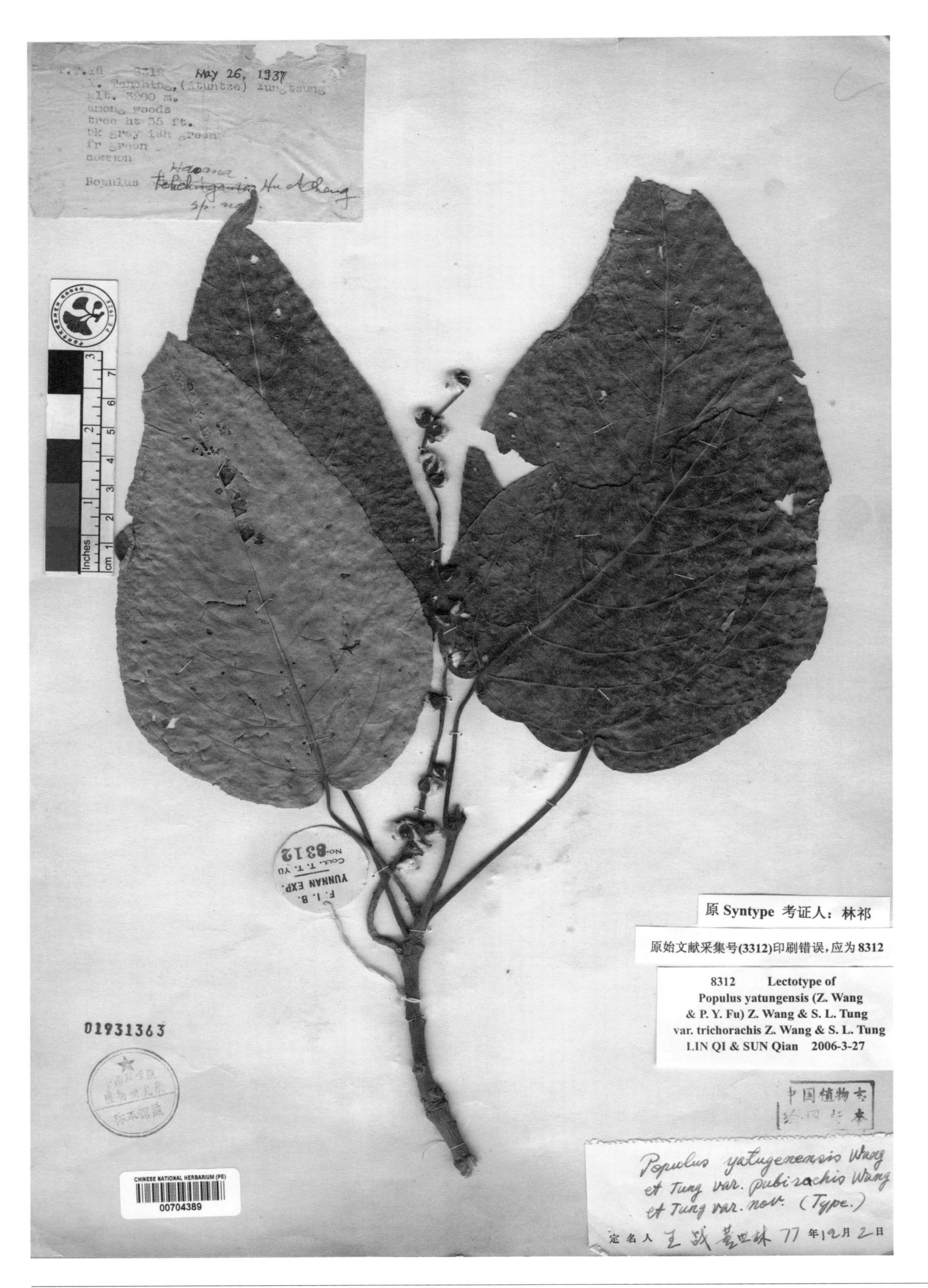

毛轴亚东杨 ***Populus yatungensis*** (Z. Wang & P. Y. Fu) Z. Wang & S. L. Tung var. ***trichorachis*** Z. Wang & S. L. Tung ex Z. Wang & C. F. Fang in Acta Phytotax. Sin. 17(4): 102, f. 2: 5-6. 1979. **Lectotype**(designated by Q. Lin & al. in Acta Bot. Boreal.-Occident. Sin. 27(6): 1252. 2007.): China. Yunnan: Dêqên, alt. 3200 m, 1937-05-26, T. T. Yu 8312.

亚东杨 ***Populus yunnanensis*** Dode var. ***yatungensis*** Z. Wang & P. Y. Fu in Acta Phytotax. Sin. 12(2): 192, pl. 49: 2. 1974. **Holotype:** China. Xizang: Yadong, alt. 3200 m, 1960-07-24, G. X. Fu 985.

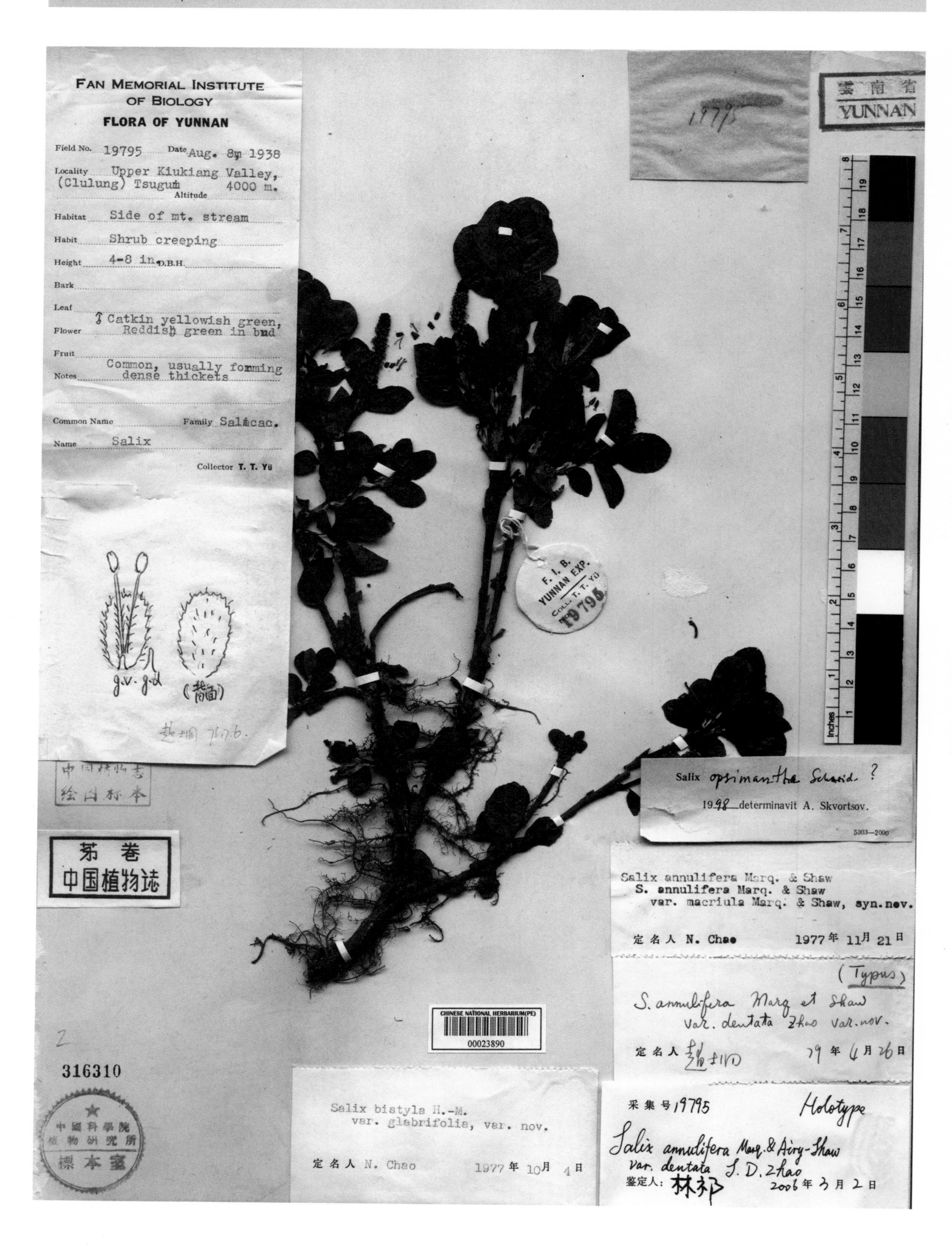

齿苞矮柳 ***Salix annulifera*** Marq. & Airy-Shaw var. ***dentata*** S. D. Zhao in Bull. Bot. Lab. N. E. Forest. Inst., Harbin 9: 3. 1980. **Holotype:** China. Yunnan: Upper Kiukiang Valley, alt. 4000 m, 1938-08-08, T. T. Yu 19795.

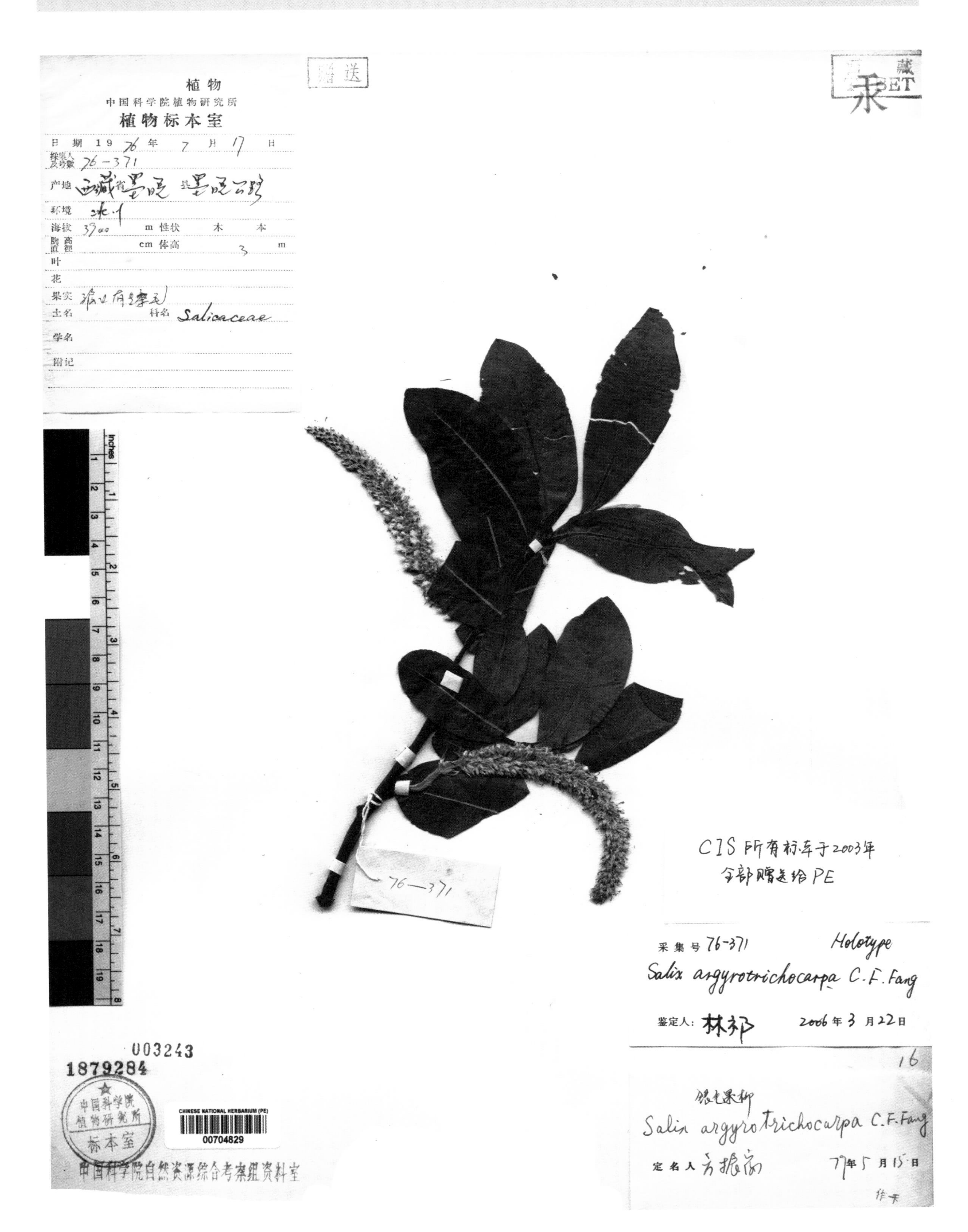

银毛果柳 ***Salix argyrotrichocarpa*** C. F. Fang in Acta Phytotax. Sin. 17(4): 107, f. 6: 1-4. 1979. **Holotype:** China. Xizang: Mêdog, alt. 3900 m, 1976-07-17, W. H. Li, Y. F. Han & J. Sang 76-371.

Fan Memorial Institute of Biology

FLORA OF SZECHUAN

Field No. 20765 Date May 11, 1930

Locality West of Kwan Hsien

Altitude 1250 m.

Habitat ravine

Habit tree

Height 35 ft. D. B. H. 3 in.

Bark

Leaf

Flower

Fruit

Notes

Common Name Family

Name Salix

Collector F. T. Wang.

Szechuan Exp. F. T. Wang. 1930. No. 20765

模式標本 TYPUS

38710

HERBARIUM FAN MEMORIAL INSTITUTE OF BIOLOGY, PEIPING, CHINA

Salix babylonica L.

定名人 方振富 1976年11月1日

原 Syntype 考证人：林祁

20765 Lectotype of Salix babylonica L. var. szechuanica Görz LIN Qi & SUN Qian 2006-3-28

Wang 20765 (holotype)

Salix babylonica L. var. szechuanica Görz

Determinavit Rudolph Görz 1935

CHINESE NATIONAL HERBARIUM(PE) 00023838

川垂柳 ***Salix babylonica*** Linn. var. ***szechuanica*** Goerz in Bull. Fan Mem. Inst. Biol., Bot. 6 (1): 2. 1935. **Lectotype:** (designated by Q. Sun & Q. Lin in Bull. Bot. Res., Harbin 27(4): 391. 2007.): China. Sichuan: Kwanhsien (=Dujiangyan), alt. 1250 m, 1930-05-11, F. T. Wang 20765.

川长穗柳 ***Salix balansaei*** Seemen var. ***szechuanica*** Goerz in Bull. Fan Mem. Inst. Biol., Bot. 6(1): 2. 1935. **Holotype:** China. Sichuan: Mabian, alt. 2200 m, 1931-05-27, F. T Wang 23014.

中国科学院植物研究所
植物标本室
採集者 鍾补求
号 数 5814
学 名
附 记 解剖图及
解剖标本

升汞 HgCl2

康藏植物
中國科學院植物研究所
植物標本室
1953年7月21日 採集人及號數 鍾補求 5814
產地 柏里附近
環境 高山草原坡地上
海拔 性狀
胸高直徑 體高
葉
花
果實 红色
土名 科名 Salicaceae
學名 Salix
附記

typus 西藏 1952年 西康 鍾補求 5814

01978529

中國科學院植物研究所標本室

CHINESE NATIONAL HERBARIUM (PE)
00774154

采集号 5814 Holotype
Salix brachista Schneid
var. multiflora Z. Wang & P. Y. Fu
鉴定人: 林祁 2006年3月9日

Salix multiflora (Wang et Fu) Chao comb. nov.
定名人 趙士洞 76年11月16日

Salix serpyllum Andersson
S. brachista Schneider
var. multiflora Wang & Fu, syn. nov.
S. chumulamanica Wang & Fu, p. p. syn. nov.
定名人 N. Chao 1977年11月14日

Salix brachista Schneid.
var. multiflora Wang et Fu
var. nov. (Typus)
定名人 王战 付沛云 1972年9月26日

多花小垫柳 ***Salix brachista*** Schneid. var. ***multiflora*** Z. Wang & P. Y. Fu in Acta Phytotax. Sin. 12 (2): 192, pl. 49: 3. 1974. **Holotype:** China. Xizang: Yadong, 1953-07-21, P. C. Tsoong 5814.

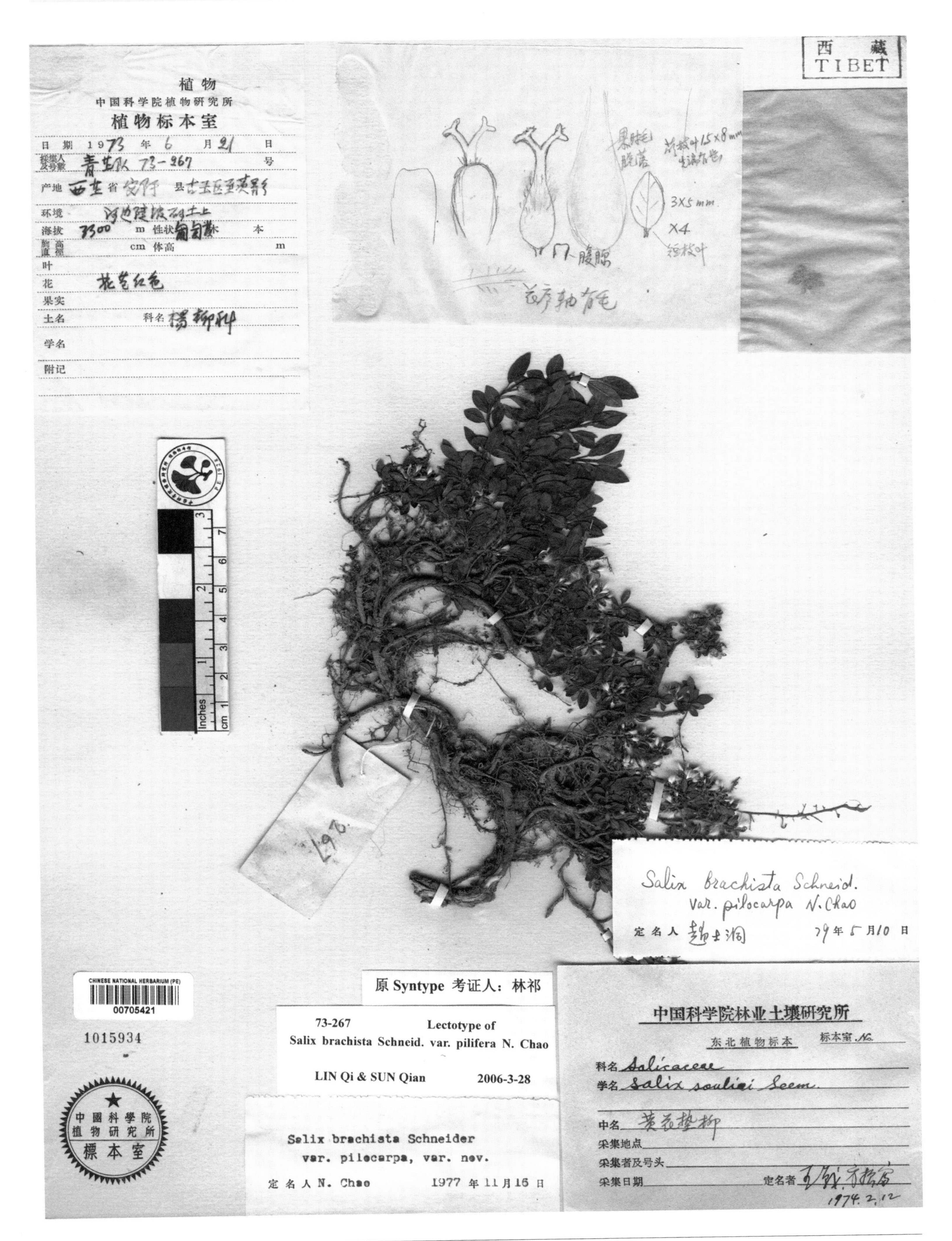

毛果小垫柳 ***Salix brachista*** Schneid. var. ***pilifera*** N. Chao ex Z. Wang & C. F. Fang in Acta Phytotax. Sin. 17(4): 109. 1979. **Lectotype** (designated by Q. Lin & al. in Acta Bot. Boreal.-Occident. Sin. 27(6): 1252. 2007.): China. Xizang: Zayü, alt. 3300 m, 1973-06-21, Qinghai-Xizang Exped. 73-267.

乌柳 ***Salix cheilophila*** Schneider in Sargent, Pl. Wilson. 3: 69. 1917. **Isotype:** China. Sichuan: Precise locality not known, Monkong Ting, alt. 2300~3200 m, 1908-06-29, E. H. Wilson 2146.

浙江柳 ***Salix chekiangensis*** W. C. Cheng in Contr. Biol. Lab. Sci. Soc. China. 9(1): 62, f. 5. 1933. **Isotype:** China. Zhejiang: Kinhua (=Jinhua), 1933-04-01, S. Chen 925.

银叶柳 ***Salix chienii*** W. C. Cheng in Contr. Biol. Lab. Sci. Soc. China. 9(1): 59. 1933. **Lectotype:** (designated by Q. Lin & al. in Bull. Bot. Res., Harbin 28(5): 535. 2008.): China. Zhejiang: Lin'an, W Tienmushan, alt. 100~350 m, 1931-04-14, W. C. Cheng 2255.

植物
中國科学院植物研究所
植物标本室
19 66 年 6 月 12 日 采集人及号数 张永田 郎楷永 3932
产地 西藏聂拉木县
环境 山坡灌丛
海拔 38~3950 M 性状 匍匐灌木
胸高直径 体高
叶
花 含苞红紫色
果实
土名 科名
学名 Salix
附记

西藏
TIBET

中国科学院植物研究所
植物标本室
採集者
号数
学名
附记 解剖图及解剖标本

0933291

西藏
张永田 郎楷永
3932 TYPUS
1966年6月12日

采集号 3932 Holotype
Salix chumulamanica Z. Wang & P. Y. Fu
鉴定人：林祁 2006年3月9日

Salix serpyllum Anders.
(S. chumulamanica Wang et Fu)
定名人 方振宾 1978 年 5 月 8 日

Salix multiflora (Wang et Fu) Chao comb. nov.
定名人 赵士洞 78年 11 月 16 日

中國科學院植物研究所標本室

CHINESE NATIONAL HERBARIUM (PE)
00774162

Salix lindleyana Wall. sp. Andersson
S. chumulamanica Wang & Fu, p. p.
syn. nov.
定名人 N. Chao 1977年 11月 14日

Salix chumulamanica Wang et Fu
sp. nov. (Typus)
定名人 王战 付沛云 1972年9月26日

珠穆垫柳 ***Salix chumulamanica*** Z. Wtotax. Sin. 12(2): 193, pl. 49: 4. 1974. **Holotype:** China. Xizang: Nyalam, alt. 3800~3950 m, 1966-06-12, Y. T. Chang & K. Y. Lang 3932.

光苞腹毛柳 ***Salix delavayana*** Hand.-Mazz. var. ***pilososuturalis*** Y. L. Chou & C. F. Fang f. ***glabra*** C. F. Fang in Acta Phytotax. Sin. 17(4): 105, f. 4: 5-6. 1979. **Isotype:** China. Xizang: Qamdo, alt. 3600 m, 1976-05-31, W. H. Li, Y. F. Han & J. Sang 76-21.

节枝柳 ***Salix dalungensis*** Z. Wang & P. Y. Fu in Acta Phytotax. Sin. 12(2): 194, pl. 50: 1. 1974. **Holotype:** China. Xizang: Nagarze, Daglung, alt. 4400 m, 1961-06-03, J. W. Zhang 2544.

叉柱柳 ***Salix divergentistyla*** C. F. Fang in Acta Phytotax. Sin. 17(4): 108, f. 6: 8-11. 1979. **Lectotype:** (designated by Q. Lin & al. in Acta Bot. Boreal.-Occident. Sin. 27(6): 1252. 2007.): China. Xizang: Zayü, alt. 3400 m, 1973-08-14, W. H. Li, Y. F. Han & J. Sang 854.

脱毛银背柳*Salix ernesti* Schneid. f. ***glabrescens*** Y. L. Chou & C. F. Fang ex Z. Wang & C. F. Fang in Acta Phytotax. Sin. 17(4): 110. 1979. **Holotype:** China. Xizang: Qamdo, alt. 4200 m, 1976-07-02, W. H. Li, Y. F. Han & J. Sang 76-101.

长柄巴柳 ***Salix etosia*** Schneid. f. ***longipes*** N. Chao & C. F. Fang in Bull. Bot. Lab. N. E. Forest. Inst., Harbin 9: 6. 1980. **Holotype:** China. Sichuan: Tianquan, alt. 1800 m, 1953-04-18, H. L. Tsiang 33890.

藏匐柳 ***Salix faxonianoides*** Z. Wang & P. Y. Fu in Acta Phytotax. Sin. 12(2): 194, pl. 50: 2. 1974. **Holotype:** China. Xizang: Nyalam, alt. 3800~3900 m, 1966-06-12, Y. T. Chang & K. Y. Lang 3900.

植物
中国科学院植物研究所
植物标本室

日期 19 76年 7 月 20 日
采集人及号数 76-391
产地 西藏省墨脱县 [illegible]
环境 灌木丛
海拔 4000 m 性状 灌木 本
胸高直径 cm 体高 0.5 m
叶
花 ♀
果实
土名 科名 Salicaceae
学名
附记

76-391

CIS所藏标本于2003年全部赠与PE

采集号 76-391 Holotype
Salix faxonianoides C. Wang & P. Y. Fu var. vilosa S. D. Zhao
鉴定人：林祁 2006年 3 月 16 日

毛轴藏匐柳（新变种） (Typus!)
Salix faxonianoides Wang et Fu var. vilosa S. D. Zhao v.n.
定名人 赵士洞 79年 5 月 10 日

01933303

毛轴藏匐柳 ***Salix faxonianoides*** Z. Wang & P. Y. Fu var. ***vilosa*** S. D. Zhao in Bull. Bot. Lab. N. E. Forest. Inst., Harbin 9: 7. 1980. **Holotype:** China. Xizang: Mêdog, alt. 4000 m, 1976-07-20, Qinghai-Xizang Exped. 76-391.

贡山柳 ***Salix fengiana*** C. F. Fang & Ch. Y. Yang in Bull. Bot. Lab. N. E. Forest. Inst., Harbin 9: 7. 1980. **Isotype:** China. Yunnan: Dêqên, alt. 3600~3900 m, 1940-07-11, K. M. Feng 5319.

丝柱柳 ***Salix filistyla*** Z. Wang & P. Y. Fu in Acta Phytotax. Sin. 12(2): 195, pl. 50: 3. 1974. **Holotype:** China. Xizang: Nyalam, alt. 3500 m, 1966-05-19, Y. T. Chang & K. Y. Lang 3540.

吉拉柳 ***Salix gilashanica*** Z. Wang & P. Y. Fu in Acta Phytotax. Sin. 12(2): 196, pl. 50: 4. 1974. **Holotype:** China. Xizang: Nyingchi, alt. 4650 m, 1965-09-19, Y. T. Chang & K. Y. Lang 2777.

白柳 ***Salix glaucophylla*** Bebb. var. ***albovestita*** Ball in Journ. Washington Acad. Sci. 29(11): 492. 1939. **Syntype:** USA. Pennsylvania: Erie, 1906-05-(08-09), Otto E. Jennings 3130.

江达柳 ***Salix gyamdaensis*** C. F. Fang in Acta Phytotax. Sin 17(4): 104, f. 3: 8-11. 1979. **Lectotype** (designated by Q. Lin & al. in Acta Bot. Boreal.-Occident. Sin. 27(6): 1253. 2007.): China. Xizang: Gongbogyamda, alt. 3800~3900 m, 1976-07-27, Qinghai-Xizang Exped. 12495.

黑水柳 ***Salix heishuiensis*** N. Chao in Bull. Bot. Lab. N. E. Forest. Inst., Harbin 9: 24. 1980. **Isotype:** China. Sichuan: Heishui, alt. 4100 m, 1957-07-10, X. Li 73056.

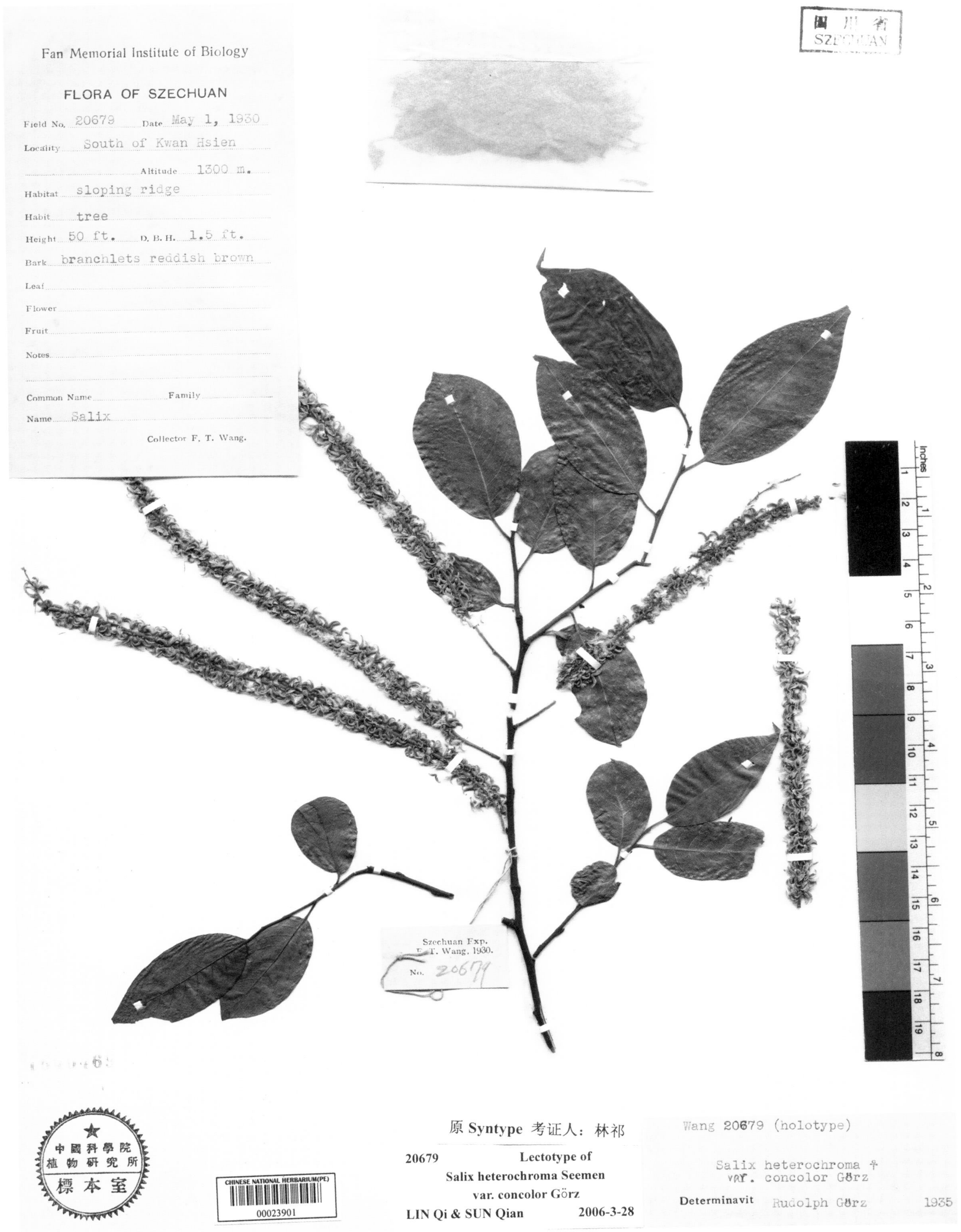

Fan Memorial Institute of Biology
FLORA OF SZECHUAN
Field No. 20679 Date May 1, 1930
Locality South of Kwan Hsien
Altitude 1300 m.
Habitat sloping ridge
Habit tree
Height 50 ft. D. B. H. 1.5 ft.
Bark branchlets reddish brown
Leaf
Flower
Fruit
Notes
Common Name Family
Name Salix
Collector F. T. Wang.
四川省
SZECHUAN
Szechuan Exp.
F. T. Wang. 1930.
No. 20679
中國科學院植物研究所
標本室
CHINESE NATIONAL HERBARIUM(PE)
00023901
原 Syntype 考证人：林祁
20679 Lectotype of
Salix heterochroma Seemen
var. concolor Görz
LIN Qi & SUN Qian 2006-3-28
Wang 20679 (holotype)
Salix heterochroma ♀
var. concolor Görz
Determinavit Rudolph Görz 1935

同色柳 ***Salix heterochroma*** Seemen var. ***concolor*** Goerz in Bull. Fan Mem. Inst. Biol., Bot. 6(1): 21. 1935. **Lectotype** (designated by Q. Sun & Q. Lin in Bull. Bot. Res., Harbin 27(4): 391. 2007.): China. Sichuan: Kwanhsien (=Dujiangyan), alt. 1300 m, 1930-05-01, F. T. Wang 20679.

四川省
SZECHUAN

20934

Fan Memorial Institute of Biology

FLORA OF SZECHUAN

Field No. 20934 Date May 26,1930

Locality West of Wen-chuan Hsien.

Altitude

Habitat near mt. summit.

Habit shrub.

Height 5 ft. D. B. H.

Bark branchlets brown.

Leaf

Flower

Fruit

Notes

Common Name Family

Name

Collector F. T. Wang.

Szechuan Exp. F. T. Wang. 1930. No. 20934

Szechuan Exp. F. T. Wang. 1930. No. 20934

Inches 1 2 3 4 5 6 7 8

1 2 3 4 5 6 7 8 9 10 11 12 13 14 15 16 17 18 19

原 Syntype 考证人：林祁

20934 Lectotype of
Salix huiana Görz
LIN Qi & SUN Qian 2006-3-28

38721

Salix dissa Schneid.

定名人 方振富 1976年12月7日

20934 Type!

Salix Huiana Görz

Determinavit Rudolph Görz 1935

胡氏柳 ***Salix huiana*** Goerz in Bull. Fan. Mem. Inst. Biol., Bot. 6(1): 13. 1935. **Lectotype** (designated by Q. Sun & Q. Lin in Bull. Bot. Res., Harbin 27(4): 391. 2007.): China. Sichuan: Wenchuan, alt. 2800 m, 1930-05-26, F. T. Wang 20934.

毛汶川柳 ***Salix huiana*** Goerz var. ***tricholepis*** Goerz in Bull. Fan Mem. Inst. Biol., Bot.. 6(1): 14. 1935. **Holotype:** China. Sichuan: Mong-ku, alt. 3100 m, 1930-07-??, F. T. Wang 21557.

光果川柳 ***Salix hylonoma*** Schneider f. ***liocarpa*** Goerz in Bull. Fan Mem. Inst. Biol., Bot. 6(1): 17. 1935. **Holotype:** China. Sichuan: Emei, Emeishan, 1930-??-??, F. T. Wang 301.

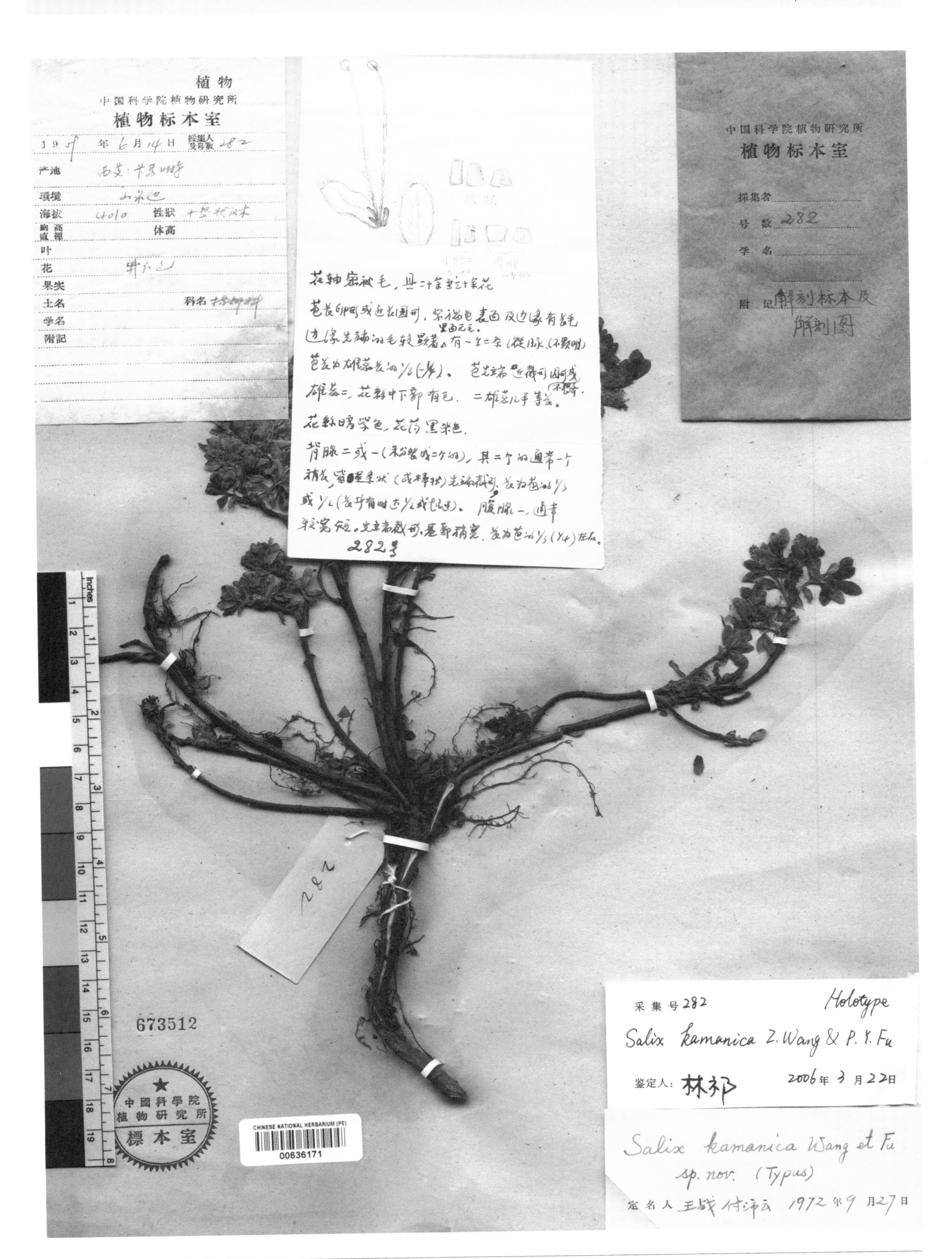

卡马垫柳 ***Salix kamanica*** Z. Wang & P. Y. Fu in Acta Phytotax. Sin. 12(2): 196, pl. 51: 1. 1974. **Holotype:** China. Xizang: Upper to Ka-ma River, alt. 4010 m, 1959-06-14, Anonymous 282.

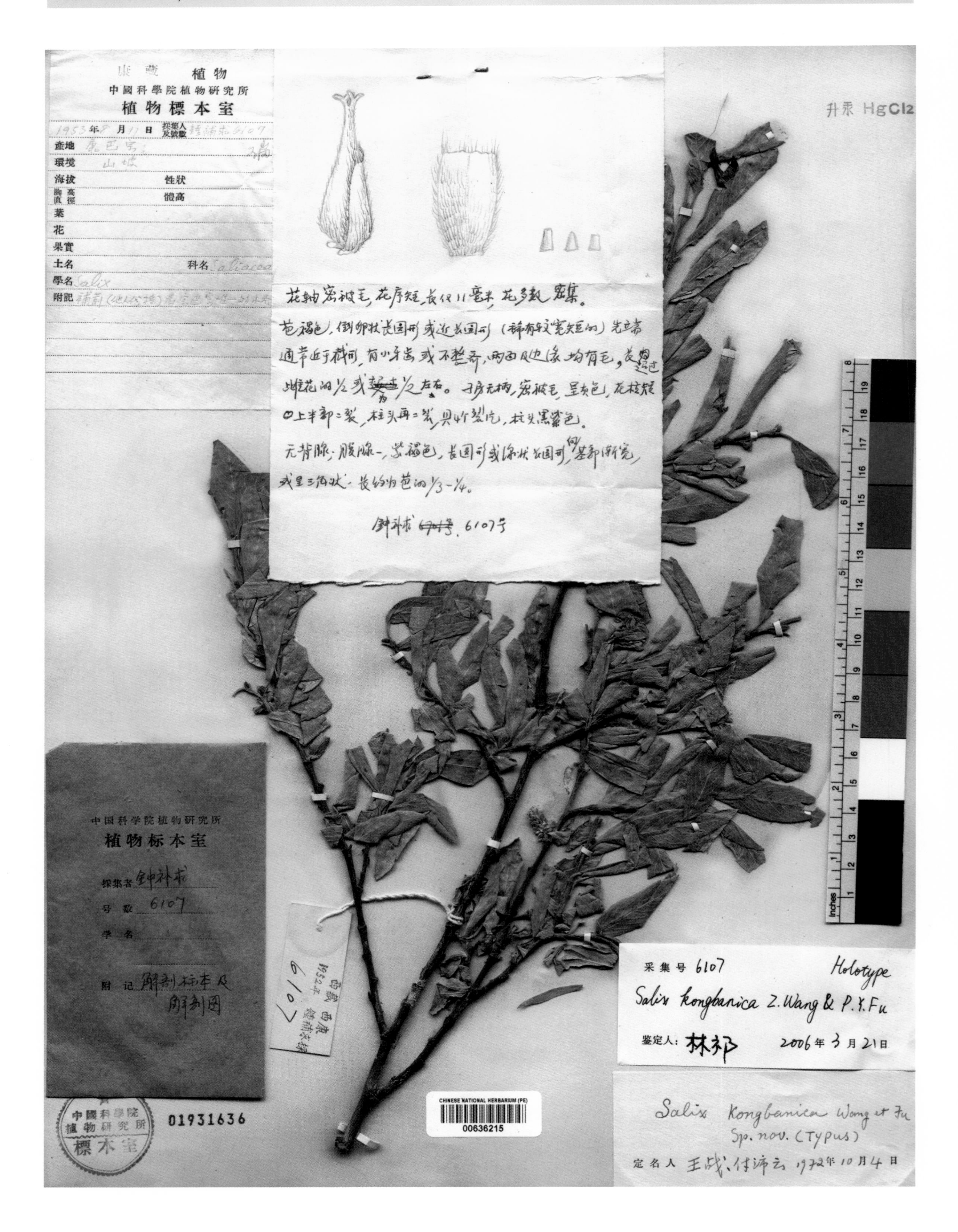

康巴柳 ***Salix kongbanica*** Z. Wang & P. Y. Fu in Acta Phytotax. Sin. 12(2): 197, pl. 51: 2. 1974. **Holotype:** China. Xizang: Kamba (= Gamba), 1953-08-11, P. C. Tsoong 6107.

山东柳 ***Salix koreensis*** Anderss. var. ***shandongensis*** C. F. Fang in Bull. Bot. Lab. N. E. Forest. Inst., Harbin 9: 11. 1980. Holotype: China. Shandong: Muping, alt. 50 m, 19??-05-15, C. J. Ge 1500117.

古拉柳 ***Salix kulashanensis*** Z. Wang & P. Y. Fu in Acta Phytotax. Sin. 12(2): 198, pl. 51: 3. 1974. **Holotype:** China. Xizang: Xiagulashan, 1952-09-17, P. C. Tsoong 5400.

白毛柳 ***Salix lanifera*** C. F. Fang & S. D. Zhao in Bull. Bot. Lab. N. E. Forest. Inst., Harbin 9: 11. 1980. **Isotype:** China. Sichuan: Kangding, Guodashan, alt. 3700~3900 m, 1973-05-19, C. F. Fang & S. D. Zhao 681.

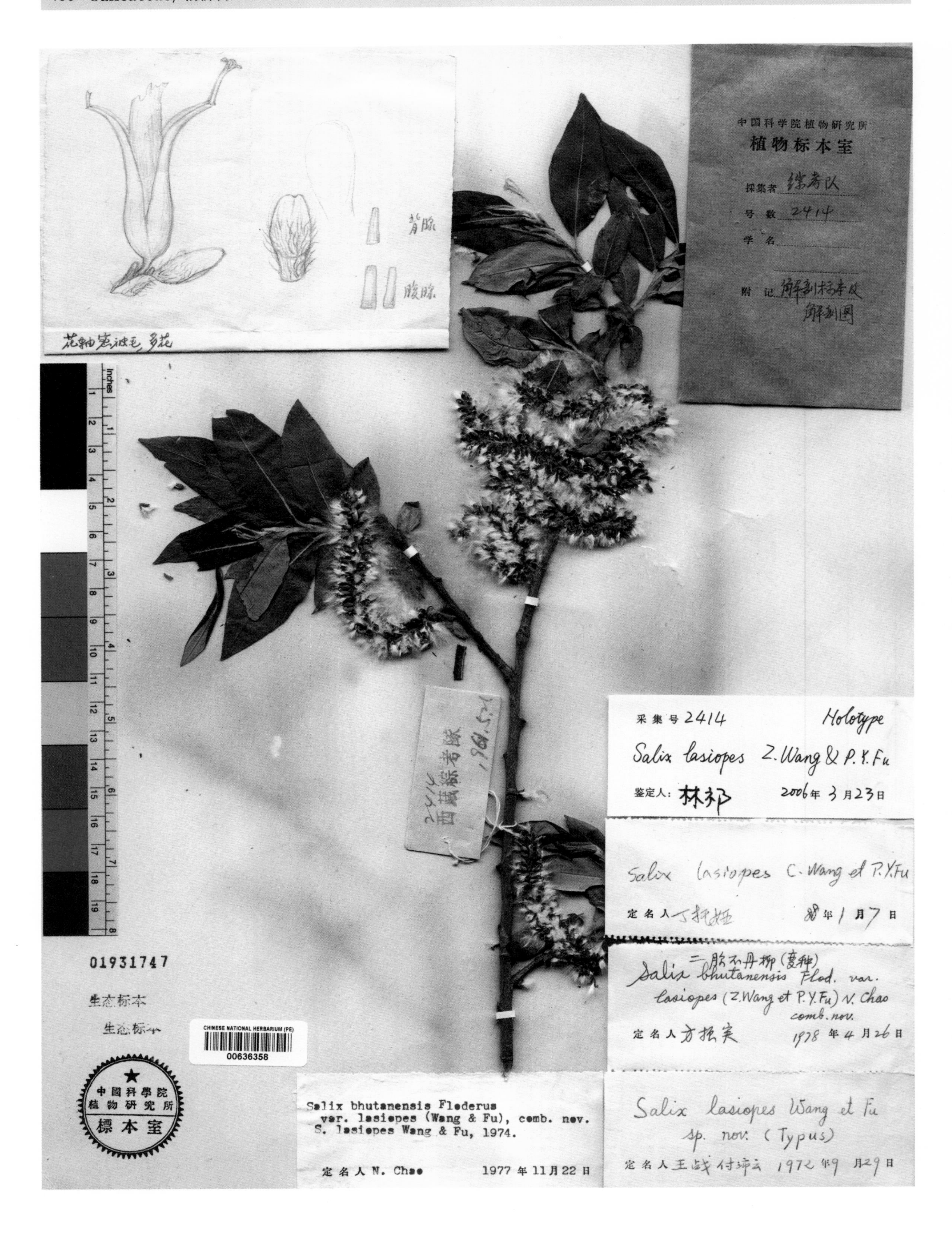

毛柄柳 ***Salix lasiopes*** Z. Wang & P. Y. Fu in Acta Phytotax. Sin. 12(2): 198, pl. 51: 4. 1974. **Holotype:** China. Xizang: Yadong, alt. 3000 m, 1961-05-21, Xizang Exped. 2414.

苍山长梗柳 ***Salix longissimipedicellaris*** N. Chao ex P. I Mao in Bull. Bot. Res., Harbin 6(2): 81, f. 3. 1986. **Holotype:** China. Yunnan: Dali, alt. 3000 m, 1944-03-14, H. C. Wang 4205.

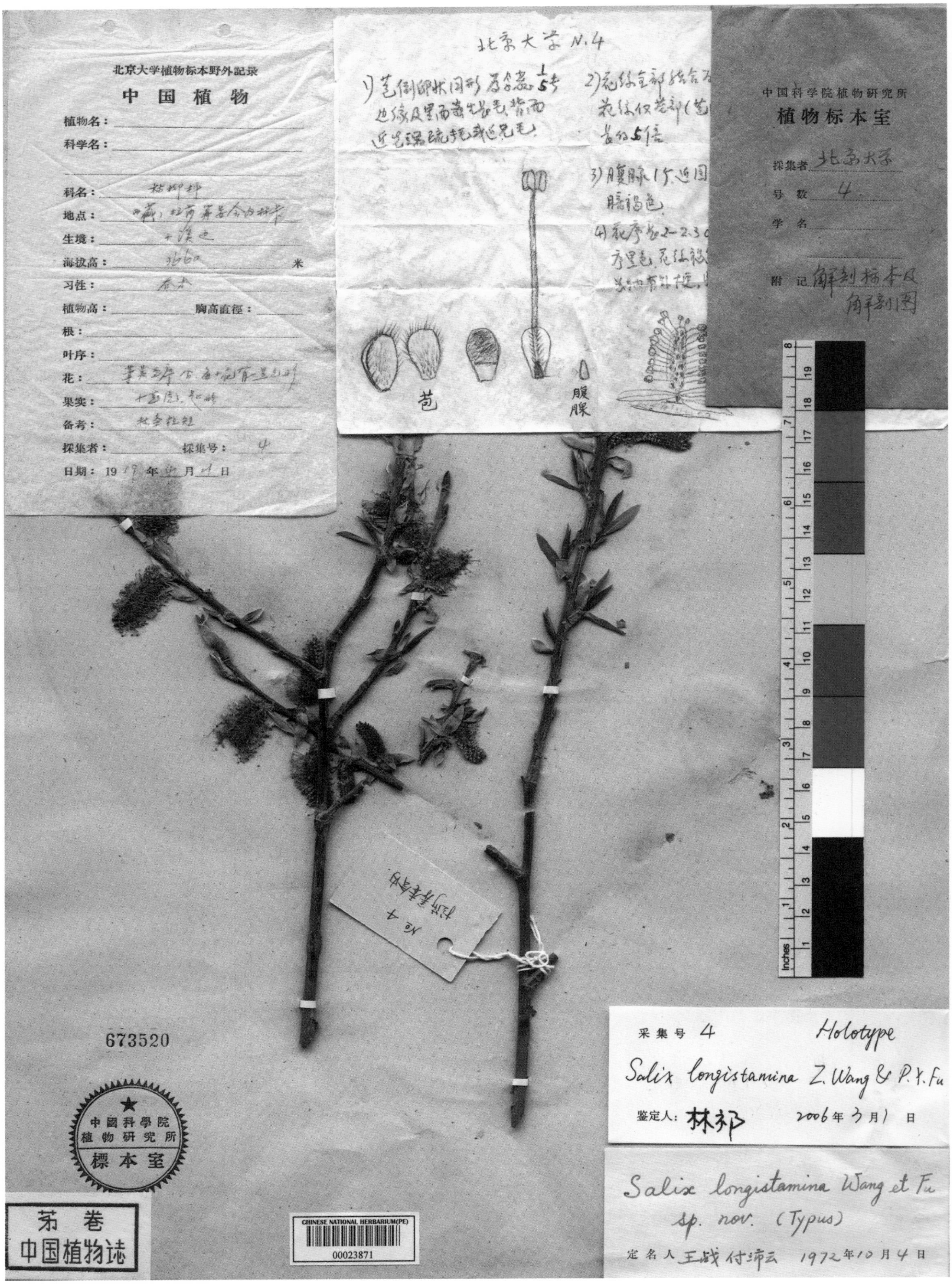

长蕊柳 ***Salix longistamina*** Z. Wang & P. Y. Fu in Acta Phytotax. Sin. 12(2): 199, pl. 52: 1. 1974. **Holotype:** China. Xizang: Lhasa, alt. 3660 m, 1959-04-21, Herb. Univ. Peking 4.

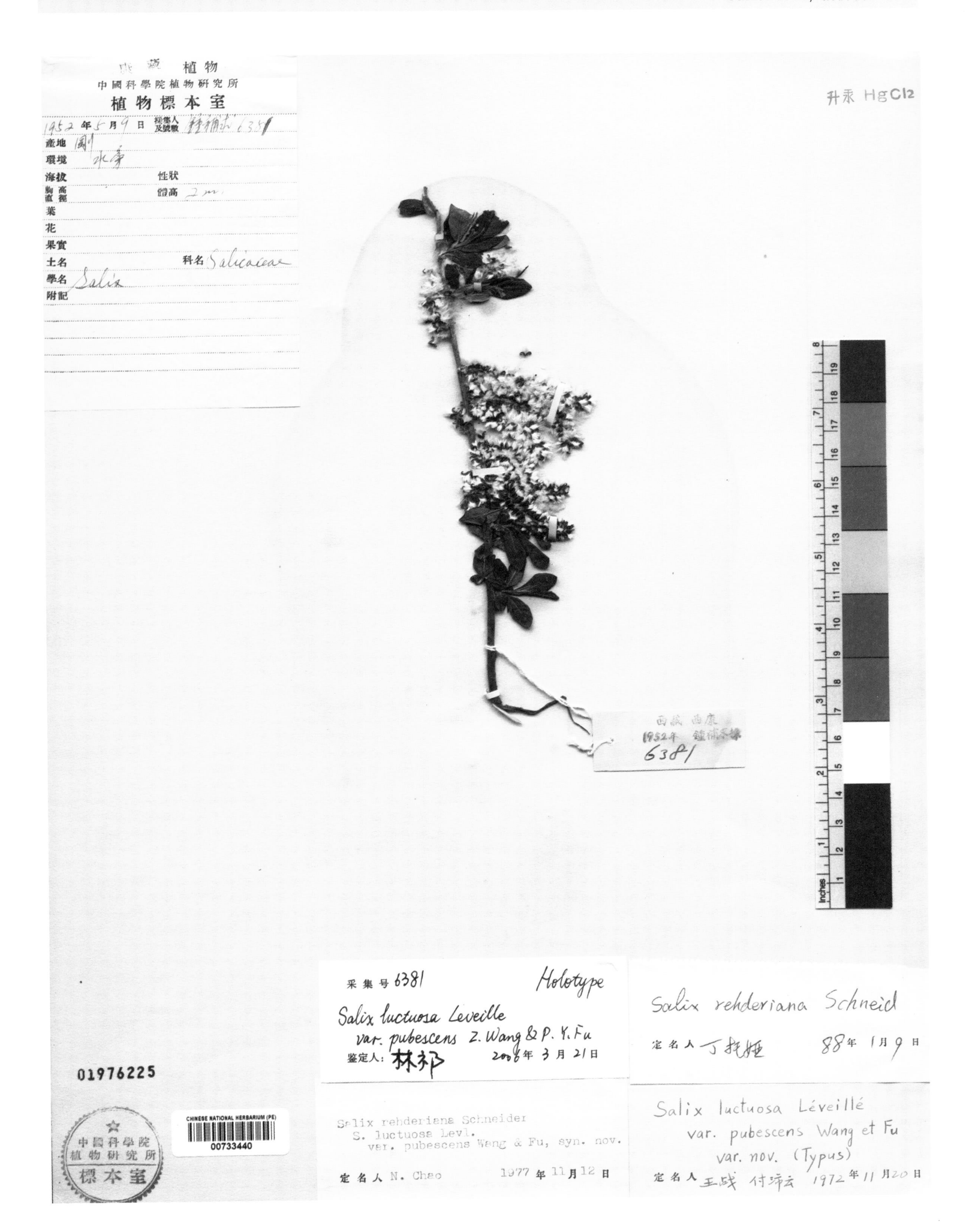

毛果丝毛柳 ***Salix luctuosa*** Leveille var. ***pubescens*** Z. Wang & P. Y. Fu in Acta Phytotax. Sin. 12(2): 200, pl. 52: 2. 1974. **Holotype:** China. Xizang: Precise locality not known, 1952-05-09, P. C. Tsoong 6381.

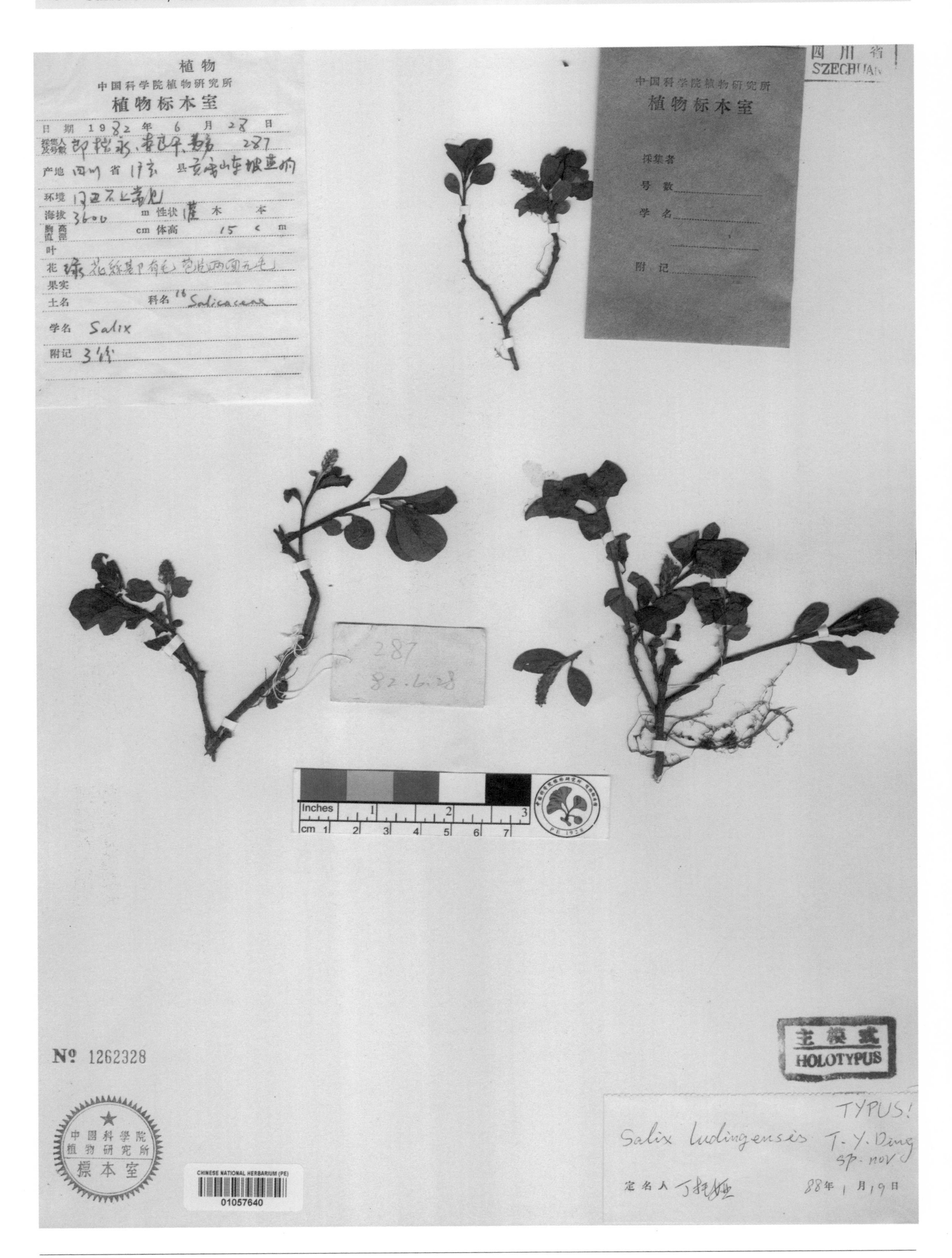

泸定垫柳 ***Salix ludingensis*** T. Y. Ding & C. F. Fang in Acta Phytotax. Sin. 31(3): 277. 1993. **Holotype:** China. Sichuan: Luding, alt. 3600 m, 1982-06-28, K. Y. Lang & al. 287.

大白柳 ***Salix maximoviczii*** Kom. in. Acta. Hort. Petrop. 18: 442. 1901. **Isotype:** Korea. Zatan-ien, 1897-06-28, Komarov s. n.

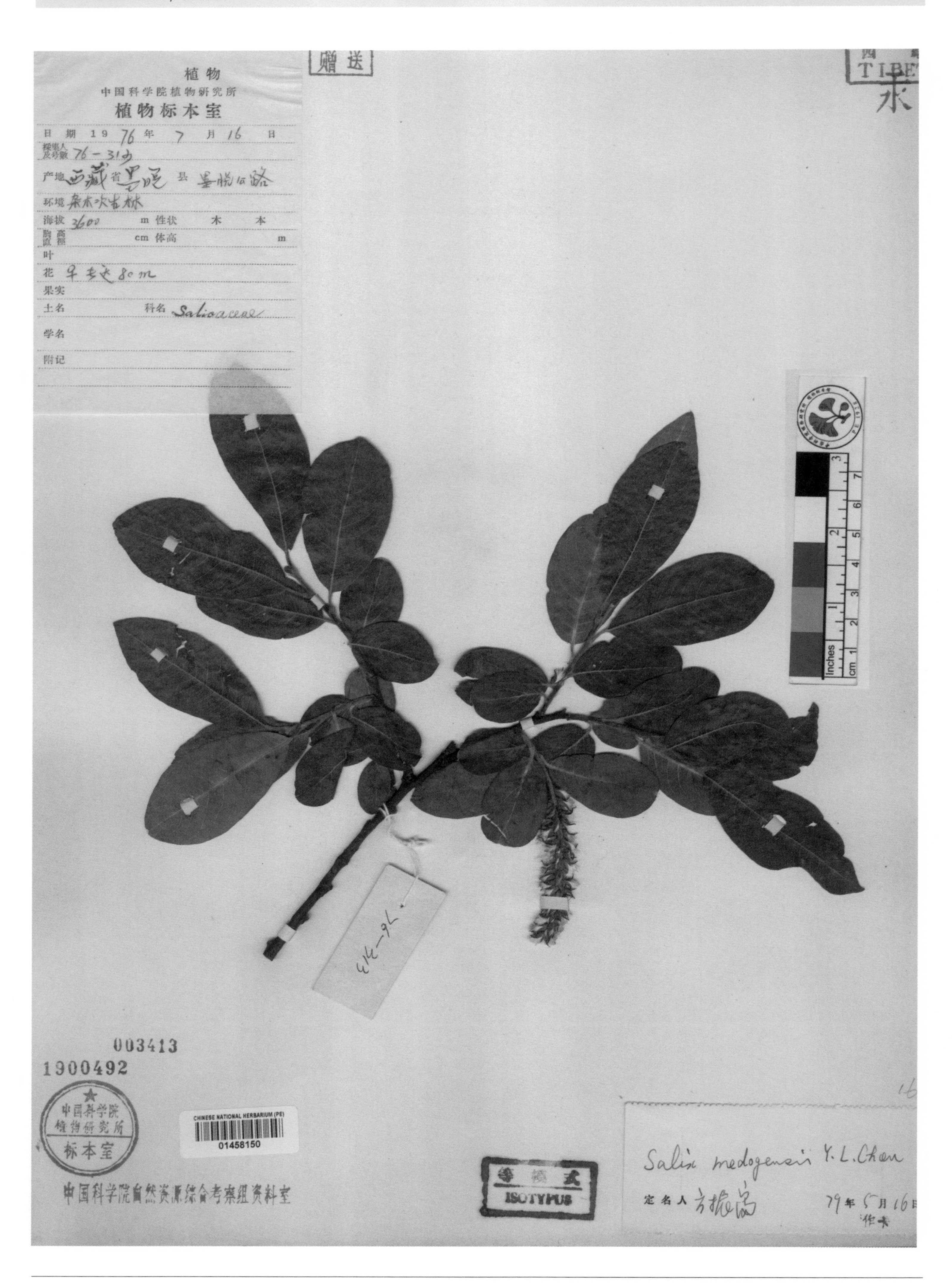

墨脱柳 ***Salix medogensis*** Y. L. Chou ex Z. Wang & C. F. Fang in Acta Phytotax. Sin. 17(4): 107, f. 5: 1–6. 1979. **Isotype:** China. Xizang: Mêdog, alt. 3600 m, 1976-07-16, W. H. Li, Y. F. Han & J. Sang 76-313.

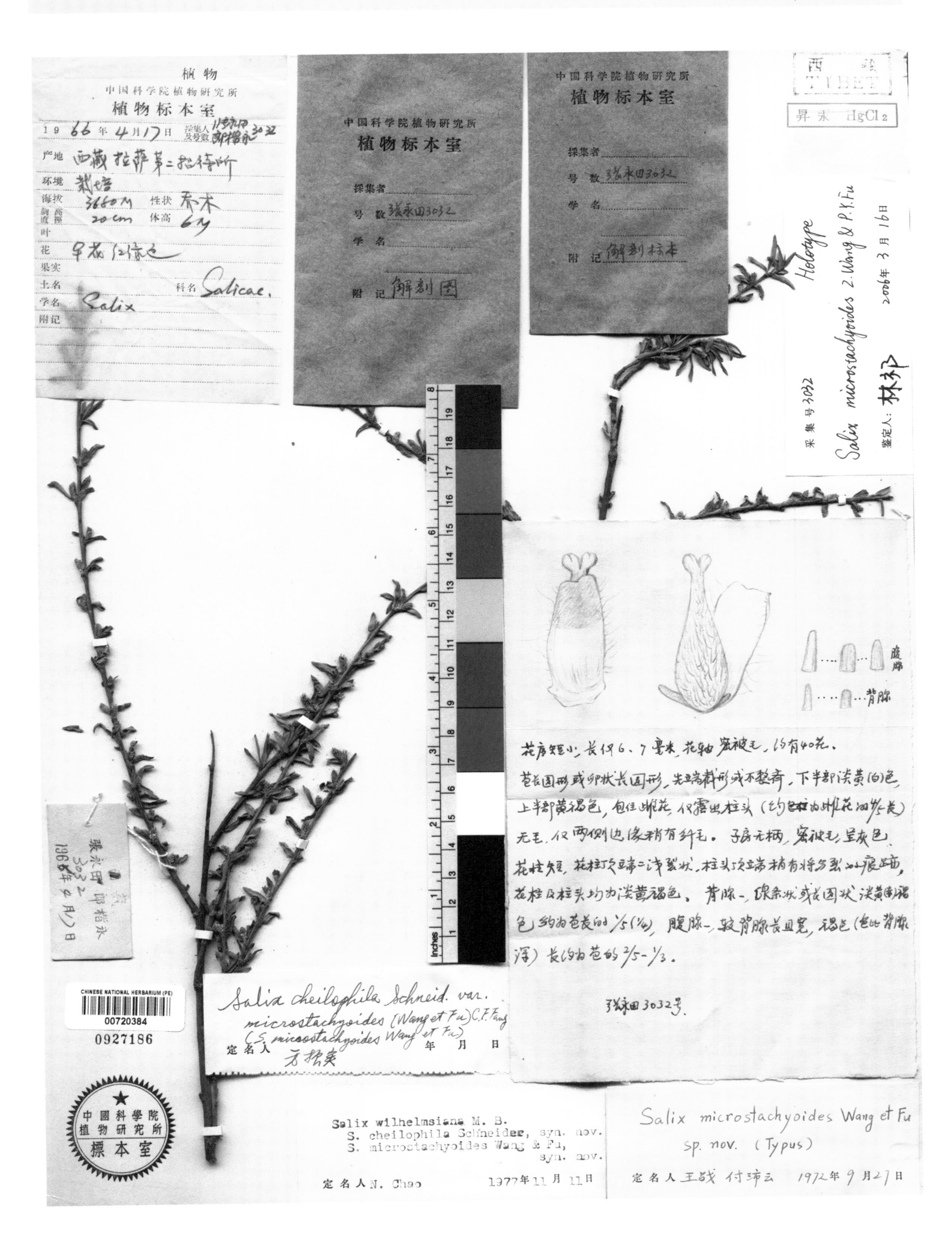

大红柳 ***Salix microstachyoides*** Z. Wang & P. Y. Fu in Acta Phytotax. Sin. 12(2): 200, pl. 52: 3. 1974. **Holotype:** China. Xizang: Lhasa, alt.3680 m, 1966-04-17, Y. T. Chang & K. Y. Lang 3032.

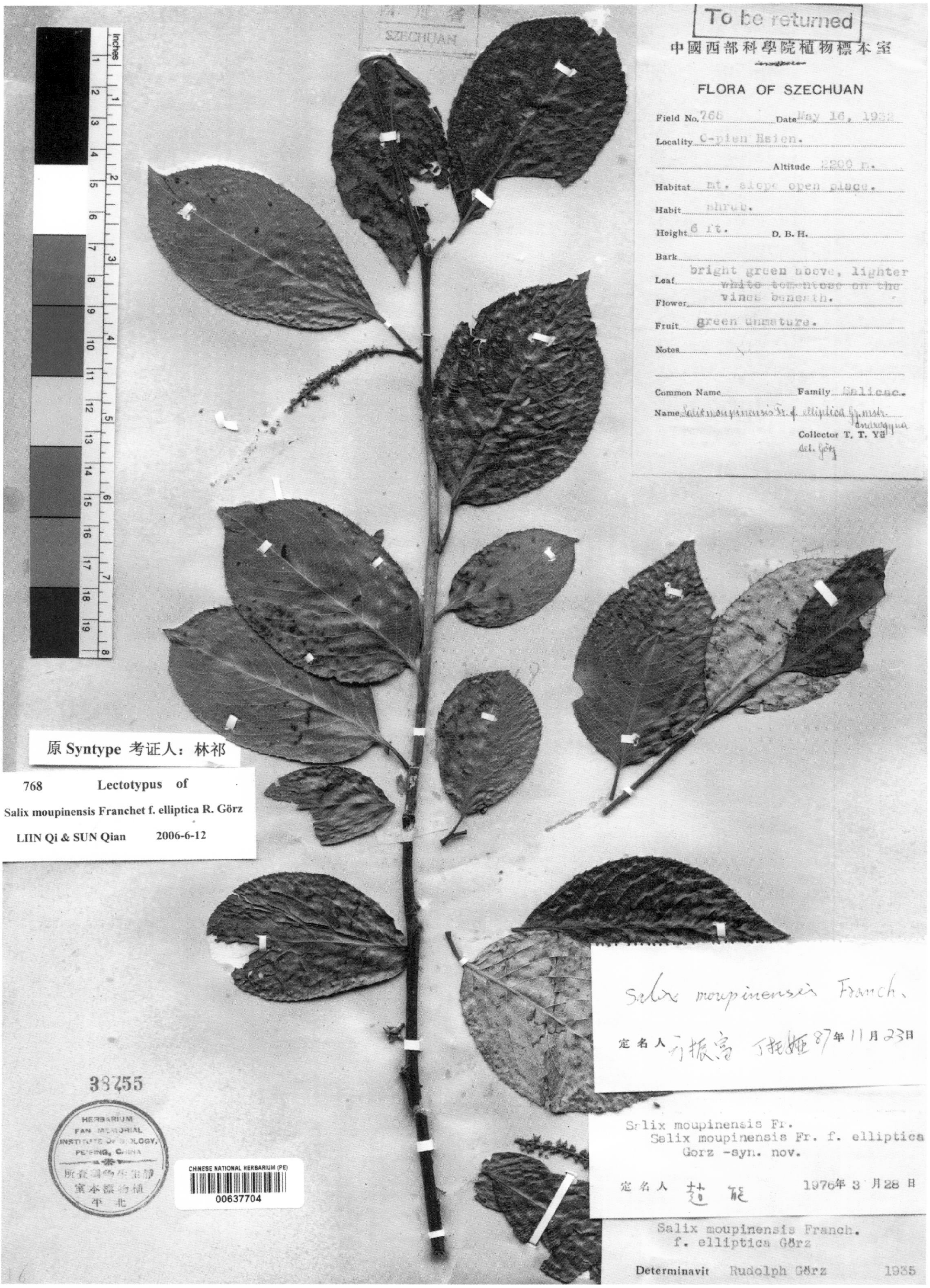

椭圆宝兴柳 ***Salix moupinensis*** Franch. f. ***elliptica*** Goerz in Bull. Fan Mem. Inst. Biol., Bot. 6(1): 8. 1935. **Lectotype** (designated by Q. Sun & Q. Lin in Bull. Bot. Res., Harbin 27(4): 391. 2007.): China. Sichuan: Opien (=Ebian), alt. 2200 m, 1932-05-16, T. T. Yu 768.

倒卵形宝兴柳 ***Salix moupinensis*** Franch. f. ***obovata*** Goerz in Bull. Fan Mem. Inst. Biol., Bot. 6(1): 8. 1935. **Holotype:** China. Sichuan: Ngaopen, 1931-05-02, F. T. Wang 22778.

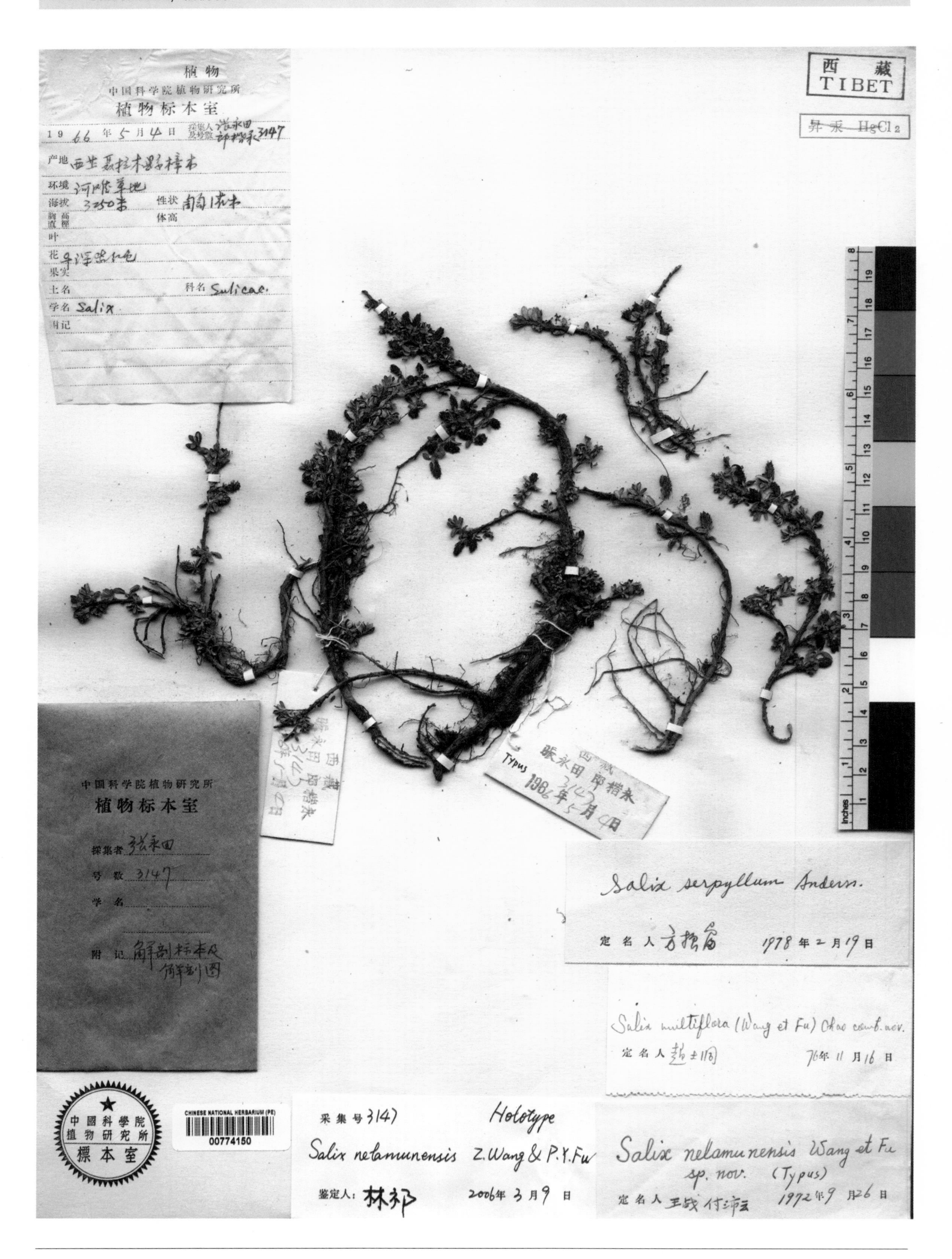

聂拉木柳 ***Salix nelamunensis*** Z. Wang & P. Y. Fu in Acta Phytotax. Sin. 12(2): 201, pl. 52: 4. 1974. **Holotype:** China. Xizang: Nyalam, alt.3250 m, 1966-05-04, Y. T. Chang & K. Y. Lang 3147.

FAN MEMORIAL INSTITUTE OF BIOLOGY

FLORA OF YUNNAN

Field No. 67145 Date Oct. 1935

Locality 貢山設治局,四季通 (Shi-gi-tung, Champutung

Altitude 2800 m.

Habitat Border of woods

Habit Woody plant, Bushes

Height 5 ft. D.B.H.

Bark

Leaf

Flower

Fruit greyish brown

Notes

Common Name Family

Name

Collector 王啓無 C. W. Wang

YUNNAN C. W. WANG 1935-36 67145

雲南省 YUNNAN

Inches

采集号 67145 Holotype

Salix nujiangensis N. Chao

鉴定人: 林祁 2006年 3月21日

Salix nujiangensis, sp. nov.

定名人 N. Chao 1977年 4 月16 日

灰叶柳无毛变型(新)

Salix spodiophylla H.-M. f. liocarpa Hao

定名人 方振富 1976 年 11月18 日

怒江柳 ***Salix nujiangensis*** N. Chao in Bull. Bot. Lab. N. E. Forest. Inst., Harbin 9: 25. 1980. **Holotype:** China. Yunnna: Gongshan, alt.2800 m, 1935-10-??, C. W. Wang 67145.

华西柳 ***Salix occidentalisinensis*** N. Chao in Bull. Bot. Lab. N. E. Forest. Inst., Harbin 9: 25. 1980. **Holotype:** China. Sichuan: Muli, alt.3750 m, 1937-06-21, T. T. Yu 6516.

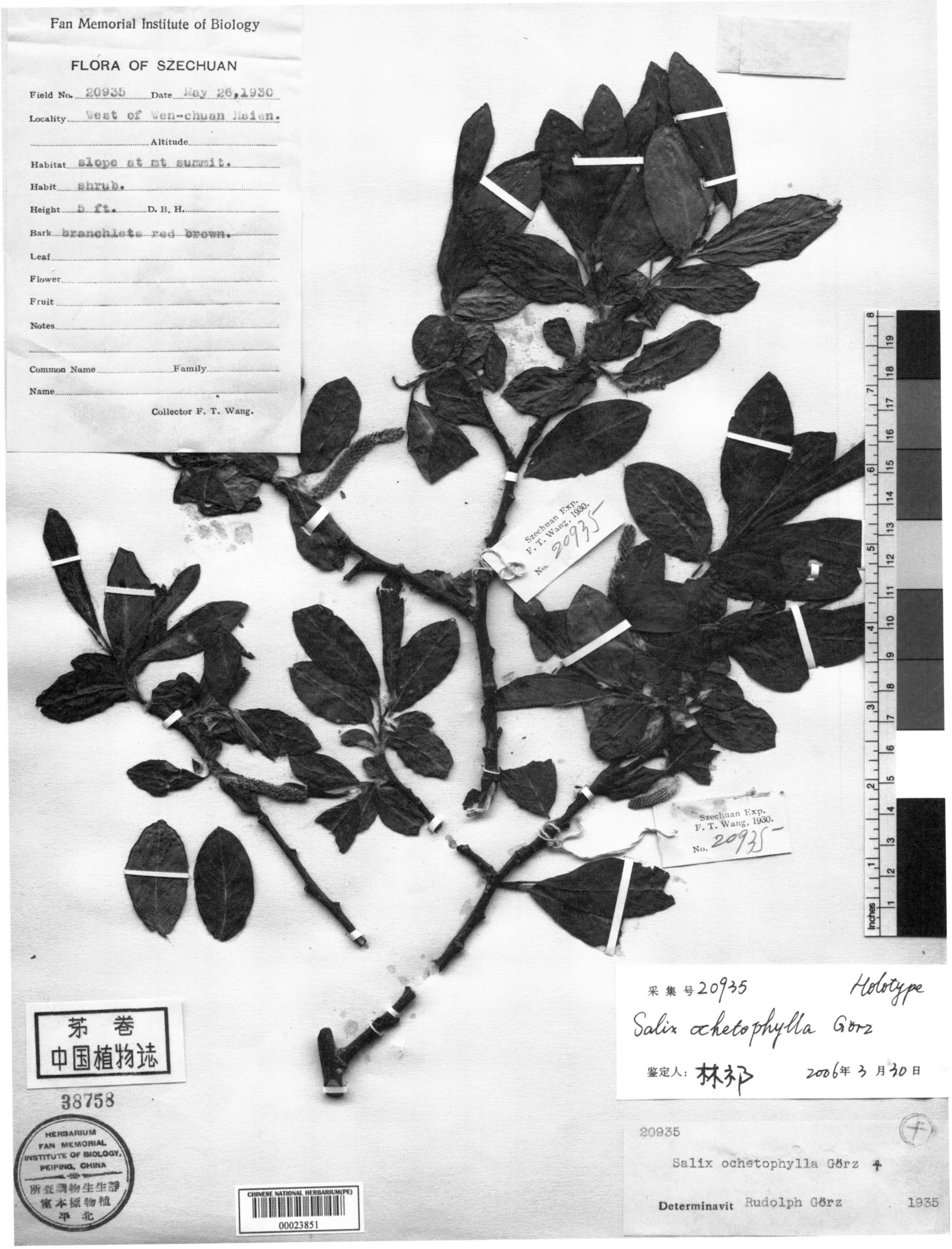

Fan Memorial Institute of Biology

FLORA OF SZECHUAN

Field No. 20935 Date May 26,1930

Locality West of Wen-chuan Hsien.

Altitude

Habitat slope at mt summit.

Habit shrub.

Height 5 ft. D. B. H.

Bark branchlets red brown.

Leaf

Flower

Fruit

Notes

Common Name Family

Name

Collector F. T. Wang.

Szechuan Exp. F. T. Wang, 1930. No. 20935

Szechuan Exp. F. T. Wang, 1930. No. 20935

采集号 20935 Holotype

Salix ochetophylla Görz

鉴定人: 林祁 2006年3月30日

茅卷 中国植物志

38758

20935

Salix ochetophylla Görz

Determinavit Rudolph Görz 1935

汶川柳 ***Salix ochetophylla*** Goerz in Bull. Fan. Mem. Inst. Biol., Bot. 6(1): 7. 1935. **Holotype:** China. Sichuan: Wenchuan, alt. 2800 m, 1930-05-26, F. T. Wang 20935.

FAN MEMORIAL INSTITUTE OF BIOLOGY

FLORA OF YUNNAN

Field No. 19354 Date July 13, 1938

Locality Salwin-Kiukiang Divide, Tsukuei Altitude 4000 m.

Habitat Upon precipitous rock

Habit Creeping shrub

Height D.B.H.

Bark

Leaf

Flower Spike reddish green

Fruit

Notes Casual

Common Name Family Salicac.

Name Salix

Collector T. T. Yu

雲南省 YUNNAN

T.T.Yu 19354

中国植物志 绘图标本

采集号 19354 Holotype

Salix paraflabellaris S. D. Zhao

鉴定人：林祁 2006年3月3日

(Typus!)

Salix paraflabellaris S. D. Zhao

定名人 赵士洞 79年5月14日

CHINESE NATIONAL HERBARIUM(PE) 00023918

类扇叶垫柳 ***Salix paraflabellaris*** S. D. Zhao in Bull. Bot. Lab. N. E. Forest. Inst., Harbin 9: 14. 1980. **Holotype:** China. Yunnan: Salwin Kiukiang Divide, alt. 4000 m, 1938-07-13, T. T. Yu 19354.

植 物
中国科学院植物研究所
植物标本室

1972年8月26日 号数 1526
产地 西藏省(市)聂拉木县 曲乡附近
环境 林内
海拔 33-3400 米 生活型 灌木
胸高直径 厘米 体高 2-3m 厘米
叶 形
花 色
果实 紫红色
根系类型
土名 科名 Salicaceae
学名 Salix
附记
採集人

西 藏
TIBET
昇汞 $HgCl_2$

采集号 1526
Holotype
Salix paraheterochroma Z. Wang & P. Y. Fu ex Z. Wang & C. F. Fang
鉴定人: 林祁 2006年3月21日

西藏中草药普查
第1526号
1972年8月26日

中草药1526号 西藏聂拉木
海拔33-3400m
灌木2-3m.
果紫红色
1972.8.26
1.5mm
5mm
内 外
1.5mm
方振富 1978.4.29

Typus!
Salix paraheterochroma Z. Wang et P. Y. Fu
sp. nov.
定名人 方振富 1978年4月28日

中国科学院林业土壤研究所
西藏植物标本 标本室 No.
科名 Salicaceae
学名 Salix paraheterochroma Z. Wang et P. Y. Fu sp. nov. ined.
中名
采集地点
采集者及号头
采集日期 定名者 [illegible]

0963645

CHINESE NATIONAL HERBARIUM (PE)
00732253

中國科學院植物研究所
標本室

茅卷
中国植物志

藏紫枝柳 ***Salix paraheterochroma*** Z. Wang & P. Y. Fu ex Z. Wang & C. F. Fang in Acta Phytotax. Sin. 17(4): 107, f. 5: 7-10. 1979. **Holotype:** China. Xizang: Nyalam, alt. 3300~3400 m, 1972-08-26, Xizang Med. Pl. Exped. 1526.

左旋柳 ***Salix paraplesia*** Schneid. var. ***subintegra*** Z. Wang & P. Y. Fu in Acta Phytotax. Sin. 12(2): 201, pl. 53: 1. 1974.
Holotype: China. Xizang: Qüxü, alt. 3700 m, 1960-05-26, G. X. Fu 92.

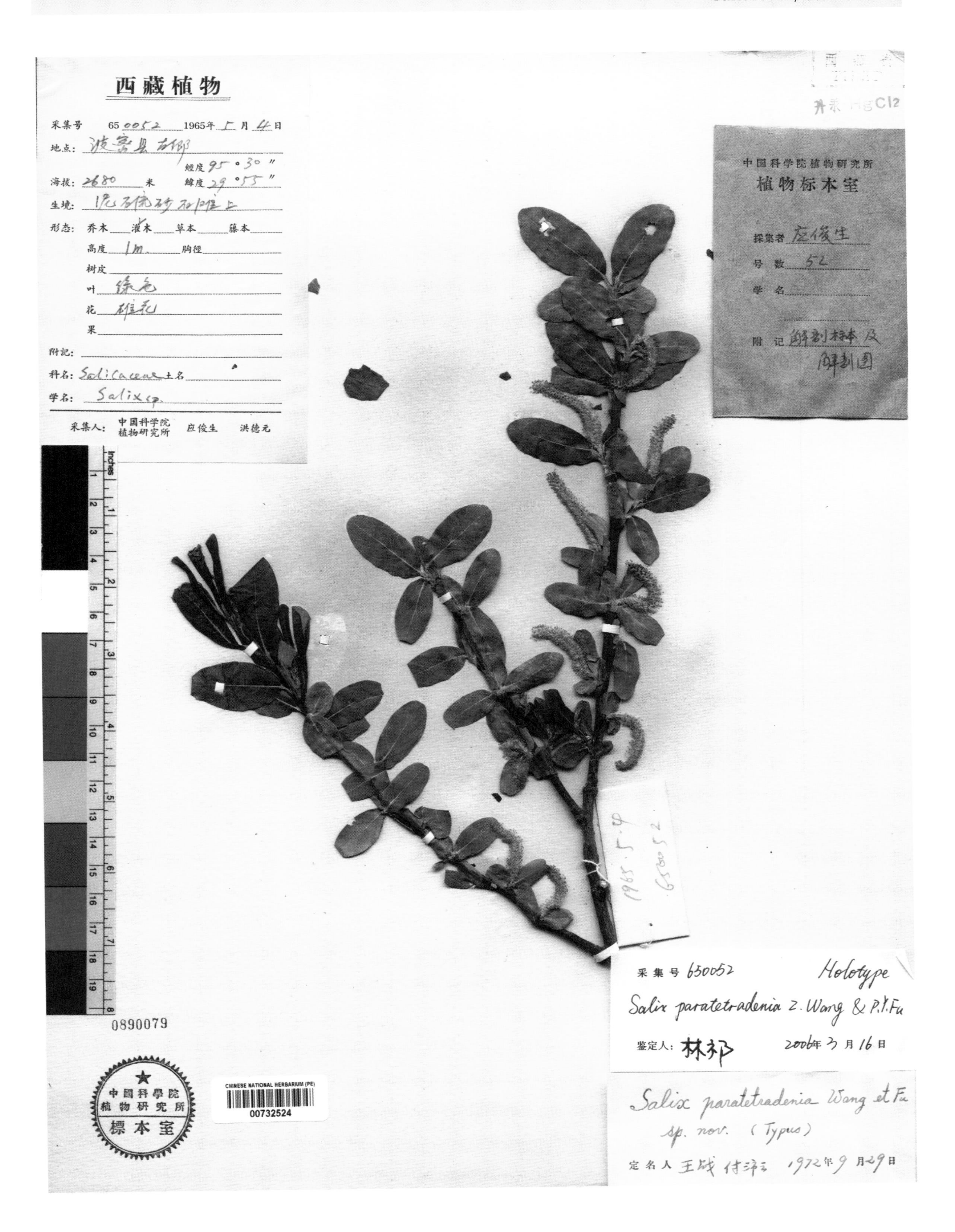

类四腺柳 ***Salix paratetradenia*** Z. Wang & P. Y. Fu in Acta Phytotax. Sin. 12(2): 202, pl. 53: 2. 1974. **Holotype:** China. Xizang: Bomi, alt. 2680 m, 1965-05-04, T. S. Ying & D. Y. Hong 650052.

亚东柳 ***Salix paratetradenia*** Z. Wang & P. Y. Fu var. ***yatungensis*** Z. Wang & P. Y. Fu in Acta Phytotax. Sin.12(2): 203, pl. 53: 3. 1974. **Holotype:** China. Xizang: Yadong, alt. 3050 m, 1961-05-21, J. W. Zhang 2413.

赠送

西藏
TIBET
采

植物
中国科学院植物研究所
植物标本室

日期 19 75 年 6 月 20 日
采集人及号数 75-259
产地 西藏 省 吉隆 县 红村
环境
海拔 2400 m 性状 灌木 本
胸高直径 cm 体高 m
叶
花
果实
土名 科名
学名
附记

综考75-259 ♀
西藏吉隆红村
2400m. 灌木
75. 6. 20
果长3mm
78.4.26 方绘

75-259

原始文献采集号(75-289)
印刷错误，应为75-259

采集号 75-259 Holotype
Salix parvidenticulata C. F. Fang
鉴定人: 林祁 2006 年 3 月 17 日

·003453
1882654
中国科学院植物研究所标本室

CHINESE NATIONAL HERBARIUM (PE)
00732527

小齿叶柳 Typus!
Salix parvidenticulata C. F. Fang sp. nov.
定名人 方振东 1978 年 4 月 27 日
作卡

中国科学院自然资源综合考察组资料室

小齿叶柳 ***Salix parvidenticulata*** C. F. Fang ex Z. Wang & C. F. Fang in Acta Phytotax. Sin. 17(4): 105, pl. 4: 8-9. 1979. **Holotype:** China. Xizang: Gyirong, alt. 2400 m, 1975-06-20, W. H. Li, Y. F. Han & J. Sang 75-259.

中國科学院昆明植物研究所
採集記錄

標本号數：
采集人： 采集号數：8342
采集日期：60年5月10日 產地：
環境：地形： 海拔：2480 米
土壤：
小環境：
生態：
性狀：
高度：5 米 胸高直徑：0.04 米
頻度： 多度：
形態：樹皮：
葉：
花：
果：
用途：
附記：
土名： 科名：Salicac
学名：Salix

雲南省
YUNNAN

中国植物志
绘图标本
705579

中國科學院
植物研究所
標本室

CHINESE NATIONAL HERBARIUM (PE)
00732695

采集号 8342 Holotype
Salix phanera Schneid.
var. weixiensis C. F. Fang
鉴定人：林祁 2006 年 3 月 17 日

维西长叶柳 (新)
Salix phanera Schneid.
var. weixiensis C. F. Fang v. n.
Typus!
定名人 方振实 1979 年 7 月 10 日

维西长叶柳 ***Salix phanera*** Schneid. var. ***weixiensis*** C. F. Fang in Bull. Bot. Lab. N. E. Forest. Inst., Harbin 9: 15. 1980. **Holotype:** China. Yunnan: Weixi, alt. 2480 m, 1960-05-10, Yunnan Exped. 8342.

拟长叶柳 ***Salix phaneroides*** Goerz in Bull. Fan Mem. Inst. Biol., Bot. 6(1): 9. 1935. **Holotype:** China. Sichuan: Wenchuan, alt.2600 m, 1930-06-02, F. T. Wang 21126.

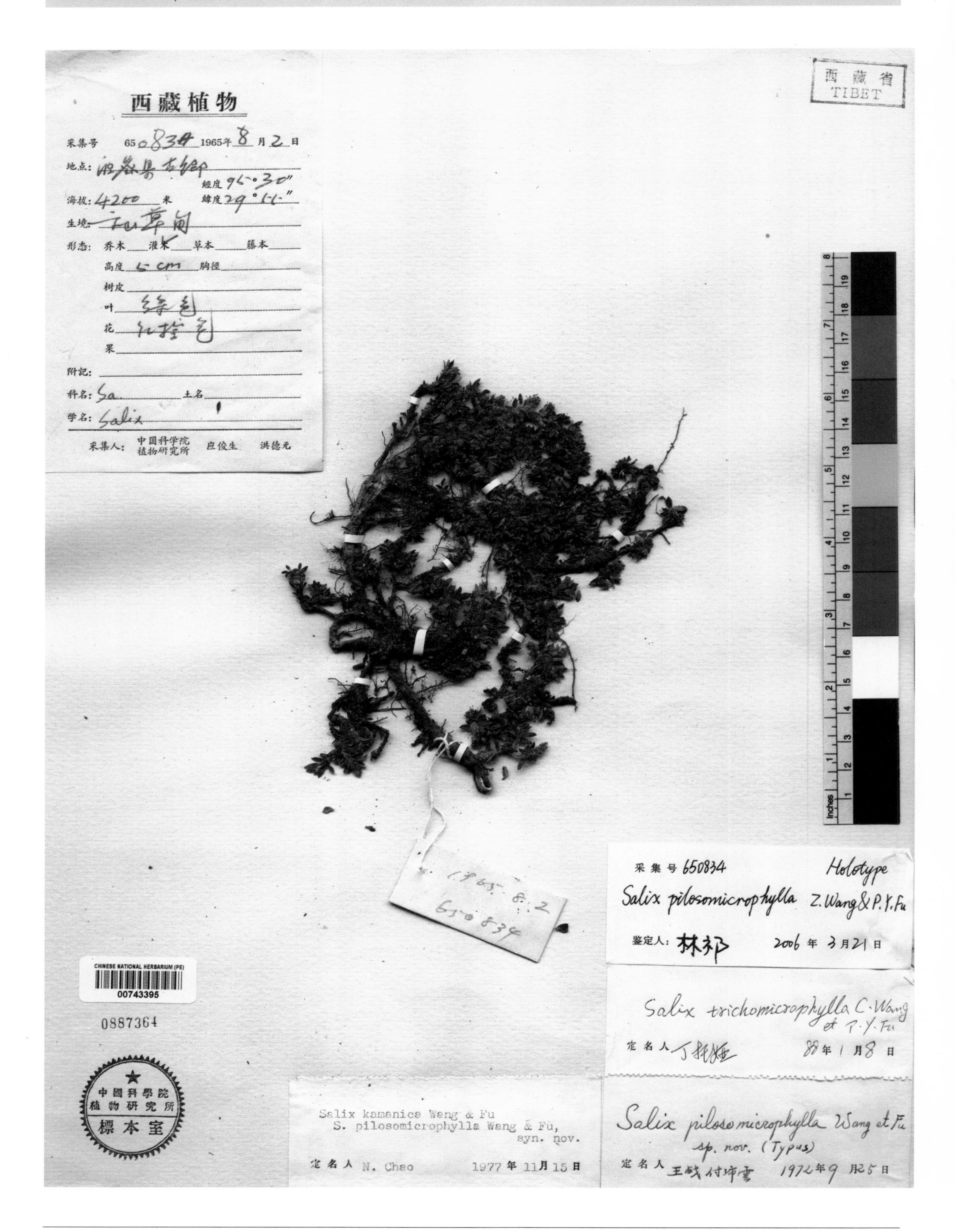

毛小叶垫柳 ***Salix pilosomicrophylla*** Z. Wang & P. Y. Fu in Acta Phytotax. Sin. 12(2): 203, pl. 53: 4. 1974. **Holotype:** China. Xizang: Bomi, alt. 4200 m, 1965-08-02, T. S. Ying & D. Y. Hong 650834.

平利柳 ***Salix pingliensis*** Y. L. Chou in Bull. Bot. Res., Harbin 1 (1-2): 163. 1981. **Isotype:** China. Shaanxi: Pingli, alt. 550 m, 1959-04-06, Y. L. Qiao 1040.

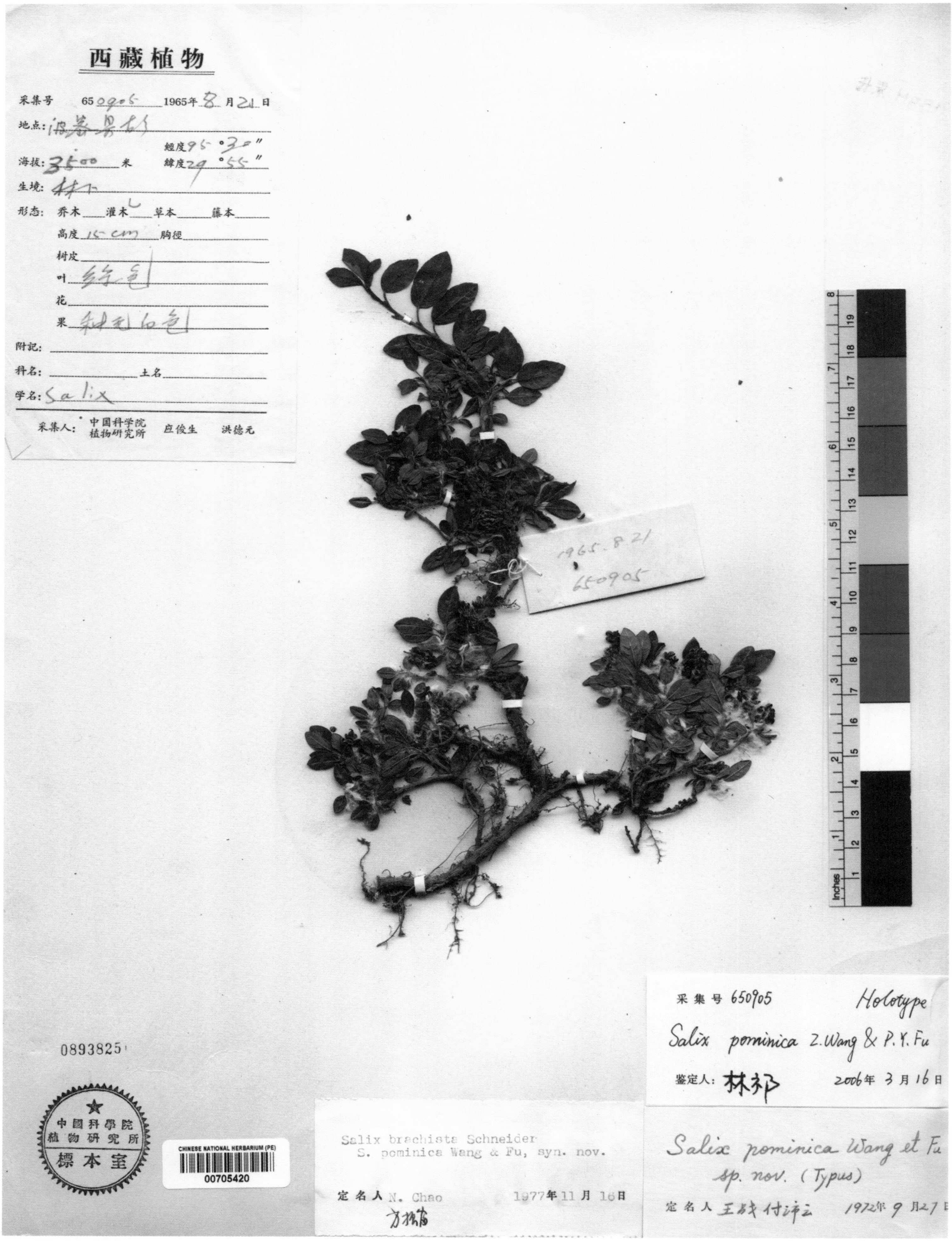

波密柳 ***Salix pominica*** Z. Wang & P. Y. Fu in Acta Phytotax. Sin. 12(2): 204, pl. 54: 1. 1974. **Holotype:** China. Xizang: Bomi, alt. 3500 m, 1965-08-21, T. S. Ying & D. Y. Hong 650905.

假银背柳 ***Salix pseudoernesti*** Goerz in Bull. Fan Mem. Inst. Biol., Bot. 6(1): 5. 1935. **Holotype:** China. Sichuan: Wenchuan, alt. 3000 m, 1930-05-29, F. T. Wang 21026.

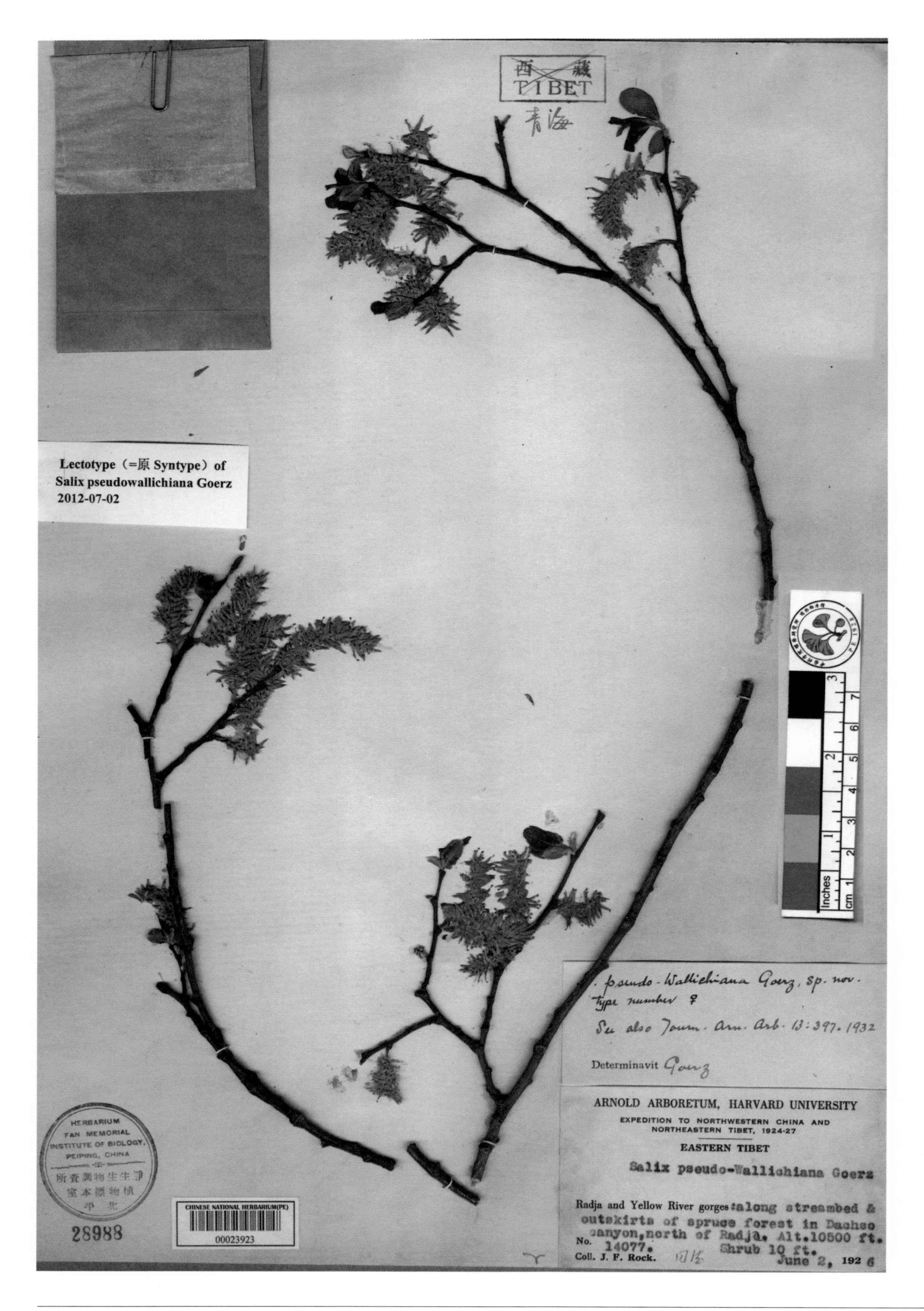

青皂柳 ***Salix pseudowallichiana*** Goerz ex Rehder & Kobuski in Journ. Arn. Arb. 13(4): 397. 1932. **Lectotype** (designated by Yun Lin & al. in Bull. Bot. Res., Harbin 34(6): ???. 2014): China. Qinghai: Tongde, alt. 3500 m, 1926-06-02, J. F. Rock 14077.

绒毛长穗柳 ***Salix radinostachya*** Schneid. var. ***pseudophanera*** C. F. Fang in Bull. Bot. Lab. N. E. Forest. Inst., Harbin 9: 15. 1980. **Holotype:** China. Yunnan: Dêqên, alt. 3000 m, 1937-05-27, T. T. Yu 8328.

穿鱼柳 ***Salix rehderiana*** Schneid. var. ***lasiogyna*** Z. Wang & P. Y. Fu in Acta Phytotax. Sin. 12(2): 205, pl. 54: 2. 1974.
Holotype: China. Xizang: Rinbung, alt. 4070 m, 1961-06-07, Xizang Exped. 1517.

杜鹃叶柳 ***Salix rhododendrifolia*** Z. Wang & P. Y. Fu in Acta Phytotax. Sin. 12(2): 205, pl. 54: 3. 1974. **Holotype:** China. Xizang: Nyalam, alt 4000 m, 1966-06-13, Y. T. Chang & K. Y. Lang 3983.

拉加柳 ***Salix rockii*** Goerz ex Rehder & Kobuski in Journ. Arn. Arb. 13(4): 393 1932. **Lectotype** (designated by Yun Lin & al. in Bull. Bot. Res., Harbin 34(6): ???. 2014): China. Qinghai: Tongde, alt. 3700 m, 1926-05-27, J. F. Rock 13943.

长穗对叶柳 ***Salix salwinensis*** Hand.–Mazz. var. ***longiamentifera*** C. F. Fang in Bull. Bot. Lab. N. E. Forest. Inst., Harbin 9: 17. 1980. **Isotype:** China. Yunnan: Weixi, alt. 3000~3200 m, 1940-06-17, K. M. Feng 4703.

近硬叶柳 ***Salix sclerophylloides*** Y. L. Chou ex Z. Wang & C. F. Fang in Acta Phytotax. Sin. 17(4): 103, f. 3: 1-3. 1979. **Holotype:** China. Xizang: Riwoqe, alt. 3800 m, 1976-06-30, W. H. Li, Y. F. Han & J. Sang 76-218.

山丹柳 ***Salix shandanensis*** C. F. Fang in Bull. Bot. Lab. N. E. Forest. Inst., Harbin 9: 17. 1980. **Isotype:** China. Gansu: Shandan, alt. 2750 m, 1959-07-10, Y. C. Hou 4083.

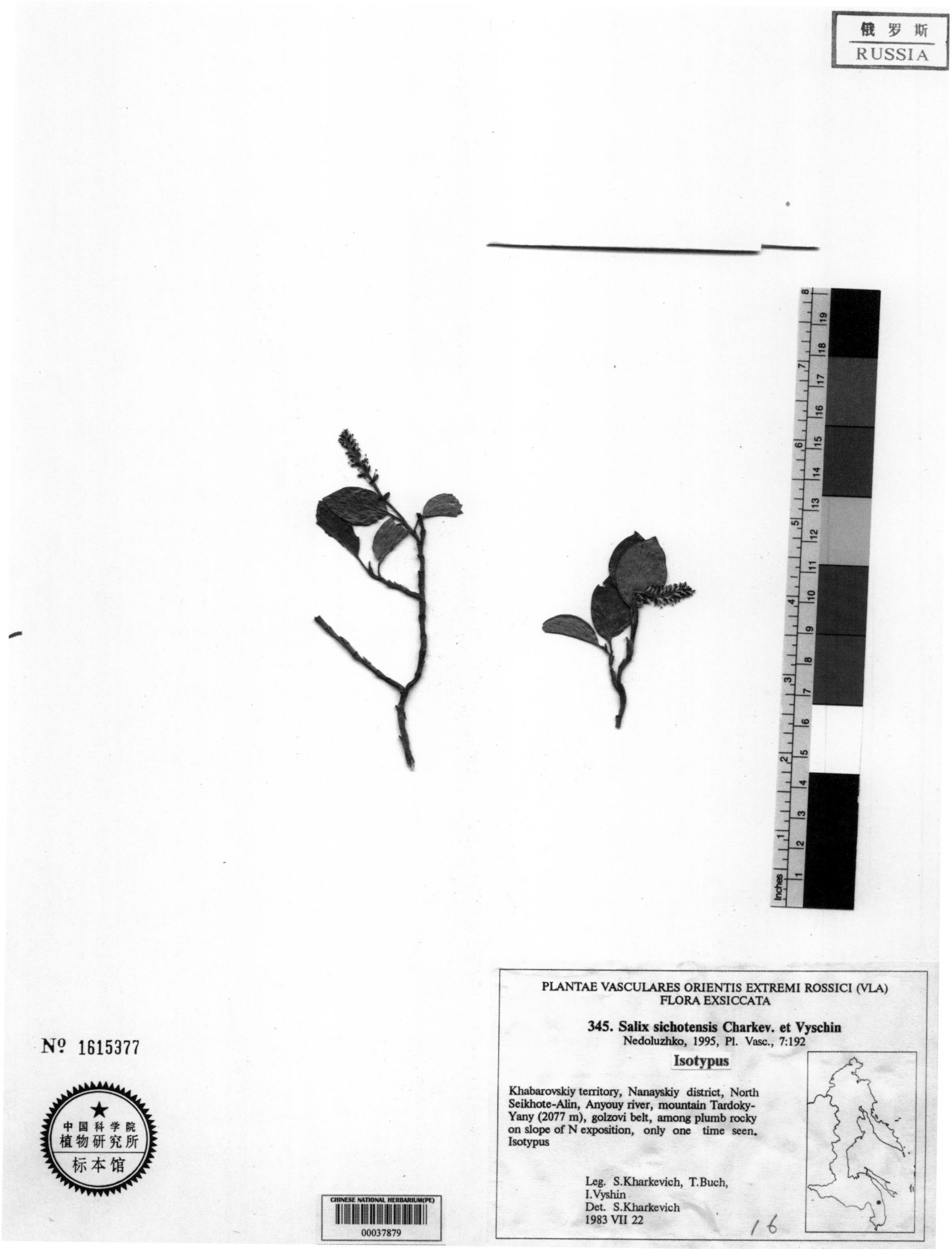
俄罗斯
RUSSIA
PLANTAE VASCULARES ORIENTIS EXTREMI ROSSICI (VLA)
FLORA EXSICCATA
345. Salix sichotensis Charkev. et Vyschin
Nedoluzhko, 1995, Pl. Vasc., 7:192
Isotypus
Khabarovskiy territory, Nanayskiy district, North Seikhote-Alin, Anyouy river, mountain Tardoky-Yany (2077 m), golzovi belt, among plumb rocky on slope of N exposition, only one time seen.
Isotypus
Leg. S.Kharkevich, T.Buch, I.Vyshin
Det. S.Kharkevich
1983 VII 22
16
№ 1615377
中国科学院
植物研究所
标本馆
CHINESE NATIONAL HERBARIUM(PE)
00037879

俄罗斯柳 ***Salix sichotensis*** Charkev. & Vyschin in Nedoluzhko, Pl. Vasc., 7: 192. 1995. **Isotype:** RUSSIA. Khabarovskiy: Nanayskiy, North Seikhote-Alin, alt. 2077 m, 1983-07-22, S. Kharkevich & al. s. n.

红皮柳 ***Salix sinopurpurea*** Z. Wang & C. Y. Yang in Bull. Bot. Lab. N. E. Forest. Inst., Harbin 9: 98. 1980. **Holotype:** China. Gansu: Heshui, alt. 1380 m, 1954-06-30, Yellow River Exped. 182.

巴郎柳 ***Salix sphaeronymphe*** Goerz in Bull. Fan Mem. Inst. Biol., Bot. 6(1): 4. 1935. **Lectotype** (designated by Q. Sun & Q. Lin in Bull. Bot. Res., Harbin 27(4): 392. 2007.): China. Sichuan: Xiaojin, Balangshan, alt. 3700 m, 1930-06-05, F. T. Wang 21238.

灰叶柳 ***Salix spodiophylla*** Hand.-Mazz. in Symb. Sin. 7: 77. 1929. **Isosyntype:** China. Yunnan: Lijiang, alt. 4000 m, 1910-06-??, G. Forrest 5833.

狭叶灰叶柳 ***Salix spodiophylla*** Hand.–Mazz. f. ***angustifolia*** C. F. Fang in Bull. Bot. Lab. N. E. Forest. Inst., Harbin 9: 18. 1980. **Holotype:** China. Sichuan: Muli, alt. 3500 m, 1937-06-22, T. T. Yu 6558.

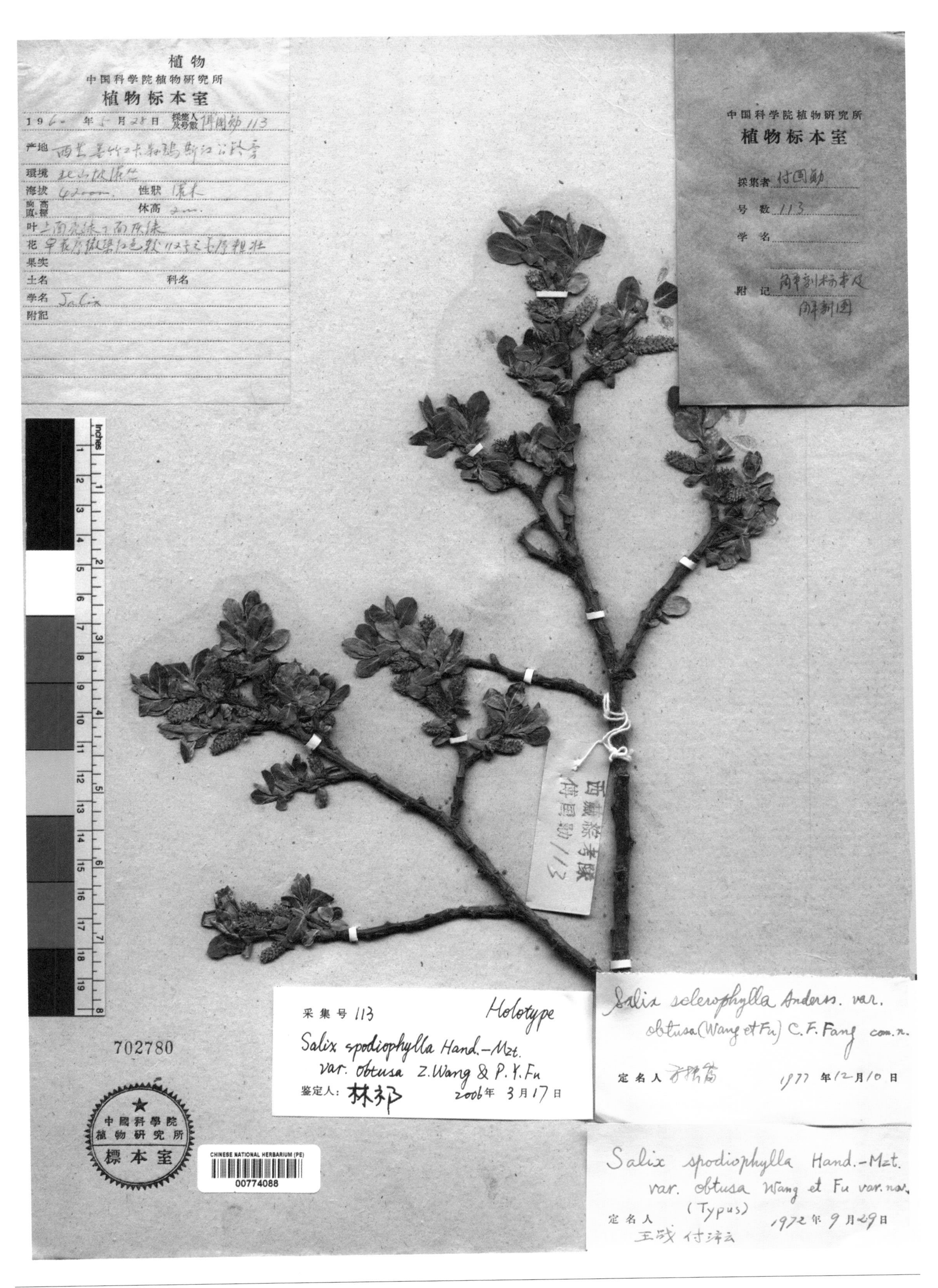

宽苞金背柳 ***Salix spodiophylla*** Hand.–Mazz. var. ***obtusa*** Z. Wang & P. Y. Fu in Acta Phytotax. Sin. 12(2): 206, pl. 54: 4. 1974. **Holotype:** China. Xizang: Maizhokunggar, alt. 4200 m, 1960-05-28, G. X. Fu 113.

河北柳 ***Salix taishanensis*** C. Wang & C. F. Fang var. ***hebeinica*** C. F. Fang in Bull. Bot. Lab. N. E. Forest. Inst., Harbin 9: 19. 1980. **Holotype:** China. Hebei: Yuxian, Xiaowutaishan, 1959-07-08, Anonymous 1327.

周至柳 ***Salix tangii*** K. S. Hao in Repert. Spec. Nov. Regni Veg. Beih. 93: 78. 1936; C. F. Fang & A. K. Skvortsov in Novon 8(4): 469. 1998. **Isoparatype:** China. Shanxi: Pingyao, 1929-05-19, T. Tang 804.

洮河柳 ***Salix taoensis*** Goerz ex Rehder & Kobuski in Journ. Arn. Arb. 13(4): 401 1932. **Lectotype** (designated by Yun Lin & al. in Bull. Bot. Res., Harbin 34(6): ???. 2014): China. Qinghai: Grasslands between Labra and Yellow River, Gochen valley near mouth at Yellow River, south of Dzangar lamassery, alt. 3060 m, 1926-05-14, J. F. Rock 13909.

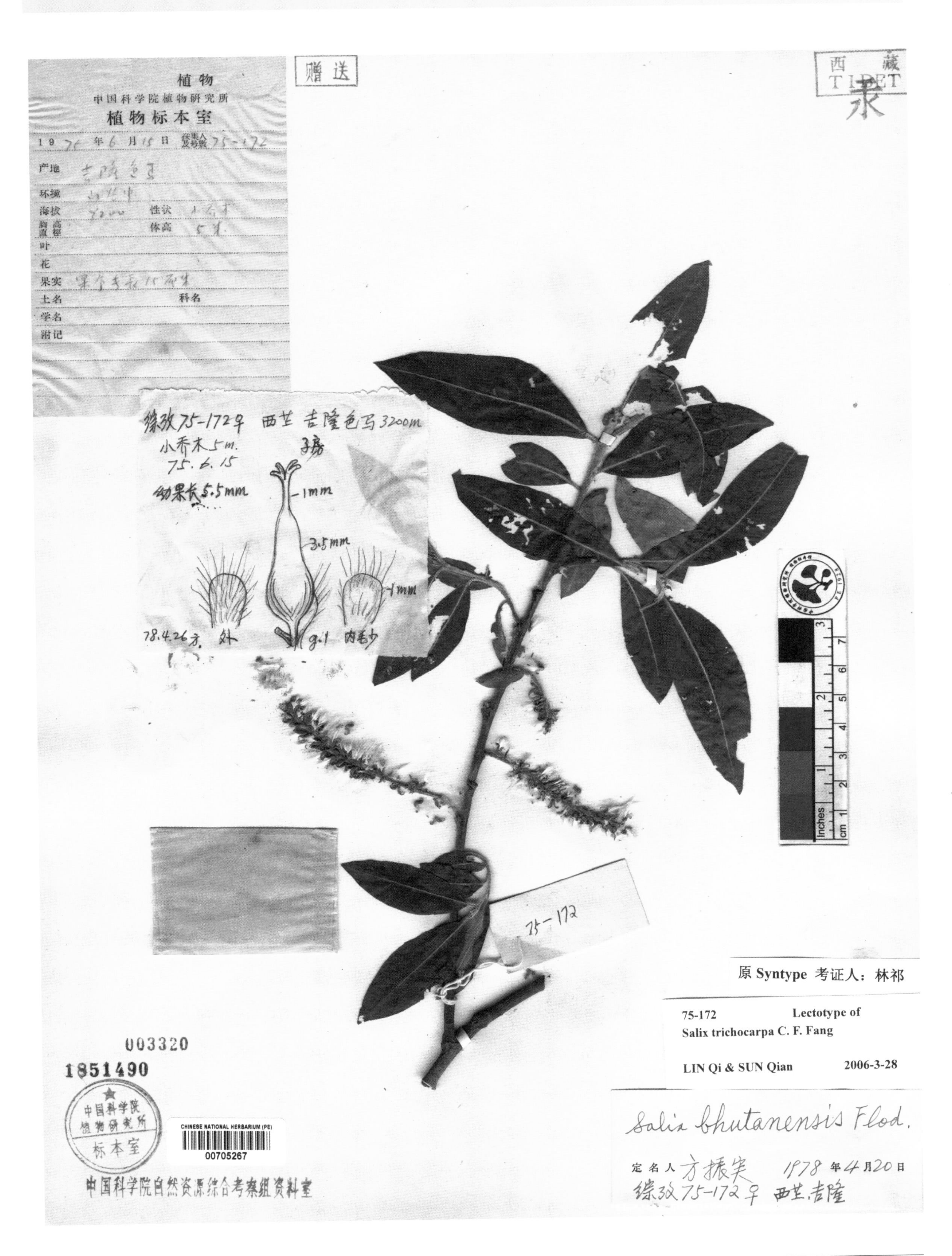

毛果柳 ***Salix trichocarpa*** C. F. Fang in Acta Phytotax. Sin 17(4): 106, f. 4: 10-11. 1979. **Lectotype** (designated by Q. Lin & al. in Acta Bot. Boreal.-Occident. Sin. 27(6): 1253. 2007.): China. Xizang: Gyirong, alt.3200 m, 1975-06-15, W. H. Li, Y. F. Han & J. Sang 75-172.

钟氏柳 ***Salix tsoongii*** W. C. Cheng in Contr. Biol. Lab. Sci. Soc. China. 10(1): 68, f. 7. 1935. **Holotype:** China. Zhejiang: Fenghua, Simingshan, 1935-04-20, P. C. Tsoong 142.

长柱皂柳 ***Salix wallichiana*** Anderss. f. ***longistyla*** C. F. Fang in Bull.Bot. Lab. N. E. Forest. Inst., Harbin 9: 20. 1980. **Lectotype** (designated by Q. Lin & al. in Acta Bot. Boreal.-Occident. Sin. 27(6): 1253. 2007.): China. Xizang: Markam, alt.4000~4100 m, 1976-06-24, Qinghai-Xizang Exped. 11985.

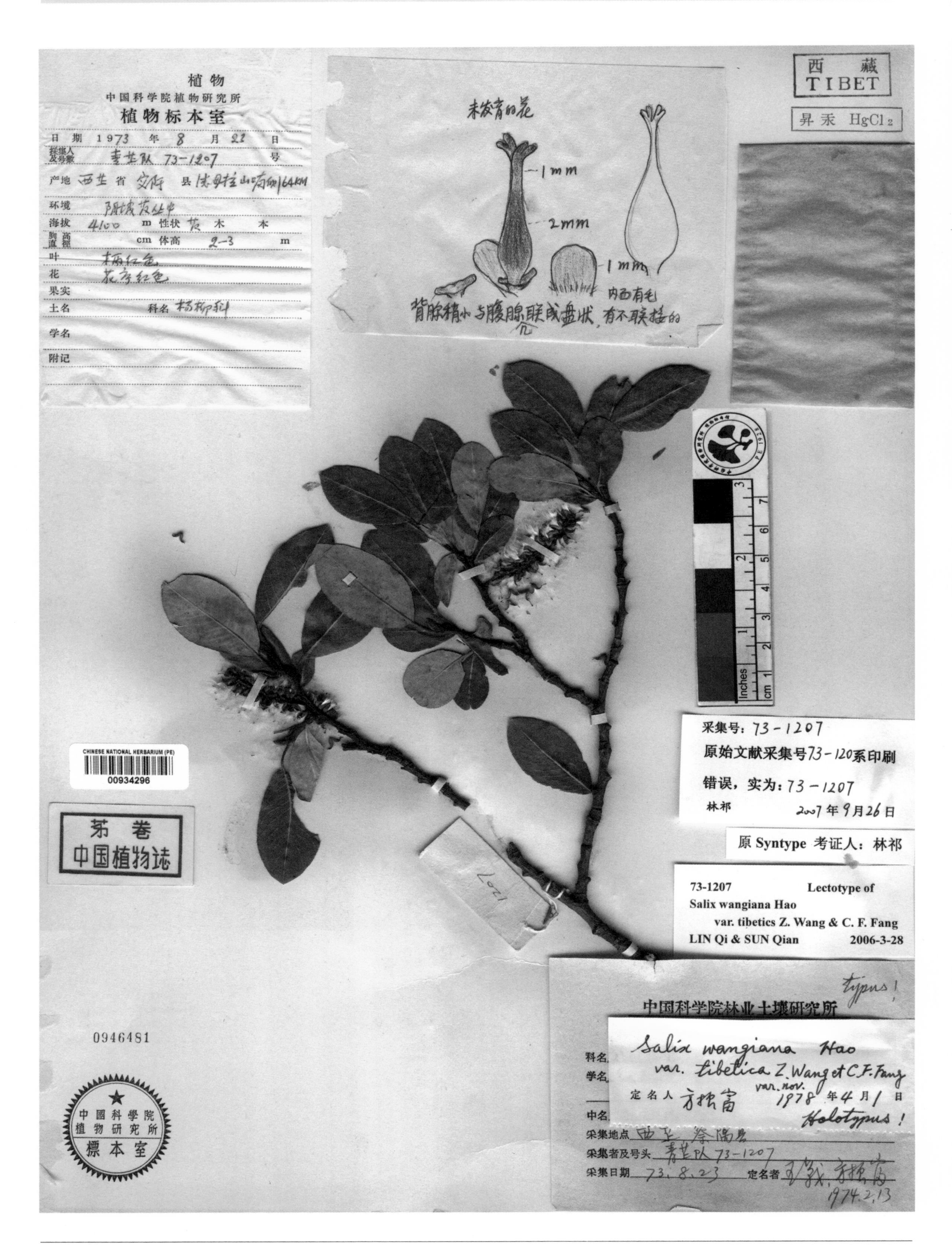

红柄柳 ***Salix wangiana*** K. S. Hao var. ***tibetica*** Z. Wang & C. F. Fang in Acta Phytotax. Sin 17(4): 103, f. 3: 4-5. 1979. **Lectotype** (designated by Q. Lin & al. in Acta Bot. Boreal.-Occident. Sin. 27(6): 1253. 2007.): China. Xizang: Zayü, alt. 4100 m, 1973-08-23, Qinghai-Xizang Exped. 73-1207.

汪氏柳 ***Salix wangii*** Goerz in Bull. Fan. Mem. Inst. Biol., Bot. 6(1): 11. 1935. **Holotype:** China. Sichuan: Wenchuan, alt. 3560 m, 1930-06-10, F. T. Wang 21253.

维西柳 ***Salix weixiensis*** Y. L. Chou in Bull. Bot. Res., Harbin 1 (1-2): 165. 1981. **Isotype:** China. Yunnan: Weixi, alt. 2500~2600 m, 1940-05-17, K. M. Feng 3921.

汶川银光柳 ***Salix wenchuanica*** Goerz in Bull. Fan. Mem. Inst. Biol., Bot. 6(1): 19. 1935. **Holotype:** China. Sichuan: Wenchuan, alt. 2300 m, 1930-05-26, F. T. Wang 20959.

光果线柳 ***Salix wilhelmsiana*** M. Bieb. var. ***leiocarpa*** C. Y. Yang in Bull. Bot. Lab. N. E. Forest. Inst., Harbin 9: 94. 1980. **Holotype:** China. Gansu: Sunan, alt. 2550m,1960-07-13, Qinghai-Gansu Exped. 3243.

西藏柳 ***Salix xizangensis*** Y. L. Chou ex Z. Wang & C. F. Fang in Acta Phytotax. Sin. 17(4): 105, f. 4: 3-4. 1979. **Holotype:** China. Xizang: Mêdog, alt. 4000 m, 1976-07-17, W. H. Li, Y. F. Han & J. Sang 76-413.

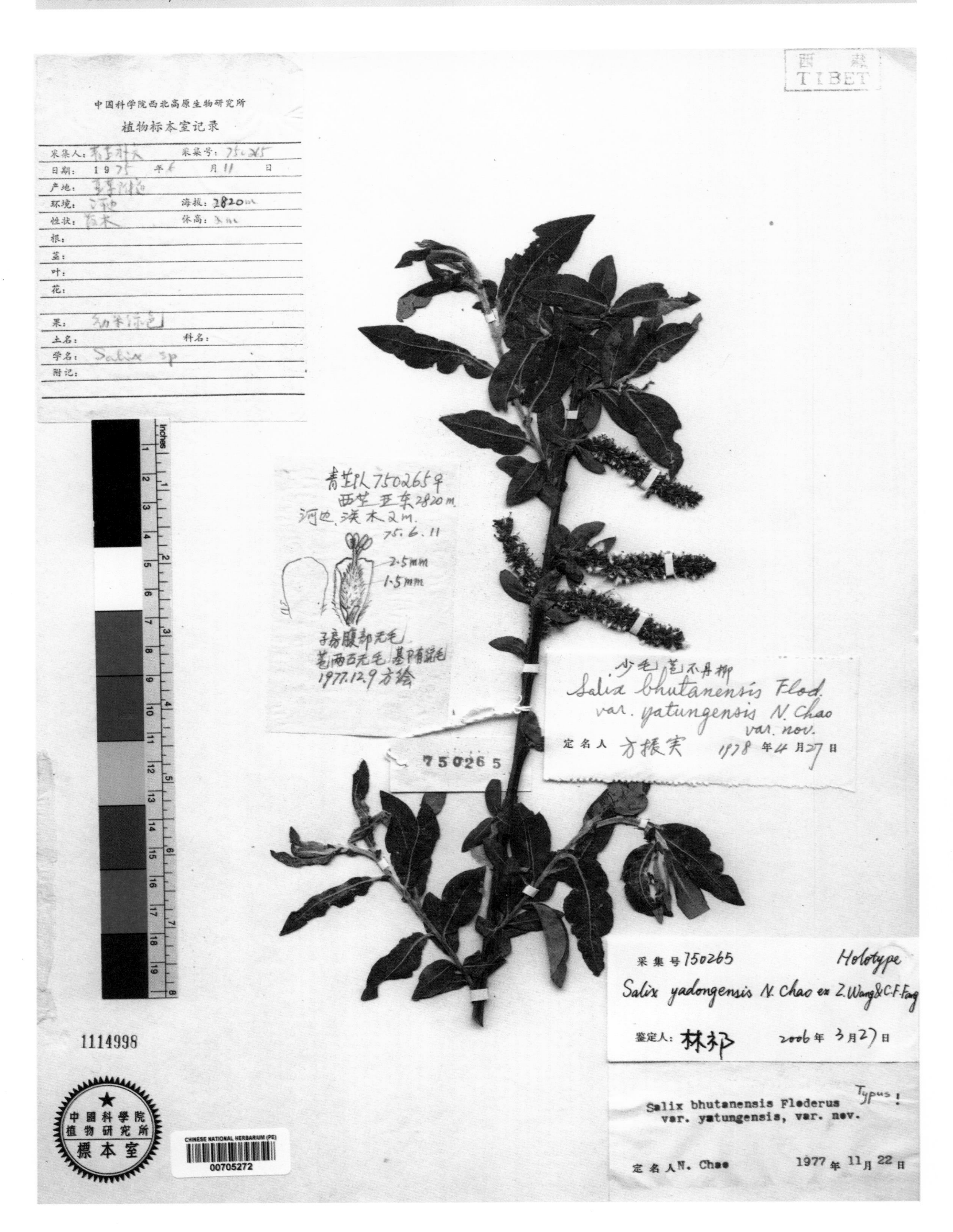

亚东毛柳 ***Salix yadongensis*** N. Chao ex Z. Wang & C. F. Fang in Acta Phytotax. Sin. 17(4): 106, f. 4: 12. 1979. **Holotype:** China. Xizang: Yadong, alt. 2820 m, 1975-06-11, Qinghai-Xizang Exped. 750265.

藏柳 ***Salix zangica*** N. Chao in Bull. Bot. Lab. N. E. Forest. Inst., Harbin 9: 26. 1980. **Holotype:** China. Xizang: Lhunzhub, alt. 4500 m, 1974-09-17, Qinghai-Xizang Exped. 2926.

察隅矮柳 ***Salix zayunica*** Z. Wang & C. F. Fang in Acta Phytotax. Sin. 17(4): 108, f. 6: 5-7. 1979. **Holotype:** China. Xizang: Zayü, alt. 3600 m, 1973-08-12, Qinghai-Xizang Exped. 73-1095.

Index to Scientific Names ／拉丁学名索引

R

S

Index to Chinese Names / 中名索引

5 画

6 画

7 画

8 画

9 画

10 画

11 画

12 画

Authors and Addresses / 作者及工作单位地址

BAN Qin, CHEN Shurong, DU Yufen, FU Lianzhong, LIN Qi, MA Xintang, SUN Qian, WANG Zhongtao, YANG Zhirong
China National Herbarium (PE), Institute of Botany, Chinese Academy of Sciences, Xiangshan, Beijing 100093, Beijing.

LIN Yun
Hunan Medication Vestibule School，Changsha 410208, Hunan.

SHI Qingchun
College of Life Science, Hebei Normal University, Shijiazhuang 050016, Hebei.

WU Tingting
Department of Biology, Taiyuan Normal University, Taiyuan 030031, Shanxi.

班　勤　陈淑荣　杜玉芬　傅连中　林　祁　马欣堂　孙　茜　王忠涛　杨志荣
邮政编码：100093，北京市，香山，中国科学院植物研究所　国家植物标本馆（PE）

林　云
邮政编码：410208，湖南省，长沙市，湖南省医药技工学校

石青春
邮政编码：050016，河北省，石家庄市，河北师范大学　生命科学学院

吴婷婷
邮政编码：030031，山西省，太原市，太原师范学院　生物系